DELIUS KLASING

MIX
Papier aus verantwortungsvollen Quellen
Paper from responsible sources
FSC® C105338

Dr. Etzold
Diplom-Ingenieur für Fahrzeugtechnik

So wird's gemacht

pflegen - warten - reparieren

Band 118

VW Lupo
SEAT Arosa

Benziner
1,0 l/37 kW (50 PS) 3/97 – 12/04
1,4 l/44 kW (60 PS) 3/97 – 12/04
1,4 l/55 kW (75 PS) 9/98 – 12/04
1,4 l/74 kW (100 PS) 5/99 – 12/04
1,4 l/77 kW (105 PS) 9/00 – 12/04
1,6 l/92 kW (125 PS) 9/00 – 3/05

Diesel
1,2 l/45 kW (61 PS) 5/99 – 3/05
1,4 l/55 kW (75 PS) 5/99 – 12/04
1,7 l/44 kW (60 PS) 9/97 – 12/04

Delius Klasing Verlag

Redaktion: Günter Skrobanek (Text),
Christine Etzold (Bild)

10. Auflage
ISBN 978-3-667-12286-5

Alle Angaben ohne Gewähr
Druck: Books on Demand, Norderstedt
Printed in Germany

Alle in diesem Buch enthaltenen Angaben und Daten wurden von dem Autor nach bestem Wissen erstellt und von ihm sowie vom Verlag mit der gebotenen Sorgfalt überprüft. Gleichwohl können wir keinerlei Gewähr oder Haftung für die Richtigkeit, Vollständigkeit und Aktualität der bereitgestellten Informationen übernehmen.

Delius Klasing Verlag, Siekerwall 21, D-33602 Bielefeld
Tel.: 0521/559-0, Fax: 0521/559-115
E-Mail: info@delius-klasing.de
www.delius-klasing.de
http://sowirdsgemacht.com

Lieber Leser,

die Automobile werden von Modellgeneration zu Modellgeneration technisch immer aufwändiger und komplizierter. Ohne eine Anleitung kann man mitunter nicht einmal mehr die Glühlampe eines Scheinwerfers auswechseln. Und so wird verständlich, dass von Jahr zu Jahr immer mehr Heimwerker zum »So wird's gemacht«-Handbuch greifen.

Doch auch der kundige Hobbymonteur sollte bedenken, dass der Fachmann viel Erfahrung hat und durch die Weiterschulung und den ständigen Erfahrungsaustausch über den neuesten Technikstand verfügt. Mithin kann es für die Überwachung und Erhaltung der Betriebs- und Verkehrssicherheit des eigenen Fahrzeugs sinnvoll sein, in regelmäßigen Abständen eine Fachwerkstatt aufzusuchen.

Grundsätzlich muss sich der Heimwerker natürlich darüber im Klaren sein, dass man mithilfe eines Handbuches nicht automatisch zum Kfz-Mechaniker wird. Auch deshalb sollten Sie nur solche Arbeiten durchführen, die Sie sich zutrauen. Das gilt insbesondere für jene Arbeiten, die die Verkehrssicherheit des Fahrzeugs beeinträchtigen können. Gerade in diesem Punkt sorgt das »So wird's gemacht«-Handbuch jedoch für praktizierte Verkehrssicherheit. Durch die Beschreibung der Arbeitsschritte und den Hinweis, die Sicherheitsaspekte nicht außer Acht zu lassen, wird der Heimwerker vor der Arbeit entsprechend sensibilisiert und informiert. Auch wird darauf hingewiesen, im Zweifelsfall die Arbeit lieber von einem Fachmann ausführen zu lassen.

Sicherheitshinweis
Auf verschiedenen Seiten dieses Buches stehen »Sicherheitshinweise«. Bevor Sie mit der Arbeit anfangen, lesen Sie bitte diese Sicherheitshinweise aufmerksam durch und halten Sie sich strikt an die dort gegebenen Anweisungen.

Vor jedem Arbeitsgang empfiehlt sich ein Blick in das vorliegende Buch. Dadurch werden Umfang und Schwierigkeitsgrad der Reparatur offenbar. Außerdem wird deutlich, welche Ersatz- oder Verschleißteile eingekauft werden müssen und ob unter Umständen die Arbeit nur mithilfe von Spezialwerkzeug durchgeführt werden kann. Besonders empfehlenswert: Wenn Sie eine elektronische Kamera zur Hand haben, dann sollten Sie komplizierte Arbeitsschritte für den Wiedereinbau fotografisch dokumentieren.

Für die meisten Schraubverbindungen ist das Anzugsdrehmoment angegeben. Bei Schraubverbindungen, die in jedem Fall mit einem Drehmomentschlüssel angezogen werden müssen (Zylinderkopf, Achsverbindungen usw.), ist der Wert f e t t gedruckt. Nach Möglichkeit sollte man generell jede Schraubverbindung mit einem Drehmomentschlüssel anziehen. Übrigens: Für viele Schraubverbindungen sind Innen- oder Außen-Torxschlüssel erforderlich.

Als ich Anfang der siebziger Jahre den ersten Band der »So wird´s gemacht«-Buchreihe auf den Markt brachte, wurden im Automobilbau nur ganz wenige elektronische Bauteile eingesetzt. Inzwischen ist das elektronische Management allgegenwärtig; ob bei der Steuerung der Zündung, des Fahrwerks oder der Gemischaufbereitung. Die Elektronik sorgt auch dafür, dass es in verschiedenen Bereichen keine Verschleißteile mehr gibt. Das Überprüfen elektronischer Bauteile ist wiederum nur noch mit teuren und speziell auf das Fahrzeugmodell abgestimmten Prüfgeräten möglich, die dem Heimwerker in der Regel nicht zur Verfügung stehen. Wenn also verschiedene Reparaturschritte nicht mehr beschrieben werden, so liegt das ganz einfach am vermehrten Einsatz von elektronischen Bauteilen.

Das vorliegende Buch kann nicht auf jedes technische Fahrzeug-Problem eingehen. Dennoch hoffe ich, dass Sie mithilfe der Beschreibungen viele Arbeiten am Fahrzeug durchführen können. Eines sollten Sie jedoch bei Ihren Arbeiten am eigenen Auto beachten: Ständig werden am aktuellen Modell Änderungen in der Produktion durchgeführt, so dass sich die im Buch veröffentlichten Arbeitsanweisungen und Einstelldaten für Ihr spezielles Modell geändert haben könnten. Sollten Zweifel auftreten, erfragen Sie bitte den aktuellen Stand beim Kundendienst des Automobilherstellers.

Rüdiger Etzold

Inhaltsverzeichnis

VW LUPO / SEAT AROSA

Aus dem Inhalt:

- **Modellvarianten**
- **Fahrzeugidentifizierung**
- **Motordaten**

Im September 1998 wurde der VW LUPO der Öffentlichkeit präsentiert. Mit einer Länge von 3,527 m zählt er zur Klasse der Kleinwagen. Seit Mai 1999 gibt es den LUPO in der verbrauchsgünstig optimierten 3-Liter-Version »3L«.

V-6603

Wesentliche Komponenten des äußeren Erscheinungsbildes sind die runden Scheinwerfer mit den klaren Streuscheiben, die markanten Heckleuchten und die breiten hinteren Stoßfänger, deren obere Hälfte in Wagenfarbe lackiert ist. Aufgrund der vollverzinkten Karosserie gibt es eine zwölfjährige Garantie gegen Durchrostung.

Da der LUPO ausschließlich als 2-türige Limousine erhältlich ist, erleichtert eine neuartige Einstiegshilfe (Sonderausstattung) den Einstieg zu den hinteren Sitzen. Dabei gleiten die Vordersitze beim Vorklappen der Lehne weit nach vorn und vergrößern somit den Zugang zum Fond. Beim Zurückklappen rasten die Vordersitze wieder in der ursprünglich gewählten Position ein. Die Rücksitzbank ist ausstattungsabhängig zwei- oder dreisitzig ausgeformt und lässt sich komplett oder geteilt vorklappen

Der VW LUPO verfügt über umfangreiche Sicherheitseinrichtungen. Dazu zählen Fahrer- und Beifahrerairbag sowie Seitenairbags (Sonderausstattung) und Gurtstraffer für die vorderen Sitze. Seitliche Karosserieverstärkungen in den Türen erhöhen zusätzlich die passive Sicherheit.

Zum gesteigerten Fahrkomfort trägt ein Fahrschemel bei, an dem die Vorderachse befestigt ist. Der Fahrschemel ist über Gummilager von der Karosserie entkoppelt und dämpft dadurch die Schwingungen, die sonst auf den Innenraum übertragen werden. Stoßdämpfer und Schraubenfeder sind bei der hinteren Radaufhängung getrennt voneinander positioniert, so dass sich eine größere Durchladebreite im Gepäckraum ergibt.

Für den LUPO stehen in Leistung, Hubraum und Bauart recht unterschiedliche Benzin- und Dieselmotoren zur Verfügung, so dass je nach persönlicher Anforderung zwischen sehr wirtschaftlicher und sportlicher Motorisierung ausgewählt werden kann. Die querliegenden Motoren sind in einer so genannten Pendellagerung aufgehängt, welche vor allem die Vibrationen des Fahrzeugs im Leerlaufbetrieb vermindert.

SEAT AROSA

V-6604

Bereits anderthalb Jahre vor dem LUPO, im März 1997, kam der annähernd baugleiche SEAT AROSA auf den Markt.

Der AROSA unterscheidet sich zum LUPO vor allem durch die breiten Scheinwerfer, die außen liegenden Blinkleuchten sowie die quer strukturierten Stoßfänger.

V-6630

Bei einem Facelift im September 2000 erhielt der AROSA eine neu gestaltete Frontpartie mit in der Mitte erhöhter Motorhaube, die auf den Kühlergrill mit dem SEAT-Logo zuläuft. Die großen Doppelscheinwerfer mit integrierten Blinkleuchten sitzen jetzt hinter Klarglasabdeckungen. Am Heck sind neue Rückleuchten mit Linsentechnik in geometrischen Formen neben der Heckklappe angeordnet, die nun auch über einen im SEAT-Logo integrierten Klappenöffner verfügt. **Hinweis**: Abweichungen durch das Facelift werden in diesem Band nicht beschrieben.

Fahrzeug- und Motoridentifizierung

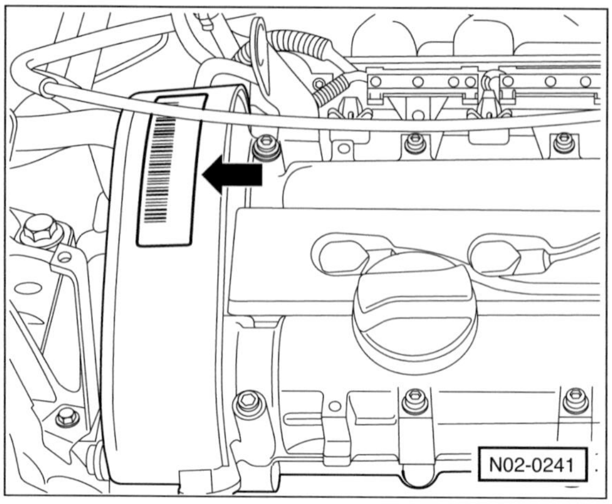

- Die Kennbuchstaben des Motors und die Motornummer befinden sich auf einem Aufkleber an der Zahnriemen-Abdeckung –Pfeil– oder auf dem Zylinderkopfdeckel.

Hinweis: Motorkennbuchstaben und Motornummer sind ebenfalls in den Motorblock eingeschlagen und zwar auf der linken Seite unterhalb der Trennstelle Zylinderkopf/Motorblock. Die Motorkennbuchstaben stehen außerdem auf dem Fahrzeugdatenträger im Serviceplan beziehungsweise in der Reserveradmulde.

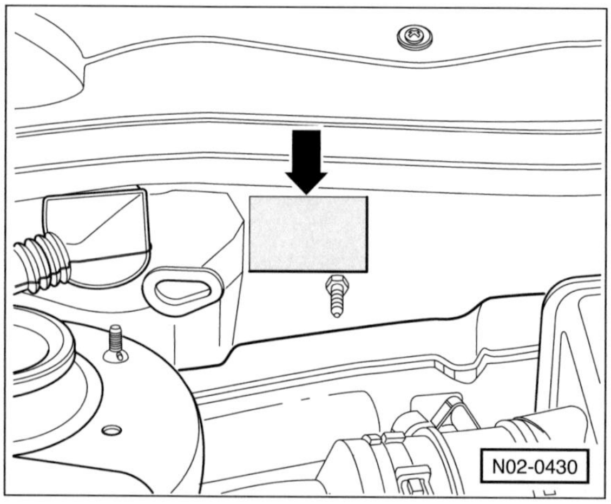

- Das Typschild –Pfeil– befindet sich im Motorraum an der hinteren Querwand rechts.

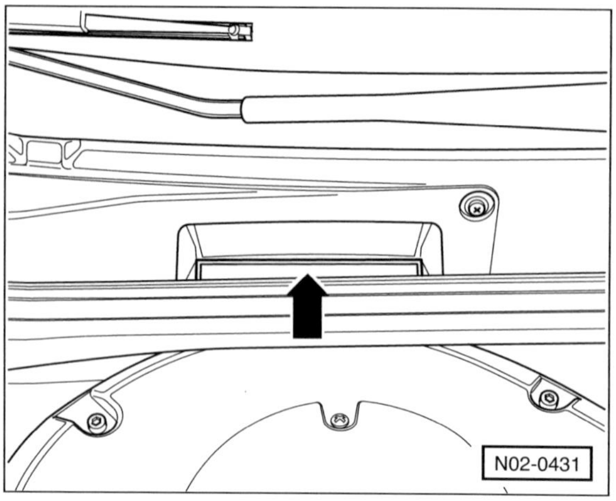

- Die Fahrzeug-Identifizierungsnummer (Fahrgestellnummer) –Pfeil– ist durch ein Fenster in der Wasserkastenabdeckung sichtbar.

Aufschlüsselung der Fahrgestellnummer:

WVW	ZZZ	6X	Z	X	W	000 279
①	②	③	④	⑤	⑥	⑦

① Herstellerzeichen: WVW = Volkswagen AG; VSS = Seat
② Füllzeichen
③ 2-stellige Typenkurzbezeichnung aus den ersten beiden Stellen der offiziellen Typenbezeichnung. 6X = LUPO; 6E = LUPO 3L, FSI, GTI; 6H = SEAT AROSA.
④ Weitere Füllzeichen
⑤ Angabe des Modelljahres: W – 1998; X – 1999; Y – 2000; 1 – 2001; 2 – 2002; 3 – 2003; 4 – 2004
⑥ Produktionsstätte: W = Wolfsburg, R = Matorell (SEAT).
⑦ Laufende Nummerierung

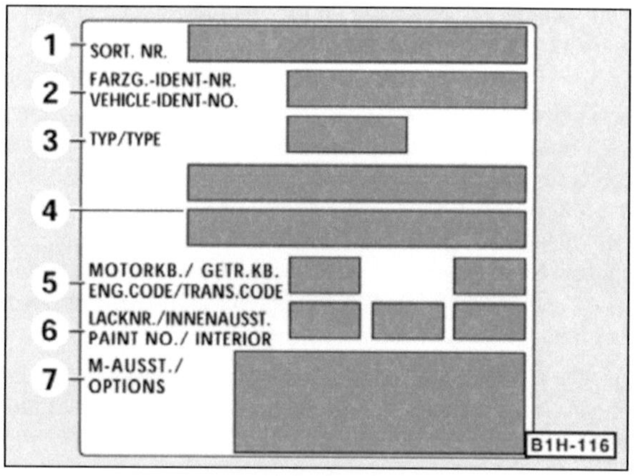

Der Fahrzeugdatenträger ist in der Reserveradmulde rechts aufgeklebt. Er enthält folgende Fahrzeugdaten:

1 – Produktions-Steuerungsnummer
2 – Fahrzeug-Identifizierungsnummer
3 – Typ-Kennnummer
4 – Typerklärung/Motorleistung
5 – Motor- und Getriebekennbuchstaben
6 – Lacknummer/Innenausstattungs-Kennnummer
7 – Mehrausstattungs-Kennnummer

Motorenübersicht und Motordaten

Motor/Modell	1,0	1,0	1,0	1,4	1,4	1,4
Fertigung von – bis	3/97 – 5/00	5/99 – 12/04	9/98 – 5/00	3/97 – 12/04	8/00 – 12/04	9/98 – 12/04
Motorbezeichnung	AER/ALL	ALD/ANV/AUC	AHT[1]	AEX	AUD/ ANW/AKK	AHW/AKQ/ APE/AUA/BBY
Motorbauart	OHC	OHC	OHV	OHC	OHC	DOHC
Hubraum cm^3	999	999	999	1390	1390	1390
Leistung kW bei 1/min PS bei 1/min	37/5000 50/5000	37/5000 50/5000	37/5000 50/5000	44/4700 60/4700	44/5000 60/5000	55/5000 75/5000
Drehmoment Nm bei 1/min	86/3000	86/3000	84/3750	116/2800	115/3000	126/3500
Bohrung ∅ mm	67,1	67,1	72,0	76,5	76,5	76,5
Hub mm	70,6	70,6	61,3	75,6	75,6	75,6
Verdichtung	10,7	10,7	10,0	10,2	10,4	10,5
Zylinder/Ventile pro Zylinder	4/2	4/2	4/2	4/2	4/2	4/4
Motormanagement	Motr. 9.0/MPI	ME 7.5.10	Simos	Motronic 9.0	ME 7.5.10	4AV/4LV/4MV
Kraftstoff bleifrei ROZ	Super/95	Super/95	Normal/91	Super/95	Super/95	Super/95
Wechselmengen Motoröl Liter Kühlflüssigkeit Liter	 3,2 5,6	 3,2 5,6	 4,4 5,6	 3,2 5,6	 3,2 5,6	 3,2 5,6

Motor/Modell	1,4	1,4 FSI	1,6 GTI	1,2 3L	1,4 TDI-PD	1,7 SDI
Fertigung von – bis	5/99 – 12/04	9/00 – 12/04	9/00 – 3/05	5/99 – 3/05	5/99 – 12/04	9/97 – 12/04
Motorbezeichnung	AFK/AQQ/AUB	ARR	AVY	ANY/AYZ	AMF	AKU
Motorbauart	DOHC	DOHC	DOHC	OHC	OHC	OHC
Hubraum cm^3	1390	1398	1598	1191	1422	1716
Leistung kW bei 1/min PS bei 1/min	74/6000 100/6000	77/6200 105/6200	92/6500 125/6500	45/4000 61/4000	55/4000 75/4000	44/4200 60/4200
Drehmoment Nm bei 1/min	128/4500	130/4500	152/3000	140/1800	195/2200	115/2200
Bohrung ∅ mm	76,5	76,5	76,5	76,5	78,5	79,5
Hub mm	75,6	75,6	86,9	86,4	95,5	86,4
Verdichtung	10,5	11,5	11,5	19,0	19,5	19,5
Zylinder/Ventile pro Zylinder	4/4	4/4	4/4	3/2	3/2	4/2
Motormanagement	4CV/4LV	MED 7.5.10	Simos 3	EDC 15P	EDC 15P	EDC 15P
Kraftstoff bleifrei ROZ	SuperPlus 98	SuperPlus 98	SuperPlus 98	Diesel	Diesel	Diesel
Wechselmengen Motoröl Liter Kühlflüssigkeit Liter	 3,2 5,6	 3,2 6,0	 3,2 6,0	 4,5 5,0	 4,2 5,0	 4,7 6,5

[1]) Hauptsächlich für den Export bestimmt.

Hinweis: Die Kühlmittelmenge kann je nach Ausstattung des Fahrzeuges vom angegebenen Wert abweichen.

Abkürzungen: OHV = **o**ver**h**ead **v**alves = obenliegende Ventile. Die Ventile befinden sich oben im Zylinderkopf, während die Nockenwelle seitlich im Motorblock sitzt. **OHC** = **o**ver**h**ead **c**amshaft = obenliegende Nockenwelle. Die Nockenwelle befindet sich im Zylinderkopf. **DOHC** = **d**ouble **o**ver**h**ead **c**amshafts = 2 obenliegende Nockenwellen. **MPI** = **M**ult **P**oint **I**njection = Mehrstellen-Einspritzanlage. **EDC** = **E**lectronic **D**iesel **C**ontrol = Elektronische Dieseleinspritzung. **TDI** = **T**urbo-Diesel **D**irekt **I**njection = Diesel-Direkteinspritzer. **PD** = **P**umpe-**D**üse-System. **FSI** = **F**uel **S**tratified **I**njection = geschichtete Kraftstoffeinspritzung = Benzin-Direkteinspritzer. Motormanagement **MED** = **M**otronic mit **E**lektrischer Gasbetätigung und Benzin-**D**irekteinspritzung

Wartung

Aus dem Inhalt:

- Wartungsplan
- Ölwechsel-Service
- Wartungsarbeiten
- Serviceanzeige nach der Wartung zurückstellen
- Werkzeugausrüstung
- Motorstarthilfe

Die Wartungsintervalle beim LUPO/AROSA sind von der Zeitdauer seit der letzten Wartung und den gefahrenen Kilometern abhängig.

Einige Zeit bevor die Wartung fällig ist, wird automatisch die Service-Intervallanzeige aktiviert. Es erscheint dann anstelle der Tageskilometeranzeige ein Hinweis auf die bevorstehende Wartung.

Dabei weist die Anzeige **»service OEL«** beziehungsweise **»service OIL«** auf einen Motorölwechsel-Service, die Anzeige **»service INSP«** auf eine erforderliche Wartung hin.

Nach dem Anlassen des Motors verlischt die Service-Meldung nach etwa 3 Minuten. Durch Drücken des Rückstellknopfes (länger als ½ Sekunde) kann sie auch schon vorher auf die Tageskilometeranzeige zurückgeschaltet werden.

Als Maßstab für die Anzeige der Wartungszyklen in der Service-Intervallanzeige werden die Zeit, beziehungsweise die gefahrenen Kilometer seit dem letzten Zurücksetzen der Anzeige berechnet. Bei abgeklemmter Fahrzeugbatterie bleiben die Werte der Service-Anzeige erhalten.

Wurde der anstehende Service durchgeführt, muss die Service-Intervallanzeige zurückgesetzt werden. **Hinweis:** Nachdem der Inspektions-Service **INSP** (Wartung) durchgeführt wurde, muss auch der Service **OEL (OIL)** aufgerufen und zurückgesetzt werden.

Die VW-/SEAT-Werkstätten fragen zusätzlich bei jeder Inspektion mit Hilfe des VW-/SEAT-Diagnosegerätes die Fehlerspeicher der elektronischen Steuergeräte von Motor, ABS, Airbag und Wegfahrsicherung ab. Es kann daher sinnvoll sein, in regelmäßigen Abständen eine Fachwerkstatt aufzusuchen, auch wenn die Wartung in Eigenregie durchgeführt wird. Denn nicht alle Defekte, zum Beispiel ausgefallene Geber der Motorsteuerung, ziehen notwendigerweise Mängel im Fahrverhalten nach sich. Die Steuergeräte besitzen Notlauffunktionen oder nehmen Ersatzwerte an, so dass ein Fehler vom Fahrer nicht unbedingt wahrgenommen wird. Die Abfrage der Fehlerspeicher wird am Diagnoseanschluss vorgenommen; bei dieser Gelegenheit kann auf Kundenwunsch auch die Service-Intervallanzeige zurückgestellt werden.

Longlife-Service

Seit Modelljahr 2000 (ab 9/99) können einige VW-Modelle nach dem so genannten »Longlife-Service« gewartet werden. Dadurch verlängern sich die Wartungsintervalle, je nach Motorbelastung, um bis zu 15.000 km. Für den Longlife-Service ist eine flexible Service-Intervallanzeige erforderlich, außerdem darf nur ein spezielles Motoröl eingefüllt werden.

Für den LUPO/AROSA ist der Longlife-Service zurzeit nicht vorgesehen.

Ölwechsel-Service

Alle 12 Monate oder alle 15.000 km, falls die jährliche Fahrleistung über 15.000 km liegt.

Achtung: Bei erschwerten Betriebsbedingungen, wie überwiegend Stadt- und Kurzstreckenverkehr, häufigen Gebirgsfahrten, Anhängerbetrieb und staubigen Straßenverhältnissen, Ölwechsel-Service entsprechend öfter durchführen.

- Motor: Öl wechseln, Ölfilter ersetzen.
- Dieselmotor AKV/AMF/ANY bis 8/00: Zahnriemen auf Verschleiß prüfen.
- Bremsbeläge vorn: Dicke prüfen.
- Dieselmotor, bei Verwendung von Biodiesel: Kraftstofffilter entwässern.
- Service-Intervallanzeige **»service OEL«** beziehungsweise **»service OIL«** zurücksetzen.

Wartung

Die Wartung ist in folgenden Abständen durchzuführen: Alle 12 Monate die mit ● gekennzeichneten Positionen und alle 30.000 km sämtliche aufgeführten Wartungspunkte (● und ■).

Motor

- ● Motor/Motorraum: Sichtprüfung auf Undichtigkeiten.
- ● Motor: Öl wechseln, Ölfilter ersetzen.
- ● Kühl- und Heizsystem: Flüssigkeitsstand prüfen, Konzentration des Frostschutzmittels prüfen. Sichtprüfung auf Undichtigkeiten und äußere Verschmutzung des Kühlers.

- ● Dieselmotor AKV/AMF/ANY bis 8/00: Zahnriemen auf Verschleiß prüfen.
- ● Abgasanlage: Auf Beschädigungen sichtprüfen.
- ■ Dieselmotor: Kraftstofffilter entwässern.
- ■ Dieselmotor, bei Verwendung von Biodiesel: Kraftstofffilter ersetzen.

Getriebe, Achsantrieb

- ● Getriebe, Achsantrieb, Manschetten der Achswellen: Auf Undichtigkeiten und Beschädigungen sichtprüfen.
- ● Direktschaltung LUPO 3L: Dichtungsbälge des Gangstellers am Getriebe auf Undichtigkeiten und Beschädigungen prüfen. Grundeinstellung durchführen (Werkstattarbeit).
- ■ Schaltgetriebe: Ölstand prüfen, gegebenenfalls auffüllen.

Vorderachse und Lenkung

- ● Spurstangenköpfe: Spiel und Befestigung prüfen, Staubkappen prüfen.
- ● Achsgelenke: Staubkappen prüfen.
- ● Lenkung: Faltenbälge auf Undichtigkeiten und Beschädigungen prüfen.

Aufbau

- ● Türfeststeller und Befestigungsbolzen: Schmieren.
- ● Sicherheitsgurte und Airbageinheiten: Auf Beschädigungen sichtprüfen.
- ■ Unterbodenschutz: Prüfen.
- ■ Lüftung/Heizung: Staub- und Pollenfilter-Einsatz erneuern.
- ■ Schiebedach/Faltschiebedach: Führungsschienen schmieren.

Bremsen, Reifen, Räder

- ● Bremsanlage: Leitungen, Schläuche, Bremszylinder und Anschlüsse auf Undichtigkeiten und Beschädigungen prüfen.
- ● Bremsflüssigkeitsstand: Prüfen, gegebenenfalls auffüllen.
- ● Bremsen: Belagstärke der vorderen und hinteren Bremsbeläge prüfen.
- ● Bereifung: Profiltiefe und Reifenfülldruck prüfen; Reifen auf Verschleiß und Beschädigungen prüfen, einschließlich Reserverad.
- ● LUPO 3L: Haltbarkeitsdatum des Reifendichtmittls prüfen, gegebenenfalls ersetzen.

Elektrische Anlage

- ● Alle Stromverbraucher: Funktion prüfen. Hupe prüfen.
- ● Front- und Heckbeleuchtung, Blinkanlage, Warnblinkanlage: Funktion prüfen.
- ● Scheibenwischerblätter: Wischergummis auf Verschleiß prüfen. Ruhestellung prüfen. Wenn Wischerblätter rubbeln, Anstellwinkel prüfen.
- ● Scheibenwaschanlage: Funktion prüfen, Düsenstellung kontrollieren, Flüssigkeit nachfüllen, Scheinwerfer-Waschanlage prüfen.
- ● Service-Intervallanzeige: Zurücksetzen.
- ● Batterie: Säurestand prüfen. Batterieklemmen und -halter auf festen Sitz prüfen.
- ■ Scheinwerfereinstellung: Prüfen gegebenenfalls einstellen (Werkstattarbeit).

Folgende Arbeiten zusätzlich durchführen:

Alle 2 Jahre

- ■ Bremsflüssigkeit: Erneuern.
- ■ Abgasuntersuchung (AU) erstmalig nach 3 Jahren, dann alle 2 Jahre: Leerlaufdrehzahl, CO-Gehalt, Zündzeitpunkt und Lambdaregelung prüfen; Fehlerspeicher abfragen (Werkstattarbeit).

Alle 60.000 km oder 2 Jahre

- ◆ Direktschaltung LUPO 3L: Ölstand prüfen, gegebenenfalls Hydrauliköl nachfüllen.

Alle 60.000 km

- ◆ Servolenkung: Flüssigkeitsstand prüfen, gegebenenfalls Hydrauliköl auffüllen.
- ◆ Dieselmotor: Kraftstofffilter ersetzen.
- ◆ Dieselmotor AKU bis 8/00 (Modelljahr-Kennbuchstabe Y): Zahnriemen ersetzen.
- ◆ Dieselmotor AMF/ANY bis 8/00 (Modelljahr-Kennbuchstabe Y): Zahnriemen und Zahnriemenspannrolle ersetzen.
- ◆ Automatikgetriebe: Getriebeölstand prüfen, gegebenenfalls auffüllen.
- ◆ Keilrippenriemen: Zustand prüfen, bei Verschleißspuren wechseln.
- ◆ Schaltgetriebe, 1,0-l-Benzinmotor AHT: Getriebeöl wechseln.

Alle 60.000 km oder 4 Jahre

- ◆ Zündkerzen: Erneuern.
- ◆ Motor-Luftfilter: Filtereinsatz erneuern, Filtergehäuse reinigen (Alle außer AKU/AMF/ANY/ARR/AYZ).

Alle 60.000 km oder 6 Jahre

- ◆ Motor-Luftfilter: Filtereinsatz erneuern, Filtergehäuse reinigen (Motor AKU/AMF/ANY/ARR/AYZ).

Alle 3 Jahre

- ◆ Reifen-Reparaturflüssigkeit LUPO 3L: Füllflasche ersetzen.

Bei 90.000 km, danach alle 30.000 km

- ◆ Benzinmotor: Zahnriemenzustand prüfen.

Alle 90.000 km

- ◆ Dieselmotor AKU ab 9/00 (Modelljahr-Kennzahl 1): Zahnriemen ersetzen.
- ◆ Dieselmotor AMF/ANY/AYZ ab 9/00 (Modelljahr-Kennzahl 1): Zahnriemen und Zahnriemenspannrolle ersetzen.

Wartungsarbeiten

Hier werden, nach den verschiedenen Baugruppen des Fahrzeugs aufgeteilt, alle Wartungsarbeiten beschrieben, die gemäß dem Wartungsplan durchgeführt werden müssen. Auf die erforderlichen Verschleißteile sowie das möglicherweise benötigte Sonderwerkzeug wird jeweils hingewiesen.

Es empfiehlt sich, Reifendruck, Motorölstand und Flüssigkeitsstände für Kühlung, Wisch-/Waschanlage, Bremsanlage etc. mindestens alle 4 bis 6 Wochen zu prüfen und gegebenenfalls zu ergänzen.

Achtung: Beim **Einkauf von Ersatzteilen** ist zur Identifizierung des Fahrzeuges unbedingt der **KFZ-Schein** mitzunehmen, denn nur durch die Fahrzeug-Identnummer ist eine eindeutige Zuordnung von Ersatzteil und Fahrzeugmodell möglich. Sinnvoll ist es auch, das Altteil zum Ersatzteilhändler mitzunehmen, um es dort mit dem Neuteil vergleichen zu können.

Motor und Abgasanlage

Folgende Wartungspunkte müssen nach dem Wartungsplan durchgeführt werden:

- Motor/Motorraum: Sichtprüfung auf Undichtigkeiten.
- Motor: Öl wechseln, Ölfilter ersetzen.
- Abgasanlage: Auf Beschädigungen sichtprüfen.
- Kühl- und Heizsystem: Flüssigkeitsstand prüfen, Konzentration des Frostschutzmittels prüfen. Sichtprüfung auf Undichtigkeiten und äußere Verschmutzung des Kühlers.
- 1,7-l-Dieselmotor: Zahnriemen auf Verschleiß prüfen.
- Dieselmotor: Kraftstofffilter entwässern/ersetzen.
- Motor-Luftfilter: Filtereinsatz erneuern, Filtergehäuse reinigen.
- Keilrippenriemen: Zustand prüfen, bei Verschleißspuren wechseln.
- Zündkerzen: Erneuern.
- Dieselmotor: Zahnriemen und Zahnriemenspannrolle ersetzen, siehe Seite 180.

Sichtprüfung auf Ölverlust

Bei ölverschmiertem Motor und hohem Ölverbrauch überprüfen, wo das Öl austritt. Dazu folgende Stellen überprüfen:

- Öleinfülldeckel öffnen und Dichtung auf Porosität oder Beschädigung prüfen.
- Kurbelgehäuse-Entlüftung: Zum Beispiel Belüftungsschlauch vom Ölabscheider zum Luftfiltergehäuse.
- Zylinderkopfdeckel-Dichtung.
- Zylinderkopf-Dichtung.
- Ölablassschraube (Dichtring).
- Ölfilterdichtung: Ölfilter am Ölfilterflansch.
- Ölwannendichtung.
- Wellendichtringe vorn und hinten für Nockenwelle und Kurbelwelle.

Da sich bei Undichtigkeiten das Öl meistens über eine größere Motorfläche verteilt, ist der Austritt des Öls nicht auf den ersten Blick zu erkennen. Bei der Suche geht man zweckmäßigerweise wie folgt vor:

- Motorwäsche an einer Autowaschanlage folgendermaßen durchführen: Generator und, falls vorhanden, Zündverteiler mit Plastiktüte abdecken. Motor mit handelsüblichem Kaltreiniger einsprühen und nach einer kurzen Einwirkungszeit mit Wasser abspritzen.
- Trennstellen und Dichtungen am Motor von außen mit Kalk oder Talkumpuder bestäuben.
- Ölstand kontrollieren, gegebenenfalls auffüllen.
- Probefahrt durchführen. Da das Öl bei heißem Motor dünnflüssig wird und dadurch schneller an den Leckstellen austreten kann, sollte die Probefahrt über eine Strecke von ca. 30 km auf einer Schnellstraße durchgeführt werden.
- Anschließend Motor mit Lampe absuchen, undichte Stelle lokalisieren und Fehler beheben.

Motorölstand prüfen

Hinweis: Der Motor soll auf einer Fahrstrecke von ca. 1.000 km nicht mehr als 1,0 Liter Öl verbrauchen. Mehrverbrauch ist ein Anzeichen für verschlissene Ventilschaftabdichtungen und/oder Kolbenringe beziehungsweise Öldichtungen.

- Motor warm fahren und Fahrzeug auf einer ebenen, waagerechten Fläche abstellen.
- Nach Abstellen des Motors mindestens 3 Minuten lang warten, damit sich das Öl in der Ölwanne sammelt.
- Ölmessstab am Motor herausziehen und mit sauberem Lappen abwischen.
- Anschließend Messstab bis zum Anschlag einführen und wieder herausziehen. Ölstand ablesen.

Benzinmotor, 1,7-l-Dieselmotor

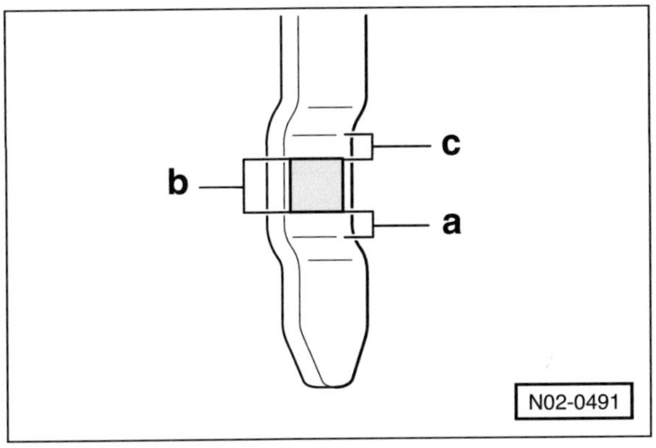

1 – 1,2-l-Dieselmotor **2 – 1,4-l-Dieselmotor**

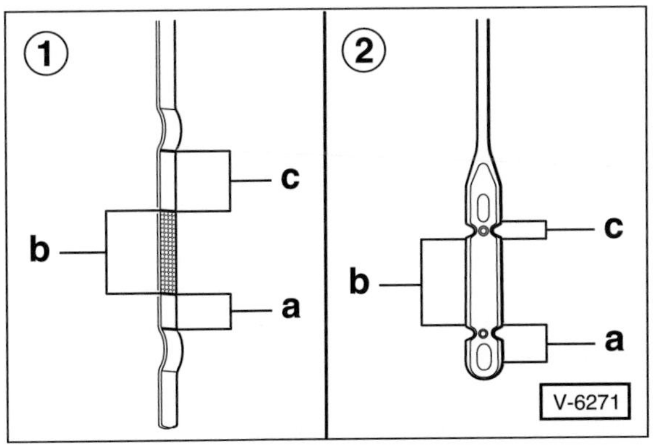

- Der Ölstand ist in Ordnung, wenn er im Bereich –b– liegt.
- Liegt der Ölstand im Bereich –a– oder darunter, muss Öl nachgefüllt werden, bis der Ölstand irgendwo im Bereich –b– liegt.

Achtung: Liegt der Ölstand oberhalb von Bereich –c–, dann muss das zu viel eingefüllte Motoröl wieder abgesaugt werden, da sonst die Motordichtungen und/oder der Katalysator beschädigt werden können.

- Bei besonderer Motorbeanspruchung wie zum Beispiel längeren Autobahnfahrten im Sommer, bei Anhängerbetrieb oder Gebirgsfahrten sollte der Ölstand im oberen Bereich –c– liegen.
- Nachgefüllt wird am Verschluss des Zylinderkopfdeckels.
- Beim Nachfüllen richtige Ölsorte sowie keine Ölzusätze verwenden, siehe auch Kapitel »Motor-Schmierung«.
- Ölmessstab einsetzen, Einfülldeckel aufschrauben.

Motorabdeckung unten aus- und einbauen

Ausbau

1,0-/1,4-/1,7-l-Motor

1,2-l-Motor LUPO 3L

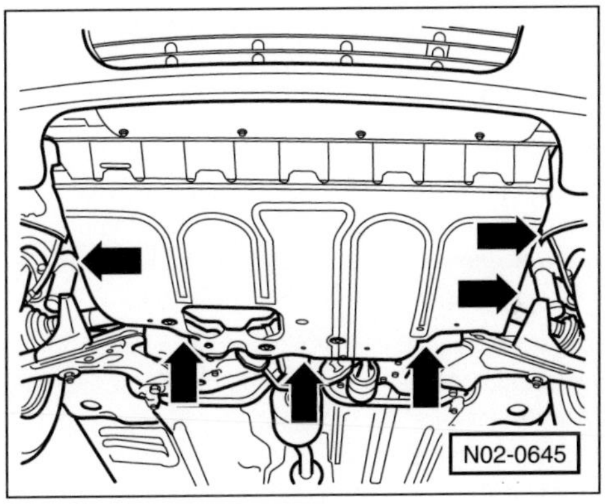

- Befestigungsschrauben beziehungsweise -muttern herausdrehen. Ob Schrauben oder Muttern eingebaut sind ist modellabhängig. Die Pfeile in der Abbildung zeigen die Einbauorte von Schrauben, Muttern und Klammern.
- Abdeckung im Bereich der Befestigungsklammern kräftig nach unten ziehen und aus den Haltestiften ausclipsen.
- Motorabdeckung hinten herunterschwenken und vorn aushängen.

Hinweis: Beschädigte Befestigungsklammern ersetzen. Dazu Klammern seitlich in die Führungen der Abdeckung einschieben.

Einbau

- Motorabdeckung an den Haltestiften ansetzen und mit den Klammern etwas aufdrücken. Anschließend Halteklammern mit Hilfswerkzeug, zum Beispiel geeignete Stecknuss mit Verlängerung, kräftig andrücken.
- Motorabdeckung festschrauben.

Motoröl wechseln/Ölfilter ersetzen

Erforderliches Spezialwerkzeug:

Wenn das Motoröl abgesaugt wird:

- Ölabsauggerät.
- Ölauffangbehälter.

Wenn das Motoröl abgelassen wird:

- Eine Grube oder ein hydraulischer Wagenheber mit Unterstellböcken.
- Eine Stecknuss zum Lösen der Ölablassschraube.
- Ein Spezialwerkzeug zum Lösen des Ölfilters: Je nach Motor Spannbandschlüssel HAZET 2170, Ölfilterkette HAZET 2171-8 oder Ölfilterschlüssel HAZET 2172.
- Eine Ölauffangwanne, die mindestens 5 Liter Öl fasst.

Erforderliche Betriebsmittel/Verschleißteile:

- Je nach Motor 3,5 bis 4,7 Liter Motoröl. Nur von VW/SEAT freigegebenes Motoröl verwenden, siehe Seite 193.
- Ölfilter.

Um die Betriebsverhältnisse des Motors besser überwachen zu können, soll beim Ölwechsel immer ein Öl gleichen Typs und möglichst auch gleicher Marke verwendet werden. Daher ist es zweckmäßig, bei jedem Ölwechsel ein Hinweisschild am Motor zu befestigen, auf dem Marke und Viskosität des Öles vermerkt sind.

Wahllos abwechselnder Gebrauch verschiedener Öltypen ist ungünstig. Motorenöle gleichen Typs, aber verschiedener Marken sollen möglichst nicht gemischt werden. Motorenöle gleichen Typs und gleicher Marke, aber verschiedener Viskosität, können ohne weiteres nachgefüllt werden.

Achtung: Die Öl-Verkaufsstellen nehmen die entsprechende Menge Altöl kostenlos entgegen, daher beim Ölkauf Quittung und Ölkanister für spätere Altölrückgabe aufbewahren! **Um Umweltschäden zu vermeiden, keinesfalls Altöl einfach wegschütten oder dem Hausmüll mitgeben.**

Ölwechselmenge mit Filterwechsel

Benzinmotor:	3,5 Liter
1,2-l-Dieselmotor:	4,5 Liter
1,4-l-Dieselmotor:	4,3 Liter
1,7-l-Dieselmotor:	4,7 Liter

Das Motoröl kann entweder durch das Ölmessstab-Führungsrohr abgesaugt werden oder aus der Ölwanne abgelassen werden. Zum Absaugen ist eine geeignete Absaugpumpe erforderlich, dabei darauf achten, dass der Absaugschlauch in das Ölmessstab-Führungsrohr passt. Absaugvorrichtungen stehen oft auch an Tankstellen zur Verfügung. Allerdings muss dann das Motoröl in der Regel bei der Tankstelle gekauft werden.

Motoröl ablassen

- Motoröl mit einem Ölabsauggerät über das Ölmessstab-Führungsrohr absaugen.
- Steht das Ölabsauggerät nicht zur Verfügung, Motoröl ablassen. Dazu Fahrzeug waagerecht aufbocken oder über eine Grube fahren.

Sicherheitshinweis
Beim Aufbocken des Fahrzeugs besteht Unfallgefahr! Deshalb vorher das Kapitel »Fahrzeug aufbocken« durchlesen.

- Gefäß zum Auffangen des Altöls unter die Ölwanne stellen.

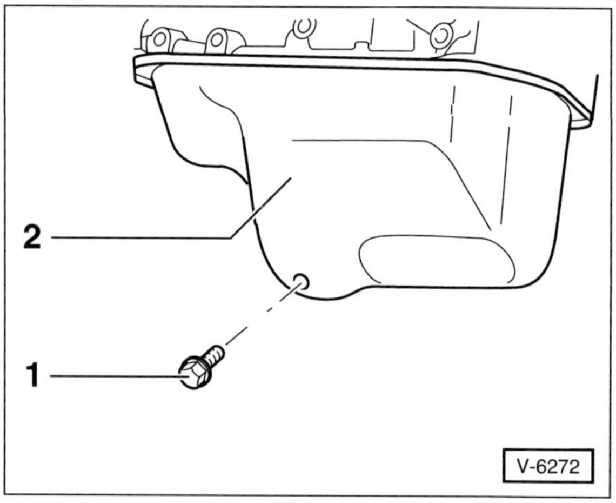

- Ölablassschraube –1– aus der Ölwanne –2– herausdrehen und Altöl ganz ablassen.

Achtung: Werden im Motoröl Metallspäne und Abrieb in größeren Mengen festgestellt, deutet dies auf Fressschäden hin, zum Beispiel Kurbelwellen- oder Pleuellagerschäden. Um Folgeschäden nach erfolgter Reparatur zu vermeiden, ist die sorgfältige Reinigung von Ölkanälen und Ölschläuchen unerlässlich. Zusätzlich muss der Ölkühler, falls vorhanden, erneuert werden.

- Anschließend Ölablassschraube mit **neuem** Dichtring und **30 Nm** festschrauben. Bei unverlierbarem Dichtring, Ölablassschraube erneuern. **Achtung:** Das zulässige Anzugsdrehmoment darf nicht überschritten werden, sonst kann es zu Undichtigkeiten oder Schäden kommen.
- **1,2-/1,4-l-Dieselmotor:** Fahrzeug ablassen.

Ölfilter wechseln

Benzinmotor

Hinweis: Bei Fahrzeugen mit dem Motor **AKQ** und Servolenkung sowie Klimaanlage muss das Abgasrohr vorn abgeschraubt werden, damit der Ölfilter ausgebaut werden kann.

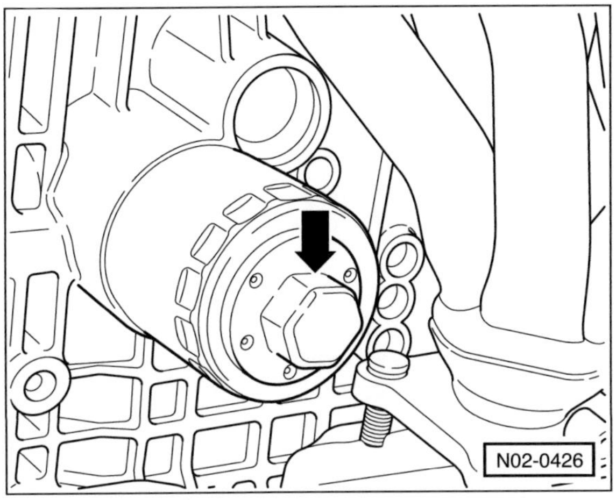

- Ölfilter von unten mit einem Gabelschlüssel am Sechskant –Pfeil– lösen.
- Anschließend Ölfilter von Hand abschrauben. Auslaufendes Motoröl mit Lappen auffangen.
- Ölfilterflansch am Motorblock mit Kaltreiniger reinigen. Eventuell dort verbliebene Filterdichtung abnehmen.
- Gummidichtring am neuen Ölfilter dünn mit sauberem Motoröl bestreichen.
- Neuen Ölfilter nur mit der Hand festschrauben. Wenn die Filterdichtung am Motorblock anliegt, Filter noch um ½ Umdrehung weiterdrehen. Hinweise auf dem Ölfilter beachten.
- Fahrzeug ablassen.

1,7-l-Dieselmotor

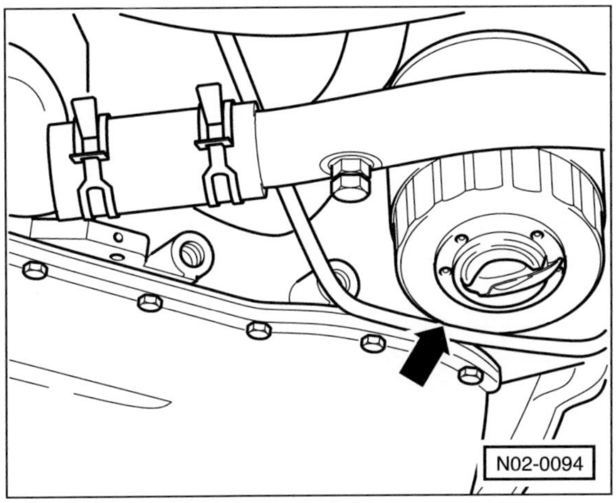

- Ölfilter –Pfeil– von unten mit einem Ölfilterschlüssel, zum Beispiel HAZET-2168, oder mit einem Ölfilterspannband lösen.
- Anschließend Ölfilter von Hand abschrauben. Auslaufendes Motoröl mit Lappen auffangen.
- Ölfilterflansch am Motorblock mit Kaltreiniger reinigen. Eventuell dort verbliebene Filterdichtung abnehmen.
- Gummidichtring am neuen Ölfilter dünn mit sauberem Motoröl bestreichen.
- Neuen Ölfilter nur mit der Hand festschrauben. Wenn die Filterdichtung am Motorblock anliegt, Filter noch um ½ Umdrehung weiterdrehen. Hinweise auf dem Ölfilter beachten.

1,2-/1,4-l-Dieselmotor

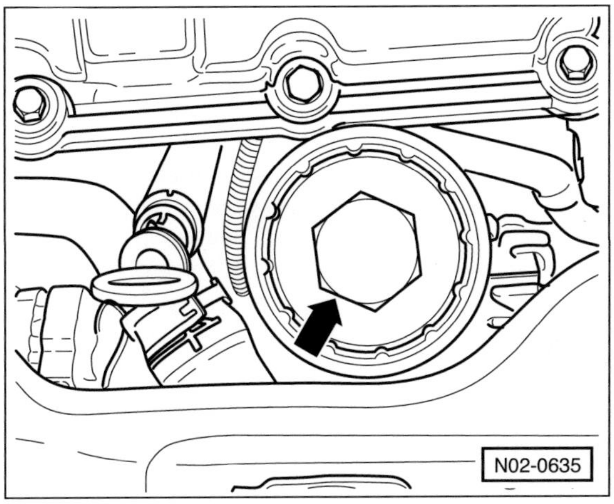

- Verschlussdeckel –Pfeil– von oben mit einem Steckschlüsseleinsatz SW 36 abschrauben.
- Deckel mit Ölfiltereinsatz herausnehmen. Ablaufendes Motoröl mit Lappen auffangen.
- Neuen Filtereinsatz einsetzen.
- Verschlussdeckel mit **neuem** O-Ring ansetzen und mit **25 Nm** festschrauben.
- Fahrzeug ablassen.

Motoröl auffüllen

- Verschlussdeckel öffnen und neues Öl am Einfüllstutzen des Zylinderkopfdeckels einfüllen.

Achtung: Grundsätzlich empfiehlt es sich, zunächst ½ Liter Motoröl weniger einzufüllen, den Motor warmlaufen zu lassen und nach einigen Minuten den Ölstand mit dem Messstab zu kontrollieren und gegebenenfalls zu ergänzen. Zu viel eingefülltes Motoröl muss wieder abgesaugt werden, da sonst die Motordichtungen und/oder der Katalysator beschädigt werden können.

Hinweis: Bei Fahrzeugen mit dem Motor **AKQ** und Servolenkung sowie Klimaanlage muss das Abgasrohr vorn abgeschraubt werden, damit der Ölfilter ausgebaut werden kann.

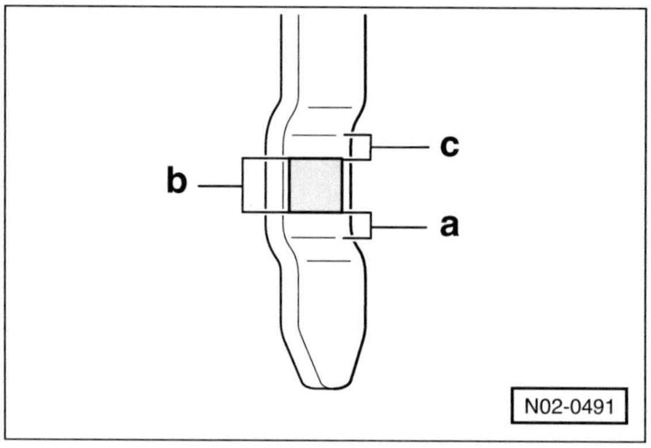

- Der Ölstand ist in Ordnung, wenn er im Bereich –b– liegt.

Achtung: Beim **1,2-/1,4-l-Dieselmotor** muss beim **1. Motorstart** nach dem Ölwechsel darauf geachtet werden, dass der Motor zunächst nur bei **Leerlaufdrehzahl** läuft, bis die Öldruckkontrollleuchte erlischt. Erst dann ist der volle Öldruck erreicht, und es darf Gas gegeben werden. Durch Gasstöße bei leuchtender Ölkontrolle kann aufgrund mangelnder Schmierung der Turbolader beschädigt werden.

- Nach Probefahrt Dichtigkeit der Ablassschraube und des Ölfilters überprüfen, gegebenenfalls vorsichtig nachziehen.
- Ölstand ca. 3 Minuten nach Abstellen des Motors nochmals prüfen, gegebenenfalls korrigieren.

Sichtprüfung der Abgasanlage

Sicherheitshinweis
Beim Aufbocken des Fahrzeugs besteht Unfallgefahr! Deshalb vorher das Kapitel »Fahrzeug aufbocken« durchlesen.

- Fahrzeug aufbocken.
- Befestigungsschellen auf festen Sitz prüfen.
- Abgasanlage mit Lampe auf Löcher, durchgerostete Teile sowie Scheuerstellen absuchen.
- Stark gequetschte Abgasrohre ersetzen.
- Gummihalterungen durch Drehen und Dehnen auf Porosität überprüfen und gegebenenfalls austauschen.
- Fahrzeug ablassen.

Kühlmittelstand prüfen

Ein zu niedriger Kühlmittelstand wird durch eine Kontrollleuchte am Armaturenbrett angezeigt. Vor jeder größeren Fahrt sollte dennoch grundsätzlich der Kühlmittelstand geprüft werden.

Zum Nachfüllen – auch in der warmen Jahreszeit – nur eine Mischung aus VW-Kühlerfrost- und Korrosionsschutzmittel »**G12 Plus**« (Farbe **lila**, Spezifikation TL-VW-774-**F**) und kalkarmem, sauberem Wasser verwenden. Auch im Sommer darf der Kühlerfrostschutz-Anteil im Kühlmittel nicht unter 40% liegen. Daher beim Nachfüllen Frostschutz ergänzen, siehe Kapitel »Frostschutz prüfen«.

Hinweis: Das neue »**G12 Plus**« (lila Farbe) darf sowohl mit »**G11 grün**« als auch mit »**G12 rot**« gemischt werden.

Achtung: Das in anderen VW-Modellen verwendete, **grüne** VW-Kühlerfrost- und Korrosionsschutzmittel »**G11**« darf nicht mit »**G12 rot**« gemischt werden**, sonst kommt es zu schwer wiegenden Motorschäden.** Braunes Kühlmittel (G11 und G12 vermischt) sofort wechseln.

Sicherheitshinweis
Verschlussdeckel bei heißem Motor vorsichtig öffnen. **Verbrühungsgefahr!** Beim Öffnen Lappen über den Verschlussdeckel legen. Verschlussdeckel nur bei einer Kühlmittel-Temperatur unter +90° C öffnen.

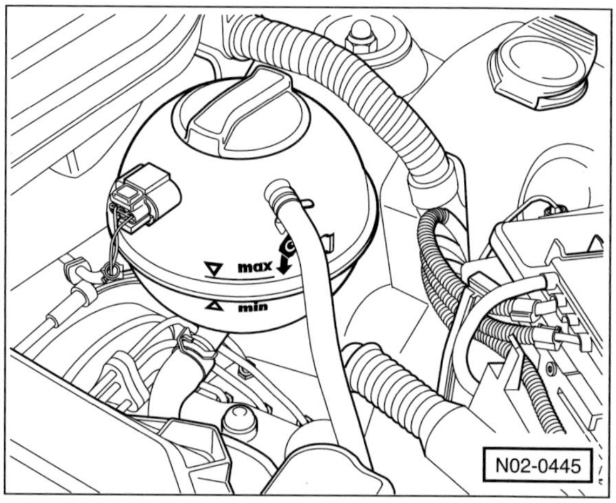

- Der Kühlmittelstand soll bei kaltem Motor (Kühlmitteltemperatur ca. +20° C) zwischen der MAX- und der MIN-Markierung am Ausgleichbehälter liegen. Bei warmem Motor darf der Kühlmittelstand etwas über der MAX-Markierung stehen.
- Größere Mengen **kaltes** Kühlmittel nur bei **kaltem Motor** nachfüllen, um Motorschäden zu vermeiden.
- Verschlussdeckel beim Öffnen zuerst etwas aufdrehen und Überdruck entweichen lassen. Danach Deckel weiterdrehen und abnehmen.
- Sichtprüfung auf Dichtheit durchführen, wenn der Kühlmittelstand in kurzer Zeit absinkt.

Kühlsystem-Sichtprüfung auf Dichtheit

- Kühlmittelschläuche durch Zusammendrücken und Verbiegen auf poröse Stellen untersuchen, hart gewordene und aufgequollene Schläuche ersetzen.
- Die Schläuche dürfen nicht zu kurz auf den Anschlussstutzen sitzen.
- Festen Sitz der Schlauchschellen kontrollieren, gegebenenfalls Schellen erneuern.
- Dichtung des Verschlussdeckels für den Ausgleichbehälter auf Beschädigungen überprüfen.

Achtung: Ein zu niedriger Kühlmittelstand kann auch von einem nicht richtig aufgeschraubten Verschlussdeckel herrühren.

- Deutlicher Kühlmittelverlust und/oder Öl in der Kühlflüssigkeit sowie weiße Abgaswolken bei warmem Motor deuten auf eine defekte Zylinderkopfdichtung hin.

Achtung: Mitunter ist es schwierig, die Leckstelle ausfindig zu machen. Dann empfiehlt sich eine Druckprüfung durch die Werkstatt. Hierzu ist ein Druckprüfgerät erforderlich, zum Beispiel HAZET 4800-1 mit Adapter 4800-5. Hierbei kann ebenfalls das Überdruckventil des Verschlussdeckels geprüft werden.

Frostschutz prüfen

Regelmäßig vor Winterbeginn sollte sicherheitshalber die Konzentration des Frostschutzmittels geprüft werden, insbesondere wenn zwischendurch reines Wasser nachgefüllt wurde.

Erforderliches Spezialwerkzeug:

- Prüfspindel zum Messen des Frostschutzanteils beziehungsweise ein optisches Prüfgerät (Refraktometer) für Frostschutzanteil und Säuredichte, zum Beispiel HAZET-4810-C.

Prüfen

- Bei der Frostschutzmessung soll die Kühlflüssigkeitstemperatur ca. +20° C betragen. Gegebenenfalls Motor kurz warmfahren, bis der obere Kühlmittelschlauch zum Kühler etwa handwarm ist.

Sicherheitshinweis
Verschlussdeckel bei heißem Motor vorsichtig öffnen. **Verbrühungsgefahr!** Beim Öffnen Lappen über den Verschlussdeckel legen. Verschlussdeckel nur bei einer Kühlmittel-Temperatur unter +90° C öffnen.

- Verschlussdeckel am Ausgleichbehälter vorsichtig öffnen.

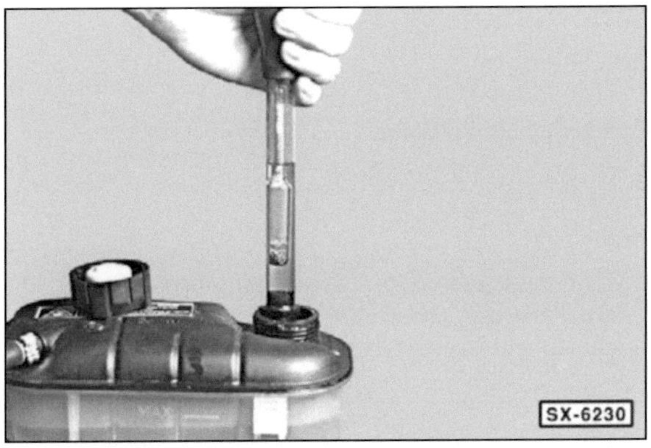

- Mit Messspindel Kühlflüssigkeit ansaugen und am Schwimmer die Kühlmitteldichte ablesen.
- Der Frostschutz soll in unseren Breiten bis –25° C reichen, bei extrem kaltem Klima bis –35° C.

VW-Kühlkonzentrat »G12 Plus« ergänzen

Für einen Frostschutz bis –25° C muss der Anteil an Frostschutzmittel in der Kühlflüssigkeit 40 % betragen. Soll der Frostschutz bis –35° C reichen, müssen Wasser und Kühlkonzentrat im Verhältnis 1:1 gemischt werden.

Achtung: Ist ein stärkerer Frostschutz erforderlich, kann der Anteil des Frostschutzmittels bis auf maximal 60 % erhöht werden, dann reicht der Frostschutz bis –40° C. Wird mehr Frostschutzmittel zugegeben, verringert sich der Frostschutz wieder, außerdem verschlechtert sich die Kühlwirkung.

Nur ein lilafarbenes VW-Kühlerfrost- und Korrosionsschutzmittel **»G12 Plus«**, **»G12 Plus Plus«** oder **G13** verwenden.

Hinweis: Wird ein anderes Kühlkonzentrat verwendet, muss es die VW-Spezifikation gemäß VW-TL-774-**F**, zum Beispiel »Glysantin-Alu-Protect/G30« beziehungsweise VW-TL-774-**G**, zum Beispiel »Glysantin Dynamic Protect G 40«, oder VW-TL-774-**J**«, zum Beispiel »Glysantin GG 40« oder »MAINTAIN FRICOFIN V, aufweisen.

Die Tabelle zeigt, wie viel Frostschutzmittel zugegeben werden muss, damit die gewünschte Konzentration erreicht wird.

Beispiel: Die Frostschutz-Messung mit der Spindel ergibt r einen Frostschutz bis –10° C. In diesem Fall aus dem Kühlsystem 3,0 l Kühlflüssigkeit ablassen und dafür 3,0 l reines VW-Frostschutzkonzentrat auffüllen. Der Frostschutz reicht dann bis –35° C.

Gemess. Wert in °C	0	–5	–10	–15	–20	–30
	Differenzmenge in Liter					
Sollwert: –25 °C	3,0	2,5	2,0	1,5	1,0	–
Sollwert: –35 °C	3,5	3,5	3,0	2,5	2,5	1,0

- Verschlussdeckel am Kühler verschließen und nach Probefahrt den Frostschutz erneut überprüfen.

Zahnriemen-Verschleiß prüfen

Dieselmotor

Erforderliches Werkzeug:

- Handelsübliche Schieblehre.

Prüfen

- **1,2-/1,4-l-Dieselmotor:** Ölmessstab herausziehen und Öleinfülldeckel abnehmen. Obere Motorabdeckung ausclipsen und nach oben abnehmen.

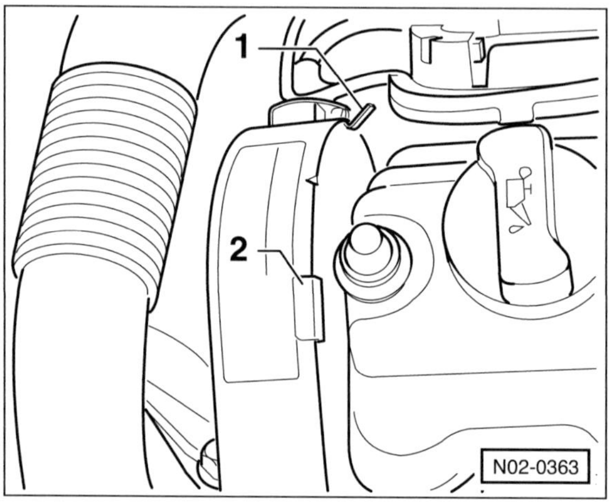

- Klammer –1– von der oberen Zahnriemen-Abdeckung öffnen. Die Abbildung zeigt den 1,7-l-Dieselmotor.
- Zahnriemen-Abdeckung aushaken –2– und zur Seite ziehen.

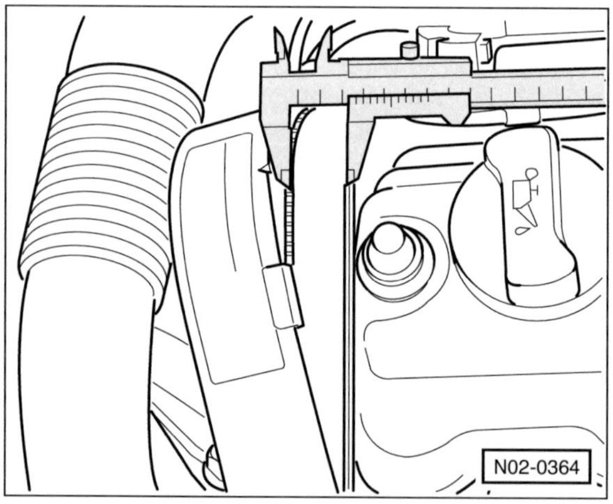

- Breite des Zahnriemens mit einer Schieblehre messen.
Verschleißgrenze 1,7-l-Dieselmotor: **21 mm;**
1,2-/1,4-l-Dieselmotor: **27 mm.**

Hinweis: Ist die Verschleißgrenze erreicht oder unterschritten, muss der Zahnriemen ersetzt werden.

- **1,2-/1,4-l-Dieselmotor:** Obere Motorabdeckung einclipsen. Ölmessstab einschieben, Öleinfülldeckel anschrauben.

Kraftstofffilter entwässern

Dieselmotor

Achtung: Auslaufender Dieselkraftstoff muss besonders von Gummiteilen, wie beispielsweise Kühlmittelschläuchen, sofort abgewischt werden, sonst werden die Gummiteile im Lauf der Zeit zerstört.

Achtung: Dieselkraftstoff ist ein Problemstoff und darf auf keinen Fall einfach weggeschüttet oder dem Hausmüll mitgegeben werden. Gemeinde- und Stadtverwaltungen informieren darüber, wo sich die nächste Problemstoff-Sammelstelle befindet.

Erforderliches Werkzeug:

- Geeignetes Auffanggefäß zum Auffangen des Wassersatzes.
- Kraftstoffresistenten Hilfsschlauch zum Ableiten des Wassersatzes.

Erforderliche Verschleißteile:

- O-Ring(e) für Regelventil.

1,7-l-Dieselmotor

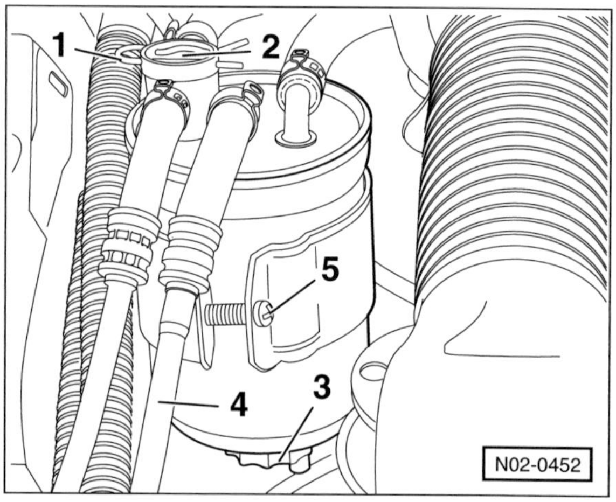

- Halteklammer –1– abziehen und Regelventil –2– mit angeschlossenen Kraftstoffleitungen abnehmen.
- Hilfsschlauch auf den Anschlussstutzen der Entwässerungsschraube –3– aufstecken.
- Entwässerungsschraube öffnen und ca. 0,1 Liter Flüssigkeit ablaufen lassen. Diese Menge entspricht etwa dem Inhalt einer Kaffeetasse.
- Entwässerungsschraube festziehen und Schlauch abnehmen.
- Neuen O-Ring für die Abdichtung des Regelventils aufsetzen.
- Regelventil –2– einstecken und mit Halteklammer –1– sichern.
- Motor starten und im Leerlauf drehen lassen. Leitungen und Anschlüsse des Kraftstoffsystems auf Dichtheit sichtprüfen.

- Mehrmals Gas geben, bis der Kraftstoff bei Leerlaufdrehzahl blasenfrei durch die durchsichtige Leitung –4– fließt. 5 – Klemmschraube für Filterhalter.

1,2-/1,4-l-Dieselmotor

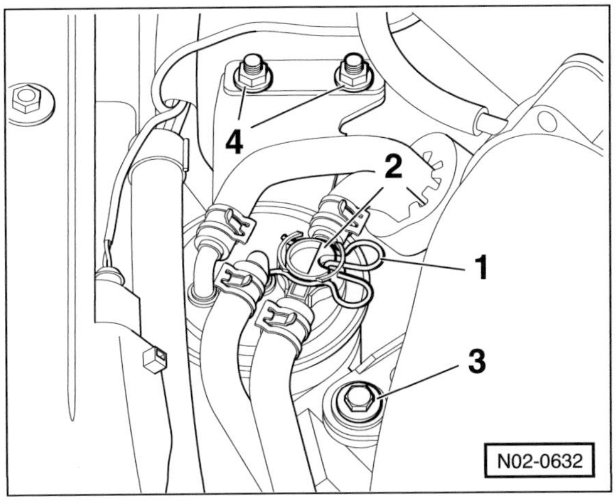

- Halteklammer –1– abziehen und Regelventil –2– mit angeschlossenen Kraftstoffleitungen abnehmen.
- Schraube –3– sowie Muttern –4– abschrauben und Filter etwas nach oben ziehen.

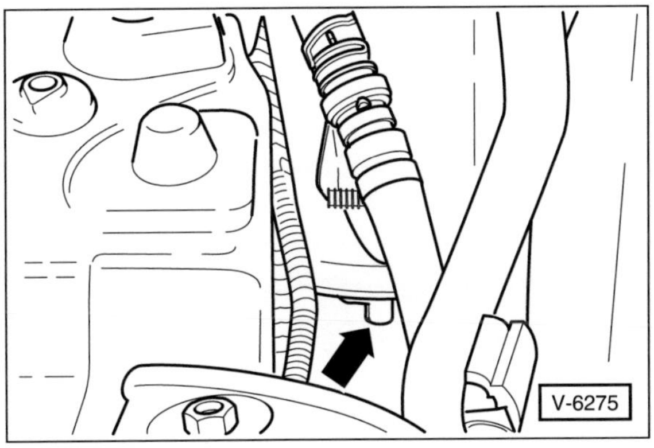

- Hilfsschlauch auf den Anschlussstutzen der Entwässerungsschraube –Pfeil– aufstecken.
- Entwässerungsschraube öffnen und ca. 0,1 Liter Flüssigkeit ablaufen lassen. Diese Menge entspricht etwa dem Inhalt einer Kaffeetasse.
- Entwässerungsschraube festziehen und Schlauch abnehmen.
- Schraube –3– und Muttern –4– festschrauben.
- Neue O-Ringe für die Abdichtung des Regelventils aufsetzen.
- Regelventil –2– einstecken und mit Halteklammer –1– sichern.
- Motor starten und im Leerlauf drehen lassen. Leitungen und Anschlüsse des Kraftstoffsystems auf Dichtheit sichtprüfen.
- Mehrmals Gas geben um die Kraftstoffanlage zu entlüften.

Kraftstofffilter ersetzen

Dieselmotor

Achtung: Auslaufender Dieselkraftstoff muss besonders von Gummiteilen, wie beispielsweise Kühlmittelschläuchen, sofort abgewischt werden, sonst werden die Gummiteile im Lauf der Zeit zerstört.

Achtung: Dieselkraftstoff ist ein Problemstoff und darf auf keinen Fall einfach weggeschüttet oder dem Hausmüll mitgegeben werden. Gemeinde- und Stadtverwaltungen informieren darüber, wo sich die nächste Problemstoff-Sammelstelle befindet.

Erforderliche Verschleißteile:

- O-Ring(e) für Regelventil.
- Kraftstofffilter für den jeweiligen Motor.

1,7-l-Dieselmotor

Ausbau

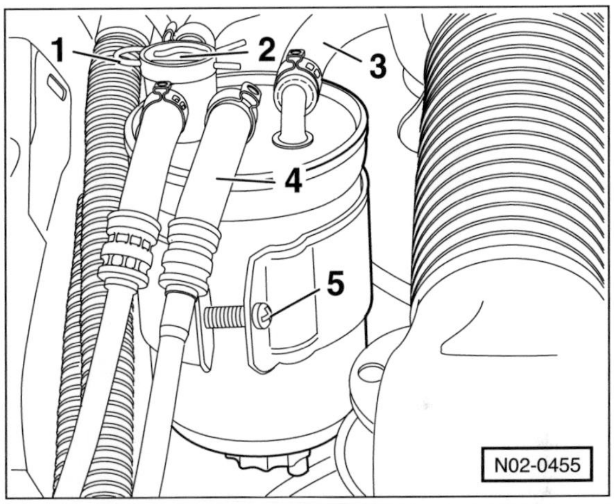

- Halteklammer –1– abziehen und Regelventil –2– mit angeschlossenen Kraftstoffleitungen abnehmen.
- Kraftstoffschläuche –3– und –4– abziehen, vorher Schellen öffnen und zurückschieben. Klemmschellen durchkneifen, Federbandschellen mit Spezialzange HAZET 798-5 öffnen.
- Kreuzschlitzschraube –5– an der Klemmschelle lösen und Filter nach oben herausziehen. **Achtung:** Der Kraftstofffilter ist vollständig mit Dieselkraftstoff gefüllt.

Einbau

- Neuen Filter mit sauberem Dieselkraftstoff füllen. Dadurch kann der Motor schneller gestartet werden.
- Kraftstofffilter in den Halter einsetzen und Klemmschraube –5– festziehen.
- Neuen O-Ring für die Abdichtung des Regelventils aufsetzen.
- Regelventil –2– einstecken und mit Halteklammer –1– sichern.

- Kraftstoffschläuche –3– und –4– aufschieben und mit Schellen sichern. **Achtung:** Anschlüsse nicht vertauschen. Die Durchflussrichtung des Kraftstoffs ist mit Pfeilen oben auf dem Filter gekennzeichnet. Klemmschellen gegebenenfalls durch Federbandschellen ersetzen.
- Motor starten und im Leerlauf drehen lassen. Leitungen und Anschlüsse des Kraftstoffsystems auf Dichtheit sichtprüfen.
- Mehrmals Gas geben, bis der Kraftstoff bei Leerlaufdrehzahl blasenfrei durch die durchsichtige Leitung –4– fließt, siehe Abbildung N02-0452.

1,2-/1,4-l-Dieselmotor

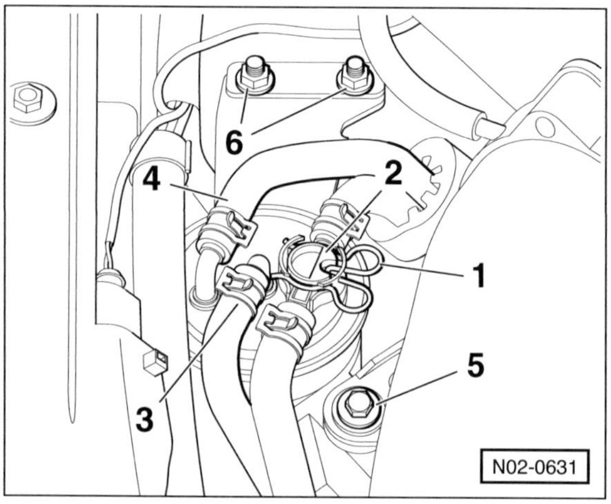

- Halteklammer –1– abziehen und Regelventil –2– mit angeschlossenen Kraftstoffleitungen abnehmen.
- Kraftstoffschläuche –3– und –4– abziehen, vorher Schellen öffnen und zurückschieben. Klemmschellen durchkneifen, Federbandschellen mit Spezialzange HAZET 798-5 öffnen.
- Schraube –5– und Muttern –6– abschrauben und Filter etwas nach oben ziehen.

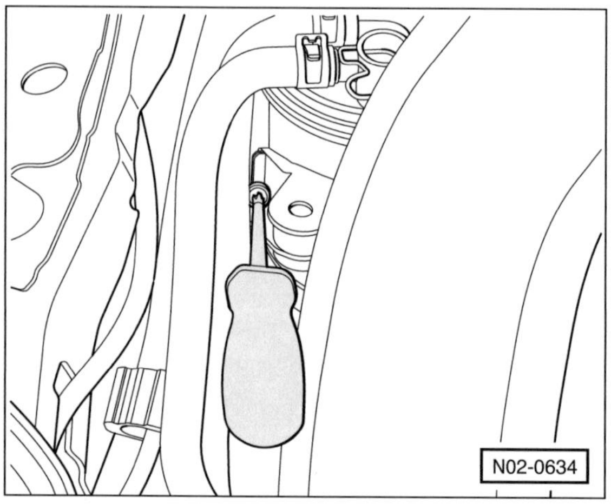

- Kreuzschlitzschraube an der Klemmschelle lösen und Filter nach oben herausziehen. **Achtung:** Der Kraftstofffilter ist vollständig mit Dieselkraftstoff gefüllt.

Einbau

- Neuen Filter mit sauberem Dieselkraftstoff füllen. Dadurch kann der Motor schneller gestartet werden.
- Kraftstofffilter einsetzen und Klemmschraube festziehen.
- Neue O-Ringe für die Abdichtung des Regelventils aufsetzen.
- Regelventil einstecken und mit Halteklammer sichern.
- Kraftstoffschläuche aufschieben und mit Schellen sichern. **Achtung:** Anschlüsse nicht vertauschen. Die Durchflussrichtung des Kraftstoffs ist mit Pfeilen oben auf dem Filter gekennzeichnet. Klemmschellen gegebenenfalls durch Federbandschellen ersetzen.
- Filter mit Schraube und Muttern festschrauben.
- Motor starten und im Leerlauf drehen lassen. Leitungen und Anschlüsse des Kraftstoffsystems auf Dichtheit sichtprüfen.
- Mehrmals Gas geben um die Kraftstoffanlage zu entlüften.

Motor-Luftfilter: Filtereinsatz erneuern

Erforderliches Verschleißteil:

- Luftfiltereinsatz

1,0-l-Benzinmotor AER/ALL mit 37 kW (50 PS), 1,4-l-Benzinmotor AEX mit 44 kW (60 PS)

Achtung: Die Befestigungsschrauben dürfen nur von Hand gelöst und festgezogen werden, keinen Schrauber verwenden.

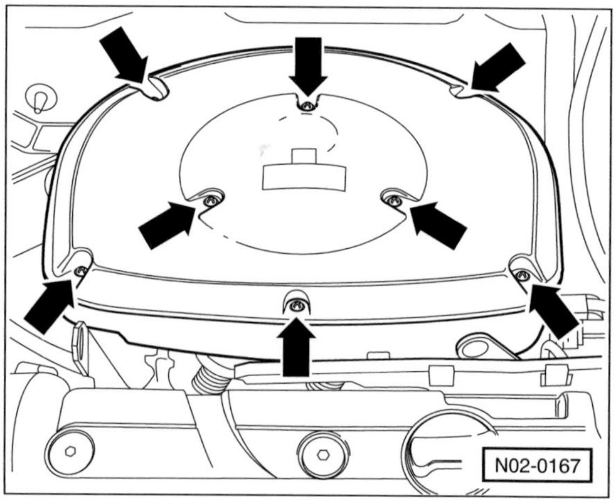

- Befestigungsschrauben –Pfeile– herausdrehen.
- Filterdeckel abnehmen.

- Filtereinsatz –Pfeil– herausnehmen.
- Filtergehäuse mit einem Lappen auswischen.

Einbau

- Neuen Filtereinsatz in das Gehäuse legen.
- Filterdeckel aufsetzen und leicht anschrauben.

1,0-l-Benzinmotor ALD/ANV/AUC/AUD/ANW/AKK mit 37 kW (50 PS)

- Luftfilter ausbauen, siehe Seite 214.

Achtung: Die Befestigungsschrauben dürfen nur von Hand gelöst und festgezogen werden, keinen Schrauber verwenden.

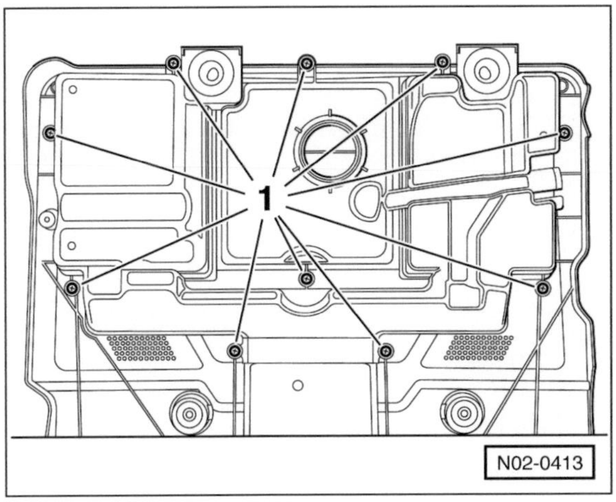

- An der Unterseite des Luftfilters die Schrauben –1– herausdrehen und Filterdeckel abnehmen.
- Filtereinsätze herausnehmen.
- Filtergehäuse und Filterdeckel mit einem Lappen auswischen.

Einbau

- Neue Filtereinsätze einsetzen und Deckel auflegen.
- Filterdeckel von der Unterseite her leicht anschrauben.
- Luftfilter einbauen, siehe Seite 214.

1,4-/1,6-l-Benzinmotor AHW/AKQ/AFK/APE/AQQ/AUA/AUB/AVY/BBY mit 55/74/92 kW (75/100/125 PS)

Ausbau

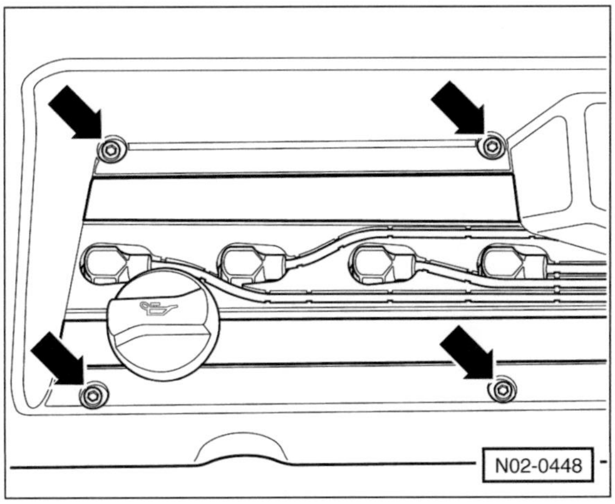

- Innensechskantschrauben –Pfeile– herausdrehen und obere Motorabdeckung abnehmen. **Hinweis:** Beim 1,6-l-Motor ist die Abdeckung geclipst.
- Schlauch für Kurbelgehäuseentlüftung abziehen.
- Gaszug ausclipsen.

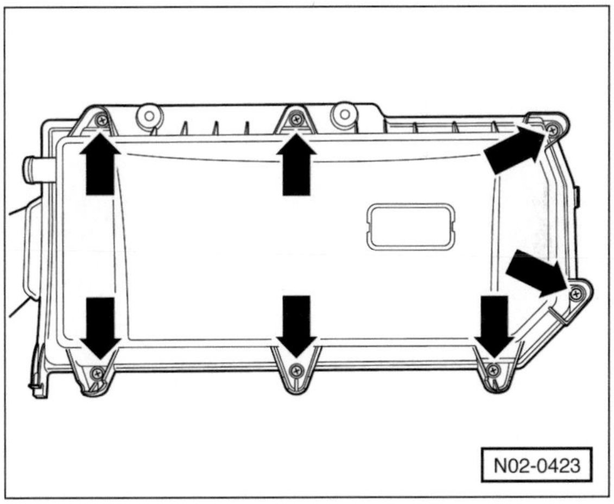

- Kreuzschlitzschrauben –Pfeile– herausdrehen und Filterdeckel abnehmen.
- Filtereinsatz herausheben.
- Filtergehäuse mit einem Lappen auswischen.

Einbau

- Neuen Filtereinsatz in das Gehäuse legen.
- Filterdeckel aufsetzen und leicht anschrauben.
- Schlauch für Kurbelgehäuseentlüftung aufstecken.
- Gaszug einclipsen.
- Obere Motorabdeckung anschrauben/aufdrücken.

Dieselmotor/1,4-l-FSI-Benzinmotor

Ausbau

> **Sicherheitshinweis**
> Beim Aufbocken des Fahrzeugs besteht Unfallgefahr! Deshalb vorher das Kapitel »Fahrzeug aufbocken« durchlesen.

- Fahrzeug aufbocken und rechte untere Abdeckung vom Radhaus her abschrauben und nach unten klappen.

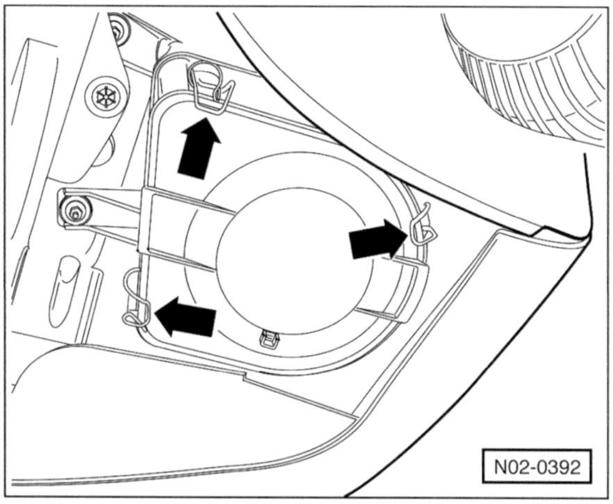

- **1,7-l-Dieselmotor:** Klammern –Pfeile– öffnen und Filterdeckel nach unten abnehmen.

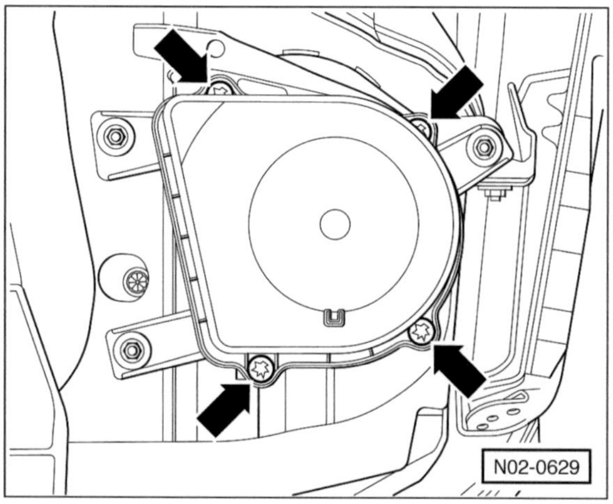

- **1,2-/1,4-l-Dieselmotor, 1,4-l-FSI-Benzinmotor ARR:** Torxschrauben –Pfeile– herausdrehen und Filterdeckel nach unten abnehmen.
- Filtereinsatz nach unten herausnehmen.
- Filtergehäuse mit einem Lappen auswischen.

Einbau

- Neuen Filtereinsatz in das Gehäuse einsetzen.
- Filterdeckel aufsetzen und mit Klammern beziehungsweise Torxschrauben befestigen.
- Abdeckung anschrauben und Fahrzeug ablassen.

Keilrippenriemen prüfen

Der Keilrippenriemen muss nicht nachgespannt werden, da eine automatische Spannrolle die Riemenspannung konstant hält. Im Rahmen der Wartung muss der Keilrippenriemen auf Beschädigungen geprüft, gegebenenfalls erneuert werden.

- Getriebe in Leerlaufstellung bringen.

> **Sicherheitshinweis**
> Beim Aufbocken des Fahrzeugs besteht Unfallgefahr! Deshalb vorher das Kapitel »Fahrzeug aufbocken« durchlesen.

- Fahrzeug aufbocken.

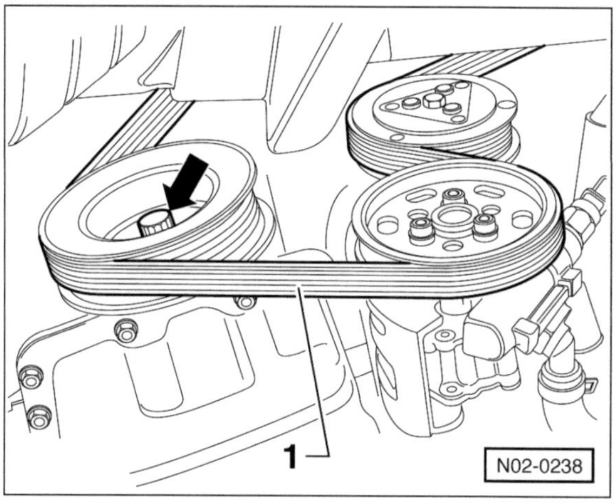

- Riemen –1– seitlich mit einem Kreidestrich markieren.
- Von der Fahrzeugunterseite her den Motor mit Stecknuss an der Kurbelwellen-Riemenscheibe –Pfeil– in Motordrehrichtung, also rechtsherum, jeweils ein Stück weiterdrehen, bis die Kreidemarkierung wieder sichtbar wird. Dabei Keilrippenriemen Stück für Stück sichtprüfen.
- Keilrippenriemen auf folgende Beschädigungen prüfen:

■ Öl- und Fettspuren.

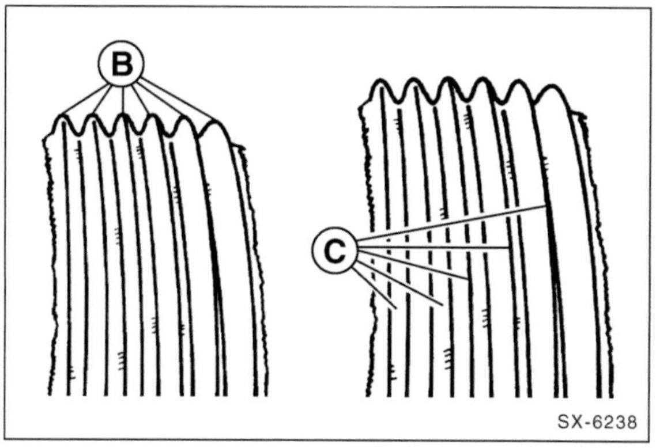

■ Flankenverschleiß: Rippen laufen spitz zu –B–, neu sind sie trapezförmig. Der Zugstrang ist im Rippengrund sichtbar, erkenntlich an den helleren Stellen –C–.

■ Flankenverhärtungen, glasige Flanken.

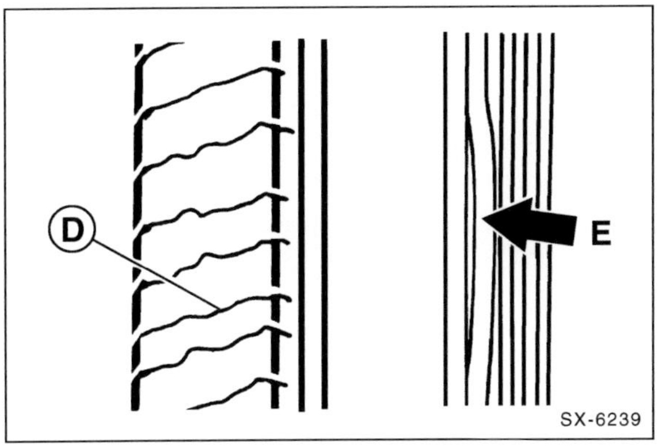

■ Querrisse –D– auf der Rückseite des Riemens.

■ Einzelne Rippen lösen sich ab –E–.

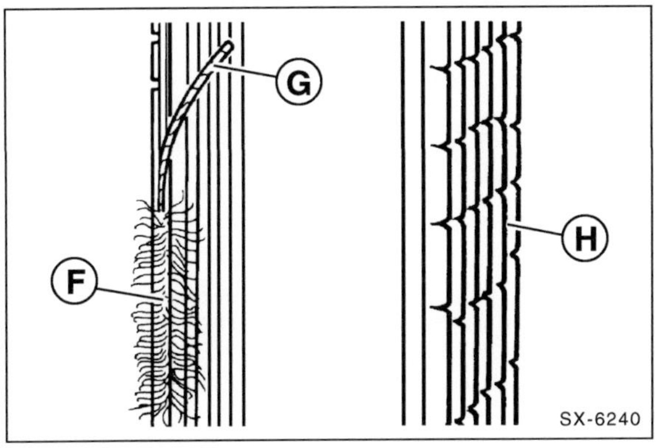

■ Ausfransungen der äußeren Zugstränge –F–. Zugstrang seitlich herausgerissen –G–. Querrisse –H– in mehreren Rippen.

■ Rippenbrüche, einzelne Rippenquerrisse. Einlagerung von Schmutz, Steinen zwischen den Rippen. Gummiknollen im Rippengrund.

■ Wenn eine oder mehrere dieser Beschädigungen vorhanden sind, Keilrippenriemen **unbedingt** ersetzen, siehe Seite 190.

Zahnriemenzustand prüfen

Benzinmotor

● Spannverschlüsse der oberen Zahnriemenabdeckung öffnen und Abdeckung abnehmen.

Zahnriemen sichtprüfen auf:

■ Anrisse, Querschnittbrüche in der Abdeckung und im Zahnriemengrund.

■ Lagentrennung von Zahnriemen/Zugsträngen.

■ Ausbrüche, Ausfransungen der Zugstränge.

■ Oberflächenrisse.

■ Öl- und Fettspuren.

■ Seitliches Anlaufen des Zahnriemens.

Achtung: Beschädigten Zahnriemen **unbedingt** ersetzen, siehe Seite 167, 175.

● Obere Zahnriemenabdeckung einbauen.

Zündkerzen erneuern

Erforderliches Spezialwerkzeug:

■ Zündkerzenschlüssel, zum Beispiel HAZET 2506 oder 4766-1.

Erforderliche Verschleißteile:

■ 4 Zündkerzen. Die richtige Zündkerze, siehe Seite 28.

Ausbau

Achtung: Zündkerzen nur bei kaltem oder handwarmem Motor wechseln. Wenn die Zündkerzen bei heißem Motor herausgedreht werden, kann das Zündkerzengewinde des Leichtmetall-Zylinderkopfes ausreißen.

1,0-l-Benzinmotor mit 37 kW (50 PS), 1,4-l-Benzinmotor mit 44 kW (60 PS)

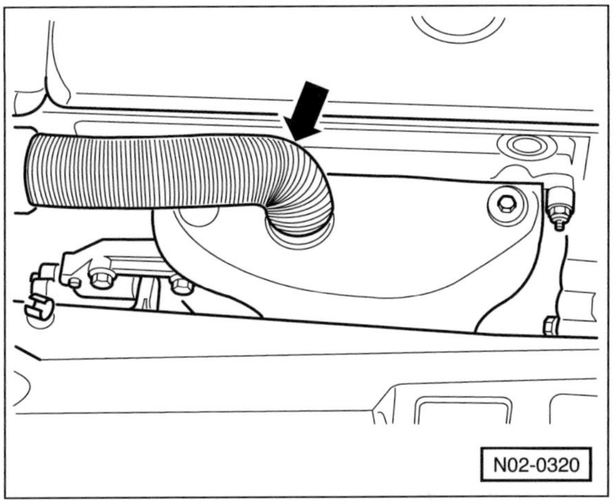

● **Motor AER/ALL/AEX:** Schlauch für Ansaugluftvorwärmung –Pfeil– vom Abgaskrümmer abziehen.

● Luftfilter ausbauen und komplett herausnehmen, siehe Seite 214.

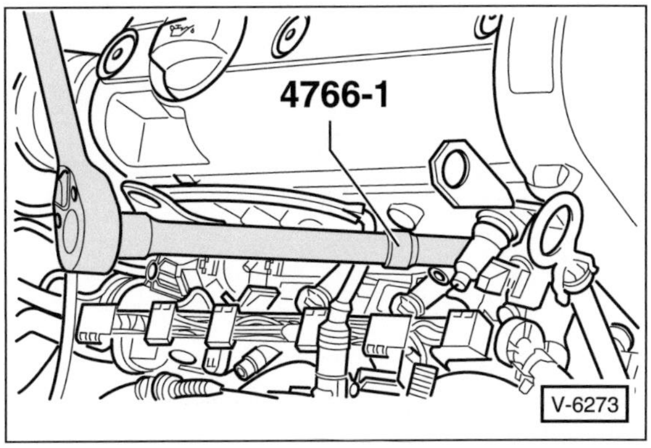

● Zündkerzenstecker abziehen und Zündkerzen mit Zündkerzenschlüssel, zum Beispiel HAZET 4766-1, herausdrehen. Die Abbildung zeigt den Motor AER/ALL/AEX.

1,4-/1,6-l-Benzinmotor AHW/AKQ/AFK/APE/AQQ/AUA/AUB/AVY/BBY mit 55/74/92 kW (75/100/125 PS)

- Obere Motorabdeckung ausbauen, siehe »Motor-Luftfiltereinsatz erneuern«.

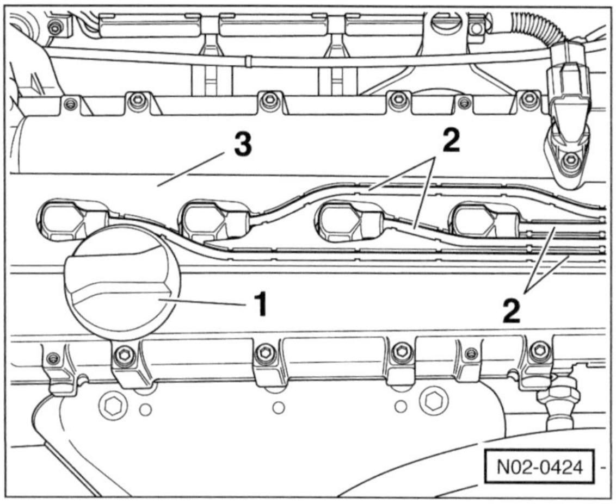

- Verschlussdeckel –1– abnehmen.
- Zündkabel –2– aus der Abdeckung –3– herausziehen und Abdeckung etwas nach oben ziehen.
- Zündkerzenstecker abziehen und Zündkerzen mit Zündkerzenschlüssel, zum Beispiel HAZET 4766-1, herausdrehen.

1,4-l-FSI-Benzinmotor ARR mit 77 kW (105 PS)

- Obere Motorabdeckung ausclipsen.
- Öleinfülldeckel abnehmen.
- Gummitrichter vom Öleinfüllstutzen abclipsen.
- Kurbelgehäuseentlüftungsschlauch vom Öleinfüllstutzen abziehen.
- Einzel-Zündspulen mit Kerzenstecker vorsichtig von den Zündkerzen abziehen, bis sich die Stecker abziehen lassen.
- Anschließend Zündspulen ganz herausziehen.
- Zündkerzen herausschrauben.

Einbau

- Neue Zündkerzen vorsichtig einschrauben und mit **25 Nm** beziehungsweise **30 Nm** festziehen, siehe Tabelle.
- Der weitere Einbau erfolgt in umgekehrter Ausbaureihenfolge.

Zündkerzengewinde erneuern

Hinweis: Falls festgestellt wird, dass das Zündkerzengewinde beschädigt ist, muss dieses erneuert werden. Dazu gibt es unter anderem von BERU einen entsprechenden Werkzeug- und Reparatursatz. Mit einem Spezialbohrer wird das alte Gewinde herausgeschält; der Zylinderkopf muss dazu nicht ausgebaut werden. Anschließend wird ein neues Gewinde in den Zylinderkopf geschnitten und die Zündkerze mit einem speziellen Gewindeeinsatz eingeschraubt. Nachträglich eingebaute Zündkerzen-Gewindeeinsätze sitzen sicher und sind kompressionsdicht.

Zündkerzen für die LUPO/AROSA-Benzinmotoren

Achtung: Die technische Entwicklung geht ständig weiter. Es kann sein, dass inzwischen für einzelne Motoren andere Zündkerzenwerte gelten. Daher empfiehlt es sich, vor einem Neukauf die aktuellen Zündkerzenwerte bei der Fachwerkstatt zu erfragen.

Motor	Motor-Kenn-buchstaben	Zündkerzen						Anzugs-drehm.
		BERU	EA*	BOSCH	EA*	NGK	EA*	
1,0-l/37 kW (50 PS)	AER/ALL	14GH-7DTUR	0,7-0,9	W 7 LTCR	0,9-1,1	BUR 6 ET	0,7-0,9	25 Nm
1,0-l/37 kW (50 PS)	ALD/ANV/AUC	–	–	–	–	PZFR 5D-11	1,0-1,1	30 Nm
1,0-l/37 kW (50 PS)	AHT	RC 87 PYC	0,75-0,85	–	–	BKR 6 ETA-10	0,75-0,85	30 Nm
1,4-l/44 kW (60 PS)	AEX	14GH-7DTUR	0,7-0,9	W 7 LTCR	0,9-1,1	BUR 6 ET	0,7-0,9	25 Nm
1,4-l/44 kW (60 PS)	AUD/ANW/AKK	–	–	–	–	PZFR 5D-11	1,0-1,1	30 Nm
1,4-l/55/74 kW (75/100 PS), 1,6-l/ 92 kW (125 PS)	AHW/AKQ/APE/ AFK/AQQ/AUA/ AUB/AQQ/AVY	–	–	–	–	BKUR 6 ET-10	0,9-1,1	30 Nm
1,4-l/55 kW (75 PS) Schaltgetriebe	BBY	–	–	–	–	BKUR 6 ET-10	0,9-1,1	30 Nm
1,4-l/55 kW (75 PS) Autom. Getriebe	BBY	–	–	–	–	PZFR 5D-11	1,0-1,1	30 Nm
1,4-l/77kW (105 PS)	ARR	–	–	FGR 6 HQE0	0,9-1,1	–	–	30 Nm

*) EA = Elektrodenabstand in mm.

Getriebe/Achsantrieb

- Gummimanschetten der Achswellen: Auf Undichtigkeiten und Beschädigungen sichtprüfen.
- Getriebe, Achsantrieb: Auf Undichtigkeiten sichtprüfen.
- Direktschaltung LUPO 3L: Dichtungsbälge des Gangstellers am Getriebe auf Undichtigkeiten und Beschädigungen prüfen. Grundeinstellung durchführen (Werkstattarbeit).
- Direktschaltung LUPO 3L: Ölstand prüfen, gegebenenfalls Hydrauliköl nachfüllen.
- Schaltgetriebe: Ölstand prüfen, gegebenenfalls auffüllen.
- Schaltgetriebe, 1,0-l-Benzinmotor AHT: Getriebeöl wechseln.
- Automatikgetriebe: Getriebeölstand prüfen, gegebenenfalls auffüllen.

Achtung: Getriebe-Altöl **keinesfalls einfach wegschütten oder dem Hausmüll mitgeben**. Die Öl-Verkaufsstellen nehmen die entsprechende Menge Altöl kostenlos entgegen, daher beim Ölkauf Quittung und Ölkanister für spätere Altölrückgabe aufbewahren!

Gummimanschetten der Achswellen prüfen

Sicherheitshinweis
Beim Aufbocken des Fahrzeugs besteht Unfallgefahr! Deshalb vorher das Kapitel »Fahrzeug aufbocken« durchlesen.

- Fahrzeug aufbocken.

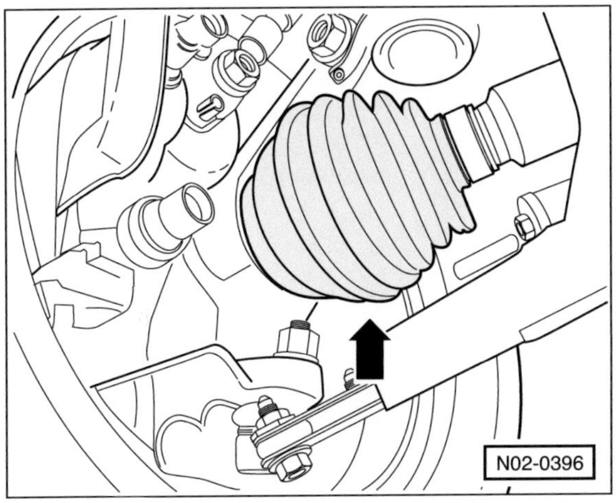

- Manschetten mit Lampe anstrahlen und Gummi auf Porosität und Risse untersuchen. Eingerissene Manschetten umgehend erneuern.
- Sollte die Manschette durch Unterdruck im Gelenk nach innen gezogen oder defekt sein, so ist sie umgehend auszutauschen.
- Auf sichtbare Fettspuren an den Manschetten und in deren Umgebung achten.
- Festen Sitz der Klemmschellen prüfen.
- Fahrzeug ablassen.

Getriebe auf Dichtheit sichtprüfen

Folgende Leckstellen sind möglich:

- Trennstelle zwischen Motorblock und Getriebe (Schwungraddichtung/Wellendichtung-Getriebe).
- Gelenkwelle an Getriebe.
- Öleinfüllschraube.
- Ölablassschraube.

Bei der Suche nach der Leckstelle folgendermaßen vorgehen:

- Getriebegehäuse mit Kaltreiniger reinigen.
- Mögliche Leckstellen mit Kalk oder Talkumpuder bestäuben.
- Probefahrt durchführen. Damit das Öl besonders dünnflüssig wird, sollte die Probefahrt auf einer Schnellstraße über eine Entfernung von ca. 30 km durchgeführt werden.

Sicherheitshinweis
Beim Aufbocken des Fahrzeugs besteht Unfallgefahr! Deshalb vorher das Kapitel »Fahrzeug aufbocken« durchlesen.

- Fahrzeug aufbocken und Getriebe mit einer Lampe nach der Leckstelle absuchen.
- Leckstellen umgehend beseitigen. Anschließend Getriebeöl auffüllen.

Getriebeölstand prüfen

Das Getriebeöl muss nicht gewechselt werden, außer bei Fahrzeugen mit 1,0-l-Benzinmotor AHT. Der Ölstand wird im Rahmen der Wartung kontrolliert, gegebenenfalls ergänzt.

Beim Automatikgetriebe Ölstand in der Fachwerkstatt prüfen lassen, da hierzu ein spezielles Diagnosegerät angeschlossen werden muss.

Erforderliches Spezialwerkzeug:

- Eine Grube oder ein hydraulischer Wagenheber mit Unterstellböcken.

Prüfvoraussetzung:

Sicherheitshinweis
Beim Aufbocken des Fahrzeugs besteht Unfallgefahr! Deshalb vorher das Kapitel »Fahrzeug aufbocken« durchlesen.

- Fahrzeug über eine Grube fahren oder waagerecht aufbocken.

Schaltgetriebe

Erforderliches Spezialwerkzeug:

- Innensechskant-Steckschlüsseleinsatz SW-17.

Erforderliche Verschleißteile:

- Falls Getriebeöl nachgefüllt werden muss, Synthetik-Getriebeöl »G50 SAE 75W-90«.
Füllmenge:

Getriebe	Motor	Liter
085/085DS	1,0-/1,4-l-Benziner außer AHT	2,7
02J	1,4-l-Diesel	2,0
085 DS	1,2-l-Diesel Lupo 3L	2,5
02T	1,6-l-Benziner GTI 5-Gang	1,9
02U	1,6-l-Benziner GTI 6-Gang	2,1

Ölstand prüfen

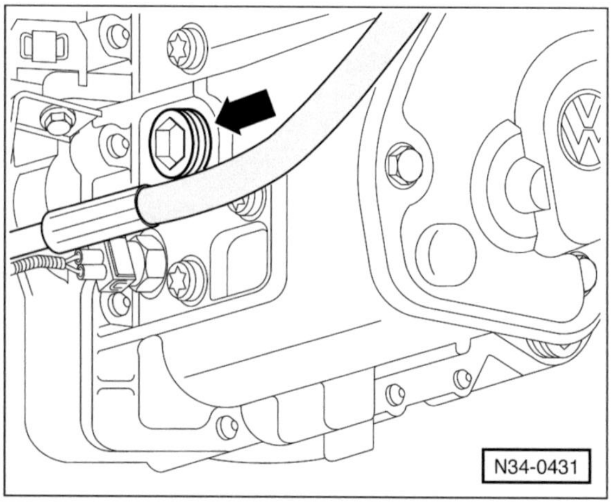

- Öleinfüllschraube mit Innensechskantschlüssel herausdrehen.

Hinweis: Öleinfüllschraube beim 1,0-l-Benzinmotor AHT, siehe »Getriebeöl wechseln«.

- Ölstand prüfen. Der Ölstand ist korrekt, wenn das Getriebeöl bis zur Unterkante der Schraubenbohrung steht. Gegebenenfalls Öl auffüllen.

Achtung: Ist der Ölstand zu niedrig, Getriebe auf Undichtigkeiten prüfen, gegebenenfalls reparieren (Werkstattarbeit).

- Öleinfüllschraube einschrauben und mit **25 Nm** festziehen.
- Fahrzeug ablassen.

Direktschaltung

LUPO 3L/FSI

Erforderliche Verschleißteile:

- Falls Getriebeöl nachgefüllt werden muss, Synthetik-Getriebeöl »G50 SAE 75W-90«. Füllmenge, siehe Tabelle.

Ölstand prüfen

- Batterie-Massekabel (–) bei ausgeschalteter Zündung abklemmen. **Achtung:** Dadurch werden elektronische Speicher gelöscht, wie zum Beispiel bei bestimmten Radios der Radiocode. Ohne Code kann das Radio nicht mehr in Betrieb genommen werden. Deshalb Hinweise im Kapitel »Batterie aus- und einbauen« durchlesen.

Achtung: Batterie-Massekabel (–) unbedingt abklemmen, da auch bei ausgeschalteter Zündung die Hydraulikpumpe anläuft. Dadurch kann bei geöffnetem System Hydrauliköl austreten.

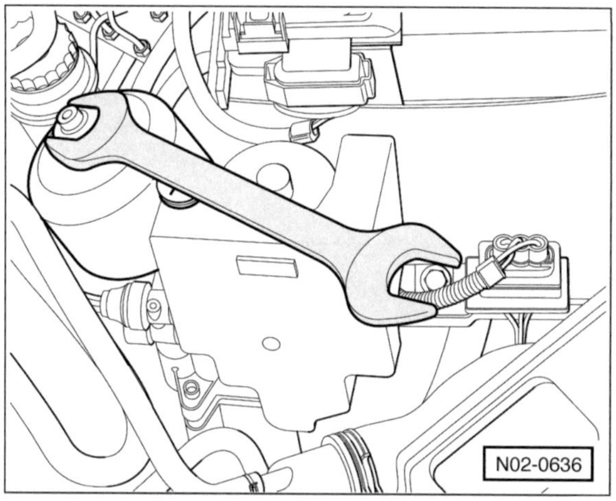

- Druckspeicher mit Maulschlüssel SW 24 etwa ½ Umdrehung lösen. **Hinweis:** Dadurch steigt der Hydraulikölstand im Vorratsbehälter an.

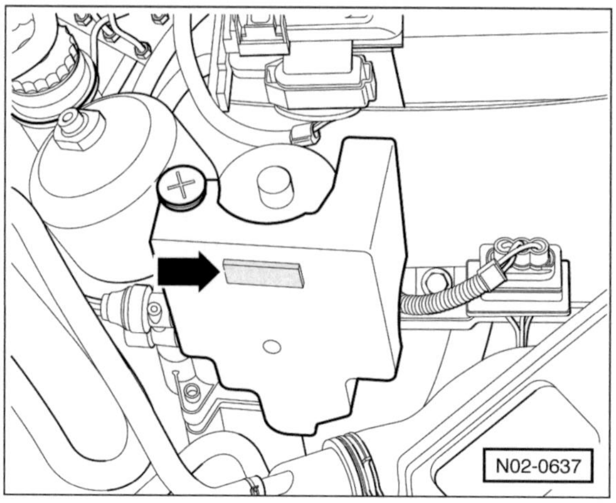

- Der Ölstand muss sich im Bereich des Rasterfeldes –Pfeil– befinden.

- Gegebenenfalls Hydrauliköl nachfüllen. Dazu Verschlussdeckel für Vorratsbehälter öffnen und Hydrauliköl auffüllen, bis sich der Ölstand im Rasterfeld befindet.
- Druckspeicher mit **40 Nm** festziehen.
- Fahrzeug ablassen.
- Batterie-Massekabel (–) anklemmen. **Achtung:** Zeituhr stellen und gegebenenfalls Radiocode eingeben sowie Hoch-/Tieflaufautomatik für elektrische Fensterheber aktivieren, siehe Kapitel »Batterie aus- und einbauen«.
- Zündung einschalten, dadurch läuft die Hydraulikpumpe an und der Hydraulikstand im Ausgleichbehälter sinkt etwas ab.
- Hydrauliksystem auf Dichtheit sichtprüfen.
- Falls Hydrauliköl nachgefüllt wurde: Einige Schaltbewegungen durchführen und dadurch Hydrauliksystem entlüften.
- Zündung ausschalten.
- Falls Hydrauliköl nachgefüllt wurde: Prüfvorgang für Ölstand nochmals komplett durchführen, gegebenenfalls Ölstand korrigieren.

Schaltgetriebe: Öl wechseln

1,0-l-Benzinmotor AHT

Erforderliches Spezialwerkzeug:

- Eine Grube oder ein hydraulischer Wagenheber mit Unterstellböcken.

Erforderliche Verschleißteile/Betriebsmittel:

- 2,4 l Synthetik-Getriebeöl »SAE 75W-90« der VW-Spezifikation »G 50«.
- Dichtring für Ablassschraube.
- Dichtmittel für Öleinfüllschraube, zum Beispiel »Drei-Bond-1324«

Getriebeöl wechseln

- Motor warmfahren, bis die Kühlmitteltemperaturanzeige die normale Betriebstemperatur des Motors anzeigt. Das Getriebeöl ist jetzt warm und dünnflüssig, so dass ein gesamter Getriebeölaustausch sichergestellt ist.

Sicherheitshinweis
Beim Aufbocken des Fahrzeugs besteht Unfallgefahr! Deshalb vorher das Kapitel »Fahrzeug aufbocken« durchlesen.

- Fahrzeug über eine Grube fahren oder waagerecht aufbocken.

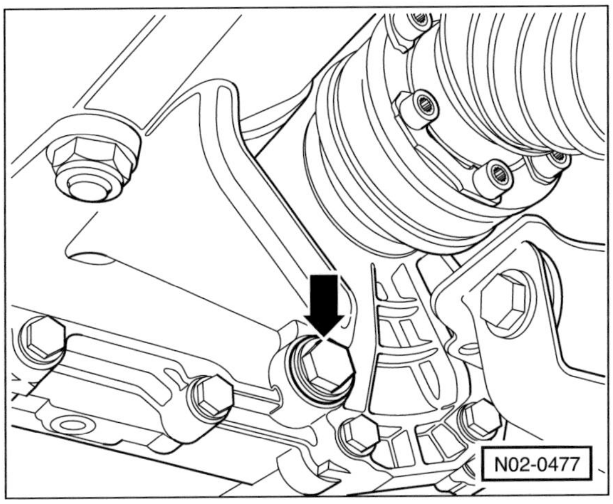

- Ablassschraube –Pfeil– unten am Getriebegehäuse herausschrauben und Öl vollständig ablassen.
- Ablassschraube mit **neuem** Dichtring und **60 Nm** festziehen.

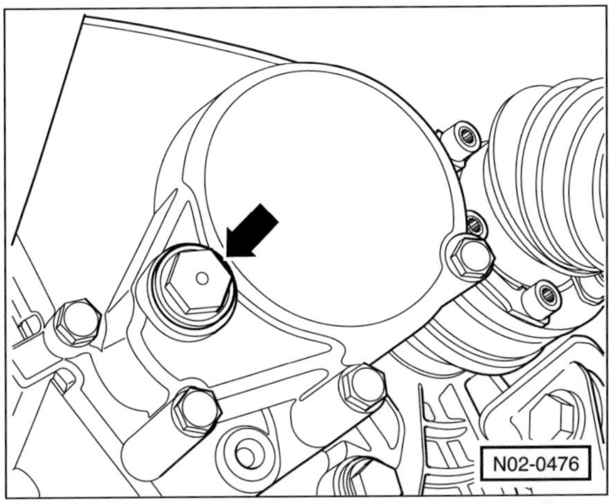

- Öleinfüllschraube –Pfeil– herausdrehen.
- Getriebeöl der angegebenen Spezifikation bis zur Unterkante der Einfüllöffnung auffüllen. Füllmenge: etwa 2,4 l.
- Dichtflächen der Öleinfüllschraube sowie am Getriebegehäuse reinigen und mit Dichtmittel, zum Beispiel »Drei-Bond-1324«, bestreichen.
- Öleinfüllschraube mit **25 Nm** festziehen.

Vorderachse/Lenkung

- Spurstangenköpfe und Achsgelenke: Spiel und Befestigung prüfen, Dichtungsbälge prüfen.
- Servolenkung: Ölstand prüfen, gegebenenfalls Hydrauliköl auffüllen.

Spurstangenköpfe und Achsgelenke prüfen

Sicherheitshinweis
Beim Aufbocken des Fahrzeugs besteht Unfallgefahr! Deshalb vorher das Kapitel »Fahrzeug aufbocken« durchlesen.

- Fahrzeug vorn aufbocken, die Räder müssen frei hängen.

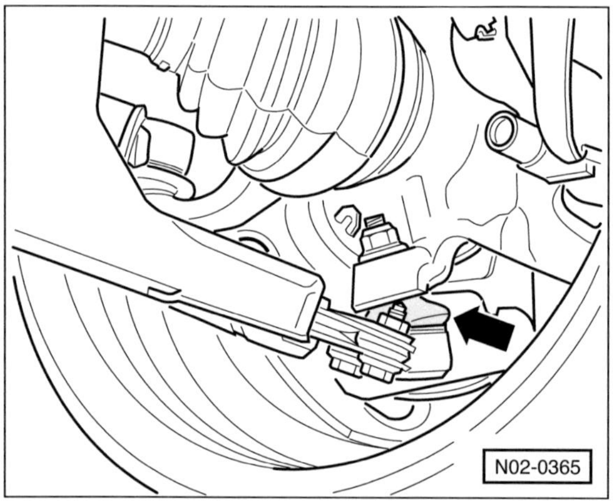

- Staubkappen für untere Achsgelenke links und rechts mit Lampe anstrahlen und auf Beschädigungen überprüfen. **Hinweis:** Die Abbildung zeigt den LUPO/AROSA, nicht den LUPO 3L.

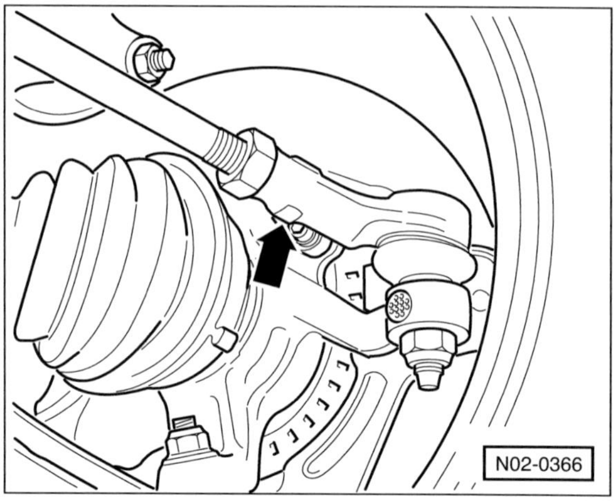

- Staubkappe für Kugelgelenk der Spurstange –Pfeil– links und rechts mit Lampe anstrahlen und auf Beschädigungen überprüfen. **Hinweis:** Die Abbildung zeigt den LUPO/AROSA, nicht den LUPO 3L.
- Bei beschädigter Staubkappe, sicherheitshalber entsprechendes Gelenk mit Schutzkappe auswechseln. Eingedrungener Schmutz zerstört mit Sicherheit das Gelenk.
- Spurstangen –Pfeil– links und rechts kräftig von Hand hin- und herbewegen. Das jeweilige Kugelgelenk darf kein Spiel aufweisen, andernfalls Spurstangengelenk ersetzen.
- Festsitz der Kontermutter am Spurstangenkopf und Befestigungsmutter des Kugelgelenks prüfen, ohne sie dabei zu verdrehen.
- Faltenbälge am Lenkgetriebe auf Beschädigung prüfen, gegebenenfalls erneuern.

Ölstand für Servolenkung prüfen

Der LUPO 3L ist mit einer elektro-mechanischen Servolenkung (Sonderausstattung) ausgestattet, aus diesem Grund entfällt bei diesem Modell eine Ölstandprüfung.

Erforderliches Betriebsmittel:

- »Hydrauliköl VW-G 002 000«.

Prüfen

Der Ölstand kann in kaltem oder betriebswarmem Zustand (ab ca. +50° C) geprüft werden. Beschrieben wird die Prüfung in kaltem Zustand. Hinweise am Kapitelende beachten, wenn der Ölstand bei warmem Motor geprüft werden soll.

- Das Fahrzeug darf nicht warmgefahren sein, der Motor darf nicht laufen. Die Vorderräder müssen geradeaus stehen.

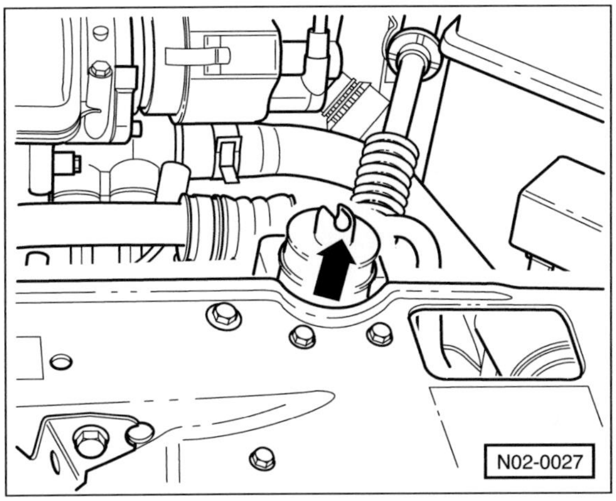

- Verschlussdeckel –Pfeil– am Ausgleichbehälter mit Hilfe eines Schraubendrehers abschrauben. Dazu Schaft des Schraubendrehers in die Nut des Deckels einlegen. **Hinweis:** In der Abbildung ist der Ausgleichbehälter links vorn am Schließblech dargestellt. Bei einigen Modellen sitzt der Ausgleichbehälter im Motorraum, vorn am rechten Kotflügel.
- Messstab am Deckel mit sauberem, fusselfreiem Lappen abwischen.

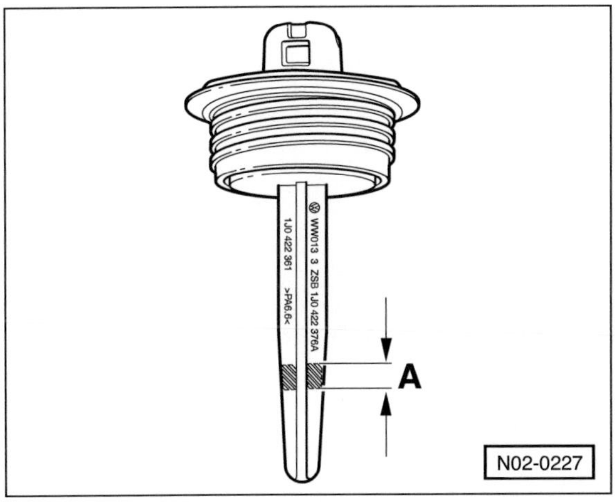

- Deckel handfest ein- und wieder abschrauben. Der Ölstand soll sich im Bereich des Rasterfeldes –A– befinden. **Hinweis:** Für die Prüfung muss der Deckel eingeschraubt werden, es reicht nicht den Deckel nur auf die Einfüllöffnung zu legen.

Achtung: Normalerweise darf der Ölstand nicht absinken. Wenn der Ölstand abgesunken ist, Undichtigkeit von einer Fachwerkstatt beseitigen lassen. Befindet sich der Ölstand über dem angegebenen Bereich, muss Öl abgesaugt werden.

- Grundsätzlich nur **neues Öl** nachfüllen, da bereits kleinste Verunreinigungen zu Störungen an der hydraulischen Anlage führen können.
- Deckel mit Schraubendreher festschrauben.

Hinweise für die Prüfung bei Betriebstemperatur:

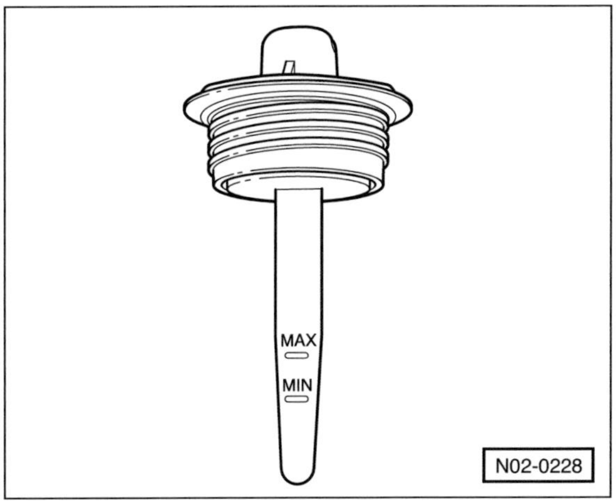

- Fahrzeug auf Probefahrt warm fahren. Das Hydrauliköl muss auf ca. +50° C erwärmt sein.
- Fahrzeug auf einer waagerechten Fläche abstellen und im Leerlauf laufen lassen, Vorderräder in Geradeausstellung bringen
- Ölstand bei laufendem Motor prüfen. Der Ölstand muss sich zwischen der MIN- und MAX-Markierung auf der anderen Seite des Messstabs befinden, siehe Abbildung.

Bremsen/Reifen/Räder

- Bremsflüssigkeitsstand: Prüfen.
- Bremsbeläge: Belagstärke an Vorder- und Hinterrädern prüfen.
- Bremsanlage: Leitungen, Schläuche und Anschlüsse auf Undichtigkeiten und Beschädigungen prüfen.
- Bremsflüssigkeit: Erneuern.
- Bereifung: Profiltiefe und Reifenfülldruck prüfen; Reifen, einschließlich Reserverad, auf Verschleiß und Beschädigungen prüfen.
- LUPO 3L: Haltbarkeitsdatum der Reifen-Reparaturflüssigkeit prüfen, gegebenenfalls Füllflasche ersetzen. Die Füllflasche befindet sich im Kofferraum.

Bremsflüssigkeitsstand prüfen

Der Vorratsbehälter für die Bremsflüssigkeit befindet sich im Motorraum. Der Schraubverschluss hat eine Belüftungsbohrung, die nicht verstopft sein darf.

Der Vorratsbehälter ist durchscheinend, so dass der Bremsflüssigkeitsstand von außen überprüft werden kann. Außerdem wird ein zu niedriger Bremsflüssigkeitsstand durch eine Warnleuchte im Kombiinstrument signalisiert. Dennoch ist es ratsam, bei der regelmäßigen Motor-Ölstandkontrolle auch einen Blick auf den Vorratsbehälter für Bremsflüssigkeit zu werfen.

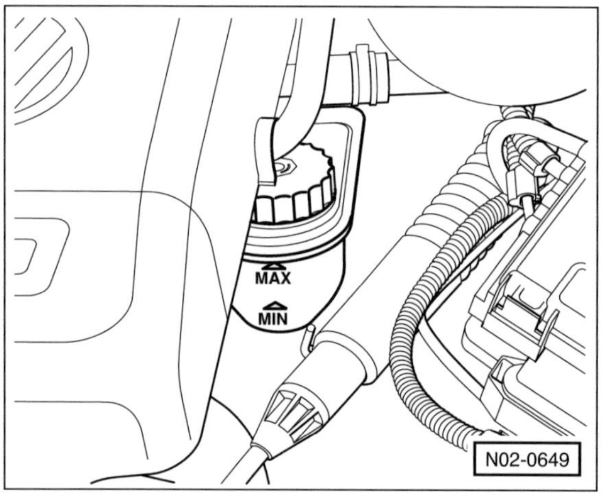

- Der Bremsflüssigkeitsstand soll zwischen der MAX- und der MIN-Marke liegen.
- Nur **neue** Bremsflüssigkeit der Spezifikation **FMVSS 116 DOT 4** oder **VW-501 04** einfüllen.
- Durch Abnutzung der Scheibenbremsbeläge entsteht ein geringfügiges Absinken der Bremsflüssigkeit. Das ist normal. Es muss keine Bremsflüssigkeit nachgefüllt werden.
- Sinkt die Bremsflüssigkeit jedoch innerhalb kurzer Zeit stark ab oder liegt der Flüssigkeitsspiegel unter der MIN-Marke, ist das ein Zeichen für Bremsflüssigkeitsverlust.
- Bei Bremsflüssigkeitsverlust muss die Leckstelle sofort ausfindig gemacht werden. Sicherheitshalber sollte die Überprüfung und Reparatur der Anlage von einer Fachwerkstatt durchgeführt werden.

Bremsbelagdicke prüfen

Erforderliches Spezialwerkzeug:

- Taschenlampe und Spiegel.
- Schieblehre.

Prüfvoraussetzung

Hinweis: Durch Schmutzpartikel am Fahrbahnrand ist der Belagverschleiß auf der Beifahrerseite erfahrungsgemäß minimal größer als auf der Fahrerseite. Daher ist es sinnvoll, das vordere Rad auf der Beifahrerseite abzunehmen.

Sicherheitshinweis
Beim Aufbocken des Fahrzeugs besteht Unfallgefahr! Deshalb vorher das Kapitel »Fahrzeug aufbocken« durchlesen.

- Stellung des rechten Vorderrades zur Radnabe mit Farbe kennzeichnen. Dadurch kann das ausgewuchtete Rad wieder in derselben Position montiert werden. Radschrauben lösen, dabei muss das Fahrzeug auf dem Boden stehen. Fahrzeug aufbocken und rechtes Vorderrad abnehmen.

Vorderrad-Scheibenbremse:

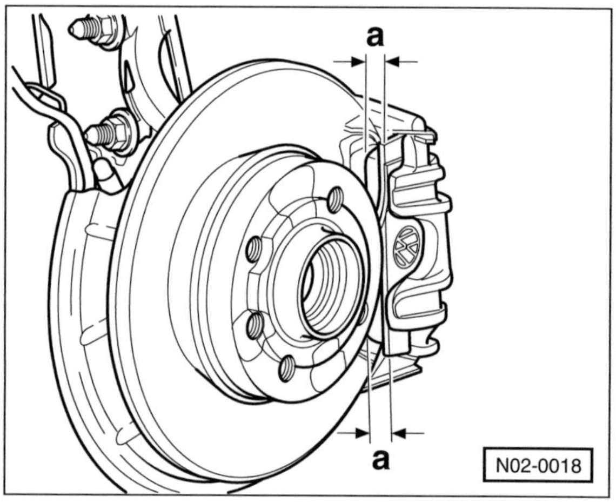

- Belagdicke –a–, einschließlich metallener Rückenplatte, am inneren und äußeren Belag mit einer Schieblehre messen.

- Die Verschleißgrenze der vorderen Scheibenbremsbeläge ist erreicht, wenn ein Belag nur noch eine Dicke –a– von **7 mm** (mit Trägerplatte) aufweist. In diesem Fall Bremsbeläge an der Vorderachse wechseln, siehe Seite 144/147.
- Vorderrad so ansetzen, dass die beim Ausbau angebrachten Markierungen übereinstimmen. Radschrauben **nicht** fetten oder ölen. Rad anschrauben. Fahrzeug ablassen und Radschrauben über Kreuz mit **110 Nm** festziehen.

Hinweis: Nach einer Faustregel entspricht 1 mm Bremsbelag einer Fahrleistung von mindestens 1000 km. Diese Faustregel gilt unter ungünstigen Bedingungen. Im Normalfall halten die Beläge viel länger. Bei einer Belagdicke der Scheibenbremsbeläge von 10,0 mm (mit Rückenplatte) beträgt die Restnutzbarkeit der Bremsbeläge also noch mindestens 3000 km.

Hinterrad-Trommelbremse

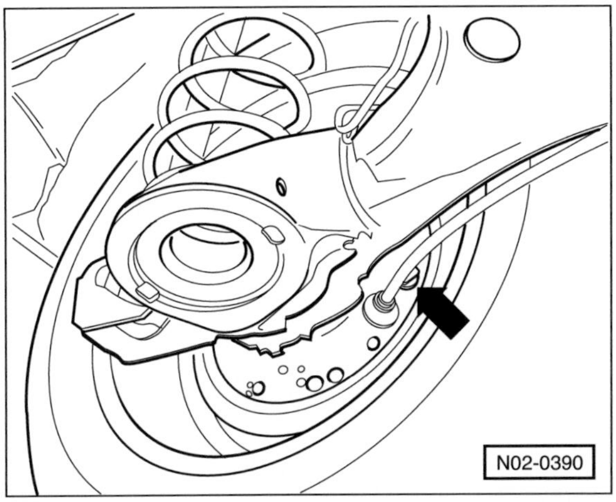
N02-0390

- Am hinteren Bremsträger Verschlussstopfen –Pfeil– abnehmen und mit Taschenlampe durch die Öffnung leuchten. Die Verschleißgrenze ist erreicht, wenn der Belag eine Stärke von **2,5 mm** (ohne Metallträgerbacke) hat.

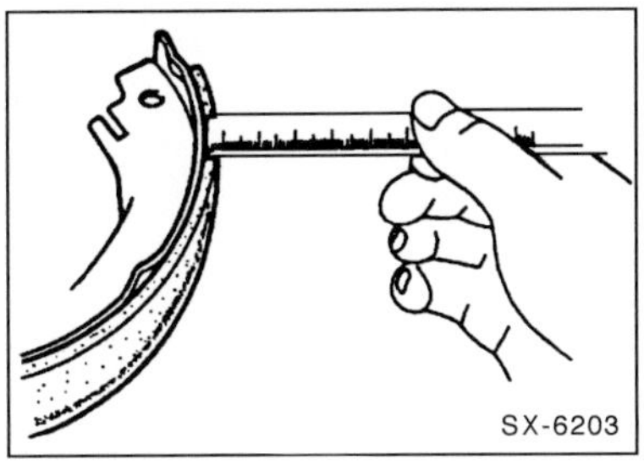
SX-6203

- Im Zweifelsfall Bremstrommel ausbauen und Belagstärke messen.
- Bei der Belagkontrolle gleichzeitig auf durch Bremsflüssigkeit oder Öl verschmierte Beläge achten. In diesem Fall Bremsbeläge umgehend erneuern.

Hinterrad-Scheibenbremse:

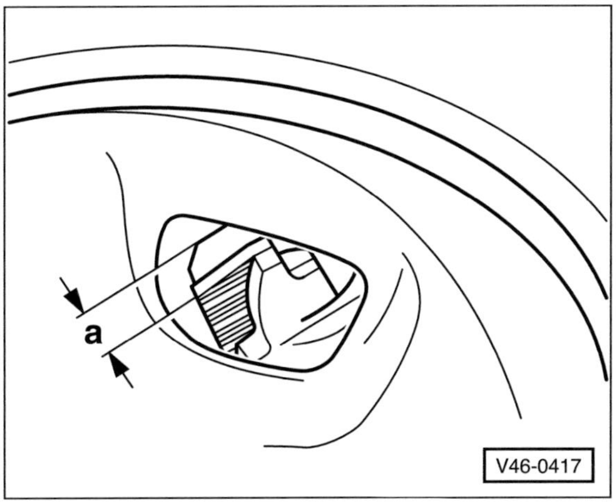

V46-0417

- Dicke der äußeren Bremsbeläge durch einen Durchbruch im Scheibenrad prüfen, falls erforderlich Lampe verwenden. Das Scheibenrad muss nicht abgenommen werden. Falls vorhanden, Radvollblende abziehen.
- Inneren Belag mit Hilfe einer Lampe und eines Spiegels sichtprüfen.
- Die Verschleißgrenze der Scheibenbremsbeläge ist erreicht, wenn ein Belag einschließlich der Trägerplatte nur noch eine Dicke –a– von **7 mm** aufweist.

Sichtprüfung der Bremsleitungen

Sicherheitshinweis
Beim Aufbocken des Fahrzeugs besteht Unfallgefahr! Deshalb vorher das Kapitel »Fahrzeug aufbocken« durchlesen.

- Fahrzeug aufbocken.
- Verschmutzte Bremsleitungen reinigen.

Achtung: Die Bremsleitungen sind zum Schutz gegen Korrosion mit einer Kunststoffschicht überzogen. Wird diese Schutzschicht beschädigt, kann es zur Korrosion der Leitungen kommen. Daher dürfen Bremsleitungen nicht mit Drahtbürste oder Schmirgelleinen gereinigt werden.

- Bremsleitungen vom Hauptbremszylinder zur ABS-Hydraulikeinheit und den einzelnen Radbremsen mit Lampe anstrahlen und überprüfen. Der Hauptbremszylinder sitzt im Motorraum unter dem Vorratsbehälter für Bremsflüssigkeit.
- Bremsleitungen dürfen weder geknickt noch gequetscht sein. Auch dürfen sie keine Rostnarben oder Scheuerstellen aufweisen. Andernfalls Leitung bis zur nächsten Trennstelle ersetzen.

- Bremsschläuche verbinden die Bremsleitungen mit den Radbremszylindern an den beweglichen Teilen des Fahrzeugs. Sie bestehen aus hochdruckfestem Material, können aber mit der Zeit porös werden, aufquellen oder durch scharfe Gegenstände angeschnitten werden. In einem solchen Fall sind sie sofort zu ersetzen.

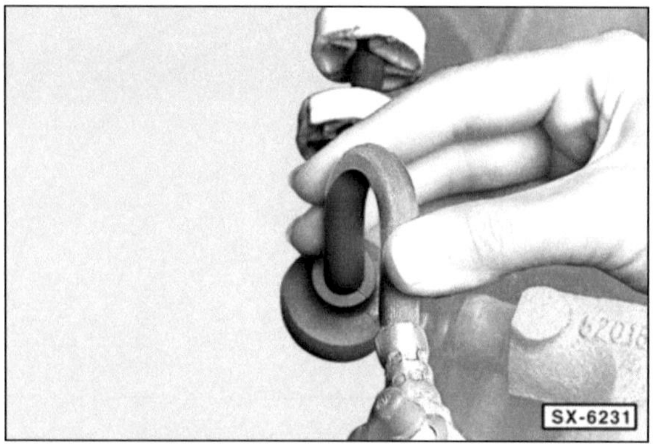

- Bremsschläuche mit der Hand hin- und herbiegen, um brüchige Stellen und Beschädigungen festzustellen. Die Schläuche dürfen nicht verdreht sein. Farbige Kennlinie beachten, falls vorhanden!
- Anschlussstellen von Bremsleitungen und -schläuchen dürfen nicht durch ausgetretene Flüssigkeit feucht sein.
- Lenkrad nach links und rechts bis zum Anschlag drehen. Die Bremsschläuche dürfen dabei in keiner Stellung Fahrzeugteile berühren.
- Fahrzeug ablassen.
- Lenkrad nochmals nach links und rechts bis zum Anschlag drehen und sicherstellen, dass die Bremsschläuche in keiner Stellung Fahrzeugteile berühren.

Bremsflüssigkeit wechseln

Erforderliches Spezialwerkzeug:

- Ringschlüssel für Entlüftungsschrauben.
- Durchsichtiger Kunststoffschlauch und Auffangflasche.

Erforderliches Betriebsmittel:

- Ca. 2 l Bremsflüssigkeit der Spezifikation **DOT 4**.

Achtung: Gebrauchte Bremsflüssigkeit nicht mehr einfüllen.

Sicherheitshinweis
Vorsichtsmaßregeln beim Umgang mit Bremsflüssigkeit beachten, siehe Seite 158.

Achtung: Alte Bremsflüssigkeit ist ein Problemstoff und darf auf keinen Fall einfach weggeschüttet oder dem Hausmüll mitgegeben werden. Gemeinde- und Stadtverwaltungen informieren darüber, wo sich die nächste Problemstoff-Sammelstelle befindet.

Die Bremsflüssigkeit nimmt durch die Poren der Bremsschläuche sowie durch die Entlüftungsöffnung des Vorratsbehälters Luftfeuchtigkeit auf. Dadurch sinkt im Laufe der Betriebszeit der Siedepunkt der Bremsflüssigkeit. Bei starker Beanspruchung der Bremse kann es deshalb zu Dampfblasenbildung in den Bremsleitungen kommen, wodurch die Funktion der Bremsanlage stark beeinträchtigt wird.

Die Bremsflüssigkeit soll alle 2 Jahre, möglichst im Frühjahr, erneuert werden. Bei vielen Gebirgsfahrten, Bremsflüssigkeit in kürzeren Abständen wechseln.

In der Werkstatt wird die Bremse in der Regel mit einem Bremsenfüll- und Entlüftungsgerät entlüftet. Das Gerät füllt unter Druck neue Bremsflüssigkeit in den Vorratsbehälter ein, dabei muss das Bremspedal ständig betätigt sein. **Hinweis:** Beim Einsatz dieses Geräts darf ein Befülldruck von 1 bar nicht überschritten werden.

Es geht aber auch ohne das Entlüftungsgerät. Die Bremsanlage wird dann durch Pumpen mit dem Bremspedal entlüftet, dazu ist eine zweite Person notwendig.

Sicherheitshinweis, Fahrzeuge mit ABS
Sinkt der Bremsflüssigkeitsstand im Ausgleichbehälter beim Entlüftungsvorgang zu tief ab, wird Luft angesaugt, die in die ABS-Hydraulikpumpe gelangt. Die Bremsanlage muss dann in der Werkstatt mit dem Entlüftungsgerät entlüftet werden. Bei Einbau eines neuen Bremsschlauchs ist die Anlage ebenfalls in der Werkstatt zu entlüften. Das Fahrzeug darf solange nicht gefahren werden.

Die Reihenfolge der Entlüftung: 1. Bremssattel hinten rechts, 2. Bremssattel hinten links, 3. Bremssattel vorn rechts, 4. Bremssattel vorn links.

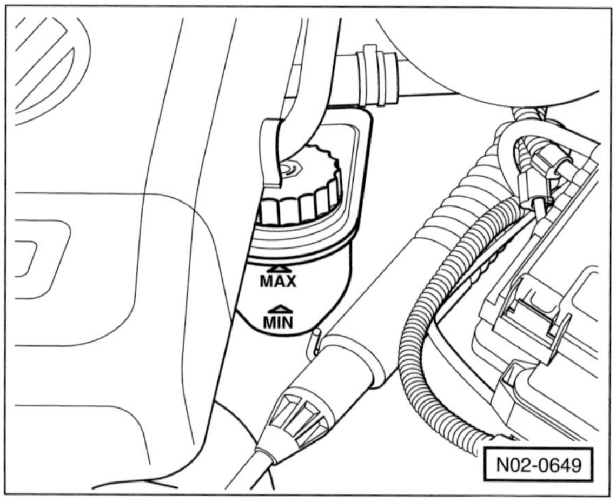

- Bremsflüssigkeitsstand auf dem Vorratsbehälter mit Filzstift markieren. Nach Erneuern der Bremsflüssigkeit ursprünglichen Flüssigkeitsstand wieder herstellen. Dadurch wird ein Überlaufen des Bremsflüssigkeitsbehälters beim Wechsel der Bremsbeläge vermieden.

- Mit einer Absaugflasche aus dem Bremsflüssigkeitsbehälter Bremsflüssigkeit bis zu einem Stand von ca. 10 mm absaugen.
- Vorratsbehälter bis zur MAX-Marke mit **neuer** Bremsflüssigkeit füllen.

Achtung: Entlüftungsventile vorsichtig öffnen, damit sie nicht abgedreht werden. Es empfiehlt sich, die Ventile ca. 2 Stunden vor dem Entlüften mit Rostlöser einzusprühen. Bei fest sitzenden Ventilen den Bremsflüssigkeitswechsel von einer Werkstatt vornehmen lassen.

- Am rechten hinteren Bremssattel sauberen, durchsichtigen Schlauch auf Entlüftungsventil aufschieben, geeignetes Gefäß unterstellen. Damit das Entlüftungsventil zugänglich wird, entweder Rad ausbauen, oder Fahrzeug über eine Grube fahren.

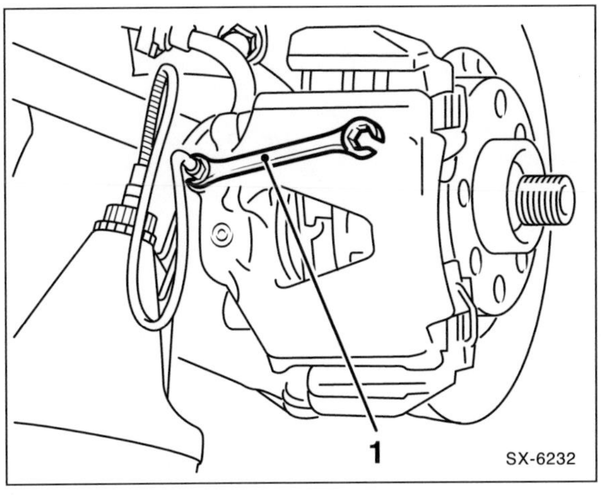

- Von Helfer das Bremspedal mehrmals durchtreten lassen, bis sich ein Gegendruck aufgebaut hat. Bremspedal getreten lassen, Entlüftungsventil am rechten hinteren Bremssattel mit offenem Ringschlüssel –1– öffnen. Entlüftungsschraube schließen, wenn das Pedal am Bodenblech anstößt. Fuß vom Bremspedal nehmen.

Achtung: Vorratsbehälter zwischendurch immer mit **neuer** Bremsflüssigkeit auffüllen. Er darf nie ganz leer sein, sonst gelangt Luft in das Bremssystem.

- Alte Bremsflüssigkeit aus den anderen Bremssätteln in der Reihenfolge – hinten rechts, hinten links, vorne rechts, vorne links – herauspumpen.

Achtung: Die abfließende Bremsflüssigkeit muss in jedem Fall klar und blasenfrei sein. An jedem Bremssattel sollen ca. **400 bis 500 cm³** (½ Liter) Bremsflüssigkeit herausgepumpt werden.

- Nach dem Bremsflüssigkeitswechsel das Bremspedal betätigen und Leerweg prüfen. Der Leerweg darf maximal ⅓ des gesamten Pedalwegs betragen.
- **1,4-l-Dieselmotor:** Da die Kupplungsbetätigung mit Bremsflüssigkeit arbeitet, Kupplungsbetätigung entlüften. Dabei am Nehmerzylinder ca. 100 cm³ Bremsflüssigkeit herausdrücken und dadurch Bremsflüssigkeit im Kupplungssystem erneuern. Kupplungsbetätigung entlüften, siehe Seite 240.
- Bremsflüssigkeit im Vorratsbehälter bis zum markierten Stand vor dem Bremsflüssigkeitswechsel auffüllen.
- Verschlussdeckel am Behälter aufschrauben.

Achtung, Sicherheitskontrolle durchführen:
- Sind die Bremsschläuche festgezogen?
- Befindet sich der Bremsschlauch in der Halterung?
- Sind die Entlüftungsschrauben angezogen?
- Ist genügend Bremsflüssigkeit eingefüllt?
- Bei laufendem Motor Dichtheitskontrolle durchführen. Hierzu Bremspedal mit 200 bis 300 N (entspricht 20 bis 30 kg) etwa 10 Sekunden betätigen. Das Bremspedal darf nicht nachgeben. Sämtliche Anschlüsse auf Dichtheit kontrollieren.

- Anschließend einige Bremsungen auf Straße mit geringem Verkehr durchführen. Dabei auch mindestens eine Vollbremsung vornehmen, bei der die ABS-Regelung einsetzt, beispielsweise auf losem Untergrund. Die ABS-Regelung ist am Pulsieren des Bremspedals spürbar. **Achtung: Dabei besonders auf nachfolgenden Verkehr achten.**

Reifenfülldruck prüfen

- Reifenfülldruck nur am kalten Reifen prüfen.
- Ventilkappe abschrauben.

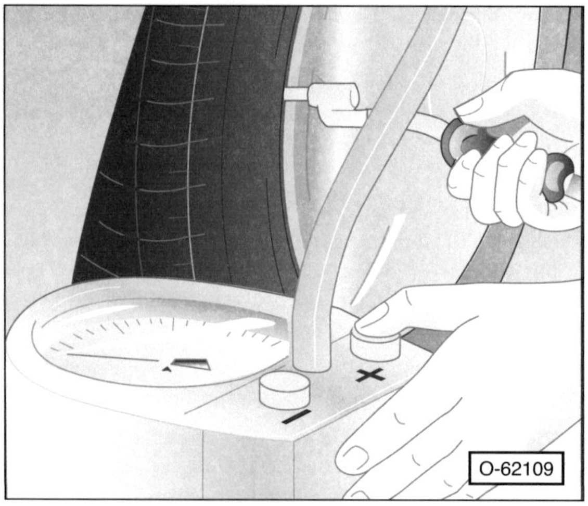

- Reifenfülldruck einmal im Monat sowie im Rahmen der Wartung prüfen, einschließlich Reserverad.
- Zusätzlich sollte der Fülldruck vor längeren Autobahnfahrten kontrolliert werden, da hierbei die Temperaturbelastung für die Reifen am größten ist.
- Der richtige Fülldruck für die montierten Reifen steht auf einem Aufkleber an der Innenseite der Tankklappe.

Reifenventil prüfen

- Staubschutzkappe vom Ventil abschrauben.

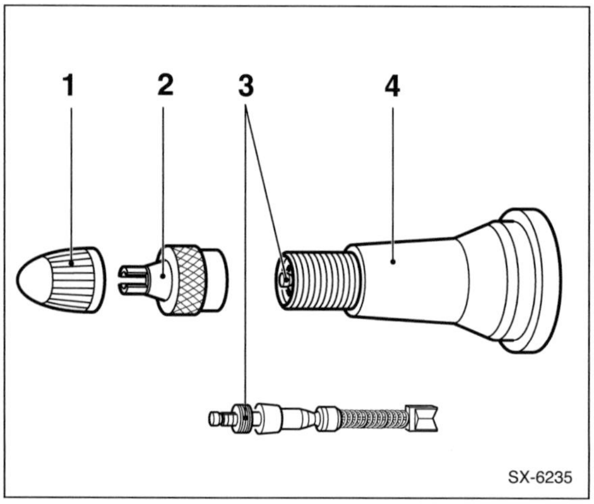

- Etwas Seifenwasser oder Speichel auf das Ventil geben. Wenn sich eine Blase bildet, Ventileinsatz –3– mit umgedrehter Schutzkappe –2– festdrehen.

Achtung: Zum Anziehen des Ventils kann nur eine Metallschutzkappe –2– oder das HAZET-Werkzeug 666-1 verwendet werden. Metallschutzkappen sind an der Tankstelle erhältlich. 1 – Gummikappe, 4 – Ventil.

- Ventil erneut prüfen. Falls sich wieder Blasen bilden oder sich das Ventil nicht weiter anziehen lässt, Ventil erneuern (Werkstattarbeit).
- Grundsätzlich Gummischutzkappe wieder befestigen.

Reifenprofil prüfen

Die Reifen ausgewuchteter Räder nutzen sich bei gewissenhaftem Einhalten des vorgeschriebenen Fülldrucks und bei fehlerfreier Radeinstellung und Stoßdämpferfunktion auf der gesamten Lauffläche annähernd gleichmäßig ab. Bei ungleichmäßiger Abnutzung, siehe »Fehlerhafte Reifenabnutzung« im Kapitel »Räder und Reifen«. Im Übrigen lässt sich keine generelle Aussage über die Lebensdauer bestimmter Reifenfabrikate machen, denn die Lebensdauer hängt von unterschiedlichen Faktoren ab:

- Fahrbahnoberfläche
- Reifenfülldruck
- Fahrweise
- Witterung

Vor allem sportliche Fahrweise, scharfes Anfahren und starkes Bremsen fördern den schnellen Reifenverschleiß.

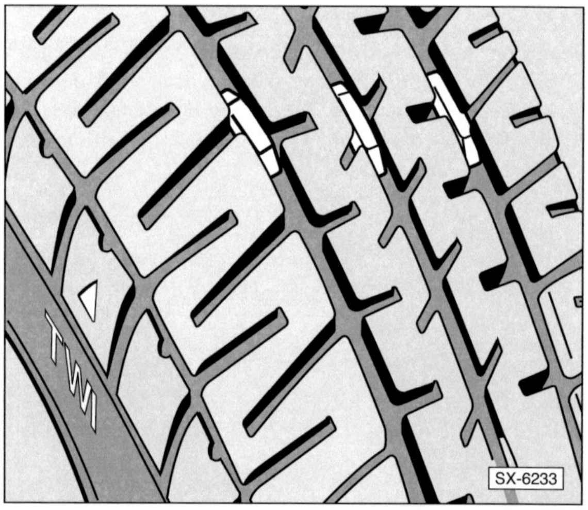

Nähert sich die Profiltiefe der gesetzlich zulässigen Mindestprofiltiefe, das heißt, weisen die mehrfach am Reifenumfang angeordneten, 1,6 mm hohen, Verschleißanzeiger kein Profil mehr auf, müssen die Reifen gewechselt werden. Es empfiehlt sich jedoch, sicherheitshalber die Reifen bereits bei einer Mindestprofiltiefe von 2 mm auszutauschen. **Achtung:** M + S-Reifen haben auf Matsch und Schnee nur den gewünschten Grip, wenn ihr Profil noch mindestens 4 mm tief ist.

Achtung: Reifen auf Schnittstellen untersuchen und mit kleinem Schraubendreher Tiefe der Schnitte feststellen. Wenn die Schnitte bis zur Karkasse reichen, korrodiert durch eindringendes Wasser der Stahlgürtel. Dadurch löst sich unter Umständen die Lauffläche von der Karkasse, der Reifen platzt. Deshalb: Bei tiefen Einschnitten im Profil aus Sicherheitsgründen Reifen austauschen.

Karosserie/Innenausstattung

- Sicherheitsgurte: Auf Beschädigungen prüfen.
- Airbageinheiten: Auf Beschädigungen prüfen.
- Unterbodenschutz: Auf Beschädigungen prüfen.
- Türfeststeller und Befestigungsbolzen: Schmieren.
- Lüftung/Heizung: Staub-/Pollenfilter-Einsatz erneuern.
- Faltschiebedach: Führungsschienen schmieren.

Sicherheitsgurte sichtprüfen

Achtung: Geräusche, die beim Aufrollen des Gurtbandes entstehen, sind funktionsbedingt. Auf keinen Fall darf zur Behebung von Geräuschen Öl oder Fett verwendet werden. Der Aufroll- und Gurtstrafferautomat darf aus Sicherheitsgründen nicht zerlegt werden.

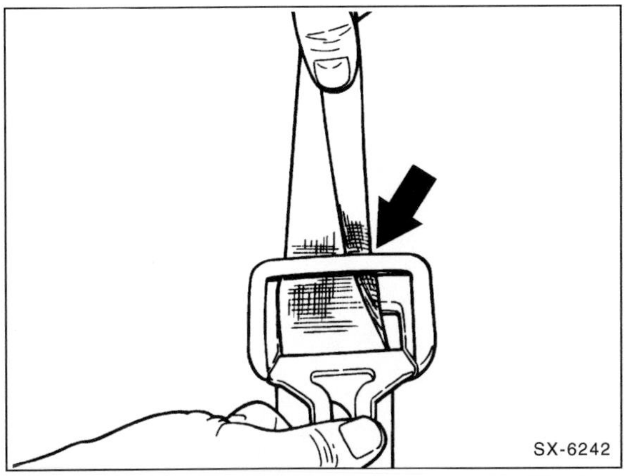

- Sicherheitsgurt ganz herausziehen und Gurtband auf durchtrennte Fasern prüfen.
- Beschädigungen können zum Beispiel durch Einklemmen des Gurtes oder durch brennende Zigaretten entstehen. In diesem Fall Gurt austauschen.
- Sind Scheuerstellen vorhanden, ohne dass Fasern durchtrennt sind, braucht der Gurt nicht ausgewechselt zu werden.
- Schwer gängigen Gurt auf Verdrehungen prüfen, gegebenenfalls Verkleidung an der Mittelsäule ausbauen.
- Wenn die Aufrollautomatik nicht mehr funktioniert, Gurt auswechseln (Werkstattarbeit).
- Gurtbänder nur mit Seife und Wasser reinigen, keinesfalls Lösungsmittel oder chemische Reinigungsmittel verwenden.

Airbageinheiten sichtprüfen

Erkennungsmerkmal für den Airbag ist der Schriftzug »AIRBAG« auf der Polsterplatte des Lenkrades beziehungsweise auf der Abdeckung an der rechten Seite der Armaturentafel.

- Sichtprüfung der Airbagmodule durchführen. Sie dürfen keine äußeren Beschädigungen aufweisen.

Sicherheitshinweise

- Die Abdeckungen der Airbag-Einheiten dürfen nicht beklebt, überzogen oder anderweitig verändert werden.
- Die Abdeckungen der Airbag-Einheiten dürfen nur mit einem trockenen oder mit Wasser angefeuchteten Lappen gereinigt werden.

Zusätzliche Hinweise:

- Bei Ausstattung mit Seitenairbags dürfen die Sitzlehnen nur mit speziellen, von VW oder SEAT freigegebenen Bezügen überzogen werden.
- Ein gegen die Fahrtrichtung angeordneter Babysitz auf dem Beifahrersitz darf nur eingebaut werden, wenn zuvor der Beifahrer-Airbag bei einer VW-/SEAT-Werkstatt deaktiviert wurde. Außerdem muss ein Warnschild »kein Babysitz vorn«, an Türholm, Sonnenblende oder Armaturenbrett auf der rechten Fahrzeugseite vorhanden sein, sonst kann es bei einer polizeilichen Überprüfung zu einem Bußgeldverfahren kommen.

Staub-/Pollenfilter erneuern

Ausbau

- Motorhaube öffnen. Der Filter befindet sich rechts im Wasserkasten unter einer Abdeckung.

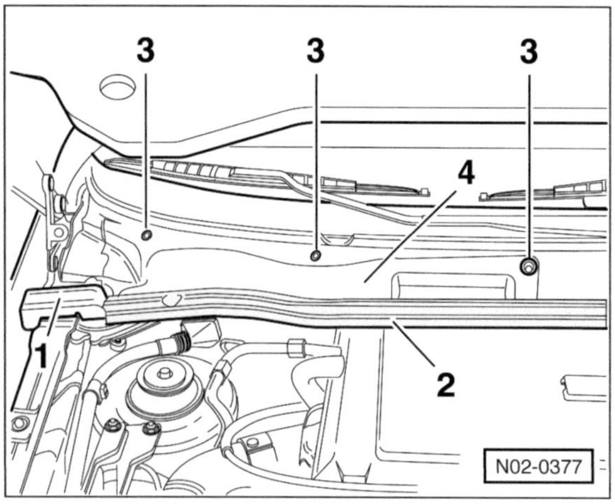

- Kunststoffauflage –1– abziehen.
- Gummidichtung –2– bis zur Fahrzeugmitte nach oben vom Karosseriefalz abziehen.
- Schrauben –3– herausdrehen und Wasserkastenabdeckung –4– herausnehmen.

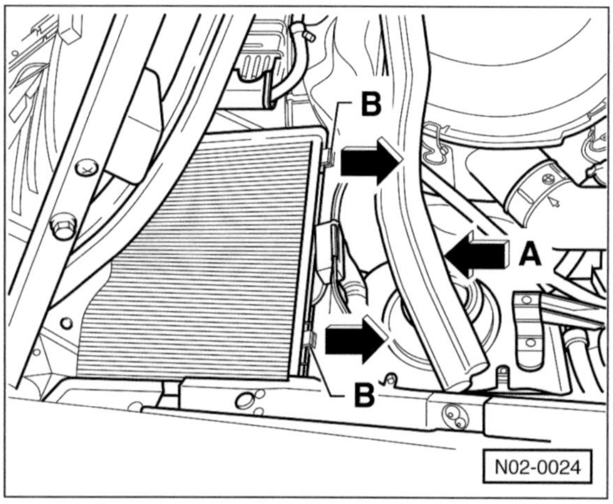

- Falls vor den Laschen –B– eine Abdeckkappe vorhanden ist, diese ausclipsen und herausnehmen.
- Laschen –B– des Filtergehäuses in Pfeilrichtung drücken und Filtereinsatz mit Rahmen nach oben herausnehmen.
- Filtereinsatz aus dem Rahmen herausnehmen.

Einbau

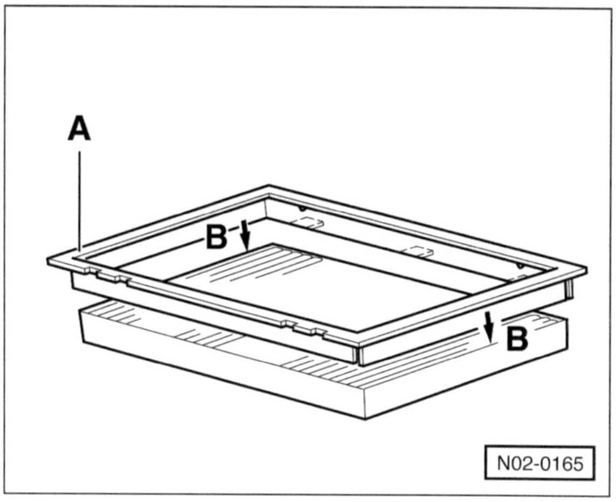

- Neuen Filtereinsatz so in den Rahmen –A– einsetzen, dass der Rahmen links und rechts in der ersten Lamelle des Filtereinsatzes liegt –Pfeile B–.

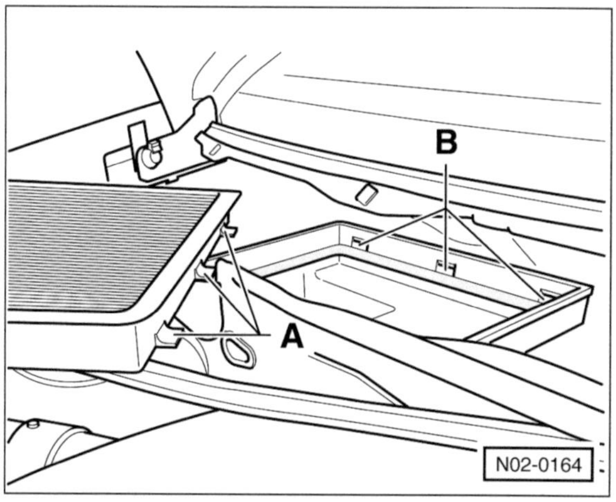

- Rahmen mit den Laschen –A– in die entsprechenden Aussparungen –B– am Filtergehäuse einführen und den Rahmen mit Filtereinsatz nach unten drücken.
- Gegebenenfalls Abdeckkappe vor den Laschen –B– einclipsen, siehe Abbildung N02-0024.
- Wasserkastenabdeckung einsetzen und festschrauben.
- Gummidichtung auf den Karosseriefalz aufdrücken.

Achtung: Die Wasserkastenabdeckung muss sorgfältig montiert werden, sonst dringt Wasser in die Heizung und den Innenraum ein.

Türfeststeller und Befestigungsbolzen schmieren

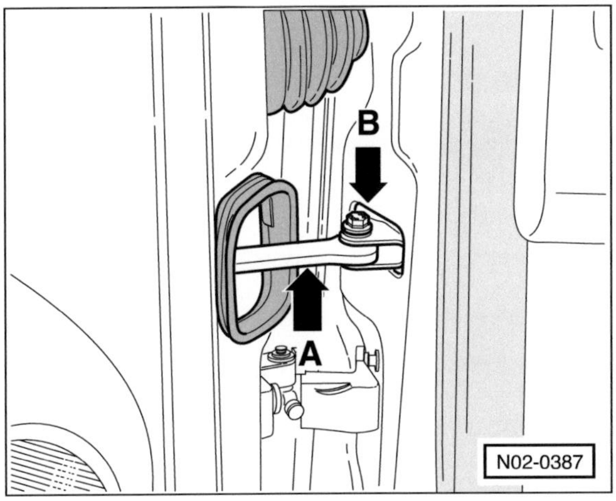

- Türfeststeller und Befestigungsbolzen an den mit –Pfeilen– gekennzeichneten Stellen schmieren.
- Türfeststeller im Seitenbereich –Pfeil A– mit Schmierfett VW-G 000 400 schmieren.
- Befestigungsbolzen –Pfeil B– mit Schließzylinder-Fettspray VW-G 000 400 01 schmieren.

Führungsschienen für Schiebedach/ Faltschiebedach schmieren

Erforderliches Betriebsmittel:

- **Faltschiebedach:** Schmierfett VW-G 000 450/02.
- **Schiebedach:** Fettspray VW-G 052 778.

Schmieren

- Schiebedach öffnen.

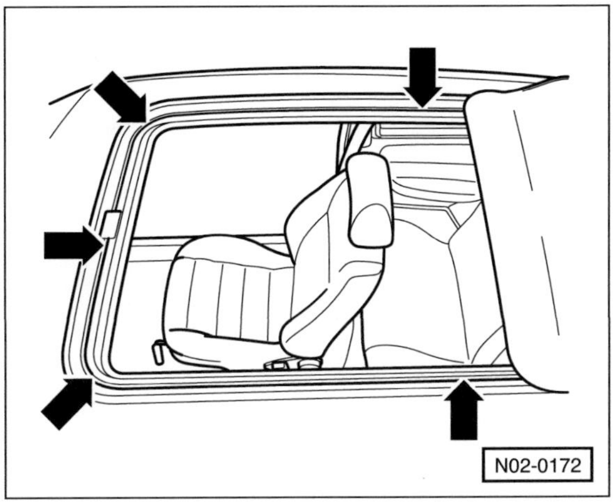

- Führungsschienen –Pfeile– reinigen und schmieren. Dazu bei Fahrzeugen mit **Faltschiebedach** Schmierfett, VW-G 000 450/02, bei Fahrzeugen mit **Schiebedach** Fettspray VW-G 052 778 verwenden.
- Schiebedach schließen und öffnen. Dabei auf leichten, geräuscharmen Lauf achten.

Elektrische Anlage

- Alle Stromverbraucher: Funktion prüfen. Hupe prüfen.
- Front- und Heckbeleuchtung, Blinkanlage, Warnblinkanlage: Funktion prüfen.
- Batterie: Prüfen.
- Service-Intervallanzeige: Zurücksetzen.
- Scheibenwischerblätter: Wischergummis auf Verschleiß prüfen. Ruhestellung prüfen. Wenn Wischerblätter rubbeln, Anstellwinkel prüfen.
- Scheibenwaschanlage: Funktion prüfen, Düsenstellung kontrollieren, Flüssigkeit nachfüllen, Scheinwerfer-Waschanlage prüfen, siehe Kapitel »Scheibenwischanlage«.
- Scheinwerfereinstellung: Prüfen gegebenenfalls einstellen (Werkstattarbeit), siehe auch Kapitel »Beleuchtung«.

Stromverbraucher prüfen

Folgende Verbraucher auf Funktion prüfen, gegebenenfalls Fehler beheben. Je nach Ausstattung sind nicht alle Verbraucher vorhanden:

- Scheinwerfer, Nebelscheinwerfer, Blinkleuchten, Warnblinkanlage, Schlussleuchten, Nebelschlussleuchte, Rückfahrleuchten, Bremsleuchten, Parklichtschaltung.
- Innen- und Leseleuchten, beleuchteter Ablagekasten, beleuchteter Ascher, Kofferraumbeleuchtung, beleuchteter Zündschlüssel.
- Warnsummer für nicht ausgeschaltetes Licht und/oder Radio.
- Alle Schalter in der Konsole.
- Kombiinstrument mit allen Anzeigen, Zählern, Leuchten und Beleuchtung.
- Hupe.
- Scheibenwisch-/Scheibenwaschanlage, Scheinwerferreinigungsanlage.
- Zigarrenanzünder.
- Elektrische Außenspiegel.
- Elektrische Fensterheber.
- Elektrisches Schiebe-/Ausstelldach.
- Zentralverriegelung, Funkfernbedienung.
- Beheizbare Sitze.
- Radio.

Batterie prüfen

Erforderliches Sonderwerkzeug:

- Messingdrahtbürste, Batterie-Pol- und Klemmenreinigungsbürste, zum Beispiel HAZET4650-4.
- Geeignetes Spannungs-Messgerät.

Erforderliches Betriebsmittel:

- Bei zu geringem Säurestand: Destilliertes Wasser.

Ruhespannung prüfen, siehe Seite 64.

Säurestand prüfen/ergänzen, siehe Seite 64.

Batterie sichtprüfen

- Gehäuse der Batterie auf Beschädigungen sichtprüfen. Bei beschädigtem Gehäuse kann Batteriesäure auslaufen, was eventuell zu hohen Folgekosten führen kann.

Hinweis: Beim LUPO 3L kann sich die Batterie im Kofferraum befinden.

Batterie auf festen Sitz prüfen

Eine lockere Batterie hat eine verkürzte Lebensdauer durch Rüttelschäden. Außerdem kann im Fahrbetrieb Batteriesäure austreten und die umliegenden Bauteile beschädigen. Eine lockere Batterie vermindert außerdem die Crash-Sicherheit des Fahrzeuges.

- Batterie kräftig hin- und herbewegen.

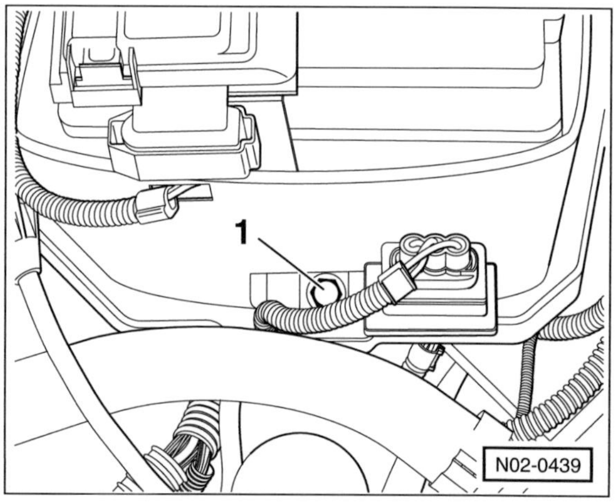

- Gegebenenfalls Halter lösen –1–, Batterie fest an die Führungen andrücken und Halter festziehen.

Batterie-Pole reinigen/ Klemmen auf festen Sitz prüfen

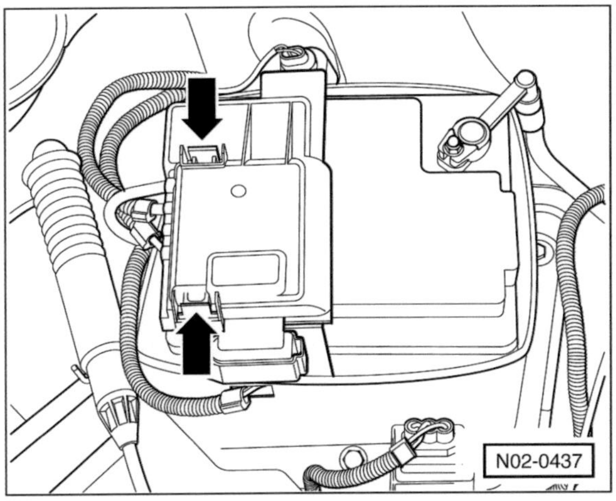

- Laschen –Pfeile– zusammendrücken und Deckel zur Seite klappen.

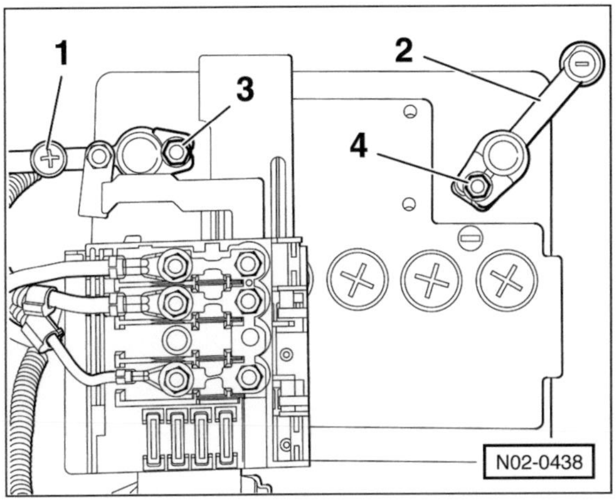

- Festen Sitz der Batterieklemmen –3– und –4– prüfen, dazu Plusleitung –1– und Masseleitung –2– hin- und herbewegen. Gegebenenfalls Batterieklemmen mit **5 Nm** festziehen.

Sicherheitshinweis
Um Unfallgefahren durch Kurzschluss auszuschließen, vor dem Festziehen des Pluspols Batterie-Massekabel abklemmen, siehe Seite 61.

- Batterie-Pole und Anschlussklemmen reinigen, gegebenenfalls mit Messing-Drahtbürste von Korrosion befreien.

Achtung: Zwischen Batterie-Pol und Anschlussklemme darf kein Fett (Polfett/Vaseline) vorhanden sein. Andernfalls können, insbesondere beim Starten, hohe Übergangswiderstände auftreten. Das kann zu einer Überlastung der elektronischen Steuergeräte führen, wodurch diese beschädigt werden.

Scheibenwischerblätter prüfen/ Anstellwinkel einstellen

Wischergummis auf Verschleiß prüfen, siehe Seite 76.

Ruhestellung der Wischerblätter prüfen, siehe Seite 78.

Anstellwinkel der Wischerblätter prüfen

Der Anstellwinkel der Wischerblätter muss eingestellt werden, wenn die Wischerblätter im Wischbetrieb rubbeln oder rattern.

Erforderliches Sonderwerkzeug:

- Scheibenwischer-Einstellwerkzeug HAZET 4851-1.

Prüfen

- Wischerarme in Ruhestellung bringen. Dazu Scheibe mit Wasser benetzen, Scheibenwischer kurze Zeit laufen lassen und mit dem Wischerschalter ausschalten.
- Wischerblatt ausbauen, siehe Kapitel »Scheibenwischergummi ersetzen«.

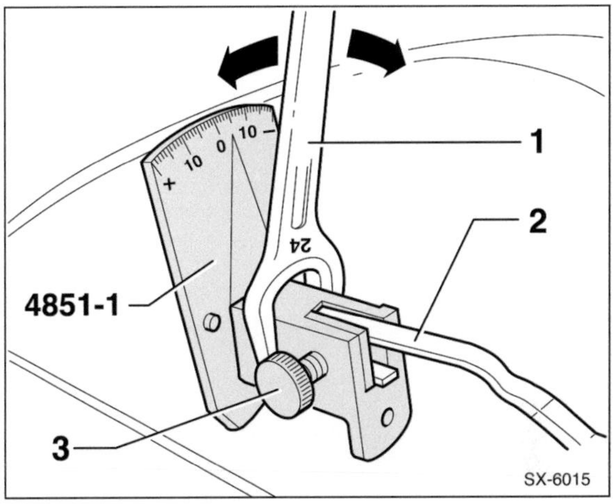

- Wischerarm –2– hochklappen, Spezialwerkzeug HAZET 4851-1 aufschieben und mit Schraube –3– arretieren.
- Wischerarm vorsichtig zurückklappen. Das Werkzeug HAZET 4851-1 muss mit 3 Punkten auf der Scheibe aufliegen.
- Anstellwinkel auf der Skala des Spezialwerkzeugs ablesen und mit Sollwert vergleichen.
  Fahrerseite: – 7° ± 2°
  Beifahrerseite: – 6,5° ± 2°
  Heckwischer: 0° ± 2°

Einstellen

- Wischerarm von der Scheibe abheben und mit Gabelschlüssel SW 24 –1–, wie in der Abbildung dargestellt, etwas verdrehen. Dabei aber den Wischerarm am Scharnier mit einer Zange gegenhalten, so dass das Scheibenwischerscharnier beim Einstellen nicht beschädigt wird.
- Anstellwinkel erneut prüfen und gegebenenfalls korrigieren, bis an der Skala der Sollwert angezeigt wird.

- Anschließend Werkzeug abbauen, nochmals neu aufsetzen und arretieren. Anstellwinkel erneut prüfen, gegebenenfalls korrigieren.

Service-Intervallanzeige zurücksetzen

Die Service-Intervallanzeige kann auf zwei verschiedene Arten zurückgesetzt werden: In der Werkstatt wird dazu das Fehlerauslesegerät an den Diagnoseanschluss angeschlossen.

Steht das Gerät nicht zur Verfügung, kann die Anzeige auch mit der Rückstelltaste für den Tageskilometerzähler im Kombiinstrument wie folgt zurückgestellt werden:

- Zündung ausschalten, Zündschlüssel steht in Nullstellung.

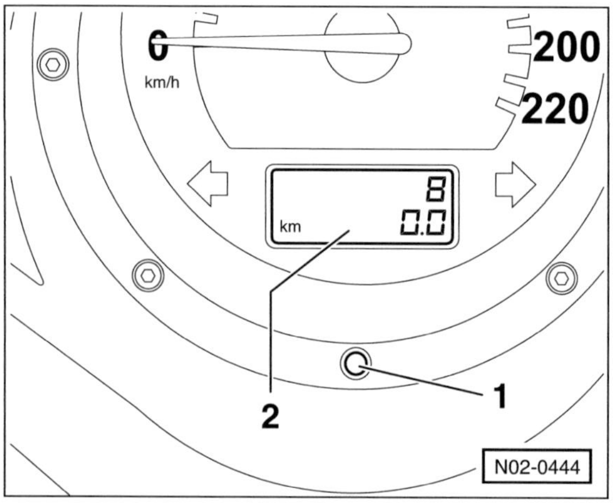

- Taste –1– unter dem Geschwindigkeitsmesser drücken und festhalten.
- Zündung einschalten und Taste –1– so lange gedrückt halten (mindestens 10 Sekunden), bis drei Striche (– – –) beziehungsweise die nächste Service-Anzeige erscheint.

Achtung: Dadurch wird immer die zuletzt angezeigte Service-Anzeige zurückgesetzt. Je nachdem welcher Service durchgeführt wurde, müssen eine oder beide Servicearten zurückgesetzt werden.

Beispiel: Es wurde der Ölwechsel-Service durchgeführt, dann muss nur **service OIL** beziehungsweise **service OEL** zurückgesetzt werden.

Wurde die Wartung durchgeführt, dann muss zunächst **service INSP** und danach zusätzlich **service OIL/service OEL** zurückgesetzt werden,

- Zündung ausschalten. Anschließend erscheint wieder der Tageskilometerstand.

Wagenpflege

Aus dem Inhalt:

- Fahrzeug waschen
- Lackierung pflegen
- Unterbodenschutz
- Hohlraumkonservierung
- Polster reinigen
- Lackschäden ausbessern
- Werkzeugausrüstung
- Motorstarthilfe
- Fahrzeug abschleppen

Fahrzeug waschen

Aus Umweltschutzgründen ist es in den meisten Gemeinden verboten, Fahrzeuge auf öffentlichen Plätzen zu waschen. Wird das Auto sehr oft in einer automatischen Waschanlage gewaschen, hinterlassen die rotierenden Waschbürsten Schleifspuren auf dem Lack. Diese lassen sich verhindern, wenn man den Wagen von Hand in einer entsprechenden Waschanlage wäscht.

- Vogelkot, tote Insekten, Baumharze, Teerflecken, Streusalz und andere aggressive Ablagerungen sofort abwaschen, da sie ätzende Bestandteile enthalten, die Lackschäden verursachen.
- Beim Waschen reichlich Wasser verwenden. Mit einem weichen Schwamm oder Waschhandschuh beziehungsweise einer weichen Bürste auf dem Dach beginnend von oben nach unten mit geringem Druck reinigen; Schwamm oft ausspülen. **Achtung:** Wird ein Hochdruckreiniger benutzt, unbedingt Bedienungshinweise befolgen, insbesondere in Bezug auf Druck und Düsenabstand.
- Waschmittel nur bei hartnäckiger Verschmutzung verwenden. Mit klarem Wasser gründlich nachspülen, um die Reste des Waschmittels zu entfernen. Bei regelmäßiger Benutzung von Waschmitteln muss öfter konserviert werden. Dem Waschwasser kann ein Konservierungsmittel beigegeben werden.
- In die Eintrittsöffnungen der Belüftungsanlage nur mit einem schwachen Strahl sprühen. Hochdruckdüse nicht gegen den Kühler richten.
- Zum Abtrocknen sauberes Leder verwenden. Verschiedene Leder für Lack- und Fensterflächen verwenden, da Konservierungsmittelrückstände auf den Scheiben zu Sichtbehinderungen führen.
- Durch Streusalz besonders gefährdet sind alle innen liegenden Falze, Flansche und Fugen an Türen und Hauben. Diese Stellen müssen deshalb bei jedem Wagenwaschen – auch nach der Wäsche in automatischen Waschstraßen – mit einem Schwamm gründlich gereinigt und anschließend abgespült und abgeledert werden.
- Wagen niemals in der Sonne waschen oder trocknen. Wasserflecken sind sonst unvermeidlich.

Achtung: Nach der Wagenwäsche Bremspedal während der Fahrt leicht antippen, um den Wasserfilm abzubremsen.

Lackierung pflegen

Konservieren: So oft wie nötig soll die sauber gewaschene und getrocknete Lackierung mit einem Konservierungsmittel behandelt werden, um die Oberfläche durch eine porenschließende und Wasser abweisende Wachsschicht gegen Witterungseinflüsse zu schützen. Auch wenn regelmäßig Waschkonservierer verwendet wird, empfiehlt es sich, den Lack mindestens zweimal im Jahr mit Hartwachs zu schützen.

Übergelaufenen Kraftstoff, übergelaufenes Öl oder Fett, beziehungsweise übergelaufene Bremsflüssigkeit **sofort entfernen,** sonst kommt es zu Lackverfärbungen.

Spätestens, wenn Wasser nicht mehr deutlich vom Lack abperlt, muss konserviert werden. Der Lack trocknet sonst aus.

Eine weitere Möglichkeit, den Lack zu konservieren, bieten Waschkonservierer. Waschkonservierer schützen die Lackierung jedoch nur ausreichend, wenn sie bei **jeder** Wagenwäsche verwendet werden und der zeitliche Abstand zwischen 2 Wäschen nicht mehr als 2 bis 3 Wochen beträgt. Nur Lackkonservierer verwenden, die Carnauba- oder synthetische Wachse enthalten.

Polieren: Polieren ist nur dann erforderlich, wenn der Lack infolge mangelhafter Pflege beziehungsweise unter der Einwirkung von Umwelteinflüssen unansehnlich geworden ist und sich durch eine Behandlung mit Konservierungsmitteln kein Glanz mehr erzielen lässt. Zu warnen ist vor stark schleifenden oder chemisch stark angreifenden Poliermitteln, auch wenn der erste Versuch damit noch so sehr zu überzeugen scheint.

Vor jedem Polieren muss der Wagen sauber gewaschen und sorgfältig abgetrocknet werden. Im Übrigen ist nach der Gebrauchsanweisung für das Poliermittel zu verfahren.

Die Bearbeitung soll in nicht zu großen Flächen erfolgen, um ein vorzeitiges Eintrocknen der Politur zu vermeiden. Bei manchen Poliermitteln muss anschließend noch konserviert werden. Nicht in der prallen Sonne polieren!

Kunststoffteile und matt lackierte Teile dürfen nicht mit Konservierungs- oder Poliermitteln behandelt werden, da sich sonst Flecken bilden.

Teerflecke entfernen: Frische Teerflecke können mit einem in Waschbenzin getränkten weichen Lappen entfernt werden. Notfalls kann auch Petroleum oder Terpentinöl verwendet werden. Sehr gut gegen Teerflecke eignet sich auch ein Lackkonservierer. Bei Verwendung dieses Mittels kann auf ein Nachwaschen verzichtet werden.

Insekten entfernen: Insekten enthalten aggressive Stoffe, die den Lackfilm beschädigen können. Deshalb sofort mit lauwarmer Seifen- oder Waschmittellösung abwaschen. Es gibt auch spezielle Insekten-Entferner.

Außenbeleuchtung: Leuchten- und Scheinwerferabdeckungen sind aus Kunststoff. Keine aggressiven, ätzenden oder scheuernden Mittel, keine Eiskratzer verwenden und nicht trocken säubern.

Kunststoffteile pflegen: Kunststoffteile, Kunstledersitze, Himmel, Leuchtengläser sowie mattschwarz gespritzte Teile mit Wasser und eventuell einem Shampoo-Zusatz säubern, Himmel nicht durchfeuchten. Kunststoffteile gegebenenfalls mit Kunststoffreiniger behandeln.

Scheiben reinigen: Schnee und Eis von Scheiben und Spiegeln nur mit einem Kunststoffschaber entfernen. Um Kratzer durch Schmutz zu vermeiden, sollte der Schaber nicht vor- und zurückbewegt, sondern nur geschoben werden. Fensterscheiben innen und außen mit sauberem, weichem Lappen abreiben. Bei starker Verschmutzung helfen Spiritus oder Salmiakgeist und lauwarmes Wasser oder auch ein spezieller Scheibenreiniger. Beim Reinigen der Windschutzscheibe Scheibenwischerarme nach vorn klappen.

Bei der Reinigung der Windschutzscheibe sind auch die Wischerblätter zu säubern.

Achtung: Bei Verwendung silikonhaltiger Mittel dürfen die zur Reinigung der Lackierung verwendeten Waschbürsten, Schwämme, Lederlappen und Tücher nicht für die Scheiben verwendet werden. Beim Einsprühen der Lackierung mit silikonhaltigen Pflegemitteln sollten die Scheiben mit Pappe oder anderem Material abgedeckt werden.

Gummidichtungen pflegen: Gummidichtungen durch Einpudern der Dicht- und Gleitflächen mit Talkum oder Besprühen mit Silikonspray geschmeidig halten. So werden auch quietschende oder knarrende Geräusche beim Türen schließen vermieden. Auch das Einreiben der betreffenden Flächen mit Schmierseife beseitigt die Geräusche.

Reifen reinigen: Reifen nicht mit einem Dampfstrahlgerät reinigen. Wird die Düse des Dampfstrahlers zu nahe an den Reifen gehalten, wird dessen Gummischicht innerhalb weniger Sekunden irreparabel zerstört, selbst bei Verwendung von kaltem Wasser. Ein auf diese Weise gereinigter Reifen sollte sicherheitshalber ersetzt werden.

Leichtmetall-Scheibenräder mit Felgenreiniger und Bürste reinigen, jedoch keine aggressiven, säurehaltigen, stark alkalischen und rauen Reinigungsmittel oder Dampfstrahler über +60° C verwenden.

Sicherheitsgurte nur mit milder Seifenlauge in eingebautem Zustand säubern, nicht chemisch reinigen, da dadurch das Gewebe zerstört werden kann. Automatikgurte nur in trockenem Zustand aufrollen.

Unterbodenschutz/ Hohlraumkonservierung

Die Fahrzeugunterseite einschließlich der Radkästen ist mit Unterbodenschutz beschichtet. Die besonders stark gefährdeten Bereiche in den Radläufen sind mit Kunststoffschalen gegen Steinschlag geschützt. Vor der kalten Jahreszeit und nach einer Unterbodenwäsche sollte der Unterbodenschutz kontrolliert und gegebenenfalls ausgebessert werden.

Im Schleuderbereich des Unterbaues können sich Staub, Lehm und Sand ablagern. Den angesammelten Schmutz entfernen, zumal er während der Winterzeit auch noch mit Streusalz angereichert sein kann.

Motorwäsche/Motorraum konservieren: Vor und nach der Streusalzperiode sollte der Motorraum gereinigt und anschließend konserviert werden. Motorwäsche nur bei ausgeschalteter Zündung durchführen. Vor der Motorwäsche, die zum Beispiel mit Kaltreiniger und einem Dampfstrahlgerät durchgeführt werden kann, Generator, Sicherungskasten, Bremsflüssigkeitsbehälter und, wo vorhanden Zündverteiler, mit Plastikhüllen abdecken.

Nach jeder Motorwäsche den Motorraum einschließlich der im Motorraum befindlichen Teile der Bremsanlage, Achselemente mit Lenkung sowie Karosserieteile und Hohlräume mit einem hochwertigen Konservierungswachs einsprühen. Dabei den Keilrippenriemen abdecken und vor Wachs schützen.

Polsterbezüge pflegen/reinigen

Textilbezüge: Polsterbezüge mit Staubsauger und Bürste reinigen. Bei starker Verschmutzung Textilbezüge mit Trockenschaum reinigen.

Fett- und Ölflecke mit Reinigungsbenzin oder Fleckenwasser behandeln. Das Reinigungsmittel darf aber nicht unmittelbar auf den Stoff gegossen werden, da sich sonst unweigerlich Ränder bilden. Fleck durch kreisförmiges Reiben von außen nach innen bearbeiten. Andere Verschmutzungen lassen sich meistens mit lauwarmem Seifenwasser entfernen.

Lederbezüge: Bei starker Sonneneinstrahlung und längerer Standzeit Sitze abdecken, damit sie nicht ausbleichen.

Trikot- oder Wolllappen mit Wasser leicht anfeuchten und Lederflächen säubern, ohne das Leder oder die Nahtstellen zu durchfeuchten. Anschließend das getrocknete Leder mit einem sauberen und weichen Tuch nachreiben.

Stärker verschmutzte Lederflächen mit einem milden Feinwaschmittel ohne Aufheller (2 Esslöffel auf 1 Liter Wasser) reinigen. Fett- und Ölflecke vorsichtig ohne Reiben mit Reinigungsbenzin abtupfen.

Lackierte Lederpolster sollten nach dem Reinigen mit einem handelsüblichen Pflegemittel für Lederflächen behandelt werden. Solche Mittel sind bei den Fachwerkstätten und im Autofachhandel erhältlich. Das Mittel vor Gebrauch gut schütteln und mit einem weichen Lappen dünn auftragen. Nach dem Eintrocknen mit einem sauberen und weichen Tuch nachreiben. Diese Behandlung empfiehlt sich bei normaler Beanspruchung alle 6 Monate.

Steinschlagschäden ausbessern

Ausbeul- und Lackierarbeiten an der Autokarosserie setzen Erfahrung über den Werkstoff und dessen Bearbeitung voraus. Derartige Fertigkeiten werden in der Regel erst durch eine langjährige Praxis erreicht. Aus diesem Grund wird hier nur das Ausbessern von kleineren Lackschäden erläutert.

Zum Nachlackieren wird unbedingt dieselbe Lackfarbe benötigt, denn selbst kleinste Farbunterschiede fallen nach Abschluss der Arbeiten sofort ins Auge. Der jeweilige Fahrzeug-Farbton wird vom Hersteller durch die Lacknummer auf dem Fahrzeugdatenträger vermerkt, siehe Seite 12.

Treten dennoch Differenzen zwischen dem Originallack und dem Reparaturlack auf, dann liegt das daran, dass Fahrzeug-Lackierungen sich durch Alterung, ultraviolette Sonnenbestrahlung, extreme Temperaturdifferenzen, Witterungsbedingungen und chemische Einflüsse wie beispielsweise Industrieabgase mit der Zeit verändern. Außerdem können Oberflächenschäden, Farbveränderungen und Ausbleichen des Lackes eintreten, wenn Reinigung und Lackpflege mit ungeeigneten Mitteln durchgeführt wurden.

Die Metallic-Lackierung besteht aus 2 Schichten, dem Metallic-Grundlack und der farblosen Decklackierung. Beim Lackieren wird der Klarlack über den feuchten Grundlack gespritzt. Die Gefahr von Farbdifferenzen bei der nachträglichen Metallic-Lackierung ist besonders groß, da hier schon die unterschiedliche Viskosität des Reparaturlackes gegenüber dem Originallack zu Farbverschiebungen führt.

Es lohnt sich, auch kleinste Lackschäden regelmäßig zu beseitigen, da auf diese Weise Rostschäden und größere Reparaturen vermieden werden.

Für kleine Kratzer und Steinschläge, die lediglich den Decklack abgesplittert haben, also nicht bis aufs blanke Blech vorgedrungen sind, genügt im allgemeinen der Lackstift oder Tupflack. Dabei handelt es sich um eine kleine Lackdose, in deren Deckel ein Pinsel integriert ist. Der Lackstift wird im Auto-Zubehörhandel angeboten.

- Tiefere Steinschlagschäden, die schon kleine Rostnarben gebildet haben, mit einem »Rostradierer« beziehungsweise einem Messer oder einem kleinen Schraubendreher auskratzen, bis das blanke Blech erscheint. Wichtig ist, dass keine auch noch so kleine Roststelle mehr sichtbar ist. Bei »Rostradierern« handelt es sich um kleine Kunststoffhülsen, die zum Auskratzen des Rostes kurze Drahtborsten besitzen.
- Die blanken Stellen müssen einwandfrei trocken und fettfrei sein. Dazu Reparaturstelle sowie umgebenden Lack mit Silikonentferner reinigen.
- Auf die blanke Metallfläche mit einem dünnen Pinsel etwas Lackgrundierung (»Primer«) auftragen. Da das Grundiermittel meist in Sprühdosen erhältlich ist, etwas Grundiermittel in den Deckel der Dose sprühen und Pinsel dort eintauchen.
- Nachdem die Grundierung trocken ist, Stelle mit Tupflack ausbessern. Bei den Tupflackdosen ist der Pinsel bereits im Deckel integriert. Falls nur eine Spraydose mit der entsprechenden Farbe zur Verfügung steht, etwas Farbe in den Deckel der Dose sprühen und anschließend Lack mit einem dünnen Wasserfarbenpinsel auftragen. Dabei in einem Arbeitsgang immer nur eine dünne Lackschicht anbringen, damit der Lack nicht herunterlaufen kann. Anschließend Farbe gut trocknen lassen. Vorgang so oft wiederholen, bis der Krater ausgefüllt ist und die ausgebesserte Stelle gegenüber der umgebenden Lackfläche keine Vertiefung mehr bildet.

Werkzeugausrüstung

Langfristig zahlt es sich immer aus, wenn man qualitativ hochwertiges Werkzeug kauft. Neben einer Grundausstattung mit Maul- und Ringschlüsseln in den gängigen Größen und verschiedenen Torxschraubendrehern sowie einem Satz Steckschlüssel empfiehlt sich auch der Kauf eines Drehmomentschlüssels. Darüber hinaus ist bei manchen Arbeitsgängen der Einsatz von Spezialwerkzeug zwingend erforderlich.

Gutes und stabiles Werkzeug wird von der Firma HAZET (42804 Remscheid, Postfach 100461) angeboten. In den Tabellen sind die Werkzeuge mit der HAZET-Bestellnummer aufgeführt. Vertrieben wird das Werkzeug über den Fachhandel.

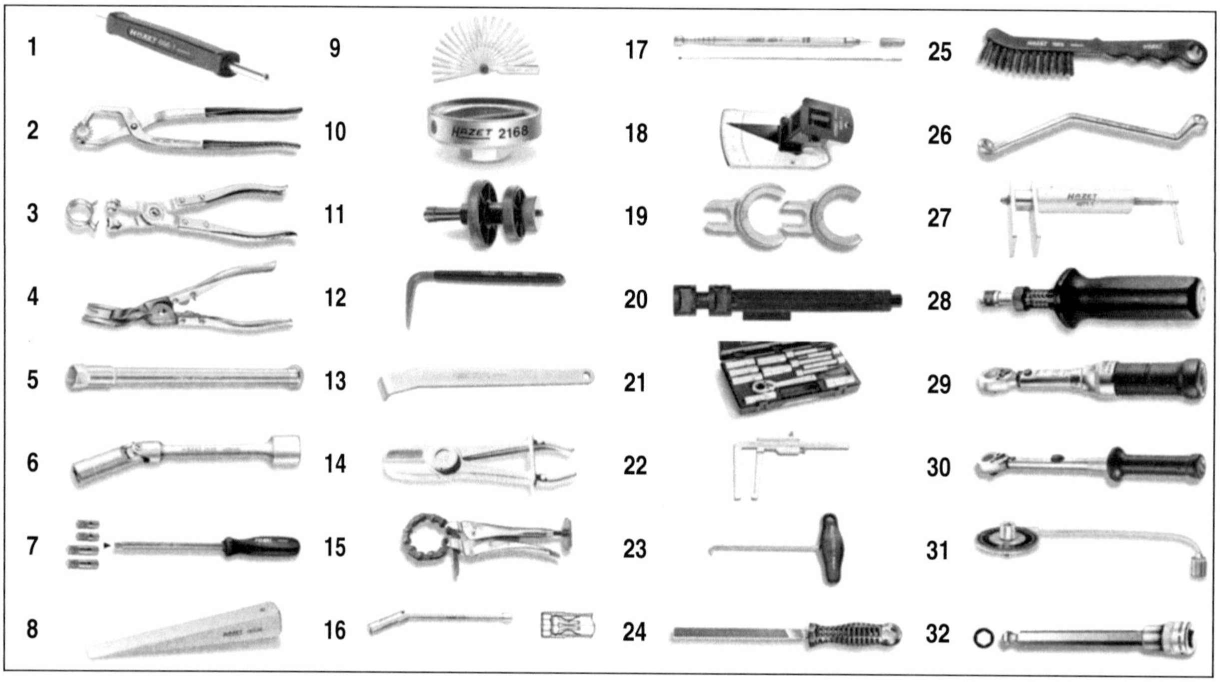

Abb.	Werkzeug	Hazet-Nr.
1	Ventildreher für Reifenventile	666-1
2	Bremsfedernzange	797
3	Zange für Federbandschellen der Kühlmittelschläuche	798-5
4	Spezialzange für Türverkleidung	799-4
5	Zündkerzenschlüssel 8-Ventil-Benzinmotor	2506
6	Gelenkschlüssel für Glühkerzen	2530
7	Führungsbolzen Zylinderkopf	2571/5
8	Montagekeil	1965-20
9	Fühlerblattlehre 0,05 - 1,0 mm	2147
10	Ölfilterschlüssel für 1,7-l-Dieselmotor	2168
11	Kupplungs-Zentrierwerkzeug	2174
12	Spezial-Schraubendreher für Airbagausbau	2525-1
13	Spannrollendreher für den Zahnriemenausbau	2587-1
14	Abklemmzangen-Satz	4590/2
15	Ketten-Abgasrohrschneider	4682
16	Zündkerzenschlüssel 16-Ventil-Benzinmotor	4766-1
17	Spritzdüseneinsteller für Scheibenwaschanlage	4850-1

Abb.	Werkzeug	Hazet-Nr.
18	Winkeleinsteller für Scheibenwischerarme	4851-1
19	Federspanner-Spannplatten-Paar für den LUPO vorn/hinten	4900-11/-10
20	Spanngerät für Schraubenfedern der Federbeine	4900-2A
21	Schlüsselsatz für Stoßdämpferwechsel vorn/hinten	4910/13
22	Bremsscheiben-Messschieber	4956-1
23	Haken für Zugfeder der T rommelbremse	4964-1
24	Bremssattelfeile	4968-1
25	Bremssatteldrahtbürste	4968-3
26	Entlüftungsschlüssel Bremse	4968-8
27	Bremskolbenrücksetzvorrichtung für für vordere Scheibenbremsen	4971-1
28	Drehmomentschlüssel 1 – 6 Nm	6003 CT
29	Drehmomentschlüssel 4 – 40 Nm	6109-2 CT
30	Drehmomentschlüssel 40 – 200 Nm	6122–1CT
31	Winkelscheibe für drehwinkelgesteuerten Schraubenanzug	6690
32	Innensechskant-Kugelkopf-Steckschlüsseleinsatz für Ölwanne	8801-KK5 bis -KK10

Motorstarthilfe

Sicherheitshinweise
Werden die vorgeschriebenen Anschlusshinweise nicht genau eingehalten, besteht die Gefahr der Verätzung durch austretende Batteriesäure. Außerdem können Verletzungen oder Schäden durch eine Batterieexplosion entstehen oder Defekte an der Fahrzeugelektrik auftreten.

- Batterieflüssigkeit von Augen, Haut, Gewebe und lackierten Flächen fern halten. Die Flüssigkeit ist ätzend. Säurespritzer sofort mit klarem Wasser gründlich abspülen. Gegebenenfalls einen Arzt aufsuchen.
- Keine Funken oder offenen Flammen in Batterienähe, da aus der Batterie brennbare Gase austreten können.
- Augenschutz tragen.
- Darauf achten, dass die Starthilfekabel nicht durch drehende Teile wie zum Beispiel den Kühlerventilator beschädigt werden.

- Die Starthilfekabel sollten einen Leitungsquerschnitt von 25 mm^2 aufweisen und mit isolierten Kabelzangen ausgestattet sein. In der Regel ist der Leitungsquerschnitt auf der Packung der Starthilfekabel angegeben.
- Bei beiden Batterien muss die Spannung 12 Volt betragen. Die Kapazität der stromgebenden Batterie darf nicht wesentlich unter der der entladenen Batterie liegen.
- Abdeckung vom Sicherungshalter öffnen, siehe Seite 61.
- Eine entladene Batterie kann bereits bei –10° C gefrieren. Vor Anschluss der Starthilfekabel muss eine gefrorene Batterie unbedingt aufgetaut werden.
- Die entladene Batterie muss ordnungsgemäß am Bordnetz angeklemmt sein.
- Wenn möglich, Säurestand der entladenen Batterie prüfen, gegebenenfalls destilliertes Wasser auffüllen und Batterie verschließen.
- Fahrzeuge so weit auseinander stellen, dass kein metallischer Kontakt besteht. Andernfalls könnte bereits beim Verbinden der Pluspole ein Strom fließen.
- Bei beiden Fahrzeugen Handbremse anziehen. Schaltgetriebe in Leerlaufstellung, automatisches Getriebe in Parkstellung »P« schalten.
- Alle Stromverbraucher, auch das Autotelefon, ausschalten.
- Grundsätzlich Motor des Spenderfahrzeuges ca. 1 Minute vor dem Startvorgang und während des Startvorganges mit Leerlaufdrehzahl drehen lassen. Dadurch wird eine Beschädigung des Generators durch Spannungsspitzen beim Startvorgang vermieden.
- Starthilfekabel in folgender Reihenfolge anschließen:
  1. Rotes Kabel –1– an den Pluspol (+) der entladenen Batterie –Fahrzeug A– anklemmen.
  2. Das andere Ende des roten Kabels an den Pluspol (+) der Strom gebenden Batterie –Fahrzeug B– anklemmen.
  3. Schwarzes Kabel –2– an den Minuspol (–) der Strom gebenden Batterie anklemmen.

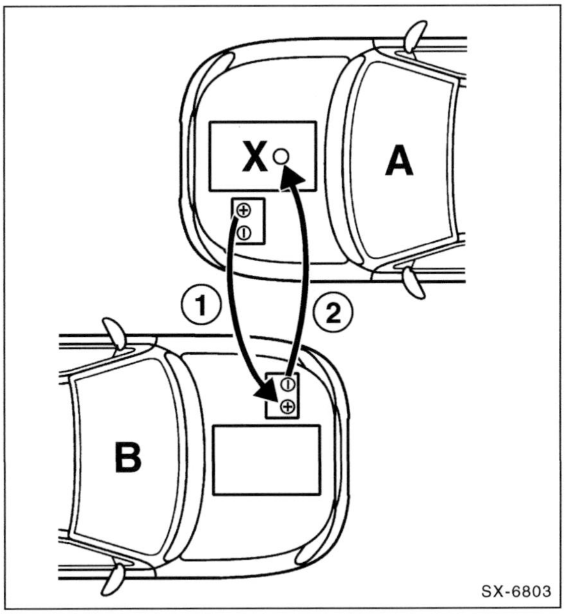

  4. Das andere Ende des schwarzen Kabels an eine gute Massestelle –X– des Empfängerfahrzeuges anschließen. **Achtung: Nicht an den Minuspol (–) der leeren Batterie.** Am besten eignet sich ein mit dem Motorblock verschraubtes Metallteil. Unter ungünstigen Umständen könnte beim Anschließen des Kabels an den Minuspol der leeren Batterie, durch Funkenbildung und Knallgasentwicklung, die Batterie explodieren.

Achtung: Die Klemmen der Starthilfekabel dürfen bei angeschlossenen Kabeln nicht in Kontakt miteinander kommen, beziehungsweise die Plusklemmen dürfen keine Massestellen (Karosserie oder Rahmen) berühren – Kurzschlussgefahr!

- Motor des Empfängerfahrzeuges (leere Batterie) starten und laufen lassen. Beim Starten Anlasser nicht länger als 10 Sekunden ununterbrochen betätigen, da sich durch die hohe Stromaufnahme Polzangen und Kabel erwärmen. Deshalb zwischendurch eine »Abkühlpause« von mindestens ½ Minute einlegen.
- Bei Startschwierigkeiten nicht unnötig lange den Anlasser betätigen. Während des Anlassens wird permanent Kraftstoff eingespritzt. Fehlerursache ermitteln und beseitigen.
- Nach erfolgreichem Start beide Fahrzeuge mit der »Strombrücke« noch 3 Minuten laufen lassen.
- Um Spannungsspitzen beim Trennen abzubauen, im Fahrzeug mit der leeren Batterie Gebläse und Heckscheibenheizung einschalten. Nicht das Fahrlicht einschalten. Glühlampen brennen bei Überspannung durch.
- **Nach der Starthilfe** Kabel in **umgekehrter** Reihenfolge abklemmen: Zuerst schwarzes Kabel –2– (–) am Empfängerfahrzeug, dann am Strom gebenden Fahrzeug abklemmen. Rotes Kabel –1– zuerst am Strom gebenden und dann am Empfängerfahrzeug abklemmen.

Fahrzeug abschleppen

Das Fahrzeug darf nur an den dafür vorgesehenen Abschleppösen abgeschleppt werden.

Abschleppseil/Abschleppstange anbringen

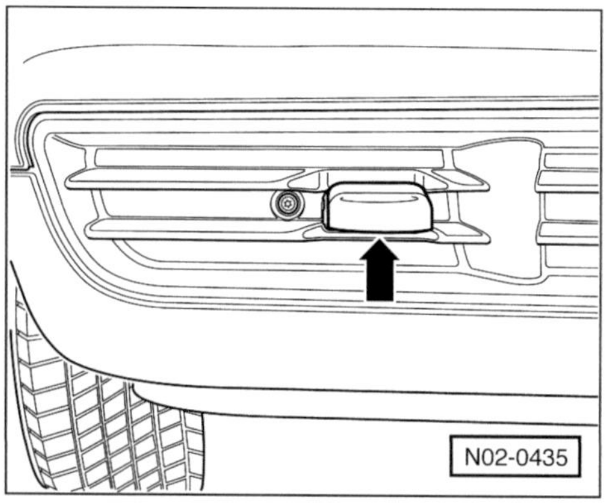

- **LUPO/AROSA:** Vorn rechts im unteren Teil des Stoßfängers die Abdeckung –Pfeil– für die Abschleppöse vorn etwas hochziehen, dann schräg nach vorn oben abziehen.

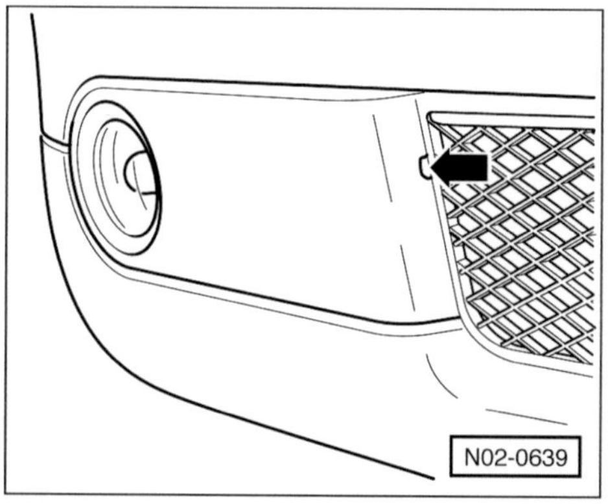

- **LUPO 3L:** Vorn rechts im unteren Teil des Stoßfängers die Abdeckung für die Abschleppöse ausclipsen –Pfeil–.

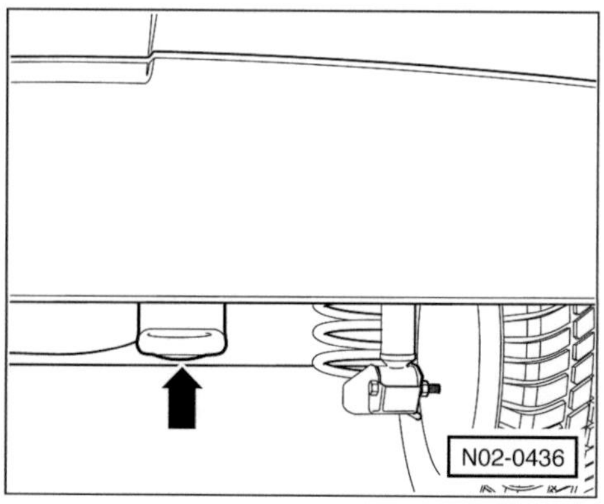

- **LUPO/AROSA:** Hinten rechts unterhalb vom Stoßfänger die Abdeckung –Pfeil– für die Abschleppöse ausclipsen. Dazu die Abdeckung nach hinten ziehen und ausrasten. Abdeckung waagerecht ca. 90° nach links drehen und abnehmen.

Regeln beim Abschleppen

- Zündung einschalten, damit das Lenkrad nicht blockiert ist und Blinkleuchten, Signalhorn, Scheibenwischer und Scheibenwaschanlage betätigt werden können.
- Getriebe in Leerlaufstellung bringen.
- Warnblinkanlage bei beiden Fahrzeug einschalten.
- Bremskraftverstärker und Servolenkung arbeiten nur bei laufendem Motor. Sie müssen bei stehendem Motor entsprechend kräftiger betätigt werden!
- **Empfehlenswert ist die Verwendung einer Abschleppstange.** Ein Abschleppseil soll elastisch sein. Nur Kunstfaserseile oder Seile mit elastischen Zwischengliedern verwenden.
- Der Fahrer des ziehenden Wagens muss beim Schalten weich einkuppeln. Der Fahrer des gezogenen Wagens hat darauf zu achten, dass das Seil stets straff ist.
- Ohne Öl im Schaltgetriebe beziehungsweise Automatikgetriebe darf der Wagen nur mit angehobenen Antriebsrädern abgeschleppt werden.

Fahrzeuge mit Automatikgetriebe

Wählhebelstellung: »N«
Maximale Schleppgeschwindigkeit: 50 km/h!
Maximale Schleppentfernung: 50 Kilometer!

- Über große Entfernungen das Fahrzeug mit einem Abschleppwagen vorn anheben oder aufladen.

Achtung: Zur Vermeidung von Getriebeschäden, Fahrzeug niemals rückwärts mit drehenden Antriebsrädern abschleppen.

Fahrzeug anschleppen (Notstart)

Das Anschleppen (Starten des Motors durch das rollende Fahrzeug) ist bei Fahrzeugen mit Automatikgetriebe nicht möglich.

Bevor der Motor durch Anschleppen des Fahrzeuges gestartet wird, möglichst Batterie eines anderen Fahrzeugs als Starthilfe benutzen.

Achtung: Bei betriebswarmem Benzinmotor darf nur über eine Strecke von maximal 50 Metern angeschleppt werden, da sonst die Gefahr von Katalysatorschäden besteht.

- Vor dem Anschleppen den 2. oder 3. Gang einlegen, Kupplungspedal treten und halten. **LUPO 3L:** Wählhebel in Stellung »N« bringen.
- Zündung einschalten.
- Wenn beide Fahrzeuge in Bewegung sind, langsam einkuppeln. **LUPO 3L:** Wählhebel in Stellung »E« bringen.
- Sobald der Motor angesprungen ist, Kupplung treten und Gang herausnehmen, um nicht auf das ziehende Fahrzeug aufzufahren. **LUPO 3L:** Wählhebel in Stellung »N« bringen.

Achtung: Bei vollständig entladener Batterie kann der LUPO 3L nicht angeschleppt werden, da die Hydraulikpumpe für die Schaltbetätigung nicht arbeitet.

Elektrische Anlage

Aus dem Inhalt:

- Relais/Schalter prüfen
- Elektromotoren prüfen
- Sicherungen ersetzen
- Batterie ausbauen
- Anlasser prüfen
- Generator prüfen
- Scheibenwischer
- Radio
- Beleuchtungsanlage

Bei der Überprüfung der elektrischen Anlage stößt der Heimwerker in den technischen Unterlagen immer wieder auf die Begriffe Spannung, Stromstärke und Widerstand.

Die Spannung wird in Volt (V) gemessen, die Stromstärke in Ampere (A) und der Widerstand in Ohm (Ω). Mit dem Begriff Spannung ist beim Auto in der Regel die Batteriespannung gemeint. Es handelt sich dabei um eine Gleichspannung von ca. 12 Volt. Die Höhe der Batteriespannung hängt vom Ladezustand der Batterie und von der Außentemperatur ab. Sie kann zwischen 10 und 13 Volt betragen. Demgegenüber wird die Bordspannung vom Generator (Lichtmaschine) erzeugt, die bei mittleren Drehzahlen ca. 14 Volt beträgt.

Der Begriff Stromstärke taucht im Bereich der Automobil-Elektrik relativ selten auf. Die Stromstärke ist beispielsweise auf der Rückseite von Sicherungen angegeben und weist auf den maximalen Strom hin, der fließen kann, ohne dass die Sicherung durchbrennt und damit den Stromkreis unterbricht.

Überall wo Strom fließt, muss er einen Widerstand überbrücken. Der Widerstand ist unter anderem von folgenden Faktoren abhängig: Leitungsquerschnitt, Leitungsmaterial, Stromaufnahme usw. Ist der Widerstand zu groß, treten Funktionsstörungen auf. Beispielsweise darf beim Benzinmotor der Widerstand in den Zündleitungen nicht zu hoch sein, sonst fehlt ein ausreichend starker Zündfunke an den Zündkerzen, der das Kraftstoff-Luftgemisch entzündet und damit den Motor zum Laufen bringt.

Achtung: Vor Arbeiten an der elektrischen Anlage grundsätzlich das Batterie-Massekabel abklemmen. Dazu Hinweise im Kapitel »Batterie aus- und einbauen« durchlesen. Als Arbeit an der elektrischen Anlage ist dabei schon zu betrachten, wenn eine elektrischen Leitung vom Anschluss abgezogen beziehungsweise abgeklemmt wird.

Hinweis: Reparaturen am Leitungsstrang sollten grundsätzlich mit dem VW-Leitungsstrang-Reparaturset VAS 1978 durchgeführt werden.

Messgeräte

Zum Messen der Bord-Elektrik gibt es im Handel so genannte Mehrfach-Messgeräte. Sie vereinen in einem Gerät das Voltmeter, um Spannungen zu messen, das Amperemeter, um die Stromstärke zu messen und das Ohmmeter, zum Messen des Widerstandes. Die im Handel befindlichen Messgeräte unterscheiden sich hauptsächlich im Messbereich und in der Messgenauigkeit. Durch den Messbereich wird festgelegt, in welchem Bereich Spannungen oder Widerstände liegen müssen, damit sie überhaupt vom Gerät erfasst werden können.

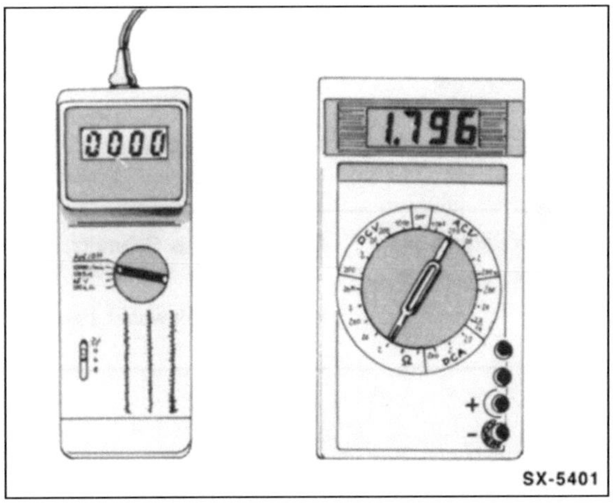

Für den Heimwerker gibt es Vielfach-Messgeräte, die speziell für Prüfarbeiten am Auto abgestimmt sind. Mit solch einem Gerät können Motordrehzahl, Zünd-Schließwinkel und Spannungen bis zu 20 Volt gemessen werden. Bei Widerstandsmessungen beschränkt sich das Gerät in der Regel auf den Kilo-Ohm-Bereich, also etwa 1 – 1.000 kΩ.

Darüber hinaus werden Messgeräte zur Überprüfung von elektrischen und elektronischen Bauteilen angeboten. Sie erlauben eine umfassende Messung von kleinen Widerständen in Ohm (Ω) bis zu großen Widerständen im Mega-Ohm-Bereich (MΩ). Spannungen (in Volt) können sehr exakt gemessen werden, was vor allem bei elektronischen Bauteilen erforderlich ist.

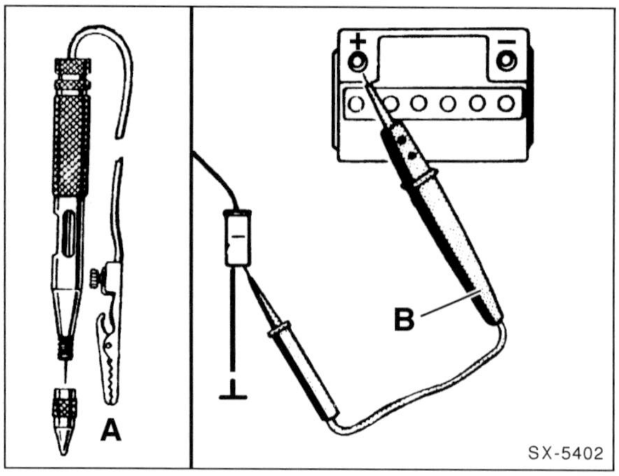

SX-5402

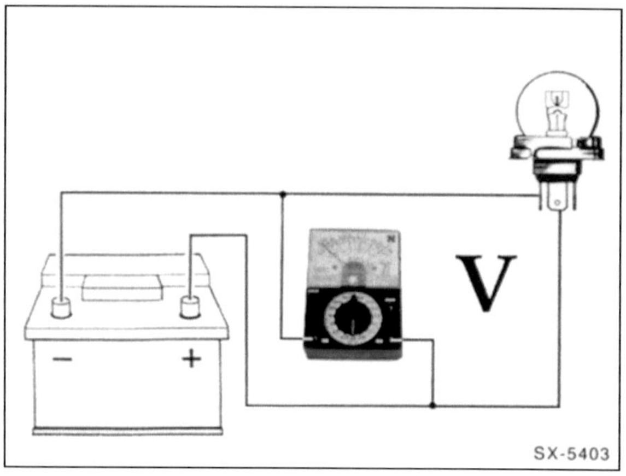

SX-5403

Wenn nur geprüft werden soll, ob überhaupt Spannung (V) anliegt, eignet sich hierzu eine einfache Prüflampe –A–. Dies gilt allerdings nur für Stromkreise, in denen sich keine elektronischen Bauteile befinden. Denn Elektronikteile reagieren äußerst empfindlich auf zu hohe Ströme. Unter Umständen können sie bereits durch Anschließen einer Prüflampe zerstört werden. **Achtung:** Bei der Prüfung elektronischer Bauteile (Transistoren, Dioden und Steuergeräte) ist ein hochohmiger Spannungsprüfer –B– erforderlich. Er arbeitet wie eine Prüflampe, jedoch ohne dass elektronische Bauteile geschädigt werden, und eignet sich für alle Prüfarbeiten.

Messtechnik

Spannung messen

Spannung kann schon mit einer einfachen Prüflampe oder einem Spannungsprüfer nachgewiesen werden. Allerdings erkennt man dann nur, ob überhaupt Spannung anliegt. Um die Höhe der anliegenden Spannung zu prüfen, muss ein Voltmeter (Spannungs-Messgerät) angeschlossen werden.

Zunächst ist beim Voltmeter der Messbereich einzustellen, in dem sich die zu messende Spannung voraussichtlich befindet. Spannungen am Fahrzeug sind in der Regel nicht höher als ca. 14 Volt. Eine Ausnahme bildet die Zündanlage; hier kann die Zündspannung bis zu 30.000 Volt betragen. Diese hohe Spannung ist nur mit einem speziellen Messgerät oder einem Oszilloskop messbar.

Während man bei Messgeräten, die speziell auf das Auto abgestimmt sind, am Wählschalter nur das Voltmeter einschalten muss, sind bei einem allgemeinen Vielfachmessgerät erst eine Reihe von Entscheidungen zu fällen. Zunächst wird mit dem Wählschalter der Bereich Gleichspannung (DCV im Gegensatz zu ACV = Wechselspannung) eingestellt. Dann wird der Messbereich gewählt. Da beim Auto außer an der Zündanlage keine höheren Spannungen als ca. 14 Volt auftreten, sollte die Obergrenze des einzustellenden Messbereiches etwas höher liegen (ca. 15 bis 20 Volt). Falls sicher ist, dass die gemessene Spannung wesentlich niedriger ist, zum Beispiel im Bereich von 2 Volt, kann der Messbereich heruntergeschaltet werden, um eine größere Anzeigegenauigkeit zu erreichen. Liegen höhere Spannungen an, als sie vom Messbereich des Messgerätes erfasst werden, kann das Messgerät zerstört werden.

Die Kabel des Messgerätes entsprechend der Zeichnung parallel zum Verbraucher anschließen. Dabei wird das rote Messkabel an die vom Batterie-Pluspol kommende Leitung angelegt, das schwarze Messkabel an die Masse-Leitung oder an Fahrzeugmasse, wie zum Beispiel den Motorblock.

Prüfbeispiel: Wenn der Motor nicht richtig anspringt, weil der Anlasser zu langsam dreht, ist es zweckmäßig, die Batteriespannung zu prüfen, während der Anlasser betätigt wird. Dazu das Voltmeter mit dem roten Kabel (+) an den Batterie-Pluspol und mit dem schwarzen Kabel an Fahrzeugmasse (–) anklemmen. Anschließend durch einen Helfer den Anlasser betätigen lassen und den Spannungswert ablesen. Liegt die Spannung unter ca. 10 Volt (bei einer Batterie-Temperatur von +20°C), muss die Batterie überprüft und eventuell vor den nächsten Startversuchen geladen werden.

Stromstärke messen

Am Auto ist es relativ selten erforderlich, die Stromstärke zu messen. Beispiel, siehe Kapitel »Batterie entlädt sich durch versteckte Stromverbraucher«. Benötigt wird hierzu ein Amperemeter, welches ebenfalls in einem Vielfachmessgerät integriert ist.

Vor der Strommessung wird das Messgerät auf den Messbereich eingestellt, in dem sich die zu messende Stromstärke voraussichtlich befindet. Falls das nicht bekannt ist, höchsten Messbereich einstellen und, falls keine Anzeige erfolgt, nacheinander in die nächst niedrigeren Messbereiche schalten.

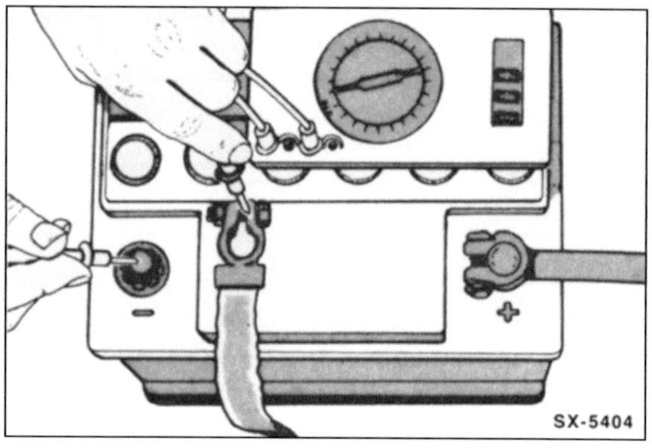

SX-5404

Für die Messung der Stromstärke muss der Stromkreis aufgetrennt werden, das Messgerät (Amperemeter) wird dazwischengeschaltet. Dazu wird beispielsweise der Stecker abgezogen und das rote Kabel (+) des Amperemeters an die Strom führende Leitung angeschlossen. Das schwarze Kabel (–) wird an den Kontakt angelegt, an dem normalerweise die unterbrochene Leitung angeschlossen ist. Die Massekontakte zwischen Verbraucher und Stecker müssen dann mit einem Hilfskabel verbunden werden.

Achtung: Keinesfalls sollte mit einem normalen Amperemeter die Stromstärke in der Leitung zum Anlasser (ca. 150 A) oder zu den Glühkerzen beim Dieselmotor (bis 60 A) gemessen werden. Durch die hierbei auftretenden hohen Ströme kann das Messgerät zerstört werden. Die Werkstatt benutzt für diese Messungen ein Amperemeter mit Gleichstromzange. Dabei wird eine Stromzange über das isolierte Stromkabel geklemmt und der Stromwert durch Induktion gemessen.

Widerstand messen

Vor der Prüfung des Widerstandes darauf achten, dass im Ohmmeter eine volle Batterie eingelegt ist und dass am Bauteil, an welches das Ohmmeter angeschlossen wird, keine Spannung anliegt. Deshalb grundsätzlich immer zuerst die Batterie abklemmen. Andernfalls kann das Messgerät beschädigt werden, beziehungsweise die elektrische Anlage.

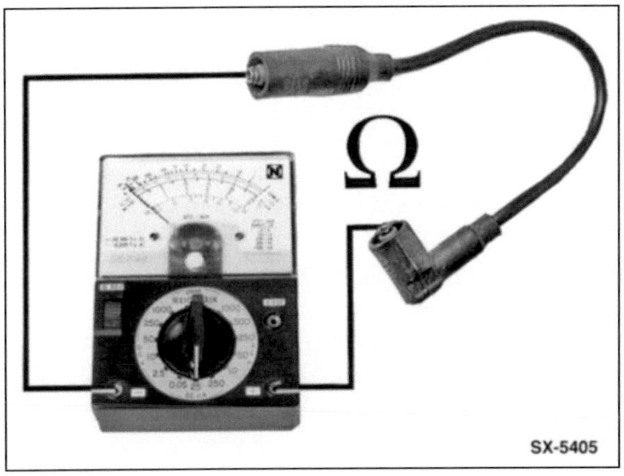

Das Ohmmeter wird an die 2 Anschlüsse eines Verbrauchers oder an die 2 Enden einer elektrischen Leitung angeschlossen. Dabei spielt es keine Rolle, welches Kabel (+/–) des Messgerätes an welchen Kontakt angeklemmt wird. Ausnahme: Widerstandsmessungen an Bauteilen, die Dioden enthalten. Um eine Diode auf Durchgang zu prüfen, muss sie in Durchlassrichtung an das Ohmmeter angeschlossen werden.

Die Widerstandsmessung am Auto erstreckt sich weitgehend auf 2 Bereiche:

1. Kontrolle eines in den Stromkreis integrierten Widerstandes oder Bauteils.

2. »Durchgangsprüfung« einer elektrischen Leitung, eines Schalters oder einer Heizwendel. Dabei wird geprüft, ob eine elektrische Leitung im Fahrzeug unterbrochen ist und deshalb das angeschlossene elektrische Gerät nicht funktioniert. Zur Messung wird das Ohmmeter an die beiden Enden der betreffenden elektrischen Leitung angeschlossen. Beträgt der Widerstand 0 Ω, dann ist »Durchgang« vorhanden. Das heißt, die elektrische Leitung ist in Ordnung. Bei unterbrochener Leitung zeigt das Messgerät ∞ (unendlich) Ω an.

Elektrisches Zubehör nachträglich einbauen

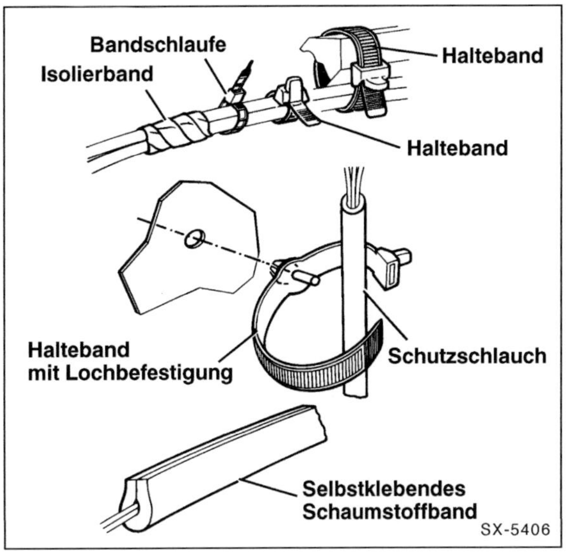

Kabel, die beim Einbau von Zubehör zusätzlich zu dem serienmäßig eingebauten Kabelsatz im Fahrzeug verlegt werden müssen, sind nach Möglichkeit immer entlang der einzelnen Kabelstränge unter Verwendung der vorhandenen Kabelschellen und Gummitüllen zu verlegen.

Falls erforderlich, sind die neu verlegten Kabel, um Geräuschen während der Fahrt vorzubeugen und das Scheuern von Kabeln zu vermeiden, mit Isolierband, plastischer Masse, Kabelbändern und dergleichen zusätzlich festzulegen. Hierbei ist besonders darauf zu achten, dass zwischen den Bremsleitungen und den festverlegten Kabeln ein Mindestabstand von 10 mm sowie zwischen den Bremsleitungen und den Kabeln, die mit dem Motor oder anderen Teilen des Fahrzeuges schwingen, ein Mindestabstand von 25 mm vorliegt.

Beim Bohren von Karosserie-Löchern müssen die Lochränder anschließend entgratet, grundiert und lackiert werden. Die beim Bohren zwangsläufig anfallenden Späne sind restlos aus der Karosserie zu entfernen.

Bei allen Arbeiten, die das elektrische Leitungssystem betreffen, ist, um der Gefahr von Kurzschlüssen und Überlastungsschäden im elektrischen Leitungssystem vorzubeugen, grundsätzlich bei ausgeschalteter Zündung das Massekabel (–) von der Fahrzeugbatterie abzuklemmen und zur Seite zu hängen.

Achtung: Wird die Batterie abgeklemmt, werden unter Umständen der Fehlerspeicher für Motor- und Automatikgetriebesteuerung, Anti-Blockier-System sowie andere elektrische Geräte wie zum Beispiel das Radio und die Zeituhr stillgelegt, beziehungsweise Speicherwerte gelöscht. Spezielle Hinweise zu diesem Thema stehen im Kapitel »Batterie aus- und einbauen«.

Sofern zusätzliche elektrische Verbraucher eingebaut werden, ist in jedem Fall zu überprüfen, ob die erhöhte Belastung noch von dem vorhandenen Drehstromgenerator mit übernommen werden kann. Falls erforderlich, sollte ein Generator mit größerer Leistung vorgesehen werden.

Fehlersuche in der elektrischen Anlage

Beim Aufspüren eines Defekts in der elektrischen Anlage ist es wichtig, systematisch vorzugehen. Dies gilt sowohl beim Überprüfen von ausgefallenen Glühlampen als auch bei nicht laufenden Elektromotoren.

Der **erste Schritt** ist immer die Überprüfung der Sicherung, sofern das elektrische Bauteil abgesichert ist. Die aktuelle Sicherungsbelegung ergibt sich aus dem Aufdruck auf dem Sicherungskastendeckel, siehe auch unter Kapitel »Sicherungen auswechseln«.

Defekte Sicherung gegebenenfalls auswechseln und nach Einschalten des elektrischen Verbrauchers kontrollieren, ob diese nicht unmittelbar wieder durchbrennt. In diesem Fall muss zuerst der Fehler aufgespürt und behoben werden. In der Regel handelt es sich um einen Kurzschluss. Das bedeutet, an irgend einer Stelle, mitunter auch intern im elektrischen Gerät, sind Masse- und Plusanschluss überbrückt.

Zweiter Prüfschritt: Wenn bei intakter Sicherung die Glühlampe nicht leuchtet beziehungsweise der Elektromotor nicht anläuft, ist die Stromversorgung zu überprüfen.

Glühlampe prüfen

- Glühlampe ausbauen und sichtprüfen. Ist der Glühfaden durchgebrannt oder sitzt der Glaskolben locker im Sockel, Lampe erneuern.
- Um einwandfrei festzustellen, ob die Glühlampe intakt ist, geht man folgendermaßen vor: Eine Plusleitung (+) und eine Masseleitung (–) direkt an die Pole der Batterie anschließen und mit der Lampe verbinden. Dabei ist es unwichtig, wie die Kabel an die Glühlampe angeschlossen werden. Ein Kabel an den Stromanschluss, das andere an das Glühlampengehäuse. Wenn jetzt die Lampe nicht leuchtet, Glühlampe erneuern. **Hinweis:** Es muss sichergestellt sein, dass die Kontakte an der Glühlampe und in der Glühlampenfassung nicht korrodiert sind. Gegebenenfalls korrodierte oder verbogene Anschlüsse polieren und einwandfreien Kontakt herstellen.
- Ist die Glühlampe intakt, Lampe einsetzen und einschalten. Leuchtet die Glühlampe nicht, mit Prüflampe Stromzuführung überprüfen. Dazu Prüflampe an Masse anlegen. Das bedeutet: Das eine Kabel der Prüflampe muss an eine gute Massestelle am Motor (blankes Metall) oder direkt am Batterie-Minuspol angeschlossen werden. Die andere Prüflampen-Prüfspitze (+) entweder an den Strom führenden Stecker halten oder mit der Prüfspitze in das Strom führende Kabel einstechen. Wenn die Prüflampe jetzt aufleuchtet und die Glühlampe dennoch nicht brennt, ist die Massezuführung zur Glühlampe unterbrochen. Um dies zu überprüfen, Massehilfsleitung an die Glühlampenfassung anlegen. Die Glühlampe muss jetzt leuchten.
- Wenn das Strom führende Kabel zur Glühlampe keine Spannung aufweist, die Prüflampe also nicht aufleuchtet, ist sehr wahrscheinlich der Schalter defekt. Schalter auf Durchgang prüfen, siehe dazu auch Kapitel »Elektrische Schalter auf Durchgang prüfen«.

Elektromotoren prüfen

Im Auto werden immer mehr Komfortfunktionen von kleinen Elektromotoren übernommen. Dazu gehören beispielsweise der Fensterheber, das Schiebedach oder die elektrische Zentralverriegelung. Jeder Motor wird bei Bedarf über einen Schalter zugeschaltet, meist von Hand.

- Sicherung des betreffenden Elektromotors prüfen, gegebenenfalls ersetzen.

Hinweis: Elektromotoren vom elektrischen Fensterheber und dem Schiebedach besitzen in der Regel Sicherungsautomaten, die sich bei einer Überlastung ausschalten und nach einiger Zeit wieder zuschalten. Vor einer erneuten Betätigung sollte die Überlastungsursache beseitigt werden. Das können vereiste Scheiben oder verschmutzte Fenster-Führungsschienen sein.

- Brennt die Sicherung gleich wieder durch, liegt ein Kurzschluss vor.
- Um eindeutig zu klären, ob der Defekt im Motor liegt, 2 Hilfskabel (∅ ca. 2 mm) direkt von der Fahrzeugbatterie beziehungsweise von den Plus- und Masseabgriffen im Motorraum an den Elektromotor anlegen. Pluskabel an den Pluspol, Massekabel an Massepol des Motors. Die Pol-Belegung muss im Zweifelsfall anhand eines Stromlaufplans ermittelt werden. Dazu muss der Motor gegebenenfalls ausgebaut werden. Alle elektrischen Motoren im Fahrzeug werden mit Bordspannung (12 bis 14 Volt) versorgt. Funktioniert der Motor jetzt ordnungsgemäß, war die Stromversorgung defekt. **Hinweis:** Ein zu langsam laufender oder aussetzender Elektromotor kann auf abgenützte Schleifkohlen hinweisen. In diesem Fall Schleifkohlen (Bürsten) ersetzen.
- Funktioniert der Motor, feststellen welche Zuleitung am Elektromotor Spannung führt, wenn der Schalter betätigt wird und zuvor die Zündung eingeschaltet wurde.
- Spannungsführendes Kabel am Elektromotor mit Prüflampe prüfen. Da bei Elektromotoren ein großer Strom fließt, kann eine herkömmliche Prüflampe mit Glühlampe genommen werden. Die Prüflampe hat in der Regel spitze Prüfnadeln, mit denen das Anschlusskabel durchstochen werden kann. So lässt sich auf einfache Weise die Spannung prüfen. **Achtung:** Der Scheibenwischermotor hat besondere Klemmenbezeichnungen, siehe entsprechendes Kapitel.
- Liegt keine Spannung am Elektromotor an, ist die Stromversorgung defekt. Fehler in der Zuleitung suchen und beheben. Elektromotoren haben in der Regel aufgrund des hohen Strombedarfs zusätzliche Schaltrelais. Prüfung, siehe entsprechendes Kapitel.
- Wurde kein Fehler gefunden, Schalter prüfen.
- Ist ein Kabel defekt, ist es oft sinnvoller, man legt ein neues Kabel, da es schwierig ist, einen Defekt im Kabel zu lokalisieren.

Elektrischen Schalter auf Durchgang prüfen

Die meisten elektrischen Verbraucher werden über einen von Hand betätigten Schalter ein- und ausgeschaltet. Darüber hinaus gibt es auch Schalter, die automatisch betätigt werden. Zu diesen Schaltern zählen zum Beispiel der Öldruckschalter und der Geber für Bremsflüssigkeitsstand.

Grundsätzlich hat ein Schalter die Aufgabe, den Stromkreis zu schließen und zu unterbrechen. Dabei können Schalter,entweder die Masseleitung oder den Plusstrom unterbrechen.

Hinweis: Der Schalter für den Rückfahrscheinwerfer befindet sich, in Fahrtrichtung gesehen, an der vorderen Seitenwand des Schaltgetriebes

Schalter für Lampen und Elektromotoren prüfen

- Betreffenden Schalter ausbauen.
- Einfache Schalter haben nur 2 Anschlüsse. In diesem Fall muss an einem Anschluss immer Spannung (+) anliegen und nach dem Einschalten an der anderen Klemme auch. Es gibt auch Schalter mit mehreren Klemmen. Bei diesen Schaltern anhand des Stromlaufplans feststellen, an welcher Klemme Spannung anliegen muss.
- Mit Prüflampe prüfen, ob am Schalter Spannung anliegt, gegebenenfalls vorher Zündung einschalten. Leuchtet die Prüflampe auf, Schalter betätigen und an der Ausgangsklemme prüfen, ob dort auch Spannung anliegt. Ist das der Fall, dann funktioniert der Schalter.
- Wenn an der Eingangsklemme keine Spannung anliegt, liegt eine Unterbrechung in der Leitungs-Zuführung vor. Anhand des Stromlaufplans die Spannungszuführung kontrollieren und gegebenenfalls eine neue Leitung einbauen.

Geberschalter prüfen

Geberschalter sind beispielsweise: Öldruckschalter, Geber für Bremsflüssigkeits- und Kühlmittelstand.

- Durchgangsprüfer (Prüflampe oder Ohmmeter) an der Zu- und Ableitung des Schalters anschließen, dazu Kabel am Schalter abziehen. **Achtung:** Schalter, die im Motorblock eingeschraubt sind, haben in der Regel kein Massekabel, da das Schaltergehäuse über den Motorblock als Massepol dient.
- Bei geschlossenem Schalter muss der Durchgangsprüfer Durchgang anzeigen. Am besten ist ein Ohmmeter als Durchgangsprüfer: Bei geschlossenem Schalter muss es 0Ω, bei geöffnetem Schalter ∞Ω (unendlich) anzeigen.
- Die Funktionsfähigkeit etwa der Kühlmittel- oder Bremsflüssigkeitsstand-Warnschalter lässt sich am schnellsten prüfen, indem bei eingeschalteter Zündung die Zuleitung am Schalter abgezogen wird und an eine gute Massestelle, zum Beispiel gegen den Motorblock, gehalten wird. Spricht die Warnlampe im Schalttafeleinsatz jetzt an, liegt der Fehler am Schalter.
- Ein Sonderfall ist der Öldruckschalter: Bei stehendem Motor ist der Kontakt geschlossen (bei eingeschalteter Zündung brennt die Warnlampe), erst bei laufendem Motor und einem gewissen Öldruck öffnet der Schalter.

Relais prüfen

In vielen Stromkreisen ist ein Relais integriert. Ein Schaltrelais arbeitet wie ein Schalter. Wenn der Verbraucher über den Handschalter eingeschaltet wird, bekommt das Relais den Befehl, den Strom zum Verbraucher durchzuschalten. Man könnte natürlich den Strom auch direkt über den Schalter von der Batterie zum Verbraucher legen. Bei allen Verbrauchern mit hoher Stromaufnahme schaltet man jedoch ein Relais dazwischen, um den Schalter nicht zu überlasten beziehungsweise um kurze Stromwege sicherzustellen. Neben diesen Schaltrelais gibt es auch Funktionsrelais, zum Beispiel für die Wisch-Wasch-Anlage.

Schaltrelais prüfen

Beim Einschalten des betreffenden Verbrauchers wird das Relais angesteuert, das heißt durch den Schaltstrom zieht eine Magnetspule im Relaisinnern einen Kontakt an und schließt so den Stromkreis für den »Arbeitsstrom«. Der Arbeitsstrom läuft über das Relais zum Stromverbraucher weiter.

Am einfachsten lässt sich die Funktionsfähigkeit eines Relais prüfen, wenn man es gegen ein intaktes auswechselt. So macht man es auch in der Werkstatt. Da dem Heimwerker jedoch in den seltensten Fällen ein neues Relais sofort zur Verfügung steht, empfiehlt sich folgende Vorgehensweise:

- Relais aus der Halterung herausziehen.
- Zündung und entsprechenden Schalter einschalten.

Hinweis: Die hier angegebenen Klemmenbezeichnungen können vor allem bei den serienmäßig eingebauten Relais auch anders lauten.

- Zuerst mit Spannungsprüfer feststellen, ob an Klemme 30 (+) im Relaishalter Spannung anliegt. Dazu Spannungsprüfer an Masse (–) anschließen und die andere Kontaktspitze vorsichtig in Klemme 30 einführen. Wenn die Leuchtdiode des Spannungsprüfers aufleuchtet, ist Spannung vorhanden. Zeigt der Spannungsprüfer keine Spannung an, ist die Unterbrechung vom Batterie-Pluspol (+) zu Klemme 30 anhand eines Stromlaufplanes aufzuspüren und zu beheben.
- Leitungsbrücke aus einem Stück isoliertem Draht herstellen, die Enden müssen blank sein.
- Mit dieser Brücke im Relaishalter die Klemme 30 (Batterie +, führt immer Spannung) mit dem Ausgang des Relais-Schließers Klemme 87 verbinden. Mit diesem Arbeitsschritt wird praktisch genau das getan, was ein intaktes Relais auch vornimmt. Wo sich die Klemmen im Relaishalter befinden, ist auf dem Relais beziehungsweise am Steckkontakt aufgeführt.
- Wenn bei eingesetzter Brücke der Verbraucher arbeitet, kann man davon ausgehen, dass das Relais defekt ist.
- Wenn der elektrische Verbraucher nicht arbeitet, klären, ob die Masseverbindung zum Verbraucher intakt ist. Dann ist die Unterbrechung in der Leitungsführung von Klemme 87 zum Verbraucher anhand des Stromlaufplanes aufzuspüren und zu beheben.
- Falls erforderlich, neues Relais einsetzen.

Achtung: Falls ein Fehler nur zeitweise in einem Stromkreis auftritt, der mit einem Relais bestückt ist, dann liegt der Defekt in der Regel im Relais. Und zwar bleibt dann ein Kontakt im Relais ab und zu kleben, während das Relais in der übrigen Zeit einwandfrei funktioniert. Bei Auftreten des Fehlers leicht gegen das Relaisgehäuse klopfen. Wenn das Relais daraufhin durchschaltet, Relais ersetzen.

Blinkanlage prüfen

Die Takte für die Blink- und Warnblinkanlage werden vom elektronisch gesteuerten Warnblink-Relais erzeugt.

Prüfen

- Ist der Blinker-Rhythmus auf einer Seite schneller als auf der anderen Seite, ist auf der »schnellen« Seite eine Glühlampe defekt oder eine Leitungsunterbrechung vorhanden.
- Sicherungen für Blinkanlage prüfen.
- Ist die Funktion der Warnblinkanlage gestört, während die Richtungsblinkanlage normal funktioniert, dann ist in der Regel die Stromversorgung, Klemme 30, für den Schalter der Warnblinkanlage unterbrochen.
- Ist die Funktion der Richtungsblinkanlage gestört, während die Warnblinkanlage normal funktioniert, dann ist in der Regel die Stromversorgung, Klemme 15 (vom X-Relais kommend), für den Schalter der Warnblinkanlage unterbrochen.
- Wurde kein Fehler gefunden, Schalter der Warnblinkanlage mit integriertem Relais ersetzen.

Elektrische Steckverbindungen lösen

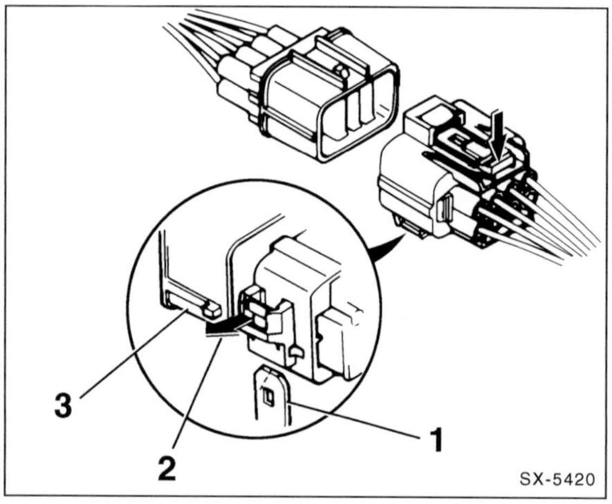

- Manche Steckverbinder sind mit einem Haltebügel –1– an der Karosserie- oder den unterschiedlichsten Bauteilen befestigt. Zum Lösen der Verbindung muss das Gegenstück am Stecker in Pfeilrichtung –2– aufgebogen werden, so dass der Stecker vom Haltebügel abgenommen werden kann.
- Rasthaken –3– zum Lösen der Steckverbindung eindrücken. Bei manchen Steckern muss der Rasthaken auch angehoben werden.

Scheibenwischermotor prüfen

Der Scheibenwischermotor sitzt im Wasserkasten unterhalb der Windschutzscheibe. Zum Prüfen muss der Windlauf ausgebaut werden, siehe Seite 275.

Klemmenbezeichnungen

Die Klemmen am Motor sind genormt:

- Klemme **31** ist der Masseanschluss (allgemein in der Fahrzeugelektrik).
- Klemme **53** erhält Spannung für die erste Wischergeschwindigkeit.
- Klemme **53 a** liefert Plusstrom (+) für die Wischer-Endabstellung: Der Motor erhält über einen Schleifkontakt so lange Spannung, bis die Wischer in Ruhestellung gelaufen sind, wenn der Fahrer den Scheibenwischer ausschaltet.
- Klemme **53 b** führt die Spannung für die zweite Wischergeschwindigkeit (Nebenschlusswicklung).
- Über Klemme **53 e** wird der Wischermotor beim Zurücklaufen nach dem Abschalten abgebremst, damit die Wischer nicht über ihre Parkstellung hinauslaufen.
- Nicht überall vorhanden: Klemme **53 c** führt zur elektrischen Scheibenwaschpumpe.

Wischermotor prüfen

Zunächst klären, ob der Wischermotor oder die Stromversorgung defekt ist. Dazu folgendermaßen vorgehen:

- Mehrfachstecker am Wischermotor abziehen.
- Mit 2 Hilfskabeln Spannung (+) und Masse (–) von der Fahrzeugbatterie an den Wischermotor anlegen:
  - Ein Kabel vom Batterie-Pluspol zu Klemme **53** oder **53 b** verlegen.
  - Das zweite vom Batterie-Minuspol zu Motor-Klemme **31** führen.
- Der Scheibenwischermotor muss jetzt je nach benutzter Klemme auf Stufe I oder II laufen. Wenn nicht, ist der Motor oder die entsprechende Stufe defekt. Wischermotor ausbauen, siehe Seite 79.

Heizbare Heckscheibe prüfen

Bei eingeschalteter Heckscheibenheizung muss das Feld mit den sichtbaren Leiterbahnen nach einiger Zeit frei von Beschlag oder Eis sein.

- Bei Störungen zuerst Sicherung im Sicherungskasten überprüfen.
- Ist die Sicherung in Ordnung, Heckfensterverkleidung ausbauen und festen Sitz der Kabelstecker links und rechts an der Heckscheibe überprüfen, gegebenenfalls von Korrosion reinigen.
- Funktioniert die Heckscheibenheizung immer noch nicht, Heckscheibenheizung in der VW- beziehungsweise SEAT-Werkstatt prüfen lassen.

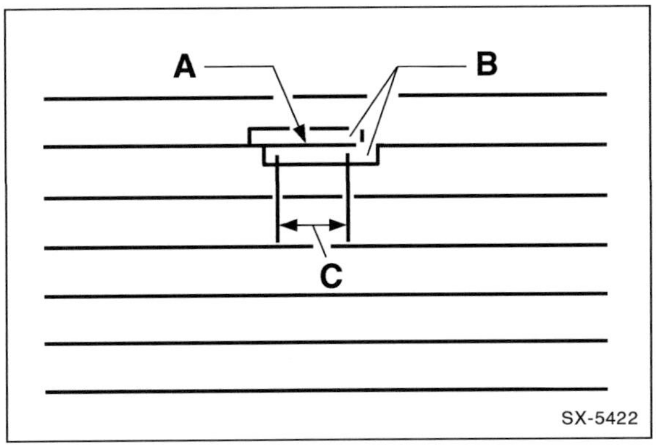

- Sind Heizfäden unterbrochen, hilft handelsüblicher Leitsilberlack zur Wiederherstellung der Verbindung. Dazu beschädigten Bereich mit Verdünner oder Ethylen reinigen.
- Unterbrochene Stelle –A– von beiden Seiten mit Klebeband –B– abkleben und mit einem kleinen Pinsel Leitsilberlack –C– auftragen.
- Farbe bei ca. +25° C ca. 24 Stunden trocknen lassen. Es kann auch ein Heißluftfön verwendet werden. Bei +150° C trocknet die Farbe in ca. 30 Minuten.

Achtung: Heckscheibenheizung nicht einschalten, bevor die Farbe ganz trocken ist. Kein Benzin oder andere Lösungsmittel zum Reinigen des beschädigten Teils verwenden.

Bremslicht prüfen

- Wenn das Bremslicht nicht aufleuchtet, zuerst Sicherung im Sicherungkasten überprüfen.
- Ist die Sicherung in Ordnung, Brems-Glühlampen überprüfen, gegebenenfalls erneuern.
- Bremslichtschalter überprüfen. Dazu Abdeckung oberhalb der Pedale ausbauen. Kabelstecker vom Bremslichtschalter abziehen.
- Zündung einschalten.
- Beide Kontakte im Kabelstecker des Bremslichtschalters mit einer kurzen Hilfsleitung überbrücken. Wenn die Bremslichter jetzt aufleuchten, ist der Bremslichtschalter defekt. In diesem Fall Schalter ersetzen, siehe Seite 160.

Hupe aus- und einbauen/prüfen

Ausbau

Die Hupe befindet sich vorne links, zwischen Innenkotflügel und Stoßfänger.

> **Sicherheitshinweis**
> Beim Aufbocken des Fahrzeugs besteht Unfallgefahr! Deshalb vorher das Kapitel »Fahrzeug aufbocken« durchlesen.

- Fahrzeug vorn aufbocken, siehe Seite 134.

- Befestigungsschraube –1– herausdrehen und Hupe vom Halter –2– abnehmen.
- Stecker an der Hupe entriegeln und abziehen.

Einbau

- Stecker an der Hupe aufschieben und sichern.
- Hupe am Halter ansetzen und anschrauben.
- Fahrzeug ablassen.

Wegfahrsicherung

Das Fahrzeug ist serienmäßig mit einer elektronischen Wegfahrsicherung ausgerüstet. Bei aktiviertem System verhindert die Anlage das Anspringen des Motors, wenn nicht der mit dem richtigen Code versehene Schlüssel verwendet wird.

Die Anlage besteht aus:

- dem Steuergerät für elektronische Wegfahrsicherung (im Kombiinstrument integriert),
- der Kontrolllampe für Wegfahrsicherung,
- dem angepassten Motorsteuergerät,
- einer Lesespule am Zündschloss,
- dem Zündschlüssel mit eingebautem Transponder (Antwort-Lesespeicher). Der Transponder ist eine batterielos arbeitende Empfangs- und Sendeeinheit.

■ Die Wegfahrsicherung wird beim Abziehen des Zündschlüssels aktiviert.

■ Beim Einstecken des Zündschlüssels wird durch die Lesespule elektrische Energie induktiv auf den Transponder im Schlüssel übertragen. Der Schlüsselcode wird gelesen und an das Steuergerät für Wegfahrsicherung übermittelt. Dort wird der Schlüsselcode mit dem abgespeicherten Wert verglichen. Danach wird der Code des Motor-Steuergerätes geprüft.

■ Wenn sämtliche Codes übereinstimmen, leuchtet nach dem Einschalten der Zündung im Kombiinstrument die Kontrolllampe für Wegfahrsicherung auf.

■ Falls keine Übereinstimmung der Codes vorhanden ist, wird der Motor nach maximal 2 Sekunden abgeschaltet. Das kann folgende Ursachen haben:

- ◆ Lesevorgang bis zum Einschalten der Zündung nicht abgeschlossen. In diesem Fall nach dem Einstecken des Schlüssels etwas warten und Zündschlüssel langsam drehen.
- ◆ Fehlerspeicher auslesen lassen.
- ◆ Schlechter Kontakt im Stecker des Kabels von der Lesespule zum Kombiinstrument.
- ◆ Lesevorgang durch zusätzliche Schlüssel am Schlüsselbund behindert.
- ◆ Schlüsselcode defekt.

■ Die elektronische Überprüfung der Wegfahrsicherung erfolgt mit dem VW/SEAT-Diagnosegerät durch Abrufen des Fehlerspeichers.

Geheimnummer

Die Geheimnummer ist bei Neufahrzeugen auf einem Schlüsselanhänger angebracht. Sie ist erforderlich, um neue Schlüssel zu codieren.

Identnummer

Die Identnummer wird benötigt, um bei Verlust der Geheimnummer diese beim Werk zu erfragen. Sie befindet sich ebenfalls auf einem Schlüsselanhänger, kann aber auch aus dem Steuergerät der Wegfahrsicherung ausgelesen werden.

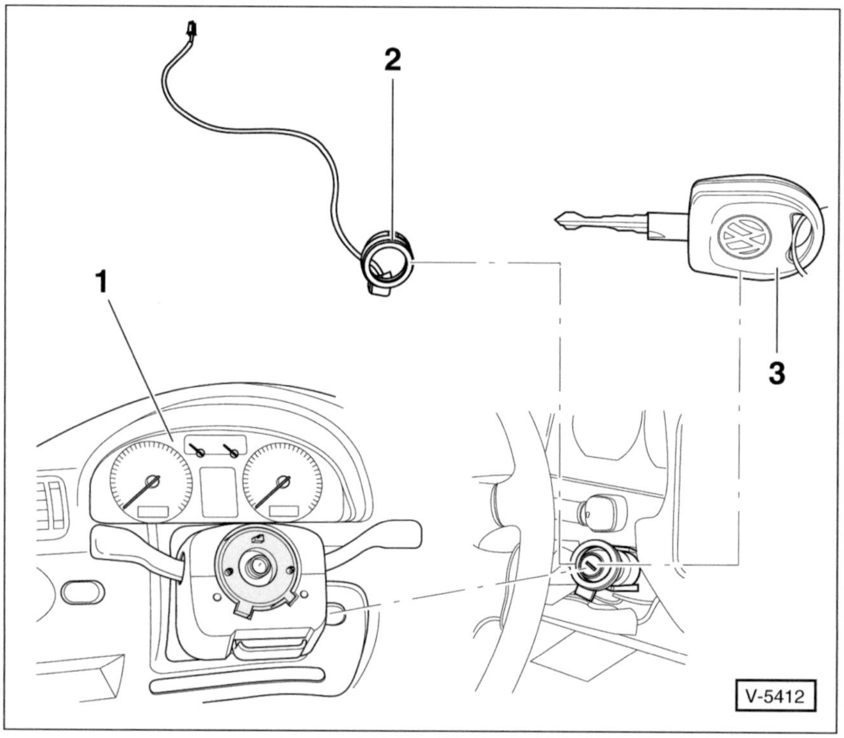

1 – Steuergerät für elektronische Wegfahrsicherung
Im Kombiinstrument integriert.

2 – Lesespule für Wegfahrsicherung
Die Lesespule ist auf das Lenkschlossgehäuse aufgesteckt und über ein Kabel mit dem Steuergerät verbunden.

3 – Transponder
Antwort-Lesespeicher, im Zündschlüssel integriert.

Sicherungen auswechseln

Um Kurzschluss- und Überlastungsschäden an den Leitungen und Verbrauchern der elektrischen Anlage zu verhindern, sind die einzelnen Stromkreise durch Schmelzsicherungen geschützt. Es werden Sicherungen mit Messerkontakten verwendet. Ausnahme: Streifensicherungen für Glühkerzen beim Dieselmotor.

- Vor dem Auswechseln einer Sicherung immer zuerst den betroffenen Verbraucher und die Zündung ausschalten.

B11-069D

- Die Sicherungen befinden sich in einem Sicherungskasten im Ablagefach des Fahrerfußraums.
- Abdeckung nach vorn abnehmen –Pfeil–.
- Beim LUPO/LUPO 3L den Klarsichtdeckel vom Sicherungshalter abnehmen.
- Eine Übersicht der aktuellen Sicherungsbelegung befindet sich auf der Innenseite der Sicherungskasten-Abdeckung.
- Einige Sicherungen befinden sich im Sicherungshalter im Motorraum, über der Batterie. Sicherungsbelegung für diese Hauptsicherungen, siehe Seite 297.

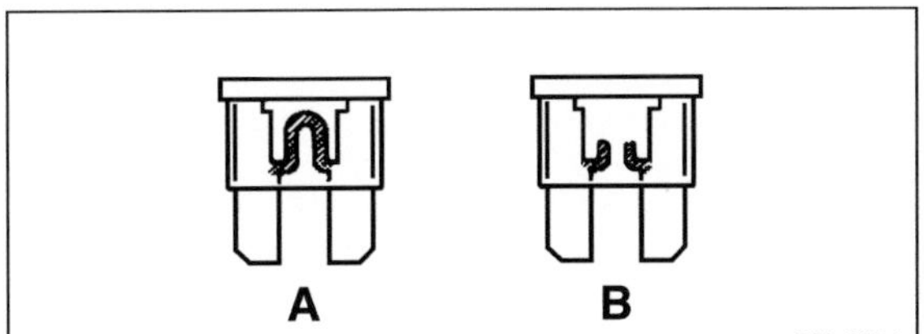

SX-5421

- Eine durchgebrannte Sicherung erkennt man am durchgeschmolzenen Metallstreifen. A – Sicherung in Ordnung, B – Sicherung durchgebrannt.

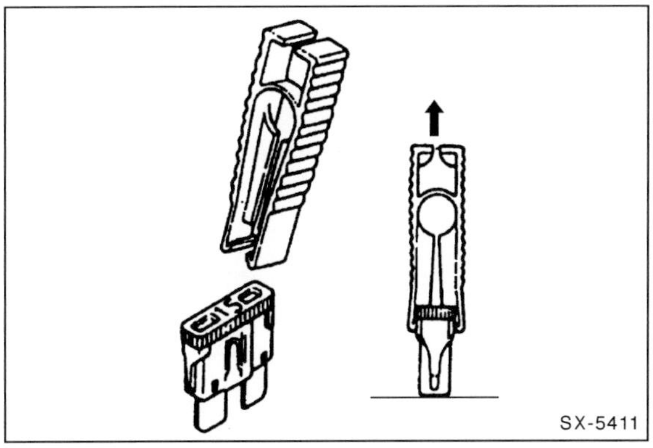

SX-5411

- Kunststoffklammer aus der Rücksdeite der Abdeckung abnehmen und defekte Sicherung herausziehen.
- Neue Sicherung **gleicher Sicherungsstärke** einsetzen. Die Nennstromstärke der Sicherung ist auf der Rückseite des Griffes aufgedruckt. Außerdem hat der Griff der Sicherungen eine Kennfarbe, an der ebenfalls die Nennstromstärke zu erkennen ist.

Nennstromstärke in Ampere	Kennfarbe
5	beige/hellbraun
7,5	braun
10	rot
15	blau
20	gelb
25	weiß
30	grün

- Sicherungskasten-Abdeckung wieder einrasten.
- Brennt eine neu eingesetzte Sicherung nach kurzer Zeit wieder durch, muss der entsprechende Stromkreis überprüft werden.
- Auf keinen Fall Sicherung durch Draht oder ähnliche Hilfsmittel ersetzen, weil dadurch ernste Schäden an der elektrischen Anlage auftreten können.
- Es ist empfehlenswert, stets einige Ersatzsicherungen im Wagen mitzuführen.

Sicherungsbelegung

Die Sicherungsbelegung ist abhängig von der Ausstattung und vom Baujahr des Fahrzeuges. Die aktuelle Belegung der Sicherungen steht auch im Deckel vom Sicherungskasten.

AROSA

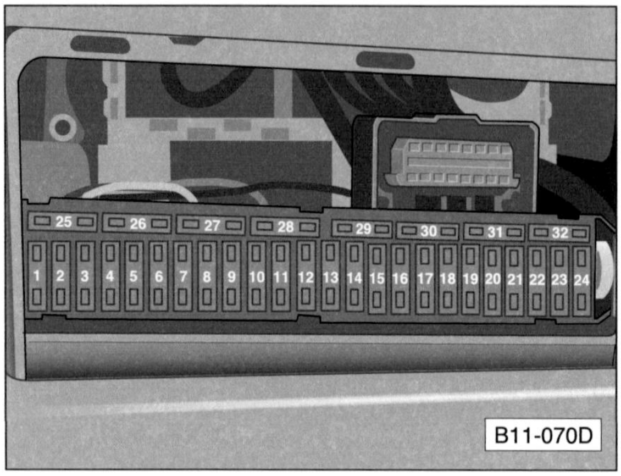

Nr.	Amp.	Verbraucher
1	15	Motorelektronik
2	10	Motorelektronik
3	7,5	Motorsteuerung
4	15	Zündanlage
5	5	Automatikgetriebe
6	5	Automatikgetriebe
7	10	ABS-Steuergerät
8	15	Motorelektronik
9	15	Motorelektronik
10	15	Motorelektronik
11	15	Hupe, Sitzheizung
12	10	Fernlicht rechts, Fernlichtkontrolle
13	10	Fernlicht links
14	10	Abblendlicht rechts, Leuchtweitenregulierung rechts
15	10	Abblendlicht links, Leuchtweitenregulierung links
16	5	Begrenzungsleuchten rechts
17	5	Begrenzungsleuchten links
18	7,5	Rückfahrleuchten, beheizbare Scheibenwaschdüsen
19	15	Nebelscheinwerfer, Nebelschlussleuchte
20	10	Bremsleuchten
21	15	Warnlichtanlage
22	5	Blinkleuchten
23	15	Windschutzscheiben-Wischer und -Wascher
24	10	Heckscheiben-Wischer und -Wascher, elektrische Außenspiegelbeheizung
25	15	Heckscheibenbeheizung, Außenspiegelbeheizung
26	5	Wegfahrsicherung
27	5	Kombiinstrument, Innenleuchte
28	15	Zigarettenanzünder, Radio, Zentralverriegelung
29	5	Fensterheber, Faltschiebedach
30	20	Gebläse, Klimaanlage
31	5	Kennzeichenbeleuchtung
32	15	Kraftstoffpumpe

LUPO

Ab Modelljahr 2000

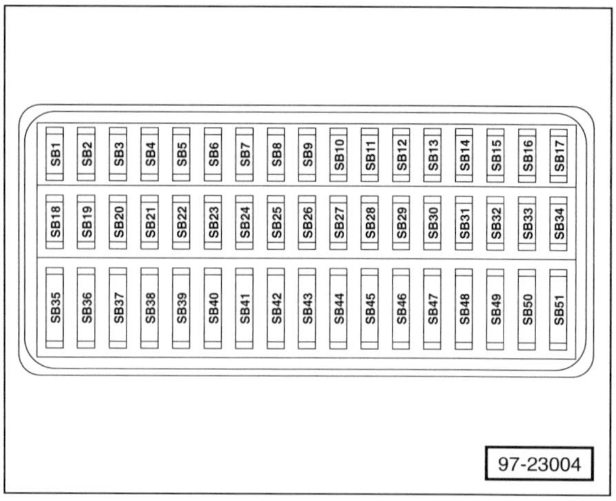

Nr.	Amp.	Verbraucher
SB1	10	Heizung für Lambdasonde
SB2	5	Kennzeichenleuchten
SB3	10	Einspritzventile
SB4	5	Standlicht links
SB5	5	Standlicht rechts
SB6	15	Heckwischer
SB7	7,5	Blinkanlage
SB8	5	ABS mit EDS
SB9	5	Leuchtweitenregelung
SB10	5	Innenraumbeleuchtung
SB11	5	Spannungsversorgung für Anschluss Eigendiagnose
SB12	10	Fernlichtscheinwerfer rechts
SB13	10	Fernlichtscheinwerfer links
SB14	10	Warnblinkanlage, Diebstahlwarnanlage
SB15	10	Bremsleuchten
SB16	5	Warnsummer für Standlicht und Radio
SB17	5	Anklappspiegel
SB18	5	Spiegelheizung
SB19	15	Doppeltonhorn, beheizbare Scheibenwaschdüsen
SB20	10	CD-Wechsler, Telefon
SB21	5	Automatisches Getriebe
SB22	15	DWA-Horn
SB23	5	Ventil für Einspritzbeginn, Ventil für Drosselklappe, Relais für Glühkerzen Motor
SB24	5	Kupplungspedalschalter, Steuergerät für Diesel-Direkteinspritzanlage
SB25	5	Wählhebel für automatisches Getriebe
SB26	7,5	Umluftanlage
SB27	5	Kombiinstrument
SB28	5	Geber für Geschwindigkeitsmesser, Wegfahrsicherung
SB29	7,5	Rückfahrleuchten
SB30	5	Ventil für Abgasrückführung, Magnet für Aktivkohlebehälter
SB31	10	Steuergerät für Einspritzanlage
SB32	5	Steuergerät für Einspritzanlage
SB33	10	Steuergerät Automatisches Getriebe
SB34	10	Zündtrafo, Geber für Geschwindigkeitsmesser (nur Motor AHT)

SB35	25	Glasschiebedach
SB36	15	Steuergerät für Simos-Einspritzanlage
SB37	15	Steuergerät Einspritzanlage
SB38	25	Elektrische Fensterheber, Fahrertür
SB39	25	Elektrische Fensterheber, Beifahrertür
SB40	15	Kraftstoffpumpe
SB41	15	Steuergerät Zentralverriegelung
SB42	15	Radio, Navigation
SB43	15	Nebelscheinwerfer, Nebelschlussleuchte
SB44	15	Abblendlicht Scheinwerfer links
SB45	15	Abblendlicht Scheinwerfer rechts
SB46	15	Zigarrenanzünder
SB47	20	Scheinwerferreinigungsanlage
SB48	20	Heckscheibenheizung
SB49	25	Frischluftgebläse
SB50	15	Scheibenwischeranlage
SB51	15	Sitzheizung

Hinweis: Die elektrischen Fensterheber und die elektrische Sitzverstellung sind über Sicherungsautomaten abgesichert, die bei einer Überlastung, zum Beispiel durch festgefrorene Scheiben, den Stromkreis unterbrechen und sich nach kurzer Zeit selbst wieder einschalten.

Weitere Sicherungen sowie die Relaisbelegung sind im Kapitel »Stromlaufpläne« aufgeführt.

Batterie aus- und einbauen

Die Batterie befindet sich im Motorraum vorne links unter einem Sicherungshalter. Um die Batterie auszubauen, muss zuvor der Sicherungshalter ausgebaut werden.

Achtung: Durch das Abklemmen der Batterie werden einige **elektronische Speicher gelöscht**:

- Zum Beispiel Fehlerspeicher von Motor- und Getriebesteuerung sowie Antiblockiersystem. Vor dem Abklemmen gegebenenfalls Fehlerspeicher von einer VW-Werkstatt abrufen lassen. Treten die gleichen Fehler während einer anschließenden Fahrt wieder auf, werden sie wieder im Speicher abgelegt.
- Die Hoch-/Tieflaufautomatik der elektrischen Fensterheber muss nach dem Anklemmen der Batterie neu aktiviert werden, wie, steht am Ende des Kapitels.
- **Radio mit Anti-Diebstahl-Codierung, VW-Radio »alpha«:** Der Radiocode wird gelöscht. Radiocode vor Abklemmen der Batterie feststellen. Nach dem Anklemmen der Batterie muss der Radiocode neu eingegeben werden, sonst kann das Radiogerät nicht in Betrieb genommen werden. Ist der Code nicht bekannt, kann das Radio nur vom Radiohersteller, das VW-Radio nur von einer VW-Werkstatt freigeschaltet werden. Radiocode eingeben, siehe Seite 103.
- **VW-Radio »beta« und »gamma«:** Nach dem Anklemmen der Batterie muss der Radiocode nicht eingegeben werden. Voraussetzung ist, dass das Radio und/oder das Kombiinstrument nicht ausgebaut beziehungsweise im selben Fahrzeug wieder eingebaut wurden.
- Nach dem Aus- und Einbau der Batterie können Motor-Rundlaufprobleme auftreten. In diesem Fall ist das Motorsteuergerät neu zu programmieren (Werkstattarbeit).

Falls die Batterie ersetzt wird:

- Möglichst eine moderne **Batterie mit Zentralentgasung** verwenden. Dabei werden die in der Batterie entstehenden Gase über eine zentrale Öffnung abgeleitet.
- Falls dennoch eine Batterie mit belüfteten Stopfen eingebaut wird, darauf achten, dass die Stopfen mit einer Kunststoffabdeckung vor Spritzwasser geschützt werden, siehe auch Hinweis am Ende dieses Kapitels.
- Die Fußleiste der Batterie muss 10,5 mm hoch sein, damit ein sicherer Sitz der Batterie sichergestellt ist.

Hinweis: Wird die Autobatterie ersetzt, unbedingt die Altbatterie zum Händler mitnehmen und zurückgeben. Sonst muss Pfand für die neue Batterie bezahlt werden.

- Nach dem Einbau der neuen Batterie Generatorspannung prüfen, siehe Seite 70.

Hinweis: Eine zu hohe Ladespannung des Generators kann die Ursache für den Ausfall der bisherigen Batterie sein und, falls der Fehler weiter besteht, die neue Batterie schädigen.

Ausbau

- Zündung ausschalten.
- Motorhaube öffnen.
- Batterie-Massekabel (–) abklemmen und zur Seite legen.

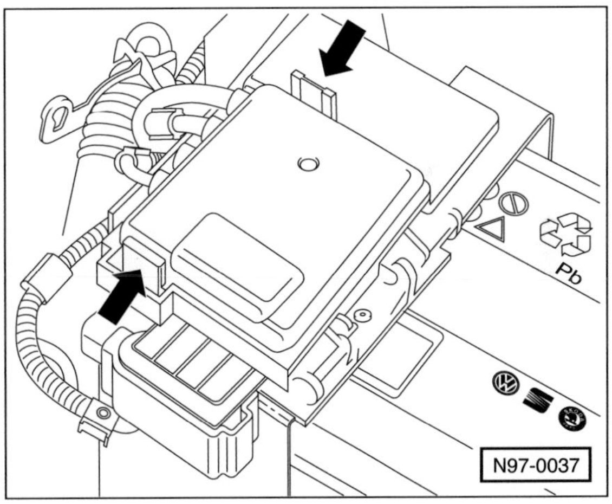

- Verriegelungslaschen zusammendrücken –Pfeile– und Abdeckung für Sicherungshalter abnehmen.

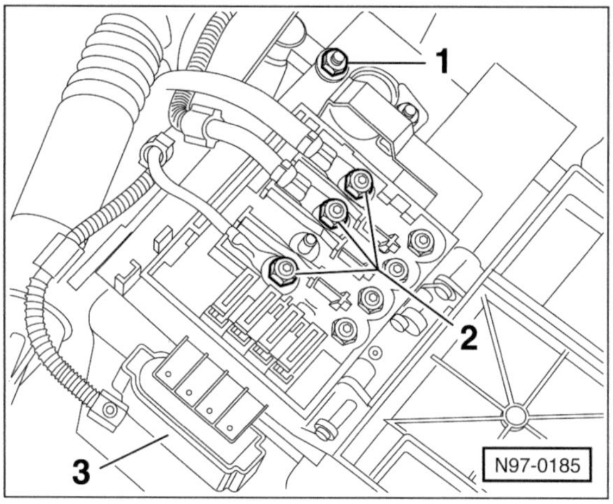

- Befestigungsmuttern –1– für Stromleitblech an der Plusklemme (+) abschrauben.
- Angeschlossene Leitungen von den Streifensicherungen abklemmen. Dazu Befestigungsmuttern –2– abschrauben.
- Steckverbindung –3– abziehen.

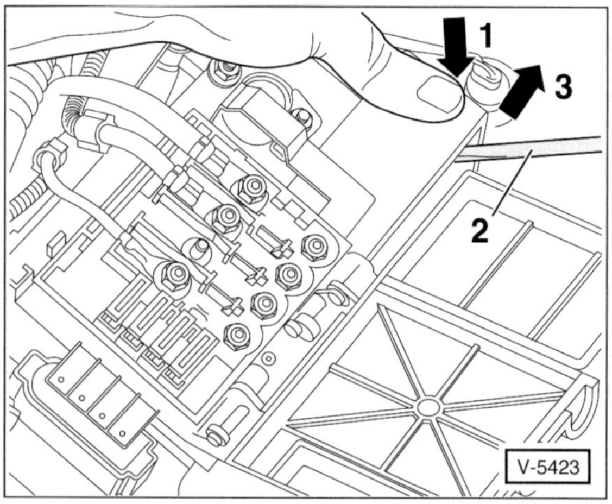

- Spannbügel für Sicherungshalter durch Daumendruck entspannen –Pfeil 1–. Gleichzeitig mit einem geeigneten Schraubendreher –2– die Verrastung des Spannbügels an der Batterie ausheben –Pfeil 3–.
- Sicherungshalter nach oben von der Batterie abnehmen.

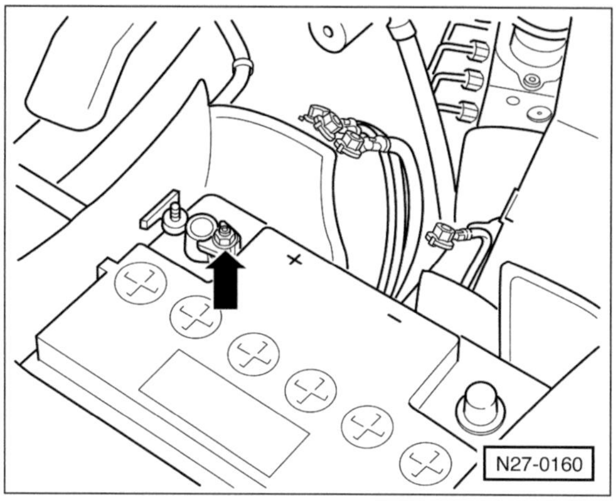

- Klemmmutter an der Plusklemme (+) lösen –Pfeil–. Plusklemme vom Batterie-Pluspol abziehen.

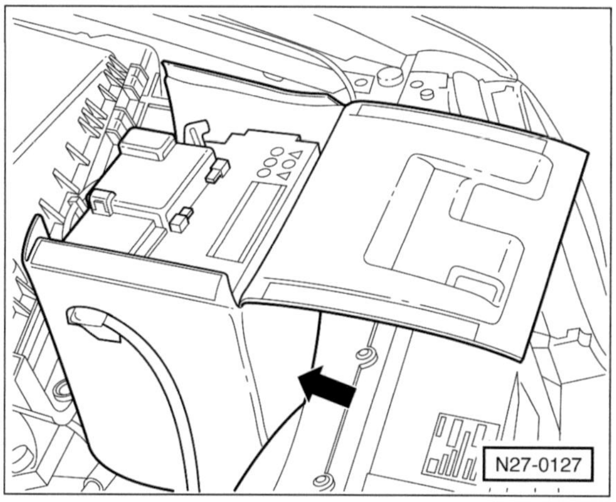

- Falls vorhanden, Batterie-Wärmeschutzummantelung –Pfeil– öffnen und abnehmen.

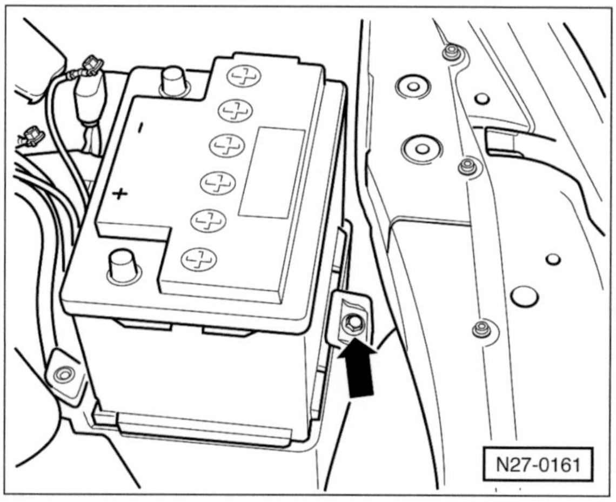

- Sechskantschraube M8x25 –Pfeil– herausschrauben.
- Befestigungsbügel abnehmen und Batterie herausnehmen.

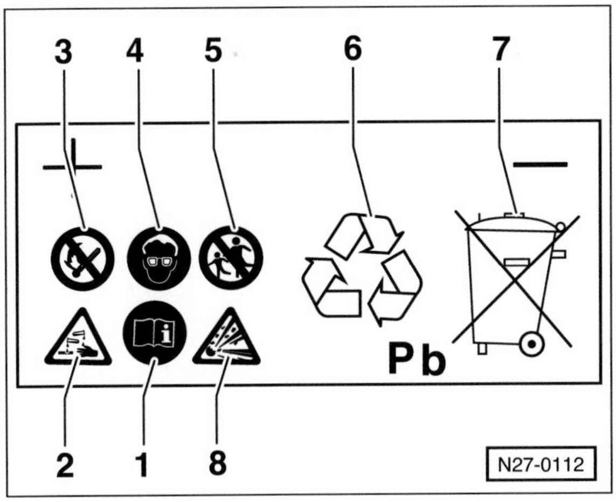

N27-0112

Sicherheitshinweise:
Warnhinweise auf der Batterie beachten, um Schäden und Verletzungen zu vermeiden. Die Symbole haben folgende Bedeutung:

1. Sicherheitshinweise in der Betriebsanleitung durchlesen.
2. Verätzungsgefahr: Batteriesäure ist stark ätzend, deshalb beim Umgang mit der Batterie Schutzhandschuhe und Augenschutz tragen. Batterie nicht kippen. Aus den Entgasungsöffnungen kann Säure austreten.
3. Feuer, Funken, offenes Licht und Rauchen in der Nähe der Batterie sind verboten. Wird die Batterie nur abgeklemmt, aber nicht ausgebaut, Batteriepole sicherheitshalber abdecken.
4. Augenschutz tragen.
5. Kinder von Säure und Batterie fernhalten.
6. Altbatterien bei den Sammelstellen für Problemstoffe abgeben.
7. Altbatterien nie mit dem Hausmüll entsorgen.
8. Explosionsgefahr. Beim Laden der Batterie entsteht hochexplosives Knallgasgemisch.

Einbau

- Prüfen ob die Zündung und alle Stromverbraucher ausgeschaltet sind, gegebenenfalls ausschalten.

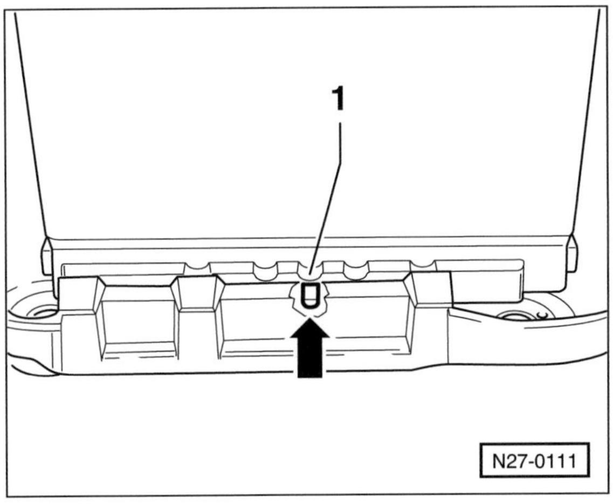

N27-0111

- Batterie so einsetzen, dass die Nase des Batterieträgers in die Aussparung in der Batteriefußleiste eingreift. Die Batterie darf sich nicht nach links oder rechts verschieben lassen.
- Die Batterie ist richtig eingesetzt, wenn die mittlere Aussparung der Batteriefußleiste mit dem Gewindeloch im Batterieträger fluchtet. **Achtung:** Bei Batterien mit Zentralentgasungsschlauch darauf achten, dass der Schlauch nicht abgeknickt ist. Bei Batterien ohne Zentralentgasungsschlauch darf die Öffnung oben am Batteriedeckel nicht verstopft sein.
- Befestigungsbügel am Batteriefuß anbringen und mit Sechskantschraube M8x25 befestigen. Schraube mit **22 Nm** anziehen.
- Festen Sitz der Batterie durch Hin- und Herrütteln prüfen. Wenn die Batterie nicht fest sitzt, verkürzt sich ihre Lebensdauer. Außerdem verringert sich die Crash-Sicherheit.
- Gegebenenfalls Wärmeschutzummantelung der Batterie wieder einbauen.

Achtung: Durch eine falsch angeschlossene Batterie können erhebliche Schäden am Generator und an der elektrischen Anlage entstehen.

- Pluskabel am Pluspol (+) aufschieben, Anzugsdrehmoment: **6 Nm**. **Achtung:** Polklemme ohne Gewalt aufdrücken, damit das Batteriegehäuse nicht beschädigt wird. Die Batteriepole dürfen **nicht** gefettet werden.

Achtung: Das Massekabel wird erst nach Einbau des Sicherungshalters angeschlossen.

- Sicherungshalter auf die Batterie aufsetzen, dabei das Stromleitblech auf den Befestigungsbolzen der Batterie-Plusklemme aufstecken.
- Spannbügel des Sicherungshalters an der Batterie einrasten.
- Befestigungsschraube des Stromleitblechs auf der Plusklemme (+) festschrauben.
- Elektrische Leitungen an den Streifensicherungen aufschieben und festschrauben.
- Mehrfachstecker aufschieben.
- Massekabel am Minuspol (–) aufstecken und mit 6 Nm anschrauben. **Achtung:** Polklemme ohne Gewalt aufdrücken, damit das Batteriegehäuse nicht beschädigt wird. Die Batteriepole dürfen **nicht** gefettet werden.
- Generatorspannung prüfen, siehe Seite 70.
- Radio gegebenenfalls neu programmieren, siehe Seite 103.
- Zeituhr einstellen.
- Falls vorhanden, Automatiklauf der elektrischen Fensterheber wie folgt aktivieren:
  - ◆ Fahrzeug von außen über Fahrer- oder Beifahrertür verschließen. Dabei darauf achten, dass alle Türen und Fenster vollständig geschlossen sind.
  - ◆ Fahrzeug entriegeln und erneut verriegeln. Dabei Schlüssel mindestens 1 Sekunde lang in Schließstellung halten.

Hinweis: Falls eine Störung der elektrischen Fensterheber vorliegt, blinken die Schalterbeleuchtungen in den Türen.

Hinweis für Batterie mit belüfteten Stopfen (ohne Zentralentgasungsschlauch)

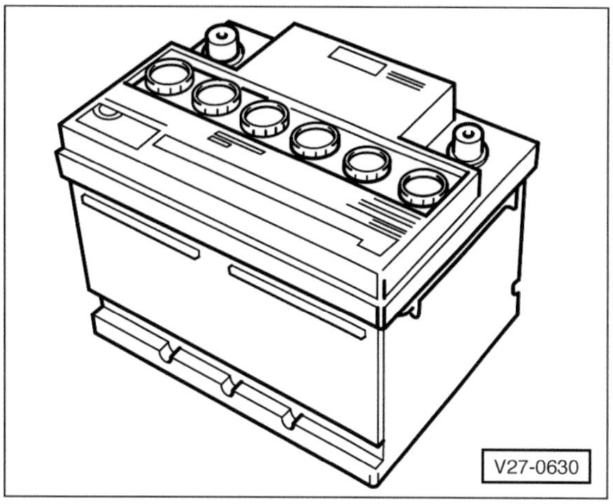

Wenn möglich, nur eine Batterie mit Zentralentgasung einbauen.

Bei dem abgebildeten Batterietyp mit belüfteten und herausschraubbaren Stopfen, muss über den Stopfen eine Kunststoffabdeckung als Schutz gegen eindringendes Spritzwasser sowie austretende, korrosionsfördernde Batteriesäure angebracht werden.

Für eine Batterie mit Zentralentgasung (flache, nur mit Schraubendreher herausschraubbare Stopfen) wird diese Abdeckung nicht benötigt.

Batterie prüfen

Wartungsfreie Batterie

Das Fahrzeug kann mit einer wartungsfreien Batterie ausgestattet sein. Die wartungsfreie Batterie ist am »magischen Auge« an der Batterieoberseite erkennbar. Das Batteriegehäuse ist schwarz oder weiß.

Das »magische Auge« ist eine optische Statusanzeige. Anhand der angezeigten Farbe können Aussagen über Säurestand und Ladezustand getroffen werden.

Achtung: Luftblasen im »magischen Auge« können die Anzeige verfälschen. Gegebenenfalls vorsichtig auf das »magische Auge« klopfen. Der Säurestand einer wartungsfreien Batterie kann aber auch von außen, anhand der max- und min-Markierung abgelesen werden. Ausnahme: Batterien mit schwarzem Gehäuse.

Anzeige grün: Batterie ist ausreichend geladen. Säurestand in Ordnung.

Anzeige schwarz: Keine beziehungsweise zu geringe Ladung der Batterie.

Anzeige farblos/gelb: Kritischer Säurezustand erreicht. Unbedingt destilliertes Wasser nachfüllen.

Herkömmliche Batterie

Säurestand prüfen

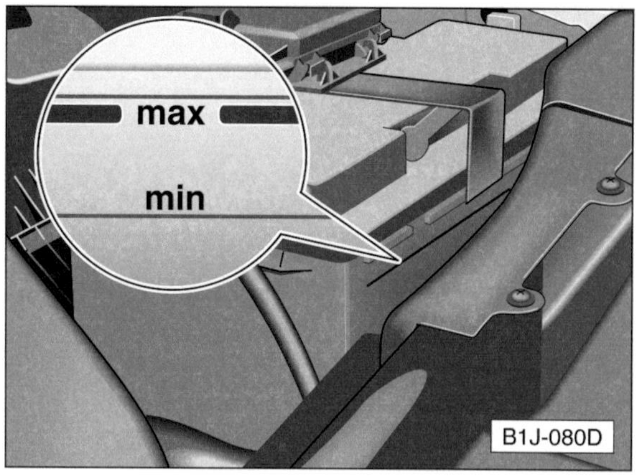

- Der Säurestand muss in den einzelnen Zellen zwischen der min- und der max-Markierung liegen. Gegebenenfalls Batteriestopfen ausschrauben und destilliertes Wasser nachfüllen. Die Abbildung zeigt nicht die Batterie im LUPO.

Hinweis: Lässt sich der Säurestand von außen nicht erkennen, Batteriestopfen herausschrauben. Der Säurestand muss am Kunststoffsteg der inneren Säurestandmarkierung liegen. Das entspricht der äußeren max-Markierung.

Spannung prüfen

Der Batterie-Zustand wird durch Messen der Spannung mit einem Voltmeter zwischen den Batteriepolen überprüft.

- Batteriepole abklemmen, siehe Seite 61.
- Vor der Prüfung muss die Batterie mindestens 2 Stunden abgeklemmt sein.

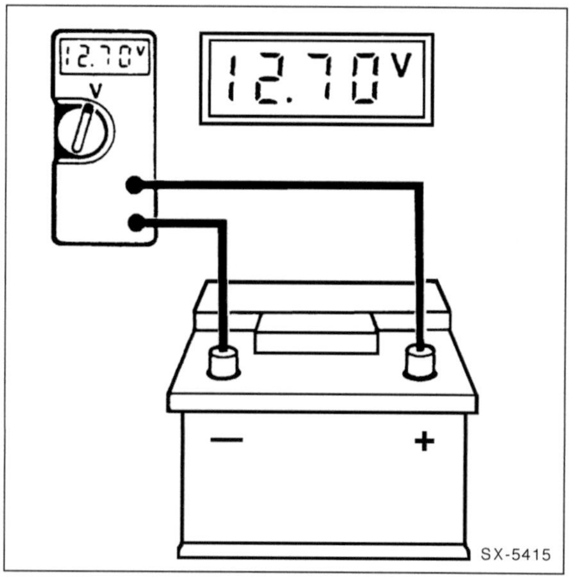

- Voltmeter an die Batteriepole anschließen und Spannung messen.

- **Beurteilung des Spannungsmesswertes:**
  12,5 Volt oder darüber = Batterie in gutem Zustand
  12,4 Volt oder darunter = Batterie in schlechtem Zustand, Batterie laden oder ersetzen
- Batterie-Pluskabel (+) und -Massekabel (–) anklemmen. **Achtung:** Zeituhr stellen und gegebenenfalls Radiocode eingeben sowie Hoch-/Tieflaufautomatik für elektrische Fensterheber aktivieren, siehe Kapitel »Batterie aus- und einbauen«.

Batterie unter Belastung prüfen

- Voltmeter an den Polen der Batterie anschließen.
- Motor starten und Spannung ablesen.
- Während des Startvorganges darf bei einer vollen Batterie die Spannung nicht unter 10 Volt (bei einer Säuretemperatur von ca. +20° C) abfallen.
- Bricht die Spannung sofort zusammen und wurde in den Zellen eine unterschiedliche Säuredichte festgestellt, so ist auf eine defekte Batterie zu schließen.

Säuredichte prüfen

Die Säuredichte ergibt in Verbindung mit der Spannungsmessung genauen Aufschluss über den Ladezustand der Batterie.

Zur Prüfung der Säuredichte dient ein Säureheber, der recht preiswert in Fachgeschäften angeboten wird.

Die Temperatur der Batteriesäure muss für die Prüfung mindestens +10° C betragen.

- Zündung ausschalten.

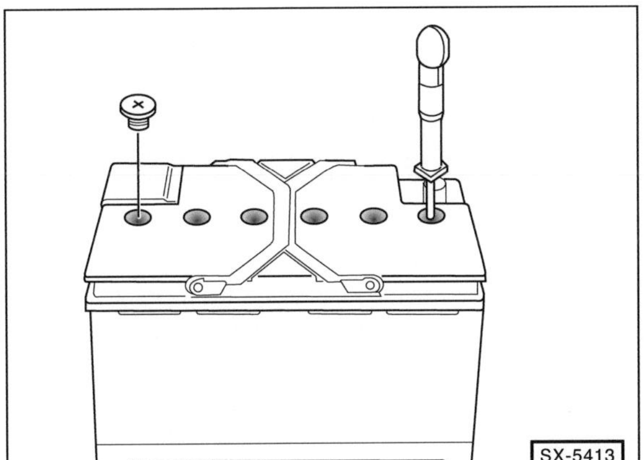

SX-5413

- Sämtliche Verschlussstopfen aus den Batteriezellen herausschrauben. Falls vorhanden, vorher Deckelleiste mit Schraubendreher abhebeln.

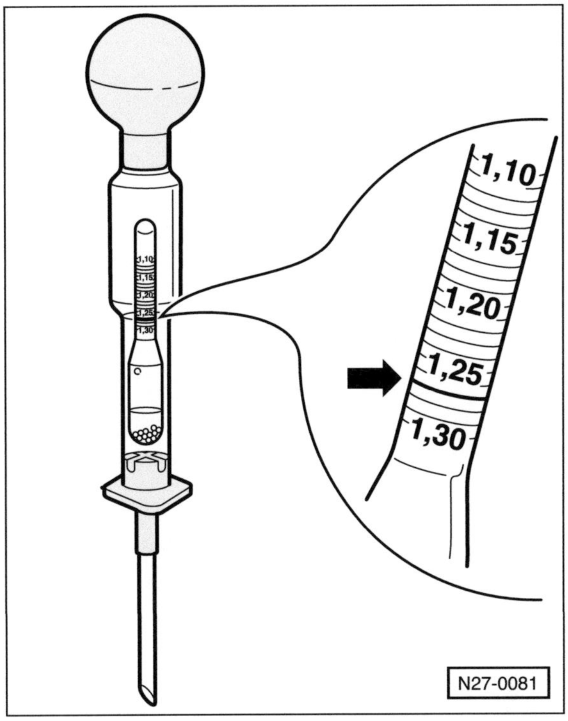

N27-0081

- Säureprüfer, zum Beispiel HAZET-4650-1, in eine der Batteriezellen eintauchen und soviel Säure ansaugen, bis der Schwimmer frei in der Säure schwimmt. Je größer das spezifische Gewicht (Säuredichte) der angesaugten Batteriesäure ist, desto mehr taucht der Schwimmer auf. An der Skala des Schwimmers kann man die Säuredichte in spezifischem Gewicht (g/ml oder kg/l) oder Baumégrad (+°Bé) ablesen.

Hinweis: Die Säuredichte kann auch auch mit einem Refraktometer, einem optischen Batteriesäure- und Frostschutz-Tester geprüft werden, zum Beispiel HAZET 4810-B. Dazu mit einer Pipette einen Tropfen der Flüssigkeit auf das Prüfglas auftragen. Durch das Refraktometer schauen und Säuredichte an der Skala ablesen.

- Die Säuredichte muss mindestens 1,24 g/ml betragen. Ist die Säuredichte zu gering, Batterie laden.

Ladezustand	+°Bé	g/ml
entladen	16	1,15
halb entladen	24	1,22
gut geladen	30	1,28

- Nacheinander jede Batteriezelle prüfen, alle Zellen müssen die gleiche Säuredichte (maximale Differenz 0,03 g/ml) haben. Sonst kann auf eine defekte Batterie geschlossen werden.

Batterie laden

Sicherheitshinweise:

Vor dem Laden der Batterie Sicherheitshinweise im Kapitel »Batterie aus- und einbauen« durchlesen.

- Batterie **nicht** bei laufendem Motor abklemmen.
- Batterie **niemals kurzschließen,** das heißt Plus- (+) und Minuspol (–) dürfen nicht verbunden werden. Bei Kurzschluss erhitzt sich die Batterie und kann platzen.
- Nicht mit offener Flamme in Batterie leuchten. Batteriesäure ist ätzend und darf nicht in die Augen, auf die Haut oder die Kleidung gelangen, gegebenenfalls mit viel Wasser abspülen.
- Die Batteriestopfen (kreuzförmige Schlitze) bleiben bei einer modernen Batterie mit Zentralentgasung beim Laden fest eingeschraubt.
- Gefrorene Batterie vor dem Laden auftauen. Eine geladene Batterie gefriert bei ca. –65° C, eine halbentladene bei ca. –30° C und eine entladene bei ca. –12° C. Aufgetaute Batterie vor dem Laden auf Gehäuserisse prüfen, gegebenenfalls ersetzen.

Zum Laden der Batterie mit einem **Normal- oder Schnellladegerät** Batterie ausbauen. Zumindest aber Massekabel (–) sowie Pluskabel (+) abklemmen.

Mit einem **Kleinladegerät** (geringe Stromstärke) kann die Batterie auch in eingebautem Zustand geladen werden. Die Anschlusskabel für das Bordnetz brauchen dazu normalerweise nicht abgenommen zu werden. Allerdings sind unbedingt die Angaben des Ladegeräteherstellers zu beachten.

Beim Laden muss die Batterie eine Temperatur von mindestens +10° C aufweisen.

Laden

- Batterie ausbauen.
- Säurestand prüfen, gegebenenfalls destilliertes Wasser nachfüllen, siehe entsprechendes Kapitel.
- Batterie nur in gut belüftetem Raum oder im Freien laden. Beim Laden der eingebauten Batterie Motorhaube geöffnet lassen.
- Sicherstellen, dass der Entgasungsschlauch der Batterie nicht abgeklemmt ist beziehungsweise der Entgasungsstutzen nicht verstopft ist.
- Falls am Ladegerät der Ladestrom eingestellt werden kann, Ladestrom für Normalladung auf ca. 10 % der Kapazität einstellen. Bei einer 50-Ah-Batterie also etwa 5,0 A. Als Richtwert für die Ladezeit können dann 10 Stunden genommen werden.
- **Bei ausgeschaltetem Ladegerät** Pluskabel (+) des Ladegerätes an den Pluspol (+) der Batterie anschließen. Minuskabel (–) des Ladegerätes mit dem Minuspol (–) der Batterie verbinden.
- Netzstecker des Ladegerätes in die Steckdose stecken. Falls erforderlich, Ladegerät einschalten.
- Wird die Batterie mit einem konstanten Ladestrom geladen, Temperatur der Batterie durch Auflegen der Hand prüfen. Die Säuretemperatur darf während des Ladens ca. +55° C nicht überschreiten, gegebenenfalls Ladung unterbrechen oder Ladestrom herabsetzen.
- Nach dem Laden der Batterie Ladegerät ausschalten (wenn möglich) und Netzstecker des Ladegerätes ziehen.
- Anschlusskabel des Ladegerätes von der Batterie abklemmen.
- Geladene Batterie prüfen, siehe entsprechendes Kapitel.
- Batterie einbauen, siehe entsprechendes Kapitel.

Hinweise für Batterie mit belüfteten Stopfen (Abbildung V27-0630 im Kapitel »Batterie aus- und einbauen«)

- Vor dem Laden Stopfen aus der Batterie herausschrauben oder mit schmalem Schraubendreher Abdeckung herausheben und lose auf die Öffnungen legen. Dadurch werden Säurespritzer in der Umgebung vermieden, während die beim Laden entstehenden Gase entweichen können.
- So lange laden, bis alle Zellen lebhaft gasen und bei drei im Abstand von je einer Stunde aufeinander folgenden Messungen das spezifische Gewicht der Säure und die Spannung nicht mehr angestiegen sind.
- Nach dem Laden Batterie ca. 20 Minuten ausgasen lassen, dann Verschlussstopfen einschrauben.

Tief entladene und sulfatierte Batterie laden

Eine Batterie, die längere Zeit unbenutzt war (zum Beispiel Fahrzeug stillgelegt), entlädt sich selbst und sulfatiert mit der Zeit.

Wenn die Ruhespannung der Batterie unter 11,6 Volt liegt, bezeichnet man sie als tief entladen. Ruhespannung prüfen, siehe unter »Batterie prüfen«.

Bei einer tief entladenen Batterie besteht die Batteriesäure (Schwefelsäure-Wassergemisch) fast nur noch aus Wasser. **Achtung:** Bei Minustemperaturen kann diese Batterie einfrieren und das Gehäuse platzen.

Eine tief entladene Batterie sulfatiert, das heißt die gesamte Plattenoberfläche der Batterie verhärtet. Die Batteriesäure ist dann nicht klar, sie hat eine schwach weißliche Einfärbung.

Wenn die tief entladene Batterie unmittelbar nach der Entladung wieder geladen wird, bildet sich die Sulfatierung wieder zurück. Andernfalls verhärten die Batterieplatten weiter und die Ladungsaufnahme bleibt dauernd eingeschränkt.

- Eine tiefentladene und sulfatierte Batterie muss mit einem kleinen Ladestrom von ca. 5 % geladen werden. Der Ladestrom beträgt dann beispielsweise bei einer 60 Ah-Batterie ca. 3 A.
- Die Ladespannung darf maximal 14,4 Volt betragen.

Achtung: Eine tief entladene Batterie darf keinesfalls mit einem Schnellladegerät geladen werden.

Schnellladen/Starthilfe

- Mit einem Schnellladegerät darf die Batterie darf nur ausnahmsweise schnell geladen beziehungsweise durch Starthilfe belastet werden. Beim Schnellladen beträgt die Stromstärke des Ladestroms 20% und mehr von der Batteriekapazität. Durch Schnellladen wird die Batterie geschädigt, da sie kurzfristig einer sehr hohen Stromstärke ausgesetzt wird. Länger gelagerte und tiefentladene Batterien sollten nicht mit einem Schnellladegerät aufgeladen werden, da es sonst zur sogenannten Oberflächenladung kommt.

Batterie lagern

- Wird das Fahrzeug länger als 2 Monate stillgelegt, Batterie ausgebaut und geladen lagern. Die günstigste Lagertemperatur liegt zwischen 0° C und +27° C. Bei diesen Temperaturen hat die Batterie die günstigste Selbstentladungsrate. Spätestens nach 2 Monaten Batterie erneut aufladen, da sie sonst unbrauchbar wird.

Wenn eine über längere Zeit gelagerte Batterie mit einem Schnellladegerät geladen wird, nimmt sie unter Umständen keinen Ladestrom auf oder wird durch sogenannte Oberflächenladung zu früh als »voll« ausgewiesen. Sie ist anscheinend defekt.

Bevor so eine Batterie als defekt angesehen wird, ist sie folgendermaßen zu prüfen:

- Säuredichte prüfen. Weicht die Säuredichte in allen Zellen nicht mehr als 0,04 g/ml voneinander ab, so ist die Batterie mit einem Normalladegerät zu laden.
- Batterie nach der Ladung durch eine Belastungsprüfung testen, siehe entsprechendes Kapitel. Die Werkstatt verwendet dazu ein spezielles Prüfgerät. In diesem Fall müssen die Werte in der folgenden Tabelle erreicht werden. Bei einem Spannungswert unter ca. 9,0 Volt ist die Batterie defekt.

Batterie-kapazität	Kälte-prüfstrom	Belastungs-strom	Mindest-spannung (Grenzwert)
36 Ah	175 A	100 A	10,0 V
40 – 49 Ah	220 A	200 A	9,2 V
50 – 60 Ah	265 – 280 A	200 A	9,4 V
61 – 80 Ah	300 – 380 A	300 A	9,0 V
81 – 110 Ah	380 – 500 A	300 A	9,5 V

- Weicht die Säuredichte in einer oder in zwei benachbarten Zellen merklich nach unten ab (zum Beispiel 5 Zellen zeigen 1,16 g/ml und eine Zelle 1,08), hat die Batterie einen Kurzschluss und ist defekt.
- Tief entladene und sulfatierte Batterie laden, siehe entsprechendes Kapitel.

Batterie entlädt sich selbstständig

Je nach Fahrzeugausstattung addiert sich zur natürlichen Selbstentladung der Batterie auch die Stromaufnahme der verschiedenen Steuergeräte im Ruhezustand. Daher sollte die Batterie in einem abgestellten Fahrzeug spätestens alle 6 Wochen nachgeladen werden. Wenn der Verdacht auf Kriechströme besteht, Bordnetz nach folgender Anleitung prüfen:

- Zur Prüfung geladene Batterie verwenden.

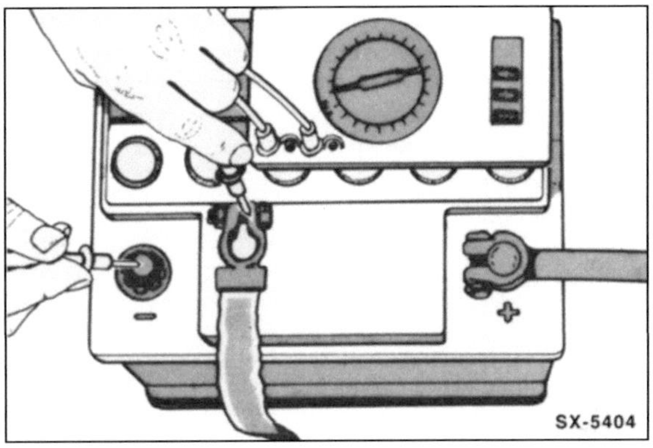

- Am Amperemeter (Messbereich von 0–5 mA und 0–5 A) den höchsten Messbereich einstellen.
- Batterie-Massekabel (–) bei ausgeschalteter Zündung abklemmen. **Achtung:** Dadurch werden elektronische Speicher gelöscht, wie zum Beispiel bei bestimmten Radios der Radiocode. Ohne Code kann das Radio nicht mehr in Betrieb genommen werden. Deshalb Hinweise im Kapitel »Batterie aus- und einbauen« durchlesen.
- Amperemeter zwischen Batterie-Minuspol (–) und Massekabel (–) schalten. Amperemeter-Plus- (+) Anschluss an Massekabel (–) und Amperemeter-Minus-Anschluss an Batterie-Minuspol (–).

Achtung: Die Prüfung kann auch mit einer Prüflampe durchgeführt werden. Leuchtet die Lampe zwischen Masseband und Minuspol der Batterie jedoch nicht auf, ist auf jeden Fall ein Amperemeter zu verwenden.

- Alle Verbraucher ausschalten, vorhandene Zeituhr (und andere Dauerverbraucher) abklemmen, Türen schließen.
- Vom Amperebereich solange auf den Milliamperebereich zurückschalten, bis eine ablesbare Anzeige erfolgt (max. 25 mA sind zulässig).
- Durch Herausnehmen der Sicherungen nacheinander die verschiedenen Stromkreise unterbrechen. Wenn bei einem der unterbrochenen Stromkreise die Anzeige auf Null zurückgeht, ist hier die Fehlerquelle zu suchen. Fehler können sein: korrodierte und verschmutzte Kontakte, durchgescheuerte Leitungen, interner Schluss in Aggregaten.
- Wird in den abgesicherten Stromkreisen kein Fehler gefunden, so sind die Leitungen an den nicht abgesicherten Aggregaten, wie Generator und Anlasser, abzuziehen.

- Geht beim Abklemmen von einem der ungesicherten Aggregate die Anzeige auf Null zurück, betreffendes Bauteil überholen oder austauschen. Bei Stromverlust in Anlasser- oder Zündanlage immer auch den Zünd-Anlassschalter nach Stromlaufplan prüfen.
- Batterie-Massekabel (–) anklemmen. **Achtung:** Zeituhr stellen und gegebenenfalls Radiocode eingeben sowie Hoch-/Tieflaufautomatik für elektrische Fensterheber aktivieren, siehe Kapitel »Batterie aus- und einbauen«.

Störungsdiagnose Batterie

Störung	Ursache	Abhilfe
Abgegebene Leistung ist zu gering, Spannung fällt stark ab.	Batterie entladen.	■ Batterie nachladen.
	Ladespannung zu niedrig.	■ Spannungsregler prüfen, ggf. austauschen.
	Anschlussklemmen lose oder oxydiert.	■ Anschlussklemmen reinigen und besonders Unterseite mit Säureschutzfett oder Vaseline leicht einfetten, Befestigungsschrauben anziehen.
	Masseverbindungen Batterie-Motor-Karosserie sind schlecht.	■ Masseverbindung überprüfen, ggf. metallische Verbindungen herstellen oder Schraubverbindungen festziehen. Korrodierte Schrauben durch verzinnte ersetzen.
	Zu große Selbstentladung der Batterie durch Verunreinigung der Batteriesäure.	■ Batterie austauschen.
	Batterie sulfatiert.	■ Batterie mit geringer Stromstärke laden. Falls nach wiederholter Ladung und Entladung die abgegebene Leistung immer noch zu gering ist, Batterie austauschen.
	Batterie verbraucht, aktive Masse der Platten ausgefallen.	■ Batterie austauschen.
Frischluft bzw. Heizluft riecht nach faulen Eiern. Batterie gast kurz nach Abstellen des Motors sehr stark.	Spannungsregler am Generator defekt. Batterie wird zu stark geladen und beginnt zu gasen. Dabei bildet sich Schwefelwasserstoff (H_2S).	■ Ladespannung bzw. Spannungsregler des Generators prüfen, ggf. Spannungsregler ersetzen.
Nicht ausreichende Ladung der Batterie.	Fehler an Generator, Spannungsregler oder Leitungsanschlüssen.	■ Generator und Spannungsregler überprüfen, gegebenenfalls Generator austauschen.
	Keilrippenriemen locker, Spannvorrichtung defekt.	■ Spannvorrichtung prüfen, ggf. Keilrippenriemen ersetzen.
	Zu viele Verbraucher angeschlossen.	■ Stärkere Batterie einbauen; evtl. auch leistungsstärkeren Generator verwenden.
Säurestand zu niedrig.	Überladung oder Verdunstung, besonders im Sommer.	■ Bei geladener Batterie, destilliertes Wasser bis zur vorgeschriebenen Höhe nachfüllen.
Säuredichte zu niedrig.	Batterie entladen.	■ Batterie laden.
	Säuredichte in einer Zelle deutlich niedriger als in den übrigen Zellen.	■ Kurzschluss in einer Zelle. Batterie erneuern.
	Säuredichte in zwei benachbarten Zellen deutlich niedriger als in den übrigen Zellen.	■ Zellen-Trennwand undicht, so dass eine leitende Verbindung zwischen den Zellen entsteht, und sich die Zellen entladen. Batterie erneuern.
	Kurzschluss im Leitungsnetz.	■ Elektrische Anlage überprüfen.

Generator

Das Fahrzeug ist mit einem Drehstromgenerator ausgerüstet, der von der Kurbelwelle über den Keilrippenriemen angetrieben wird. Je nach Modell und Ausstattung können Generatoren mit unterschiedlichen Leistungen eingebaut sein. Die Leistung steht auf dem Typschild am Generator. **Achtung:** Wenn nachträglich elektrisches Zubehör eingebaut wird, sollte überprüft werden, ob die bisherige Generatorleistung noch ausreicht, gegebenenfalls stärkeren Generator einbauen.

Der vom Generator erzeugte Drehstrom wird vom Gleichrichter in der Diodenplatte in Gleichstrom umgewandelt, um die Batterie zu laden. Die Höhe der Spannung wird von einem Regler geregelt. Der Regler befindet sich an der Rückseite des Generators. Die Betriebsspannung des Generators beträgt im Regelfall ca. 14 Volt.

Hinweis: Den Generator gibt es als Austauschteil. Ein defekter Generator wird bei Kauf eines überholten oder neuen Generators vom Hersteller in Zahlung genommen. Alten Generator zum Händler mitnehmen.

Sicherheitshinweise

- Bei Arbeiten an der elektrischen Anlage im Motorraum grundsätzlich das Batterie-Massekabel (–) abklemmen. Zur Sicherheit Batterie-Massepol mit Isolierband abkleben.
- Batterie oder Spannungsregler **nicht** bei laufendem Motor abklemmen.
- Generator **nicht** bei angeschlossener Batterie ausbauen.
- Bei Elektroschweißarbeiten am Fahrzeug Batterie grundsätzlich abklemmen.

Generator aus- und einbauen

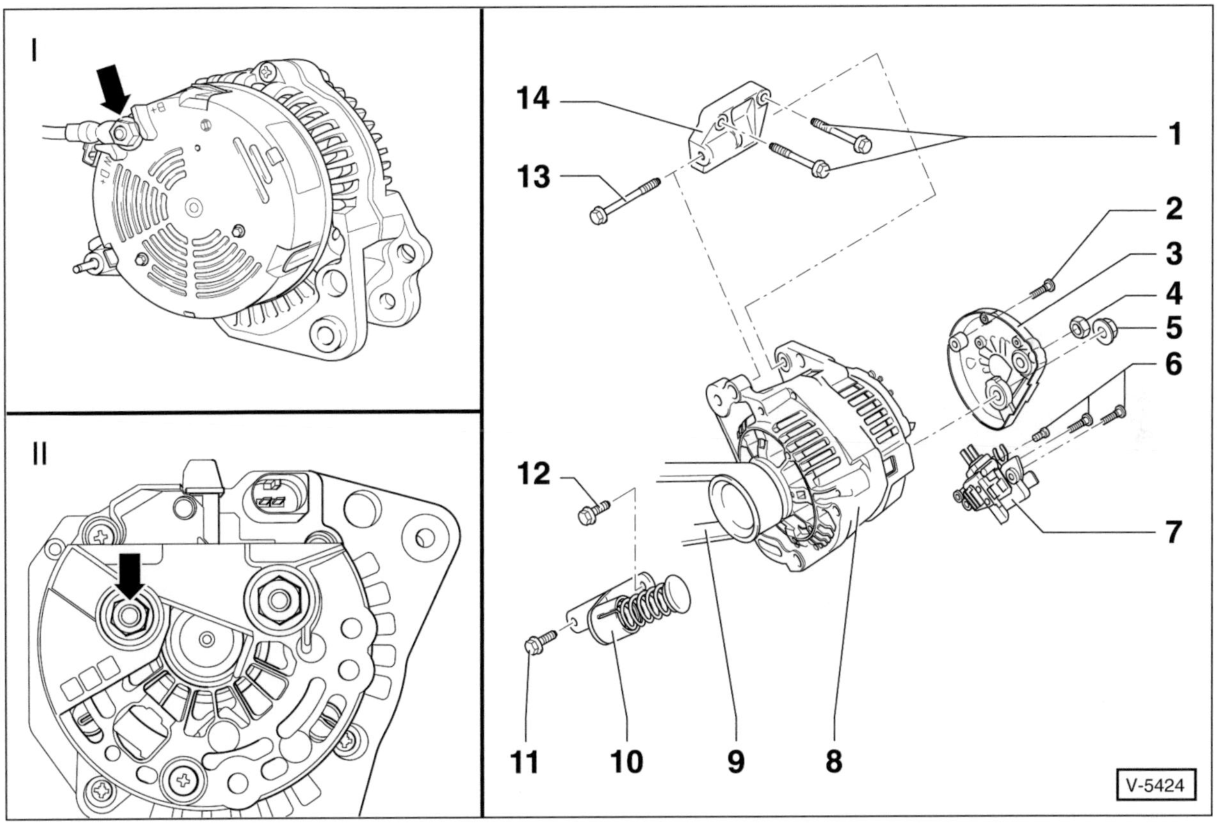

1 – Sechskantschrauben, 45 Nm
M10x50. Bei Aluminium-Motorblock, Schrauben immer ersetzen, da mit Dichtmittel beschichtet.

2 – Kreuzschlitzschraube

3 – Schutzkappe

4 – Sechskantmutter

5 – Sechskantmutter

6 – Kreuzschlitzschraube

7 – Spannungsregler

8 – Drehstromgenerator

9 – Keilrippenriemen

10 – Spannbügel

11 – Sechskantschraube, 25 Nm
M8x22. Bei Aluminium-Motorblock, Schrauben immer ersetzen (mit Dichtmittel beschichtet).

12 – Sechskantschraube, 25 Nm
M8x39.

13 – Sechskantschraube, 25 Nm
M8x85.

14 – Halter

Ausbau

Hinweis: Der Aus- und Einbau des Generators wird für den 4-Zylinder-Benzinmotor ohne Servolenkung und ohne Klimaanlage beschrieben. Beim 3-Zylinder-Dieselmotor und bei Fahrzeugen mit Klimaanlage/Servolenkung sind anders aussehende Generatorhalter eingebaut. Prinzipiell wird der Generator bei diesen Motoren auf die gleiche Weise aus- und eingebaut.

- Batterie-Massekabel (–) bei ausgeschalteter Zündung abklemmen. **Achtung:** Dadurch werden elektronische Speicher gelöscht, wie zum Beispiel bei bestimmten Radios der Radiocode. Ohne Code kann das Radio nicht mehr in Betrieb genommen werden. Deshalb Hinweise im Kapitel »Batterie aus- und einbauen« durchlesen.
- Keilrippenriemen –9– entspannen und abnehmen, siehe Seite 190.
- Dicke Leitung (B+ beziehungsweise B1+) und dünne Leitung (D+) an der Rückseite des Generators abklemmen. Siehe dazu Abbildung V-5424: I = Generator bis 04/99 (B+), II = Generator ab 05/99 (B1+). Mutter abschrauben.
- Schrauben –1– am Halter –14– für Generator herausdrehen. Generator –8– abnehmen.

Einbau

- Generator am Halter ansetzen und Schrauben mit **45 Nm** anziehen.
- Dicke Leitung (B+ beziehungsweise B1+) an der Rückseite des Generators anklemmen. Klemmmutter mit **15 Nm** anziehen. Siehe dazu Abbildung V-5424: I = Generator bis 04/99 (B+), II = Generator ab 05/99 (B1+).
- Dünne D+-Leitung an der Generatorrückseite einstecken.
- Keilrippenriemen einbauen und spannen, siehe Seite 190.

Generatorspannung/Spannungsregler prüfen

- Voltmeter zwischen Plus- und Minuspol der Batterie anschließen.
- Motor starten. Die Spannung darf beim Startvorgang bis 8 Volt (bei +20° C Außentemperatur) absinken.
- Motordrehzahl auf 3.000/min erhöhen. Die Spannung soll dann 13,5 bis 14,5 Volt betragen. Dies ist ein Beweis, dass Generator und Regler arbeiten. Die Generatorspannung (Bordspannung) muss höher als die Batteriespannung sein, damit die Batterie im Fahrbetrieb wieder aufgeladen wird.
- Regelstabilität prüfen. Dazu Fernlicht einschalten und Messung bei 3.000/min wiederholen. Die gemessene Spannung darf nicht mehr als 0,4 Volt über dem vorher gemessenen Wert liegen.
- Liegen die gemessenen Werte außerhalb der Sollwerte, Generator von Fachwerkstatt überprüfen lassen.

Schleifkohlen für Generator prüfen/ ersetzen/ Spannungsregler ersetzen

Ausbau

- Batterie-Massekabel (–) bei ausgeschalteter Zündung abklemmen. **Achtung:** Dadurch werden elektronische Speicher gelöscht, wie zum Beispiel bei bestimmten Radios der Radiocode. Ohne Code kann das Radio nicht mehr in Betrieb genommen werden. Deshalb Hinweise im Kapitel »Batterie aus- und einbauen« durchlesen.
- Generator ausbauen, siehe entsprechendes Kapitel.

Fahrzeuge bis 04/99

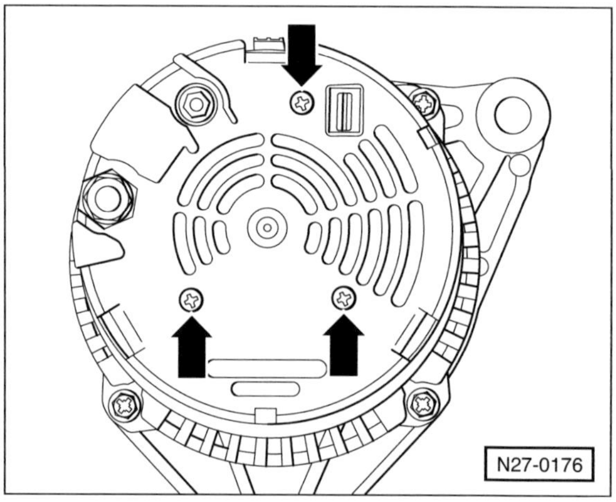

N27-0176

- Befestigungsschrauben –Pfeile– für Generatorschutzkappe herausschrauben und Schutzkappe abnehmen.
- Befestigungsschrauben für Spannungsregler herausdrehen und Spannungsregler herausnehmen.

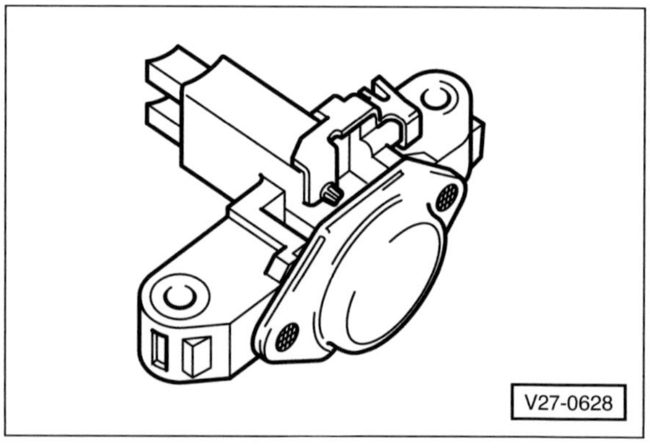

V27-0628

- Schleifkohlen ersetzen, wenn die Länge 5 mm oder weniger beträgt beziehungsweise wenn die Schleifkohlen um mehr als 1 mm unterschiedlich lang sind. Dazu Anschlusslitze auslöten.
- Schleifringe auf Verschleiß prüfen, gegebenenfalls feinstüberdrehen und polieren (Werkstattarbeit).
- Kontaktfläche reinigen und Vorspannung der Kontaktfeder prüfen, gegebenenfalls erneuern.

Fahrzeuge ab 05/99

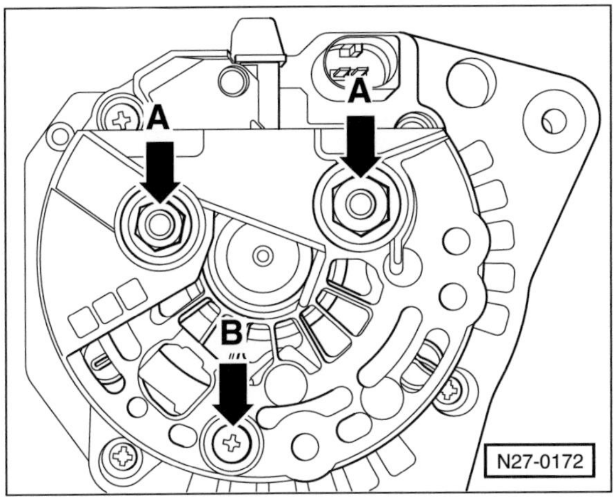

● Befestigungsmuttern –Pfeile A– und Befestigungsschraube –Pfeil B– für Schutzkappe abschrauben und Schutzkappe abnehmen.

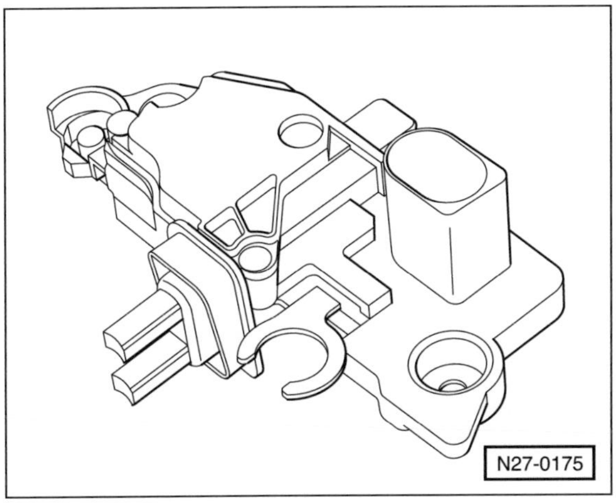

● Schleifkohlen ersetzen, wenn die Länge 5 mm oder weniger beträgt, beziehungsweise wenn die Schleifkohlen um mehr als 1 mm unterschiedlich lang sind. Dazu Anschlusslitze auslöten.

● Schleifringe auf Verschleiß prüfen, gegebenenfalls feinstüberdrehen und polieren (Werkstattarbeit).

● Kontaktfläche reinigen und Vorspannung der Kontaktfeder prüfen, gegebenenfalls erneuern.

Einbau

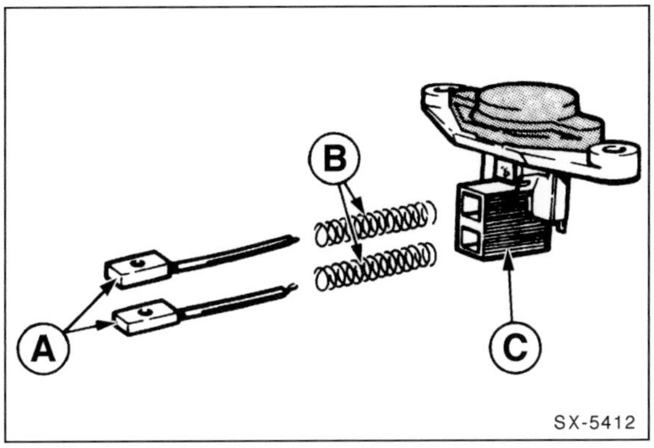

● Kohlebürsten –A– und Federn –B– in den Bürstenhalter –C– einsetzen und Anschlüsse verlöten.

● Damit beim Anlöten der neuen Bürsten kein Lötzinn in der Litze hochsteigen kann, Anschlusslitze der Bürsten mit einer Flachzange fassen.

Achtung: Durch hochsteigendes Lötzinn würde die Litze steif und die Kohlebürste unbrauchbar werden.

● Der Isolierschlauch über der Litze muss neben der Lötstelle mit der vorhandenen Öse festgeklemmt werden.

● Nach dem Einbau neue Kohlebürsten auf leichten Lauf in den Bürstenhaltern prüfen.

● Spannungsregler erst mit einer Schraube von Hand befestigen, dann vorsichtig in endgültige Einbaulage drücken und ganz leicht, mit 2 Nm festschrauben.

● Gegebenenfalls Schutzkappe am Spannungsregler aufdrücken.

● Hintere Generator-Schutzkappe festschrauben.

● Generator einbauen.

● Batterie-Massekabel (–) anklemmen. **Achtung:** Zeituhr stellen und gegebenenfalls Radiocode eingeben sowie Hoch-/Tieflaufautomatik für elektrische Fensterheber aktivieren, siehe Kapitel »Batterie aus- und einbauen«.

Störungsdiagnose Generator

Störung	Ursache	Abhilfe
Ladekontrolllampe brennt nicht bei eingeschalteter Zündung.	Batterie leer.	■ Batterie laden.
	Anschlusskabel an der Batterie locker oder korrodiert.	■ Kabel auf festen Sitz prüfen, Anschlüsse reinigen.
	Kabel am Generator locker oder korrodiert.	■ Kabel auf einwandfreien Kontakt prüfen, Schraube festziehen.
	Ladekontrolllampe durchgebrannt.	■ Ladekontrollampe ersetzen.
	Regler defekt.	■ Regler prüfen, gegebenenfalls austauschen.
	Unterbrechung in der Leitungsführung zwischen Generator, Zündschloss und Kontrolllampe.	■ Mit Ohmmeter nach Stromlaufplan Leitungen auf Durchgang prüfen. Gegebenenfalls defekte Leitung reparieren.
	Kohlebürsten liegen nicht auf dem Schleifring auf.	■ Freigängigkeit der Kohlebürsten und Mindestlänge (5 mm) prüfen.
Ladekontrolllampe erlischt nicht bei Drehzahlsteigerung.	Keilrippenriemen locker, Riemen rutscht durch.	■ Keilrippenriemen prüfen, Spannvorrichtung prüfen.
	Freilaufkupplung defekt (nur Diesel).	■ Generator ausbauen und Antriebswelle des Generators nach links drehen. Wenn sich die Lauffläche der Riemenscheibe nicht mitdreht, ist in der Regel die Freilaufkupplung defekt.
	Spannungsregler/Generator defekt.	■ (D+)-Leitung an der Generatorrückseite abschrauben und Zündung einschalten. Wenn die Kontrolllampe jetzt nicht aufleuchtet, liegt in der Regel ein Fehler im Spannungsregler oder im Generator vor.
	Kohlebürsten im Spannungsregler abgenutzt.	■ Kohlebürsten sichtprüfen, gegebenenfalls austauschen.
	Regler defekt.	■ Regler prüfen lassen, ggf. austauschen.
	Generator defekt.	■ Generator prüfen lassen, ggf. austauschen.
	Leitung zwischen Drehstromgenerator und Regler defekt.	■ Blaue Leitung am Anschluss 12 an der Steckverbindung T32a, am Schalttafeleinsatz trennen, Zündung einschalten. Wenn die Kontrolllampe jetzt nicht leuchtet, hat die Leitung D+ einen Masseschluss. Leitungsstrang ersetzen.
	Kombiinstrument defekt.	■ Wenn nach dem Trennen der blauen Leitung von der Steckverbindung T32a, bei eingeschalteter Zündung die Kontrolllampe leuchtet, ist in der Regel der Schalttafeleinsatz defekt.
Frischluft bzw. Heizluft riecht nach faulen Eiern. Batterie gast kurz nach Abstellen des Motors sehr stark.	Spannungsregler am Generator defekt. Batterie wird zu stark geladen und beginnt zu gasen. Dabei bildet sich Schwefelwasserstoff (H_2S).	■ Ladespannung bzw. Spannungsregler des Generators prüfen, ggf. Spannungsregler ersetzen.

Anlasser aus- und einbauen

Der Anlasser befindet sich vorn am Motor, und zwar an der Trennstelle zwischen Motor und Getriebe. Beim 1,0-l-Benzinmotor wird der Anlasser nach oben ausgebaut, beim 1,4-l-Benzinmotor und beim Dieselmotor nach unten.

Ausbau

- Batterie-Massekabel (–) bei ausgeschalteter Zündung abklemmen. **Achtung:** Dabei unbedingt Hinweise im Kapitel »Batterie aus- und einbauen« durchlesen.
- **1,0-l-Benzinmotor:** Batterie ausbauen, siehe Seite 61.

Sicherheitshinweis
Beim Aufbocken des Fahrzeugs besteht Unfallgefahr! Deshalb vorher das Kapitel »Fahrzeug aufbocken« durchlesen.

- **1,4-l-Benzinmotor, Dieselmotor:** Fahrzeug aufbocken, siehe Seite 134.

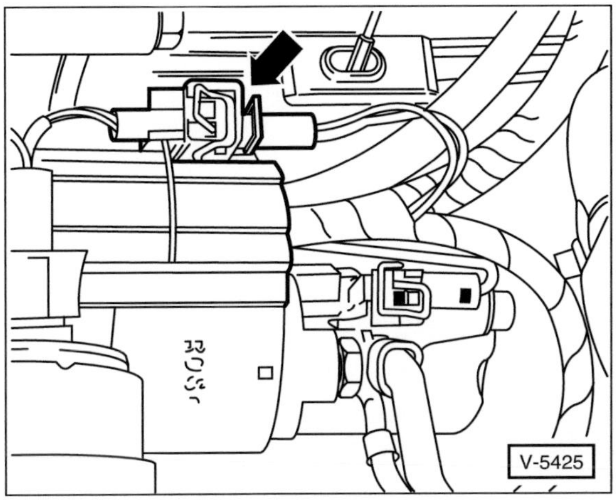

- Vor dem Lösen der elektrischen Anschlüsse am Anlasser, schwarze Kunststoffkappe und Steckverbindung –Pfeil– vom Magnetschalter abziehen.

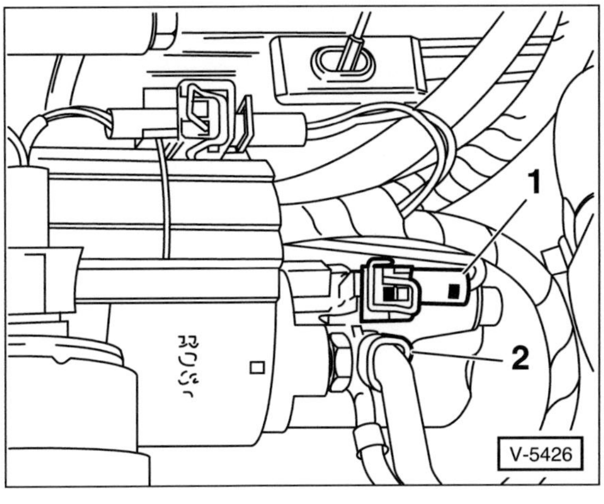

- Steckgehäuse für Klemme 50 –1– entriegeln und abziehen.
- Leitung am Magnetschalter Klemme 30 –2– abschrauben.

Benzinmotor:

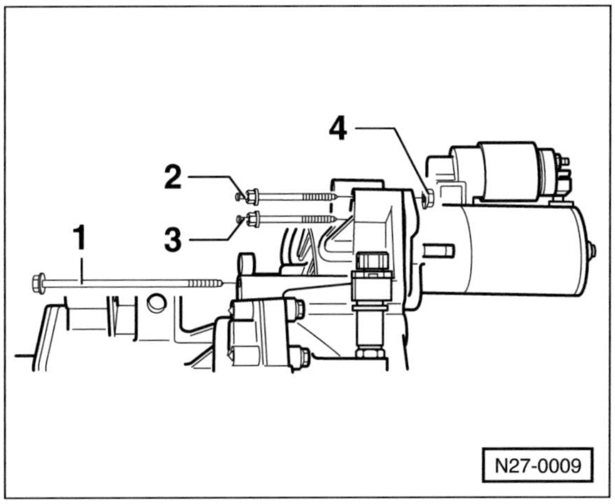

- Sechskantschraube –1– und –3– herausdrehen.
- Mutter –4– abschrauben und Sechskantschraube –2– herausziehen.

Dieselmotor:

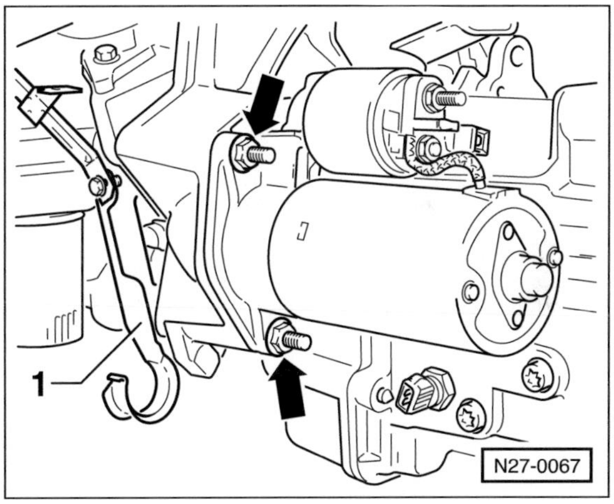

- Halter –1– für Kühlmittelschlauch abbauen.
- Muttern –Pfeile– abschrauben und Gewindbolzen ausbauen.

- Anlasser herausnehmen.

Einbau

Benzinmotor:

- Anlasser ansetzen. Sechskantschraube –2– einsetzen. Mutter –4– aufschrauben und mit **60 Nm** anziehen. Sechskantschraube –3– einschrauben und mit **60 Nm** anziehen. Sechskantschraube –1– einschrauben und mit **45 Nm** anziehen. **Hinweis:** Die Bezeichnungen beziehen sich auf Abbildung N27-0009.

Dieselmotor:

- Gewindebolzen einsetzen. Muttern aufschrauben und mit **13 Nm** anziehen.
- Halter –1– für Kühlmittelschlauch anbringen. **Hinweis:** Die Bezeichnungen beziehen sich auf Abbildung N27-0067.

- Leitung für Klemme 30 am Magnetschalter anbringen und Klemmmutter mit **13 Nm** anziehen.
- Steckverbindung für Klemme 50 am Anlasser aufstecken und verriegeln.
- Steckverbindung am Magnetschalter aufstecken. Schwarze Kunststoffkappe anbringen.
- **1,0-l-Benzinmotor:** Batterie einbauen, siehe Seite 61.
- **1,4-l-Benzinmotor, Dieselmotor:** Fahrzeug ablassen, siehe Seite 134.
- Batterie-Massekabel (–) anklemmen. **Achtung:** Zeituhr stellen und gegebenenfalls Radiocode eingeben sowie Hoch-/Tieflaufautomatik für elektrische Fensterheber aktivieren, siehe Kapitel »Batterie aus- und einbauen«.

Magnetschalter prüfen/ aus- und einbauen

Bei einem Defekt des Magnetschalters wird das Ritzel im Anlasser nicht gegen den Zahnkranz des Schwungrades gezogen. Dadurch kann der Anlasser den Motor nicht durchdrehen. Dieser Defekt tritt häufiger auf, als dass der Anlassermotor selbst schadhaft ist.

Prüfen in eingebautem Zustand

- Gang herausnehmen, Schalthebel in Leerlaufstellung beziehungsweise bei Automatikgetriebe Wählhebel in »P«-Stellung.
- Prüfvoraussetzung: Batterie voll geladen.
- Mit Hilfskabel Klemme 30 (= dickes Pluskabel) und 50 (dünnes Kabel, zum Zündschloss) am Anlasser kurz überbrücken, das Anlasserritzel muss nach vorne schnellen (klicken) und der Anlasser anlaufen. Wenn nicht, Anlasser abschrauben und Anlasser im ausgebauten Zustand prüfen.

Ausbau

- Anlasser ausbauen und Prüfung bei ausgebautem Anlasser mit einer Autobatterie wiederholen. Als Zuleitung zu Klemme 50 des Anlassers eignet sich ein Starthilfekabel. Schnellt das Ritzel nach vorne, ohne dass der Anlasser anläuft, Anlassermotor von einer Werkstatt überholen lassen.
- Schnellt das Ritzel nicht nach vorn, Magnetschalter abschrauben und ersetzen.

Einbau

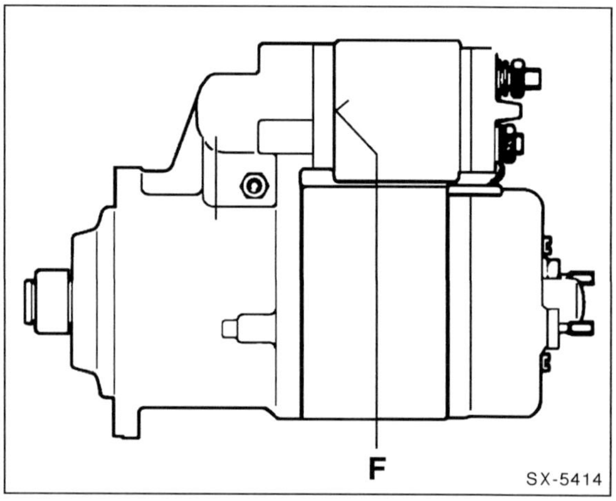

- Trennfuge –F– zum Anlasser mit geeignetem Dichtmittel abdichten.
- Magnetschalter an Gabelhebel im Anlasser einhängen, dann anschrauben.
- Leitung für Magnetschalter anschrauben.
- Anlasser erneut prüfen, wie oben beschrieben.
- Anlasser einbauen.

Störungsdiagnose Anlasser

Wenn ein Anlasser nicht durchdreht, ist zunächst zu prüfen, ob beim Starten des Motors an der Klemme 50 des Magnetschalters die zum Einziehen benötigte Spannung von mindestens 10 Volt vorhanden ist. Liegt die Spannung unter dem genannten Wert, dann müssen die Leitungen, die zum Anlasserstromkreis gehören, nach dem Stromlaufplan überprüft werden. Ob der Anlasser bei voller Batteriespannung einzieht, kann folgendermaßen geprüft werden:

- Fahrzeug aufbocken. Keinen Gang einlegen, Zündung eingeschaltet.
- Mit einer Leitung (Querschnitt mindestens 4 mm^2) die Klemmen 30 und 50 am Anlasser überbrücken, siehe auch Stromlaufplan.

Spurt der Anlasser dabei einwandfrei ein, so liegt der Fehler in der Leitungsführung zum Anlasser. Anderenfalls Anlasser in ausgebautem Zustand überprüfen.

Prüfvoraussetzung: Leitungsanschlüsse müssen festsitzen und dürfen nicht oxydiert sein.

Störung	Ursache	Abhilfe
Anlasser dreht sich nicht beim Betätigen des Zündanlassschalters.	Batterie entladen.	■ Batterie laden.
	Klemmen 30 und 50 am Anlasser überbrücken: Anlasser läuft an. Leitung 50 zum Zündanlassschalter unterbrochen, Anlassschalter defekt.	■ Unterbrechung beseitigen, defekte Teile ersetzen.
	Kabel oder Masseanschluss ist unterbrochen. Batterie entladen.	■ Batteriekabel und Anschlüsse prüfen. Spannung der Batterie messen, ggf. laden.
	Ungenügender Stromdurchgang infolge lockerer oder oxydierter Anschlüsse.	■ Batteriepole und -klemmen reinigen. Stromsichere Verbindungen zwischen Batterie, Anlasser und Masse herstellen.
	Keine Spannung an Klemme 50 (Magnetschalter).	■ Leitung unterbrochen. Zündanlassschalter defekt.
Anlasser dreht sich zu langsam und zieht den Motor nicht durch.	Batterie entladen.	■ Batterie laden.
	Ungenügender Stromdurchgang infolge lockerer oder oxydierter Anschlüsse.	■ Batteriepole und -klemmen und Anschlüsse am Anlasser reinigen, Anschlüsse festziehen.
	Kohlebürsten liegen nicht auf dem Kollektor auf, klemmen in ihren Führungen, sind abgenutzt, gebrochen, verölt oder verschmutzt.	■ Kohlebürsten überprüfen, reinigen beziehungsweise auswechseln. Führungen prüfen.
	Ungenügender Abstand zwischen Kohlebürsten und Kollektor.	■ Kohlebürsten ersetzen und Führungen für Kohlebürsten reinigen.
	Kollektor riefig oder verbrannt und verschmutzt.	■ Kollektor abdrehen oder Anker ersetzen.
	Spannung an Klemme 50 fehlt (mind. 10 Volt).	■ Zündanlassschalter oder Magnetschalter überprüfen.
	Magnetschalter defekt.	■ Schalter auswechseln.
Anlasser spurt ein und zieht an, Motor dreht nicht oder nur ruckweise.	Ritzelgetriebe defekt.	■ Ritzelgetriebe ersetzen.
	Ritzel verschmutzt.	■ Ritzel reinigen.
	Zahnkranz am Schwungrad defekt.	■ Zahnkranz nacharbeiten, falls erforderlich, Schwungrad erneuern.
Ritzelgetriebe spurt nicht aus.	Ritzelgetriebe oder Steilgewinde verschmutzt beziehungsweise beschädigt.	■ Ritzelgetriebe reinigen, gegebenenfalls ersetzen.
	Magnetschalter defekt.	■ Magnetschalter ersetzen.
	Rückzugfeder schwach oder gebrochen.	■ Rückzugfeder erneuern.
Anlasser läuft weiter, nachdem der Zündschlüssel losgelassen wurde.	Magnetschalter hängt, schaltet nicht ab.	■ Zündung sofort ausschalten, Magnetschalter ersetzen.
	Zündschloss schaltet nicht ab.	■ Sofort Batterie abklemmen, Zündschloss ersetzen.

Scheibenwischanlage

Scheibenwischergummi ersetzen

Scheibenwischergummis bei schlechtem Wischbild ersetzen. Im Handel werden sowohl komplette Scheibenwischerblätter (Wischergummi mit Träger) als auch einzelne Wischergummis angeboten. Wird nur das Wischergummi ersetzt, darauf achten, dass der Träger nicht verbogen wird.

Achtung: Wenn die Scheibenwischerblätter rattern, genügt es in der Regel nicht, Wischerblätter oder Wischergummis zu ersetzen. Auf jeden Fall sollte der Anstellwinkel der Scheibenwischerarme kontrolliert und gegebenenfalls eingestellt werden, siehe Seite 43.

Ausbau

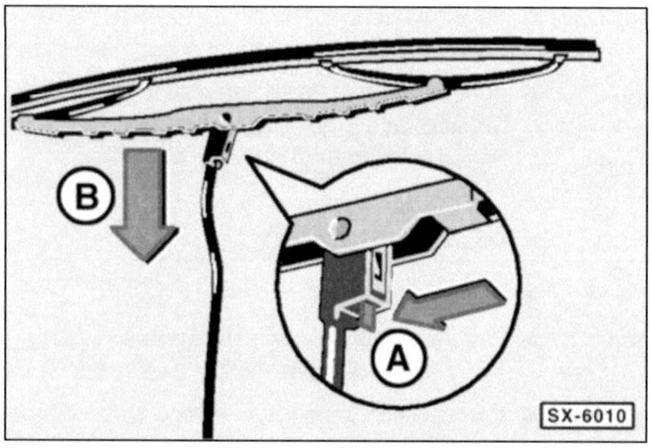

- Wischerarm hochklappen, Wischerblatt rechtwinklig zum Wischerarm stellen.
- Federklammer –A– niederdrücken –Pfeilrichtung– und Wischerblatt nach unten –B– aus dem Haken am Wischerarm schieben. Wischerblatt vom Haken des Wischerarmes abnehmen.

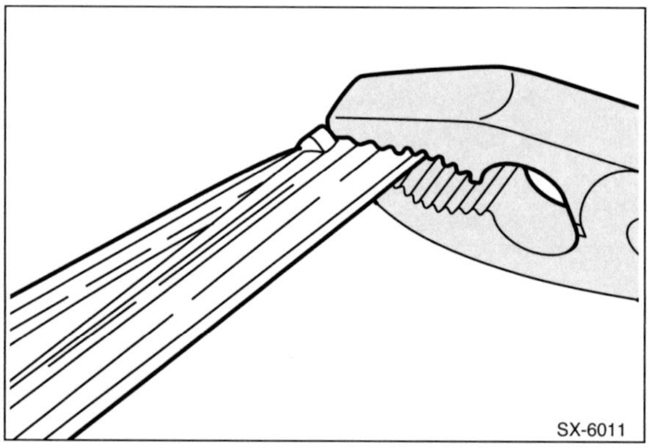

- An der geschlossenen Seite des Wischergummis beide Stahlschienen mit Kombizange zusammendrücken und diese seitlich aus der oberen Klammer herausnehmen. Anschließend Gummi komplett mit Schienen aus den restlichen Klammern des Wischerblattes herausziehen.

Achtung: Falls die Wischerblätter komplett ersetzt werden, auf der Fahrerseite Spoiler vom Wischerblatt ausclipsen, abschrauben und abnehmen.

Einbau

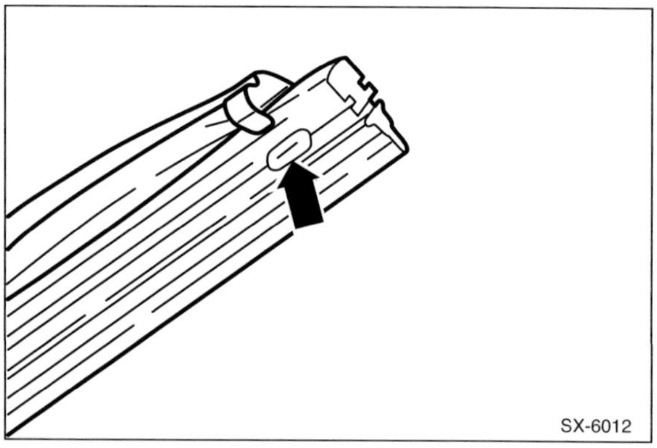

- Neues Wischergummi ohne Halteschienen in die unteren Klammern des Wischerblattes lose einlegen.
- Beide Schienen so in die erste Rille des Wischergummis einführen, dass die Aussparungen zum Gummi zeigen und in die Gumminasen der Rille einrasten. **Achtung:** Die Schienen sind leicht gebogen. Schienen so einsetzen, dass der Bauch des Bogens vom Wischerblatt weg gerichtet ist.
- Wischergummi an der geschlossenen Seite mit Seifenwasser bestreichen, damit es besser in die Haltebügel gleitet.
- Beide Stahlschienen und Gummi mit Kombizange zusammendrücken und so in die obere Klammer einsetzen, dass die Klammernasen beidseitig in die Haltenuten –Pfeil– des Wischergummis einrasten.
- Falls ausgebaut, Spoiler am Wischerblatt der Fahrerseite einhängen und mit 2 Torxschrauben anschrauben.
- Wischerblatt über den Wischerarm schieben und Federklammer in den Haken des Wischerarms einclipsen. Die Windleitschaufel am Wischerblatt, falls vorhanden, muss nach unten zeigen.
- Wischerarm zurückklappen. Darauf achten, dass das Wischergummi überall an der Scheibe anliegt, gegebenenfalls Träger vorsichtig nachbiegen.

Spritzdüsen einstellen

- Wischerarme hochklappen.
- Die Düsen können mit Pressluft gereinigt werden. Dazu Düsen ausbauen und Pressluft am Schlauchstutzen einblasen. **Achtung:** Düsen nicht entgegen der Spritzrichtung durchblasen.

Frontscheibe:

Die Spritzdüsen sind voreingestellt. Kleine Höhenunterschiede können mit der Exzenterverstellung ausgeglichen werden.

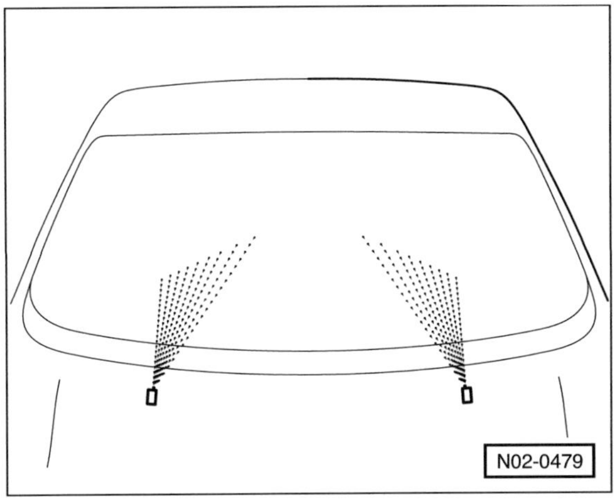
N02-0479

- Liegen die Spritzfelder nicht auf gleicher Höhe, Spritzrichtung der Düsen wie folgt korrigieren:

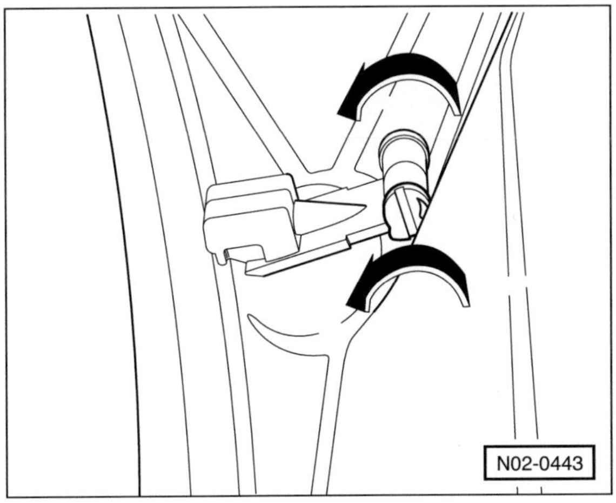
N02-0443

- Exzenter an der Spritzdüse mit einem Schraubendreher in Pfeilrichtung verdrehen. Dadurch wandert das Auftreffeld des fächerförmigen Spritzstrahls auf der Scheibe nach oben.
- Lässt sich das Auftrefffeld der Spritzdüse nicht einstellen, muss die Spritzdüse erneuert werden.

Heckscheibe:

V-6006

- Die Spritzrichtung der Spritzdüse für die Heckscheibe soll mit einem Dorn, ∅ 0,8 mm, eingestellt werden. Dazu Dorn in die Düse einsetzen und Zielpunkt in der Mitte des Wischfelds auf der Scheibe anpeilen. Die Fachwerkstatt verwendet ein Spezialwerkzeug, zum Beispiel HAZET 4850-1.

Hinweis: Lässt sich der Spritzstrahl nicht einstellen oder tritt er ungleichmäßig aus, muss die Spritzdüse erneuert werden.

Spritzdüse aus- und einbauen
Frontscheibe

Ausbau

- Motorhaube öffnen.
- Schlauch von der Spritzdüse abziehen.

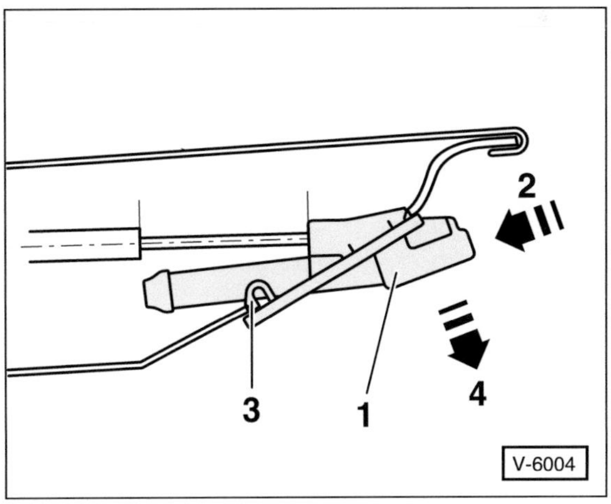

V-6004

- Spritzdüse –1– in Pfeilrichtung –2– drücken. Dadurch wird die Kunststofffeder –3– zusammengedrückt und die Düse kann nach unten in Pfeilrichtung –4– herausgenommen werden. Pfeil –2– zeigt in Fahrtrichtung gesehen nach vorn.

Einbau

- Spritzdüse eindrücken und einrasten.
- Waschwasserschlauch aufstecken.

Heckscheibe

Ausbau

- Heckwischer in Endstellung laufen lassen. Dazu Heckscheibe mit Wasser benetzen, Heckwischer kurze Zeit laufen lassen und mit dem Heckwischerschalter ausschalten.

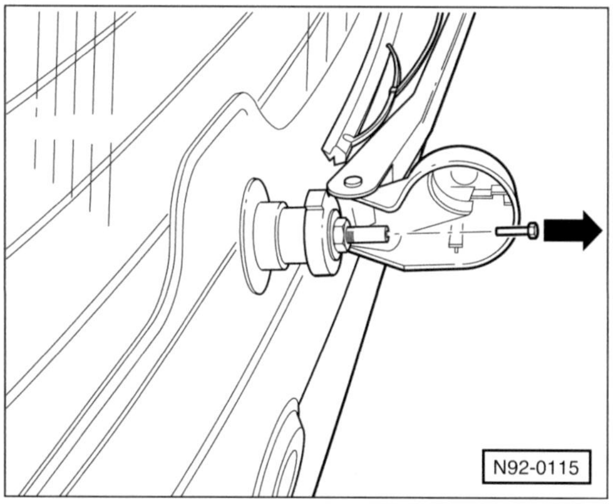

- Abdeckkappe am Wischerarm abklappen.
- Spritzdüse mit Spitzzange vorsichtig in Pfeilrichtung herausziehen.

Einbau

- Spritzdüse bis zum Anschlag so in die Wischerachse einschieben, dass die Spritzdüsenöffnung senkrecht nach oben zeigt.
- Spritzdüse einstellen, siehe entsprechendes Kapitel.
- Abdeckkappe zurückklappen.

Wischerarme aus- und einbauen/ Endstellung prüfen/einstellen

Ausbau

- Windschutzscheibe mit Wasser benetzen.
- Scheibenwischer kurze Zeit laufen lassen und über den Scheibenwischerschalter abschalten. Dadurch läuft der Wischer in die Endstellung.
- Wischerblätter ausbauen, siehe Kapitel »Wischergummi ersetzen«.

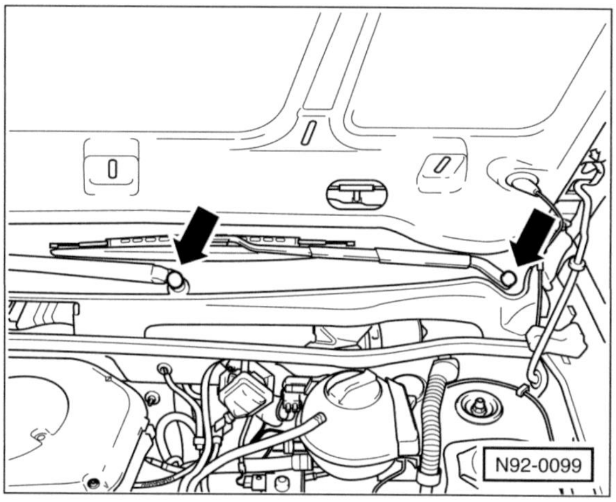

- Die schwarzen Abdeckkappen –Pfeile– mit einem Schraubendreher abhebeln.

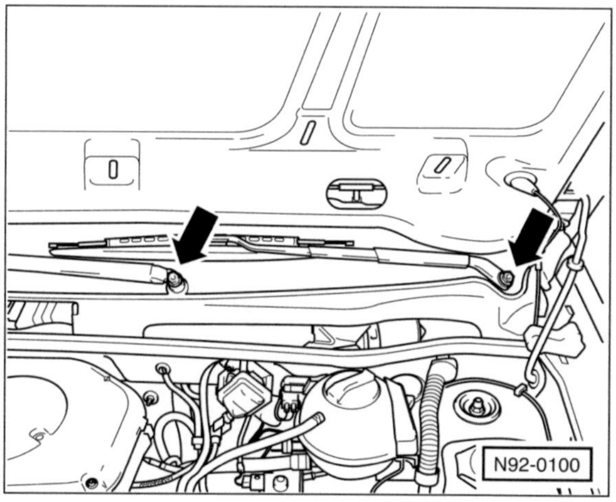

- Sechskantmuttern –Pfeile– etwa 2 Umdrehungen lösen.
- Wischerarme etwas hin und her bewegen, bis sie sich vom Konus der Wellen lösen.
- Muttern ganz abschrauben und Wischerarme abnehmen.

Einbau

- Wischermotor in Endstellung laufen lassen. Dazu Wischermotor kurz laufen lassen und über den Scheibenwischerschalter abschalten. Dadurch läuft der Wischermotor in die Endstellung.
- Wischerblatt am Wischerarm aufschieben und einrasten.

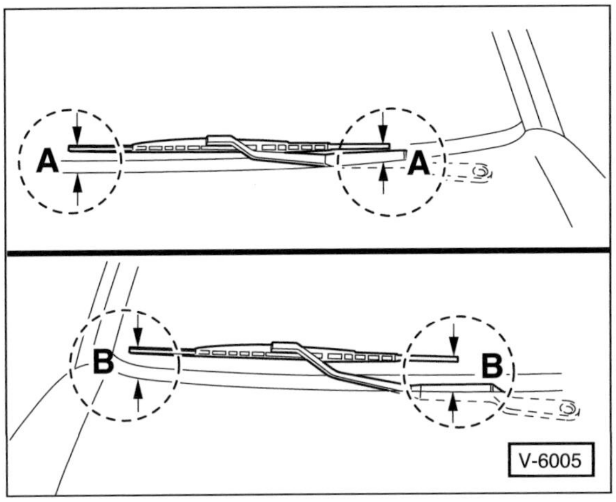

- Wischerarm jeweils so auf die Wischerachse schieben, dass die Angaben in der Abbildung eingehalten werden.
  Fahrerseite: A = 20 $^{+10}$ mm, gemessen an den Wischerblattenden.
  Beifahrerseite: B = 20 $^{+10}$ mm, gemessen an den Wischerblattenden.
- In dieser Stellung die jeweiligen Befestigungsmuttern mit **20 Nm** anziehen.
- Tippwischen betätigen und Ausrichtung der Scheibenwischerblätter prüfen. Gegebenenfalls Wischerarme nochmals abbauen und neu ausrichten.
- Kunststoffabdeckungen auf die Befestigungsmuttern aufdrücken.

Scheibenwischermotor vorn aus- und einbauen

Ausbau

- Scheibenwischerarme ausbauen, siehe entsprechendes Kapitel.
- Batterie-Massekabel (–) bei ausgeschalteter Zündung abklemmen. **Achtung:** Dadurch werden elektronische Speicher gelöscht, wie zum Beispiel bei bestimmten Radios der Radiocode. Ohne Code kann das Radio nicht mehr in Betrieb genommen werden. Deshalb Hinweise im Kapitel »Batterie aus- und einbauen« durchlesen.
- Windlauf ausbauen, siehe Seite 275.

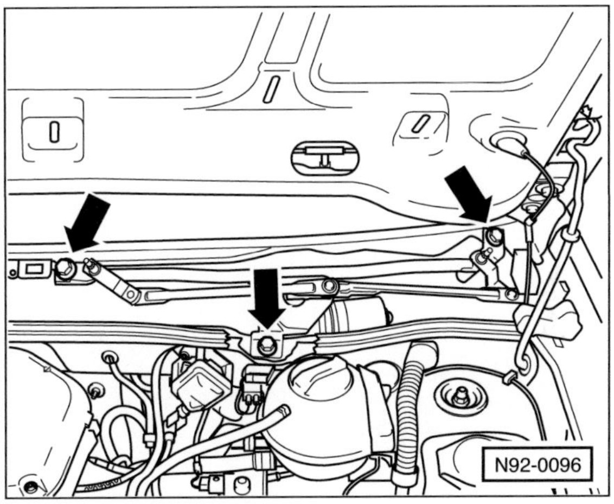

- M6-Schrauben –Pfeile– herausdrehen und Unterlegscheiben abnehmen.
- Stecker am Wischermotor abziehen.
- Wischerrahmen komplett herausnehmen.

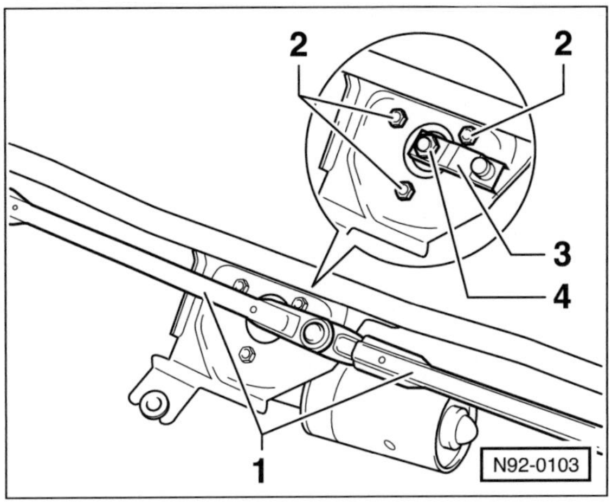

- Stangen –1– mit einem großen Schraubendreher von der Kurbel –3– abhebeln.
- M8-Mutter –4– abschrauben.
- Kurbel –3– vom Motor abnehmen.

● 3 M6-Schrauben –2– herausdrehen und Scheibenwischermotor vom Wischerrahmen abnehmen.

Einbau

● Wischermotor folgendermaßen in Endstellung laufen lassen:
  - ◆ Stecker am Wischermotor aufschieben.
  - ◆ Batterie-Massekabel (–) bei ausgeschalteter Zündung anklemmen.
  - ◆ Zündung einschalten.
  - ◆ Scheibenwischerschalter einschalten und Wischermotor kurze Zeit laufen lassen.
  - ◆ Motor mit Scheibenwischerschalter ausschalten, dadurch läuft der Motor in Endstellung.
  - ◆ Zündung ausschalten.
  - ◆ Batterie-Massekabel (–) abklemmen.
  - ◆ Stecker vom Wischermotor abziehen.

● Wischermotor am Wischerrahmen mit **5 Nm** anschrauben.

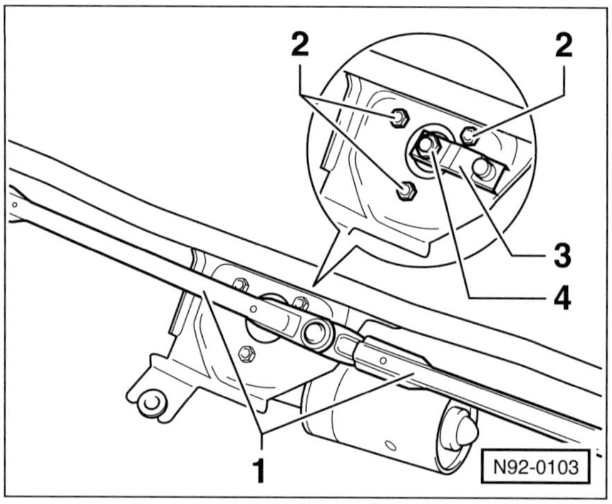

● Kurbel –3– so aufsetzen, dass die Kurbel mit den Stangen –1– eine Gerade bildet. In dieser Stellung die Mutter –4– mit **20 Nm** anziehen.

● Stangen –1– auf den Kugelkopf der Kurbel –3– aufdrücken und einrasten. Die Kurbel und die Stangen müssen zusammen eine Gerade bilden.

● Kompletten Wischerrahmen einsetzen.

● Stecker am Scheibenwischermotor aufschieben.

● Wischerrahmen anschrauben. Unterlegscheiben nicht vergessen.

● Windlauf einbauen, siehe Seite 275.

● Batterie-Massekabel (–) anklemmen. **Achtung:** Zeituhr stellen und gegebenenfalls Radiocode eingeben sowie Hoch-/Tieflaufautomatik für elektrische Fensterheber aktivieren, siehe Kapitel »Batterie aus- und einbauen«.

● Wischerarmen einbauen und Wischerarm-Endstellung einstellen, siehe entsprechendes Kapitel.

Heckscheibenwischer aus- und einbauen

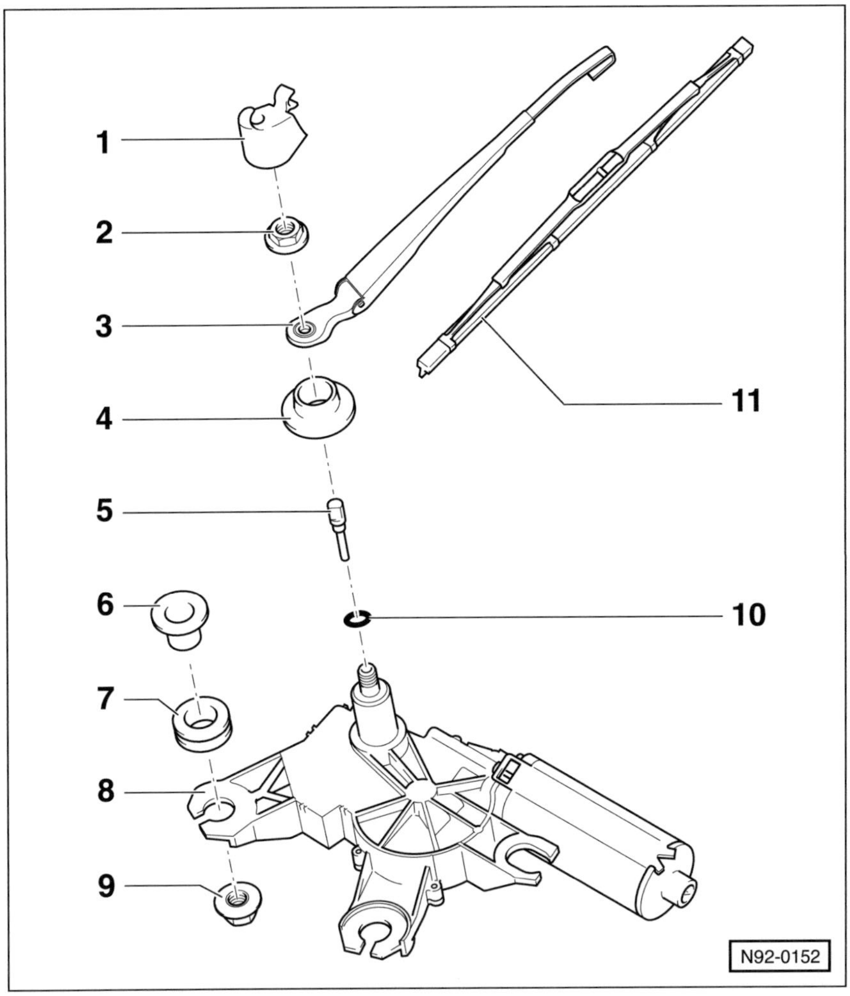

1 – **Abdeckkappe**

2 – **Mutter, 15 Nm**
Schlüsselweite 13 mm.

3 – **Wischerarm**

4 – **Abdichtung**

5 – **Spritzdüse**

6 – **Distanzstück**

7 – **Gummiring**

8 – **Wischermotor**

9 – **Mutter, 8 Nm**

10 – **Dichtring**

11 – **Wischerblatt**

Ausbau

- Abdeckkappe hochklappen.
- Mutter –2– etwas lösen.
- Wischerarm hochklappen und seitlich etwas hin- und herbewegen. Dadurch wird der Wischerarm vom Konus der Motorachse gelöst.
- Mutter abschrauben und Wischerarm abnehmen.
- Innenverkleidung für Heckklappe ausbauen, siehe Seite 259.

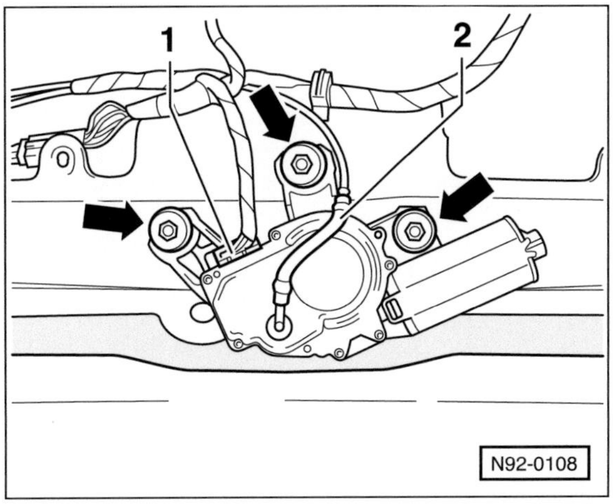

- Stecker –1– und Schlauch –2– für Spritzdüse abziehen.
- Wischermotor abschrauben –Pfeile–, Schlüsselweite 10 mm.

Einbau

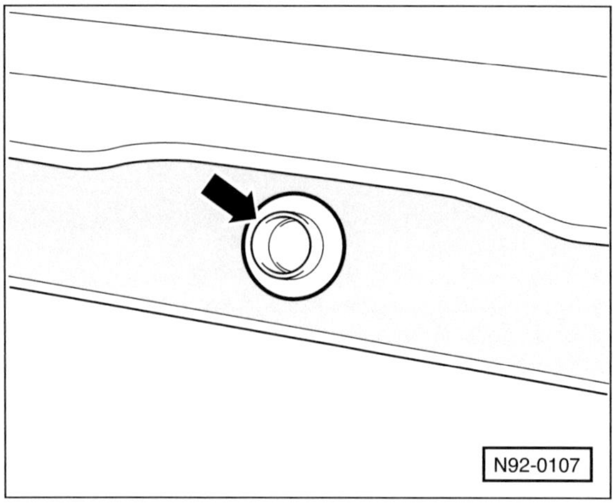

- Wischermotor vorsichtig durch die Öffnung in der Heckscheibe einsetzen. Dabei auf richtigen Sitz der Abdichtung achten, wie in der Abbildung dargestellt.
- Wischermotor mit 8 Nm anschrauben.
- Stecker und Schlauch für Waschdüse aufstecken.
- Innenverkleidung für Heckklappe einbauen, siehe Seite 259.

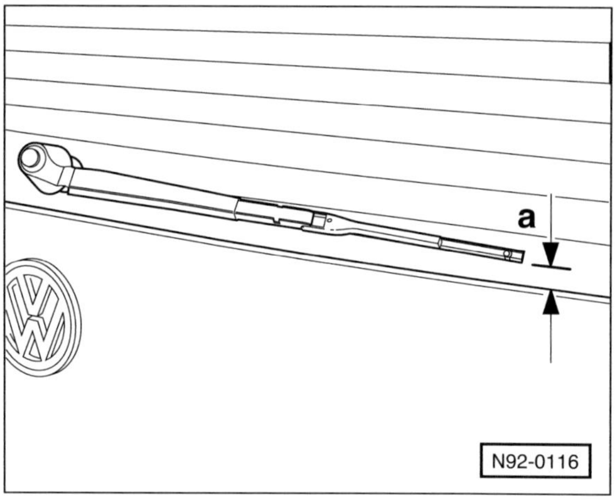

- Wischerarm so auf die Wischerachse schieben, dass der Abstand a = 25 mm beträgt. Der Abstand wird von der Glasunterkante zur Unterkante des Wischerblattes gemessen.
- Wischerarm mit **15 Nm** anschrauben.
- Abdeckkappe zurückklappen.

Störungsdiagnose Scheibenwischergummi

Wischbild	Ursache	Abhilfe
Schlieren.	Wischergummi verschmutzt.	■ Wischergummi mit harter Nylonbürste und einer Waschmittellösung oder Spiritus reinigen.
	Ausgefranste Wischlippe, Gummi ausgerissen oder abgenutzt.	■ Wischergummi erneuern.
	Wischergummi gealtert, rissige Oberfläche.	■ Wischergummi erneuern.
Im Wischfeld verbleibende Wasserreste ziehen sich sofort zu Perlen zusammen.	Windschutzscheibe durch Lackpolitur oder Öl verschmutzt.	■ Windschutzscheibe mit sauberem Putzlappen und einem Fett-Öl-Silikonentferner reinigen.
Wischerblatt wischt einseitig gut - einseitig schlecht, rattert.	Wischergummi einseitig verformt, »kippt nicht mehr«.	■ Neues Wischergummi einbauen.
	Wischerarm verdreht, Blatt steht schief auf der Scheibe.	■ Wischerarm vorsichtig verdrehen, bis richtige Stellung erreicht ist, siehe »Scheibenwischerarme/Anstellwinkel einstellen« im Kapitel »Wartung«.
Nicht gewischte Flächen.	Wischergummi aus der Fassung herausgerissen.	■ Wischergummi vorsichtig in die Fassung einsetzen.
	Wischerblatt liegt nicht mehr gleichmäßig an der Scheibe an, da Federschienen oder Bleche verbogen.	■ Wischerblatt ersetzen. Dieser Fehler tritt vor allem bei unsachgemäßem Montieren eines Ersatzblattes auf.
	Anpressdruck durch Wischerarm zu gering.	■ Wischerarmgelenke und Feder leicht einölen oder neuen Arm einbauen.

Beleuchtungsanlage

Zur Beleuchtungsanlage zählen verschiedene Leuchten und Glühlampen in unterschiedlicher Ausführung: Hauptscheinwerfer, Nebelscheinwerfer, Heckleuchten, Bremsleuchten, Rückfahrscheinwerfer, Blinkleuchten, Nebelschlussleuchten, Kennzeichen- und Innenleuchten.

Hinweis: Die Abweichungen für den SEAT AROSA ab Modelljahr 2001 sind in diesem Kapitel nicht beschrieben.

Vor dem Auswechseln einer Glühlampe immer Licht und Zündung ausschalten. **Achtung: Glaskörper nicht mit bloßen Fingern anfassen,** sondern einen sauberen Lappen zwischenlegen. Der Fingerabdruck würde verdunsten und sich – aufgrund der Wärme – auf dem Reflektor niederschlagen und diesen erblinden lassen. Grundsätzlich Glühlampe nur durch eine neue des gleichen Typs ersetzen. Versehentlich entstandene Berührungsflecken auf dem Glaskörper mit sauberem, nicht faserndem Tuch und Spiritus entfernen.

Lampentabelle

Um jederzeit eine Lampe auswechseln zu können, sollte stets ein Kasten mit den wichtigsten Ersatzlampen im Fahrzeug mitgeführt werden. Die Lampenbezeichnung steht auf dem Lampensockel beziehungsweise auf dem Glaskörper.

12-V-Glühlampe für	Typ	Leistung
Abblendlicht/Fernlicht	H4	60/55 W
Blinkleuchten	Bajonett	21 W
Seitliche Blinkleuchten	Glassockel	5 W
Standlicht	Glassockel	5 W
Brems-/Schlusslicht	Bajonett	21/5 W
Rückfahrleuchten	Bajonett	21 W
Nebelschlussleuchte	Bajonett	21 W
Kennzeichenleuchte	Soffitte	5 W
Zusätzliche Bremsleuchten	Glassockel	5 W
Innenleuchten	Soffitte	10 W

Gasentladungslampen (Xenon-Licht)

Gasentladungslampen haben eine hohe Lebensdauer. Ein Austausch ist, wenn überhaupt, erst nach mehreren Betriebsjahren erforderlich. Für die Grundeinstellung der Xenonscheinwerfer und für das Auslesen des Fehlerspeichers ist das VW-Diagnosegerät erforderlich. Der Austausch der Xenonlampen wird daher im vorliegenden Band nicht beschrieben.

Sicherheitshinweise zum Xenonlicht: Vor Arbeiten an den mit gelben Hochspannungssymbolen gekennzeichneten Teilen des Gasentladungsscheinwerfers unbedingt das Batterie-Masseband abklemmen. Anschließend das Abblendlicht ein und wieder ausschalten. Damit werden eventuelle Restspannungen abgebaut. Das Steuergerät für die Gasentladungsscheinwerfer darf nie ohne Gasentladungslampe betrieben werden. Die Gasentladungslampe darf Aufgrund der hohen Spannungen (über 28.000 V beim Zünden der Gasentladungslampe) und Temperaturen nur im Scheinwerfergehäuse betrieben werden.

Glühlampen für Außenleuchten auswechseln

- Schalter der betreffenden Lampe ausschalten.
- Zündung ausschalten.

Hinweis: Die Hauptscheinwerfer beim LUPO/LUPO 3L/FSI und beim AROSA unterscheiden sich hauptsächlich in der Form des Scheinwerferglases. Aus- und Einbau der Glühlampen für Abblendlicht und Fernlicht sowie für Standlicht gehen bei allen Modellen auf die gleiche Weise. Dargestellt ist der Scheinwerfer des LUPO/LUPO 3L/FSI.

- Abdeckkappe an der Rückseite des Scheinwerfers abnehmen. Dazu den Federdrahtbügel hochklappen und die Abdeckkappe nach oben abnehmen.

Abblendlicht/Fernlicht

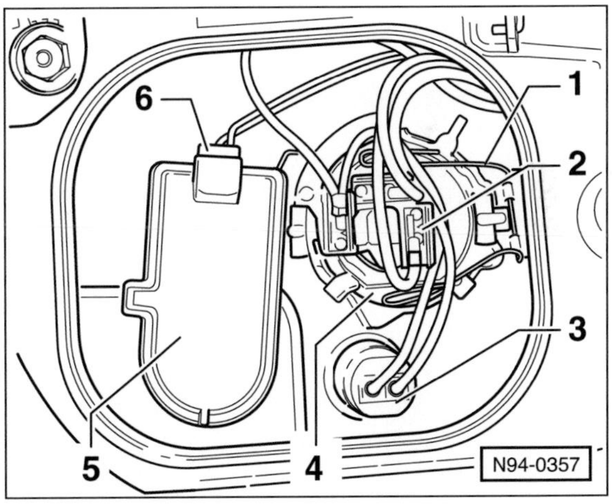

- Steckverbindung –2– von der Lampe für Abblendlicht abziehen.
- Federdrahtbügel –1– über die Rastnasen drücken und zur Seite klappen.
- Lampe –4– aus dem Reflektor herausziehen.
- Neue Lampe lagerichtig einsetzen. Die Rastnasen am Lamellenteller müssen in den Aussparungen am Reflektor liegen. **Achtung:** Glaskörper der Glühlampe beim Einsetzen nicht berühren.
- Federdrahtbügel zurückklappen und einrasten.
- Steckverbindung aufstecken.

- Abdeckkappe auf der Rückseite des Scheinwerfers einbauen.
- Funktion von Abblendlicht und Fernlicht prüfen.

Standlicht

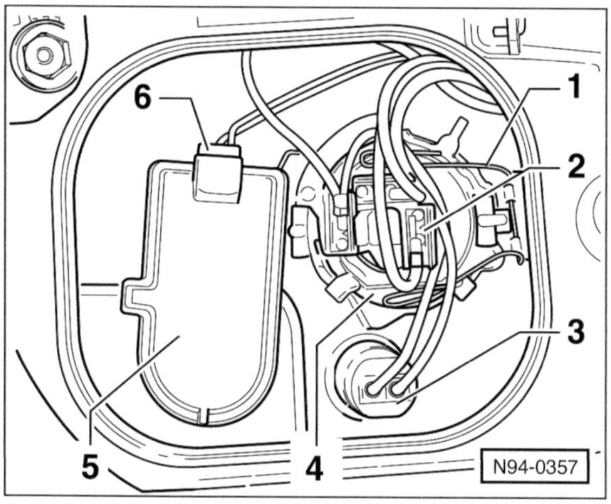

- Fassung –3– mit Glühlampe am Anschlussstecker aus dem Reflektor herausziehen.
- Lampe aus der Fassung ziehen und neue Glühlampe einsetzen.
- Fassung mit Glühlampe in den Reflektor bis zum Anschlag hineindrücken.
- Abdeckkappe auf der Rückseite des Scheinwerfers einbauen.
- Funktion des Standlichts prüfen.

Nebelscheinwerfer

LUPO

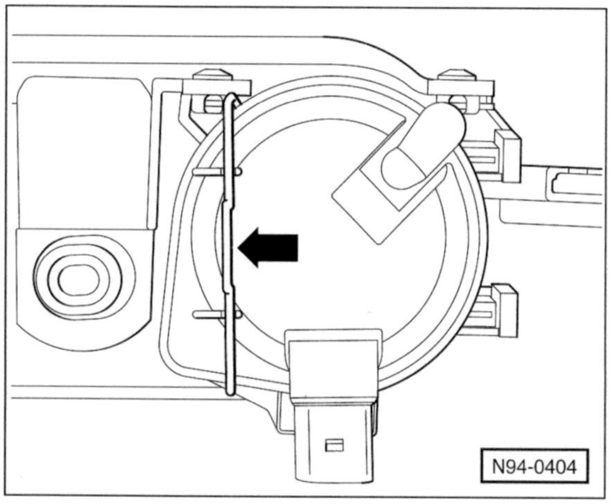

- Federbügel –Pfeil– ausrasten und Verschlussdeckel abnehmen.

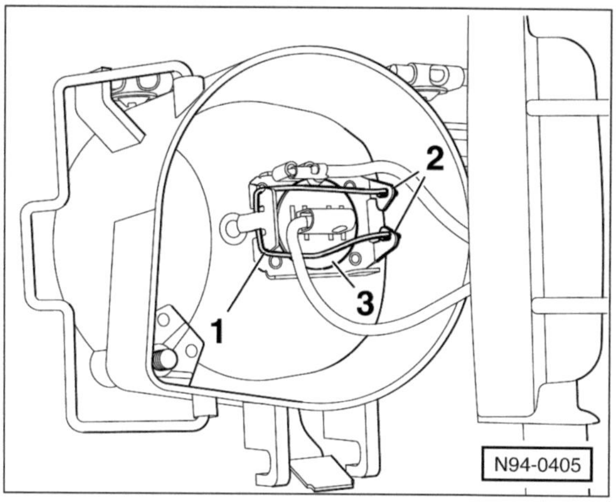

- Steckverbindung an der Glühlampe abziehen.
- Federdrahtbügel –1– über Rastnasen –2– drücken und entriegeln.
- Glühlampe –3– aus Reflektor herausziehen.
- Neue Lampe lagerichtig einsetzen. Die Rastnase am Lamellenteller muss in der Aussparung am Reflektor liegen. **Achtung:** Glaskörper der Glühlampe beim Einsetzen nicht berühren.
- Steckverbindung aufstecken.
- Verschlussdeckel einbauen und mit Federbügel sichern.
- Funktion des Nebelscheinwerfers prüfen.

Blinkleuchte vorn

- Blinkleuchte vorn ausbauen, siehe entsprechendes Kapitel.

LUPO

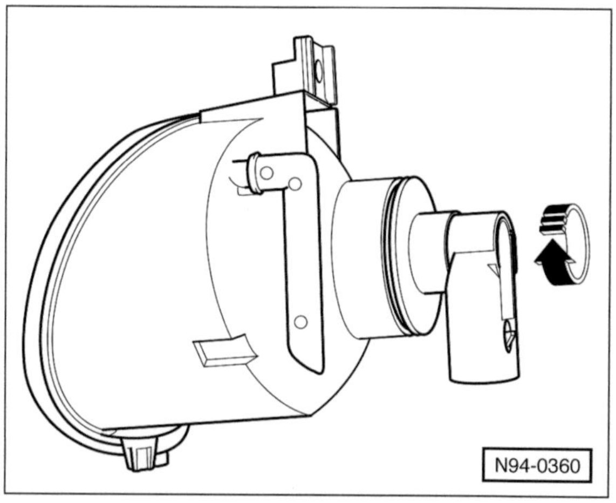

LUPO 3L/FSI

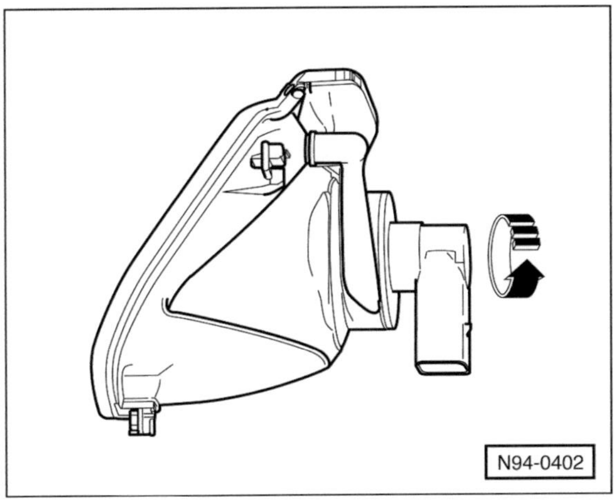

AROSA

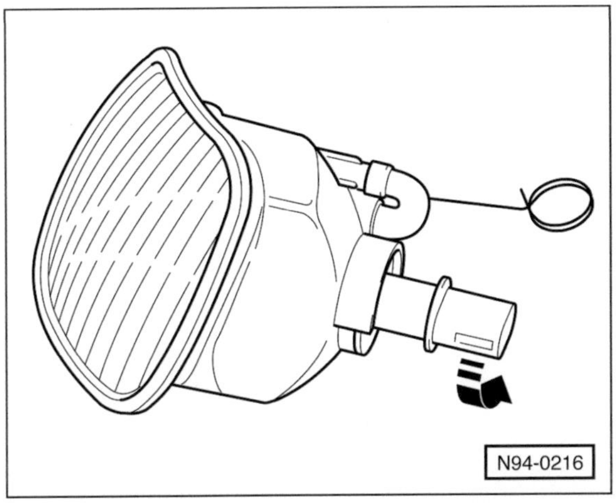

- Glühlampenfassung in Pfeilrichtung drehen und aus dem Gehäuse herausziehen.
- Glühlampe aus der Fassung herausnehmen.
- Neue Glühlampe einsetzen. **Achtung:** Glaskörper der Glühlampe beim Einsetzen nicht berühren.
- Fassung mit Glühlampe in das Gehäuse einsetzen und durch Drehen entgegen der Pfeilrichtung befestigen.
- Blinkleuchte einbauen, siehe entsprechendes Kapitel.

Blinklicht seitlich

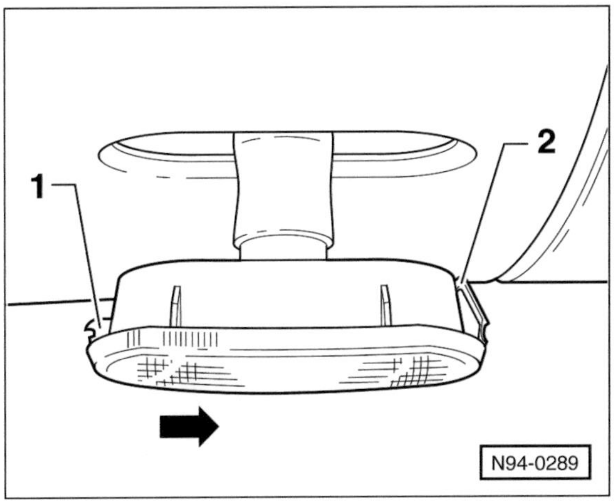

Achtung: In eingebautem Zustand ist nicht erkennbar, auf welcher Seite der Blinkleuchte sich die Lagerstelle –1– und die Kunststofffeder –2– befinden. Daher Blinkleuchte möglichst nicht mit einem Schraubendreher heraushebeln. Beim Versuch, die Leuchte an der Federklammerseite herauszuhebeln, können Leuchte und/oder Lack beschädigt werden.

- Blinkleuchte mit den Fingern nach vorn in Richtung Scheinwerfer –Pfeilrichtung– drücken und am hinteren Teil aus der Öffnung im Kotflügel herausheben. Dabei wird die Leuchte gegen die Kraft der Kunststofffeder –2– nach vorn geschoben. Falls sich die Leuchte nicht verschieben lässt, kann sie umgekehrt eingebaut sein. Das heißt, die Kunststofffeder befindet sich hinten und die Leuchte muss zum Ausbau in Richtung Fahrzeugheck geschoben werden.
- Lampenfassung vom Gehäuse abziehen.
- Glühlampe aus der Fassung ziehen und ersetzen.
- Fassung mit Lampe in das Gehäuse stecken.
- Leuchte mit der Lagerstelle –1– in die Öffnung des Kotflügels einhängen und auf der anderen Seite eindrücken und einrasten.

Heckleuchte

- Heckklappe öffnen.

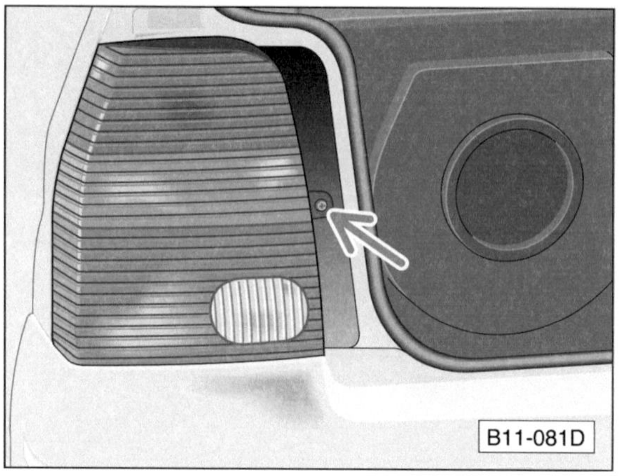

- Befestigungsschraube herausdrehen. Heckleuchte nach außen aus den Bohrungen –B– herausziehen und abnehmen, siehe Abbildung B11-084D.

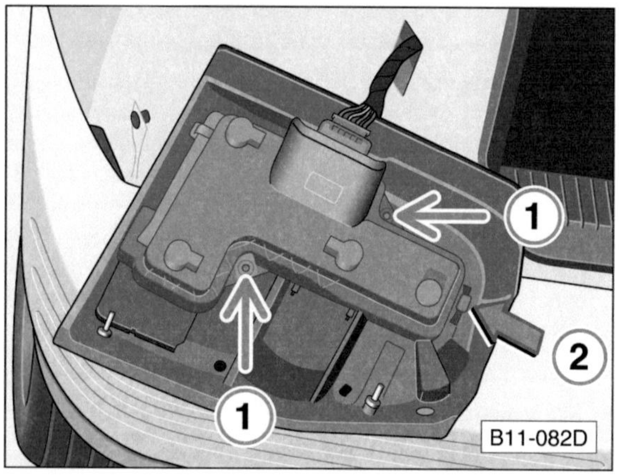

- Befestigungsschrauben –1– für Lampenhalter ausschrauben.
- Federlasche in Pfeilrichtung –2– drücken und Lampenhalter abnehmen.

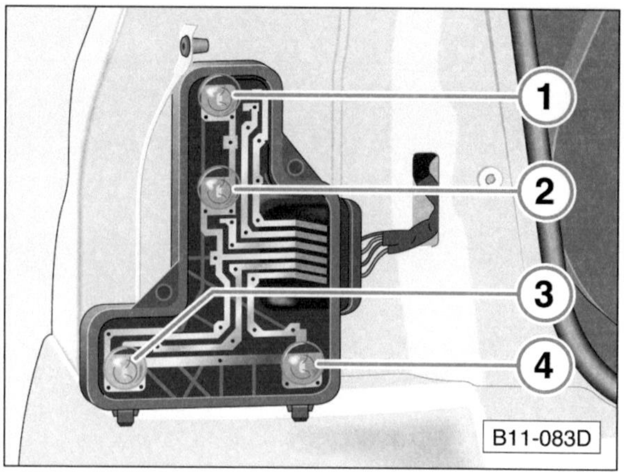

Lampenanordnung: 1 – Schlusslicht/Bremslicht
2 – Blinker
3 – Nebelschlussleuchte (nur an einer Fahrzeugseite)
4 – Rückfahrscheinwerfer

- Defekte Glühlampe aus dem Lampenhalter ausbauen. Dazu die Glühlampe in die Fassung drücken, etwas nach links drehen und aus der Fassung herausziehen.
- Neue Glühlampe in die Fassung einsetzen, hineindrücken und nach rechts drehen. **Achtung:** Glaskörper der Glühlampe beim Einsetzen nicht berühren.
- Lampenhalter am Gehäuse ansetzen und mit Federlasche einrasten. Befestigungsschrauben für Lampenhalter hineindrehen und leicht anziehen.

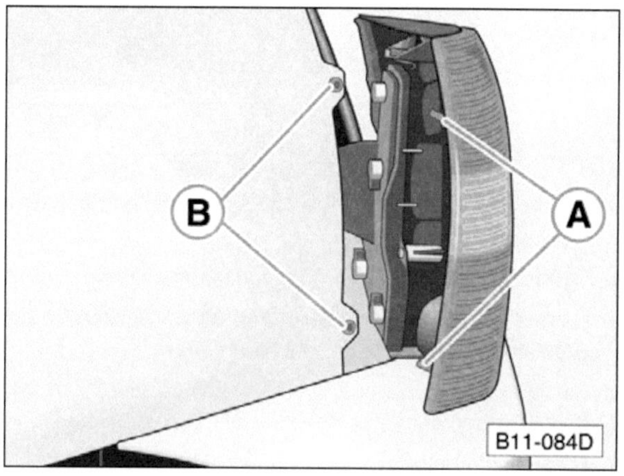

- Komplette Heckleuchte mit Stiften –A– in die Öffnungen –B– in der Karosserie einführen. Befestigungsschraube für Heckleuchte hineindrehen und anziehen.

Zusatzbremsleuchte

- Zusatzbremsleuchte ausbauen, siehe entsprechendes Kapitel.

LUPO/AROSA

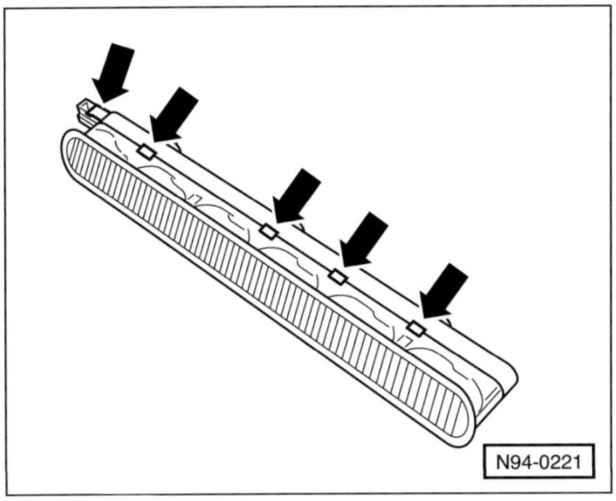

- Lampenträger an den Haltenasen –Pfeile– vom Leuchtenglas ausclipsen.
- Defekte Glassockellampe herausziehen und neue Lampe einsetzen. **Achtung:** Glaskörper der Glühlampe beim Einsetzen nicht berühren.
- Lampenträger in das Leuchtenglas einsetzen und einclipsen.
- Zusatzbremsleuchte einbauen, siehe entsprechendes Kapitel.

LUPO 3L/FSI

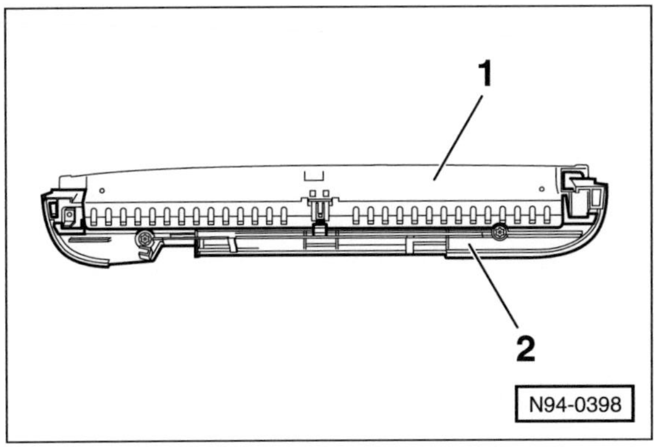

- Lampenträger –1– vom Halter der Zusatzbremsleuchte –2– ausclipsen.

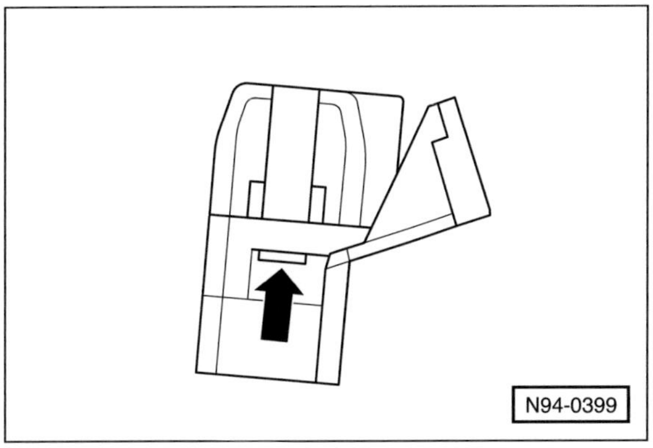

- Lampenträger an beiden Querseiten ausclipsen –Pfeil–.

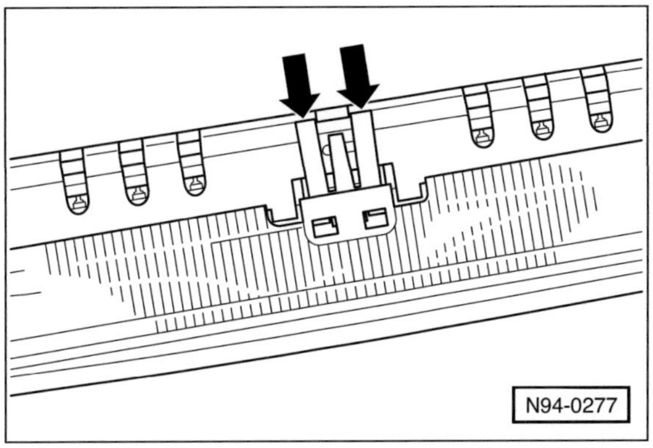

- Lampenträger an beiden Lngsseiten ausclipsen –Pfeil–.

Hinweis: Auf dem Lampenträger sind auf einer Platine 18 Leuchtdioden fest verlötet und mit einer Kunststoffleiste abgedeckt. Die Dioden können nicht einzeln ausgetauscht werden. Bei einem Defekt muss der Lampenträger ersetzt werden.

- Neuen Lampenträger in den Halter der Zusatzbremsleuchte einsetzen und einclipsen.
- Zusatzbremsleuchte einbauen, siehe entsprechendes Kapitel.

Kennzeichenleuchte

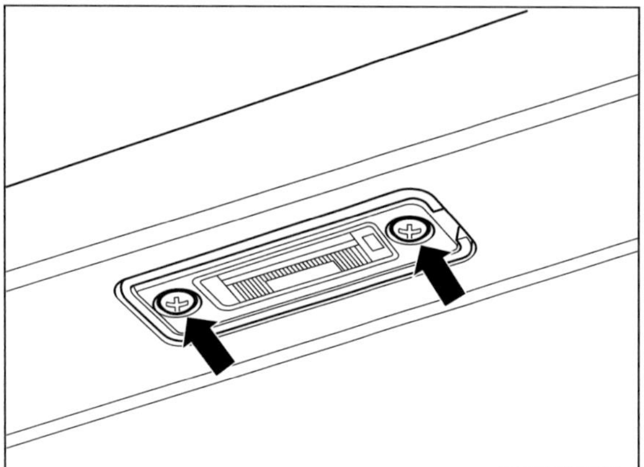
N94-0141

- Kennzeichenleuchte abschrauben –Pfeile–.
- Streuglas mit Glühlampe abnehmen.
- Glühlampe herausnehmen.
- Lampe ersetzen.

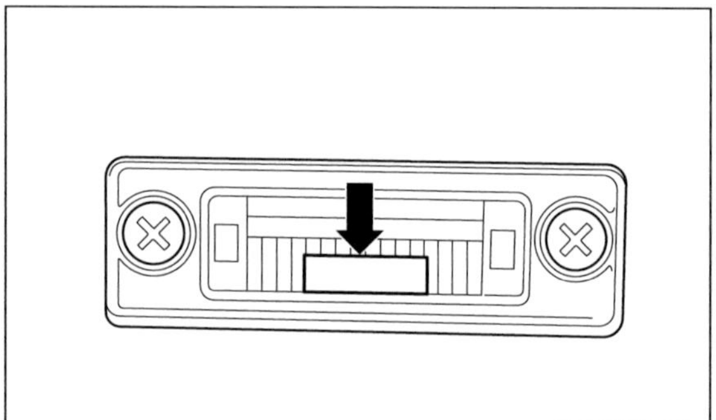
N94-0274

- Kennzeichenleuchte einsetzen und anschrauben. Dabei darauf achten, dass der silberfarbene Blendschutzstreifen –Pfeil– zum Stoßfänger zeigt, also in Fahrtrichtung gesehen, nach vorn. Siehe auch benachbarte Leuchte.

Glühlampe für Innenleuchte auswechseln

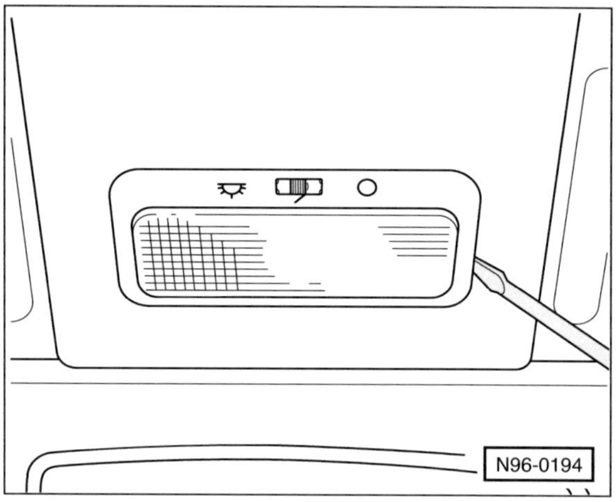
N96-0194

- Innenleuchte mit einem flachen Schraubendreher vorsichtig aus der Dachverkleidung heraushebeln. **Achtung:** Dachverkleidung dabei nicht beschädigen, Lappen unterlegen.
- Steckverbindung entriegeln und abziehen.

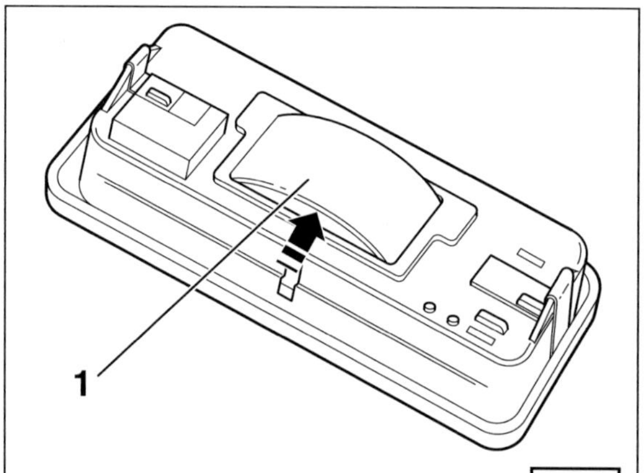

V-5615

- Abdeckung –1– für Glühlampe durch seitlichen Druck entriegeln und zur Seite schieben –Pfeil–.
- Defekte Soffittenlampe aus der Fassung ziehen und ersetzen. Dabei auf festen Sitz der Lampe achten, gegebenenfalls die Kontaktklammern vorsichtig nachbiegen.
- Abdeckung –1– entgegen der Pfeilrichtung aufschieben.
- Steckverbindung für Innenleuchte aufschieben.
- Innenleuchte in die Einbauöffnung in der Dachverkleidung einsetzen und festdrücken. Die Innenleuchte muss sicher halten.

Scheinwerfer/Leuchtweitenregulierung

LUPO/LUPO 3L/FSI

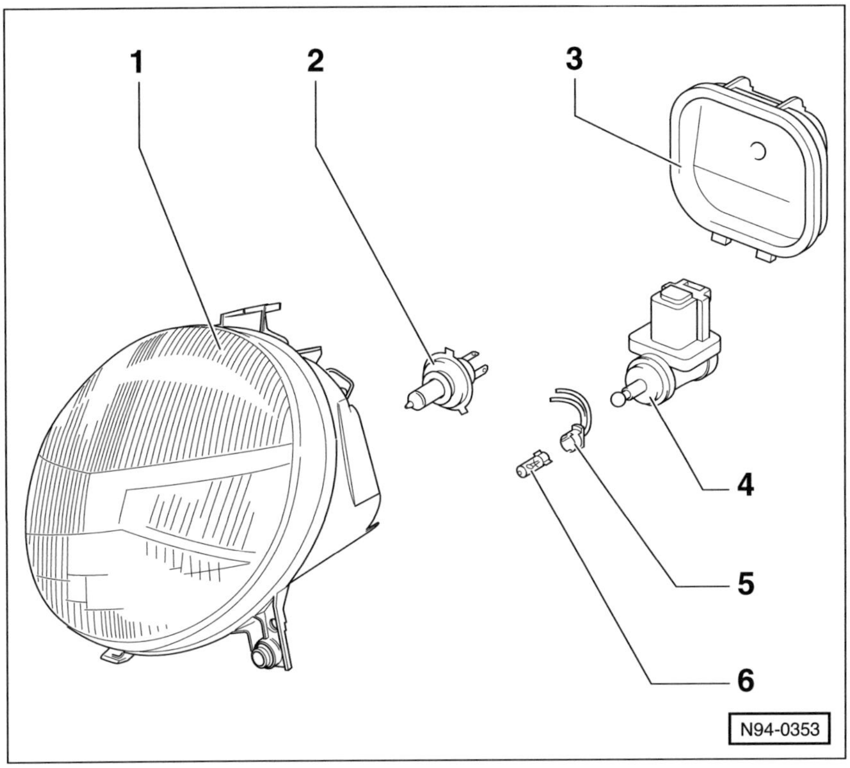

1 – **Scheinwerfer**

2 – **Zweifadenlampe für Fern- und Abblendlicht**
H4-Glühlampe, 12 V, 60 W/55 W

3 – **Abdeckkappe**

4 – **Stellmotor für Leuchtweitenregulierung**

5 – **Lampenfassung für Standlichtlampe**

6 – **Lampe für Standlicht**
Glühlampe, 12 V, 5 W

AROSA

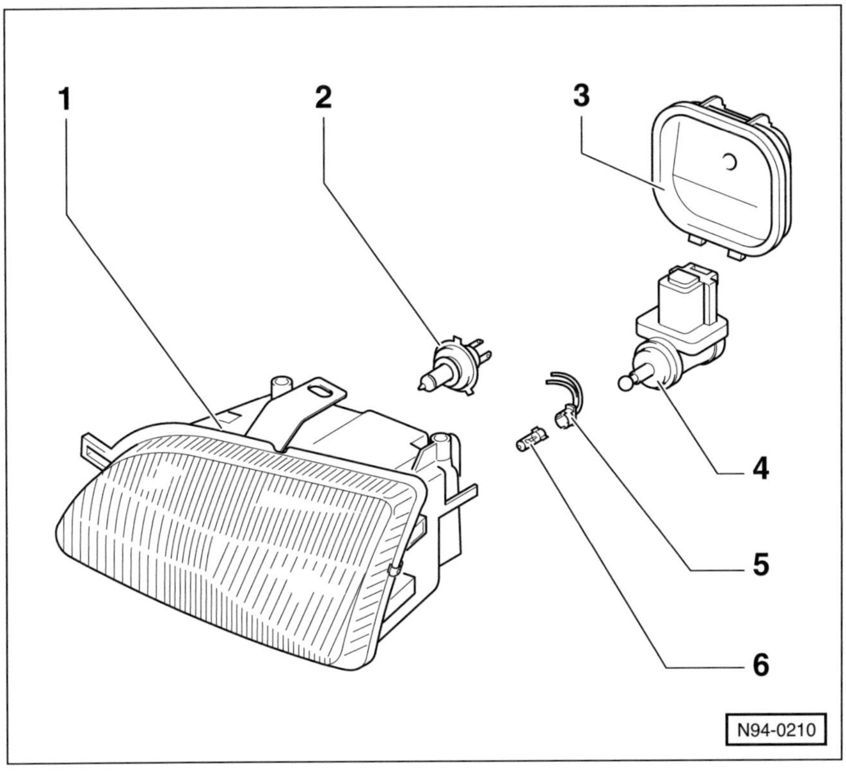

1 – **Scheinwerfer**

2 – **Zweifadenlampe für Fern- und Abblendlicht**
H4-Glühlampe, 12 V, 60 W/55 W

3 – **Abdeckkappe**

4 – **Stellmotor für Leuchtweitenregulierung**

5 – **Lampenfassung für Standlichtlampe**

6 – **Lampe für Standlicht**
Glühlampe, 12 V, 5 W

Scheinwerfer aus- und einbauen

Das Scheinwerfergehäuse kann nicht zerlegt werden, bei einem Defekt muss es komplett ersetzt werden. Für beschädigte Befestigungspunkte am Scheinwerfer ist ein Reparatursatz erhältlich.

Ausbau

- **AROSA:** Blinkleuchte vorn ausbauen, siehe entsprechendes Kapitel.
- **LUPO/AROSA:** Kühlergrill ausbauen, siehe Seite 273.
- **LUPO 3L/FSI:** Stoßfänger vorn ausbauen, siehe Seite 268.
- Mehrfachsteckverbindung an der Scheinwerferrückseite abziehen.

LUPO/LUPO 3L/FSI

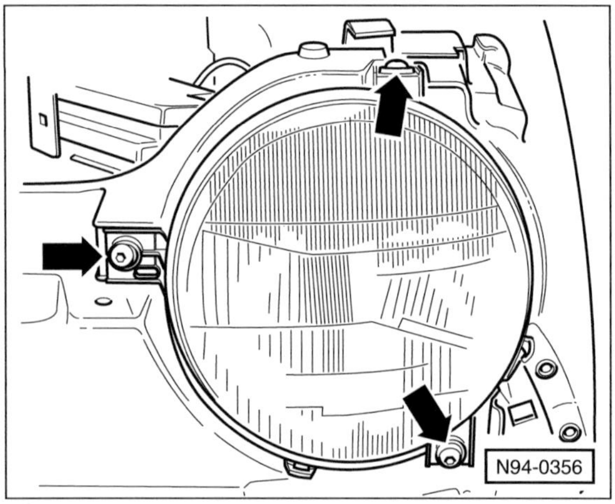

- Befestigungsschrauben –Pfeile– herausschrauben.

AROSA

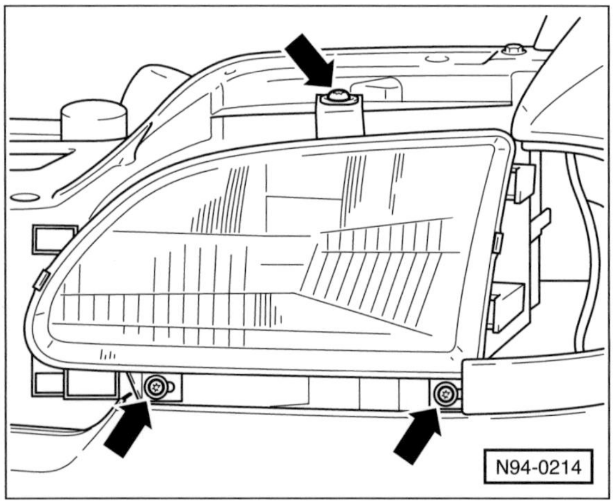

- Drei Befestigungsschrauben –Pfeile– herausdrehen.
- Scheinwerfer vorsichtig nach vorn herausnehmen.

Einbau

- Scheinwerfer von vorn einsetzen und festschrauben.
- Mehrfachsteckverbindung hinten am Scheinwerfer aufschieben.
- **LUPO 3L/FSI:** Stoßfänger vorn einbauen, siehe Seite 268.
- **LUPO/AROSA:** Kühlergrill einbauen, siehe Seite 273.
- **AROSA:** Blinkleuchte vorn einbauen, siehe entsprechendes Kapitel.
- Scheinwerfereinstellung von einer Fachwerkstatt kontrollieren lassen.

Blinkleuchte vorn aus- und einbauen

LUPO/LUPO 3L/FSI

Ausbau

- Kühlergrill ausbauen, siehe Seite 273.

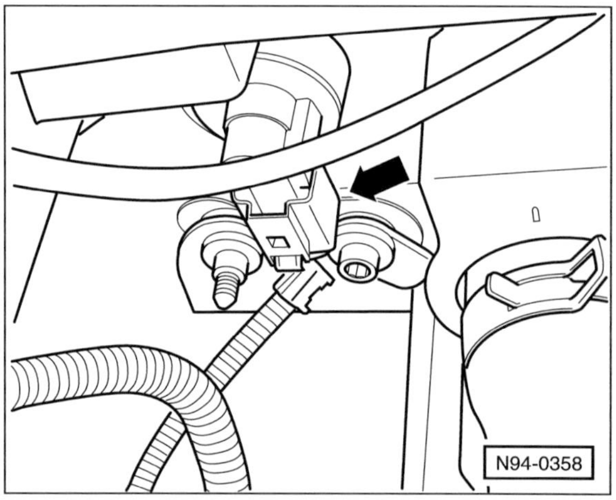

- **LUPO:** Steckverbindung –Pfeil– abziehen.

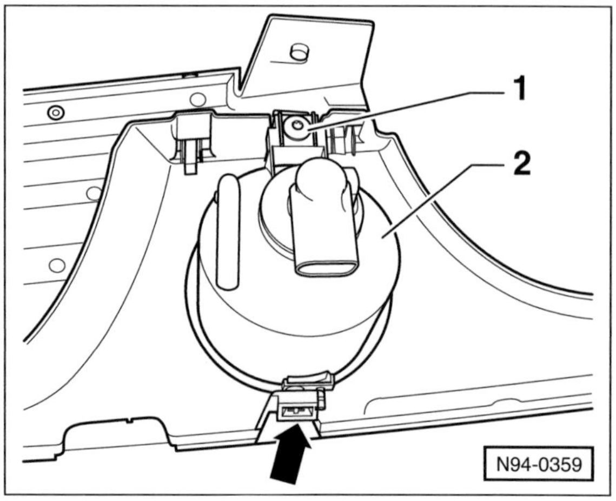

- **LUPO:** Schraube –1– herausschrauben und Blinkleuchte –2– aus Lagerung –Pfeil– herausschwenken.

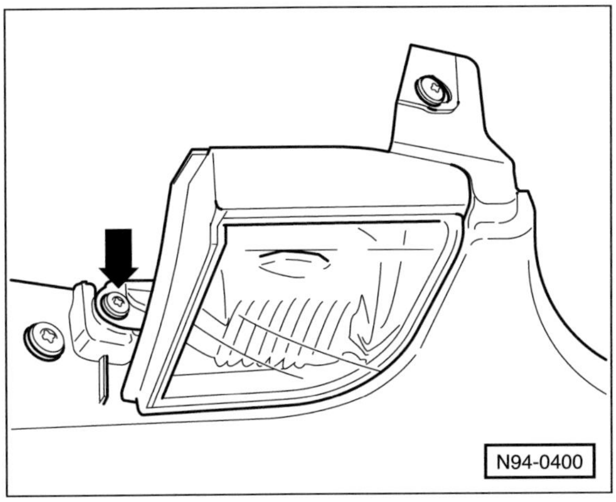

- **LUPO 3L/FSI:** Schraube –Pfeil– herausdrehen und Blinkleuchte zur Seite herausschwenken.

Einbau

- Blinkleuchte mit der Haltenase einsetzen und in die Einbauöffnung hineinschwenken.
- **LUPO 3L/FSI:** Darauf achten, dass die Haltenasen an der Seite der Blinkleuchte, in der Aufnahme im Stoßfänger eingreifen.
- Steckverbindung aufschieben.
- Kühlergrill einbauen, siehe Seite 273.

AROSA

Ausbau

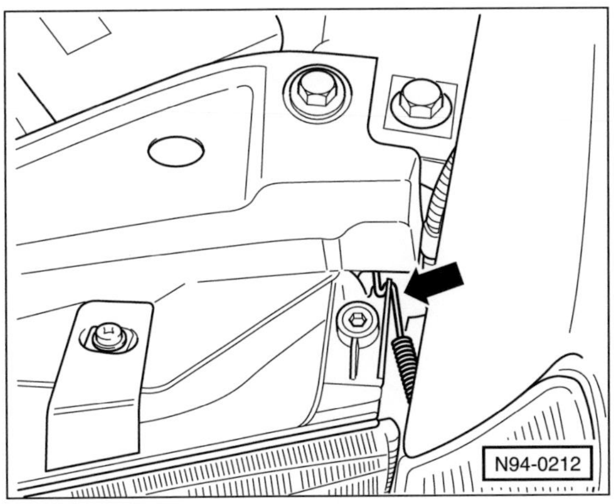

- Drahtfederbügel –Pfeil– auf der Innenseite der Blinkleuchte aushängen.

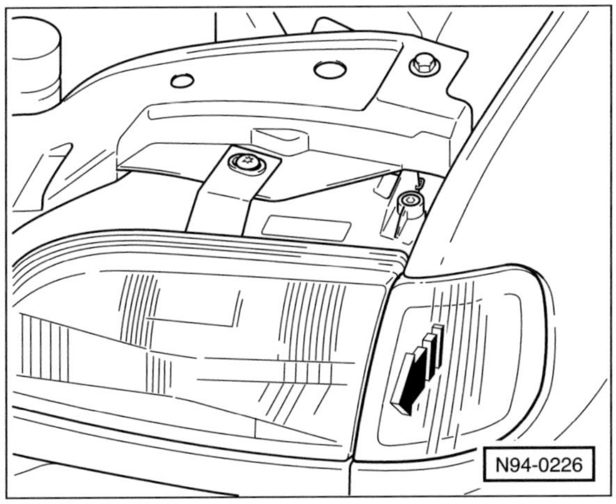

- Blinkleuchte in Pfeilrichtung nach vorn vom Scheinwerfergehäuse abziehen.
- Stecker von der Blinkleuchte abziehen.

Einbau

- Elektrische Steckverbindung an der Blinkleuchte aufschieben.
- Blinkleuchte in die Einbauöffnung neben dem Scheinwerfer hineinschieben. **Hinweis:** Die Laschen der Blinkleuchte müssen in die Führungen des Scheinwerfers eingeführt werden.
- Drahtfederbügel auf der Innenseite der Blinkleuchte einhängen.

Stellmotor für Leuchtweitenregulierung aus- und einbauen

Hinweis: Die Hauptscheinwerfer beim LUPO/LUPO 3L/FSI und beim AROSA unterscheiden sich hauptsächlich in der Form der Scheinwerfer. Der Aus- und Einbau des Stellmotors für Leuchtweitenregulierung erfolgt bei allen Modellen auf die gleiche Weise. Dargestellt ist der Scheinwerfer des LUPO/LUPO 3L/FSI.

Ausbau

- Scheinwerfer ausbauen, siehe entsprechendes Kapitel.

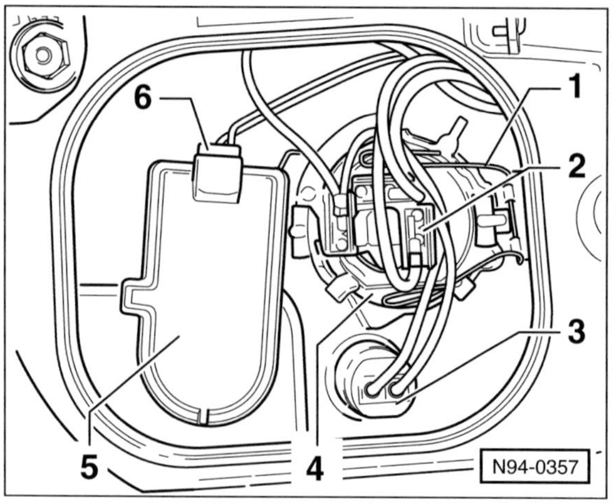

- Glühlampe für Abblendlicht/Fernlicht –4– sowie für Standlicht –3– ausbauen, siehe Kapitel »Glühlampen für Außenleuchten auswechseln«.
- Steckverbindung –6– am Stellmotor für Leuchtweitenregulierung abziehen.
- Stellmotor –5– beim linken Scheinwerfer durch Rechtsdrehen und beim rechten Scheinwerfer durch Linksdrehen entriegeln.
- Kugelkopf der Stellachse seitlich aus der Kugelkopfaufnahme am Reflektor herausziehen.
- Stellmotor für Leuchtweitenregulierung herausnehmen.

Einbau

- Stellmotor an der Einbauöffnung am Scheinwerfer ansetzen.
- Reflektor durch die Gehäuseöffnung der Glühlampe für Abblendlicht/Fernlicht festhalten und Kugelkopf der Stellachse in die Kugelkopfaufnahme am Reflektor hineinschieben.
- Stellmotor für Leuchtweitenregulierung durch Verdrehen in die Einbaulage verriegeln.
- Steckverbindung am Stellmotor für Leuchtweitenregulierung aufschieben.
- Ausgebaute Glühlampen für Abblendlicht/Fernlicht, sowie für Standlicht einbauen, siehe Kapitel »Glühlampen für Außenleuchten wechseln«.
- Scheinwerfer einbauen, siehe entsprechendes Kapitel.

Schlussleuchte/Lampenträger

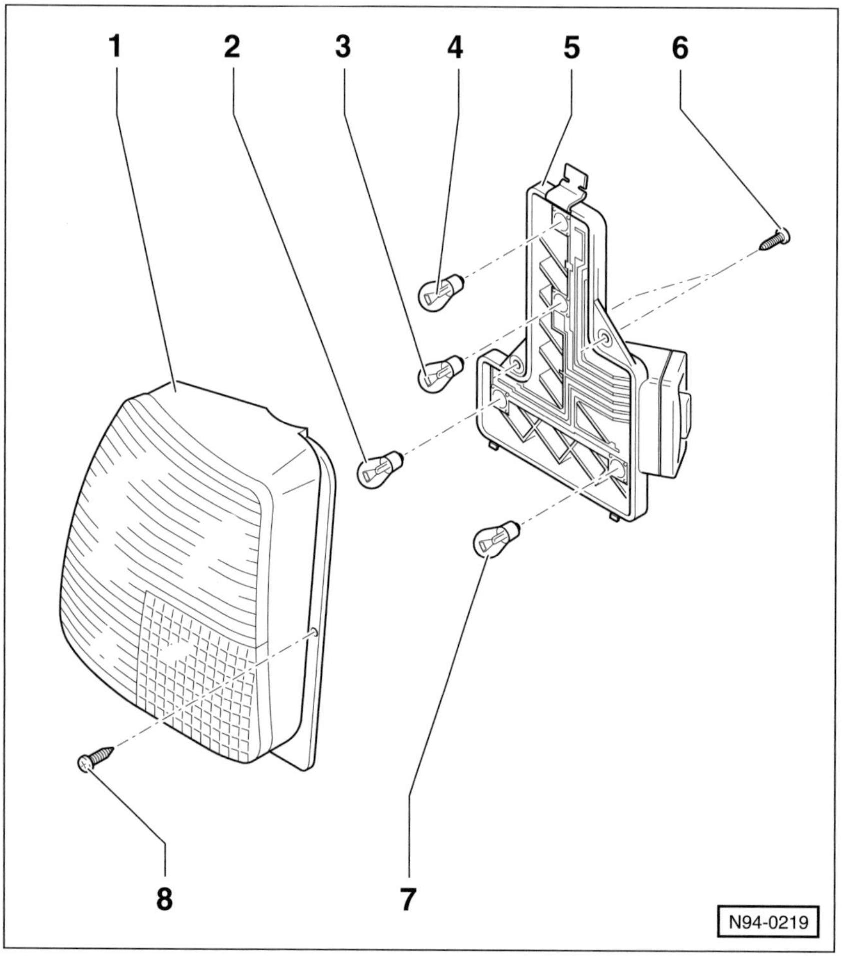

1 – Gehäuse

2 – Glühlampe für Nebelschlussleuchte
12 V, 21 W. Nur auf der linken Seite eingebaut.

3 – Glühlampe für Blinklicht
12 V, 21 W.

4 – Glühlampe für Brems- und Schlusslicht
Zweifadenlampe, 12 V, 21/5 W.

5 – Lampenträger

6 – Kreuzschlitzschraube
Für Lampenträger.

7 – Glühlampe für Rückfahrlicht
12 V, 21 W.

8 – Torxschraube, 4 Nm
Für Befestigung Schlussleuchte.

Schlussleuchte/Lampenträger aus- und einbauen

Ausbau

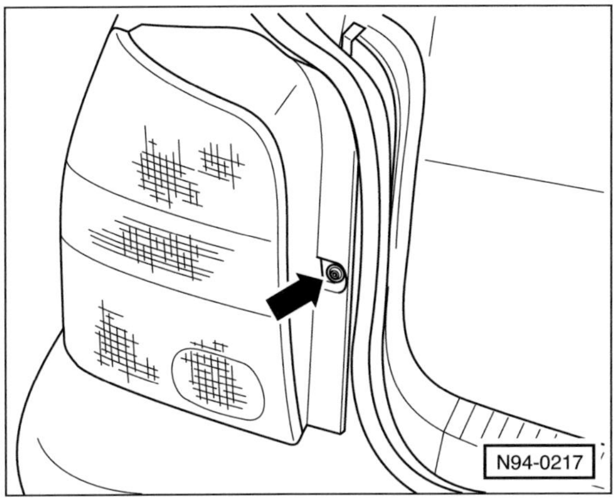

- Befestigungsschraube –Pfeil– lösen.

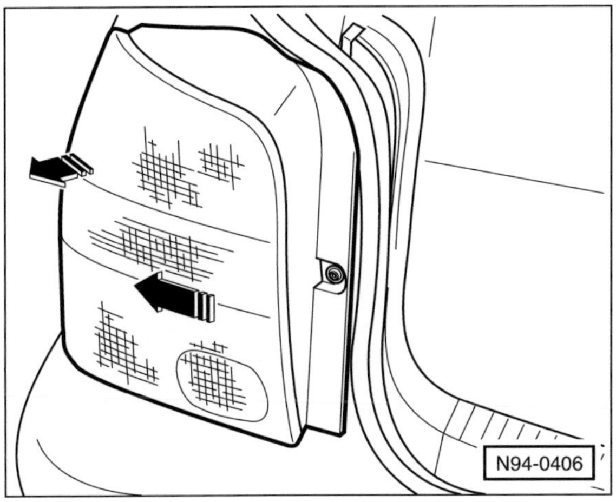

- Schlussleuchte vorsichtig in Richtung der –Pfeile– abziehen.
- Steckverbindung trennen.

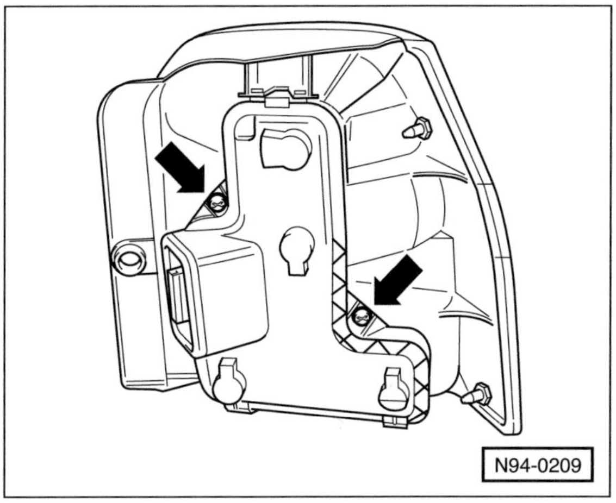

- Befestigungsschrauben für Lampenträger vom Gehäuse abschrauben.
- Lampenträger nach unten klappen und abnehmen.

Einbau

- Lampenträger am Gehäuse ansetzen, nach oben klappen und anschrauben.
- Steckverbindung für Schlussleuchte aufstecken.
- Schlussleuchte in die Einbauöffnung der Karosserie einsetzen und anschrauben. Anzugsmoment: **4 Nm**.

Zusatzbremsleuchte aus- und einbauen

LUPO/AROSA

Ausbau

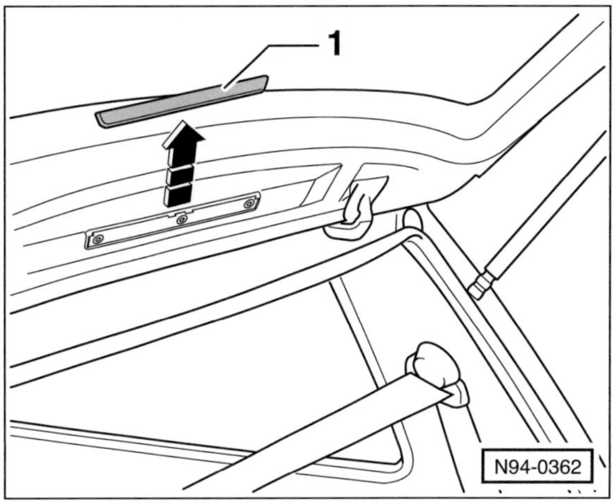

- Blende –1– in Pfeilrichtung abziehen.

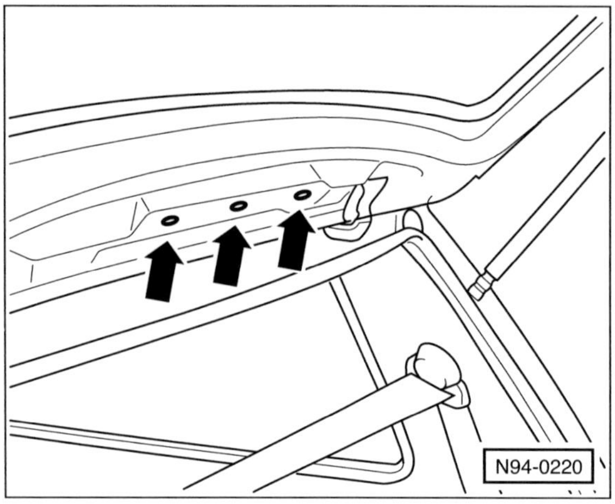

- 3 Befestigungsschrauben –Pfeile– abschrauben.
- Zusatzbremsleuchte nach außen herausnehmen.
- Steckverbindung trennen.

Einbau

- Steckverbindung am Lampenträger für Zusatzbremsleuchte aufschieben.
- Zusatzbremsleuchte von außen in die Einbauöffnung einsetzen und mit 3 Schrauben anschrauben.
- Abdeckung anbringen.

LUPO 3L/FSI

Ausbau

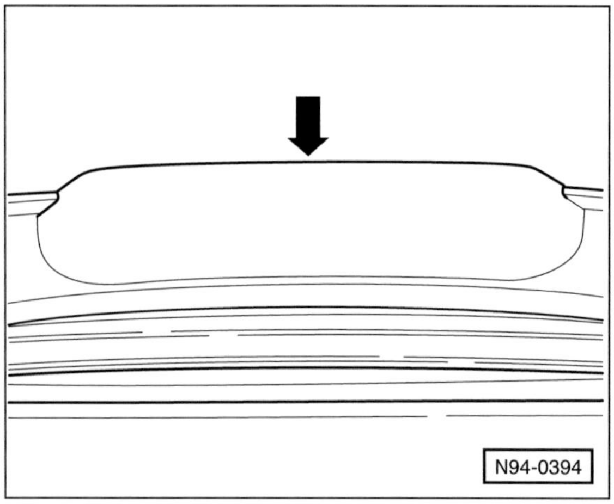

- Abdeckung –Pfeil– am oberen Teil der Heckscheibe ausclipsen.

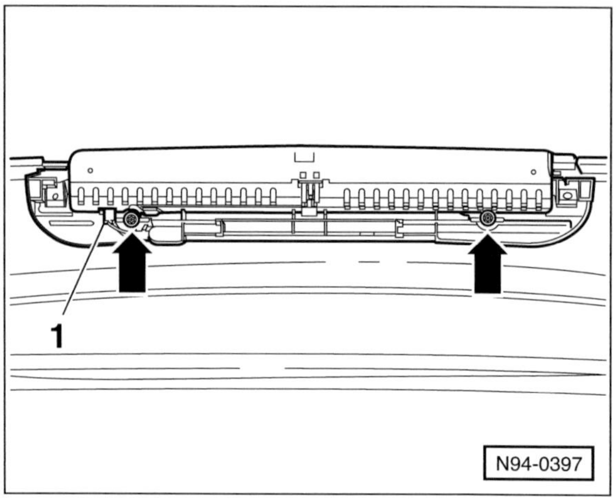

- Befestigungsschrauben –Pfeile– herausdrehen.
- Steckverbindung –1– abziehen.
- Zusatzbremsleuchte herausnehmen.

Einbau

- Steckverbindung an der Zusatzbremsleuchte aufschieben.
- Zusatzbremsleuchte einsetzen und anschrauben.
- Abdeckung anbringen.

Armaturen

Die Anzeigeinstrumente sind in einem Kombiinstrument (Schalttafeleinsatz) zusammengefasst. Sind einzelne Instrumente defekt, muss das gesamte Kombiinstrument ersetzt werden, da es nicht zerlegbar ist.

Das Kombiinstrument gibt es, je nach Modell (LUPO, LUPO 3L/GTI, AROSA), in unterschiedlichen Ausführungen. Zudem ist die Ausstattung des Kombiinstruments abhängig von der Fahrzeugausstattung.

Das Kombiinstrument wird von einem Mikroprozessor gesteuert und verfügt über Eigendiagnose. Treten Störungen an Systembauteilen auf, werden Fehlercodes im Fehlerspeicher des Steuergerätes abgelegt. Die Fehlercodes können mit dem VW-Diagnosegerät ausgelesen werden. Außerdem können mit diesem Diagnosegerät beispielsweise folgende Funktionen angepasst beziehungsweise korrigiert werden: Tankanzeige, Verbrauchsanzeige, Service-Intervall-Anzeige, Wegstreckenzähler.

In diesem Kapitel werden ebenfalls der Aus- und Einbau verschiedener Schalter und des Radios beschrieben.

Kombiinstrument aus- und einbauen

Im Kombiinstrument können nur solche Kontrolllampen ausgetauscht werden, die als Glühlampen ausgelegt sind. Bei allen anderen Defekten am Kombiinstrument muss dieses komplett ausgetauscht werden.

Wird anstelle des Tageskilometerstandes die Anzeige »dEF« eingeblendet, dann liegt ein Fehler im Festspeicher vor. In diesem Fall muss das Kombiinstrument ersetzt werden.

Falls das Kombiinstrument erneuert werden soll, vor dem Ausbau Fehlerspeicher abfragen lassen. Außerdem die Werte der Service-Intervall-Anzeige und den Stand des Wegstreckenzählers über das VW-Diagnosegerät auslesen lassen und notieren (Werkstattarbeit).

LUPO/LUPO 3L/FSI/GTI

Ausbau

Hinweis: Der Ausbau des Lenkrades ist nicht erforderlich. In den nachfolgenden Abbildungen ist das Lenkrad, für die bessere Übersichtlichkeit, nicht dargestellt.

- Batterie-Massekabel (–) bei ausgeschalteter Zündung abklemmen. **Achtung:** Dadurch werden elektronische Speicher gelöscht, wie zum Beispiel bei bestimmten Radios der Radiocode. Ohne Code kann das Radio nicht mehr in Betrieb genommen werden. Deshalb Hinweise im Kapitel »Batterie aus- und einbauen« durchlesen.

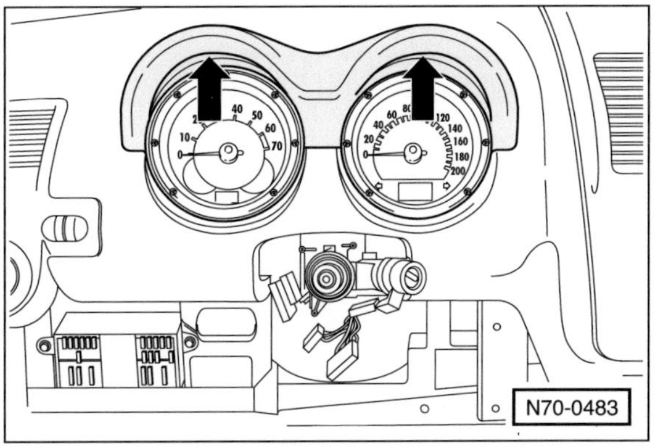

- **Alle außer GTI:** Oberteil der Instrumentenhutze abschrauben, dazu die beiden Schrauben –Pfeile– herausdrehen.

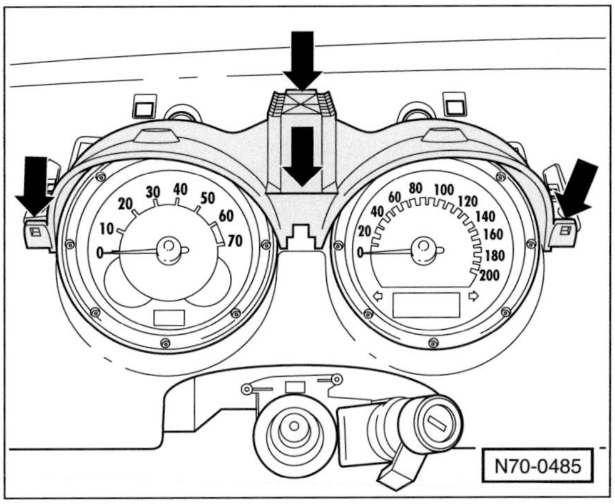

- **Alle außer GTI:** Unterteil der Instrumentenhutze ausbauen, dazu die 4 Schrauben –Pfeile– herausdrehen.

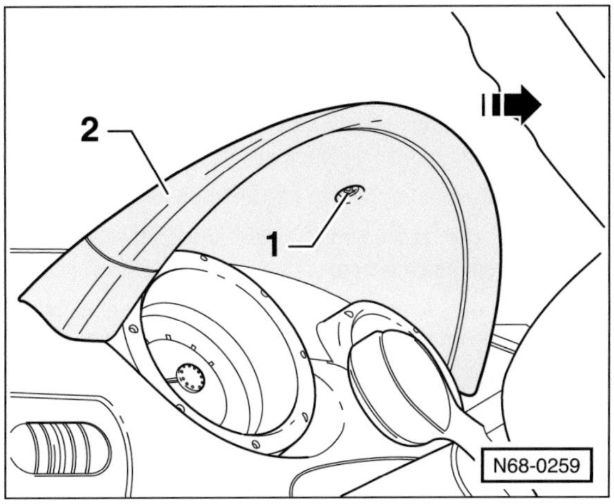

- **GTI:** Schraube –1– herausdrehen und obere Instrumentenblende –2– in Pfeilrichtung ausclipsen.

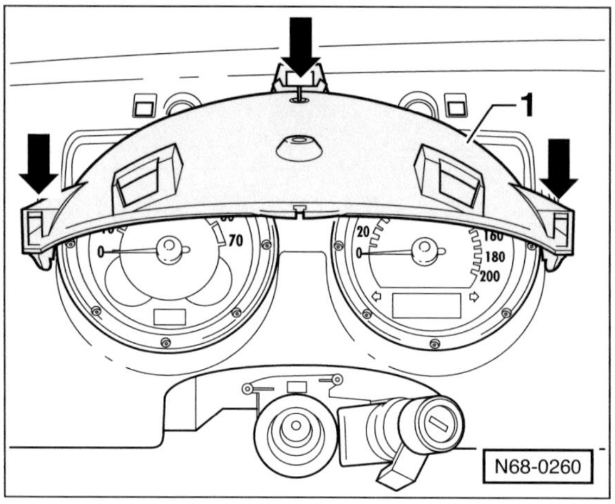

- **GTI:** 3 Schrauben –Pfeile– herausdrehen und Unterteil der Instrumentenblende –1– abnehmen.

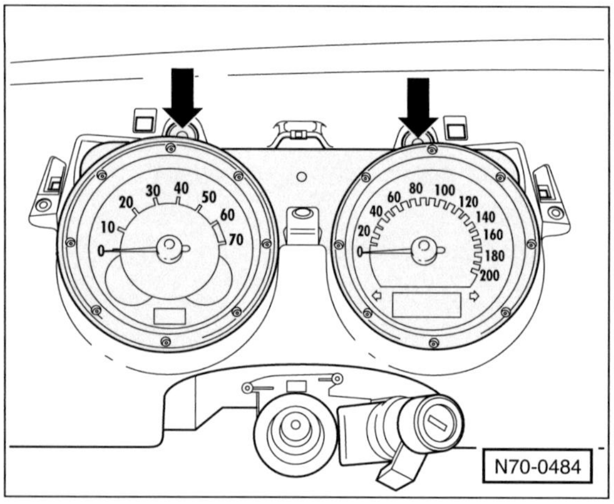

- 2 Schrauben für Kombiinstrument –Pfeile– herausdrehen.
- Steckverbindung am Kombiinstrument abziehen. **Hinweis:** Beim LUPO 3L sind 2 Steckverbindungen vorhanden.
- Kombiinstrument herausnehmen.

Einbau

- Steckverbindung beziehungsweise Steckverbindungen am Kombiinstrument einstecken.
- Kombiinstrument einsetzen und anschrauben.
- Unterteil der Instrumentenhutze ansetzen und mit 4 Schrauben anschrauben.
- Oberteil der Instrumentenhutze ansetzen und mit 2 Schrauben anschrauben.
- Batterie-Massekabel (–) anklemmen. **Achtung:** Zeituhr stellen und gegebenenfalls Radiocode eingeben sowie Hoch-/Tieflaufautomatik für elektrische Fensterheber aktivieren, siehe Kapitel »Batterie aus- und einbauen«.

AROSA

Ausbau

- Batterie-Massekabel (–) bei ausgeschalteter Zündung abklemmen. **Achtung:** Dadurch werden elektronische Speicher gelöscht, wie zum Beispiel bei bestimmten Radios der Radiocode. Ohne Code kann das Radio nicht mehr in Betrieb genommen werden. Deshalb Hinweise im Kapitel »Batterie aus- und einbauen« durchlesen.
- Unterteil der Lenksäulenverkleidung ausbauen, siehe Seite 257.
- Fahrer-Airbag und Lenkrad ausbauen, siehe Seite 138.
- Oberteil der Lenksäulenverkleidung ausbauen, siehe Seite 257.
- Lenkstockschalter ausbauen, siehe dazu Kapitel »Lenkstockschalter aus- und einbauen«.
- Höhenverstellung für Lenkrad lösen und Lenksäule in unterer Stellung arretieren.

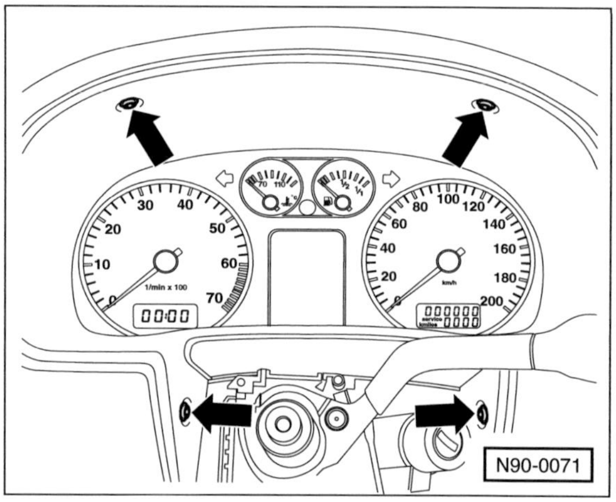

- 4 Schrauben –Pfeile– herausdrehen und Blendrahmen nach vorn herausziehen.

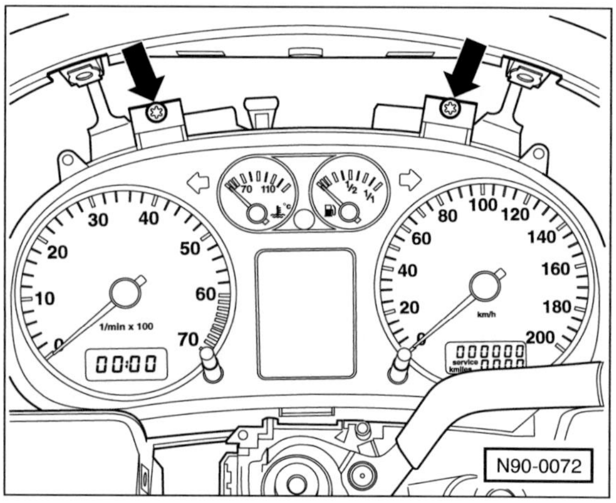

- 2 Schrauben –Pfeile– herausdrehen.
- Kombiinstrument nach vorn kippen und aus den unteren Zapfenlagern ausclipsen.

- Steckverbindungen für Kombiinstrument entriegeln und abziehen.
- Kombiinstrument herausnehmen.

Einbau

- Elektrische Steckverbindungen am Kombiinstrument einstecken.
- Kombiinstrument mit den unteren Zapfenlagern einsetzen, in die Einbauöffnung einschwenken und mit 2 Schrauben anschrauben.
- Blendrahmen einsetzen und mit 4 Schrauben anschrauben.
- Lenkstockschalter einbauen, siehe Kapitel »Lenkstockschalter aus- und einbauen«.
- Oberteil der Lenksäulenverkleidung einbauen, siehe Seite 257.
- Lenkrad einbauen. Fahrer-Airbag einbauen, siehe Seite 138.
- Unterteil der Lenksäulenverkleidung einbauen, siehe Kapitel »Lenksäulenverkleidung aus- und einbauen«.
- Batterie-Massekabel (–) anklemmen. **Achtung:** Zeituhr stellen und gegebenenfalls Radiocode eingeben sowie Hoch-/Tieflaufautomatik für elektrische Fensterheber aktivieren, siehe Kapitel »Batterie aus- und einbauen«.

Lenkstockschalter aus- und einbauen

Ausbau

- Batterie-Massekabel (–) bei ausgeschalteter Zündung abklemmen. **Achtung:** Dadurch werden elektronische Speicher gelöscht, wie zum Beispiel bei bestimmten Radios der Radiocode. Ohne Code kann das Radio nicht mehr in Betrieb genommen werden. Deshalb Hinweise im Kapitel »Batterie aus- und einbauen« durchlesen.
- Fahrer-Airbag und Lenkrad ausbauen, siehe Seite 138.
- Untere Lenksäulenverkleidung ausbauen, siehe Seite 257.

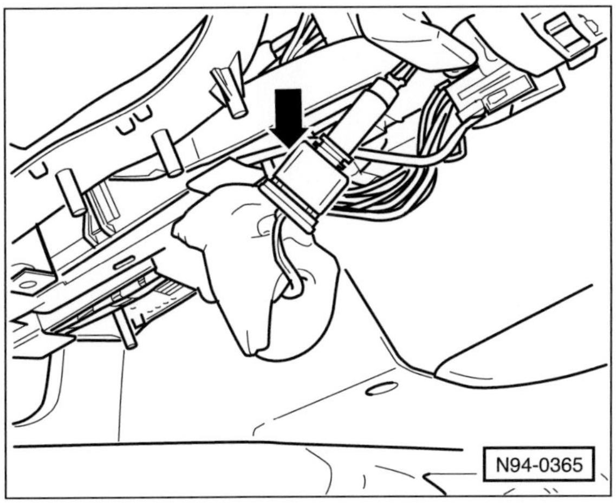

N94-0365

- Steckverbindung –Pfeil– für Rückstelleinheit trennen.

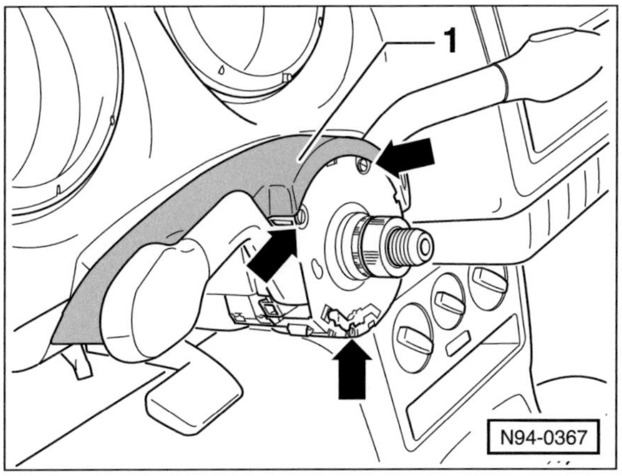

N94-0367

- Obere Lenksäulenverkleidung –1– abnehmen.
- Befestigungsschrauben für Lenkstockschalter herausdrehen.

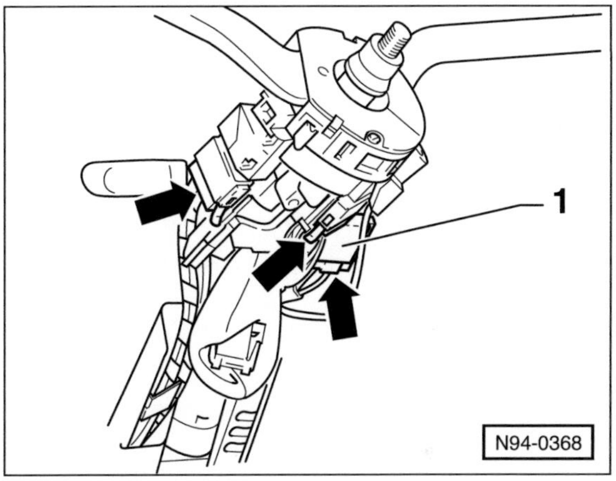

N94-0368

- Steckverbindungen –Pfeile– vom Lenkstockschalter abziehen.
- Steckgehäuse –1– nach unten aus der Führung am Lenkschlossgehäuse nehmen.
- Lenkstockschalter nach vorne von der Lenksäule abnehmen.

Einbau

- Lenkstockschalter in Einbaulage auf die Lenksäule aufschieben.
- Alle Steckverbindungen am Lenkstockschalter einstecken.
- Lenkstockschalter mit 3 Schrauben anschrauben.
- Obere Lenksäulenverkleidung einbauen.
- Steckverbindung für Rückstelleinheit einstecken.
- Untere Lenksäulenverkleidung einbauen, siehe Seite 257.
- Lenkrad und Fahrer-Airbag einbauen, siehe Seite 138.
- Batterie-Massekabel (–) anklemmen. **Achtung:** Zeituhr stellen und gegebenenfalls Radiocode eingeben sowie Hoch-/Tieflaufautomatik für elektrische Fensterheber aktivieren, siehe Kapitel »Batterie aus- und einbauen«.

Schalter in der Armaturentafel aus- und einbauen

Lichtschalter

LUPO

Ausbau

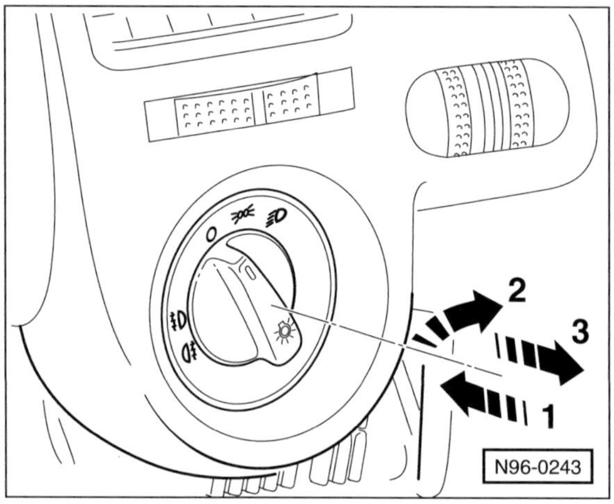

- Drehgriff des Lichtschalters in Stellung »0« bringen.
- Drehgriff fest hineindrücken –1– und etwas nach rechts drehen –2–.
- Drehgriff in dieser Stellung halten und Lichtschalter am Drehgriff herausziehen –3–.
- Steckverbindungen entriegeln und abziehen.

Einbau

- Stecker am Schalter aufschieben.

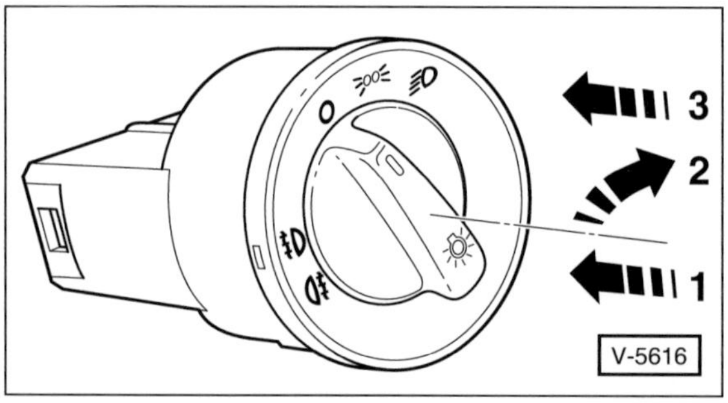

- Zum Einbau Lichtschalter mit einer Hand festhalten. Drehgriff für Lichtschalter mit der anderen Hand fest hineindrücken –1– und gleichzeitig nach rechts drehen –2–. Dadurch werden die beiden Verriegelungshaken des Schalters versenkt.
- Drehgriff in dieser Stellung halten und Lichtschalter in die Öffnung der Armaturentafel eindrücken –3–. Sämtliche Positionen des Schalters durchschalten und festen Sitz des Schalters prüfen.

Einsteller für Leuchtweitenregelung/ Regler für Instrumentenbeleuchtung

LUPO

Ausbau

- Lichtschalter ausbauen.

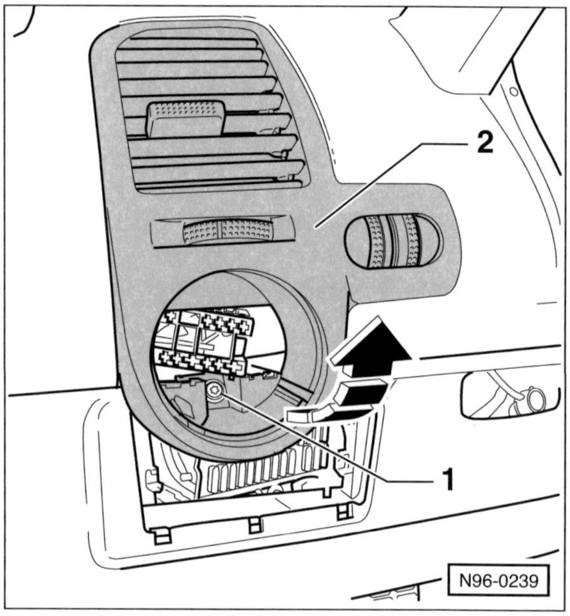

- Schraube –1– herausdrehen und Abdeckung mit Lüftungsgitter –2– in Pfeilrichtung aus der Armaturentafel herausschwenken.
- Steckverbindung abziehen.

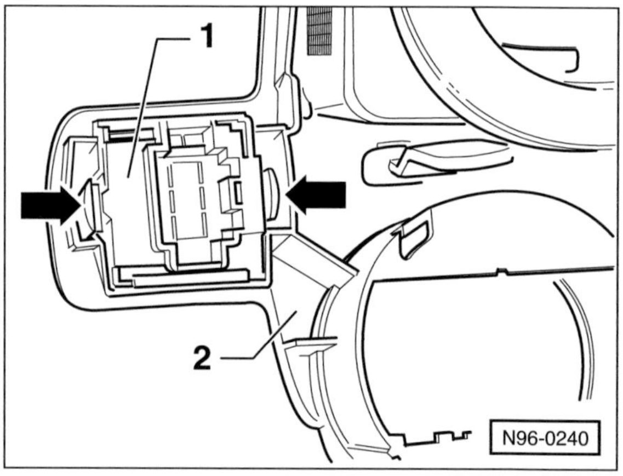

- Rasthaken –Pfeile– zusammendrücken und Einsteller –1– aus der Abdeckung –2– herausziehen.

Einbau

- Einsteller in die Abdeckung einsetzen und hineindrücken. Die Rasthaken müssen einrasten.
- Steckverbindungen für Einsteller aufstecken.
- Abdeckung mit Lüftungsgitter in die Armaturentafel einsetzen und anschrauben sowie Lichtschalter einbauen.

Schalter für Warnblinker, heizbare Heckscheibe, Sitzheizung, Faltschiebedach, Economy-Betrieb

LUPO bis 4/00

Sämtliche Schalter in dieser Konsole werden auf die gleiche Weise ausgebaut. Der Ausbau wird beispielhaft anhand eines Schalters beschrieben. Hinweis: Dargestellt sind die Schalter beim LUPO. Beim LUPO 3L befinden sich die Schalter unterhalb der Heizungsregulierung.

Ausbau

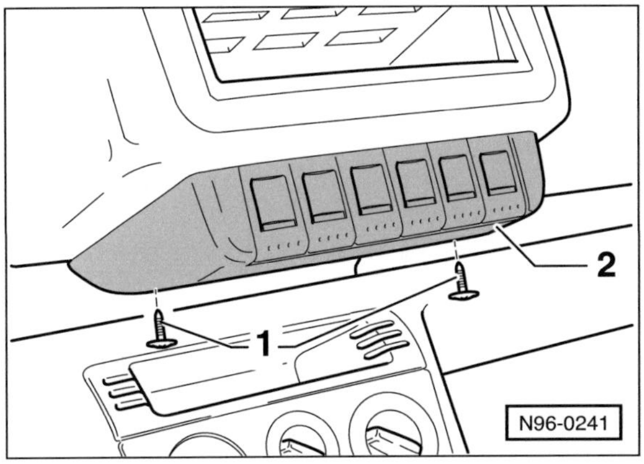

- **LUPO:** Schrauben –1– herausschrauben und Schalterkonsole –2– nach unten abnehmen.

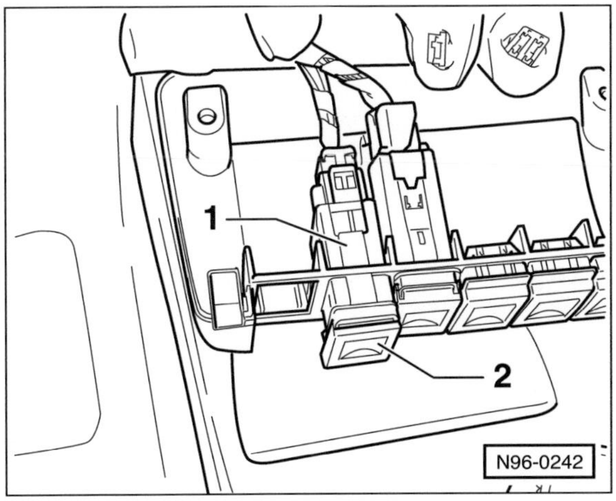

- Haltefeder –1– herunterdrücken und Schalter –2– aus der Konsole herausschieben.
- Steckverbindung für Schalter abziehen.

Einbau

- Anschlusskabel etwas herausziehen und Stecker am Schalter aufschieben.
- Schalter in die Konsole hineindrücken. Die Haltefeder muss einrasten.
- **LUPO:** Schalterkonsole ansetzen und mit 2 Schrauben an der Armaturentafel anschrauben.

Speziell LUPO ab 5/00

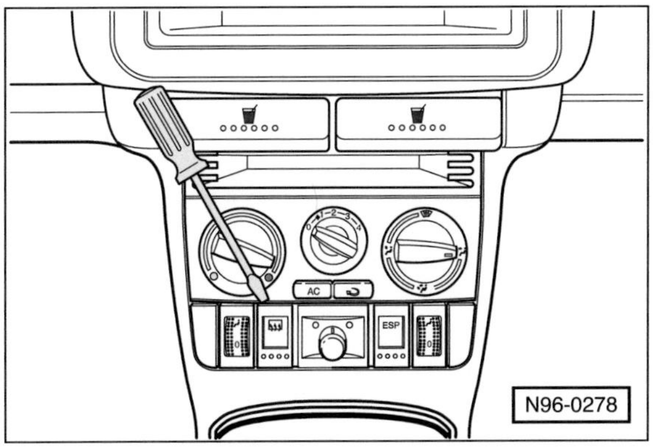

- Schlitzschraubendreher zwischen Armaturenbrett und Schalter ansetzen, Schalter vorsichtig lösen und herausziehen.

Speziell Warnlichtschalter ab 5/00

- Staufach links und rechts ausclipsen und herausnehmen.
- Radio ausbauen, siehe Seite 101.

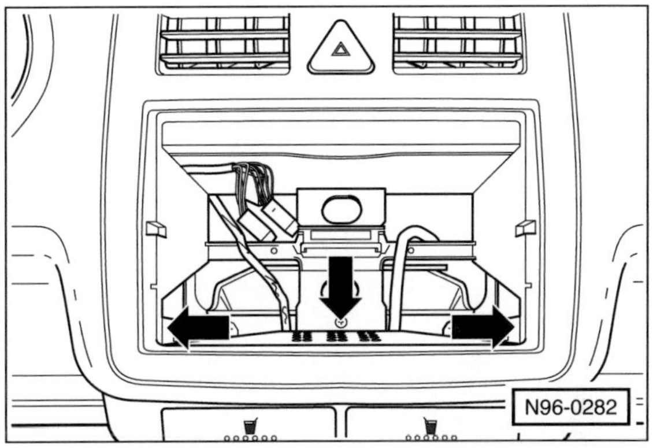

- Torxschrauben –Pfeile– herausdrehen und Mittelteil der Armaturentafel nach oben schwenken.

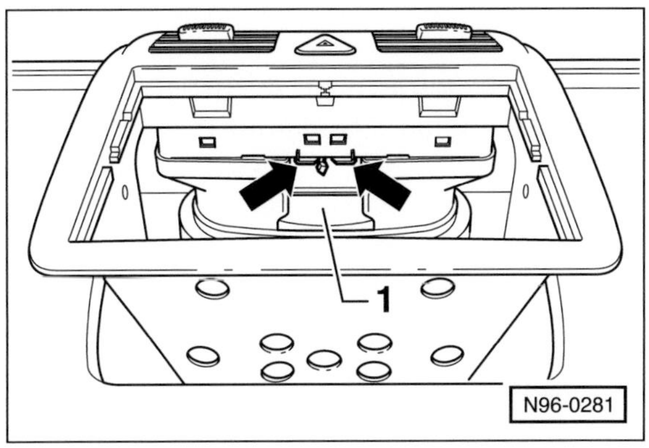

- Stecker –1– vom Warnblinkschalter abziehen.
- Federklammern an den Rastnasen –Pfeile– nach unten drücken und Warnblinkschalter nach hinten herausdrücken.

Schalter in der Armaturentafel aus- und einbauen

AROSA

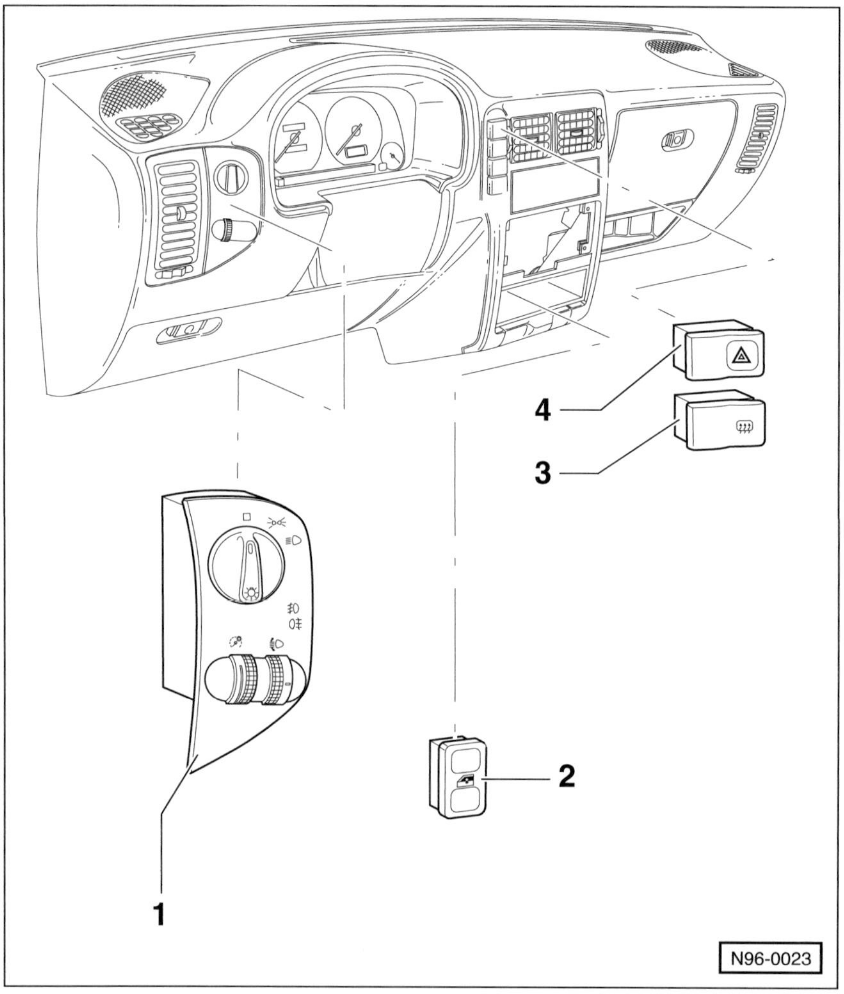

1 – Lichtschalter
Mehrfachschalter für Stand- und Fahrlicht, Nebelscheinwerfer und Nebelschlussleuchte. Sowie Schalter für elektrische Leuchtweitenregulierung und Regler für Schalter und Instrumentenbeleuchtung.

2 – Schalter für Faltschiebedach

3 – Schalter für beheizbare Heckscheibe

4 – Warnlichtschalter

Hinweis: Die Schalter –2–, –3– und –4– werden auf dieselbe Weise aus- und eingebaut. Beispielhaft wird der Aus- und Einbau des Schalters für die heizbare Heckscheibe beschrieben.

Lichtschalter aus- und einbauen

Ausbau

- Ablage-Fahrerseite ausbauen, siehe Seite 255.
- Haltefeder unten am Lichtschalter von hinten durch hochdrücken lösen.
- Lichtschalter aus der Armaturentafel herausziehen.
- Steckverbindungen abziehen und Lichtschalter abnehmen.

Einbau

- Steckverbindungen am Lichtschalter einstecken.
- Lichtschalter in die Einbauöffnung in der Armaturentafel hineinstecken. Die Haltefeder muss einrasten.
- Ablage-Fahrerseite einbauen, siehe Seite 255.

Schalter für beheizbare Heckscheibe aus- und einbauen

Ausbau

- Schraubendreher an der rechten Seite des Schalters, zwischen Armaturentafel und Schalter ansetzen, und Schalter vorsichtig heraushebeln.
- Steckverbindung abziehen.

Einbau

- Steckverbindung aufschieben.
- Schalter in die Aufnahme in der Armaturentafel eindrücken und einrasten.

Schalter für Fensterheber, vorn links, mit Schalter für Innenverriegelung aus- und einbauen

Ausbau

N96-0025

- Kunststoffkeil oder Messerklinge zwischen Türverkleidung und Schalter ansetzen und Verrastung der Haltelasche links vorsichtig lösen.

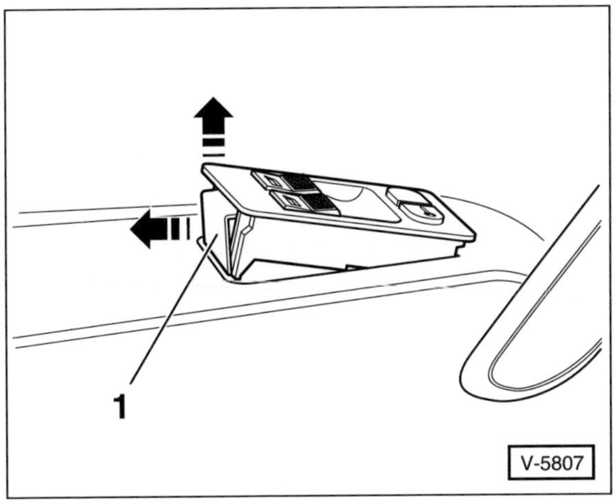

V-5807

- Linke Seite des Schalters etwas nach oben schwenken. 1 – Haltelasche.
- Mit der Hand den Schalter gleichzeitig nach links und nach oben schieben –Pfeile– und vorsichtig aus dem Einbaurahmen lösen.
- Stecker vom Schalter abziehen.

Einbau

- Steckverbindungen am Schalter aufschieben.
- Schalter von links in den Einbaurahmen einführen, so dass sich die rechte Seite des Schalters (gegenüber der Haltelasche) in der Einbauöffnung befindet.
- Schalter ganz in die Einbauöffnung eindrücken. Die Haltelasche muss einrasten.

Radio aus- und einbauen

Das vom Werk eingebaute Radiogerät ist mit einer Einschubhalterung ausgestattet, die den schnellen Ein- und Ausbau des Radios ermöglicht. Allerdings gelingt das nur mit passenden Ausziehbügeln, die beim Kauf des Radios beigelegt oder im Fachhandel erhältlich sind.

Hinweis: Das VW-Radio »alpha« ist mit einer Anti-Diebstahl-Codierung ausgestattet. Diese verhindert die unbefugte Inbetriebnahme des Gerätes, wenn die Stromversorgung unterbrochen wurde. Die Stromversorgung wird beispielsweise unterbrochen beim Abklemmen der Batterie, beim Ausbau des Radios oder wenn die Radiosicherung durchgebrannt ist. Daher vor Abklemmen der Batterie oder Ausbau des Radios den Radiocode feststellen. Die individuelle Code-Nummer ist in der Radio-Bedienungsanleitung angegeben. Sie sollte nicht im Fahrzeug aufbewahrt werden.

Ist der Code nicht bekannt, kann nur die VW-Werkstatt das Autoradio wieder in Betrieb nehmen.

Bei den Radios »beta« und »gamma« wird beim Anklemmen der Batterie oder nach dem Anschließen des Radios an die Stromversorgung, der gespeicherte Radiocode vom Eigendiagnose-System des Kombiinstruments identifiziert. Der Radiocode muss nicht neu eingegeben werden. Ausnahme: Wenn das Radio »beta« oder »gamma« in ein anderes Fahrzeug eingebaut wird oder wenn beispielsweise das Kombiinstrument ersetzt wird, muss beim ersten Einschalten zunächst der Radiocode eingegeben werden.

Ausbau

- Batterie-Massekabel (–) bei ausgeschalteter Zündung abklemmen. **Achtung:** Dadurch werden elektronische Speicher gelöscht, wie zum Beispiel bei bestimmten Radios der Radiocode. Ohne Code kann das Radio nicht mehr in Betrieb genommen werden. Deshalb Hinweise im Kapitel »Batterie aus- und einbauen« durchlesen.

LUPO/LUPO 3L

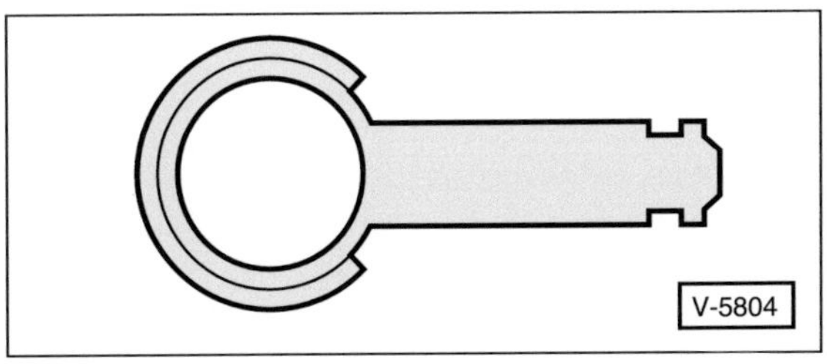

V-5804

Für den Ausbau des ab Werk eingebauten Radios werden die beiden Entriegelungswerkzeuge 3316 benötigt.

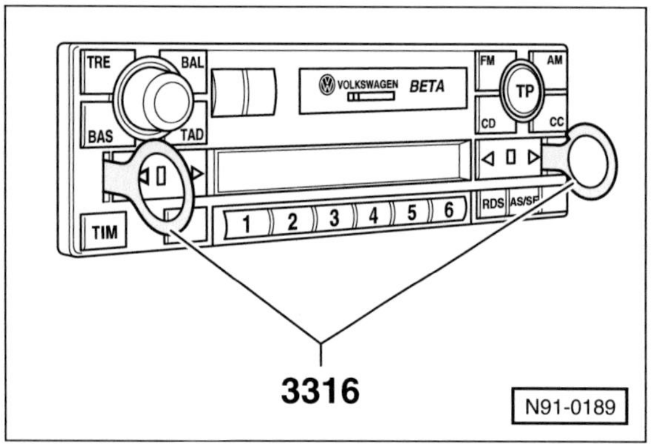

- Entriegelungswerkzeug 3316 in die Entriegelungsschlitze wie dargestellt einstecken, bis sie einrasten.
- Radio an den Grifffösen der Werkzeuge 3316 aus der Armaturentafel herausziehen.

Achtung: Die Entriegelungswerkzeuge dürfen dabei nicht zur Seite gedrückt oder verkantet werden.

AROSA

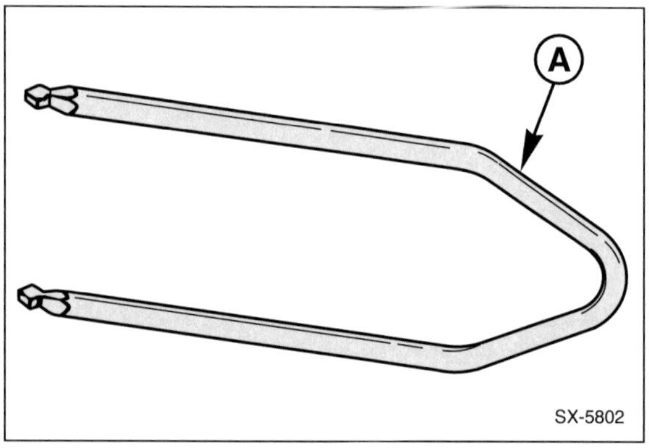

- Beide Ausziehbügel –A– links und rechts in die Öffnungen der Frontplatte einführen.

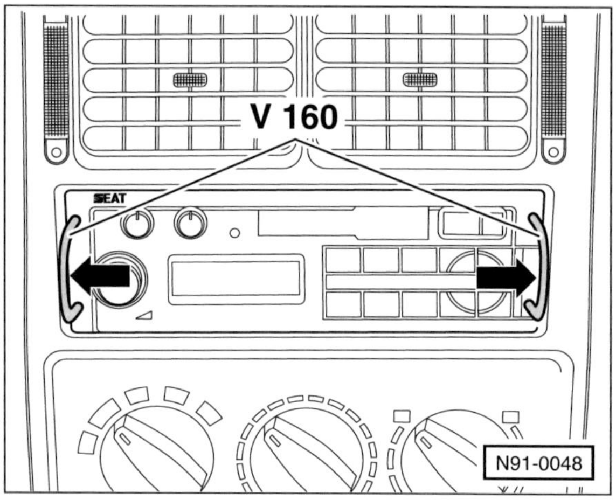

- Radio gleichmäßig herausziehen, dabei gleichzeitig Entriegelungsbügel –A– nach außen drücken. Radio beim Herausziehen nicht verkanten.

- Steckverbindungen für Lautsprecher und Antenne herausziehen, Mehrfachsteckverbindung für Stromversorgung abziehen. Falls das Radio nicht mit den serienmäßigen Mehrfachsteckern angeschlossen ist, Kabel vor dem Abziehen kennzeichnen, damit sie beim Einbau nicht vertauscht werden.
- Beide Entriegelungswerkzeuge herausziehen. Dazu beim VW-Radio die seitlichen Rastnasen am Radio nach innen drücken.

Einbau

- Elektrische Anschlüsse an der Rückseite des Radiogerätes anbringen.
- Radio in die Armaturentafel eindrücken, bis die Haltefedern einrasten.
- Batterie-Massekabel (–) anklemmen.
- Radio einschalten und Funktion überprüfen. Falls das Radio »alpha« mit Anti-Diebstahl-Codierung eingebaut ist, Radiocode eingeben.
- Zeituhr stellen und gegebenenfalls Hoch-/Tieflaufautomatik für elektrische Fensterheber aktivieren, siehe Kapitel »Batterie aus- und einbauen«.

Hinweise für den nachträglichen Radioeinbau

- Für werksfremde Radiogeräte ist ein Adapterkabel vom Fahrzeughersteller erhältlich.

Achtung: Wird das Adapterkabel nicht verwendet, unbedingt darauf achten, dass keine unisolierten Kabel frei herumliegen. Ein sonst möglicher Kurzschluss kann zu einem Kabelbrand führen.

- Darauf achten, dass nur typgeprüfte Entstörsätze (mit allgemeiner Betriebserlaubnis, ABE) verwendet werden, sonst kann die Zulassung des Fahrzeuges erlöschen. Im Handel gibt es speziell auf den LUPO/AROSA abgestimmte Entstörsätze mit Einbauanleitung.

- Radio mit GALA-Funktion (GALA = **G**eschwindigkeits**a**bhängige **L**autstärken**a**npassung):
Bei Anschluss der Leitung für das Geschwindigkeitssignal ist unbedingt darauf zu achten, dass dieses nicht kurzgeschlossen wird, da sonst Fehlfunktionen im Fahrzeug (zum Beispiel bei der Motorsteuerung) auftreten können. Auch der Anschluss des Geschwindigkeitssignals an fremde Radiofabrikate kann zu Störungen am Fahrzeug führen.

Radio-Codierung eingeben

Gilt nur für VW-Radio »alpha« mit Codierung

Ein Radio mit Codierung ist am roten Schlüssel-Symbol auf der Frontblende erkennbar. Wenn, bei abgezogenem Zündschlüssel, die rote Leuchtdiode auf der Frontseite des Radios blinkt, dann ist die Radio-Codierung aktiviert und das Radio betriebsbereit.

Die Anti-Diebstahl-Codierung verhindert die unbefugte Inbetriebnahme des Gerätes, wenn die Stromversorgung unterbrochen wurde. Die Stromversorgung wird beispielsweise unterbrochen beim Abklemmen der Batterie, beim Ausbau des Radios oder wenn die Radiosicherung durchgebrannt ist.

Falls das Radio codiert ist, Radiocode vor Abklemmen der Batterie oder Ausbau des Radios feststellen. Ist der Code nicht bekannt, kann nur die VW-Werkstatt das Autoradio wieder in Betrieb nehmen.

Die individuelle Code-Nummer ist in der Radio-Bedienungsanleitung angegeben. Sie sollte nicht im Fahrzeug aufbewahrt werden.

Elektronische Sperre aufheben

- Radio einschalten.
- Die Tasten »TP« und »TA« **gleichzeitig** so lange drücken, bis in der Radioanzeige »1000« erscheint. Tasten loslassen.
- Mit Hilfe der Stationstasten 1 bis 4 die geheime Code-Nummer eingeben.
Dabei wird mit Taste 1 die erste Stelle der Code-Nummer eingegeben, mit Taste 2 die zweite Stelle usw.
- Taste so oft drücken, bis die entsprechende Code-Ziffer eingegeben ist.
- Nach Eingabe der vollständigen Code-Nummer die Tasten »TP« und »TA« gleichzeitig so lange drücken, bis in der Radioanzeige »SAFE« erscheint. Tasten loslassen. Das Gerät ist jetzt wieder betriebsbereit. Im Display wird automatisch eine Frequenz angezeigt.
- Ist die Code-Nummer richtig in das Radiogerät eingegeben worden, muss bei abgezogenem Zündschlüssel die Leuchtdiode neben dem Gerätenamen blinken.

Achtung: Wird versehentlich eine falsche Code-Nummer eingegeben, erscheint in der Anzeige »SAFE« zunächst blinkend und dann dauernd. Jetzt kann der gesamte Vorgang **einmal** wiederholt werden. Wird erneut eine falsche Code-Nummer eingegeben, ist das Radio für ca. 1 Stunde gesperrt, es kann nicht in Betrieb genommen werden. Nach Ablauf von 1 Stunde – das Gerät muss dabei eingeschaltet bleiben – kann die elektronische Sperre wieder aufgehoben werden. Dieser Zyklus gilt für alle weiteren Versuche.

Fahrzeuge mit VW-Radio »beta«- und »gamma«

Das Radio ist nach dem Anschließen an die Stromversorgung ohne Eingabe des Diebstahlcodes betriebsbereit. Voraussetzung ist, dass die Erstaktivierung der Diebstahlsicherung erfolgt ist und dass das Radio im gleichen Fahrzeug wieder angeschlossen wird.

Nach Anschließen des Radios an die Versorgungsspannung erfolgt automatisch ein Datenaustausch zwischen dem Radio und dem Instrumenteneinsatz. Dabei wird ein bei der Erstaktivierung der Diebstahlsicherung abgespeicherter Zahlencode verglichen. Bei Übereinstimmung ist das Radio betriebsbereit.

Das Radio wird gesperrt, wenn es in ein anderes Fahrzeug eingebaut wird, oder wenn der Instrumenteneinsatz gewechselt wird. In diesem Fall muss durch Eingabe des Radiocodes die Sperre aufgehoben werden.

Elektronische Sperre aufheben

- Radio einschalten. Das Gerät zeigt automatisch »SAFE« und anschließend »1000« an. Es brauchen hierfür keine Tasten gedrückt zu werden.
- Mit Hilfe der Stationstasten 1 bis 4 die geheime Code-Nummer eingeben.
Dabei wird mit Taste 1 die erste Stelle der Code-Nummer eingegeben, mit Taste 2 die zweite Stelle usw.
Taste so oft drücken, bis die entsprechende Code-Ziffer eingegeben ist.
- Nach Eingabe der vollständigen Code-Nummer die linke oder rechte Wippe des Radiogeräts nach rechts drücken und festhalten, bis die Diebstahlsicherung aktiviert ist. Dies wird durch einen kurzen Quittungston angezeigt.
- Ist die Code-Nummer richtig in das Radiogerät eingegeben worden, muss bei abgezogenem Zündschlüssel die Leuchtdiode neben dem Gerätenamen blinken.

Lautsprecher aus- und einbauen

Hochtonlautsprecher

LUPO/LUPO 3L

Ausbau

- Hochtonlautsprecher rechts und links aus der Armaturentafel mit einem Schraubendreher vorsichtig heraushebeln.
- Steckverbindung abziehen und Hochtonlautsprecher abnehmen.

Einbau

- Steckverbindung einstecken und Hochtonlautsprecher in die Einbauöffnung in der Armaturentafel eindrücken.

AROSA

Ausbau

Hinweis: Die Hochtonlautsprecher sind durch eine Klebefolie im Lautsprecherausschnitt der Armaturentafel gesichert.

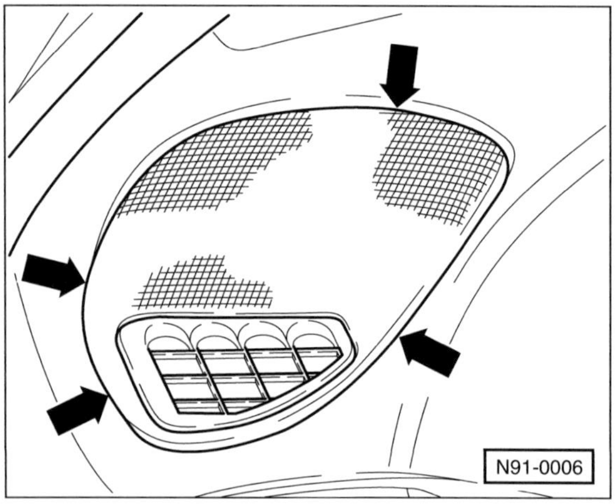
N91-0006

- Lautsprecherabdeckung mit Schraubendreher vorsichtig heraushebeln –Pfeile–.
- Grundplatte mit Lautsprecher aushebeln.
- Steckverbindung abziehen und Hochtonlautsprecher abnehmen.

Einbau

- Steckverbindung einstecken und Hochtonlautsprecher in die Einbauöffnung in der Armaturentafel eindrücken.

Tieftonlautsprecher

Ausbau

- **LUPO/LUPO 3L:** Innenverkleidung für Tür ausbauen, siehe Seite 288.

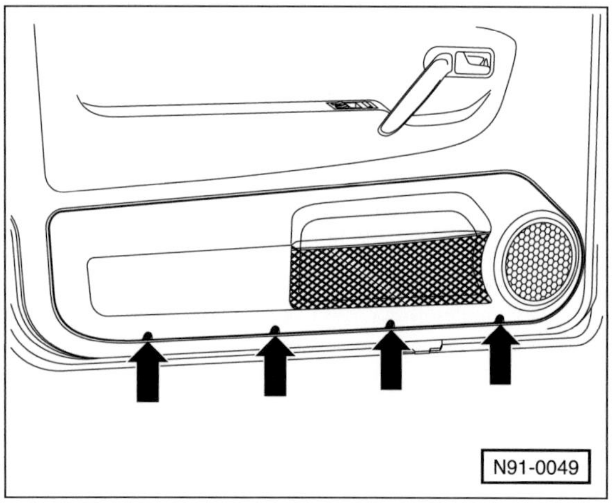
N91-0049

- **AROSA:** 4 Kreuzschlitzschrauben –Pfeile– unten am Ablagefach herausdrehen.

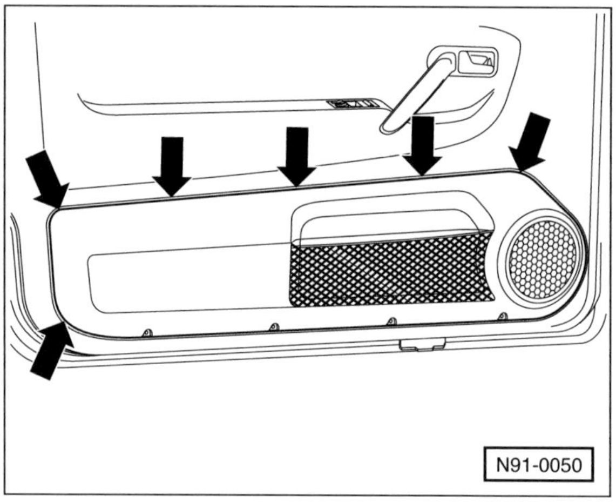
N91-0050

- **AROSA:** Ablagefach vorsichtig ausclipsen –Pfeile–.

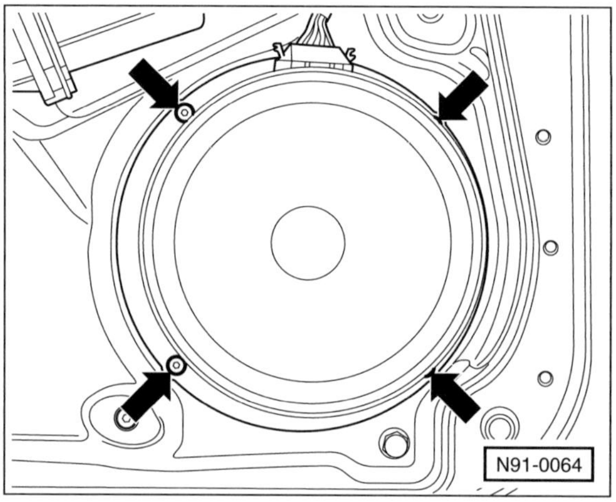
N91-0064

- Steckverbindung am Lautsprecher abziehen.
- Nieten –Pfeile– mit einem geeigneten Bohrer aufbohren und Lautsprecher herausnehmen.

Achtung: Alle Bohrspäne müssen restlos aus der Tür entfernt werden, sonst kann es zu Korrosion kommen. Lackschäden, die durch das Ausbohren der Nieten entstanden sind, müssen sofort beseitigt werden.

Einbau

- Lautsprecher mit handelsüblichen Blindnieten passender Länge und richtigen Durchmessers befestigen. Dazu wird eine spezielle Nietzange benötigt, zum Beispiel HAZET 1963. Der Lautsprecheranschluss muss im eingebauten Zustand oben liegen.
- Steckverbindung am Lautsprecher aufstecken.
- **LUPO/LUPO 3L:** Innenverkleidung für Tür einbauen, siehe Seite 288.
- **AROSA:** Ablagefach ansetzen, einclipsen und anschrauben.

Dachantenne aus- und einbauen

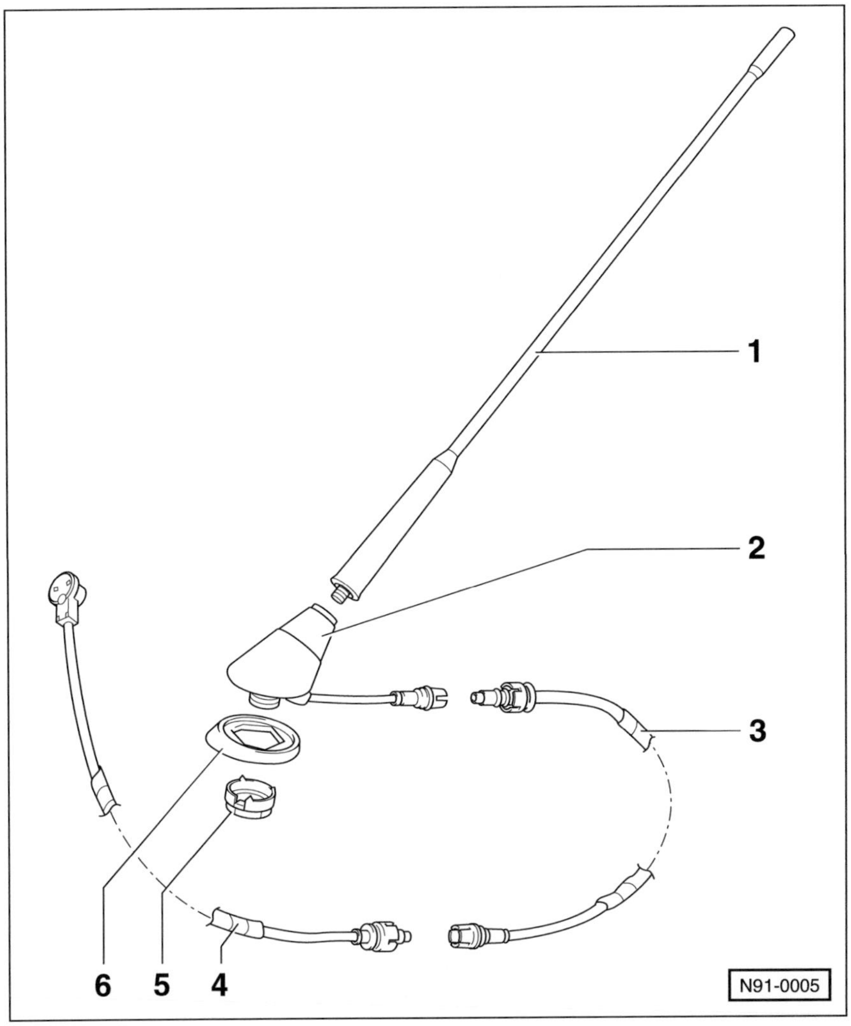

1 – Antennenstab

2 – Antennenfuß
Mit eingebautem Verstärker. Zum ausbauen den Dachhimmel hinten absenken.

3 – Antennenleitung
Wird durch die linke A-Säule (linker Holm der Windschutzscheibe) hinter die Armaturentafel geführt.

4 – Antennenleitung
Von Leitung –3– hinter Armaturentafel zum Radio.

5 – Sechskantmutter
Mit Zahnscheibe durch Kunststoffring verbunden. Im Bereich der Zahnscheibe zur besseren Masseverbindung Kontaktfett auf der Dachinnenseite auftragen.

6 – Dichtung

Entstörmaßnahmen

Der überwiegende Teil der elektrischen Verbraucher im Fahrzeug ist serienmäßig für den Radiobetrieb nahentstört.

Bei Fahrzeugen mit Radio, beziehungsweise Radiovorbereitung sind zusätzlich folgende Bauteile entstört:

- ◆ Lüfter für Kühlmittel
- ◆ Scheibenwischermotor
- ◆ Heckscheibenwischermotor

Zusätzliche Masseverbindungen bei Fahrzeugen mit Radio beziehungsweise Radiovorbereitung:

- ◆ Masseband vom linken Radhaus zur Motorhaube

Für den Radioempfang wird serienmäßig eine Dachantenne mit elektronischem Verstärker verwendet. Der Antennenverstärker sitzt im Antennenfuß. Nachträglich kann auch eine herkömmliche Stabantenne eingebaut werden. Nachfolgend einige Hinweise zum Aus- und Einbau der Dachantenne.

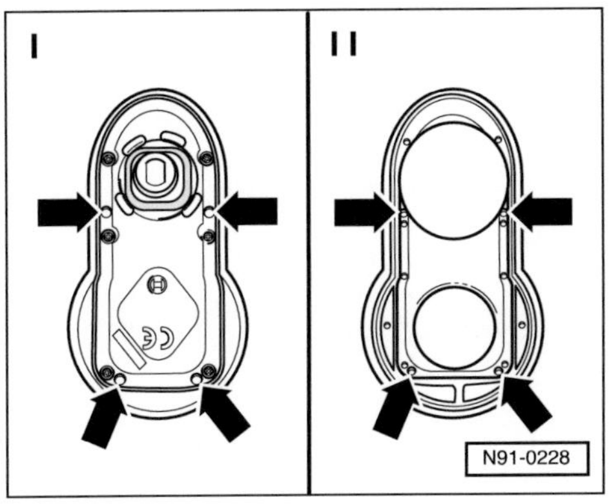

- In der Dichtung des Antennenfußes sind 4 Aussparungen eingearbeitet –Pfeile in Teil I der Abbildung–.

- Beim Zusammenbau darauf achten, dass diese Aussparungen genau in die entsprechenden Zapfen des Antennenfußes gelegt werden –Pfeile in Teil II der Abbildung–.

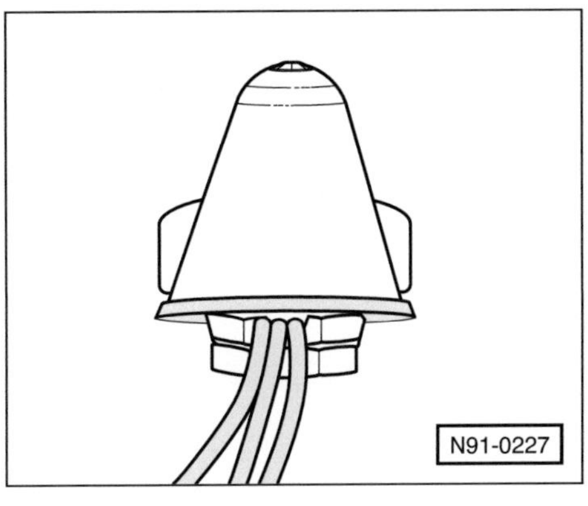

- Bei der Montage der Antenne darauf achten, dass die Antennenleitungen durch die Nut in der Befestigungsmutter verlegt werden, siehe Abbildung.

Heizung

Aus dem Inhalt:

- **Frischluftgebläse**
- **Vorwiderstand**
- **Heizungsregulierung**
- **Wärmetauscher**
- **Heizungszüge**
- **Luftausströmer**

Die Frischluft für die Heizung kann durch einen Pollenfilter gereinigt werden. Sie durchströmt das Heizungsgehäuse und wird durch verschiedene Klappen auf die Luftaustrittsdüsen verteilt.

Wird die Heizung auf »warm« gestellt, so wird die kühle Luft durch den Wärmetauscher geleitet. Der Wärmetauscher befindet sich im Heizungsgehäuse und wird durch das heiße Kühlmittel aufgeheizt. Die vorbeistreichende Frischluft erwärmt sich an den heißen Lamellen des Wärmetauschers und gelangt dann in den Fahrzeuginnenraum.

Die Heizung wird luftseitig beeinflusst, das heißt, die Temperatur wird durch das Mischungsverhältnis von kalter und warmer Luft mit Hilfe der Temperaturmischklappe gesteuert.

Die verbrauchte Luft entweicht durch Entlüftungsöffnungen, die sich beidseitig unter dem hinteren Stoßfänger befinden.

Ein vierstufiges Frischluftgebläse dient zur Erhöhung des Luftdurchsatzes. Damit das Gebläse in den 4 Stufen mit unterschiedlichen Geschwindigkeiten läuft, werden Widerstände vorgeschaltet. Die Widerstände befinden sich beim LUPO und

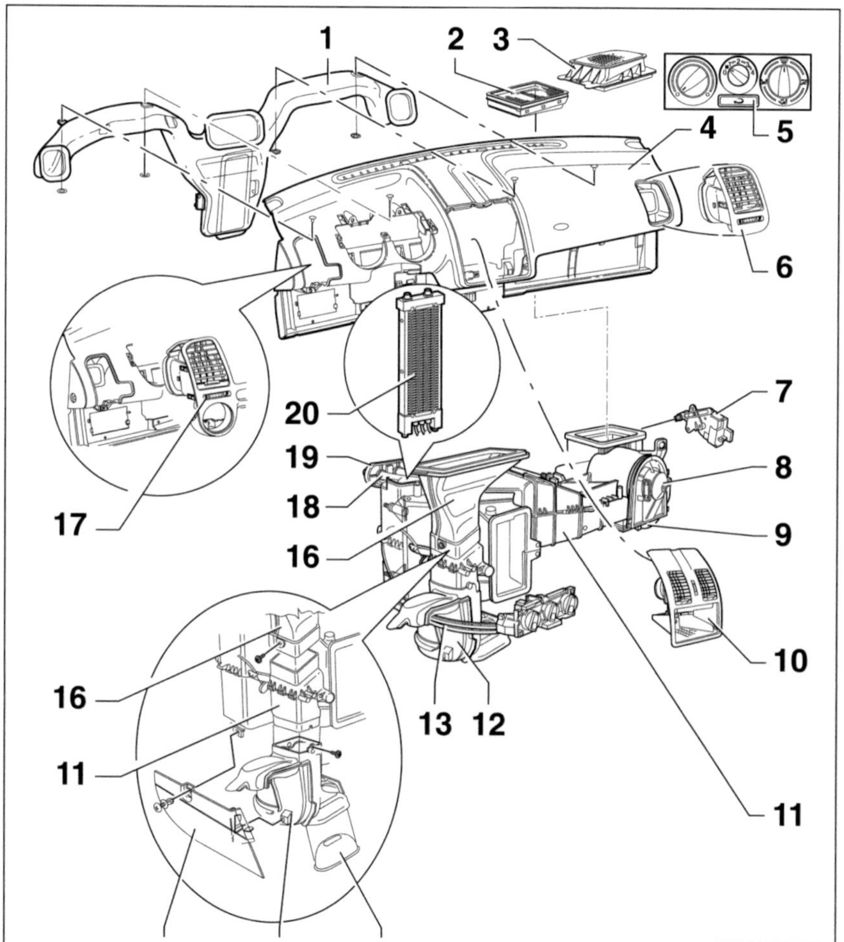

LUPO

1 – **Luftführung**

2 – **Staub- und Pollenfilter**
Im Wasserkasten.
Mit Aktivkohlefilter.

3 – **Laubgitter**

4 – **Armaturentafel**

5 – **Regulierung für Heizluft und Frischluft**
Mit Schalter für Frischluftgebläse und für Frischluft-/Umluftklappe.

6 – **Ausströmer Beifahrerseite**

7 – **Stellmotor für Frischluft-/Umluftklappe**

8 – **Frischluftgebläse**

9 – **Vorwiderstand für Frischluftgebläse mit Überhitzungssicherung**
Bei Defekten, komplett ersetzen.

10 – **Mittenausströmer**

11 – **Heizgerät**

12 – **Fußraumausströmer**

13 – **Züge**

14 – **Deckel**

15 – **Fußanlage**

16 – **Zwischenstück Defrost**

17 – **Ausströmer Fahrerseite**

18 – **Wärmetauscher**

19 – **Dichtung Wärmetauscher/Querwand**

20 – **Zusatz-Heizelement**
Nur bei Dieselmotor.

beim LUPO 3L in der Anschlussplatte unten am Gebläse. Bei einem Defekt ist die komplette Anschlussplatte zu ersetzen.

Soll keine Frischluft angesaugt werden, zum Beispiel bei schlechter Außenluft, kann bei manchen Fahrzeugmodellen durch Drücken der Umlufttaste auf Umluftbetrieb geschaltet werden. Es wird dann nur die Luft im Fahrzeuginnenraum umgewälzt. Der Schalter betätigt die Umluftklappe über einen kleinen Stellmotor.

Achtung: Reparaturen an der **Klimaanlage** werden nicht beschrieben. Arbeiten an der Klimaanlage sollten aus Sicherheitsgründen von einer Fachwerkstatt durchgeführt werden.

Sicherheitshinweis
Der **Kältemittelkreislauf der Klimaanlage darf nicht geöffnet** werden, da das Kältemittel bei Hautberührung Erfrierungen hervorrufen kann.
Bei versehentlichem Hautkontakt sofort mindestens 15 Minuten lang mit kaltem Wasser spülen. Kältemittel ist farb- und geruchlos sowie schwerer als Luft. Bei austretendem Kältemittel besteht am Boden beziehungsweise in unteren Räumen Erstickungsgefahr (nicht wahrnehmbar).

Achtung: Wenn im Rahmen von Arbeiten an der Heizung auch Arbeiten an der elektrischen Anlage durchgeführt werden, **grundsätzlich** das Batterie-Massekabel (–) abklemmen. Dazu Hinweise im Kapitel »Batterie aus- und einbauen« durchlesen. Als Arbeit an der elektrischen Anlage ist dabei schon zu betrachten, wenn eine elektrische Leitung vom Anschluss abgezogen beziehungsweise abgeklemmt wird.

Hinweis für Fahrzeuge mit Klimaanlage

Der Kompressor der Klimaanlage wird durch das flüssige Kältemittel geschmiert. Beim Einschalten der Klimaanlage nach längerer Nichtbenutzung kann es zu Beeinträchtigungen der Schmierung des Kompressors kommen, da sich die Schmierstoffanteile im Kältemittel im Laufe der Zeit entmischen können. Außerdem können sich auf dem Verdampfer der Klimaanlage mit der Zeit Ablagerungen ansammeln, die beim Betrieb der Klimaanlage unangenehme Gerüche erzeugen.

- Klimaanlage auch in der kalten Jahreszeit mindestens einmal pro Monat auf höchster Stufe einige Zeit laufen lassen.

Hinweise zur Kennfeldkühlung

1,4-l-FSI-Motor (ARR)

An der Bedieneinheit für die Heizung ist zusätzlich ein Schalter für die Stellung der Temperaturklappe und ein Potentiometer für den Drehknopf der Temperaturvorwahl eingebaut.

Sobald sich der Temperaturdrehknopf am Anschlag in Stellung »kalt« befindet, schließt der Schalter über ein Zweiwege-Unterdruckventil das Kühlmittelabsperrventil und sperrt damit den Kühlmittelzufluss durch den Wärmetauscher.

Der Widerstand des Drehknopf-Potentiometers beträgt zwischen Kontakt 3 und 5 ca. 1000 Ω und zwischen Kontakt 4 und 3 oder 5, je nach Stellung des Drehreglers, zwischen 100 und 900 Ω.

Luftausströmer aus- und einbauen

Luftausströmer Fahrerseite

Ausbau

- Lichtschalter ausbauen, siehe Seite 100.

LUPO

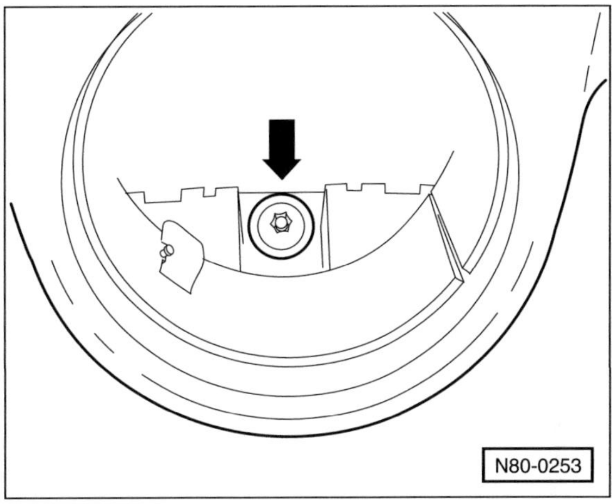

- Schraube –Pfeil– in der Öffnung für Lichtschalter herausdrehen.

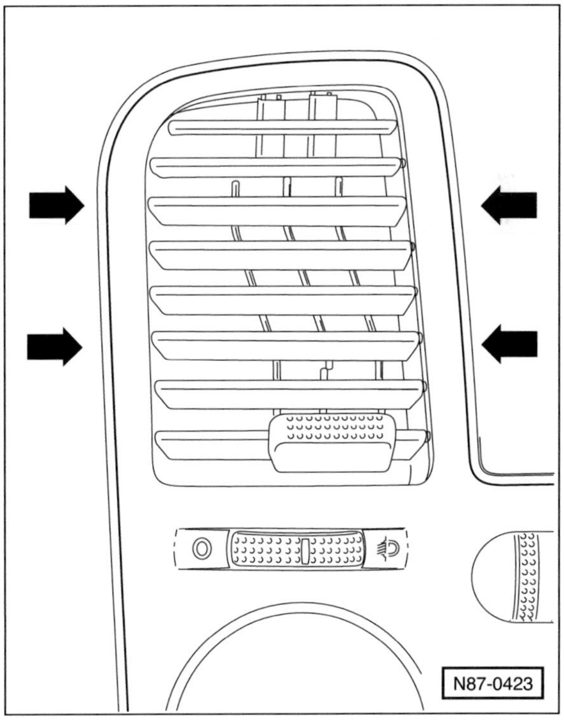

- Luftausströmer mit geeignetem Schraubendreher ausclipsen –Pfeile–. Lappen unterlegen, um die Armaturentafel nicht zu beschädigen.

AROSA

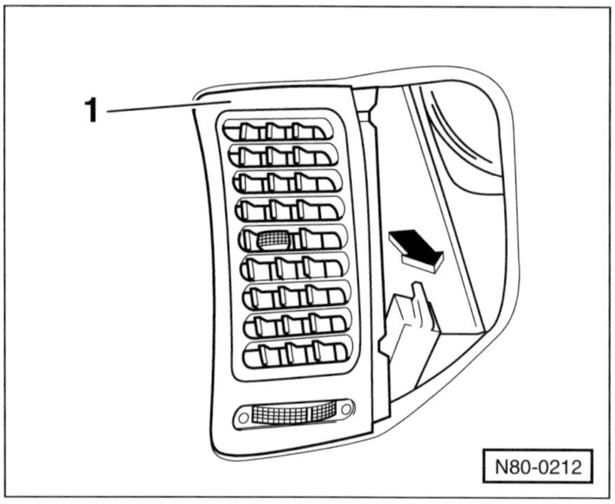

- Mit der Hand durch die Einbauöffnung des Lichtschalters greifen und den Ausströmer –1– nach vorne herausziehen.

- Steckverbindung für Leuchtweitenregulierung abziehen.
- Luftausströmer herausnehmen.

Einbau

- Steckverbindung aufschieben.
- Luftausströmer in die Einbauöffnung in der Armaturentafel einsetzen und hineindrücken bis er einrastet.
- **LUPO/LUPO 3L:** Schraube hineindrehen.
- Lichtschalter einbauen, siehe Seite 100.

Luftausströmer Beifahrerseite

Ausbau

LUPO/LUPO 3L

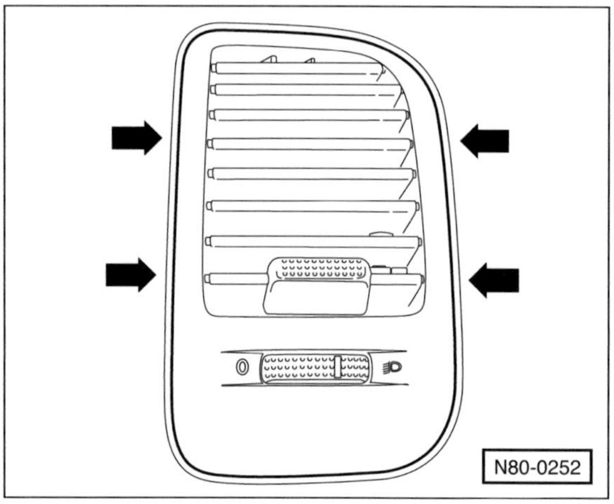

AROSA

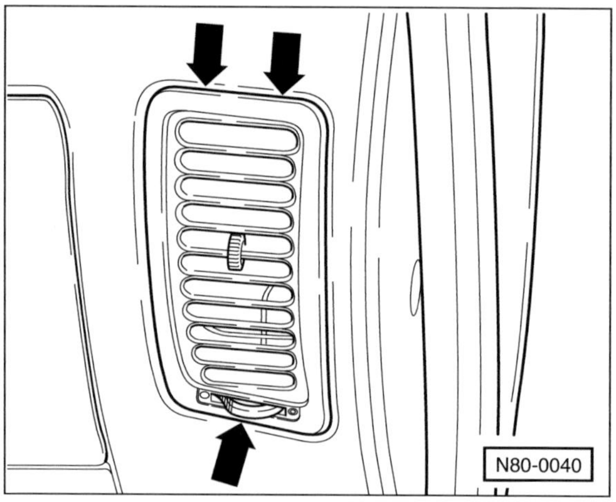

- Luftausströmer mit geeignetem Schraubendreher ausclipsen –Pfeile–. Lappen unterlegen, um die Armaturentafel nicht zu beschädigen.
- Luftausströmer herausnehmen.

Einbau

- Luftausströmer in die Einbauöffnung in der Armaturentafel einsetzen und hineindrücken bis er einrastet.

Lampe für Beleuchtung der Heizungsregulierung aus- und einbauen

Ausbau

- Blende mit einem Schraubendreher abclipsen, siehe Abbildung N80-0266 auf Seite 111.

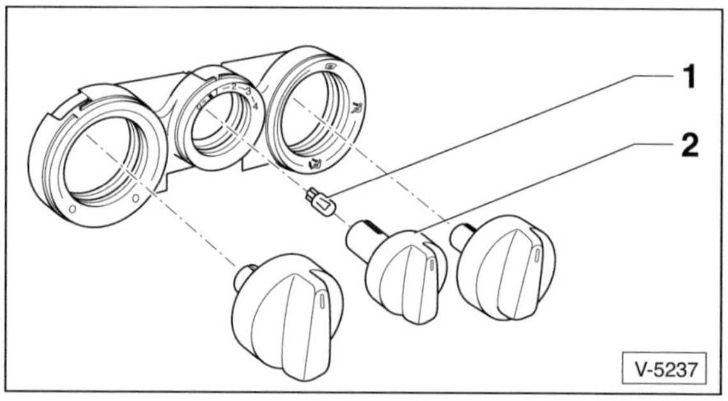

- Gebläseschalter –2– von Hand abziehen. Gegebenenfalls eine Flachzange mit Kunststoff- oder Gummibacken verwenden.
- Lampe –1– mit einem Stück Kraftstoff- oder Unterdruckschlauch herausziehen.

Einbau

- Neue Lampe (12 Volt/ 1,2 Watt) mit dem Stück Kraftstoff- oder Unterdruckschlauch einsetzen. **Hinweis:** Wird zum Einsetzen eine Spitzzange verwendet, besteht die Gefahr, dass damit die Lampe zerdrückt wird.
- Gebläseschalter aufschieben und Blende einclipsen.

Frischluftgebläse/Heizungsgehäuse/Wärmetauscher

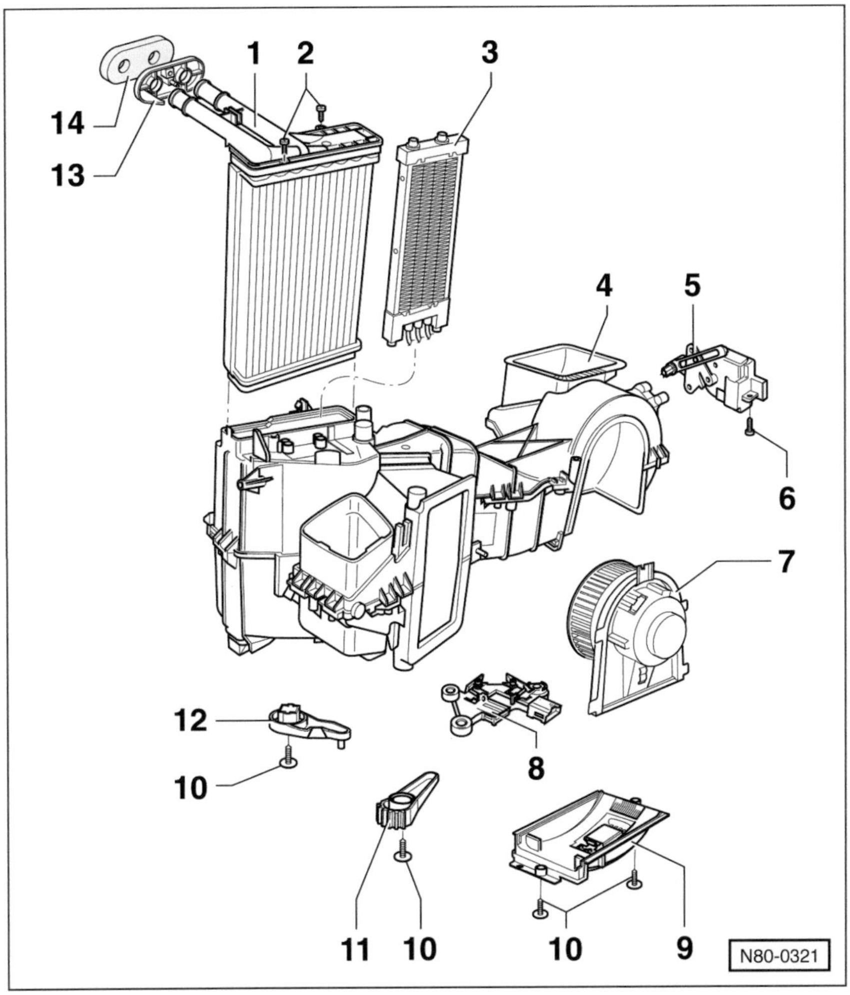

LUPO

1 – **Wärmetauscher**
Vor dem Ausbau muss das Kühlmittel komplett abgelassen werden.

2 – **Linsenblechschraube**
Nur erforderlich, wenn die Rastnasen des Wärmetauschers abgebrochen sind.

3 – **Zusatz-Heizungelement**
Nur bei Fahrzeugen mit Dieselmotor.

4 – **Heizungsgehäuse**
Darf nicht zerlegt werden.

5 – **Stellmotor für Frischluft-/Umluftklappe**

6 – **Linsenblechschraube**

7 – **Frischluftgebläse**

8 – **Kontaktschalter für Zusatz-Heizelement –3–**
Nur bei Fahrzeugen mit Dieselmotor.

9 – **Vorwiderstand**
Mit Überhitzungssicherung.

10 – **Linsenblechschraube**

11 – **Hebel für Zentralklappe**

12 – **Hebel für Temperaturklappe**

13 – **Grundplatte**

14 – **Dichtung Wärmetauscher/Querwand**
Die Dichtung hat eine Kerbe an der seitlichen Stirnfläche. Dichtung so ansetzen, dass die Kerbe mit der Markierung an der Grundplatte übereinstimmt.

Hebel für Zentralklappe einstellen

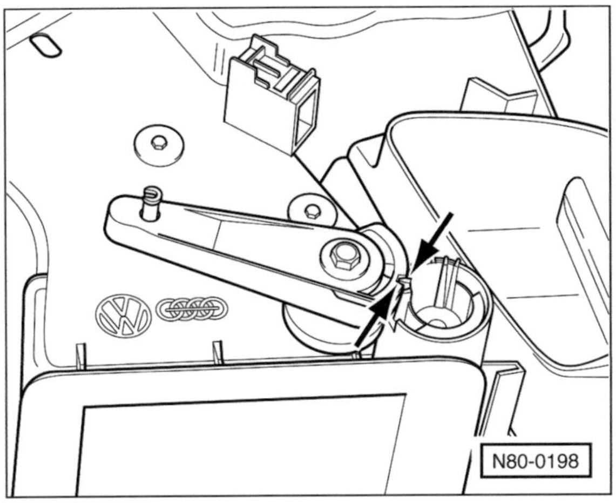

Einbauhinweis: Das Ritzel der Zentralklappe hat ein Einstellzeichen. Hebel –11– (Abbildung N80-0152) so ansetzen, dass sich die Markierungen auf dem Hebel und auf dem Ritzel –Pfeile– gegenüberstehen.

Frischluftgebläse/Vorwiderstand aus- und einbauen

LUPO

Ausbau

- Lenksäulenverkleidung ausbauen, siehe Seite 257.
- Mittelkonsole ausbauen, siehe Seite 250/251.
- Ablage-Beifahrerseite ausbauen, siehe Seite 254.
- Stecker vom Vorwiderstand –9– abziehen.
- Stecker vom Gebläse –6– abziehen.
- Vorwiderstand abschrauben –10– und herausnehmen.
- Gebläse nach unten herausziehen.

Einbau

- Gebläse einsetzen.
- Vorwiderstand einsetzen und anschrauben.
- Stecker für Gebläse und Vorwiderstand aufschieben.
- Ablage-Beifahrerseite einbauen, siehe Seite 254.
- Mittelkonsole einbauen, siehe Seite 250/251.
- Lenksäulenverkleidung einbauen, siehe Seite 257.

Heizungszüge aus- und einbauen/einstellen

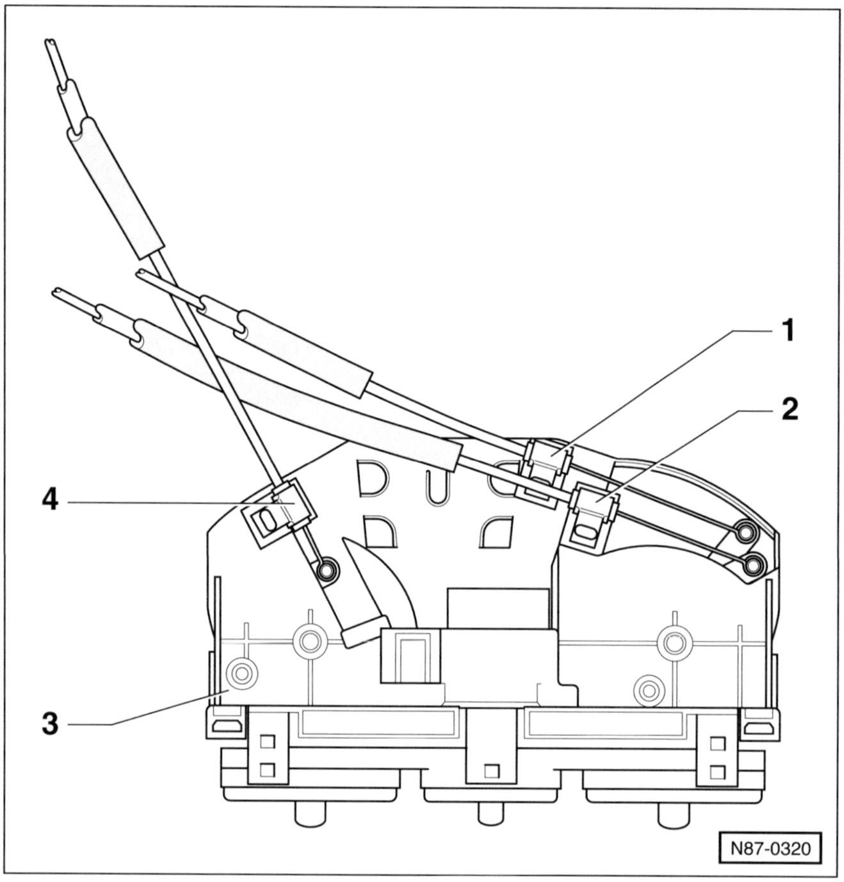

LUPO/LUPO 3L

1 – Zug für Zentralklappe
Vom Luftverteilungsdrehknopf zur Zentralklappe.
Kennzeichnung der Hüllenbefestigung = gelb.

2 – Zug für Klappe »Fußraum/Defrost«
Vom Luftverteilungsdrehknopf zur Klappe »Fußraum/Defrost«.
Kennzeichnung der Hüllenbefestigung = grün.

3 – Regulierung für Heizluft und Frischluft

4 – Zug für Temperaturklappe
Vom Temperaturdrehknopf zur Temperaturklappe.
Kennzeichnung der Hüllenbefestigung = beige.

Ausbau

- Heizungsregulierung ausbauen, siehe entsprechendes Kapitel.
- Zughüllen aus den Blech- oder Kunststoffklammern ausclipsen und von den Betätigungshebeln abziehen.

Einbau

- Heizungszüge zuerst an der ausgebauten Regulierung einhängen und einclipsen.
- Heizungszüge an den Betätigungshebeln am Heizungsgehäuse einhängen und einstellen.

Hinweis: Das Einstellen der Heizungszüge wird für den LUPO/LUPO 3L gezeigt. Beim AROSA werden die Heizungszüge prinzipiell auf die gleiche Weise eingestellt.

Zug an Temperaturklappe einstellen

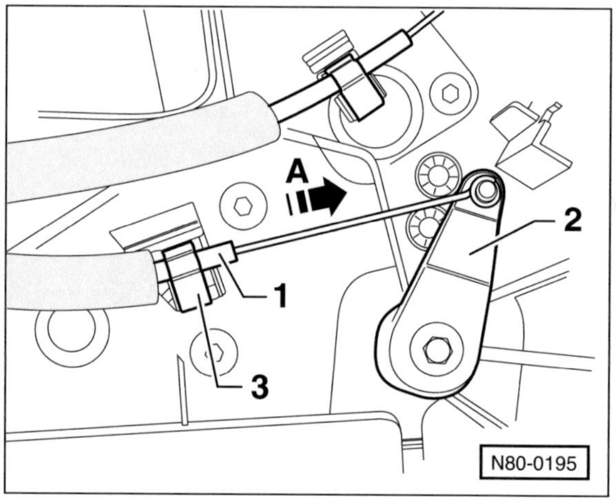

- Temperatur-Drehknopf bis zum Anschlag nach links drehen.
- Drahtende des Zuges –1– auf den Hebel der Temperaturklappe –2– aufstecken.

- Hebel der Temperaturklappe –2– bis zum Anschlag drücken –Pfeil A– und Hülle des Zuges –1– mit Klammer –3– befestigen.
- Temperatur-Drehknopf bis zum Anschlag nach links und rechts bis zum Anschlag drehen.

Zug an Klappe »Fußraum/Defrost« einstellen

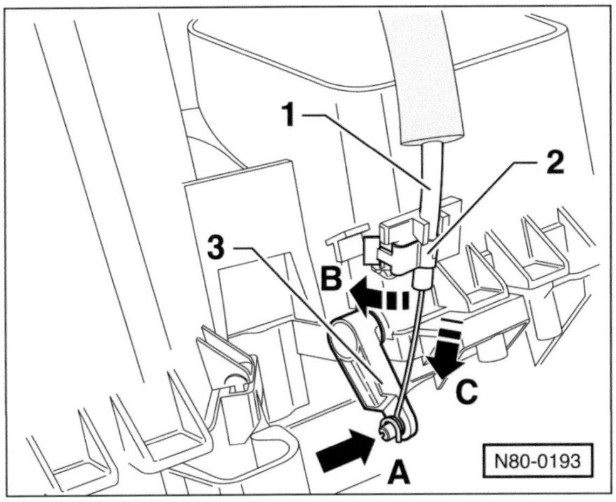

- Luftverteilungs-Drehknopf bis zum Anschlag nach links drehen.
- Drahtende des Zuges –1– auf den Hebel der Temperaturklappe –3– aufstecken –Pfeil A–.
- Hebel der Klappe »Fußraum/Defrost« bis zum Anschlag drücken –Pfeil C– und Hülle des Zuges –1– mit Klammer –2– einhängen und einclipsen –B–.
- Luftverteilungs-Drehknopf bis zum Anschlag nach links und rechts drehen. Dabei darauf achten, dass beide Endanschläge erreicht werden. Andernfalls Einstellung wiederholen.

Zug an Zentralklappe einstellen

Als Voraussetzung muss zuvor der Hebel der Zentralklappe richtig eingestellt werden, siehe Abbildung N80-0198.

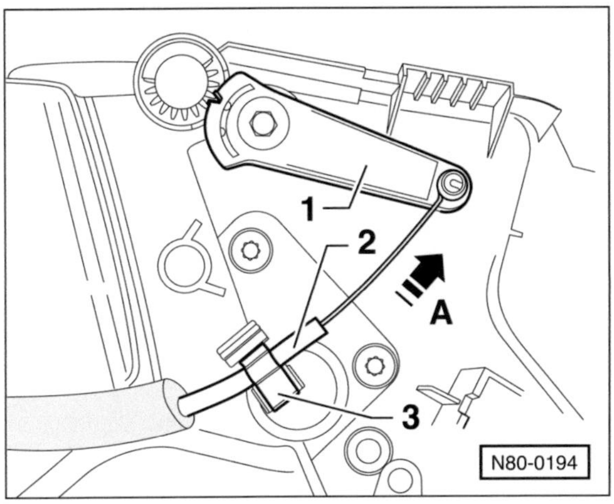

- Luftverteilungs-Drehknopf bis zum Anschlag nach links drehen.
- Drahtende des Zuges –2– auf den Hebel der Zentralklappe –1– aufstecken.
- Hebel der Klappe »Fußraum/Defrost« bis zum Anschlag drücken –Pfeil A– und Hülle des Zuges –2– mit Klammer –3– einclipsen.
- Luftverteilungs-Drehknopf bis zum Anschlag nach links und rechts drehen. Dabei darauf achten, dass beide Endanschläge erreicht werden. Andernfalls Einstellung wiederholen.

Regulierung für Heizluft und Frischluft aus- und einbauen

LUPO/LUPO 3L

Ausbau

Hinweis: Ausbau der Lampe für die Beleuchtung der Heizungsregulierung, siehe Seite 108.

Hinweis: Die Hüllen der Züge für die Regulierung sind farblich gekennzeichnet. Vor dem Ausbau gegebenenfalls die Einbaulage notieren.

- Die beiden Ablagen über und unter der Regulierung für Heizung mit einem Schraubendreher ausclipsen.

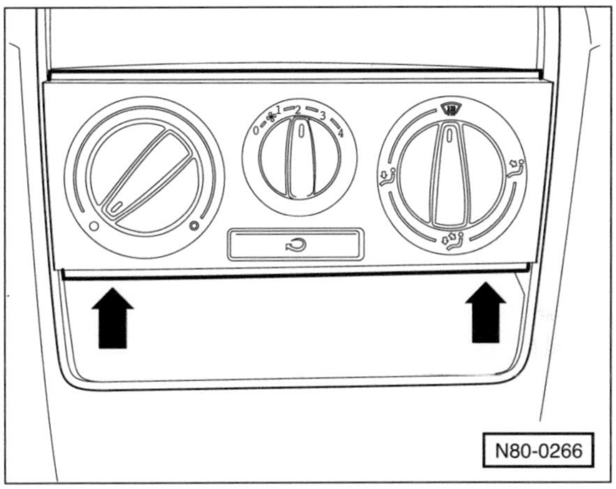

- Blende mit einem Schraubendreher abclipsen –Pfeile–.

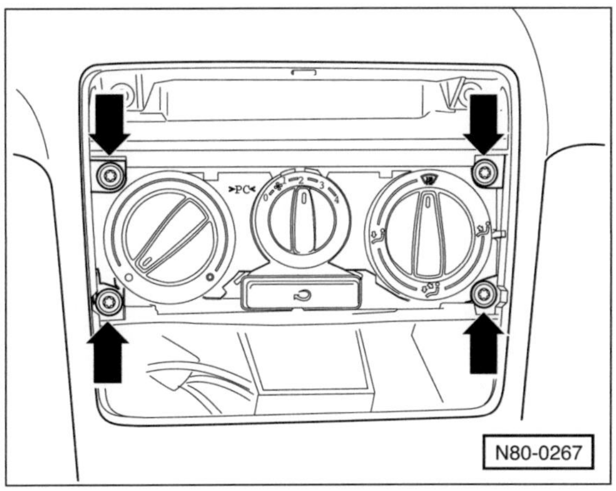

- Schrauben –Pfeile– herausdrehen.

- Untere Lenksäulenverkleidung ausbauen, siehe Seite 257.
- Mittelkonsole ausbauen, siehe Seite 250/251/253.

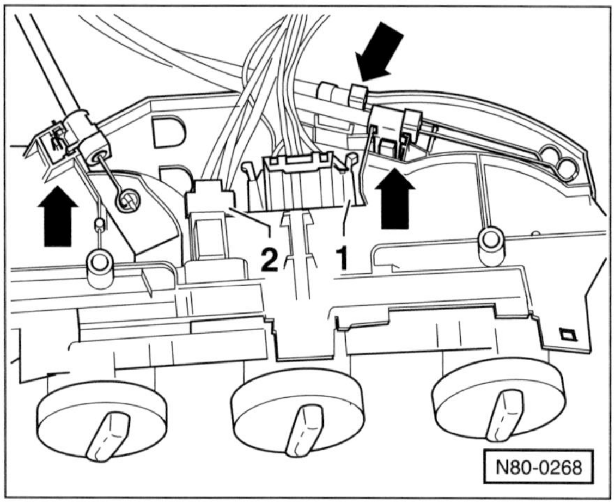

- Züge an der Regulierung lösen –Pfeile–.
- Steckverbindung –1– und –2– abziehen und Regulierung abnehmen.
- Funktion der Züge prüfen, dazu die Drahtenden der Züge in Längsrichtung von Hand hin und herschieben. Beschädigte oder schwergängige Züge ersetzen.

Einbau

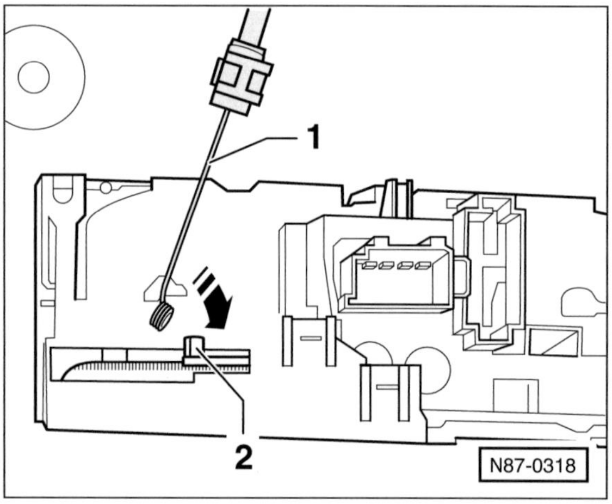

- Drahtenden der Züge –1– anwinkeln und auf den Hebel der Regulierung –2– aufdrücken. Darauf achten, dass die Züge auf die richtigen Hebel montiert werden. Markierungen beachten.

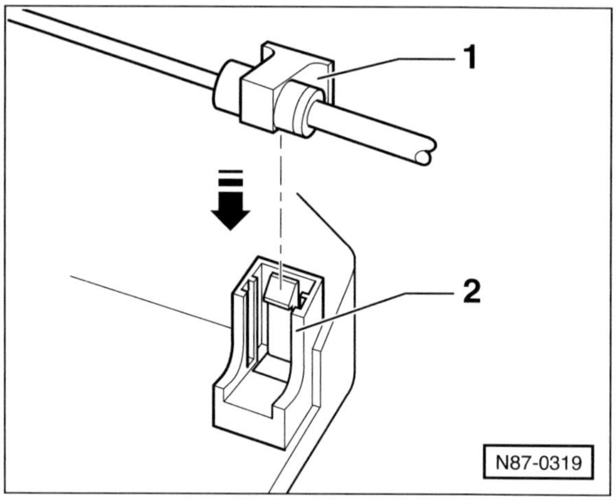

- Alle Züge an der Regulierung für Heizluft und Frischluft mit der Halterung –1– in die Rastierung –2– bis zum Einrasten eindrücken.
- Funktion prüfen: Beim Drehen der Regulierungsknöpfe bis zum Anschlag müssen alle Klappen hörbar anschlagen. Züge gegebenenfalls einstellen, siehe entsprechendes Kapitel.
- Steckverbindungen aufstecken und Regulierung für Heizluft und Frischluft in die Einbauöffnung einsetzen.
- Schrauben hineindrehen und Blende einclipsen.
- Ablagen über und unter der Regulierung für Heizluft und Frischluft einclipsen.

AROSA

Ausbau

- Radio ausbauen, siehe Seite 101.
- Mittelkonsole ausbauen, siehe Seite 253.

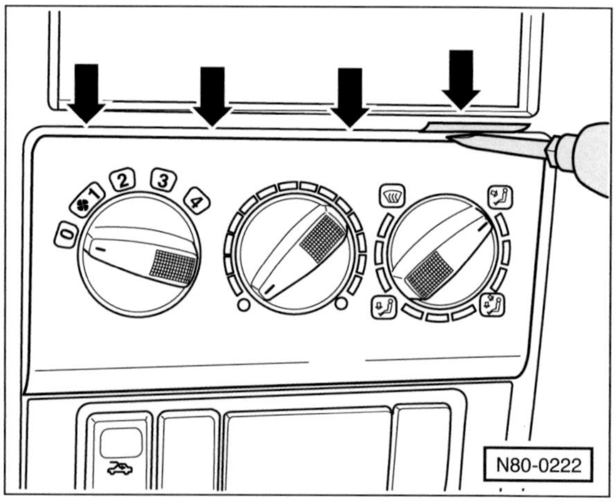

- Heizungsblende mit Schraubendreher und Unterlage an den Rastnasen –Pfeile– vorsichtig ausclipsen.

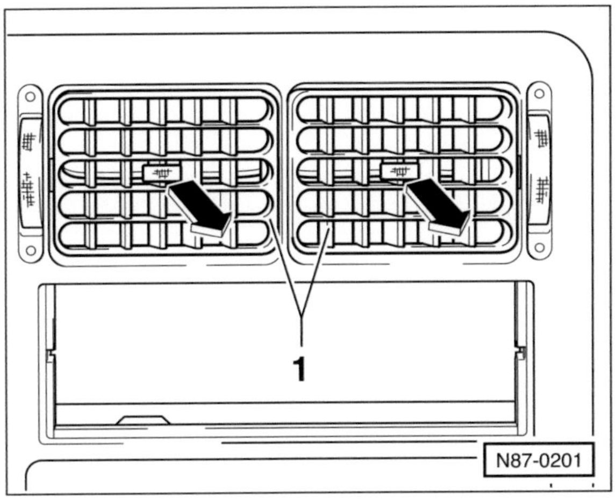

- Dreheinsätze –1– für Mittenausströmer mit Spitzzange vorsichtig herausziehen.

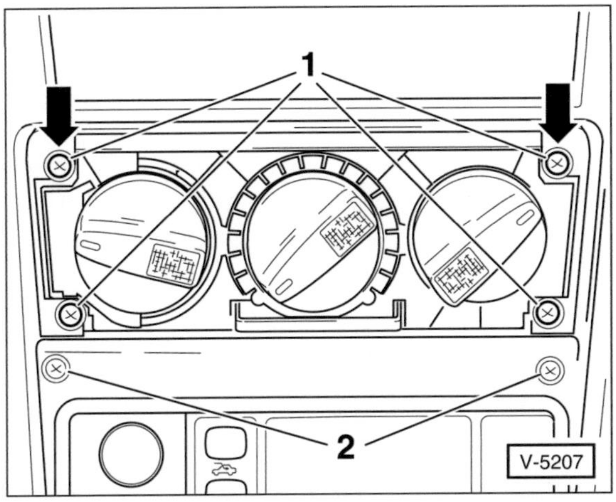

- Schrauben –1– herausdrehen und Regulierung für Heizluft und Frischluft aus der Führung der Armaturentafelblende drücken.
- Schrauben –2– herausdrehen und Blende nach vorne klappen.
- Steckverbindungen an den Schaltern für Zusatzausstattung abziehen.

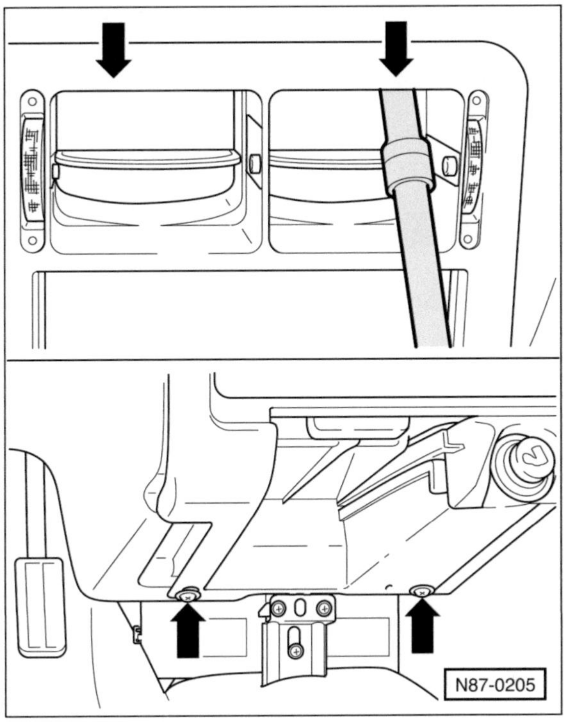

- Befestigungsschrauben –Pfeile– aus der Armaturentafelblende herausdrehen und Armaturentafelblende mit Mittenausströmer abnehmen.
- Regulierung mit angebauten Zügen nach vorne ziehen.
- Steckverbindungen abziehen.
- Züge an der Regulierung aushängen.
- Regulierung herausnehmen.

Einbau

- Züge an der Regulierung einhängen und einstellen, siehe entsprechendes Kapitel.
- Steckverbindungen einstecken und Regulierung einsetzen.
- Schalttafelblende mit Mittenausströmer ansetzen und festschrauben.
- Steckverbindungen an den Schaltern für Zusatzausstattung einstecken.
- Regulilerung in die Führungen der Armaturentafelblende einsetzen. Blende für Regulierung ansetzen und anschrauben.
- Äußere Blende ansetzen und einclipsen.
- Ausströmer ansetzen und durch hineindrücken einrasten.
- Mittelkonsole einbauen, siehe Seite 253.
- Radio einbauen, siehe Seite 101.

Vorderachse

Aus dem Inhalt:

- **Federbein**
- **Gelenkwelle**
- **Stoßdämpfer**
- **Achsgelenk**
- **Schraubenfeder**

Bei der Vorderachse des LUPO/AROSA sind Schraubenfeder und Stoßdämpfer zu jeweils einem Federbein zusammengefasst. Beide Federbeine sind mit der Karosserie und den Radlagergehäusen verschraubt. Geführt werden die beiden Radlagergehäuse von zwei Dreieckslenkern, die mit dem Aggregateträger verbunden sind. Der Aggregateträger ist über Gummimetalllager mit der Bodengruppe des Fahrzeuges verschraubt.

Der LUPO 3L verfügt über eine Leichtbau-Vorderachse, bei der Aggregateträger, Achslenker und Dämpfer aus Aluminium gefertigt sind. Auf das Fahrwerk des LUPO 3L/FSI/GTI kann nur eingeschränkt eingegangen werden, siehe auch Seite 127.

Die Übertragung der Motor-Antriebskraft erfolgt über zwei Gelenkwellen, die über jeweils zwei Gleichlaufgelenke mit den Rädern und dem Achsantrieb verbunden sind.

Optimale Fahreigenschaften und geringster Reifenverschleiß sind nur dann zu erzielen, wenn die Stellung der Räder einwandfrei ist. Bei unnormaler Reifenabnutzung sowie mangelhafter Straßenlage sollte die Werkstatt aufgesucht werden,

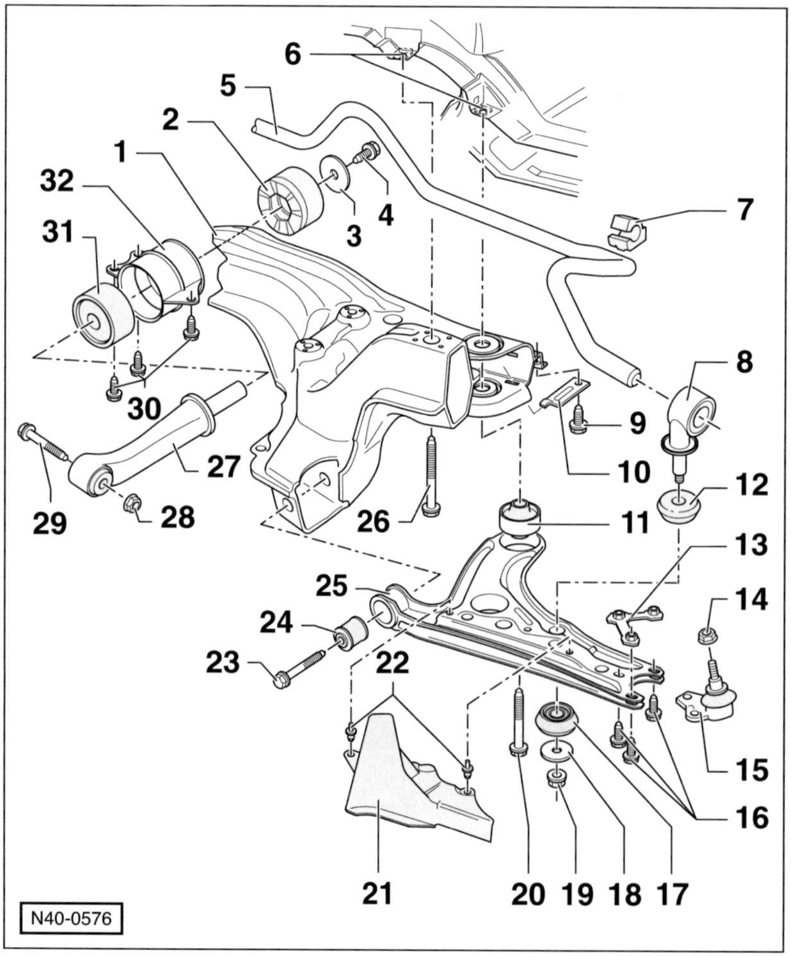

1 – Aggregateträger
2 – Gummilager
3 – Scheibe
Kragen zeigt vom Lager weg.
4 – Sechskantschraube
5 – Stabilisator
6 – Käfigmutter
Bei Beschädigungen muss der komplette Haltebock ersetzt werden.
7 – Gummilager
Offene Seite zeigt nach vorn.
8 – Koppelstange
Auge mit Gummilager zeigt nach hinten.
9 – Schraube, 25 Nm
10 – Schelle
11 – Lager hinten für Achslenker
12 – Lager für Koppelstange
Konische Seite zeigt zum Achslenker.
13 – Blech mit Muttern
14 – Mutter, 35 Nm*
15 – Achsgelenk
Einbaulage kennzeichnen. Bei Ersatz auf Langlochmitte stellen und Spur prüfen.
16 – Schraube, 20 Nm + 90° (¼ Umdrehung)*
17 – Lager für Koppelstange
Konische Seite zeigt zum Achslenker.
18 – Scheibe
Kragen zeigt vom Lager weg.
19 – Mutter, 25 Nm*
20 – Schraube, 70 Nm + 180° (½ Umdreh.)*
M12 x 1,5 x 80.
21 – Luftleitteil
22 – Spreizniet
23 – Schraube, 50 Nm + 180° (½ Umdreh.)*
M10 x 1,5 x 70.
24 – Lager vorn für Achslenker
25 – Achslenker
26 – Schraube, 70 Nm + 180° (½ Umdreh.)*
M12 x 1,5 x 100.
27 – Pendelstütze
28 – Mutter, 40 Nm + 90° (¼ Umdrehung)*
Nur bei Schaltgetriebe.

***) Schraube bei jeder Demontage ersetzen.**

um den Wagen optisch vermessen zu lassen. Die Fahrwerkvermessung kann ohne eine entsprechende Messanlage nicht durchgeführt werden. Der Achseinstellwert für die Gesamtspur vorn beträgt beim LUPO/AROSA: 0° ± 10'; beim LUPO 3L: +10' ± 5'.

Sicherheitshinweis
Schweiß- und Richtarbeiten an tragenden und radführenden Bauteilen der Vorderradaufhängung **sind nicht zulässig. Selbstsichernde Muttern**, sowie korrodierte Schrauben/Muttern im Reparaturfall **immer ersetzen.**

Achsgelenk prüfen/aus- und einbauen

LUPO/AROSA

Prüfen

- Fahrzeug vorn aufbocken.

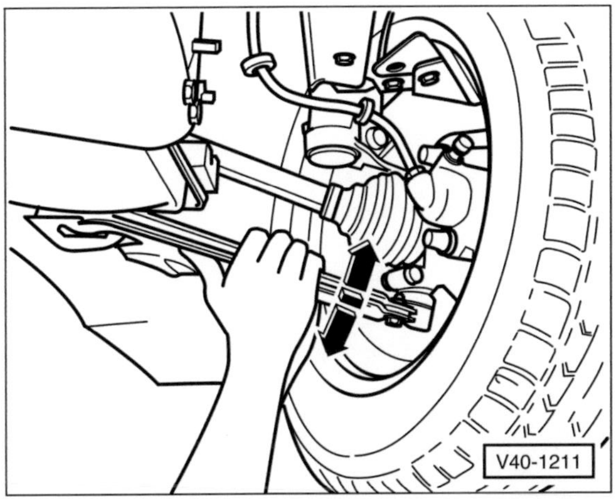

- Achslenker kräftig nach oben drücken und nach unten ziehen –Pfeile–, dabei das Achsgelenk beobachten.
- Rad unten kräftig nach außen und innen drücken, dabei das Achsgelenk beobachten.
- Bei beiden Prüfungen darf kein fühlbares und sichtbares Spiel im Achsgelenk vorhanden sein. Eventuell vorhandenes Radlagerspiel oder Spiel im Federbeinlager oben berücksichtigen.
- Gummibalg auf Beschädigung prüfen, bei Beschädigung Achsgelenk erneuern.

Ausbau

Achtung: Bei gelöster Gelenkwellenmutter darf das Fahrzeug nicht mit vollem Gewicht auf den Rädern stehen, da bei fehlender axialer Vorspannung die Wälzkörper des Radlagers beschädigt werden.

- Fahrzeug so weit anheben, dass die Vorderachse entlastet ist, die Räder aber noch den Boden berühren.
- Befestigungsmutter für Radnabe an Gelenkwelle lösen, nicht abschrauben.
- Stellung der Vorderräder zur Radnabe mit Farbe kennzeichnen. Dadurch kann das ausgewuchtete Rad wieder in derselben Position montiert werden. Radschrauben lösen, dabei muss das Fahrzeug auf dem Boden stehen. Fahrzeug vorn aufbocken und Vorderräder abnehmen.
- Innenvielzahnschrauben für Gelenkwelle an der Getriebe-Flanschwelle abschrauben. Hierzu wird ein Innenvielzahn-Steckschlüsseleinsatz benötigt, zum Beispiel HAZET 990 Lg-8.
- Luftleitteil am Achslenker abschrauben.

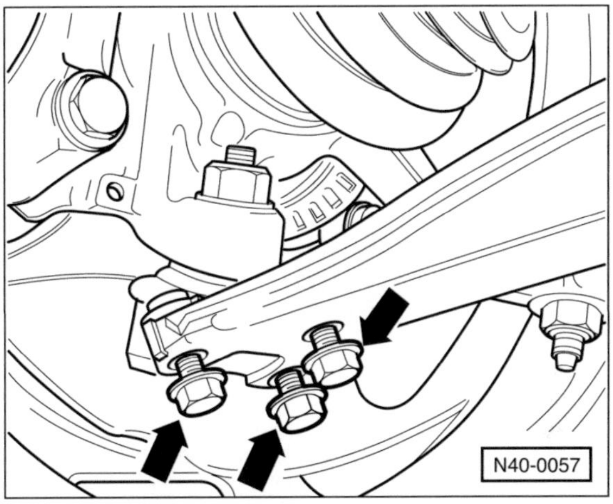

- Einbaulage der Schrauben mit einem Filzstift markieren oder mit Reißnadel umkreisen. Schrauben –Pfeile– ausschrauben.
- Rad mit Federbein nach außen ziehen und in dieser Position abstützen.
- Befestigungsmutter des Achsgelenkes abschrauben.

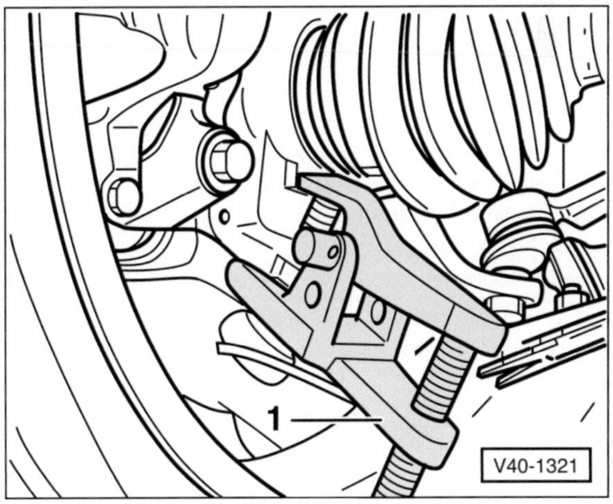

- Achsgelenk mit handelsüblichem Ausdrücker –1–, zum Beispiel HAZET 779, aus dem Radlagergehäuse herausdrücken. Damit das Gewinde nicht beschädigt wird, vorher Mutter einige Umdrehungen auf das Achsgelenk aufschrauben.

Einbau

Achtung: Die richtige Einbaulage ist auf dem Achsgelenk markiert. Bei falscher Einbaulage des Achsgelenks ändert sich der Nachlauf. Aufschlüsselung der Kennzeichnung:

L = links, R = rechts, 3 = 13"-Fahrwerk, 4 = 14"-Fahrwerk. Der Pfeil zeigt in Fahrtrichtung.

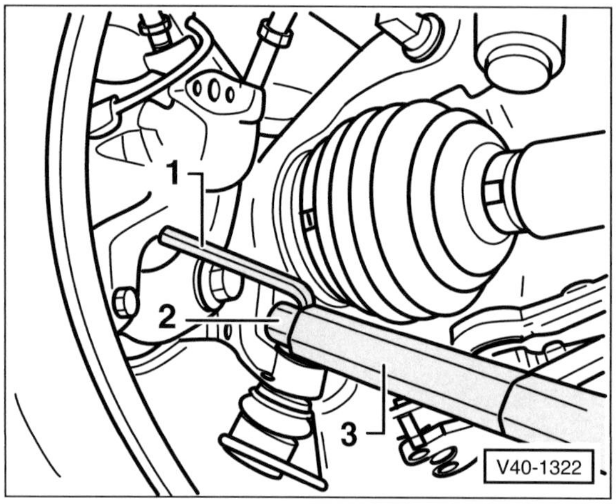

- Gelenkzapfen in das Radlagergehäuse einsetzen. **Neue** selbstsichernde Mutter mit **35 Nm** anziehen. Dabei Achsgelenk mit einem um ca. 10 mm gekürzten Innensechskantschlüssel SW 5 –1– gegenhalten. Die Ziffern –2– und –3– bezeichnen den Drehmomentschlüssel mit Ring- beziehungsweise Open-Ring-Einsteckwerkzeug.
- Achsgelenk zusammen mit **neuem** Blech und aufgeschweißten Muttern am Achslenker ansetzen. **Neue** Schrauben einschrauben und handfest anziehen.
- Achsgelenk in den Langlöchern verschieben, bis die Schraubenköpfe mit den angebrachten Markierungen übereinstimmen, dann Schrauben mit **20 Nm** festziehen und anschließend um **¼ Umdrehung (90°) weiterdrehen**.

Achtung: Innerhalb der Langlöcher des Achsgelenkes darf der Sturz nicht eingestellt werden. Sonst können Schäden an der Gelenkwelle auftreten. Bei Einbau des Achsgelenkes in einen neuen Achslenker Befestigungsschrauben in den Langlöchern ausmitteln, dann festziehen. Anschließend muss der Sturz neu vermessen werden (Werkstattarbeit).

- Gelenkwelle am Getriebe anflanschen, Schrauben über Kreuz mit **40 Nm** festziehen. Unterlegplatten nicht vergessen.

Achtung: Staubkappe am Achsgelenk sichtprüfen, sie darf weder verdrillt noch beschädigt sein.

- Luftleitteil am Achslenker anschrauben.
- Vorderrad montieren, dabei auf Markierung zur Radnabe achten. Fahrzeug ablassen, bis die Räder den Boden berühren. Radschrauben über Kreuz mit **110 Nm** festziehen.
- Gelenkwelle an der Radnabe mit **neuer** Zwölfkantmutter festziehen, siehe Kapitel »Gelenkwelle aus- und einbauen«.

Gelenkwelle aus- und einbauen

LUPO/AROSA

Gelenkwelle mit Gleichlaufgelenken

Achtung: Bei demontierter Gelenkwelle darf das Fahrzeug nicht mit vollem Gewicht auf den Rädern stehen und nicht geschoben werden, da bei fehlender axialer Vorspannung die Wälzkörper des Radlagers beschädigt werden. Gegebenenfalls statt der Gelenkwelle ein Außengelenk einbauen und mit **50 Nm** anziehen.

Da die Gelenkwelle in die Radnabe eingepresst ist, wird zum Ausbau ein geeignetes Ausdrückwerkzeug benötigt.

Ausbau

- Fahrzeug soweit anheben, dass die Vorderachse entlastet ist, die Räder aber noch den Boden berühren.
- Befestigungsmutter für Radnabe an Gelenkwelle lösen, nicht abschrauben.
- Stellung der Vorderräder zur Radnabe mit Farbe kennzeichnen. Dadurch kann das ausgewuchtete Rad wieder in derselben Position montiert werden. Radschrauben lösen. Fahrzeug vorn aufbocken und Vorderräder abnehmen.
- Innenvielzahnschrauben für Gelenkwelle an der Getriebe-Flanschwelle abschrauben. Hierzu wird ein Innenvielzahn-Steckschlüsseleinsatz benötigt, zum Beispiel HAZET 990 Lg-8.
- Luftleitteil am Achslenker abschrauben.

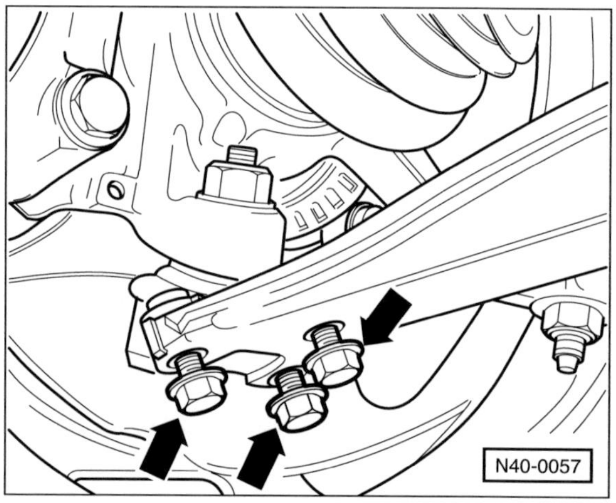

- Einbaulage der Schrauben –Pfeile– mit einem Filzstift markieren oder mit Reißnadel umkreisen. Schrauben herausdrehen.

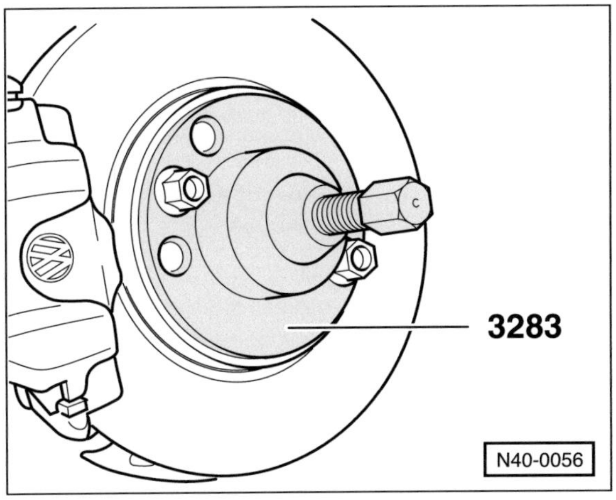

● Gelenkwelle mit handelsüblichem Abzieher aus Radnabe drücken und herausnehmen. Die VW-Werkstatt verwendet hierfür den Abzieher VW-3283. Während des Ausdrückens der Gelenkwelle auf ausreichenden Freigang achten. **Hinweis:** Es kann auch die HAZET-Ausdrückschraube 2515-1 für M14-Gewinde oder HAZET-2515-2 für M16-Gewinde verwendet werden.

● Falls erforderlich, Gelenkwelle zerlegen, siehe Seite 121.

Einbau

● Vor dem Einbau Verzahnung der Gelenkwelle und Radnabe fett- und ölfrei reinigen, zum Beispiel mit Spiritus. Alle Rückstände von Korrosion oder Lack entfernen.

● Vor dem Einsetzen der Gelenkwelle, folgende Teile mit Motoröl benetzen:
  - ◆ Verzahnung des Außengelenks
  - ◆ Gewinde des Außengelenks
  - ◆ Verzahnung der Radnabe
  - ◆ Anlagefläche und Gewinde der Zwölfkantmutter

● Gelenkwelle so weit wie möglich in die Radnabe einschieben. **Neue selbstsichernde** Zwölfkantmutter aufschrauben und soweit beiziehen, bis das Außengelenk im Radlager zur Anlage kommt. Mutter noch nicht festziehen.

● Achsgelenk mit **neuem** Blech mit aufgeschweißten Muttern am Achslenker ansetzen und **neue** Schrauben handfest anziehen.

● Achsgelenk in den Langlöchern verschieben, bis die Schrauben mit den angebrachten Markierungen übereinstimmen, dann mit **20 Nm** festziehen und anschließend um ¼ **Umdrehung (90°) weiterdrehen**.

● Gelenkwelle am Getriebe anflanschen. **Neue** Innenvielzahnschrauben für inneres Gleichlaufgelenk über Kreuz mit **10 Nm** voranziehen. Unterlegplatten nicht vergessen.

● Anschließend Innenvielzahnschrauben über Kreuz festziehen. **Anzugsdrehmoment** M8-Schraube: **40 Nm**; M10-Schraube: **70 Nm**.

● Außengelenk so weit in die Radnabe einziehen, bis es im Radlager zur Anlage kommt.

● Luftleitteil am Achslenker anschrauben.

● Vorderrad montieren, dabei auf Markierung zur Radnabe achten. Fahrzeug ablassen, bis die Räder den Boden berühren, das Fahrzeug aber noch nicht mit vollem Gewicht auf den Rädern steht. Sonst kann das Radlager vorgeschädigt werden.

● Bremse von einem Helfer betätigen lassen.

● Radschrauben über Kreuz mit **110 Nm** festziehen.

● Zwölfkantmutter für Gelenkwelle mit **200 Nm** anziehen und anschließend **eine Umdrehung lösen**.

● Zwölfkantmutter mit **50 Nm** voranziehen.

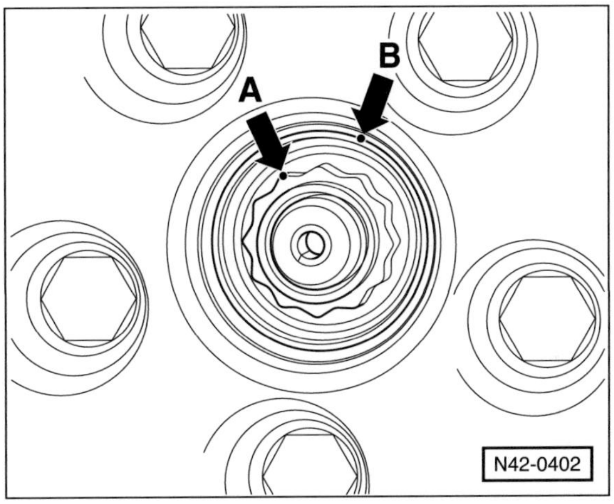

● Zwölfkant der Mutter mit einem Strich –Pfeil A– kennzeichnen.

● Zweiten Strich –Pfeil B– auf dem Rand der Radnabe über der nächsten Kerbe anbringen. **Hinweis:** Der Abstand von einem Zwölfkant bis zur nächsten Kerbe beträgt **45°**.

● Zwölfkantmutter weiterdrehen, bis beide Striche fluchten.

● Fahrzeug ablassen.

Federbein aus- und einbauen

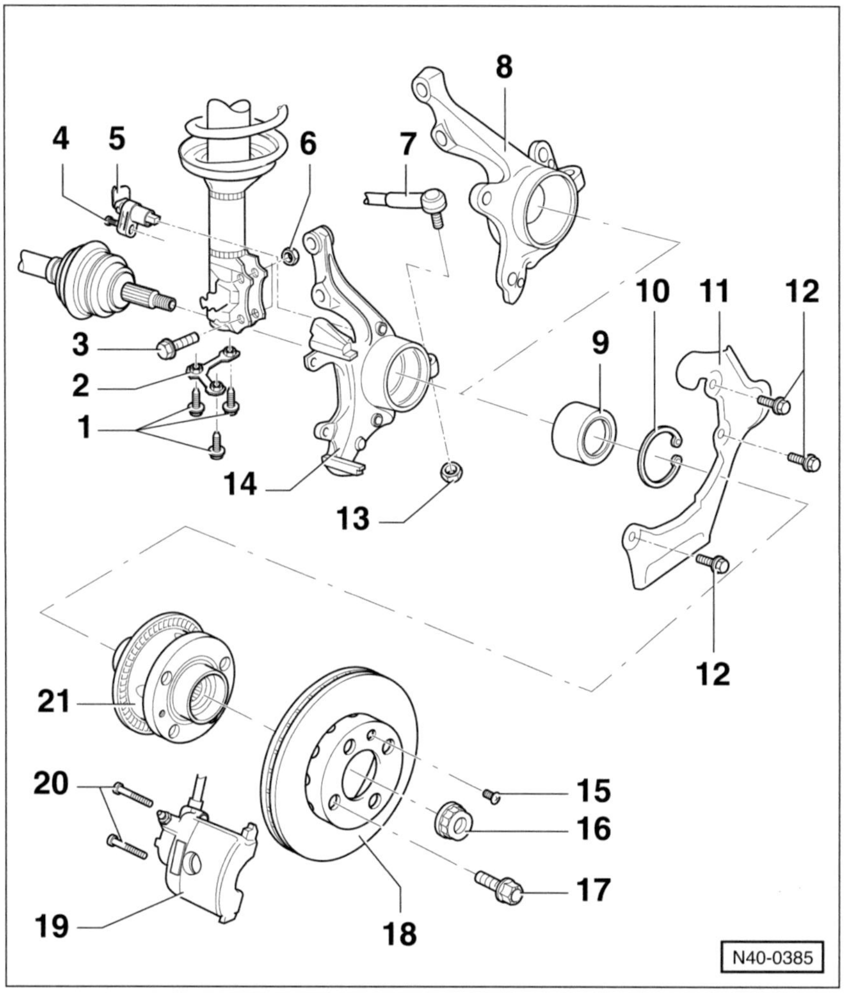

LUPO/AROSA

1 – **Schraube, 20 Nm + 90° (¼ Umdrehung) weiterdrehen** Selbstsichernd. Immer erneuern.

2 – **Blech mit Muttern**

3 – **Schraube** Vor dem Lösen, Einbaulage markieren.

4 – **Innensechskantschraube, 10 Nm**

5 – **Drehzahlfühler**

6 – **Mutter, 40 Nm + ¼ Umdrehung (90°) weiterdrehen** Selbstsichernd. Immer erneuern.

7 – **Spurstange**

8 – **Radlagergehäuse** Fahrzeuge mit 14"-Fahrwerk.

9 – **Radlager** Immer ersetzen. Wird beim Aus- und Einpressen zerstört.

10 – **Sicherungsring**

11 – **Abdeckblech**

12 – **Schraube, 10 Nm**

13 – **Mutter, 35 Nm** Selbstsichernd, immer ersetzen.

14 – **Radlagergehäuse** Fahrzeuge mit 13"-Fahrwerk.

15 – **Kreuzschlitzschraube**

16 – **Zwölfkantmutter** Selbstsichernd, immer ersetzen.

17 – **Radschraube, 110 Nm**

18 – **Bremsscheibe, innenbelüftet**

19 – **Bremssattel VW II**

20 – **Innensechskantschraube, 25 Nm**

21 – **Radnabe**

Hinweis: Der Federbein-Aus- und Einbau wird für den LUPO/AROSA beschrieben. Beim LUPO 3L entsprechend vorgehen, siehe dazu auch »Fahrwerk LUPO 3L« auf Seite 127.

Ausbau

Vor dem Ausbau Sturzeinstellung an den beiden unteren Befestigungsschrauben markieren

Achtung: Wenn das bisherige Federbein wieder eingebaut wird, Schraubenköpfe und Muttern mit Reißnadel umkreisen.

- Stellung der Vorderräder zur Radnabe mit Farbe kennzeichnen. Dadurch kann das ausgewuchtete Rad wieder in derselben Position montiert werden. Radschrauben lösen, dabei muss das Fahrzeug auf dem Boden stehen. Fahrzeug vorn aufbocken und Vorderräder abnehmen.
- Gelenkwelle so abstützen, damit sie nach dem Ausbau des Federbeins nicht nach unten durchhängt. Dazu geeigneten Stützbock unter der Gelenkwelle postieren, und zwar neben der Gummimanschette des äußeren Gleichlaufgelenks.

- Mutter am Federbein abschrauben. Dazu eine handelsübliche Knarre –1–, sowie den HAZET-Werkzeugsatz 4910/13 –2/3/4–, wie in der Abbildung dargestellt, verwenden. Mit –1– und –2– wird die Kolbenstange des Stoßdämpfers festgehalten, mit –3– und –4– wird die Mutter gelöst.

- Muttern –Pfeile– abschrauben und Bolzen herausdrücken.
- Federbein nach unten durch das Radhaus herausnehmen.

Einbau

Achtung: Grundsätzlich selbstsichernde Muttern erneuern.

- Federbein von unten einsetzen, Bolzen am Radlagergehäuse durchschieben und **neue** selbstsichernde Muttern handfest anziehen.
- Federbein oben mit **60 Nm** festziehen, dabei Kolbenstange gegenhalten. Siehe Abbildung N40-0312: Dazu eine handelsübliche Knarre –1–, sowie den HAZET-Werkzeugsatz 4910/13 –2/3/4–, wie in der Abbildung dargestellt, verwenden. Mit –1– und –2– wird die Kolbenstange des Stoßdämpfers festgehalten, mit –3– und –4– wird die Mutter angezogen.
- Federbein unten verschieben, bis die Schraubenköpfe die beim Ausbau markierte Lage einnehmen, dann Muttern mit **40 Nm** festziehen und anschließend um ¼ **Umdrehung (90°) weiterdrehen**.
- Vorderrad so ansetzen, dass die beim Ausbau angebrachten Markierungen übereinstimmen. Vorher Zentriersitz der Felge an der Radnabe mit Wälzlagerfett dünn einfetten. Gewinde der Radschrauben **nicht** fetten oder ölen. Korrodierte Radschrauben erneuern. Rad anschrauben. Fahrzeug ablassen und Radschrauben über Kreuz mit **110 Nm** festziehen.

Achtung: Nach Austausch von Stoßdämpfer und Radlagergehäuse Spur und Sturz einstellen lassen (Werkstattarbeit).

Das Federbein

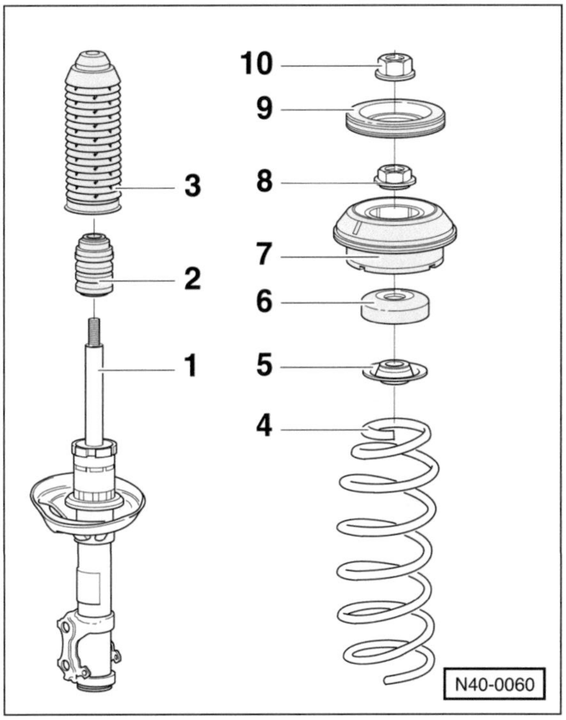

1 – Stoßdämpfer
Kann einzeln ausgetauscht werden.

2 – Anschlagpuffer

3 – Schutzhülle

4 – Schraubenfeder
Auf richtige Farbkennzeichnung achten. Oberfläche der Federwindungen darf nicht beschädigt werden.

5 – Federteller

6 – Axialrillenkugellager

7 – Federbeinlager

8 – Sechskantmutter, 60 Nm
Selbstsichernd, immer ersetzen.

9 – Anschlag

10 – Sechskantmutter, 60 Nm
Selbstsichernd, immer ersetzen.

Hinweis: Das Federbein des LUPO 3L unterscheidet sich im Aussehen des Federbeinlagers –7–, des Anschlagpuffers –2– und der unteren Federbein-Befestigung.

Federbein zerlegen/Stoßdämpfer/ Schraubenfeder aus- und einbauen

Hinweis: Das Federbein des LUPO 3L unterscheidet sich etwas im Aussehen.

Ausbau

- Federbein ausbauen, siehe entsprechendes Kapitel.

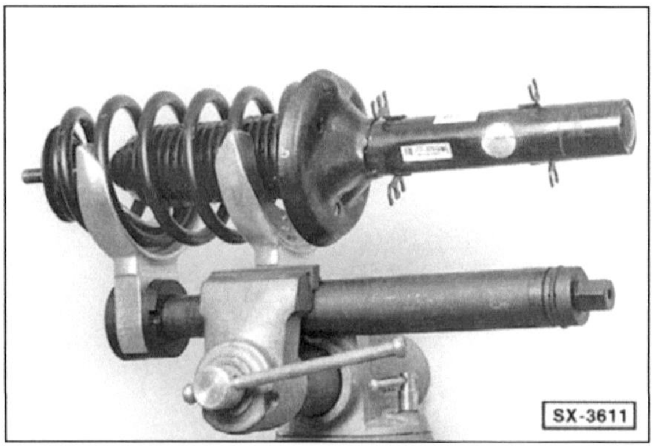

Achtung: Um den Stoßdämpfer ausbauen zu können, muss die Schraubenfeder mit einem geeignetem Federspanner, zum Beispiel HAZET 4900-2A, vorgespannt werden.

Wenn der Federspanner in die Windungen der Feder eingesetzt wird, darauf achten, dass die Federwindungen sicher umfasst werden beziehungsweise fest aufliegen und der Federspanner nicht abrutschen kann. Die Schraubenfeder steht unter großer Vorspannung, deshalb nur stabiles Werkzeug verwenden. Keinesfalls Feder mit Draht zusammenbinden. Unfallgefahr!

Achtung: Auf keinen Fall Stoßdämpfer lösen, wenn die Feder nicht ordnungsgemäß gespannt ist.

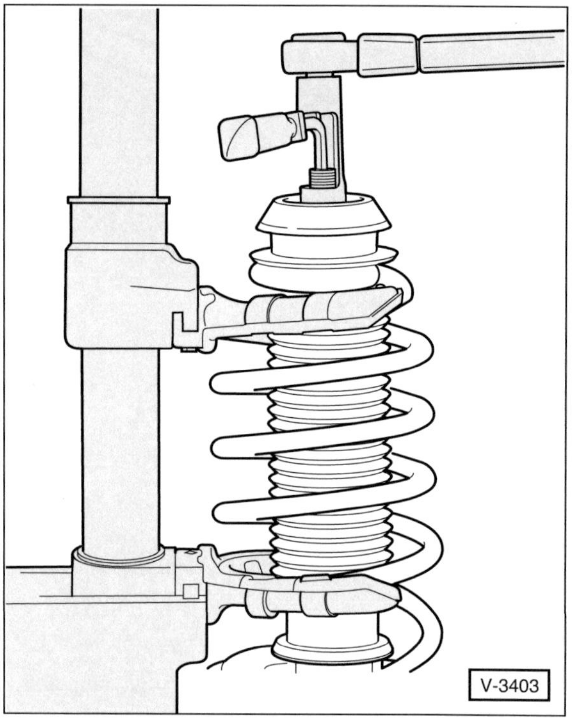

- Mutter am Federbein abschrauben, dabei mit Innensechskantschlüssel SW 7 gegenhalten. Für die Mutter wird ein tiefgekröpfter Ringschlüssel benötigt. Bei der Verwendung des Spezialwerkzeuges HAZET 2593-21 kann zum Festziehen ein handelsüblicher Drehmomentschlüssel verwendet werden.
- Schraubenfeder langsam entspannen, Einzelteile abnehmen.
- Stoßdämpfer prüfen, siehe Seite 127.
- Gegebenenfalls Stoßdämpfer verschrotten, siehe Seite 128.

Einbau

Achtung: Es stehen Federn in verschiedenen Toleranzgruppen zur Verfügung. Nur Federn mit gleicher Kennung (Farbkennzeichnung) verwenden.

- Eine neue Schraubenfeder ist gegen Korrosion mit einem Schutzlack versehen. Vor dem Einbau Federn auf Lackschäden untersuchen und gegebenenfalls ausbessern.
- Federbein nach Abbildung N40-0060 zusammensetzen.
- Schraubenfeder mit geeigneter Spannvorrichtung spannen und in das Federbein einsetzen. Darauf achten, dass das Federende richtig in der Führung anliegt.
- **Neue** selbstsichernde Mutter mit **60 Nm** festziehen. Dabei Kolbenstange mit Inbusschlüssel gegenhalten.
- Feder langsam entspannen.
- Federbein einbauen, siehe Seite 118.

Gelenkwelle mit Gleichlaufgelenken zerlegen/ Manschetten ersetzen

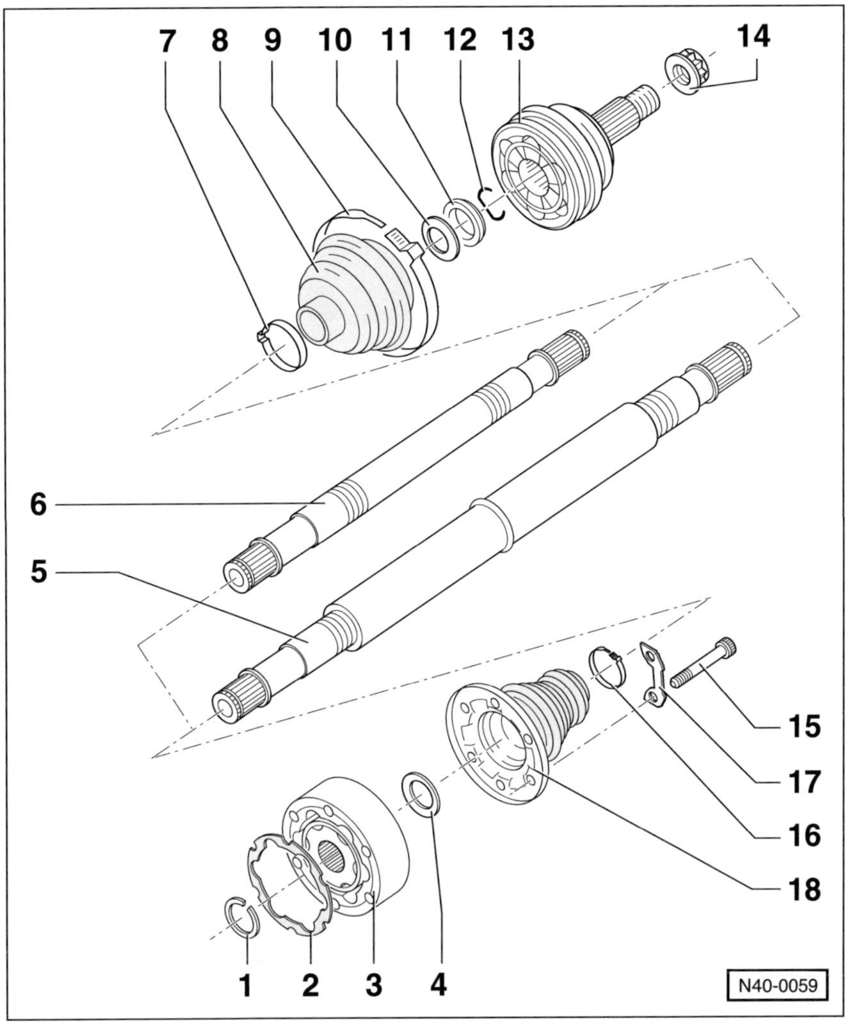

LUPO/AROSA

1 – **Sicherungsring** *
Aus- und Einbau VW 161 a.

2 – **Dichtung** *
Schutzfolie abziehen und in das Gelenk kleben.

3 – **Gleichlaufgelenk innen**
Nur komplett ersetzen.

4 – **Tellerfeder**
Im Innendurchmesser verzahnt. Einbaulage beachten: Der große Durchmesser (Konkavseite) liegt am Gleichlaufgelenk an.

5 – **Gelenkwelle rechts (Rohrwelle)**

6 – **Gelenkwelle links (Vollwelle)**

7 – **Klemmschelle** *

8 – **Gelenkschutzhülle außen**

9 – **Klemmschelle** *

10 – **Tellerfeder**
Einbaulage beachten: Der große Durchmesser (Konkavseite) liegt am Anlaufring an.

11 – **Anlaufring**

12 – **Sicherungsring** *
In die Nut der Welle einsetzen.

13 – **Gleichlaufgelenk außen**
Nur komplett ersetzen.

14 – **Zwölfkantmutter**
Selbstsichernd, immer ersetzen. Anziehen: Siehe Kapitel »Gelenkwelle aus- und einbauen«.

15 – **Innenvielzahnschraube***
1. Stufe:. . . . über Kreuz **10 Nm**
2. Stufe:. . . . über Kreuz **40 Nm**

16 – **Klemmschelle** *

17 – **Unterlegplatte**

18 – **Gelenkschutzhülle für Gleichlaufgelenk innen**
Auf Beschädigungen (Scheuerstellen, Risse) prüfen.

*) Immer ersetzen

Defekte Manschetten sofort erneuern. Zum Erneuern der Schutzhüllen muss die Gelenkwelle zerlegt werden. Defekte Kugeln im Lager machen sich durch Lastwechselschlagen und Knackgeräusche bemerkbar. In diesem Fall Gelenk komplett erneuern.

Achtung: Bei demontierter Gelenkwelle darf das Fahrzeug nicht mit vollem Gewicht auf den Rädern stehen, da bei fehlender axialer Vorspannung die Wälzkörper des Radlagers beschädigt werden. Gegebenenfalls statt der Gelenkwelle ein Außengelenk einbauen und mit **50 Nm** anziehen.

Zerlegen

- Gelenkwelle ausbauen, siehe Seite 116.
- Schlauchbinder an beiden Gelenkschutzhüllen mit Seitenschneider aufschneiden und abnehmen. Gelenkschutzhüllen zurückschieben.
- Gelenkwelle in Schraubstock spannen. Dabei Aluminiumbleche zwischen Schraubstock und Welle legen, um die Welle nicht zu beschädigen.

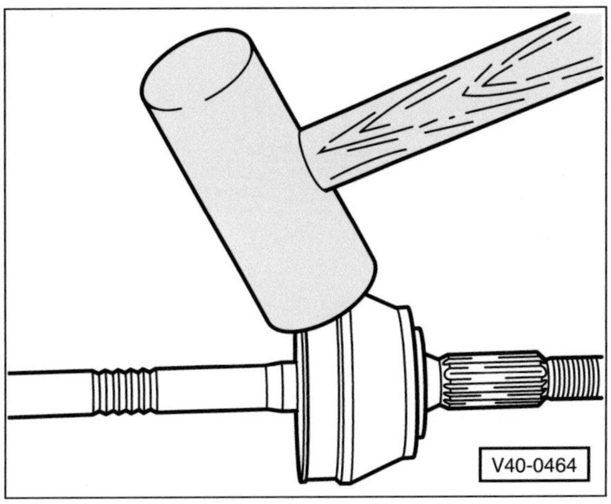

- Gelenk außen: Durch kräftigen Schlag mit einem Leichtmetallhammer Gelenk von der Gelenkwelle abtreiben.
- Gelenk innen: Schutzkappe mit geeignetem Dorn vom Gelenk abtreiben.

● Gelenk innen: Sicherungsring mit geeigneter Zange, zum Beispiel VW 161a, ausfedern.

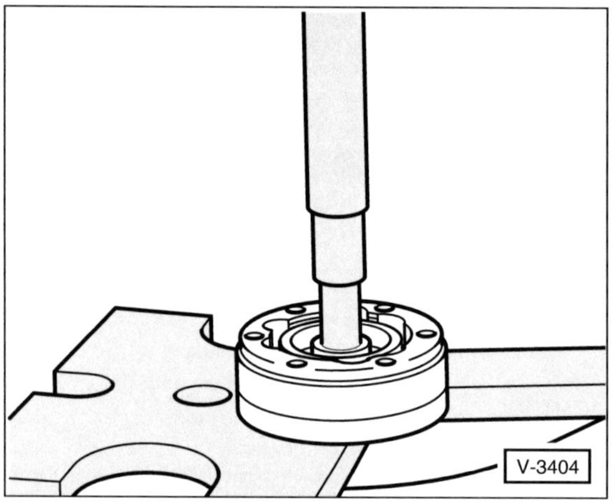

● Inneres Gelenk mit einer geeigneten Presse abpressen, dabei die innere Kugelnabe abstützen. Gelenkschutzhülle und Tellerfeder sowie Dichtung von der Welle abnehmen.

Zusammenbau

● Spröde oder defekte Gelenkschutzhüllen erneuern.

● Gelenkschutzhülle mit Schlauchbinder für inneres Gelenk auf die Welle schieben.

● Inneres und äußeres Gelenk: Neues Gelenk mit je **90 g** VW-Schmierfett **G 000 603** füllen. Dabei die halbe Fettmenge in der Manschette verteilen, die andere Hälfte in das Gelenk eindrücken. Wenn nur die Gelenkschutzhülle erneuert wird, gegebenenfalls Gelenk nur nachfetten, siehe auch »Fettfüllmengen für Gelenke« auf Seite 123.

● Inneres Gelenk: Tellerfeder auf die Welle schieben. Dabei Tellerfeder lagerichtig aufsetzen. Der große Durchmesser der Tellerfeder stützt sich am Gelenk ab.

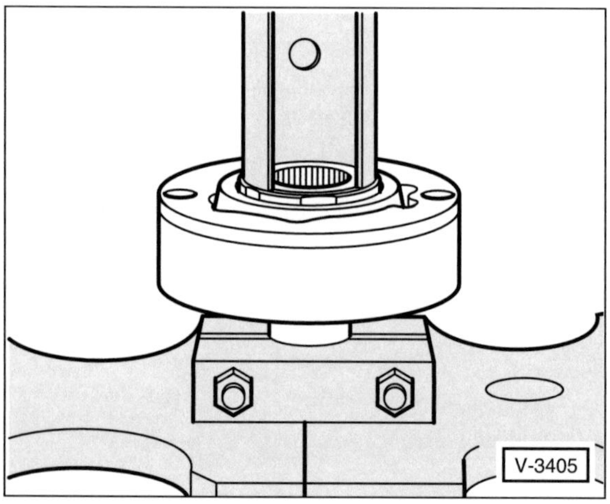

● Inneres Gelenk mit geeigneter Presse bis zum Anschlag aufpressen. **Achtung:** Die Fase am Innendurchmesser der Kugelnabe (Verzahnung) muss zum Anlagebund der Gelenkwelle zeigen. Neuen Sicherungsring mit VW 161a in die Nut der Welle einfedern.

● Gelenkschutzhülle für äußeres Gelenk mit Schlauchbinder auf die Welle schieben.

● Äußeres Gleichlaufgelenk mit Kunststoff- oder Leichtmetallhammer auf die Welle auftreiben, bis der Sicherungsring einrastet.

● Gelenkschutzhülle in Einbaulage bringen.

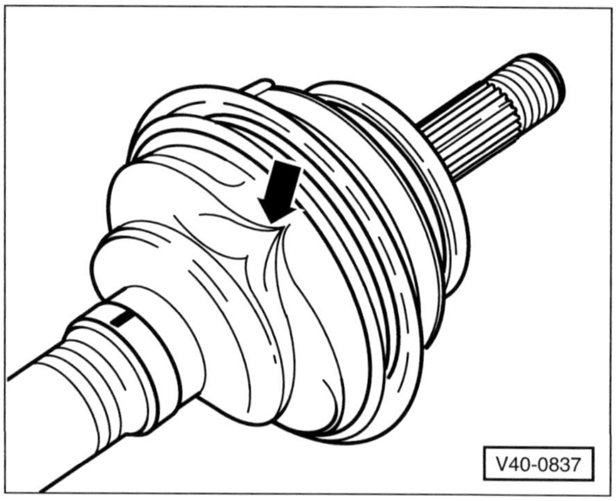

Achtung: Die Gelenkschutzhülle wird beim Aufsetzen auf den Gelenkkörper häufig eingedrückt. Dadurch entsteht in der Gelenkschutzhülle ein Unterdruck, der im Fahrbetrieb eine Falte –Pfeil– nach innen zieht. Deshalb nach der Montage Schutzhülle am kleinen Durchmesser kurz mit einem Schraubendreher anlüften und so für einen Druckausgleich sorgen.

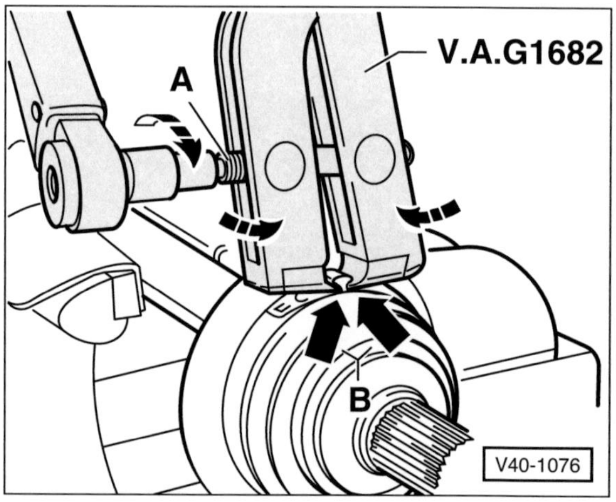

● Zum Spannen der Edelstahl-Schlauchbinder muss die Zange HAZET 1847 genommen werden, sonst wird die erforderliche Spannkraft nicht erreicht. Zange wie in Abbildung gezeigt ansetzen, die Schneiden der Zange müssen in den Ecken –B– anliegen. In dieser Stellung Schraube –A– mit Drehmomentschlüssel und **20 Nm** anziehen und dadurch Schlauchbinder spannen. Das Spannen des Schlauchbinders am kleinen Durchmesser der Gelenkschutzhülle erfolgt in gleicher Weise.

Achtung: Das Gewinde der Zange muss leichtgängig sein, gegebenenfalls vorher mit MoS_2-Fett schmieren.

Gelenkwelle mit Tripodegelenk

LUPO

1,4-l-Dieselmotor 55 kW (75 PS)
1,4-l-Benzinmotor 74 kW (100 PS)
1,6-l-Benzinmotor 92 kW (125 PS)

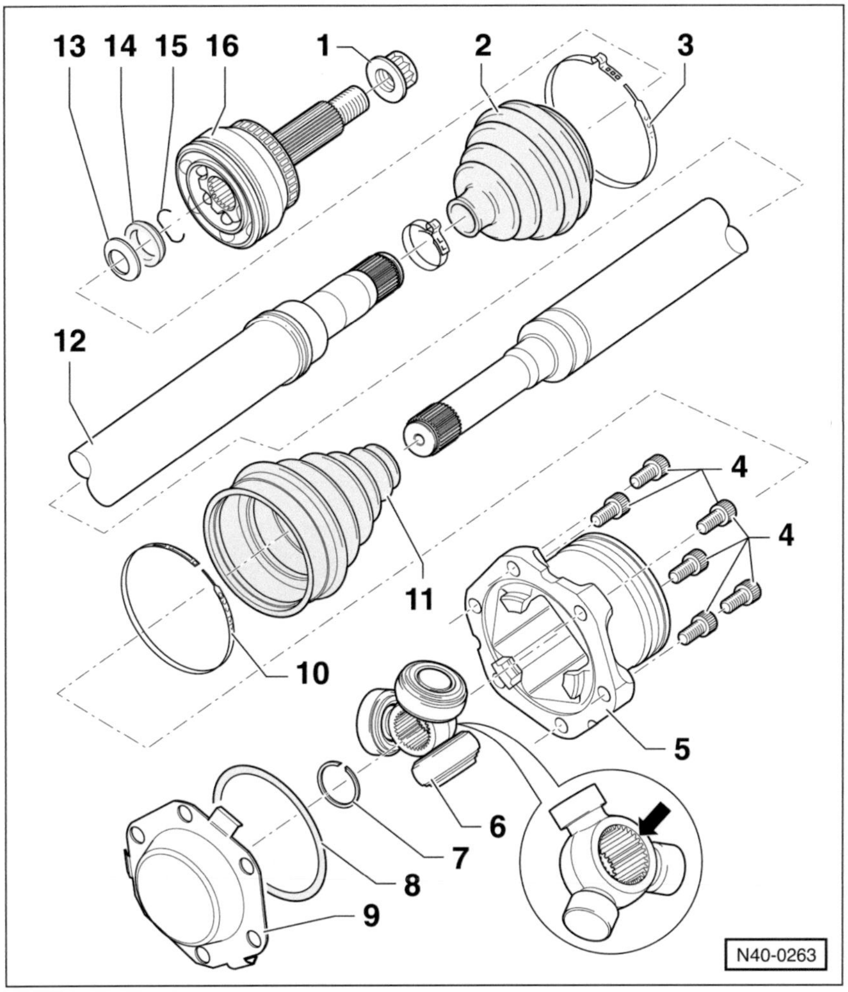

1 – **Zwölfkantmutter**
Selbstsichernd, immer ersetzen. Anzugsmethode siehe Kapitel »Gelenkwelle aus- und einbauen«.

2 – **Gelenkschutzhülle für Gleichlaufgelenk**
Auf Beschädigungen (Risse, Scheuerstellen) prüfen.

3 – **Klemmschelle**

4 – **Innenvielzahnschraube***
1. Stufe:. . . . über Kreuz **10 Nm**
M8-Schraube – **2. Stufe** : . **40 Nm**
M10-Schraube – **2. Stufe** : **70 Nm**

5 – **Gelenkstück**

6 – **Tripodestern mit Rollen**
Die Fase zeigt zur Verzahnung der Gelenkwelle.

7 – **Sicherungsring**
Immer ersetzen.

8 – **Runddichtring**
Immer ersetzen.

9 – **Deckel**
Immer ersetzen.

10 – **Schlauchbinder**
Für Tripodegelenk.

11 – **Gelenkschutzhülle für Tripodegelenk**
Auf Beschädigungen (Scheuerstellen, Risse) prüfen.

12 – **Gelenkwelle**

13 – **Tellerfeder**
Einbaulage beachten: Der große Durchmesser (Konkavseite) liegt am Anlaufring an.

14 – **Anlaufring**

15 – **Sicherungsring**
Immer ersetzen. In Wellennut einsetzen.

16 – **Gleichlaufgelenk außen**
Nur komplett ersetzen.
Beim Einbau mit Plastikhammer auf die Welle auftreiben, bis der eingefederte Sicherungsring ausfedert.

Fettfüllmengen für Gelenke

Gelenkwelle mit:	Fettmenge	Fettsorte
Gleichlaufgelenk	80 g	G 000 603
Tripodegelenk	110 g	G 052 161 A1
Gleichlaufgelenk außen LUPO 3L	60 g	G 000 603
Gleichlaufgelenk außen LUPO GTI	100 g	G 000 603

Hinweis: Die angegebenen Fettmengen gelten jeweils für 1 Gelenk. Beim Gleichlaufgelenk ist die Hälfte der Menge in das Gelenk zu pressen, die andere Hälfte in die Gelenkschutzhülle. Beim Tripodegelenk gibt man die Hälfte der Menge in das Gelenk, die andere Hälfte in die Rückseite des Gelenks.

Hinterachse

Aus dem Inhalt:

- **Stoßdämpfer**
- **Schraubenfeder**
- **Stoßdämpfer prüfen**

Die Hinterachse ist bei allen Modellen als Verbundlenkerachse mit getrennt angeordneten Stoßdämpfern und Schraubenfedern ausgelegt. Die Quertraverse besteht aus einem V-Profil, das durch seine Torsionsfestigkeit Fahrbahnunebenheiten ausgleicht und darüberhinaus die Neigung der Karosserie, vor allem bei Kurvenfahrt, vermindert. Auf beiden Seiten sind an das V-Profil Längslenker angeschweißt, an denen die Achszapfen für die Aufnahme der Hinterradnaben befestigt sind. Schraubenfedern und Stoßdämpfer sind zwischen Karosserie und Längslenker eingebaut.

Der Hinterachskörper ist über Gummimetalllager mit der Karosserie verbunden. Die Gummimetalllager werden bei allen Modellen um 45° verdreht eingebaut, wodurch die Übertragung von Fahrgeräuschen auf die Karosserie reduziert wird.

Die gesamte Hinterachsgeometrie ist konstruktiv vorgegeben und kann nicht verstellt werden. Bei der Fahrzeugvermessung können die Spur- und Sturz-Werte lediglich ermittelt und mit den Sollwerten verglichen werden (Werkstattarbeit).

Sicherheitshinweis
Schweiß- und Richtarbeiten an tragenden und radführenden Bauteilen der Hinterradaufhängung **sind nicht zulässig. Selbstsichernde Muttern**, sowie korrodierte Schrauben/Muttern im Reparaturfall **immer ersetzen.**

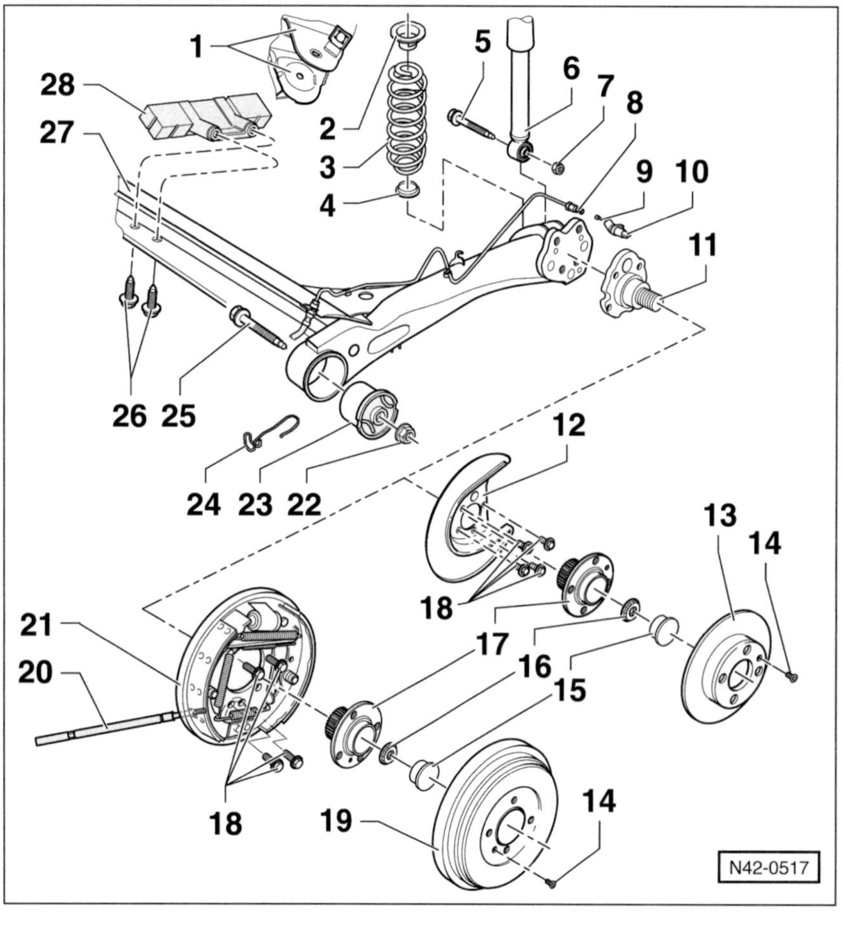

Radaufhängung LUPO

1 – **Lagerbock für Hinterachse**
2 – **Federauflage**
3 – **Schraubenfeder**
4 – **Zinkunterlage**
Bei Beschädigungen ersetzen.
5 – **Schraube mit Zentrierspitze**
6 – **Dämpfer**
7 – **Mutter, 40 Nm + 90° (¼ Umdreh.)***
Beim Festschrauben Einbauwinkel zwischen Dämpfer und Hinterachse beachten, siehe Seite 126.
8 – **Bremsleitung**
9 – **Innensechskantschraube, 8 Nm**
10 – **Drehzahlfühler**
11 – **Achszapfen**
12 – **Abdeckblech**
13 – **Bemsscheibe**
14 – **Kreuzschlitzschraube, 4 Nm**
15 – **Staubkappe ***
16 – **Zwölfkantmutter, 175 Nm ***
17 – **Radnabe mit Radlager**
18 – **Schraube mit Scheibe, 60 Nm**
19 – **Bremstrommel**
20 – **Handbremsseil**
21 – **Bremsträger mit Bremsbacken**
22 – **Mutter, 25 Nm + 90° (¼ Umdreh.)***
Beim Festschrauben Achskörper in waagerechter Lage.
23 – **Gummimetalllager**
24 – **Halter für Handbremsseil**
25 – **Schraube ***
Von der Fahrzeugmitte her einsetzen.
26 – **Schraube, 20 Nm + 45° (⅛ Umdr.)***
27 – **Achskörper**
Anlageflächen und Gewindelöcher für Achszapfen reinigen.
28 – **Schwingungstilger***

*) Immer ersetzen

Festzurren des Fahrzeugs auf der Hebebühne beim Ausbau der Hinterachse

Achtung: Wenn die Hinterachse komplett ausgebaut wird, muss das Fahrzeug auf der Hebebühne festgezurrt werden. Andernfalls kann das Fahrzeug beim Ausbau der Hinterachse von der Hebebühne rutschen. Zum Festzurren verwendet die Fachwerkstatt die Zurrgurte VW-T10038.

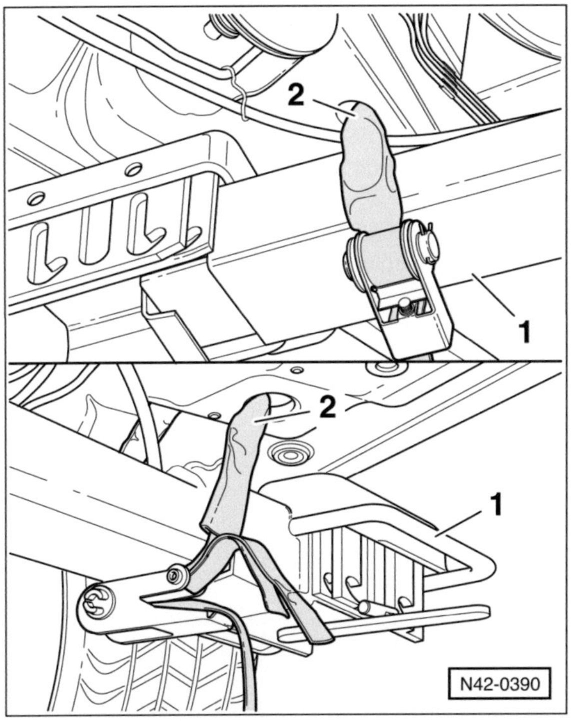

- Stopfen aus dem Längsträger herausziehen.
- Zurrgurte –2– durch die Öffnungen im Längsträger führen und Fahrzeug mit den Tragarmen der Hebebühne –1– verzurren. Fahrzeug unbedingt auf der linken und rechten Seite verzurren.

Stoßdämpfer/Schraubenfeder an der Hinterachse aus- und einbauen

Ausbau

Erforderliche Spezialwerkzeuge:

Federspanner mit Einsätzen . . . . HAZET 4900

Spezial-Steckschlüssel . . . . VW-T10001/1 und /2

Spezialknarre VW-T10001/11

Hinweis: Die Schraubenfeder kann auch ohne Ausbau des Stoßdämpfers aus- und eingebaut werden. Schraubenfeder und Stoßdämpfer dürfen einzeln ersetzt werden.

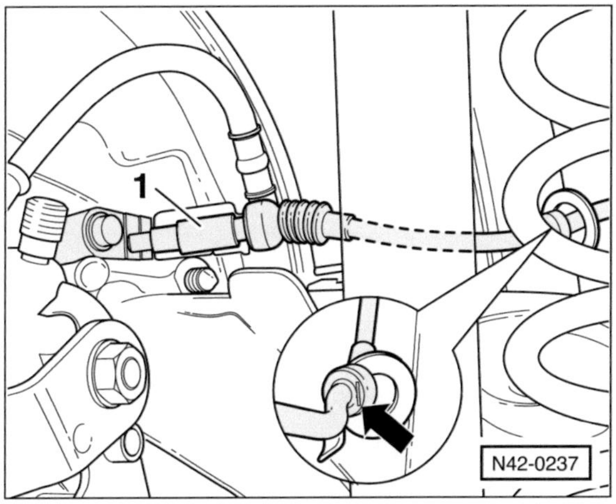

- Stecker –1– vom Drehzahlfühler abziehen.
- Leitung für Drehzahlfühler aus Halter ausclipsen –Pfeil–.

Feder ausbauen

- Fahrzeug hinten aufbocken, siehe Seite 134.

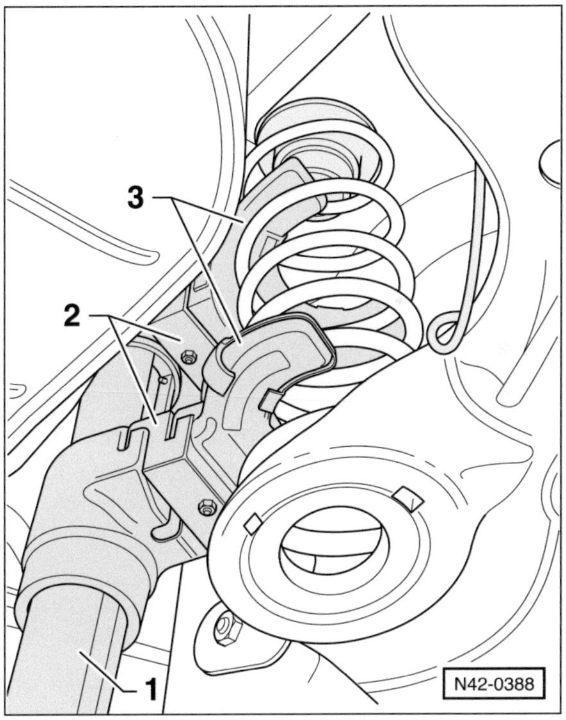

- Handelsübliche Spannvorrichtung –1– mit Adapter –2– und passenden Haltern –3–, zum Beispiel V.A.G 1752/1/9/3 oder HAZET 4900, an der Schraubenfeder ansetzen und Schraubenfeder spannen, bis die Feder herausgenommen werden kann.
- Schraubenfeder herausnehmen.

Stoßdämpfer ausbauen

- Hintere Seitenverkleidung ausbauen, siehe Seite 257.
- Fahrzeug hinten so weit ablassen, bis die Hinterräder den Boden berühren und die Stoßdämpfer etwas eingefahren sind.

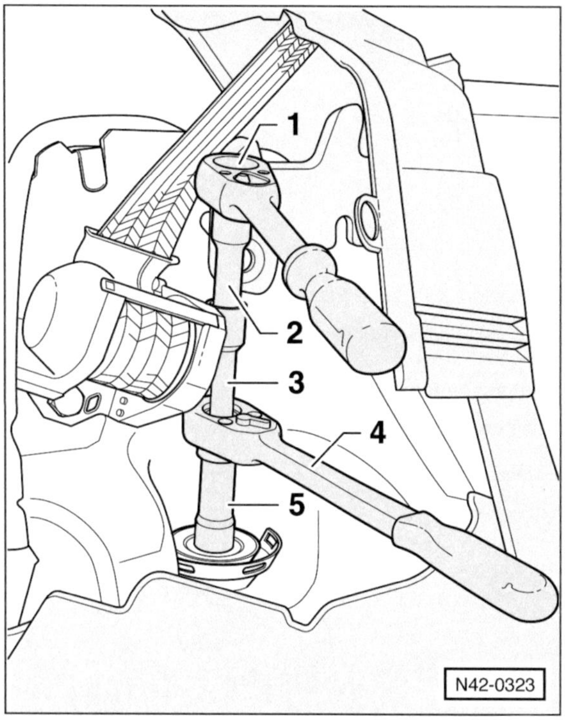

N42-0323

- Stoßdämpfer im Kofferraum abschrauben. Dazu mit handelsüblicher Knarre –1– und Verlängerung –2–, sowie Spezialwerkzeug VW T 10001/9 –3– die Kolbenstange des Dämpfers festhalten und gleichzeitig mit Spezialwerkzeug T 10001/11 –4– und T 10001/1 –5– die Mutter für die Befestigung des Dämpfers abschrauben.

Achtung: Beim Abschrauben des Stoßdämpfers im Kofferraum, müssen die Hinterräder auf dem Boden aufliegen.

- Fahrzeug hinten anheben.

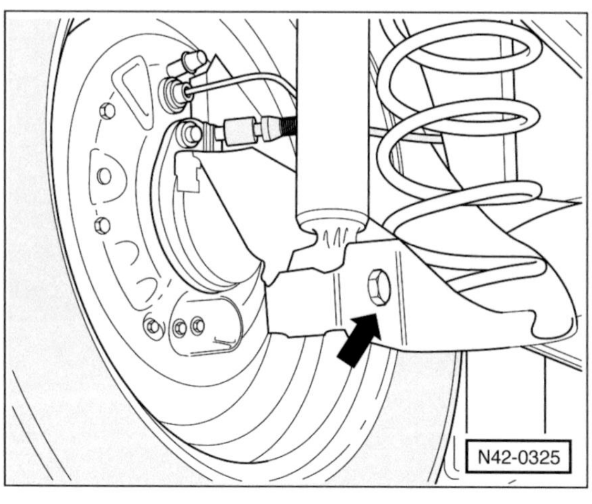
N42-0325

- Sechskantschraube –Pfeil– für Dämpfer am Längslenker/Achskörper ausschrauben. Die Feder ist in der Abbildung eingebaut, sie muss aber ausgebaut sein.

Achtung: Werden beide hintere Stoßdämpfer abgeschraubt, hat der Hinterachskörper keinen Anschlag mehr und hängt herunter. Dabei können Fahrzeugteile beschädigt werden. **Hinterräder unbedingt mit einer geeigneten Unterlage abstützen, oder immer nur einen Stoßdämpfer ganz ausbauen**.

- Stoßdämpfer herausnehmen.

Einbau

Stoßdämpfer einbauen

- Stoßdämpfer am Längslenker/Achskörper einsetzen und anschrauben. Neue Mutter mit **40 Nm** anziehen und anschließend um **90°** weiterdrehen.
- Fahrzeug hinten etwas ablassen, so dass die Hinterräder den Boden berühren. Dabei gleichzeitig darauf achten, dass der Stoßdämpfer oben am Aufbau richtig in der Halterung sitzt. Die hinteren Stoßdämpfer können zum Festziehen der oberen Befestigungsmuttern etwas eingefahren sein.

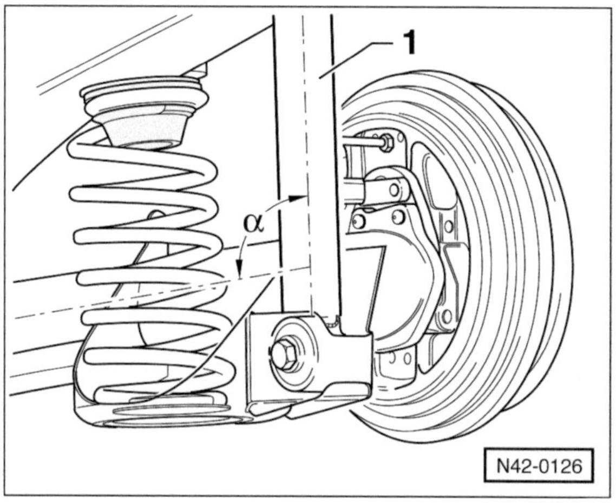

N42-0126

- Einbauwinkel –α– zwischen Längslenker/Achskörper und Stoßdämpfer prüfen. Sollwert $\alpha \approx 95°$.
- Stoßdämpfer im Kofferraum am Aufbau festschrauben. Dabei wie in Abbildung N42-0323 gezeigt vorgehen: Kolbenstange mit –1–, –2– und –3– festhalten und gleichzeitig obere Befestigungsmutter mit –4– und –5– anziehen. Anzugsmoment für obere Befestigungsmutter: **20 Nm**.
- Hintere Seitenverkleidung einbauen.
- Fahrzeug hinten anheben bis die Räder den Boden nicht mehr berühren.

Feder einbauen

- Zinkunterlage an der unteren Federauflage auf Beschädigung sichtprüfen und gegebenenfalls ersetzen.

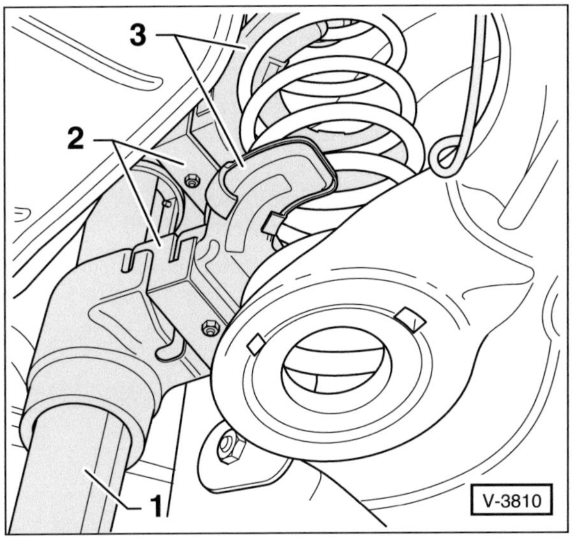

- Vorgespannte Feder zusammen mit dem Federspanner einsetzen.
- Feder langsam entspannen. Dabei darauf achten, dass die Feder sicher in der unteren und oberen Federauflage sitzt.
- Federspanner herausnehmen.
- Leitung für Drehzahlfühler in Halterung einclipsen und Stecker aufschieben.

Radlagerspiel einstellen

AROSA

Hinweis: Beim LUPO ist die Radlager-/Radnabeneinheit wartungs- und spielfrei. Einstellarbeiten sind nicht möglich.

Einstellen

- Fettkappe von der Bremstrommel abdrücken und abnehmen.

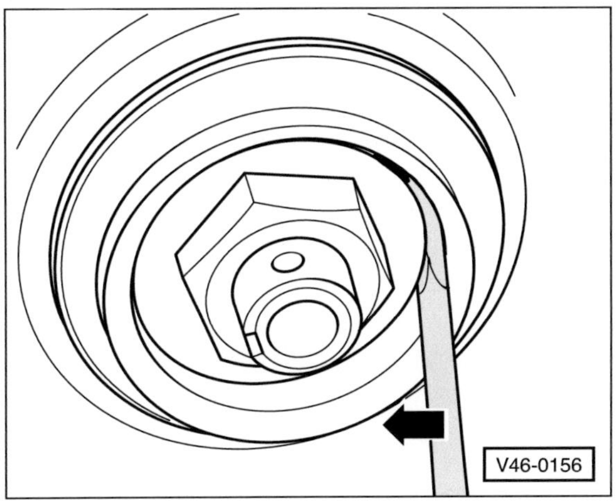

- Sechskantmutter leicht lösen und wieder anziehen. Das Radlagerspiel ist richtig eingestellt, wenn sich die Druckscheibe mit einem Schraubenzieher durch Fingerdruck –Pfeil– noch verschieben lässt. **Dabei darf auf keinen Fall der Schraubenzieher durch Dreh- oder Hebelbewegung abgestützt werden.**

Achtung: Rad beim Anziehen der Mutter drehen, damit sich das Radlager nicht verklemmt.

- Kronensicherung so aufsetzen, dass sich der Splint einstecken lässt.
- Neuen Splint einsetzen und an den Enden umbiegen.
- Fettkappe aufdrücken oder mit einem geeigneten Rohr auftreiben. Dabei darauf achten, dass die Fettkappen beim Auftreiben nicht verkantet.

Hinweise zum Fahrwerk LUPO 3L

Das modifizierte und gewichtsreduzierte Fahrwerk des LUPO 3L kann nicht detailliert beschrieben werden. Hier die wichtigsten abweichenden Anzugsmomente für die Vorderachse:

Vorderachse

Mutter für Achsgelenk . . . . 35 Nm
Schraube, M12 x 1,5 x 90, Achslenker an
Aggregateträger-Konsole . . . . 70 Nm + 90°
Schraube, M12 x 1,5 x 70,
Aggregateträger-Konsole . . . . 70 Nm + 90°
Schraube, M10 x 1,5 x 80, Aggregateträger . 50 Nm + 180°
Schraube mit Mutter, Pendelstütze
an Aggregateträger . . . . 40 Nm + 90°
Schraube, Pendelstütze an Unterboden . . . . 40 Nm + 90°
Schraube, Pendelstütze-Vorder- mit Hinterteil . 20 Nm + 90°
Blechmutter für Radnabe an Gelenkwelle . . . . . . 50 Nm

Alle hier aufgeführten Schrauben und Muttern der Vorderachse sind nach jeder Demontage zu ersetzen. Nur Original-VW-Schrauben verwenden.

Hinterachse

Bei Arbeiten an der Hinterachse des LUPO 3L ist analog zu den im Kapitel »Hinterachse« gemachten Angaben zu verfahren. Die dort angegebenen Anzugsmomente gelten für alle Modelle.

Stoßdämpfer prüfen

Folgende Fahreigenschaften weisen auf defekte Stoßdämpfer hin:

- Langes Nachschwingen der Karosserie bei Bodenunebenheiten.
- Aufschaukeln der Karosserie bei aufeinander folgenden Bodenunebenheiten.
- Springen der Räder auch auf normaler Fahrbahn.
- Ausbrechen des Fahrzeuges beim Bremsen (kann auch andere Ursachen haben).
- Kurvenunsicherheit durch mangelnde Spurhaltung, Schleudern des Fahrzeuges.
- Unnormale Reifenabnutzung mit Abflachungen (Auswaschungen) am Reifenprofil.

- Defekte Dämpfer erkennt man auch während der Fahrt an Polter- und Knackgeräuschen. Allerdings haben diese Geräusche häufig auch andere Ursachen, zum Beispiel lockere Fahrwerksschrauben, Muttern, defektes Radlager, Gleichlaufgelenk. Daher Dämpfer vor dem Ersetzen immer prüfen, gegebenenfalls auf Stoßdämpferprüfstand prüfen lassen.

Der Stoßdämpfer kann von Hand geprüft werden. Eine genaue Überprüfung der Stoßdämpferleistung ist jedoch nur mit einem Shock-Tester (Stoßdämpfer eingebaut) oder einer Stoßdämpfer-Prüfmaschine möglich.

Prüfung von Hand

- Stoßdämpfer ausbauen.

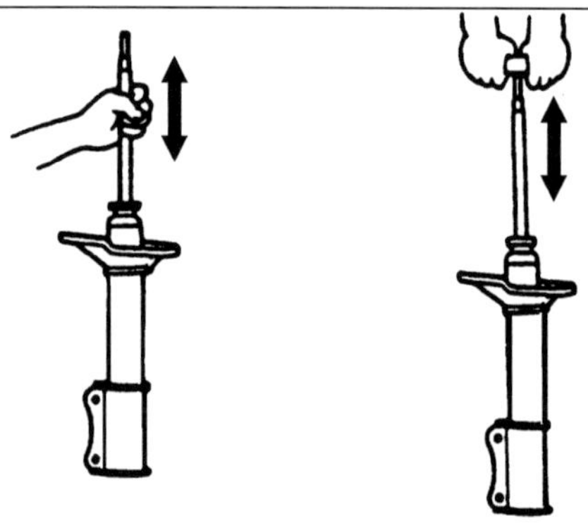

SX-3603

- Stoßdämpfer in Einbaulage halten, Stoßdämpfer auseinanderziehen und zusammendrücken. Der Stoßdämpfer muss sich über den gesamten Hub gleichmäßig schwer und ruckfrei bewegen lassen.
- Bei einwandfreier Funktion sind geringe Spuren von Stoßdämpferöl kein Grund zum Austausch. Als Faustregel gilt: Wenn ein Ölfleck sichtbar ist und sich nicht weiter ausbreitet als vom oberen Stoßdämpferverschluss (Kolbenstangendichtring) bis zum unteren Federteller, gilt der Dämpfer als in Ordnung. Voraussetzung ist, dass der Ölfleck stumpf, matt beziehungsweise durch Staub getrocknet ist. Ein geringfügiger Ölaustritt ist sogar von Vorteil, weil dadurch der Dichtring geschmiert wird und sich somit die Lebensdauer erhöht.
- Bei starkem Ölverlust Stoßdämpfer austauschen.

Stoßdämpfer verschrotten

Damit ein defekter Stoßdämpfer der Wiederverwertung zugeführt werden kann, muss das Hydrauliköl aus dem Stoßdämpfer abgelassen und an der Sondermüllsammelstelle abgegeben werden. Der entölte Stoßdämpfer kann dann wie normaler Eisenschrott behandelt werden.

Achtung: Während dieser Arbeit unbedingt eine Schutzbrille tragen.

Vorderachs-Stoßdämpfer

- Federbein in Schraubstock spannen.
- Rohrschneider, zum Beispiel Stahlwille Express 150/3, oberhalb von der Federaufnahme am Stoßdämpfer ansetzen und Außenrohr durchtrennen.
- Kolbenstange hochziehen, dabei das Innenrohr mit einer Wasserrohrzange festhalten und nach unten drücken, so dass dieses bei langsamem Hochziehen der Kolbenstange im Außenrohr verbleibt.
- Kolbenstange vom Innenrohr abziehen.
- Dämpfer über eine Ölauffangwanne halten und Hydrauliköl ablaufen lassen bis kein Hydrauliköl mehr austritt.
- Hydrauliköl wie Altöl entsorgen lassen.
- Entölten Stoßdämpfer als Eisenschrott entsorgen.

Hinterachs-Stoßdämpfer

- Ausgebauten Stoßdämpfer senkrecht, mit der Kolbenstange nach unten zeigend, in den Schraubstock einspannen.

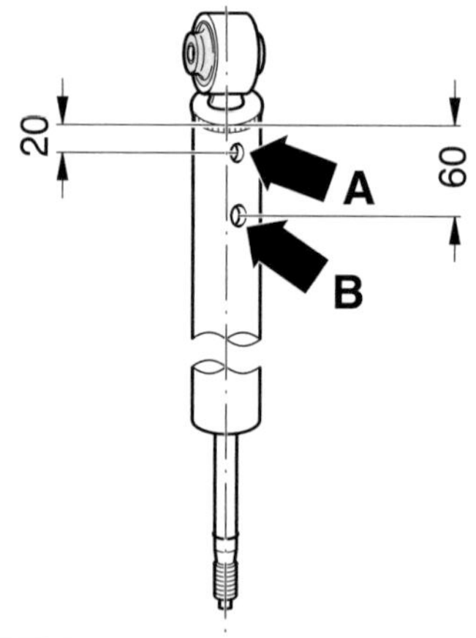

SX-3807

- An der Stelle –A– ein Loch mit ∅ 3 mm in das Außenrohr bohren.

Achtung: Bei Gasdruckstoßdämpfern entweicht nach dem Durchbohren der ersten Rohrwandung Gas. Öffnung während des Entgasens mit Lappen abdecken. Weiterbohren bis das innenliegende Rohr (ca. 25 mm) durchbohrt ist.

- An der Stelle –B– eine zweite Bohrung mit 6 mm-Bohrer bis durch das innenliegende Rohr bohren.
- Dämpfer über eine Ölauffangwanne halten und Hydrauliköl durch hin- und herbewegen der Kolbenstange über den gesamten Hub herausdrücken.
- Dämpfer abtropfen lassen bis kein Hydrauliköl mehr austritt.
- Hydrauliköl wie Altöl entsorgen lassen.
- Entölten Stoßdämpfer als Eisenschrott entsorgen.

Räder und Reifen

Aus dem Inhalt:

- Profiltiefe prüfen
- Räder austauschen
- Schneeketten
- Radschrauben anziehen
- Reifenpflege
- Fahrzeug aufbocken
- Reifencode
- Reifenfülldruck

Der LUPO/AROSA ist je nach Modell und Ausstattung mit Rädern unterschiedlicher Größe ausgerüstet. Sofern Reifen montiert werden, die nicht in den Fahrzeugpapieren vermerkt sind, müssen sie in der EU-Übereinstimmungsbescheinigung (CoC = EC Certification of Conformity) zum Fahrzeug stehen. Die Bescheinigung oder eine Kopie davon ist dann grundsätzlich im Fahrzeug mitzuführen. **Achtung:** Bei einigen Reifen-/Felgengrößen dürfen keine Schneeketten aufgezogen werden. Der LUPO 3L ist serienmäßig mit speziellen Leichtlaufreifen von Bridgestone ausgerüstet.

Neben der Felgenbreite und dem Felgendurchmesser ist bei einem Wechsel der Felge auch die Einpresstiefe zu beachten. Die Einpresstiefe ist das Maß von der Felgenmitte bis zur Anlagefläche der Radschüssel an die Bremsscheibe.

Alle Scheibenräder sind als Hump-Felgen ausgelegt. Der Hump ist ein in die Felgenschulter eingepresster Wulst, der auch bei extrem scharfer Kurvenfahrt nicht zulässt, dass der schlauchlose Reifen von der Felge gedrückt wird.

Profiltiefe messen

Reifen dürfen aufgrund gesetzlicher Vorschriften bis zu einer Profiltiefe von 1,6 mm abgefahren werden, und zwar an der gesamten Reifenlauffläche gemessen. Es empfiehlt sich aber aus Sicherheitsgründen, die Sommerreifen bereits bei einer Profiltiefe von 2 mm und die Winterreifen bei einer Tiefe von 4 mm auszutauschen.

Die Tiefe des Reifenprofils ist in den Hauptprofilrillen an den am stärksten verschlissenen Stellen des Reifens zu messen. Am Grund der Hauptprofilrillen sind die Abnutzungsindikatoren (TWI = **T**read **W**ear **I**ndicator) zu erkennen. Die Positionen der TWIs sind mehrmals an der Reifenflanke gekenn-

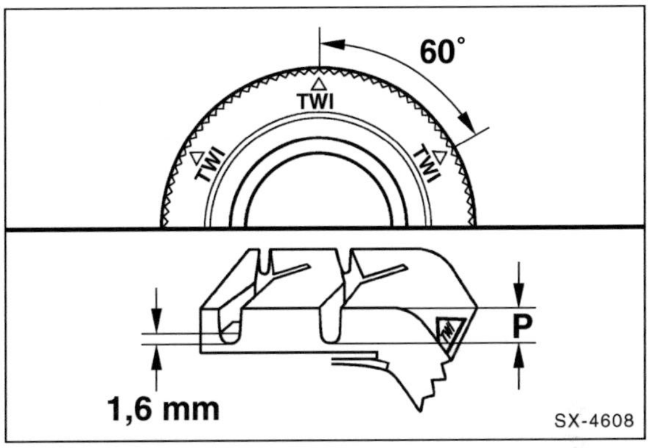

Eine Auswahl von Reifen-/Felgenkombinationen für den LUPO/LUPO 3L/AROSA

Modell	Motorisierung	Reifengröße	Felgengröße	Einpress-tiefe in mm	Reifenfülldruck (Überdruck) in bar			
					halbe Zuladung		volle Zuladung	
					vorn	hinten	vorn	hinten
LUPO Benziner	37 kW, 44 kW	155/70 R13 75S [1]	4½Jx13	35	2,1	1,9	2,3	2,8
	55 kW	175/65 R13 80T	5½Jx13	43	2,1	1,9	2,4	2,6
	74 kW	185/55 R14 80H [2]	6Jx14	43	2,0	1,9	2,2	2,6
LUPO Diesel	44 kW	175/65 R13 80S	5½Jx13	43	2,0	1,9	2,2	2,6
	55 kW	185/55 R14 80T [2]	6Jx14	43	2,1	1,9	2,3	2,6
LUPO 3L	45 kW	155/65 R14 75 S	4Jx14	35	2,3	2,1	2,4	2,8
AROSA	37 kW	155/70 R13 75S [1]	4½Jx13	35	2,0	2,0	2,3	2,8
	44 kW	175/65 R13 80T [1]	5½Jx13	43	1,9	1,9	2,2	2,6
	44 kW	175/65 R13 80T	5½Jx13	43	1,9	1,9	2,2	2,6

[1] Nicht bei Fahrzeugen mit Klimaanlage. [2] Nur in Verbindung mit Servolenkung.

zeichnet. Die Flächen der Abnutzungsindikatoren haben eine Höhe von 1,6 mm. Sie dürfen nicht in die Messung mit einbezogen werden. Für die Messwerte entscheidend ist das Maß an der Stelle mit der geringsten Profiltiefe –P–.

Reifenfülldruck

Für den LUPO/ AROSA sind viele unterschiedliche Reifendimensionen und Felgengrößen vom Werk zugelassen. Die vorliegende Reifentabelle listet nur einen Querschnitt möglicher Reifen-/Felgenkombinationen auf. Eine komplette Liste aller zugelassenen Reifen und Felgen hat jede Fachwerkstatt. Der Reifenfülldruck wird vom Automobilhersteller in Abhängigkeit verschiedener Parameter festgelegt. Dazu zählen unter anderem die Fahrzeugbelastung und die Fahrzeug-Höchstgeschwindigkeit. Der LUPO 3L benötigt allerdings spezielle, für dieses Fahrzeug entwickelte Leichtlaufreifen.

Es ist wichtig, dass der für den jeweiligen Reifen festgelegte Reifenfülldruck eingehalten wird. Der vorgeschriebene Reifenfülldruck für Sommerreifen steht auch auf einem Aufkleber in der Innenseite der Tankklappe des Fahrzeugs. Wird das Reifenformat gewechselt, sollten die neuen Fülldruckwerte auf diesem Aufkleber vermerkt werden. Auch bei der Verwendung von Winterreifen muss der vorgeschriebene Reifenfülldruck eingehalten werden. Für die Lebensdauer der Reifen und die Fahrzeugsicherheit ist das Einhalten des Reifenfülldrucks von großer Wichtigkeit. Reifenfülldruck deshalb alle 2 Wochen und vor jeder größeren Fahrt prüfen.

- Reifenfülldruckangaben beziehen sich auf **kalte** Reifen. Der sich bei längerer Fahrt einstellende und um ca. 0,2 bis 0,4 bar höhere Überdruck darf nicht reduziert werden. **Winterreifen** müssen mit einem um **0,2 bar höheren Überdruck** als Sommerreifen gefahren werden. Auf jeden Fall müssen die Reifenfülldrücke bei Winterreifen entsprechend den Vorgaben des Reifenherstellers eingehalten werden. Unterliegen die Winterreifen einer Geschwindigkeitsbeschränkung, muss ein Hinweis im Blickfeld des Fahrers angebracht werden (§ 36, Absatz 1 StVZO).
- Bei **Anhängerbetrieb** Reifenfülldruck auf den unter »volle Zuladung« angegebenen Wert erhöhen. Reifenfülldruck am Anhänger ebenfalls kontrollieren.
- Der Reifenfülldruck für das **Reserverad** entspricht dem höchsten Fülldruck bei der maximalen Belastung. **Achtung: Für ein Reserverad, das in seinen Abmessungen nicht den montierten Rädern entspricht (Reserve-Notrad) sind folgende Regeln zu beachten:** Der Fülldruck für das Notrad beträgt bei allen Modellen **4,2 bar**. Nicht über 80 km/h fahren. Vollgasbeschleunigung, starkes Bremsen und rasante Kurvenfahrten vermeiden. Niemals mit mehr als einem Rad anderer Größe fahren. Abweichendes Rad so schnell wie möglich durch ein normales Rad ersetzen. Keine Schneekette auf dieses Rad montieren. Sollte die Verwendung von Schneeketten vorgeschrieben sein, ist das Notrad an der Hinterachse einzusetzen. Gegebenenfalls müssen die Reifen getauscht werden.

Schneeketten

Schneeketten sind nur für die **Antriebsräder** (vorn) zulässig. Keine Schneekette auf dem Notrad verwenden. Um Beschädigungen an den Radvollblenden und Felgenzierringen zu vermeiden, sollten diese bei Schneekettenbetrieb abgenommen werden. Allerdings sind die Radschrauben aus Sicherheitsgründen dann mit Abdeckkappen zu versehen. Nach Entfernen der Schneeketten Radblenden und Zierringe sofort wieder montieren.

Mit Schneeketten darf in Deutschland nicht schneller als **50 km/h** gefahren werden. Auf schnee- und eisfreien Straßen sind die Schneeketten abzunehmen. Nur feingliedrige Schneeketten verwenden, die nicht mehr als 15 mm (einschließlich Kettenschloss) auftragen. Beim LUPO/AROSA dürfen Schneeketten nur auf Reifen der Größen 155/70 R13 und 175/65 R13 aufgezogen werden.

Austauschen der Räder/ Laufrichtung beachten

Es ist nicht zweckmäßig, bei einem Austausch der Räder die Drehrichtung der Reifen zu ändern, da sich die Reifen nur unter vorübergehend stärkerem Verschleiß der veränderten Drehrichtung anpassen. Bei einigen Reifen ist die Laufrichtung durch einen Pfeil auf der Reifenflanke vorgegeben, die Laufrichtung ist dann unbedingt einzuhalten.

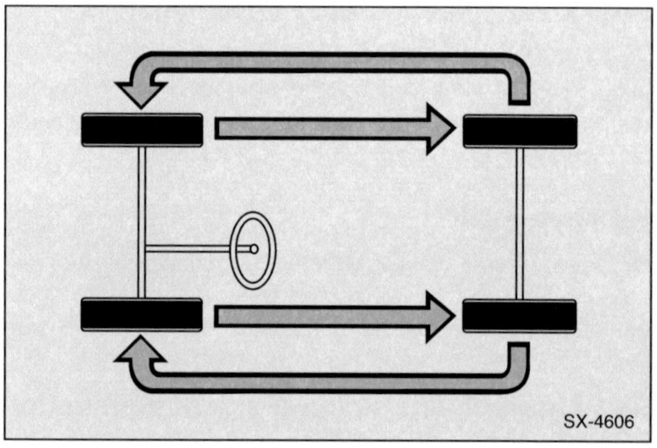

Bei größerem Verschleiß der vorderen Reifen empfiehlt es sich, die Vorderräder gegen die Hinterräder zu tauschen. Dadurch haben alle 4 Reifen etwa die gleiche Lebensdauer.

Sicherheitshinweise
Reifen nicht einzeln, sondern mindestens achsweise ersetzen. Reifen mit der größeren Profiltiefe **vorn** montieren. An Vorder- und Hinterachse nur Reifen **gleicher** Größe und Bauart, möglichst auch gleichen Fabrikats und Profilausführung montieren. Reifen, die älter als 6 Jahre sind, nur im Notfall und bei vorsichtiger Fahrweise verwenden. Beim Erneuern und Demontieren schlauchloser Reifen unbedingt das Reifenventil mit austauschen.

- Bei **laufrichtungsgebundenem Profil**, erkennbar an Pfeilen auf der Reifenflanke in Laufrichtung, muss die Laufrichtung des Reifens unbedingt eingehalten werden. Dadurch werden optimale Laufeigenschaften bezüglich Aquaplaning, Haftvermögen, Geräusch und Abrieb sichergestellt. Falls das Reserverad bei einer Reifenpanne einmal entgegen der Laufrichtung montiert werden muss, sollte dieser Einsatz nur vorübergehend sein. Insbesondere bei Nässe empfiehlt es sich, die Geschwindigkeit den Fahrbahnverhältnissen anzupassen.
- Vor der Demontage des Rades dieses mit Kreide oder Farbstift zur Radnabe markieren, damit es in gleicher Stellung wieder montiert werden kann.

- Radblende abnehmen. Dazu Radschlüssel und Drahtbügel aus dem Bordwerkzeug verwenden. Je nach Ausführung der Abdeckung den Drahtbügel in das Lochpaar am Rand der Abdeckung beziehungsweise in den Rand der Abdeckung selbst einhängen. Radschlüssel durch den Bügel schieben und Abdeckung abhebeln.
- Bei einigen Felgen-Ausführungen sitzt eine Mittenabdeckung auf der Felge. Zum Abnehmen Drahtbügel aus dem Bordwerkzeug in das Lochpaar am VW-Emblem der Abdeckung stecken und Abdeckung mit dem Bügel abziehen.
- **Radschrauben lösen, wenn das Fahrzeug auf dem Boden steht.** Dazu Handbremse anziehen und 1. Gang einlegen und gegenüberliegendes Rad mit einem Stein oder dergleichen sichern, damit das Fahrzeug nicht wegrollt.

Achtung: Leichtmetallfelgen sind durch einen Klarlacküberzug gegen Korrosion geschützt. Beim Radwechsel darauf achten, dass die Schutzschicht nicht beschädigt wird, andernfalls mit Klarlack ausbessern.

- Fahrzeug aufbocken, siehe Seite 134.

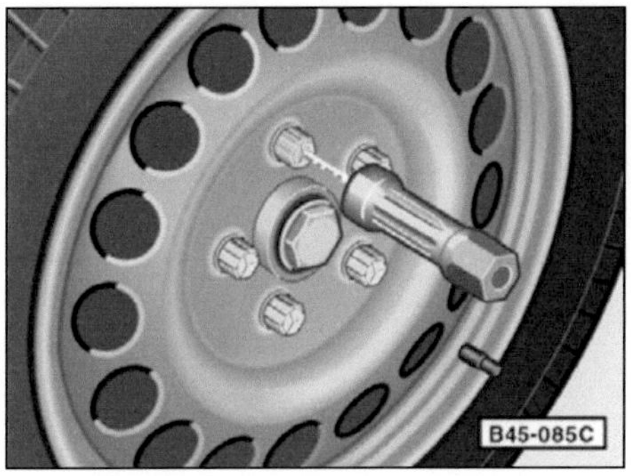

- Radschrauben mit Hilfe des Innensechskantes im Schraubendrehergriff (Bordwerkzeug) herausdrehen. Die Abbildung zeigt nicht die LUPO/AROSA-Felge

Hinweis: Zum Lösen diebstahlhemmender Radschrauben ist ein Adapter für die Radschrauben erforderlich, der in der Regel dem Bordwerkzeug beigelegt ist. Vor dem Lösen der diebstahlhemmenden Radschrauben die Kappe abnehmen. Adapter in Radschraube einsetzen und Radschraube mit Radschlüssel lösen. An der Stirnseite des Adapters ist eine Code-Nummer eingeschlagen. Nummer notieren und sicher aufbewahren, damit ein verloren gegangener Adapter wiederbeschafft werden kann.

- Zum Schutz gegen das Festrosten des Rades ist der Zentriersitz des Scheibenrades an der Radnabe vorn und hinten vor jeder Montage des jeweiligen Rades mit Wälzlagerfett dünn einzufetten.
- Verschmutzte Schrauben und Gewinde reinigen. Gewinde der Radschrauben **nicht** fetten oder ölen.

Radschrauben anziehen

Felgen und Radschrauben sind aufeinander abgestimmt. Bei jeder Umrüstung auf andere Felgen, zum Beispiel Leichmetallfelgen oder Räder mit Winterbereifung, müssen deshalb die dazugehörigen Radschrauben mit der richtigen Länge und Kalottenform verwendet werden. Der Festsitz der Räder und die Funktion der Bremsanlage hängen davon ab.

- Radschrauben über Kreuz in mehreren Durchgängen anziehen. Zum Festziehen der Radschrauben sollte stets ein Drehmomentschlüssel verwendet werden. Dadurch wird sichergestellt, dass die Radschrauben gleichmäßig fest angezogen sind. **Das Anzugsmoment beträgt für alle Radschrauben 110 Nm**.
- Wurde beim Radwechsel festgestellt, dass die Radschrauben korrodiert und schwergängig sind, müssen diese möglichst rasch erneuert werden. Bis dahin vorsichtshalber nur mit mäßiger Geschwindigkeit fahren.

Achtung: Durch einseitiges oder unterschiedlich starkes Anziehen der Radschrauben können das Rad und/oder die Radnabe verspannt werden.

- Nach dem Reifenwechsel unbedingt Reifenfülldruck prüfen und gegebenenfalls korrigieren.

Reifen- und Scheibenrad-Bezeichnungen/Herstellungsdatum

Reifen-Bezeichnungen

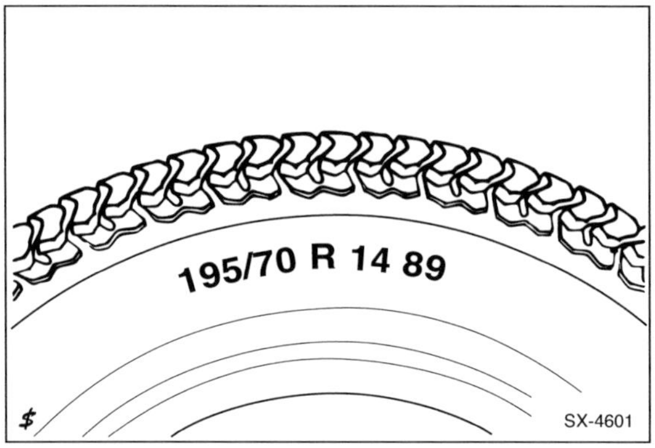

195 = Reifenbreite in mm.

/70 = Verhältnis Höhe zu Breite (die Höhe des Reifenquerschnitts beträgt 70 % von der Breite).

Fehlt eine Angabe des Querschnittverhältnisses (zum Beispiel 155 R 13), so handelt es sich um das »normale« Höhen-Breiten-Verhältnis. Es beträgt bei Gürtelreifen 82 %.

R = Radial-Bauart (= Gürtelreifen).

14 = Felgendurchmesser in Zoll.

89 = Tragfähigkeits-Kennzahl.

Achtung: Steht zwischen den Angaben 14 und 89 die Bezeichnung M+S, dann handelt es sich um einen Reifen mit Winterprofil.

H = Kennbuchstabe für zulässige Höchstgeschwindigkeit, H: bis 210 km/h.

Der Geschwindigkeitsbuchstabe steht hinter der Reifengröße. Die Geschwindigkeitsbuchstaben gelten sowohl für Sommer- als auch für Winterreifen.

Achtung: Neureifen müssen seit 10/98 zusätzlich mit einer ECE-Prüfnummer an der Reifenflanke versehen sein. Diese Prüfnummer weist nach, dass der Reifen dem ECE-Standard entspricht. Reifen seit 10/98 **ohne** ECE-Prüfnummer haben keine Allgemeine Betriebserlaubnis (ABE).

Geschwindigkeits-Kennbuchstabe

Kennbuchstabe	Zulässige Höchstgeschwindigkeit
Q	160 km/h
S	180 km/h
T	190 km/h
H	210 km/h
V	240 km/h
W	270 km/h
Y	über 270 km/h
ZR	über 240 km/h

Reifen-Herstellungsdatum

Das Herstellungsdatum steht auf dem Reifen im Hersteller-Code.

Beispiel: DOT CUL2 UM8 3407 TUBELESS

DOT = Department of Transportation (US-Verkehrsministerium)
CU = Kürzel für Reifenhersteller
L2 = Reifengröße
UM8 = Reifenausführung
3407 = Herstellungsdatum = 34. Produktionswoche 2007
Hinweis: Falls anstelle der 4-stelligen Ziffer eine 3-stellige Ziffer gefolgt von einem ◁-Symbol aufgeführt ist, dann wurde der Reifen im vergangenen Jahrzehnt produziert. Die Bezeichnung 509◁ bedeutet beispielsweise: 50. Produktionswoche 1999.
TUBELESS = schlauchlos (TUBETYPE = Schlauchreifen)

Achtung: Neureifen müssen seit 10/98 zusätzlich mit einer ECE-Prüfnummer an der Reifenflanke versehen sein. Diese Prüfnummer weist nach, dass der Reifen dem ECE-Standard entspricht. Werden Reifen seit 10/98 **ohne** ECE-Prüfnummer montiert, erlischt die Allgemeine Betriebserlaubnis (ABE) des Fahrzeuges.

Beispiel Scheibenrad-Bezeichnungen: 6 J x 15

6 = Maulweite der Felge in Zoll
J = Kennbuchstabe für Höhe und Kontur des Felgenhorns (B = niedrigere Hornform)
x = Kennzeichen für einteilige Tiefbettfelge
15 = Felgen-Durchmesser in Zoll

Räder aus- und einbauen

Ausbau

- Stellung der Vorderräder zur Radnabe mit Farbe kennzeichnen. Dadurch kann das ausgewuchtete Rad wieder in derselben Position montiert werden. Radschrauben lösen, dabei muss das Fahrzeug auf dem Boden stehen. Fahrzeug vorn aufbocken und Vorderräder abnehmen.

Einbau

- Vorderräder so ansetzen, dass die beim Ausbau angebrachten Markierungen übereinstimmen. Vorher Zentriersitz der Felge an der Radnabe mit Wälzlagerfett dünn einfetten. Gewinde der Radschrauben **nicht** fetten oder ölen. Korrodierte Radschrauben erneuern. Räder anschrauben. Fahrzeug ablassen und Radschrauben über Kreuz mit **110 Nm** festziehen.

Auswuchten von Rädern

Die serienmäßigen Räder werden im Werk ausgewuchtet. Das Auswuchten ist notwendig, um unterschiedliche Gewichtsverteilung und Materialungenauigkeiten auszugleichen. Im Fahrbetrieb macht sich die Unwucht durch Trampel- und Flattererscheinungen bemerkbar. Das Lenkrad beginnt dann bei höherem Tempo zu zittern.

In der Regel tritt dieses Zittern nur in einem bestimmten Geschwindigkeitsbereich auf und verschwindet wieder bei niedrigerer und höherer Geschwindigkeit.

Solche Unwuchterscheinungen können mit der Zeit zu Schäden an Achsgelenken, Lenkgetriebe und Stoßdämpfern führen.

Räder nach jeder Reifenreparatur auswuchten lassen, da sich durch Abnutzung und Reparatur die Gewichts- und Materialverteilung am Reifen ändert.

Reifenpflegetipps

Reifen haben ein »Gedächtnis«. Unsachgemäße Behandlung – und dazu zählt beispielsweise auch schon schnelles oder häufiges Überfahren von Bordstein- oder Schienenkanten – führt deshalb zu Reifenpannen, mitunter sogar erst nach längerer Laufleistung.

Reifen reinigen

- Reifen generell **nicht** mit einem Dampfstrahlgerät reinigen. Wird die Düse des Dampfstrahlers zu nahe an den Reifen gehalten, dann wird die Gummischicht innerhalb weniger Sekunden irreparabel zerstört, selbst bei Verwendung von kaltem Wasser. Ein auf diese Weise gereinigter Reifen sollte sicherheitshalber ersetzt werden.
- Ersetzt werden sollte auch ein Reifen, der über längere Zeit mit Öl oder Fett in Berührung kam. Der Reifen quillt an den betreffenden Stellen zunächst auf, nimmt jedoch später wieder seine normale Form an und sieht äußerlich unbeschädigt aus. Die Belastungsfähigkeit des Reifens nimmt aber ab.

Reifen lagern

- Reifen sollten kühl, dunkel und trocken aufbewahrt werden. Sie dürfen nicht mit Fett und Öl in Berührung kommen.
- Räder liegend oder an den Felgen aufgehängt in der Garage oder im Keller lagern.
- Bevor die Räder abmontiert werden, Reifenfülldruck etwas erhöhen (ca. 0,3 – 0,5 bar).
- Für Winterreifen eigene Felgen verwenden, denn das Ummontieren der Reifen lohnt sich aus Kostengründen nicht.

Reifen einfahren

Neue Reifen haben vom Produktionsprozess her eine besonders glatte Oberfläche. Deshalb müssen neue Reifen – das gilt auch für das neue Ersatzrad – eingefahren werden. Bei diesem Einfahren raut sich durch die beginnende Abnutzung die glatte Oberfläche auf, das Haftvermögen des Reifens verbessert sich.

Während der ersten 300 km sollte man mit neuen Reifen speziell auf Nässe besonders vorsichtig fahren.

Fehlerhafte Reifenabnutzung

- In erster Linie ist auf vorschriftsmäßigen Reifenfülldruck zu achten, wobei alle 2 und längstens alle 4 Wochen eine Prüfung vorgenommen werden sollte.
- Reifenfülldruck nur bei kühlen Reifen prüfen. Der Reifenfülldruck steigt nämlich mit zunehmender Erhitzung bei schneller Fahrt an. Dennoch ist es völlig falsch, aus so erhitzten Reifen Luft abzulassen.

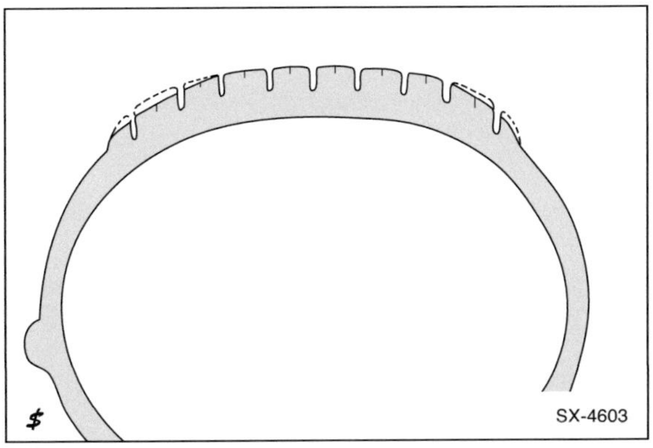

- An den Vorderrädern ist eine etwas größere Abnutzung der Reifenschultern gegenüber der Laufflächenmitte normal, wobei aufgrund der Straßenneigung die Abnutzung der zur Straßenmitte zeigenden Reifenschulter (linkes Rad: außen, rechtes Rad: innen) deutlicher ausgeprägt sein kann.
- Ungleichmäßiger Reifenverschleiß ist zumeist die Folge zu geringen oder zu hohen Reifenfülldrucks. Er kann auch auf Fehler in der Radeinstellung oder der Radauswuchtung sowie auf mangelhafte Stoßdämpfer oder Felgen zurückzuführen sein.
- Bei zu hohem Reifenfülldruck wird die Laufflächenmitte mehr abgenutzt, da der Reifen an der Lauffläche durch den hohen Innendruck mehr gewölbt ist.
- Bei zu niedrigem Reifenfülldruck liegt die Lauffläche an den Reifenschultern stärker auf, und die Laufflächenmitte wölbt sich nach innen durch. Dadurch ergibt sich ein stärkerer Reifenverschleiß der Reifenschultern.

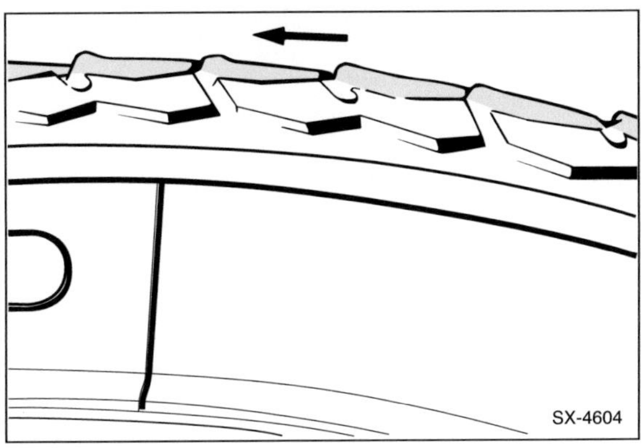

- Sägezahnförmige Abnutzung des Profils ist in der Regel auf eine Überbelastung des Fahrzeugs zurückzuführen.

Fahrzeug aufbocken

Bei Arbeiten unter dem Fahrzeug muss dieses, falls es nicht auf einer Hebebühne steht, auf zwei oder vier stabilen Unterstellböcken stehen.

Sicherheitshinweis
Wenn unter dem Fahrzeug gearbeitet werden soll, muss es mit geeigneten Unterstellböcken sicher abgestützt werden. Abstützen nur mit dem Wagenheber ist unzureichend. **Lebensgefahr!**

- Das Fahrzeug nur in unbeladenem Zustand auf ebener, fester Fläche aufbocken.
- Fahrzeug mit Unterstellböcken so abstützen, dass jeweils ein Bein seitlich nach außen zeigt.

Anheb- und Aufbockpunkte für Bordwagenheber

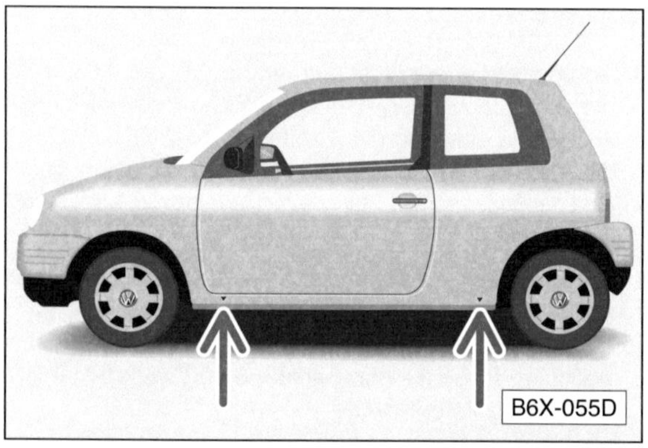

Die Aufnahmepunkte –Pfeile– für den Bordwagenheber sind am Schweller des Fahrzeugs durch Vertiefungen im Blech gekennzeichnet.

- Wagenheber an der senkrechten Versteifung des Unterholms im Bereich der eingeprägten Markierung ansetzen.
- Wagenheber hochkurbeln, bis das Rad vom Boden abgehoben hat. Fahrzeug mit Unterstellböcken abstützen.
- Die Räder, die beim Anheben auf dem Boden stehen bleiben, mit Keilen gegen Vor- oder Zurückrollen sichern. Nicht auf die Feststellbremse verlassen, diese muss bei einigen Reparaturen gelöst werden.

Aufnahmepunkte für Hebebühne und Werkstattwagenheber

Achtung: Um Beschädigungen am Unterbau zu vermeiden, geeignete Gummi- oder Holzzwischenlage verwenden. Der Wagen darf ausschließlich an den vorgesehenen Punkten angehoben werden, sonst können große Schäden entstehen.

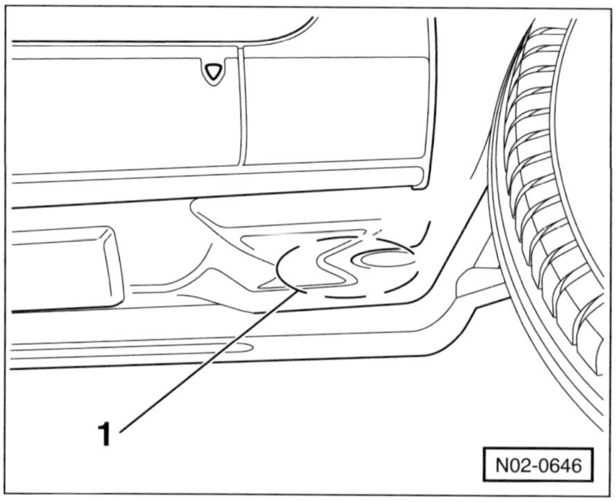

- **Vorn:** An der Querversteifung des Bodenblechs –Pfeil 1–. Aufnahmeteller am gestrichelten Bereich ansetzen.

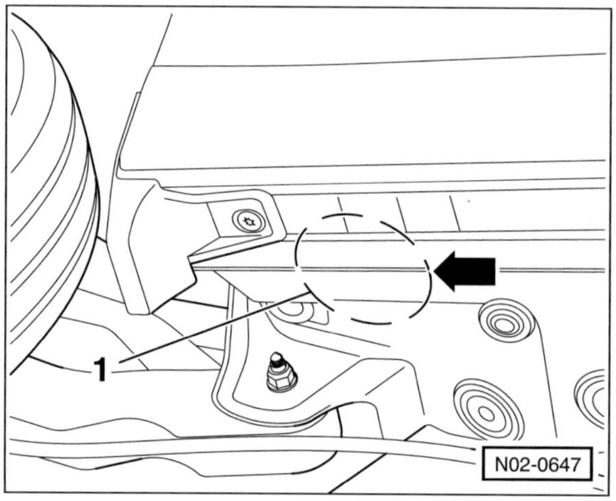

- **Hinten:** An der senkrechten Versteifung des Unterholms –Pfeil 1–. Aufnahmeteller im gestrichelten Bereich –Pfeil– ansetzen. Die Versteifung muss mittig auf dem Aufnahmeteller aufliegen und darf nicht beschädigt werden.

Achtung: Die Befestigungslasche des Längslenkers darf vom Aufnahmeteller nicht berührt werden, da sonst die Radführung beschädigt werden könnte.

Hinweis: Bei manchen Arbeiten ist es nötig, das Fahrzeug auf der Hebebühne festzuzurren, siehe Seite 127.

Lenkung

Aus dem Inhalt:

- Airbag
- Airbag-Sicherheitshinweise
- Lenkrad
- Spurstangenkopf
- Lenkgetriebe

Die Lenkbewegungen des Fahrers werden vom Lenkrad über die Lenksäule, das Lenkgetriebe und das Lenkgestänge auf die Vorderräder übertragen. Die Position des Lenkrades lässt sich in der Höhe stufenlos verstellen.

Bei Fahrzeugen mit Servolenkung wird durch die Lenkhilfe der Kraftaufwand beim Einschlagen der Räder verringert. Die Lenkunterstützung erfolgt beim LUPO/AROSA hydraulisch und beim LUPO 3L elektrisch.

Die hydraulische Lenkhilfe besteht aus der Ölpumpe, dem Vorratsbehälter und den Öldruckleitungen. Angetrieben wird die Ölpumpe über den Keilrippenriemen. Die Pumpe saugt das Hydrauliköl aus dem Vorratsbehälter an und fördert es mit hohem Druck zum Ventilkörper. Der Ventilkörper sitzt im Lenkgetriebe. Er ist mit der Lenksäule verbunden und leitet das Öl, je nach Lenkeinschlag, in die entsprechende Seite des Arbeitszylinders. Dort drückt das Öl gegen den Zahnstangenkolben und unterstützt dadurch die Lenkbewegung.

Beim LUPO 3L mit Servolenkung verstärkt ein Elektromotor die Lenkkraft. Dadurch wird das Gewicht reduziert, und die Lenkhilfe ist nur dann in Betrieb, wenn sie gebraucht wird. Das verringert den Kraftstoffverbrauch.

Im Lenkrad ist der Fahrer-**Airbag** untergebracht. Der Airbag ist ein zusammengefalteter Luftsack, der im Fall einer Frontalkollision aufgeblasen wird und dadurch Oberkörper und Kopf des Fahrers vor einem Aufprall auf das Lenkrad schützt. Bei einer entsprechend starken Frontalkollision wird über ein Steuergerät eine kleine Sprengladung in der Airbag-Einheit gezündet, und die Abgase der Explosion blasen den Luftsack innerhalb weniger Millisekunden auf. Diese Zeit reicht aus, um den Aufprall des Fahrer-Oberkörpers zu dämpfen. Der Airbag fällt anschließend in sich zusammen, da die Gase durch Austrittsöffnungen entweichen.

Achtung: Schweiß- und Richtarbeiten an Lenkungsteilen sind nicht zulässig. Selbstsichernde Muttern immer ersetzen.

Airbag-Sicherheitshinweise

Neben dem Fahrer-Airbag gibt es auch den Beifahrer-Airbag sowie Seitenairbags. Wird auf dem Beifahrersitz ein gegen die Fahrtrichtung angeordneter Babysitz montiert, muss der Beifahrer-Airbag deaktiviert werden. Diese Arbeit kann nur von einer VW-Werkstatt durchgeführt werden. Außerdem muss ein entsprechendes Warnschild (kein Babysitz vorn) an Türholm, Sonnenblende oder Armaturenbrett auf der rechten Fahrzeugseite vorhanden sein, sonst kann es bei einer polizeilichen Überprüfung zu einem Bußgeldverfahren kommen.

Bei Ausstattung mit Seitenairbags dürfen für die Sitze nur spezielle und von VW freigegebene Bezüge verwendet werden.

Vor dem Ausbau der Airbageinheit folgende Punkte unbedingt beachten:

- Batterie-Massekabel (–) bei ausgeschalteter Zündung abklemmen. **Achtung:** Dadurch werden elektronische Speicher gelöscht, wie zum Beispiel bei bestimmten Radios der Radiocode. Ohne Code kann das Radio nicht mehr in Betrieb genommen werden. Deshalb Hinweise im Kapitel »Batterie aus- und einbauen« durchlesen.
- Minuspol (–) der Batterie isolieren, um versehentlichen Kontakt zu vermeiden.
- Räder in Geradeausstellung bringen.

Achtung: Werden diese Hinweise nicht beachtet, kann es im späteren Betrieb zum Ausfall des Airbag-Systems kommen.

Allgemeine Hinweise:

- Nach dem elektrischen Anschließen der Fahrer-Airbageinheit, vor dem Anklemmen der Batterie die Zündung einschalten, Zündschlüssel steht auf Position »Fahren«.
- Beim Anklemmen der Batterie darf sich keine Person im Innenraum des Fahrzeuges aufhalten.
- Die Airbageinheit ist im ausgebauten Zustand immer so abzulegen, dass die gepolsterte Seite nach oben zeigt.
- Bei Arbeitsunterbrechung die Airbageinheit nicht unbeaufsichtigt liegen lassen.
- Die Airbageinheit darf nicht zerlegt werden, bei Defekt ist sie immer komplett zu ersetzen. Da die Airbageinheit Explosivstoffe enthält, ist sie unter Verschluss oder geeigneter Aufsicht aufzubewahren. Die Entsorgung sollte die Fachwerkstatt vornehmen.
- Das Airbagsystem darf nur in der Fachwerkstatt geprüft werden. Keinesfalls mit Prüflampe, Voltmeter oder Ohmmeter prüfen.
- Die Airbageinheit darf nicht mit Flüssigkeiten wie Fett oder Reinigungsmitteln behandelt werden.
- Eine Airbageinheit, die auf eine harte Unterlage herabgefallen ist oder Beschädigungen aufweist, darf nicht mehr eingebaut werden.

Airbageinheit auf der Fahrerseite aus- und einbauen

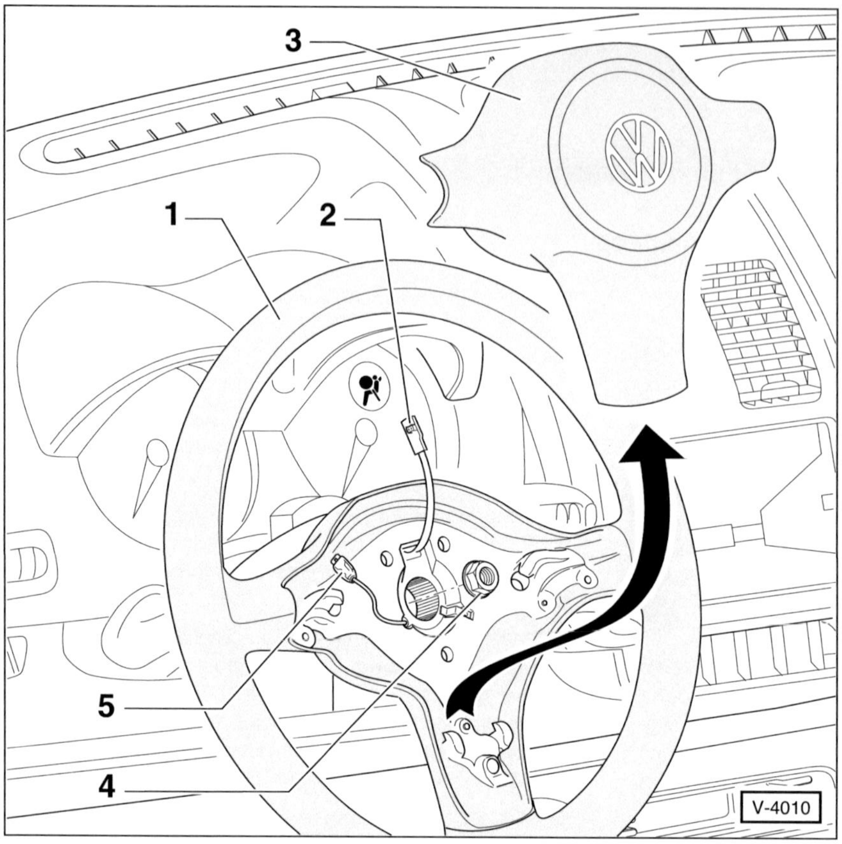

LUPO

1 – Lenkrad

2 – Stecker
Für Airbageinheit.

3 – Airbageinheit

4 – Sechskant-Bundmutter, 50 Nm

5 – Stecker
Für Signalhorn.

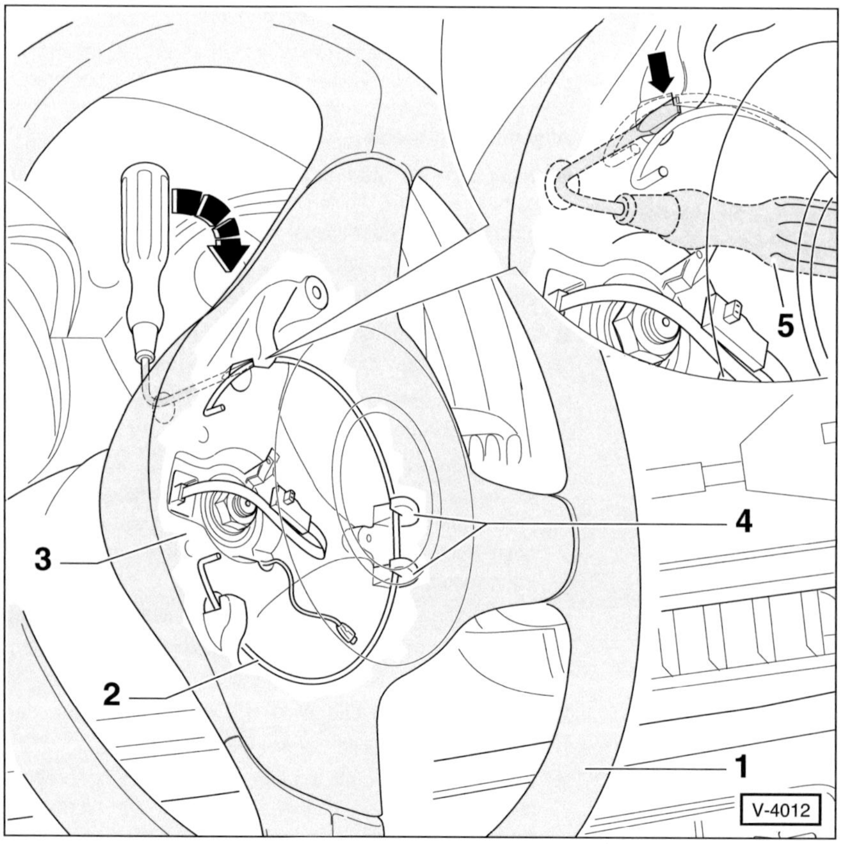

Achtung: Bevor die Airbageinheit ausgebaut wird, unbedingt die »Airbag-Sicherheitshinweise« durchlesen, siehe Seite 135.

LUPO

Ausbau

Die Bezeichnungen beziehen sich auf Abbildung V-4012.

- Batterie-Massekabel (–) bei ausgeschalteter Zündung abklemmen. **Achtung:** Dadurch werden elektronische Speicher gelöscht, wie zum Beispiel bei bestimmten Radios der Radiocode. Ohne Code kann das Radio nicht mehr in Betrieb genommen werden. Deshalb Hinweise im Kapitel »Batterie aus- und einbauen« durchlesen.
- Minuspol (–) der Batterie mit Isolierband abkleben, um versehentlichen Kontakt zu vermeiden.
- Räder in Geradeausstellung, Lenkrad in Mittelstellung bringen.
- Lenkrad –1– um 90° drehen, bis die waagerechten Lenkradspeichen senkrecht stehen.
- Mit der Lenkradverstellung die Lenksäule ganz auf die unterste Position stellen.

Hinweis: Für die folgenden Arbeiten wird ein abgewinkelter Schraubendreher benötigt, beispielsweise HAZET-2525-1. Gegebenenfalls einen ca. 5 mm breiten Schraubendreher auf 55 mm Länge abwinkeln.

- Schraubendreher –5–, von der Rückseite des Lenkrades her, in die Bohrung am Lenkradtopf stecken.
- Schraubendreher um 90° drehen. Dadurch wird der Sicherungsring –2– von der Rastnase im Lenkradtopf abgedrückt und somit wird die Airbageinheit –3– auf dieser Seite entriegelt.
- Lenkrad um 180° zurück drehen und zweiten Rasthaken auf der gegenüberliegenden Seite auf die gleiche Weise entriegeln.
- Lenkrad in Mittelstellung bringen.
- Airbageinheit an den waagerechten Speichen anfassen und aus der senkrechten Verankerung –4– herausziehen.
- Steckverbindungen für Hupe und für Airbageinheit an der Airbageinheit abziehen.

Einbau

- Steckverbindungen an der Airbageinheit aufschieben.
- Airbageinheit in Einbaulage am Lenkrad ansetzen.
- Airbageinheit zuerst am waagerechten Speichenbereich und dann an der senkrechten Lenkradspeiche vorsichtig andrücken und dadurch einrasten.
- Zündung einschalten. Zündschlüssel steht auf Position »Fahren«. Die Batterie ist noch nicht angeklemmt.

> **Sicherheitshinweis**
> **Während des Anklemmens der Batterie dürfen sich keine Personen im Fahrzeug aufhalten.**

- Batterie-Massekabel (–) bei eingeschalteter Zündung anklemmen.
- Zeituhr stellen und gegebenenfalls Radiocode eingeben sowie Hoch-/Tieflaufautomatik für elektrische Fensterheber aktivieren, siehe Kapitel »Batterie aus- und einbauen«.

LUPO 3L

Ausbau

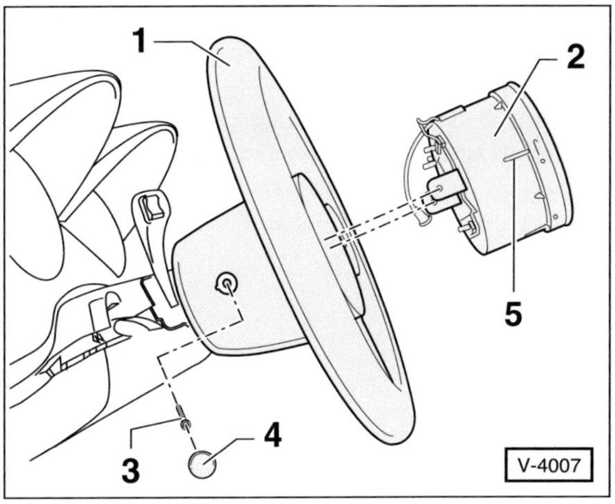

- Batterie-Massekabel (–) bei ausgeschalteter Zündung abklemmen. **Achtung:** Dadurch werden elektronische Speicher gelöscht, wie zum Beispiel bei bestimmten Radios der Radiocode. Ohne Code kann das Radio nicht mehr in Betrieb genommen werden. Deshalb Hinweise im Kapitel »Batterie aus- und einbauen« durchlesen.
- Minuspol (–) der Batterie mit Isolierband abkleben, um versehentlichen Kontakt zu vermeiden.
- Abdeckkappe –4– abnehmen.
- Schrauben –3– auf beiden Seiten des Lenkrads ausschrauben.
- Airbageinheit –2– vorsichtig aus dem Lenkrad –1– herausziehen.
- Steckverbindungen an der Airbageinheit abziehen.

Einbau

- Steckverbindungen an der Airbageinheit aufschieben.
- Airbageinheit in Einbaulage am Lenkrad ansetzen.
- Airbageinheit in die Einbauöffnung am Lenkrad einführen, dabei darauf achten, dass die Nase –5– in die seitliche Nut eingreift.
- Airbageinheit etwas andrücken und links und rechts am Lenkrad mit **neuen** Schrauben anschrauben. Schrauben nur ganz leicht, mit **5 Nm**, festziehen.
- Zündung einschalten. Zündschlüssel steht auf Position »Fahren«. Die Batterie ist noch nicht angeklemmt.

> **Sicherheitshinweis**
> **Während des Anklemmens der Batterie dürfen sich keine Personen im Fahrzeug aufhalten.**

- Batterie-Massekabel (–) bei eingeschalteter Zündung anklemmen.
- Zeituhr stellen und gegebenenfalls Radiocode eingeben sowie Hoch-/Tieflaufautomatik für elektrische Fensterheber aktivieren, siehe Kapitel »Batterie aus- und einbauen«.

AROSA

Ausbau

- Batterie-Massekabel (–) bei ausgeschalteter Zündung abklemmen. **Achtung:** Dadurch werden elektronische Speicher gelöscht, wie zum Beispiel bei bestimmten Radios der Radiocode. Ohne Code kann das Radio nicht mehr in Betrieb genommen werden. Deshalb Hinweise im Kapitel »Batterie aus- und einbauen« durchlesen.
- Minuspol (–) der Batterie mit Isolieband abkleben, um versehentlichen Kontakt zu vermeiden.

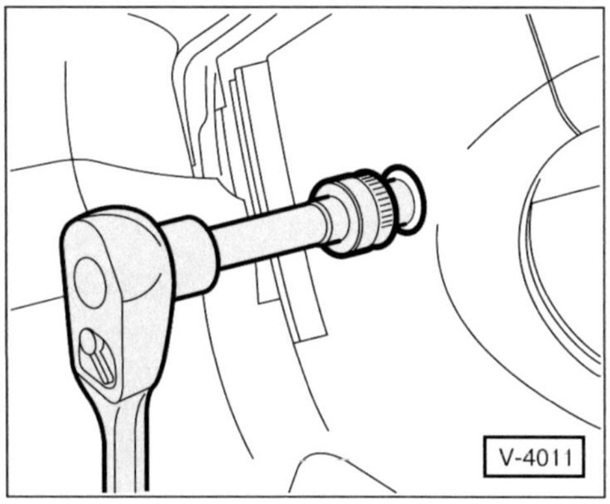

- Beide Innensechskantschrauben für Airbageinheit hinten am Lenkrad abschrauben.
- Airbageinheit vom Lenkrad abnehmen.
- Steckverbindungen von der Airbageinheit abziehen.

Einbau

- Steckverbindungen an der Airbageinheit aufstecken.
- Airbageinheit in Einbaulage am Lenkrad ansetzen.
- Airbageinheit mit **neuen** Innensechskantschrauben ganz leicht, mit **7 Nm**, von hinten am Lenkrad anschrauben.
- Zündung einschalten. Zündschlüssel steht auf Position »Fahren«. Die Batterie ist noch nicht angeklemmt.

Sicherheitshinweis
Während des Anklemmens der Batterie dürfen sich keine Personen im Fahrzeug aufhalten.

- Batterie-Massekabel (–) bei eingeschalteter Zündung anklemmen.
- Zeituhr stellen und gegebenenfalls Radiocode eingeben sowie Hoch-/Tieflaufautomatik für elektrische Fensterheber aktivieren, siehe Kapitel »Batterie aus- und einbauen«.

Lenkrad aus- und einbauen

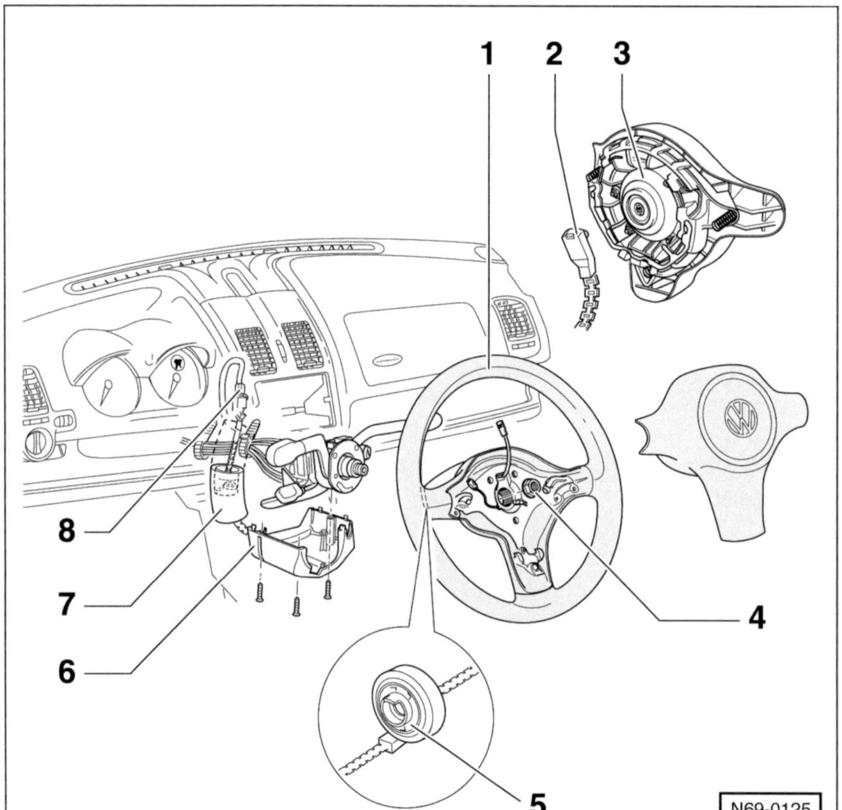

LUPO

1 – Lenkrad
2 – Stecker
3 – Airbageinheit
4 – Sechskant-Bundmutter, 50 Nm
5 – Rückstellring mit Schleifring
6 – Lenksäulenverkleidung unten
7 – Schaumstoffrohr
8 – Steckverbindung

Achtung: Der Aus- und Einbau des Lenkrades wird für den LUPO beschrieben. Beim LUPO 3L und beim AROSA ist entsprechend vorzugehen. Hinweise für den Aus- und Einbau des Lenkrades beim AROSA stehen am Ende des Kapitels.

Ausbau

- Airbageinheit ausbauen, siehe entsprechendes Kapitel.
- Untere Lenksäulenverkleidung –6– ausbauen, siehe Seite 257.
- Schaumstoffrohr –7– von der Steckverbindung –8– ziehen und Steckverbindung trennen.
- Räder in Geradeausstellung, Lenkrad in Mittelstellung bringen.
- Sechskantmutter –4– abschrauben und Lenkrad von der Lenksäule abziehen.

Achtung: Der Rückstellring mit Schleifring –5– verbleibt am Lenkrad.

Einbau

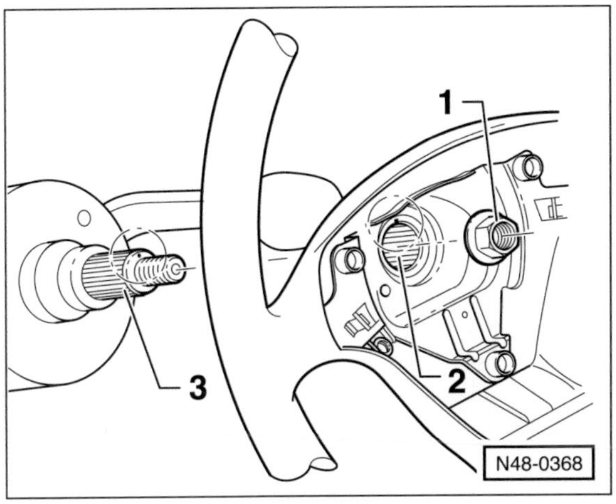

- Lenkrad so aufsetzen, dass die Strichmarkierung auf der Lenkradnabe –2– und der Körnerpunkt auf der Lenksäule –3– fluchten. Strichmarkierung und Körnerpunkt sind in der Abbildung durch gestrichelte Kreise dargestellt.

Hinweis: Wird eine neue Lenksäule eingebaut, so ist auf der neuen Lenksäule kein Körnerpunkt vorhanden.

- Sechskant-Bundmutter mit **50 Nm** anziehen.
- Steckverbindung zusammenfügen und Schaumstoffrohr über die Steckverbindung schieben.
- Untere Lenksäulenverkleidung einbauen, siehe Seite 257.
- Airbageinheit einbauen, siehe entsprechendes Kapitel.

Speziell AROSA

- Die Steckverbindung –8– ist bei manchen Fahrzeugen nicht mit einer Schaumstoffhülle abgedeckt, siehe Abbildung N69-0125.

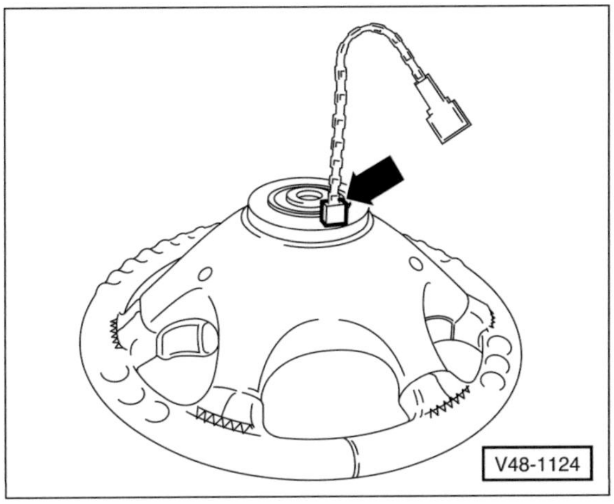

- Nach dem Abziehen des Lenkrades von der Lenksäule Rückstellring geringfügig drehen, bis das Kabel –Pfeil– nach unten zeigt. Dazu das Lenkrad in Einbaulage halten. Der Rückstellring rastet in dieser Stellung ein und ist gegen Verdrehen gesichert. **Bei Nichtbeachtung kann die Wickelfeder des Rückstellrings beim Lenkradeinschlag im späteren Fahrbetrieb überdreht und dadurch zerstört werden**.

Mechanisches Lenkgetriebe/Spurstangen/Spurstangenköpfe

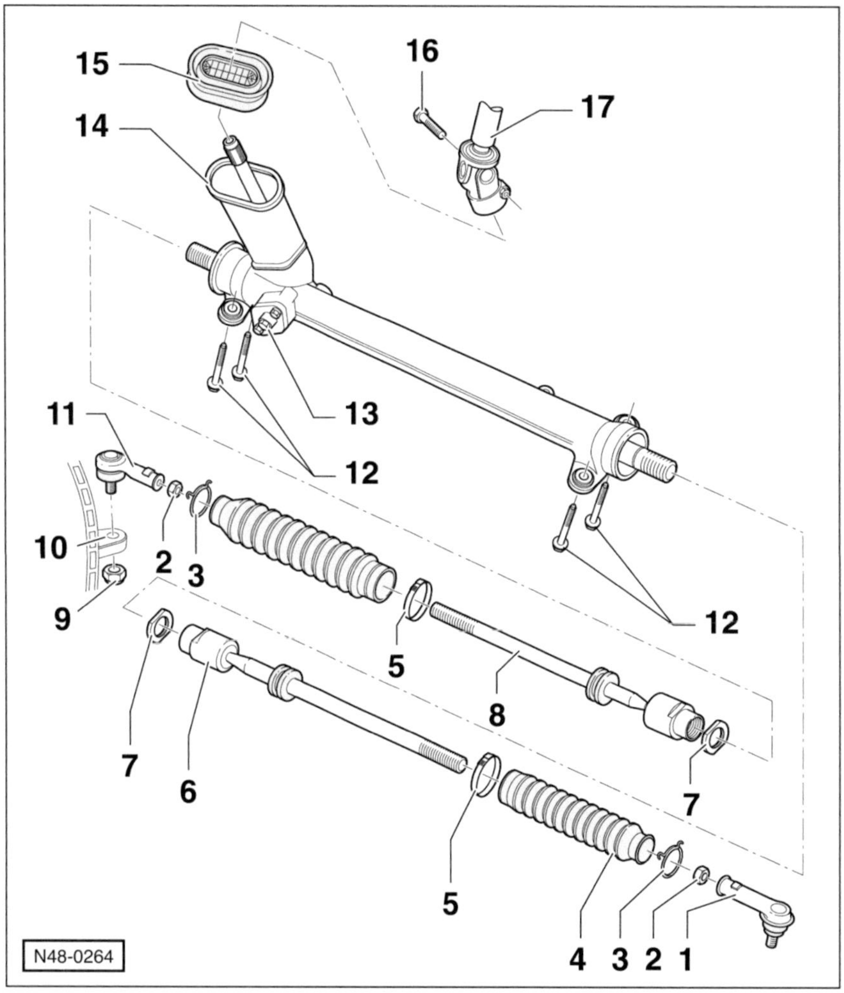

LUPO/AROSA

1 – **Spurstangenkopf rechts**

2 – **Sechskantmutter, 50 Nm**

3 – **Spannring**
Ösen zeigen in Einbaulage nach oben.

4 – **Faltenbalg**
Darf nach dem Spur einstellen nicht verdrillt sein. Kann auch bei eingebautem Lenkgetriebe ersetzt werden.

5 – **Klemmschelle**

6 – **Spurstange rechts**
Kann nur bei ausgebautem Lenkgetriebe ersetzt werden (Werkstattarbeit).

7 – **Kontermutter, 50 Nm**

8 – **Spurstange links**
Kann nur bei ausgebautem Lenkgetriebe ersetzt werden (Werkstattarbeit).

9 – **Mutter, 30 Nm**
Selbstsichernd, immer ersetzen.

10 – **Lenkspurhebel**

11 – **Spurstangenkopf links**

12 – **Schraube, 30 Nm**

13 – **Einstellschraube**

14 – **Lenkgetriebe**

15 – **Dichtung**
»TOP« zeigt nach oben.

16 – **Schraube, 30 Nm**

17 – **Gelenkwelle für Lenksäule**

Spurstangenkopf aus- und einbauen

Die Spurstangenköpfe müssen frei von Spiel sein, und die Staubkappen dürfen keine Beschädigungen aufweisen. Gegebenenfalls müssen die Spurstangenköpfe beziehungsweise die Staubkappen sofort erneuert werden. Die Spurstangenköpfe links und rechts sind unterschiedlich, daher beim Ersatzteilkauf auf die richtige Zuordnung achten.

Ausbau

- Stellung des jeweiligen Vorderrades zur Radnabe mit Farbe kennzeichnen. Dadurch kann das ausgewuchtete Rad wieder in derselben Position montiert werden. Radschrauben lösen, dabei muss das Fahrzeug auf dem Boden stehen. Fahrzeug vorn aufbocken und Vorderrad abnehmen.

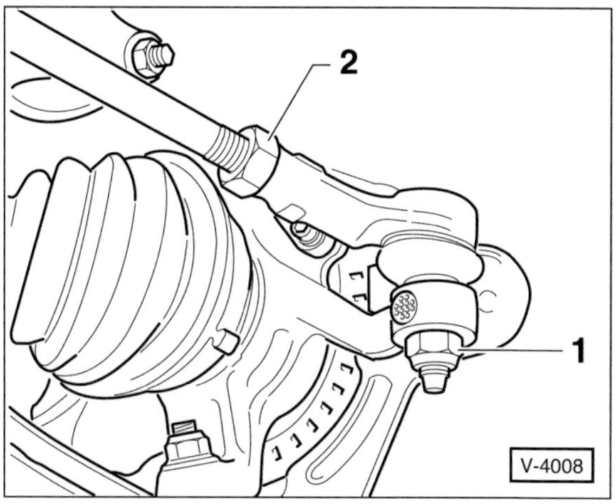

- Befestigungsmutter –1– am Gelenkzapfen des Spurstangenkopfs abschrauben. Dabei den Gelenkzapfen mit Innensechskantschlüssel gegenhalten.

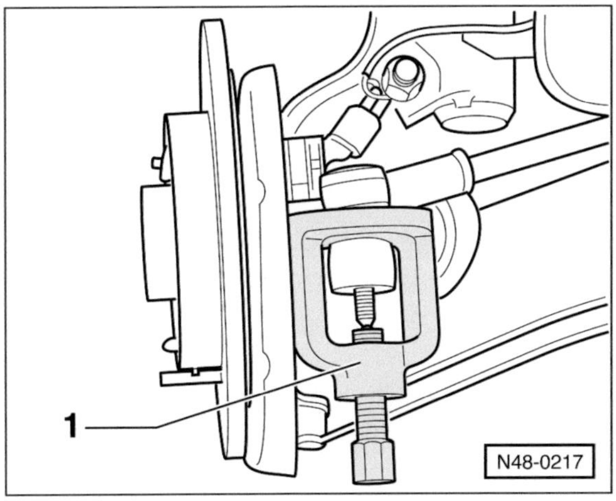

- Spurstange vom Lenkspurhebel abdrücken. Dazu einen handelsüblichen Abdrücker –1– verwenden, zum Beispiel HAZET 779 oder KUKKO 128/2.
- Kontermutter –2– für Spurstangenkopf an der Spurstange lösen, siehe Abbildung V-4008.
- Spurstangenkopf von der Spurstange abschrauben, dabei die Anzahl der benötigten Umdrehungen zählen und für den späteren Einbau notieren.

Einbau

- Spurstangenkopf mit der gleichen, notierten Anzahl von Umdrehungen auf die Spurstange aufschrauben. Kontermutter handfest anziehen.
- Spurstangenkopf in den Lenkspurhebel am Radlagergehäuse einsetzen und **neue** selbstsichernde Mutter mit **30 Nm** (LUPO-FSI/GTI: **35 Nm**) festziehen. Gelenkzapfen dabei mit Innensechskantschlüssel gegenhalten.
- Kontermutter für Spurstangenkopf auf der Spurstange mit **50 Nm** gegen den Spurstangenkopf festziehen. Spurstangenkopf dabei mit Maulschlüssel gegenhalten.
- Vorderrad so ansetzen, dass die beim Ausbau angebrachte Markierung übereinstimmt. Vorher Zentriersitz der Felge an der Radnabe mit Wälzlagerfett dünn einfetten. Gewinde der Radschrauben **nicht** fetten oder ölen. Korrodierte Radschrauben erneuern. Rad anschrauben. Fahrzeug ablassen und Radschrauben über Kreuz mit **110 Nm** festziehen.
- Spureinstellung der Vorderachse prüfen lassen, Einstellwerte siehe Seite 115.

Servopumpe/Vorratsbehälter

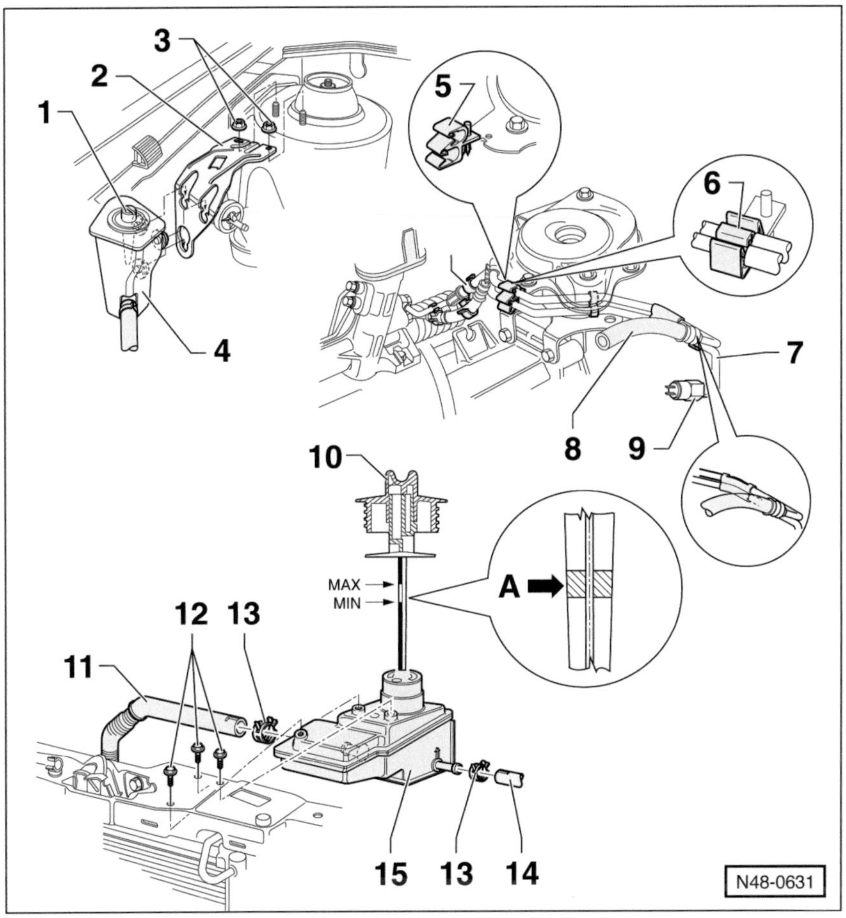

Achtung: Ersatzteilpumpe vor dem Einbau unbedingt mit Hydrauliköl G 002 000 füllen und einige Male von Hand durchdrehen. System-Füllmenge: 0,7 – 0,9 l.

1 – **Verschlussdeckel mit Peilstab**

2 – **Halter am Federbeindom**

3 – **Mutter, 22 Nm**

4 – **Vorratsbehälter**
Benzinmotor.

5 – **Halter am Getriebelager**

6 – **Halter am Getriebelager**
Nur 1,0-l-Motor.

7 – **Saugschlauch**

8 – **Rücklaufschlauch**

9 – **Druckschalter, 15 Nm**

10 – **Verschlussdeckel mit Peilstab**
Bei einer Motortemperatur von ca. 50° C muss der Ölstand zwischen der Min.- und der Max.-Markierung liegen.

11 – **Saugschlauch**
Farbmarkierung fluchtet mit Pfeil auf Vorratsbehälter.

12 – **Schraube, 5 Nm**

13 – **Federbandschelle**

14 – **Rücklaufschlauch**
Farbmarkierung fluchtet mit Pfeil auf Vorratsbehälter.

15 – **Vorratsbehälter**
Nur bei Dieselmotor.

Bremsanlage

Aus dem Inhalt:

- **Bremsbeläge wechseln**
- **Bremsscheibe prüfen**
- **Bremsscheibe wechseln**
- **Bremse entlüften**
- **Handbremse einstellen**
- **ABS/EBV/ESBS/MSR**
- **Handbremsseil**
- **Bremskraftverstärker**
- **Bremslichtschalter**

Das Bremssystem besteht aus dem Bremskraftverstärker, dem Hauptbremszylinder, gegebenenfalls mit nachgeschaltetem ABS-Gerät, sowie den Bremsen für die Vorder- und Hinterräder. Das hydraulische Bremssystem ist in zwei Kreise aufgeteilt, die diagonal wirken. Ein Bremskreis arbeitet vorn rechts/hinten links, der zweite vorn links/hinten rechts. Dadurch bremst bei Ausfall eines Bremskreises ein Vorderrad und das entgegengesetzte Hinterrad.

An den Vorderrädern sind Scheibenbremsen eingebaut, die zur besseren Wärmeabfuhr innenbelüftet sind. Die Hinterräder werden durch Trommelbremsen oder durch Scheibenbremsen verzögert. Beim AROSA kommen an den Vorderrädern teilweise auch massive, nicht belüftete Bremsscheiben zum Einsatz.

Der Bremskraftverstärker speichert bei Fahrzeugen mit Benzinmotor einen Teil des vom Motor erzeugten Ansaugunterdruckes. Beim Betätigen des Bremspedals wird dann die Pedalkraft durch den Unterdruck verstärkt. Da beim Dieselmotor der Ansaug-Unterdruck nicht vorhanden ist, erzeugt eine Vakuumpumpe den Unterdruck für den Bremskraftverstärker. Die Vakuumpumpe ist beim 1,2-/1,4-l-Dieselmotor am Zylinderkopf und beim 1,7-l-Dieselmotor am Motorblock angeflanscht. Angetrieben wird die Unterdruckpumpe von der Nockenwelle beziehungsweise von der Zwischenwelle im Motorblock.

Die Scheibenbremsen sind mit so genannten Faustsätteln ausgestattet. Bei einem Faustsattel wird nur ein Bremskolben benötigt, um beide Bremsbeläge gegen die Bremsscheibe zu drücken.

Die Handbremse wirkt über Seilzüge auf die Hinterräder.

Sicherheitshinweis
Das Arbeiten an der Bremsanlage erfordert peinliche Sauberkeit und eine exakte Arbeitsweise. Falls die nötige Arbeitserfahrung fehlt, sollten Arbeiten an der Bremse in einer Fachwerkstatt durchgeführt werden.

Die Bremsbeläge sind Bestandteil der Allgemeinen Betriebserlaubnis (ABE), außerdem sind sie vom Werk auf das jeweilige Fahrzeugmodell abgestimmt. Es empfiehlt sich deshalb, nur die vom Automobilhersteller beziehungsweise vom Kraftfahrtbundesamt freigegebenen Bremsbeläge zu verwenden. Diese Bremsbeläge haben eine KBA-Freigabenummer.

Hinweis: Auf stark regennassen Fahrbahnen sollte während des Fahrens die Bremse von Zeit zu Zeit betätigt werden, um die Bremsscheiben von Rückständen zu befreien. Durch die Drehbewegung der Bremsscheiben wird während der Fahrt zwar das Wasser von den Bremsscheiben geschleudert, doch bleibt teilweise ein dünner Film von Silikonen, Gummiabrieb, Fett und Verschmutzungen zurück, der das Ansprechen der Bremse vermindert.

Eingebrannter Schmutz auf den Bremsbelägen und zugesetzte Regennuten in den Bremsbelägen führen zur Riefenbildung auf den Bremsscheiben. Dadurch kann eine verminderte Bremswirkung eintreten.

Sicherheitshinweis
Beim Reinigen der Bremsanlage fällt Bremsstaub an. Dieser Staub kann zu gesundheitlichen Schäden führen. Deshalb beim Reinigen der Bremsanlage darauf achten, dass der Bremsstaub nicht eingeatmet wird.

ABS/EBV/ESBS/MSR

ABS: Das **A**nti-**B**lockier-**S**ystem verhindert bei scharfem Abbremsen das Blockieren der Räder, dadurch bleibt das Fahrzeug lenkbar.

EBV: Die **E**lektronische **B**remskraft**v**erteilung verteilt mittels ABS-Hydraulik die Bremskraft an die Hinterräder. Da die elektronische EBV-Steuerung wesentlich sensibler arbeitet als ein mechanisch wirkender Bremskraftregler, wird ein deutlich größerer Regelbereich ausgenutzt.

Bei Geradeausfahrt wird die Hinterradbremse voll an der Bremsleistung beteiligt. Um auch bei Kurvenbremsungen die Fahrstabilität zu gewährleisten, muss der Bremskraftanteil der Hinterachse reduziert werden. Über die ABS-Drehzahlsensoren erkennt die EBV, ob das Fahrzeug geradeaus oder durch eine Kurve fährt. Bei Kurvenfahrt wird der Bremsdruck für die Hinterräder reduziert. Dadurch können die Hinterräder die maximale Seitenführungskraft aufbringen.

ESBS: Das **E**lektronische **S**tabilitäts-**B**rems**s**ystem vermindert die Schleudergefahr bei starkem Bremsen, insbesondere während der Kurvenfahrt. Beginnt beispielsweise das Heck des Fahrzeugs beim Bremsen in der Kurve auszubrechen, verringert ESBS über die ABS-Hydraulik die Bremskraft an den kurveninneren Rädern und stabilisiert dadurch das Fahrzeug. Schiebt das Fahrzeug beim starken Bremsen in der Kurve geradeaus, wird automatisch der Bremsdruck an den Vorderrädern reduziert. Dadurch erhöhen sich die Radführungskräfte an den Vorderrädern und das Fahrzeug bleibt in der Spur.

MSR: Die **M**otor-**S**chleppmoment-**R**egelung ist in die Modelle mit Dieselmotor eingebaut. Sie verhindert das Blockieren der Antriebsräder auf glatter Fahrbahn, wenn der Fahrer den Fuß schnell vom Gaspedal nimmt. Dann sendet das ABS-Steuergerät ein Signal an das Motorsteuergerät. Dieses erhöht kurzzeitig die Motordrehzahl, so dass die Räder wieder frei drehen und das Fahrzeug lenkfähig bleibt.

Hinweise zur ABS/EBV/ESBS/MSR-Anlage

Eine Sicherheitsschaltung im elektronischen Steuergerät sorgt dafür, dass sich die Anlage bei einem Defekt (zum Beispiel Kabelbruch) oder bei zu niedriger Betriebsspannung (Batteriespannung unter 10 Volt) selbst abschaltet. Angezeigt wird dies durch das Leuchten der Kontrolllampen im Armaturenbrett. Die herkömmliche Bremsanlage bleibt dabei in Betrieb. Das Fahrzeug verhält sich dann beispielsweise beim Bremsen so, als ob keine ABS-Anlage eingebaut wäre.

Sicherheitshinweis
Wenn während der Fahrt die beiden Kontrollleuchten für ABS **und** für Bremsanlage leuchten, können bei starkem Bremsen die Hinterräder blockieren, da die Bremskraftverteilung (EBV) ausgefallen ist.

Leuchten eine oder mehrere Kontrolllampen im Armaturenbrett während der Fahrt auf, folgende Punkte beachten:

- Fahrzeug kurz anhalten, Motor abstellen und wieder starten.
- Batteriespannung prüfen. Wenn die Spannung unter 10,5 Volt liegt, Batterie laden.

Achtung: Wenn die Kontrollleuchten am Anfang einer Fahrt aufleuchten und nach einiger Zeit wieder erlöschen, deutet das darauf hin, dass die Batteriespannung zunächst zu gering war und sich während der Fahrt durch Ladung vom Generator wieder erhöht hat.

- Prüfen, ob die Batterieklemmen richtig festgezogen sind und einwandfreien Kontakt haben.
- Fahrzeug aufbocken, Räder abnehmen, elektrische Leitungen zu den Drehzahlfühlern auf äußere Beschädigungen (Scheuerstellen) prüfen. Weitere Prüfungen der ABS/EBV/ESBS/MSR-Anlage sollten der Werkstatt vorbehalten bleiben.

Achtung: Vor Schweißarbeiten mit einem elektrischen Schweißgerät muss der Stecker von der Hydraulik-Steuereinheit im Motorraum abgezogen werden. Stecker nur bei ausgeschalteter Zündung abziehen. Bei Lackierarbeiten darf das Steuergerät kurzzeitig mit max. +95° C, langzeitig (max. 2 Stunden) mit +85° C belastet werden.

Technische Daten Bremsanlage

Scheibenbremse

Modell	AROSA	AROSA/LUPO	LUPO 3L	AROSA/LUPO	LUPO GTI	AROSA/LUPO
Motor	–	–	1,2-l TDI-PD	1,4-l 75 PS Diesel 1,4-l 100/105 PS	1,6-l 125 PS	–
Bremsen-Typ	VW I	VW II	FSI-AL	Lucas	Lucas	–
Bremsscheibenart	massiv	belüftet	belüftet	belüftet	belüftet	massiv
Einbauposition	vorn	vorn	vorn	vorn	vorn	hinten
Bremsscheibendurchmesser	239 mm	239 mm	239 mm	256 mm	256 mm	232 mm
Bremsscheibendicke neu	10 mm	18 mm	15 mm	20 mm	25 mm	9 mm
Verschleißgrenze Bremsscheiben-Dicke	8 mm	16 mm	13 mm	18 mm	23 mm	7 mm
Bremsbelagdicke, neu	12 mm	12 mm	14 mm	11 mm	11 mm	12 mm
Mindestdicke der Bremsbeläge mit Rückenplatte	7 mm	7 mm	7 mm	7 mm	7 mm	7,5 mm

Trommelbremse

Modell	AROSA ohne ABS	AROSA/LUPO	LUPO 3L
Trommeldurchmesser neu	180 mm	200 mm	180 mm
Verschleißgrenze	181,5 mm	201,5 mm	181,5 mm
Mindestdicke der Bremsbeläge ohne Bremsbelagträger (Bremsbacke)	2,5 mm	2,5 mm	2,5 mm
Durchmesser des Radbremszylinders	15,87 mm	15,87 mm	15,87 mm

Achtung: Wird bei der Messung der Bremsbelagdicke die Mindestdicke unterschritten, Beläge wechseln.

Vorderradbremse/Scheibenbremsbeläge aus- und einbauen

LUPO/AROSA mit 1,0-/1,4-/1,7-l-Motor 37/44/55 kW (50/60/75 PS)

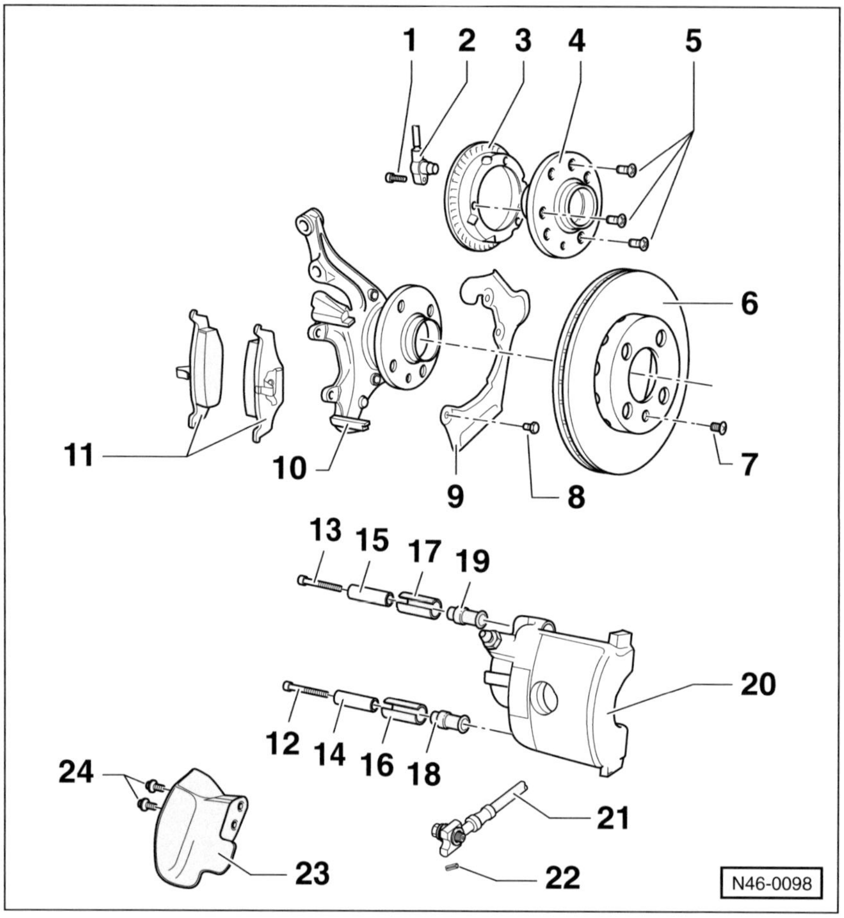

VW-II-Bremse

- **1 – Innensechskantschraube, 10 Nm**
- **2 – Drehzahlfühler ABS**
  Bohrung für Drehzahlfühler reinigen. Mit VW-Festschmierstoffpaste G 000 650 einsetzen.
- **3 – Rotor für Drehzahlfühler ABS**
- **4 – Radnabe**
- **5 – Kreuzschlitzschraube**
- **6 – Bremsscheibe innenbelüftet**
- **7 – Kreuzschlitzschraube, 4 Nm**
- **8 – Schraube, 10 Nm**
- **9 – Abdeckblech**
- **10 – Radlagergehäuse**
- **11 – Bremsbeläge**
  Dicke prüfen. Achsweise ersetzen.
- **12 – Innensechskantschraube unten, 25 Nm**
- **13 – Innensechskantschraube oben, 25 Nm**
- **14 – Abstandshülse unten**
- **15 – Abstandshülse oben**
- **16 – Buchse unten**
- **17 – Buchse oben**
- **18 – Hülse unten**
- **19 – Hülse oben**
- **20 – Bremssattel**
- **21 – Bremsschlauch**
  Mit Hohlschraube und Dichtringen. Anzugsmoment für Hohlschraube: **35 Nm**.
- **22 – Spannhülse**
- **23 – Luftführung**
- **24 – Schraube, 10 Nm**

Achtung: Die Bremsbeläge sind Bestandteil der Allgemeinen Betriebserlaubnis (ABE), außerdem sind sie vom Werk auf das jeweilige Fahrzeugmodell abgestimmt. Es empfiehlt sich deshalb, nur vom Werk freigegebene Bremsbeläge zu verwenden.

Ausbau

- Stellung der Vorderräder zur Radnabe mit Farbe kennzeichnen. Dadurch kann das ausgewuchtete Rad wieder in derselben Position montiert werden. Radschrauben lösen, dabei muss das Fahrzeug auf dem Boden stehen. Fahrzeug vorn aufbocken und Vorderräder abnehmen.

Achtung: Sollen die Bremsbeläge wieder verwendet werden, so müssen sie beim Ausbau gekennzeichnet werden. Ein Wechsel der Beläge von der Außen- zur Innenseite und umgekehrt, oder auch vom rechten zum linken Rad ist nicht zulässig. Der Wechsel kann zu ungleichmäßiger Bremswirkung führen. Es empfiehlt sich, nur Original VW- beziehungsweise von VW/SEAT freigegebene Bremsbeläge zu verwenden. **Grundsätzlich alle Scheibenbremsbeläge einer Achse gleichzeitig ersetzen, auch wenn nur ein Belag die Verschleißgrenze erreicht hat.**

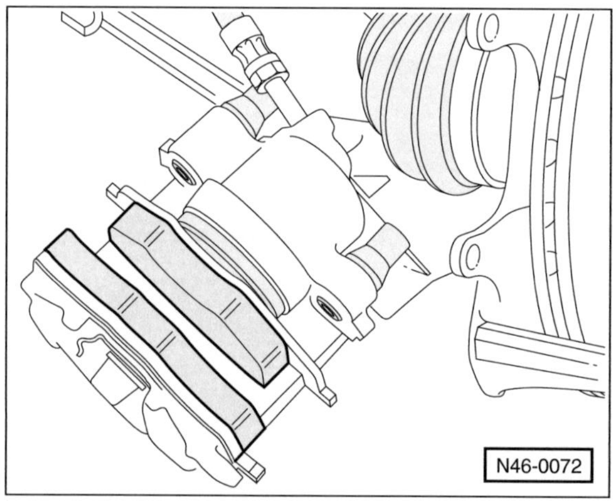

- Beide Innensechskantschrauben aus dem Bremssattel herausschrauben.
- Bremssattel vom Radlagergehäuse abziehen.

- Bremssattel mit Draht am Aufbau oder an der Schraubenfeder des Federbeins. aufhängen. **Achtung:** Bremssattel nicht einfach herunter hängen lassen; Bremsschläuche dürfen nicht auf Zug beansprucht oder verdreht werden.
- Bremsbeläge herausnehmen. Die Bremsbeläge sind mit angenieteten Haltefedern im Bremssattel fixiert. Bremsbeläge aus dem Bremskolben und aus dem gegenüberliegenden Gegenstück herausziehen.

Einbau

Achtung: Bei ausgebauten Bremsbelägen nicht auf das Bremspedal treten, sonst wird der Bremskolben aus dem Gehäuse herausgedrückt.

- Führungsfläche beziehungsweise Sitz der Beläge im Bremssattel mit geeigneter Weichmetall-Drahtbürste, zum Beispiel HAZET 1968, reinigen oder mit einem Lappen und Spiritus auswischen. Keine mineralölhaltigen Lösungsmittel oder scharfkantigen Werkzeuge verwenden.
- Vor Einbau der Bremsbeläge ist die Bremsscheibe durch Abtasten mit den Fingern auf Riefen zu untersuchen. Riefige Bremsscheiben können abgedreht werden (Werkstattarbeit), sofern sie noch eine ausreichende Dicke aufweisen. Sollmaße und Verschleißgrenzen, siehe Kapitel »Technische Daten Bremsanlage«.
- Bremsscheibendicke messen, siehe Seite 155.
- Staubkappe für Bremskolben auf Anrisse prüfen. Eine beschädigte Staubkappe umgehend ersetzen lassen, da eingedrungener Schmutz schnell zu Undichtigkeiten des Bremssattels führt. Der Bremssattel muss hierzu zerlegt werden (Werkstattarbeit).

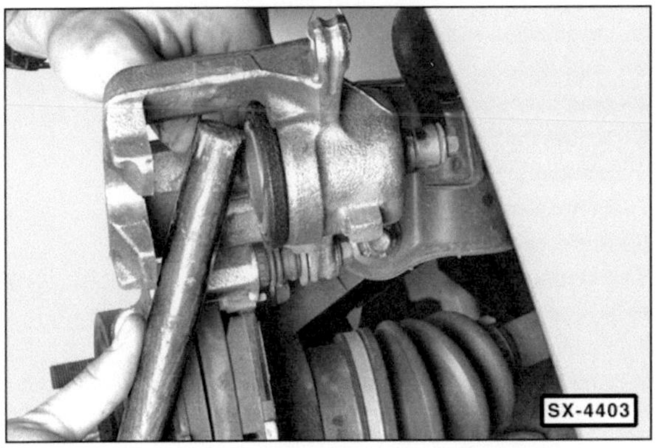

SX-4403

- Bremskolben mit Rücksetzvorrichtung, zum Beispiel HAZET 4971-1, zurückdrücken. Es geht auch mit einem Hartholzstab, zum Beispiel einem Hammerstiel. Dabei jedoch besonders darauf achten, dass der Bremskolben nicht verkantet wird und Kolbenfläche sowie Staubkappe nicht beschädigt werden.

Achtung: Beim Zurückdrücken des Kolbens wird Bremsflüssigkeit aus dem Bremszylinder in den Ausgleichbehälter gedrückt. Der Ausgleichbehälter kann dadurch überlaufen. Flüssigkeitsstand im Ausgleichbehälter beobachten, eventuell Bremsflüssigkeit mit einem Saugheber absaugen.

Sicherheitshinweis
Zum Absaugen eine Entlüfter- oder Plastikflasche verwenden, die nur mit Bremsflüssigkeit in Berührung kommt. Keine Trinkflaschen verwenden! **Bremsflüssigkeit ist giftig und darf auf gar keinen Fall mit dem Mund über einen Schlauch abgesaugt werden. Saugheber verwenden.** Auch nach dem Belagwechsel darf die MAX.-Marke am Bremsflüssigkeitsbehälter nicht überschritten werden, da sich die Flüssigkeit bei Erwärmung ausdehnt. Ausgelaufene Bremsflüssigkeit läuft am Hauptbremszylinder herunter, zerstört den Lack und führt zur Rostbildung.

Achtung: Bei hohem Bremsbelagverschleiß Leichtgängigkeit des Kolbens prüfen. Dazu einen Holzklotz in den Bremssattel einsetzen und von einem Helfer langsam auf das Bremspedal treten lassen. Der Bremskolben muss sich leicht heraus- und hineindrücken lassen. Zur Prüfung muss der Bremssattel auf der gegenüberliegenden Fahrzeugseite eingebaut sein. Darauf achten, dass der Bremskolben nicht ganz herausgedrückt wird. Bei schwergängigem Kolben Bremssattel instand setzen (Werkstattarbeit).

- Bremsbeläge einsetzen. Der Bremsbelag mit der größeren Belagfläche sitzt außen.

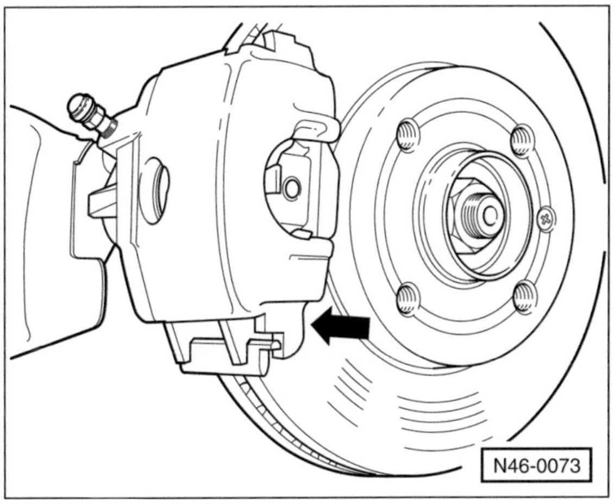

N46-0073

- Bremssattel mit eingelegten Bremsbelägen am Radlagergehäuse zuerst unten –Pfeil– ansetzen. Der Zapfen des Bremssattels muss hinter der Führung des Radlagergehäuses stehen.
- Bremssattel so schwenken, dass beide Innensechskantschrauben eingeschraubt werden können. Innensechskantschrauben mit **25 Nm** anziehen.
- Vorderräder so ansetzen, dass die beim Ausbau angebrachten Markierungen übereinstimmen. Vorher Zentriersitz der Felge an der Radnabe mit Wälzlagerfett dünn einfetten. Gewinde der Radschrauben **nicht** fetten oder ölen. Korrodierte Radschrauben erneuern. Räder anschrauben. Fahrzeug ablassen und Radschrauben über Kreuz mit **110 Nm** festziehen.

Achtung: Bremspedal im Stand mehrmals kräftig betätigen, bis fester Widerstand spürbar ist. Dadurch legen sich die

Bremsbeläge an die Bremsscheibe an und nehmen einen dem Betriebszustand entsprechenden Sitz ein.

- Bremsflüssigkeitsstand im Ausgleichbehälter prüfen, gegebenenfalls bis zur MAX-Marke auffüllen.
- Neue Bremsbeläge vorsichtig einbremsen. Dazu Fahrzeug mehrmals von ca. 80 km/h auf 40 km/h mit geringem Pedaldruck abbremsen. Dazwischen Bremse etwas abkühlen lassen.

Achtung: Nach dem Einbau neuer Bremsbeläge sollen während einer Fahrstrecke von bis zu 200 km unnötige Vollbremsungen unterbleiben.

Achtung, Sicherheitskontrolle durchführen:

- Sind die Bremsschläuche festgezogen?
- Befindet sich der Bremsschlauch in der Halterung?
- Sind die Entlüftungsschrauben angezogen?
- Ist genügend Bremsflüssigkeit eingefüllt?
- Bei laufendem Motor Dichtheitskontrolle durchführen. Hierzu Bremspedal mit 200 bis 300 N (entspricht 20 bis 30 kg) etwa 10 Sekunden betätigen. Das Bremspedal darf nicht nachgeben. Sämtliche Anschlüsse auf Dichtheit kontrollieren.

Speziell LUPO 3L

1,2-l-Motor 41 kW (61 PS)

FS-I-AL-Bremse

Der Arbeitsablauf entspricht dem bei der VW-II-Bremse beim 1,0-/1,4-/1,7-l-Motor 37/44/55 kW (50/60/75 PS). Hier werden nur abweichende Hinweise gegeben.

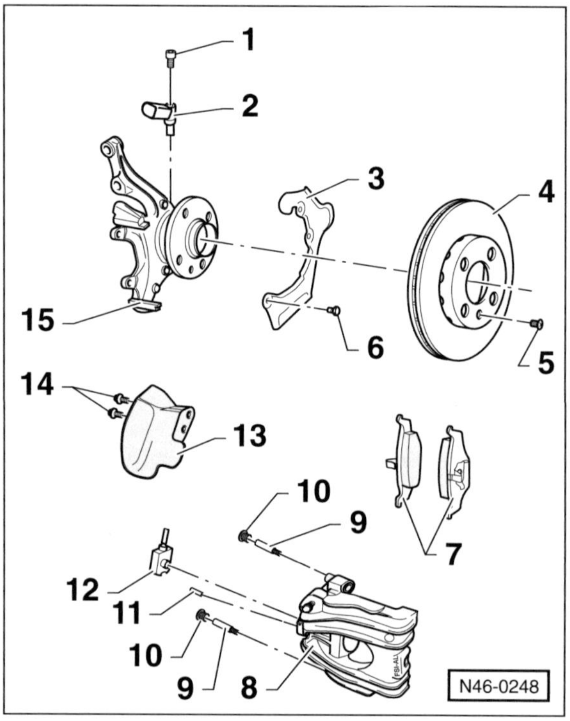

1 – Innensechskantschraube, 10 Nm
2 – Drehzahlfühler ABS
3 – Abdeckblech
4 – Bremsscheibe innenbelüftet
5 – Kreuzschlitzschraube, 4 Nm
6 – Schraube, 10 Nm
7 – Bremsbeläge
8 – Bremssattel FS I - AL
9 – Führungsbolzen, 28 Nm
10 – Abdeckkappe
11 – Spannhülse
12 – Bremsschlauch mit Ringstutzen und Hohlschraube, 45 Nm
13 – Luftführung
14 – Schraube, 10 Nm
15 – Radlagergehäuse

- Vor dem Abschrauben des Bremssattels –8–, Abdeckkappen –10– abnehmen.

Achtung: Bremssattel **ausschließlich mit Spiritus** reinigen. Keine Drahtbürste verwenden.

- Führungsbolzen –9– mit **28 Nm** anziehen.

Vorderradbremse/Scheibenbremsbeläge aus- und einbauen

LUPO mit 1,4-/1,6-l-Motor 74/77/92 kW (100/105/125 PS)

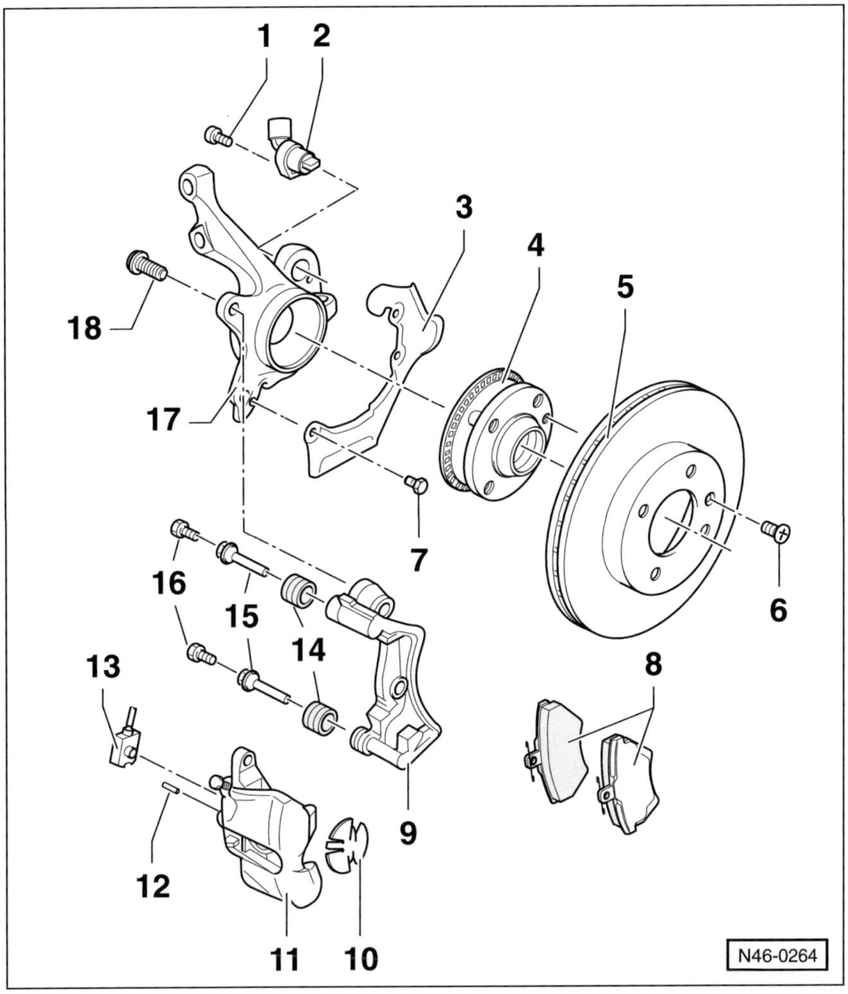

Lucas-Bremse

1 – **Innensechskantschraube, 10 Nm**

2 – **Drehzahlfühler ABS**
Bohrung für Drehzahlfühler reinigen. Mit VW-Festschmierstoffpaste G 000 650 einsetzen.

3 – **Abdeckblech**

4 – **Radnabe**

5 – **Bremsscheibe innenbelüftet**
Motorleist. in kW: . . . . . 74/77 . . 92
Dicke in mm: . . . . 20 . . . 25
Verschleißgrenze/mm: . . 18 . . . 23

6 – **Kreuzschlitzschraube, 4 Nm**

7 – **Schraube, 10 Nm**

8 – **Bremsbeläge**
Mit Geräuschdämmblech auf der Rückseite der Rückenplatte.

9 – **Bremsträger**

10 – **Wärmeschutzblech**

11 – **Bremssattel**

12 – **Spannhülse**

13 – **Bremsschlauch mit Ringstutzen und Hohlschraube, 35 Nm**
Hohlschraube immer ersetzen.

14 – **Schutzkappe**

15 – **Führungsbolzen**

16 – **Schraube, 35 Nm**
Selbstsichernd. Immer ersetzen. Beim Lösen und Festziehen am Führungsbolzen gegenhalten.

17 – **Radlagergehäuse**

18 – **Rippschraube, 125 Nm**

Ausbau

- Stellung der Vorderräder zur Radnabe mit Farbe kennzeichnen. Dadurch kann das ausgewuchtete Rad wieder in derselben Position montiert werden. Radschrauben lösen, dabei muss das Fahrzeug auf dem Boden stehen. Fahrzeug vorn aufbocken und Vorderräder abnehmen.

Achtung: Sollen die Bremsbeläge wieder verwendet werden, so müssen sie beim Ausbau gekennzeichnet werden. Ein Wechsel der Beläge von der Außen- zur Innenseite und umgekehrt, oder auch vom rechten zum linken Rad ist nicht zulässig. Der Wechsel kann zu ungleichmäßiger Bremswirkung führen. Es empfiehlt sich, nur Original VW- beziehungsweise von VW freigegebene Bremsbeläge zu verwenden. **Grundsätzlich alle Scheibenbremsbeläge einer Achse gleichzeitig ersetzen, auch wenn nur ein Belag die Verschleißgrenze erreicht hat.**

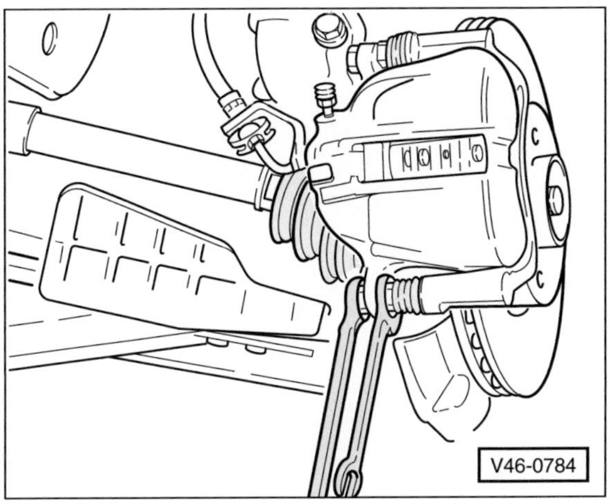

- Untere Befestigungsschraube für Bremssattel herausschrauben. Dabei am Führungsbolzen gegenhalten.

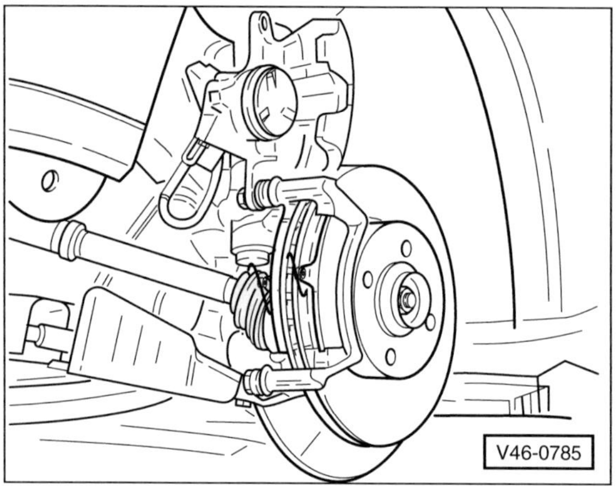

V46-0785

- Bremssattel nach oben schwenken.
- Bremsbeläge herausnehmen.

Einbau

Achtung: Bei ausgebauten Bremsbelägen nicht auf das Bremspedal treten.

- Führungsfläche beziehungsweise Sitz der Beläge im Bremssattel mit geeigneter Weichmetall-Drahtbürste, zum Beispiel HAZET 1968, reinigen oder mit einem Lappen und Spiritus auswischen. Keine mineralölhaltigen Lösungsmittel oder scharfkantigen Werkzeuge verwenden.
- Vor Einbau der Bremsbeläge ist die Bremsscheibe durch Abtasten mit den Fingern auf Riefen zu untersuchen. Riefige Bremsscheiben können abgedreht werden (Werkstattarbeit), sofern sie noch eine ausreichende Dicke aufweisen. Sollmaße und Verschleißgrenzen, siehe Kapitel »Technische Daten Bremsanlage«.
- Bremsscheibendicke messen, siehe Seite 155.
- Staubkappe für Bremskolben auf Anrisse prüfen. Eine beschädigte Staubkappe umgehend ersetzen lassen, da eingedrungener Schmutz schnell zu Undichtigkeiten des Bremssattels führt. Der Bremssattel muss hierzu zerlegt werden (Werkstattarbeit).

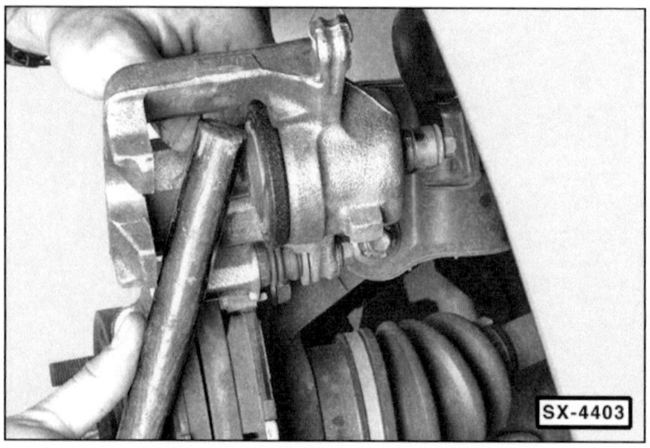

SX-4403

- Bremskolben mit Rücksetzvorrichtung, zum Beispiel HAZET 4971-1, zurückdrücken. Es geht auch mit einem Hartholzstab, zum Beispiel einem Hammerstiel. Dabei jedoch besonders darauf achten, dass der Bremskolben nicht verkantet wird und Kolbenfläche sowie Staubkappe nicht beschädigt werden.

Achtung: Beim Zurückdrücken des Kolbens wird Bremsflüssigkeit aus dem Bremszylinder in den Ausgleichbehälter gedrückt. Der Ausgleichbehälter kann dadurch überlaufen. Flüssigkeitsstand im Ausgleichbehälter beobachten, eventuell Bremsflüssigkeit mit einem Saugheber absaugen.

Sicherheitshinweis

Zum Absaugen eine Entlüfter- oder Plastikflasche verwenden, die nur mit Bremsflüssigkeit in Berührung kommt. Keine Trinkflaschen verwenden! **Bremsflüssigkeit ist giftig und darf auf gar keinen Fall mit dem Mund über einen Schlauch abgesaugt werden. Saugheber verwenden.** Auch nach dem Belagwechsel darf die MAX.-Marke am Bremsflüssigkeitsbehälter nicht überschritten werden, da sich die Flüssigkeit bei Erwärmung ausdehnt. Ausgelaufene Bremsflüssigkeit läuft am Hauptbremszylinder herunter, zerstört den Lack und führt zur Rostbildung.

Achtung: Bei hohem Bremsbelagverschleiß Leichtgängigkeit des Kolbens prüfen. Dazu die betreffenden Hinweise im Kapitel »Vorderradbremse/Scheibenbremsbeläge aus- und einbauen« für den 1,0-/1,4-/1,7-l-Motor 37/44/55 kW (50/60/75 PS) durchlesen.

- Bremsbeläge einsetzen.
- Bremssattelgehäuse nach unten schwenken und Schrauben mit **35 Nm** anziehen.

Achtung: Der Original-Reparatursatz enthält 4 selbstsichernde Schrauben, die verwendet werden müssen.

- Vorderräder so ansetzen, dass die beim Ausbau angebrachten Markierungen übereinstimmen. Vorher Zentriersitz der Felge an der Radnabe mit Wälzlagerfett dünn einfetten. Gewinde der Radschrauben **nicht** fetten oder ölen. Korrodierte Radschrauben erneuern. Räder anschrauben. Fahrzeug ablassen und Radschrauben über Kreuz mit **110 Nm** festziehen.

Achtung: Bremspedal im Stand mehrmals kräftig betätigen, bis fester Widerstand spürbar ist. Dadurch legen sich die Bremsbeläge an die Bremsscheibe an und nehmen einen dem Betriebszustand entsprechenden Sitz ein.

- Bremsflüssigkeitsstand im Ausgleichbehälter prüfen, gegebenenfalls bis zur MAX-Marke auffüllen.
- Neue Bremsbeläge vorsichtig einbremsen. Dazu Fahrzeug mehrmals von ca. 80 km/h auf 40 km/h mit geringem Pedaldruck abbremsen.

Achtung: Nach dem Einbau neuer Bremsbeläge sollen während einer Fahrstrecke von bis zu 200 km unnötige Vollbremsungen unterbleiben.

Achtung, Sicherheitskontrolle durchführen:

- ◆ Sind die Bremsschläuche festgezogen?
- ◆ Befindet sich der Bremsschlauch in der Halterung?
- ◆ Sind die Entlüftungsschrauben angezogen?
- ◆ Ist genügend Bremsflüssigkeit eingefüllt?
- ◆ Bei laufendem Motor Dichtheitskontrolle durchführen. Hierzu Bremspedal mit 200 bis 300 N (entspricht 20 bis 30 kg) etwa 10 Sekunden betätigen. Das Bremspedal darf nicht nachgeben. Sämtliche Anschlüsse auf Dichtheit kontrollieren.

Hinterradbremse/Trommelbremsbacken aus- und einbauen

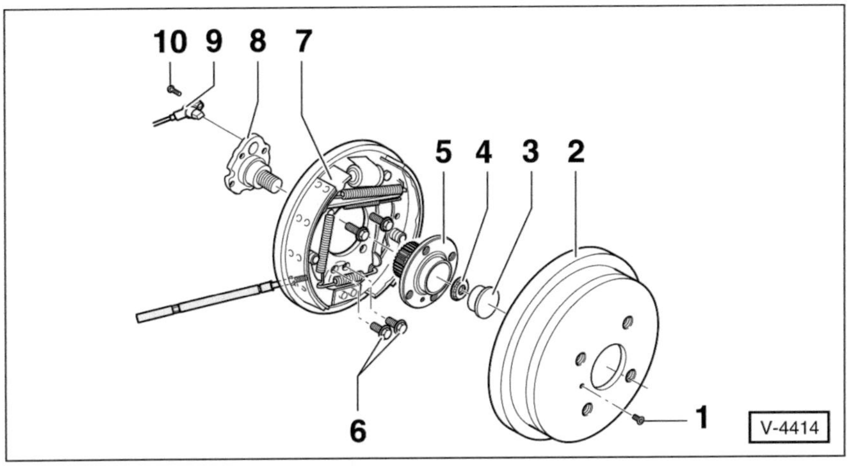

LUPO (außer LUPO 3L)

1 – **Kreuzschlitzschraube**

2 – **Bremstrommel**

3 – **Kappe**

4 – **Zwölfkantmutter, 175 Nm**
Selbstsichernd. Immer ersetzen.

5 – **Radnabe mit Radlager und Rotor**
Nicht zerlegbar. Nur komplett ersetzen.

6 – **Schraube, 60 Nm**

7 – **Bremsträger mit Bremsbacken**

8 – **Achszapfen**

9 – **Drehzahlfühler ABS**

10 – **Innensechskantschraube, 8 Nm**

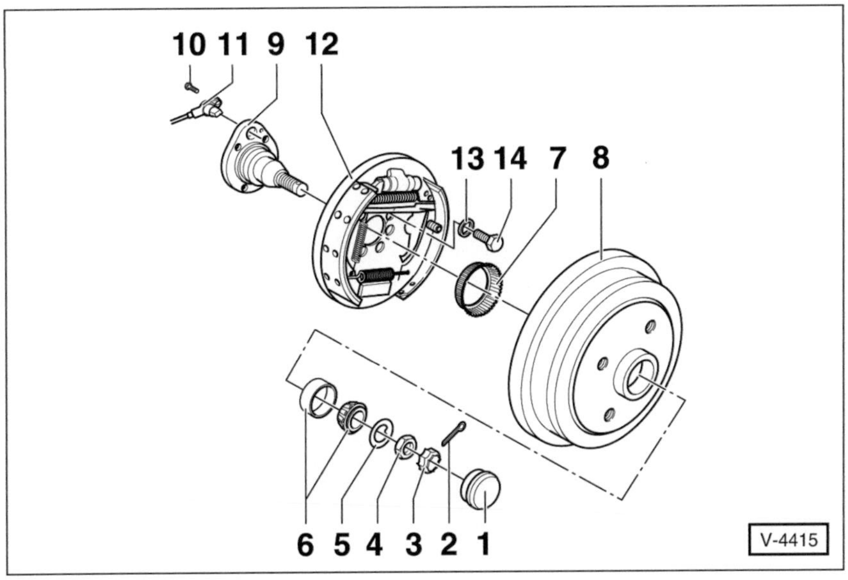

AROSA

1 – **Fettkappe**

2 – **Splint**

3 – **Kronensicherung**

4 – **Sechskantmutter**
Radlagerspiel einstellen, siehe Seite 127.

5 – **Druckscheibe**

6 – **Radlager außen**

7 – **Impulsrad für ABS**
Nur bei Fahrzeugen mit ABS.

8 – **Bremstrommel**

9 – **Achszapfen**

10 – **Innensechskantschraube, 10 Nm**

11 – **Drehzahlfühler**
Nur bei Fahrzeugen mit ABS. Mit Schmierpaste VW-G 000 650 fetten.

12 – **Bremsträger mit Bremsbacken**

13 – **Tellerfeder**

14 – **Sechskantschraube, 60 Nm**

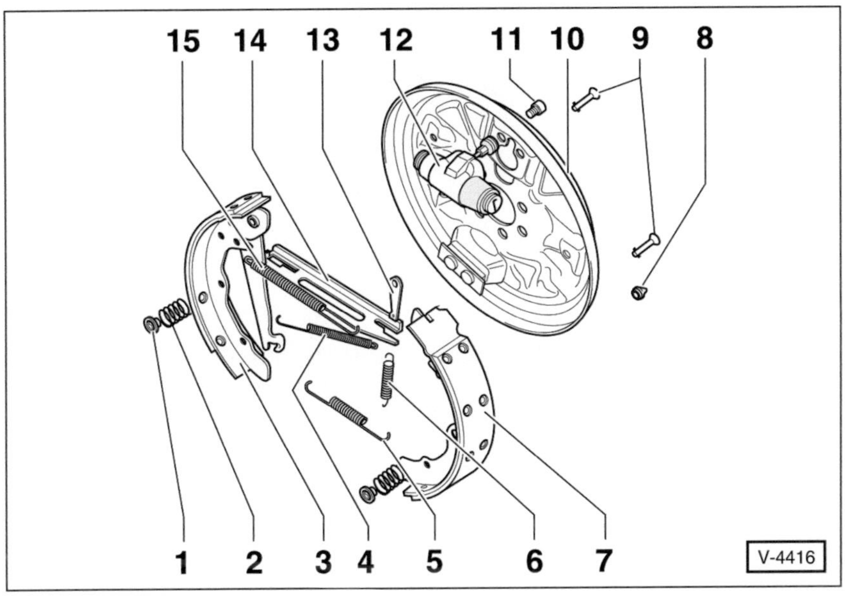

LUPO/AROSA (außer LUPO 3L)

1 – **Federteller**

2 – **Druckfeder**

3 – **Bremsbacke mit Hebel für Handbremse**

4 – **Rückzugfeder oben**

5 – **Rückzugfeder unten**

6 – **Zugfeder**

7 – **Bremsbacken**

8 – **Verschlusskappe**
Zum Prüfen der Bremsbelagdicke abnehmen.

9 – **Spannstift**

10 – **Bremsträger**

11 – **Innensechskantschraube, 8 Nm**

12 – **Radbremszylinder**

13 – **Keil**

14 – **Druckstange**

15 – **Anlagefeder**

Die Bremsbacken der Trommelbremse an den Hinterrädern stellen sich automatisch nach. Dabei verändert die Druckstange durch eine Nachstelleinheit ihre Länge und sorgt für ein immer gleich bleibendes, konstruktiv vorgegebenes Lüftspiel zwischen Bremstrommel und Bremsbacken. Für die automatische Nachstellung ist zwischen Primärbacke und Druckstange ein Keil mit einer Zugfeder angeordnet, der die Druckstange verlängert. Nach einmaligem Betätigen der Fußbremse ist ein Lüftspiel zwischen Bremsbacken und Bremstrommel vorgegeben. Ist die Backenbewegung aufgrund von Belagverschleiß größer als das vorgegebene Lüftspiel, wird der Keil durch die Anordnung der Druckstange und der Feder nach unten gezogen. Dadurch verändert sich die Länge der Druckstange, und die Bremsbacken sind automatisch nachgestellt.

Hinweis: Spezielle Hinweise zum Aus- und Einbau der Bremsbacken beim LUPO 3L stehen am Ende des Kapitels.

Ausbau

Falls nicht anders angegeben, beziehen sich die Bezeichnungen auf die Abbildung V-4416.

Achtung: Sollen die Bremsbacken wieder verwendet werden, so müssen sie beim Ausbau gekennzeichnet werden. Ein Wechsel der Bremsbacken vom rechten zum linken Rad und umgekehrt ist nicht zulässig. Der Wechsel kann zu ungleichmäßiger Bremswirkung führen. Grundsätzlich nur Original VW- beziehungsweise von VW freigegebene Bremsbeläge/Bremsbacken verwenden. **Grundsätzlich alle Bremsbeläge einer Achse gleichzeitig ersetzen, auch wenn nur ein Belag die Verschleißgrenze erreicht hat.**

- Stellung der Hinterräder zur Radnabe mit Farbe kennzeichnen. Dadurch kann das ausgewuchtete Rad wieder in derselben Position montiert werden. Radschrauben lösen, dabei muss das Fahrzeug auf dem Boden stehen. Fahrzeug hinten aufbocken und Hinterräder abnehmen.

Hinweis: Bremsbeläge/-backen immer nur an einer Fahrzeugseite ausbauen, damit die andere Seite beim Zusammenbau als Vorlage dienen kann.

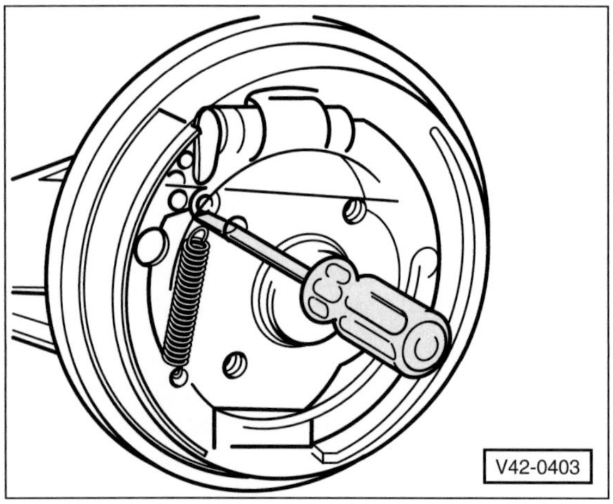

V42-0403

- Bremse zurückstellen. Dazu einen Schraubendreher durch eine Gewindebohrung der Bremstrommel stecken und den Keil nach oben drücken. Die Bremstrommel ist in der Abbildung durchsichtig dargestellt.
- Bremstrommel –2– abnehmen. Dazu die Kreuzschlitzschraube –1– für die Sicherung der Bremstrommel herausdrehen, siehe Abbildung V-4414 .
- **AROSA:** Fettkappe abdrücken. Splint herausziehen und Kronensicherung abnehmen. Sechskantmutter abschrauben und Bremstrommel abnehmen.
- Federteller –1– mit Rohrzange kräftig gegen die Druckfeder –2– drücken und um ¼ Umdrehung (90°) verdrehen. Federteller herausnehmen. Auf diese Weise beide Federteller ausbauen. Dabei den Stift für die Druckfeder von hinten gegenhalten.
- Rückzugfeder unten –5– aushängen und Bremsbacken herausnehmen.

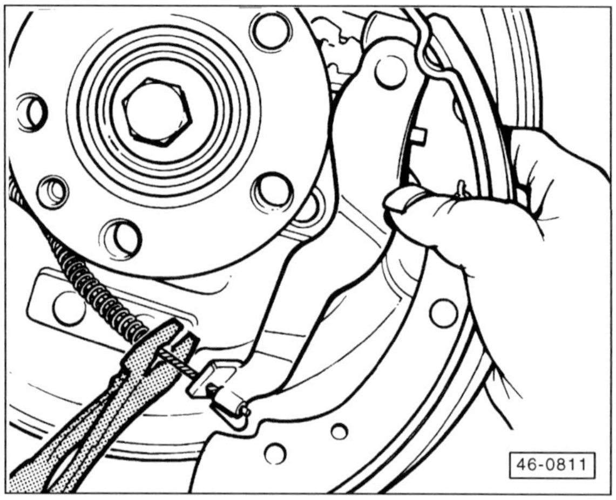

46-0811

- Handbremsseil aushängen.

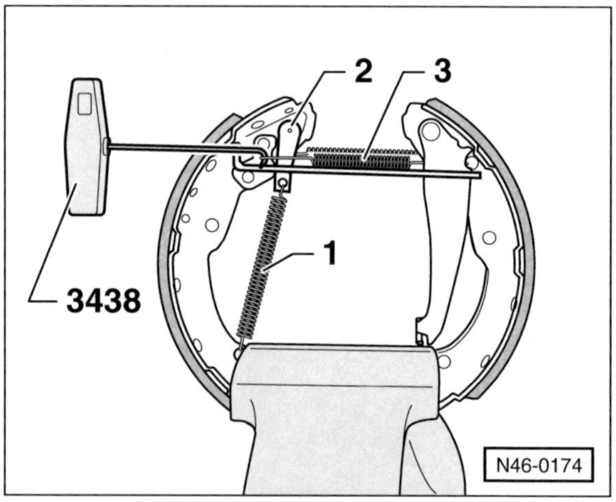

N46-0174

- Bremsbacken in Schraubstock einspannen.
- Zugfeder –1– für Keil –2– ausbauen.
- Rückzugfeder oben –3– mit Spezialwerkzeug VW-3438 oder HAZET-4964-1 ausbauen. Es geht auch mit einer Kombizange oder einem geeigneten Haken mit Griff. **Achtung: Verletzungsgefahr!**

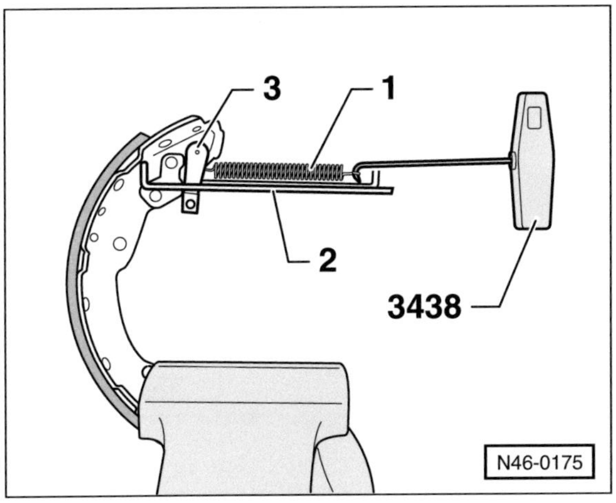

- Anlagefeder –1– mit Haken VW 3438 aushängen.
- Druckstange –2– und Keil –3– von der Bremsbacke abnehmen.

Einbau

Grundsätzlich immer alle 4 Backen an einer Achse gleichzeitig ersetzen und dabei gleiches Fabrikat verwenden. Bremstrommel und Bremsträger mit Pressluft ausblasen oder mit Spiritus reinigen. Die Teile müssen vor dem Wiedereinbau gründlich gereinigt werden.

Achtung: Der Bremsstaub kann gesundheitsschädlich sein, nicht einatmen! Solange die Bremsbacken ausgebaut sind, nicht auf die Fußbremse treten, da sonst die Bremskolben aus den Radbremszylindern rutschen. Sollte ein Radbremszylinder durch ausgetretene Bremsflüssigkeit feucht sein, ist der betroffene Zylinder auszutauschen, siehe entsprechendes Kapitel.

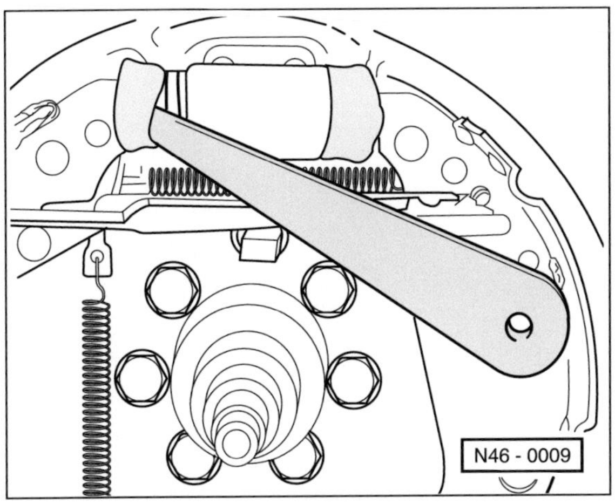

- Am Radbremszylinder die Staubmanschette von Hand oder mit einem stumpfen Gegenstand anheben. **Achtung: Dabei darf der Bremskolben nicht herausgezogen werden.** Wenn es hinter der Staubmanschette feucht ist, Radbremszylinder austauschen. Staubmanschette wieder aufsetzen.
- Bremsfläche der Bremstrommel mit dem Finger auf Riefen prüfen. Riefige Bremstrommeln ersetzen, dabei grundsätzlich beide Bremstrommeln ersetzen.
- Geringe Unebenheiten und Rostspuren an der Bremsfläche mit Schmirgelleinen (Körnung 150) beseitigen.
- Innendurchmesser der Bremstrommel messen. Wenn die Verschleißgrenze erreicht ist, Trommel ersetzen. Dabei immer beide Bremstrommeln einer Achse ersetzen. Sollwerte und Verschleißgrenzen, siehe Kapitel »Technische Daten Bremsanlage«.
- Anlagestellen für Rückzugfeder und Druckstange mit VW-Festschmierstoffpaste G 000 650 fetten.

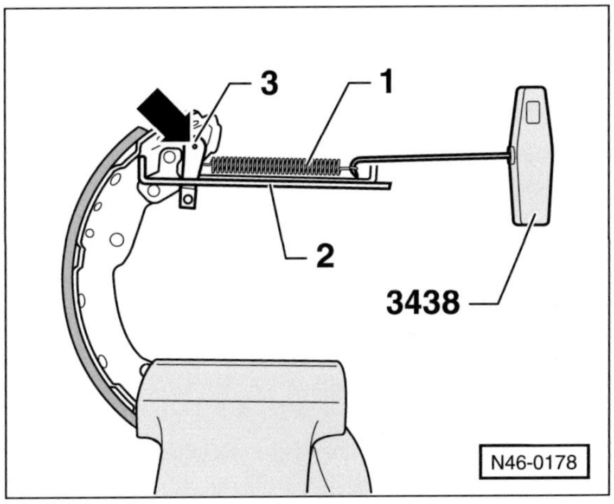

- Anlagefeder –1– mit Haken VW 3438 in die Druckstange –2– einhängen und gleichzeitig Keil –3– einsetzen. **Achtung:** Die Erhöhung –Pfeil– am Keil –3– muss beim Einbau sichtbar bleiben.
- Bremsbacke mit Bremshebel in die Druckstange einsetzen.

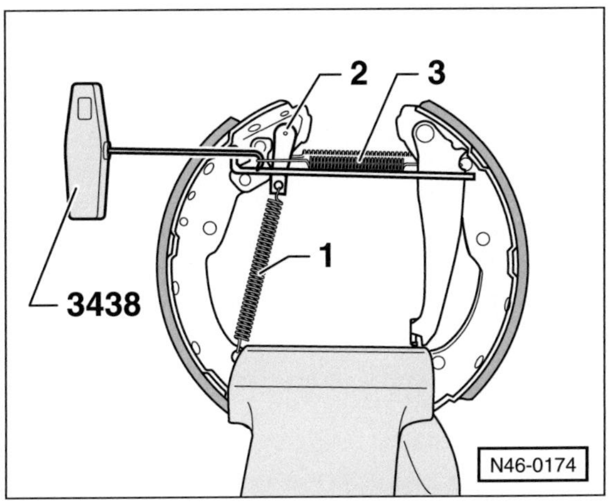

- Rückzugfeder –3– mit Haken VW 3438 einhängen.
- Zugfeder –1– für Keil –2– einhängen.
- Bremsbacken auf die Kolben des Radbremszylinders setzen.
- Handbremsseil am Bremshebel einhängen.

- Rückzugfeder unten einsetzen und Bremsbacke auf die untere Abstützung heben.
- Zugfeder für Keil einhängen.
- Druckfedern einsetzen und Federteller anbringen. Dazu Federteller mit Rohrzange kräftig gegen die Druckfeder drücken und um ¼ Umdrehung (90°) verdrehen. Dabei den Stift für die Druckfeder von hinten gegenhalten.
- **AROSA:** Bremstrommel ansetzen. Alle Teile der Radlagerung wie in Abbildung V-4415 gezeigt einbauen und mit neuem Splint sichern. Radlagerspiel einstellen, siehe Seite 127.
- Bremstrommel einbauen und mit Kreuzschlitzschraube sichern.
- Bremspedal bei gelöster Handbremse voll durchtreten und dadurch Bremsbacken in Betriebsstellung bringen.
- Handbremse einstellen, siehe Seite 156.
- Hinterräder so ansetzen, dass die beim Ausbau angebrachten Markierungen übereinstimmen. Vorher Zentriersitz der Felge an der Radnabe mit Wälzlagerfett dünn einfetten. Gewinde der Radschrauben **nicht** fetten oder ölen. Korrodierte Radschrauben erneuern. Räder anschrauben. Fahrzeug ablassen und Radschrauben über Kreuz mit **110 Nm** festziehen.
- Bremsflüssigkeitsstand im Ausgleichbehälter prüfen, gegebenenfalls bis zur MAX-Marke auffüllen.
- Neue Bremsbeläge vorsichtig einbremsen. Dazu Fahrzeug mehrmals von ca. 80 km/h auf 40 km/h mit geringem Pedaldruck abbremsen. Dazwischen Bremse etwas abkühlen lassen.

Achtung: Nach dem Einbau neuer Bremsbeläge sollen während einer Fahrstrecke von bis zu 200 km unnötige Vollbremsungen unterbleiben.

Achtung, Sicherheitskontrolle durchführen:

- Sind die Bremsschläuche festgezogen?
- Befindet sich der Bremsschlauch in der Halterung?
- Sind die Entlüftungsschrauben angezogen?
- Ist genügend Bremsflüssigkeit eingefüllt?
- Bei laufendem Motor Dichtheitskontrolle durchführen. Hierzu Bremspedal mit 200 bis 300 N (entspricht 20 bis 30 kg) etwa 10 Sekunden betätigen. Das Bremspedal darf nicht nachgeben. Sämtliche Anschlüsse auf Dichtheit kontrollieren.

Speziell LUPO 3L

1,2-l-Motor 41 kW (61 PS)

Der Aus- und Einbau der Bremsbacken beim LUPO 3L erfolgt prinzipiell auf die gleiche Weise wie beim LUPO/AROSA, siehe Seite 149.

Allerdings ist es beim LUPO 3L notwendig, nach dem Ausbau der Bremstrommel die Radnabe für das Hinterrad auszubauen, deshalb werden in diesem Kapitel nur die hierfür nötigen Hinweise gegeben. Ansonsten ist wie beim LUPO/AROSA vorzugehen. Der Einbau der Radnabe erfolgt analog zum Ausbau, direkt vor dem Einbau der Bremstrommel.

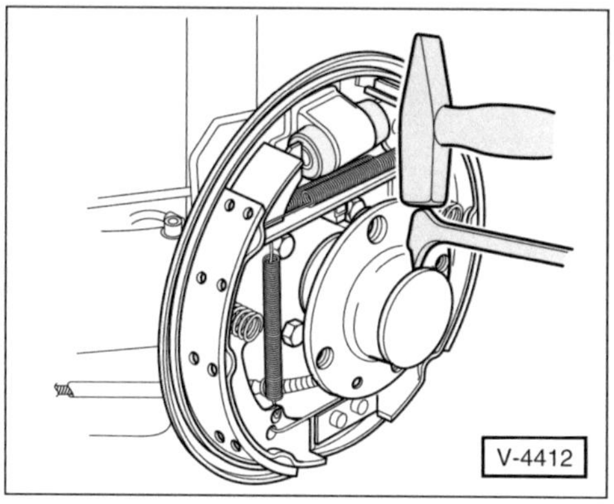

- Nabendeckel durch leichte Schläge auf ein geeignetes Abdrückwerkzeug vom Sitz lösen.

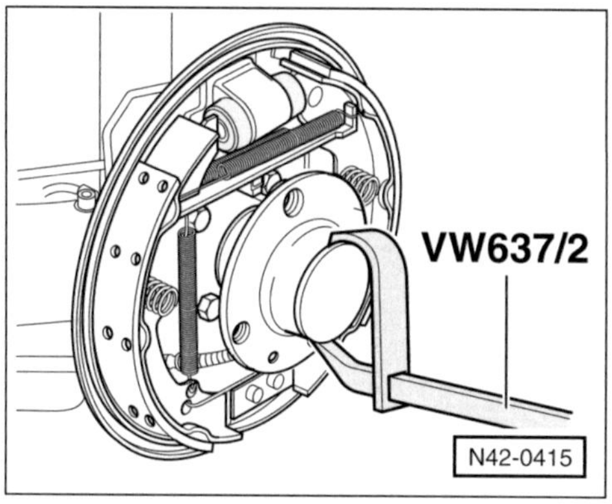

- Nabendeckel mit Abzieher VW 637/2 abziehen.
- Zwölfkantmutter abschrauben.

Achtung: Die Radnaben-/Radlagereinheit muss vorsichtig auf den Achszapfen aufgeschoben werden. Dabei darauf achten, dass die Einheit sich nicht verkantet.

- **Neue** Zwölfkantmutter mit **175 Nm** anziehen.

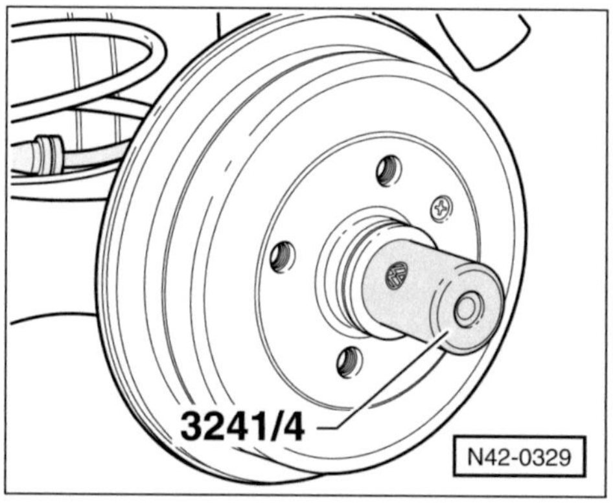

- **Neuen** Nabendeckel mit geeigneter Auftreibhülse, zum Beispiel VW 3241/4 auf die Radnabe auftreiben. **Achtung:** Der Nabendeckel **muss** nach jeder Demontage ersetzt werden und **muss** mit einer geeigneten Hülse passenden Durchmessers eingetrieben werden.

Hinterradbremse/Scheibenbremsbeläge aus- und einbauen

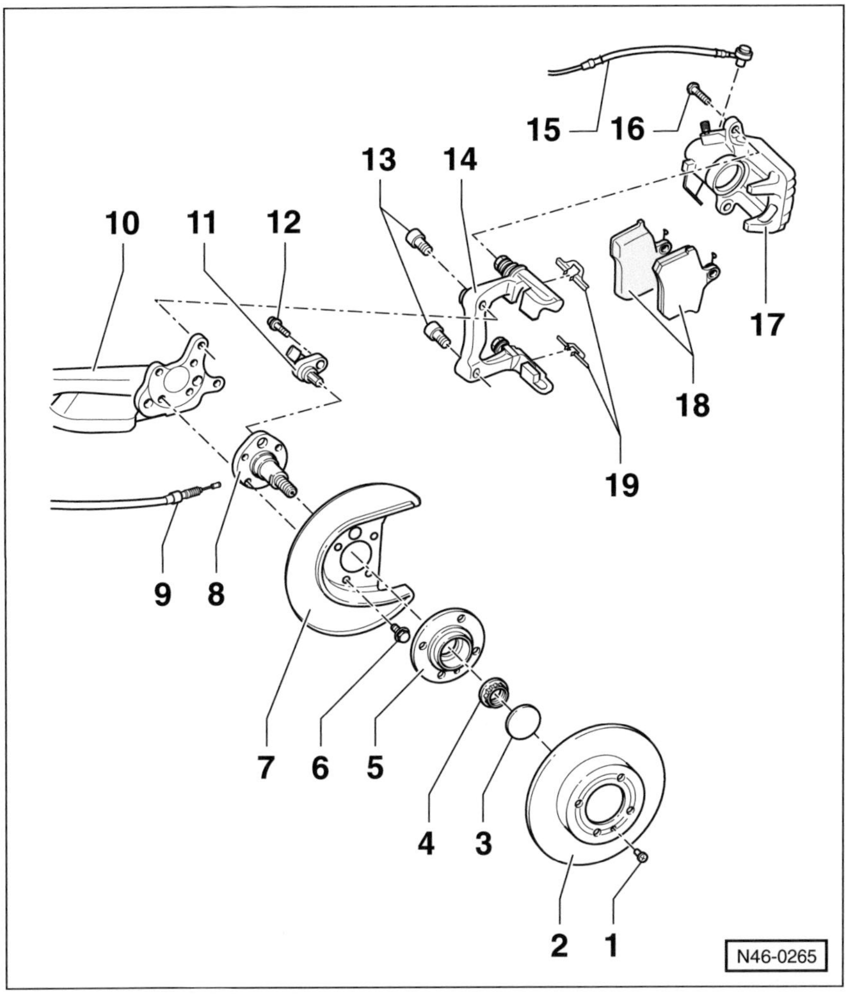

LUPO

1,4-l-Motor 74/77/92 kW (100/105/125 PS)

1 – **Kreuzschlitzschraube, 4 Nm**

2 – **Bremsscheibe**

3 – **Kappe**

4 – **Zwölfkantmutter, 175 Nm**
Selbstsichernd. Immer ersetzen.

5 – **Radnabe mit Radlager und Rotor**
Nur komplett ersetzen.

6 – **Schraube, 60 Nm**
Mit Tellerfeder.

7 – **Abdeckblech**

8 – **Achszapfen**

9 – **Handbremsseil**

10 – **Achskörper**

11 – **Drehzahlfühler ABS**
Bohrung für Drehzahlfühler reinigen. Mit VW-Festschmierstoffpaste G 000 650 einsetzen.

12 – **Innensechskantschraube, 8 Nm**

13 – **Innensechskantschraube, 65 Nm**

14 – **Bremsträger mit Führungsbolzen und Schutzkappe**

15 – **Bremsschlauch und Bremsrohr**

16 – **Schraube, 35 Nm**
Selbstsichernd. Immer ersetzen.

17 – **Bremssattel**

18 – **Bremsbeläge**
Immer achsweise ersetzen.

19 – **Belaghaltefeder**
Bei Belagwechsel, immer ersetzen.

Hinweis: Der Aus- und Einbau der Scheibenbremsbeläge für die Hinterräder erfolgt prinzipiell auf die gleiche Weise wie bei den Scheibenbremsbelägen für die Vorderräder. Deshalb auch das Kapitel »Vorderradbremse/Scheibenbremsbeläge aus- und einbauen« durchlesen. **Alle allgemeinen Hinweise und Sicherheitshinweise aus diesem Kapitel sind zu beachten.**

In diesem Kapitel stehen **nur die abweichenden** Arbeitsschritte für den Aus- und Einbau der Scheibenbremsbeläge für die Hinterräder.

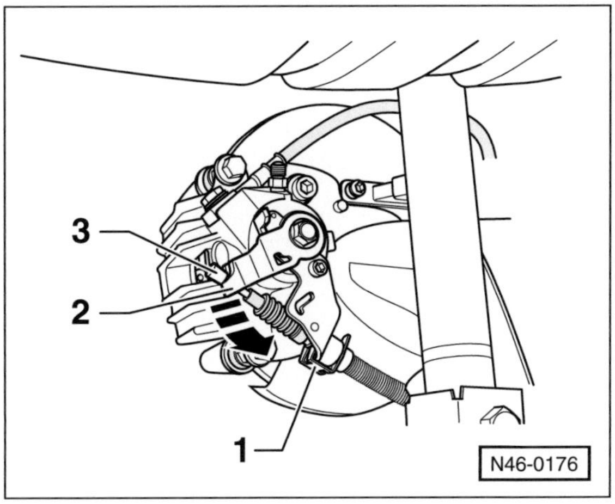

- Clip –1– abziehen.
- Bremshebel –2– in Pfeilrichtung drücken und Handbremsseil –3– aushängen.

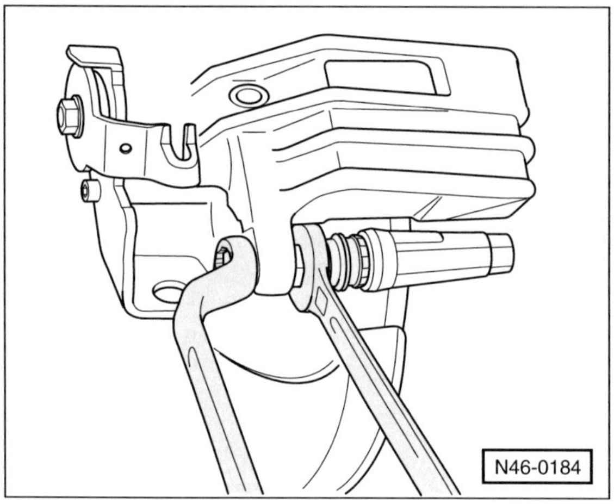

- Befestigungsschrauben vom Bremssattel abschrauben. Dabei jeweils am Führungsbolzen gegenhalten.
- Bremssattelgehäuse abnehmen und mit Draht am Aufbau oder an der Schraubenfeder aufhängen. **Achtung:** Der Bremsschlauch darf nicht auf Zug beansprucht oder verdreht werden.

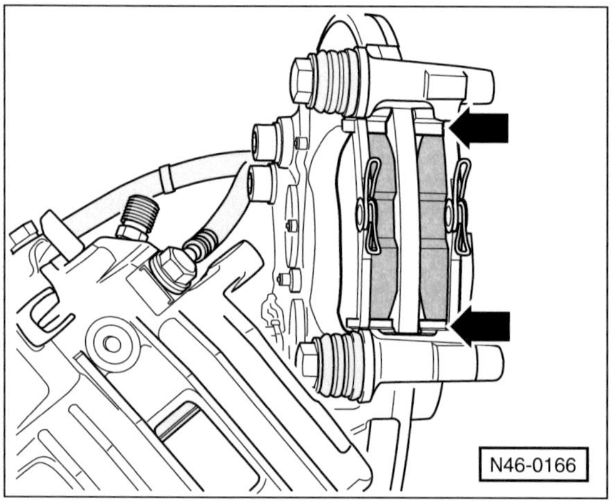

- Bremsbeläge und Belaghaltefedern –Pfeile– ausbauen.
- Bremsscheibendicke messen, siehe Seite 155.
- Bremssattel reinigen. **Achtung: Keine Drahtbürste zum Reinigen des Gehäuses verwenden.** Der Bremssattel darf ausschließlich mit Spiritus gereinigt werden.

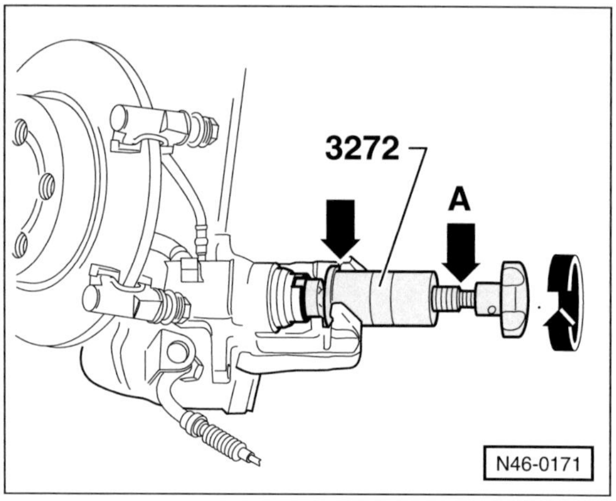

- Bremskolben zurücksetzen.

Achtung: Der Bremskolben darf nicht mit einer herkömmlichen Rücksetzvorrichtung zurückgedrückt werden. Die Nachstellung für die Handbremse würde hierbei zerstört werden. Zum Zurücksetzen des Bremskolbens **muss** das VW-Werkzeug 3272 oder HAZET-4970/6 verwendet werden.

- Kolben durch Rechtsdrehen (im Uhrzeigersinn) mit dem Spezialwerkzeug unter kräftigem Druck langsam einschrauben. Der Bund –Pfeil links– des Werkzeugs muss am Bremssattel anliegen. Bei schwergängigem Kolben mit Maulschlüssel SW 13 an den Abflachungen –A– des Werkzeugs drehen.
- Belaghaltefedern und Bremsbeläge in den Bremsträger einsetzen.
- Schutzfolie von der Rückenplatte des Bremsbelages abziehen.

Hinweis: Im Reparatursatz sind 4 selbstsichernde Schrauben enthalten. Diese sind in jedem Fall zu verwenden.

- Bremssattel mit **neuen** selbstsichernden Schrauben am Bremsträger festschrauben. Schrauben mit **35 Nm** anziehen.
- Bremshebel herunterdrücken und Handbremsseil einhängen.
- Clip für Handbremsseil einbauen.
- Handbremse einstellen, siehe Seite 156.

Bremsscheibendicke prüfen

Prüfen

- Stellung der Räder zur Radnabe mit Farbe kennzeichnen. Dadurch kann das ausgewuchtete Rad wieder in derselben Position montiert werden. Radschrauben lösen, dabei muss das Fahrzeug auf dem Boden stehen. Fahrzeug aufbocken und Räder abnehmen.

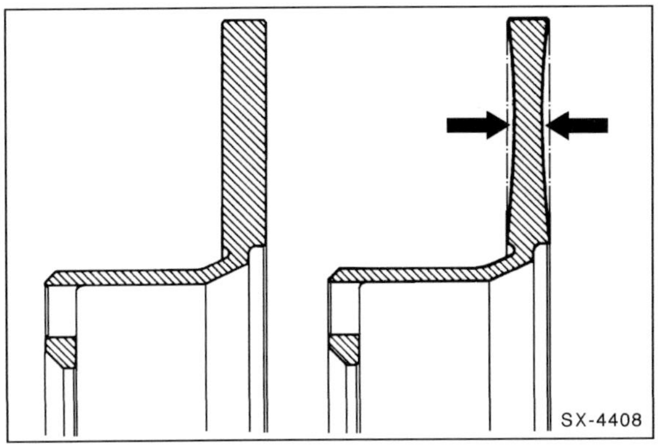

- Bremsscheibendicke immer an der dünnsten Stelle –Pfeile– messen. Die Werkstätten benutzen dazu einen speziellen Messschieber oder eine Mikrometer-Bügelmessschraube, da sich durch die Abnutzung der Bremsscheibe ein Rand bildet. Man kann die Bremsscheibendicke auch mit einer normalen Schieblehre messen, allerdings muss dann auf jeder Seite der Bremsscheibe eine entsprechend starke Unterlage zwischengelegt werden (beispielsweise 2 Münzen). Um das exakte Maß der Bremsscheibendicke zu ermitteln, müssen von dem gemessenen Wert die Dicke der Münzen beziehungsweise der Unterlage abgezogen werden. **Achtung:** Messung an mehreren Punkten der Bremsscheibe vornehmen.
- Soll- und Verschleißwerte für Bremsscheibe, siehe Seite 143.
- Wird die Verschleißgrenze erreicht, Bremsscheibe erneuern.
- Bei größeren Rissen oder bei Riefen, die tiefer als 0,5 mm sind, Bremsscheibe erneuern, siehe entsprechendes Kapitel.
- Räder so ansetzen, dass die beim Ausbau angebrachten Markierungen übereinstimmen. Vorher Zentriersitz der Felge an der Radnabe mit Wälzlagerfett dünn einfetten. Gewinde der Radschrauben **nicht** fetten oder ölen. Korrodierte Radschrauben erneuern. Räder anschrauben. Fahrzeug ablassen und Radschrauben über Kreuz mit **110 Nm** festziehen.

Bremsscheibe/Bremssattel mit Bremsträger aus- und einbauen

Bremsscheiben sind auszubauen, wenn sie korrodiert sind oder die Verschleißgrenze erreicht haben.

Korrodierte Bremsscheiben erzeugen beim Abbremsen einen Rubbeleffekt, der sich auch durch längeres Abbremsen nicht beseitigen lässt.

Ausbau

- Stellung der Räder zur Radnabe mit Farbe kennzeichnen. Dadurch kann das ausgewuchtete Rad wieder in derselben Position montiert werden. Radschrauben lösen, dabei muss das Fahrzeug auf dem Boden stehen. Fahrzeug aufbocken und Räder abnehmen.
- **Vorderradbremse, System VW II:** Bremsbeläge ausbauen, siehe Seite 144.
- **Vorderradbremse, System Lucas:** 2 Rippschrauben für Bremsträger vom Radlagergehäuse abschrauben. Bremsträger mit Bremssattel abnehmen, siehe dazu auch Seite 147.
- **Hinterradbremse:** Bremsbeläge ausbauen, siehe Seite 153.
- **Hinterradbremse:** 2 Innensechskantschrauben für Bremsträger vom Achskörper abschrauben, siehe dazu auch Seite 153.
- Bremssattel mit zurechtgebogenem Drahthaken so am Aufbau oder an der Schraubenfeder aufhängen, dass der Bremsschlauch nicht verdreht oder auf Zug beansprucht wird.

Achtung: Falls der Bremssattel nicht ganz abgebaut werden soll, Bremsschlauch nicht lösen. Sonst muss das Bremssystem nach dem Einbau entlüftet werden.

- Soll der Bremssattel ganz abgebaut werden:
  - ◆ Beim vorderen Bremssattel Bremsleitung an der Bremsschlauchkupplung abschrauben.
  - ◆ Beim hinteren Bremssattel zuerst die Bremsleitung an der Verbindungsstelle vom Bremsschlauch abschrauben, dann, falls erforderlich, Bremsschlauch am Bremssattel abschrauben. Zusätzlich Handbremsseil aushängen.

Sicherheitshinweis
Beim Öffnen vom Bremskreis läuft Bremsflüssigkeit aus. Bremsflüssigkeit in einer Flasche sammeln, die ausschließlich für Bremsflüssigkeit vorgesehen ist. Man kann auch zuvor die Bremsflüssigkeit mit einem Saugheber aus dem Vorratsbehälter absaugen.

- Kreuzschlitzschraube für Bremsscheiben-Befestigung herausdrehen.
- Bremsscheibe abnehmen.

Achtung: Die Bremsscheibe darf **nicht** durch Gewaltanwendung (Hammerschläge) von der Radnabe getrennt werden. Stattdessen handelsüblichen Rostlöser anwenden, um Schäden an den Bremsscheiben zu vermeiden. Falls der Ausbau nur durch kräftige Hammerschläge möglich ist, aus Sicherheitsgründen sowohl die Bremsscheiben wie auch die Radlager erneuern. Das Erneuern der Radlager sollte der Werkstatt vorbehalten bleiben, da in der Regel nur dort eine entsprechende Presse vorhanden ist. Auch nach Verwendung eines Abziehers die Bremsscheiben erneuern.

Einbau

Um ein gleichmäßiges Bremsen beidseitig zu gewährleisten, müssen beide Bremsscheiben die gleiche Oberfläche bezüglich Schliffbild und Rautiefe aufweisen. Deshalb **grundsätzlich beide** Bremsscheiben ersetzen.

Die Werkstatt kann die Bremsscheibe auf Schlag prüfen. Maximaler Scheibenschlag an der Bremsfläche gemessen: 0,05 mm. Maximal zulässige Dickentoleranz: 0,01 mm.

- Bremsscheibendicke messen, siehe entsprechendes Kapitel.
- Falls vorhanden, Rost am Flansch der Bremsscheibe und der Radnabe entfernen.
- Neue Bremsscheiben mit Verdünnung vom Schutzlack reinigen.
- Bremsscheibe auf Radnabe aufsetzen und mit Kreuzschlitzschraube anschrauben. Kreuzschlitzschraube mit **4 Nm** anziehen.
- **Vorderradbremse, System VW II:** Bremsbeläge einbauen, siehe Seite 144.
- **Vorderradbremse, System Lucas:** Bremsträger mit Bremssattel am Radlagergehäuse anschrauben. Rippschrauben mit **125 Nm** anziehen.
- **Hinterradbremse:** Bremsträger am Achskörper anschrauben. Innensechskantschrauben mit **65 Nm** anziehen.
- **Hinterradbremse:** Bremsbeläge einbauen, siehe Seite 153.

Achtung: War der Bremsschlauch demontiert, Bremsschlauch anschrauben und Bremsanlage entlüften, siehe Seite 158 und 159.

- Räder so ansetzen, dass die beim Ausbau angebrachten Markierungen übereinstimmen. Vorher Zentriersitz der Felge an der Radnabe mit Wälzlagerfett dünn einfetten. Gewinde der Radschrauben **nicht** fetten oder ölen. Korrodierte Radschrauben erneuern. Räder anschrauben. Fahrzeug ablassen und Radschrauben über Kreuz mit **110 Nm** festziehen.

Achtung: Bremspedal im Stand mehrmals kräftig niedertreten, bis fester Widerstand spürbar ist.

- Bremsflüssigkeitsstand im Ausgleichbehälter prüfen, gegebenenfalls auffüllen.
- **Hinterradbremse:** Handbremse einstellen, siehe Seite 156.

Achtung, Sicherheitskontrolle durchführen:

- ◆ Sind die Bremsschläuche festgezogen?
- ◆ Befindet sich der Bremsschlauch in der Halterung?
- ◆ Sind die Entlüftungsschrauben angezogen?
- ◆ Ist genügend Bremsflüssigkeit eingefüllt?
- ◆ Bei laufendem Motor Dichtheitskontrolle durchführen. Hierzu Bremspedal mit 200 bis 300 N (entspricht 20 bis 30 kg) etwa 10 Sekunden betätigen. Das Bremspedal darf nicht nachgeben. Sämtliche Anschlüsse auf Dichtheit kontrollieren.

- Neue Bremsscheiben vorsichtig einbremsen, dazu Fahrzeug mehrmals von ca. 80 km/h auf 40 km/h mit geringem Pedaldruck abbremsen. Dazwischen Bremse etwas abkühlen lassen.

Handbremse einstellen

Aufgrund der automatischen Nachstellung der Hinterradbremse muss die Handbremse nicht regelmäßig, beispielsweise im Rahmen der Wartung, nachgestellt werden.

Hinweis: Die Handbremse muss eingestellt werden, nach dem Aus- und Einbau von:

- ◆ Handbremsseilen.
- ◆ Bremssättel/Bremsträger hinten.
- ◆ Scheibenbremsbeläge hinten.
- ◆ Bremsscheiben hinten.
- ◆ Trommelbremsbacken.

Einstellen

- Handbremse lösen.
- **LUPO:** Mittelkonsole ausbauen, siehe Seite 250/251.
- **AROSA:** Verkleidung vom Handbremshebel abziehen.
- Bremspedal mehrmals kräftig betätigen.

> **Sicherheitshinweis**
> Beim Aufbocken des Fahrzeugs besteht Unfallgefahr! Deshalb vorher das Kapitel »Fahrzeug aufbocken« durchlesen.

- Fahrzeug hinten aufbocken, die Hinterräder müssen vom Boden abheben.

Fahrzeuge mit Trommelbremsen hinten

- Handbremshebel 4 Rasten weit anziehen.

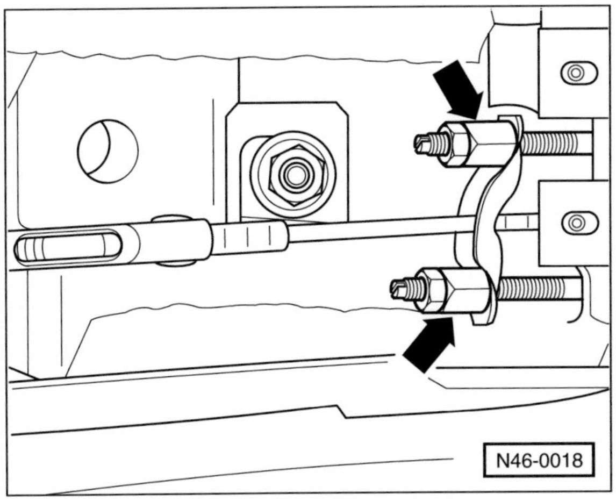

N46-0018

- Kontermuttern lösen, dabei die Einstellmuttern –Pfeile– gegenhalten.
- Einstellmuttern –Pfeile– gleichmäßig so weit anziehen, dass sich beide Hinterräder nur schwer von Hand durchdrehen lassen.
- Sicherstellen, dass bei gelöster Handbremse beide Hinterräder frei drehen lassen. Wenn nötig, Einstellmuttern etwas lösen.
- Einstellmuttern mit Kontermuttern sichern, dabei Einstellmuttern mit Maulschlüssel gegenhalten.

Fahrzeuge mit Scheibenbremsen hinten

- Einstellmuttern am Handbremshebel (–Pfeile– in Abbildung N46-0018) bei gelöster Handbremse so weit anziehen, bis sich die Hebel für die Handbremsbetätigung an den Bremssätteln vom Anschlag abheben.

N46-0167

- Einstellmuttern so verdrehen, dass bei gelöster Handbremse das Spiel –Pfeil– zwischen Hebel und Anschlag am Bremssattel auf beiden Seiten gleich groß ist, und das Spielmaß von maximal 1,5 mm nicht überschreitet.
- Handbremse mit Handbremshebel 3-mal fest anziehen und wieder lösen.
- Sicherstellen, dass beide Hinterräder frei drehen. Gegebenenfalls die Einstellmuttern etwas zurückdrehen.
- Einstellmuttern mit Kontermuttern sichern, dabei Einstellmuttern mit Maulschlüssel gegenhalten.

- Fahrzeug ablassen.
- **LUPO:** Mittelkonsole einbauen, siehe Seite 250/251.
- **AROSA:** Verkleidung am Handbremshebel anbringen.

Radbremszylinder aus- und einbauen

Ausbau

- Bremsbacken ausbauen, siehe entsprechendes Kapitel.
- Überwurfmutter für Bremsleitung lösen, nicht ganz abnehmen.
- 2 Innensechskantschrauben für Radbremszylinder hinten am Bremsträger abschrauben.

Einbau

- Lappen unter das Bremsträgerblech legen.
- Überwurfmutter für Bremsleitung abschrauben und sofort am neuen Radbremszylinder handfest anschrauben. Dadurch ist sichergestellt, dass nur wenig Bremsflüssigkeit ausläuft.
- Schrauben für Radbremszylinder einschrauben und mit 8 Nm anziehen.
- Überwurfmutter für Bremsleitung mit offenem Ringschlüssel, zum Beispiel HAZET 612N, leicht anziehen. Anzugsmoment: 5 Nm.
- Bremsbacken einbauen, siehe entsprechendes Kapitel.
- Bremsanlage entlüften, siehe entsprechendes Kapitel.

Hinweise zum Umgang mit der Bremsflüssigkeit

Beim Umgang mit Bremsflüssigkeit ist zu beachten:

Sicherheitshinweis
Bremsflüssigkeit ist giftig. Keinesfalls Bremsflüssigkeit mit dem Mund über einen Schlauch absaugen. Bremsflüssigkeit nur in Behälter füllen, bei denen ein versehentlicher Genuss ausgeschlossen ist.

- Bremsflüssigkeit ist ätzend und darf deshalb nicht mit dem Autolack in Berührung kommen, gegebenenfalls sofort abwischen und mit viel Wasser abwaschen.
- Bremsflüssigkeit ist hygroskopisch. Das heißt, sie nimmt aus der Luft Feuchtigkeit auf, wodurch der Siedepunkt der Bremsflüssigkeit und somit die Wärmebelastbarkeit abnimmt. Bremsflüssigkeit deshalb im dicht geschlossenen Originalbehälter an trockenem Ort aufbewahren.
- Bremsflüssigkeit ist entflammbar. Sie muss sicher und bei Raumtemperatur aufbewahrt werden
- **Bremsflüssigkeit, die schon einmal im Bremssystem verwendet wurde, darf nicht wieder verwendet werden. Auch beim Entlüften der Bremsanlage nur neue Bremsflüssigkeit verwenden.**
- Bremsflüssigkeit folgender Spezifikation:
  FMVSS 116 DOT 4 oder **VW 501 14** (neue Spezifikation).
  Hinweis: Beide Bremsflüssigkeiten können gemischt werden.
- **Bremsflüssigkeit darf nicht durch Mineralöl oder Kühlmittel/Frostschutzmittel verunreinigt werden.** Schon geringe Spuren Mineralöl machen die Bremsflüssigkeit unbrauchbar beziehungsweise führen zum Ausfall des Bremssystems. Stopfen und Manschetten der Bremsanlage werden beschädigt, wenn sie mit mineralölhaltigen Mitteln zusammenkommen. Zum Reinigen dieser Teile keine ölgetränkten Putzlappen verwenden.
- Um Verunreinigungen der Bremsflüssigkeit zu vermeiden, ist der Ausgleichbehälter für Bremsflüssigkeit im Fahrzeug stets direkt aus dem Original-Vorratsbehälter zu befüllen.
- Beim Hantieren mit Bremsflüssigkeit müssen die Hände sauber und trocken sein.
- Vor dem Öffnen sind die Deckel vom Bremsflüssigkeitsbehälter sowie vom Ausgleichbehälter für Bremsflüssigkeit im Fahrzeug und die Entlüftungsventile von Schmutz zu befreien.
- Bremsflüssigkeit alle 2 Jahre wechseln, möglichst nach der kalten Jahreszeit.

Achtung: Bremsflüssigkeit ist ein Problemstoff und darf auf keinen Fall einfach weggeschüttet oder dem Hausmüll mitgegeben werden. Gemeinde- und Stadtverwaltungen informieren darüber, wo sich die nächste Problemstoff-Sammelstelle befindet beziehungsweise wie die örtlichen Bestimmungen über den Umgang mit Problemstoffen lauten.

Bremsanlage entlüften

Nach jeder Reparatur an der Bremse, bei der die Anlage geöffnet wurde, kann Luft in die Druckleitungen eingedrungen sein. Dann ist das Bremssystem zu entlüften. Luft ist auch dann in den Leitungen, wenn sich beim Tritt auf das Bremspedal der Bremsdruck schwammig anfühlt. In diesem Fall muss die Undichtigkeit beseitigt und die Bremsanlage entlüftet werden.

In der Werkstatt wird die Bremse in der Regel mit einem Bremsenfüll- und Entlüftungsgerät entlüftet. **Hinweis:** Beim Einsatz dieses Geräts darf ein Befülldruck von 1 bar nicht überschritten werden.

Es geht aber auch ohne das Gerät. Die Bremsanlage wird dann durch Pumpen mit dem Bremspedal entlüftet, dazu wird ein Helfer gebraucht.

Muss die ganze Anlage entlüftet werden, jede Radbremse einzeln entlüften. Das ist immer dann der Fall, wenn Luft in jeden einzelnen Bremszylinder gedrungen ist. Falls nur ein Bremssattel erneuert beziehungsweise überholt wurde, genügt in der Regel das Entlüften des betroffenen Bremszylinders.

Sicherheitshinweis, Fahrzeuge mit ABS:
Ist eine Kammer des Bremsflüssigkeit-Ausgleichbehälters komplett leergelaufen (zum Beispiel bei Undichtigkeiten im Bremssystem, oder wenn beim Entlüften vergessen wurde Bremsflüssigkeit nachzufüllen), wird Luft angesaugt, die in die ABS-Hydraulikpumpe gelangt. Die Bremsanlage muss dann in der Werkstatt mit dem Entlüftungsgerät entlüftet werden. Bei Einbau eines neuen Bremsschlauchs muss die Anlage ebenfalls mit einem Entlüftergerät entlüftet werden.

Die Reihenfolge der Entlüftung: 1. Bremssattel hinten rechts, 2. Bremssattel hinten links, 3. Bremssattel vorne rechts, 4. Bremssattel vorne links.

Achtung: Entlüftungsventile vorsichtig öffnen, damit sie nicht abgedreht werden. Es empfiehlt sich, die Ventile ca. 2 Stunden vor dem Entlüften mit Rostlöser einzusprühen. Bei fest sitzenden Ventilen das Entlüften von einer Werkstatt durchführen lassen.

Achtung: Während des Entlüftens ab und zu den Ausgleichbehälter beobachten. Der Flüssigkeitsspiegel darf nicht zu weit sinken, sonst wird über den Ausgleichbehälter Luft angesaugt. **Immer nur neue Bremsflüssigkeit nachgießen!**

- Staubkappe vom Entlüfterventil des Bremszylinders abnehmen. Entlüfterventil reinigen, sauberen Schlauch aufstecken, anderes Schlauchende in eine mit Bremsflüssigkeit halb voll gefüllte Flasche stecken (geeigneten Schlauch und passendes Gefäß gibt es auch im Autozubehör-Handel).
- Von einem Helfer Bremspedal so oft niedertreten lassen, »pumpen«, bis sich im Bremssystem Druck aufgebaut hat. Zu spüren am wachsenden Widerstand beim Betätigen des Pedals.
- Ist genügend Druck vorhanden, Bremspedal niedertreten und Fuß auf dem Bremspedal halten.

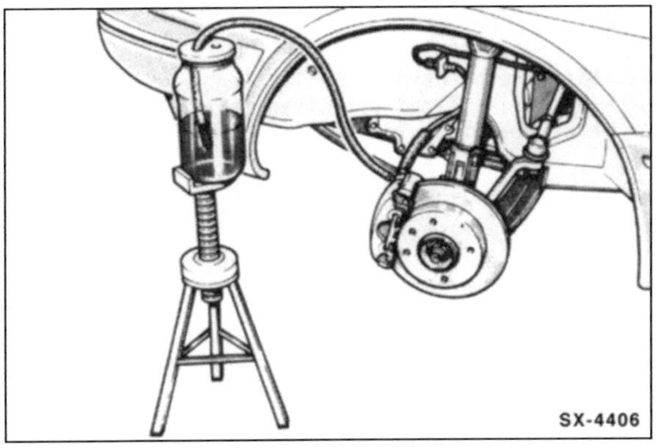

- Entlüfterventil am Bremssattel etwa eine halbe Umdrehung mit Ringschlüssel öffnen. Ausfließende Bremsflüssigkeit in der Flasche sammeln. Darauf achten, dass sich das Schlauchende in der Flasche ständig unterhalb des Flüssigkeitsspiegels befindet.
- Sobald der Flüssigkeitsdruck nachlässt, Entlüfterventil schließen.
- Pumpvorgang wiederholen, bis sich Druck aufgebaut hat. Bremspedal niedertreten, Fuß auf dem Bremspedal lassen. Entlüfterschraube öffnen, bis der Druck nachlässt, dann Entlüfterschraube schließen.
- Entlüftungsvorgang an einem Bremszylinder so lange wiederholen, bis sich in der Bremsflüssigkeit, die in die Entlüfterflasche strömt, keine Luftblasen mehr zeigen.
- Nach dem Entlüften Schlauch von Entlüfterschraube abziehen, Staubkappe auf Ventil stecken.
- Die Bremszylinder an den anderen Rädern auf gleiche Weise entlüften, Reihenfolge einhalten.
- Nach dem Entlüften den Ausgleichbehälter bis zur Max.-Markierung auffüllen.
- Bremspedal bei abgestelltem Motor niedertreten, dabei darf sich der Druck nicht schwammig anfühlen. Andernfalls Bremsanlage nochmals entlüften.

Achtung, Sicherheitskontrolle durchführen:
- ◆ Sind die Entlüftungsschrauben angezogen?
- ◆ Ist genügend Bremsflüssigkeit eingefüllt?
- ◆ Bei laufendem Motor Dichtheitskontrolle durchführen. Hierzu Bremspedal mit 200 bis 300 N (entspricht 20 bis 30 kg) etwa 10 Sekunden betätigen. Das Bremspedal darf nicht nachgeben. Sämtliche Anschlüsse auf Dichtheit kontrollieren.

- Anschließend einige Bremsungen auf einer Straße ohne Verkehr durchführen. Dabei sollte mindestens einmal die Bremsregelung des ABS-Systems geprüft werden, beispielsweise auf losem Untergrund. Dazu Bremse stark betätigen, bis am spürbaren Pulsieren des Bremspedals der Beginn der Bremsregelung erkennbar ist.

Achtung: Falls der Bremspedalweg nach der Probefahrt zu groß ist, obwohl er direkt nach dem Entlüften in Ordnung war, dann ist möglicherweise Luft in der ABS-Hydraulikeinheit. In diesem Fall Bremsanlage umgehend in der Fachwerkstatt entlüften lassen.

Bremsschlauch aus- und einbauen

Das Bremsleitungssystem stellt die Verbindung vom Hauptbremszylinder zu den vier Radbremsen her.

Achtung: Die starren Bremsleitungen aus Metall sollen von einer Fachwerkstatt verlegt werden, da zur fachgerechten Montage einige Erfahrung nötig ist.

Als flexible Verbindungen zwischen den starren und beweglichen Fahrzeugteilen, beispielsweise den Bremssätteln, werden druckfeste Bremsschläuche verwendet. Diese müssen bei erkennbaren Schäden ausgewechselt werden.

Sicherheitshinweis, Fahrzeuge mit ABS:
Ist eine Kammer des Bremsflüssigkeit-Ausgleichbehälters komplett leergelaufen (zum Beispiel bei Undichtigkeiten im Bremssystem oder wenn beim Entlüften vergessen wurde, Bremsflüssigkeit nachzufüllen), wird Luft angesaugt, die in die ABS-Hydraulikpumpe gelangt. Die Bremsanlage muss dann in der Werkstatt mit dem Entlüftungsgerät entlüftet werden. **Bei Einbau eines neuen Bremsschlauchs muss die Anlage ebenfalls mit einem Entlüftungsgerät entlüftet werden.**

Achtung: Bremsschläuche nicht mit Öl oder Petroleum in Berührung bringen, nicht lackieren oder mit Unterbodenschutz besprühen.

Ausbau

Achtung: Regeln im Umgang mit Bremsflüssigkeit beachten, siehe entsprechendes Kapitel.

- Fahrzeug aufbocken.
- Bremssattel ausbauen, siehe Seite 155.
- Bremsschlauch an Führung und Halter der Kupplung ausclipsen.
- Bremsschlauch an der starren Leitung und am Bremssattel abschrauben, dabei Bremsschlauch nicht verdrillen. Soll der Bremsschlauch am Bremssattel erneuert werden, muss vorher der Bremssattel ausgebaut werden. **Achtung:** Auslaufende Bremsflüssigkeit mit Lappen auffangen. Gegebenenfalls Leitungsanschluss in Richtung Hauptbremszylinder mit geeignetem Stopfen verschließen.

Einbau

- Nur vom Werk freigegebene Bremsschläuche einbauen. Neuen Bremsschlauch so einbauen, dass er ohne Drall durchhängt, und mit **15 Nm** an der Bremsleitung festziehen. **Achtung:** Bremsschlauch am Bremssattel mit **neuen** Dichtringen anschrauben, Anschlussschraube (Hohlschraube) am Bremssattel mit **35 Nm** festziehen.
- Nach dem Einbau bei entlasteten Rädern (Wagen angehoben) Lenkung nach links und rechts einschlagen und sicherstellen, dass der Schlauch allen Radbewegungen folgt, ohne irgendwo anzuscheuern.
- Bremssattel einbauen, siehe Seite 155.
- Fahrzeug ablassen.

- Bei auf dem Boden stehendem Fahrzeug prüfen, ob der Bremsschlauch allen Radbewegungen folgt, ohne irgendwo anzuscheuern.

Achtung, Sicherheitskontrolle durchführen:
- Sind die Bremsschläuche festgezogen?
- Befindet sich der Bremsschlauch in der Halterung?
- Sind die Entlüftungsschrauben angezogen?
- Ist genügend Bremsflüssigkeit eingefüllt?
- Bei laufendem Motor Dichtheitskontrolle durchführen. Hierzu Bremspedal mit 200 bis 300 N (entspricht 20 bis 30 kg) etwa 10 sec. betätigen. Das Bremspedal darf nicht nachgeben. Sämtliche Anschlüsse auf Dichtheit kontrollieren.

- Bremsanlage in der Werkstatt entlüften lassen.
- Anschließend einige Bremsungen auf Straße mit geringem Verkehr durchführen.

Bremskraftverstärker prüfen

Der Bremskraftverstärker ist auf Funktion zu überprüfen, wenn zur Erzielung ausreichender Bremswirkung die Pedalkraft außergewöhnlich hoch ist.

- Bremspedal bei stehendem Motor mindestens 5-mal kräftig durchtreten, dann bei belastetem Bremspedal Motor starten. Das Bremspedal muss jetzt unter dem Fuß spürbar nachgeben.
- Andernfalls Unterdruckschlauch am Bremskraftverstärker abschrauben, Motor starten. Durch Fingerauflegen am Ende des Unterdruckschlauches prüfen, ob Unterdruck vorhanden ist.
- Ist kein Unterdruck vorhanden: Unterdruckschlauch auf Undichtigkeiten und Beschädigungen prüfen, gegebenenfalls ersetzen. Sämtliche Schellen fest anziehen.
- Dieselmotor: Unterdruckschlauch von der Vakuumpumpe abziehen und mit dem Finger prüfen, ob Unterdruck am Schlauchanschluss anliegt.
- Ist Unterdruck vorhanden: Unterdruck messen, gegebenenfalls Bremsservo ersetzen (Werkstattarbeit).

Bremslichtschalter aus- und einbauen/einstellen

Der Bremslichtschalter sitzt am Bremspedal. Bei Betätigung des Bremspedals schaltet der Schalter das Bremslicht ein. Außerdem dient der Bremslichtschalter dem ABS-Steuergerät als Signalgeber, dass eine Bremsung eingeleitet wurde. Daher ist eine korrekte Funktion und Einstellung äußerst wichtig.

Ausbau

- Ablage im Fahrerfußraum ausbauen, siehe Seite 254.
- Stecker vom Bremslichtschalter abziehen.

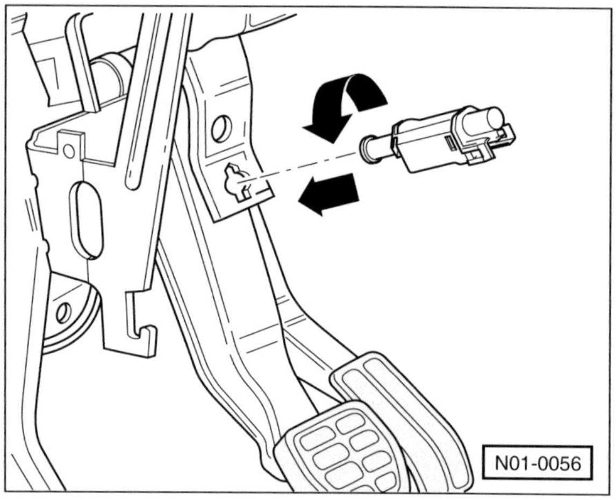

- Bremslichtschalter um ¼ Umdrehung (90°) nach links verdrehen und Bremslichtschalter herausnehmen.

Einbau/Einstellen

Hinweis: Um den Bremslichtschalter einzustellen, muss er zuvor ausgebaut werden.

- Stößel des Bremslichtschalters ganz herausziehen.
- Bremspedal so weit wie möglich mit der Hand herunterdrücken.
- Bremslichtschalter in die Halterung stecken und durch ¼-Drehung (90°) nach rechts befestigen.
- Bremspedal loslassen. Dadurch wird der Betätigungsstift automatisch eingestellt.
- Stecker auf den Bremslichtschalter aufschieben.
- Funktion des Bremslichtschalters prüfen. Das Bremslicht muss schon bei geringem Pedaldruck aufleuchten.
- Ablage im Fahrerfußraum einbauen, siehe Seite 254.

Handbremsseil aus- und einbauen

Ausbau

- Mittelkonsole ausbauen, siehe Seite 250/251/253.
- Handbremse lösen.
- **LUPO 3L:** Haltebock für Mittelkonsole hinter dem Handbremshebel abschrauben.
- Kontermuttern und Einstellmuttern (–8– und –7– in Abbildung N46-0242) abschrauben.
- Stellung der Hinterräder zur Radnabe mit Farbe kennzeichnen. Dadurch kann das ausgewuchtete Rad wieder in derselben Position montiert werden. Radschrauben lösen, dabei muss das Fahrzeug auf dem Boden stehen. Fahrzeug hinten aufbocken und Hinterräder abnehmen.
- **Fahrzeuge mit Trommelbremsen:** Bremstrommeln ausbauen und Handbremsseil an der Bremsbacke aushängen, siehe Kapitel »Hinterradbremse/Bremsbacken aus- und einbauen«.

- **Fahrzeuge mit hinteren Scheibenbremsen:** Handbremsseil am Bremssattel aushängen, siehe Kapitel »Hinterradbremse/Scheibenbremsbeläge aus- und einbauen«.

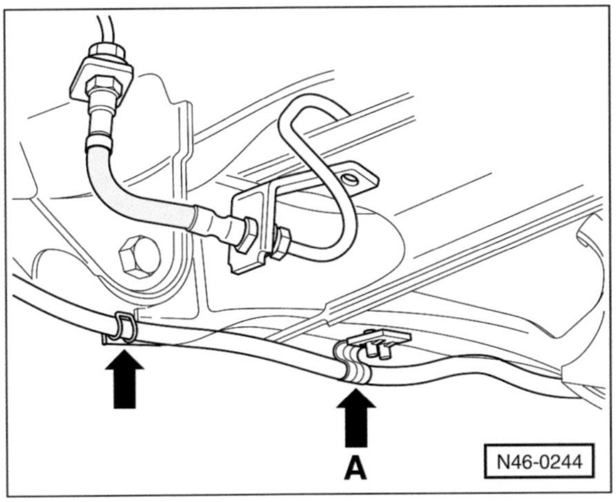

- Handbremsseil aus der Halterung am Hinterachskörper –Pfeil A– ausclipsen und aus der Halterung –Pfeil– aushängen.

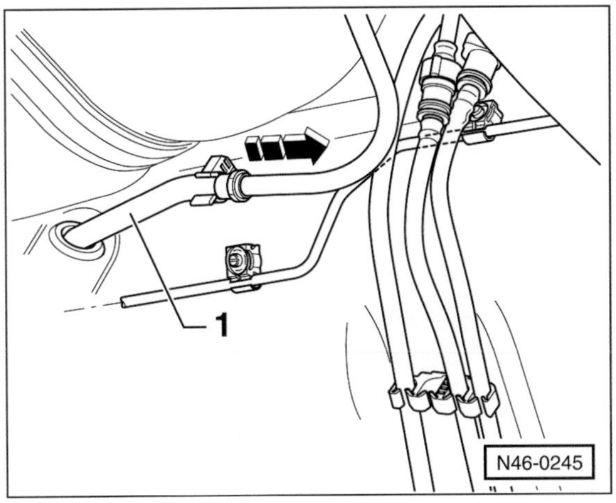

- Handbremsseil in Pfeilrichtung aus dem Führungsrohr –1– herausziehen.

Einbau

- Handbremsseil in das Führungsrohr hineinschieben.
- **Fahrzeuge mit Trommelbremsen:** Handbremsseil an der Bremsbacke einhängen und Bremstrommel einbauen, siehe Kapitel »Hinterradbremse/Bremsbacken aus- und einbauen«.
- **Fahrzeuge mit hinteren Scheibenbremsen:** Handbremsseil am Bremssattel einhängen, siehe Kapitel »Hinterradbremse/Scheibenbremsbeläge aus- und einbauen«.
- Handbremsseil in die Halterung –Pfeil A– am Hinterachskörper einclipsen. **Hinweis:** Der Klemmring am Handbremsseil muss in der Mitte des Clips liegen, siehe Abbildung N46-0244.
- Handbremsseil in die Halterung –Pfeil– einhängen, siehe Abbildung N46-0244.
- Handbremsseil in den Ausgleichbügel am Handbremshebel einhängen und mit der Einstellmutter leicht vorspannen.
- Handbremse einstellen, siehe entsprechendes Kapitel.
- **LUPO 3L:** Haltebock für Mittelkonsole hinter dem Handbremshebel anschrauben.
- Mittelkonsole einbauen, siehe Seite 250/251/253.

Handbremshebel

In der Abbildung sind Handbremshebel und Abdeckungen des LUPO dargestellt. Beim LUPO 3L und AROSA sind die Abdeckungen jeweils anders gestaltet.

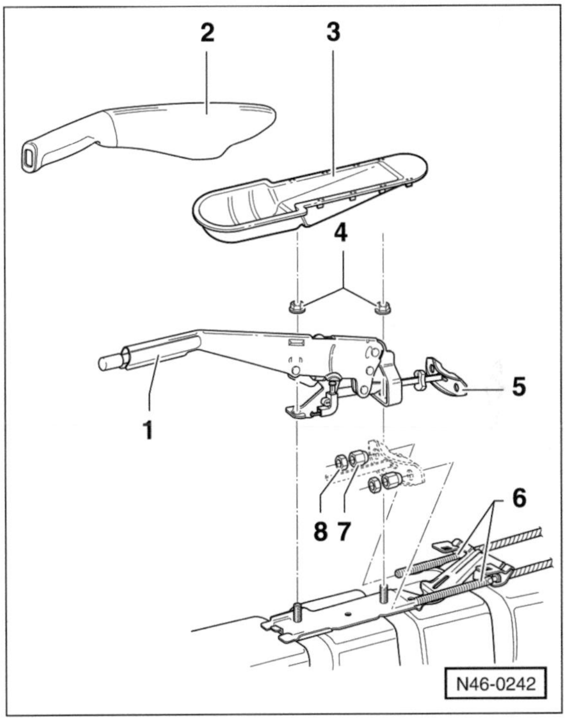

1 – Handbremshebel

2 – Handgriff
Nach vorn abziehen. Vorher Rastnase unter dem Handgriff mittels kleinem Schraubendreher nach unten drücken.

3 – Rahmen für Handbremse
Ausclipsen.

4 – Mutter, 25 Nm

5 – Ausgleichbügel

6 – Handbremsseil

7 – Einstellmutter
Für Einstellung der Handbremse.

8 – Kontermutter

Störungsdiagnose Bremse

Störung	Ursache	Abhilfe
Leerweg des Bremspedals zu groß.	Ein Bremskreis ausgefallen.	■ Bremskreise auf Flüssigkeitsverlust prüfen.
	Speziell bei Trommelbremse:	
	Nachstellautomatik der Trommelbremse klemmt.	■ Nachstelleinheit gangbar machen.
Bremspedal lässt sich weit und federnd durchtreten.	Luft im Bremssystem.	■ Bremse entlüften.
	Zu wenig Bremsflüssigkeit im Ausgleichbehälter.	■ Neue Bremsflüssigkeit nachfüllen, Bremse entlüften.
	Dampfblasenbildung. Tritt meist nach starker Beanspruchung auf, z. B. Passabfahrt.	■ Bremsflüssigkeit wechseln. Bremse entlüften.
Bremswirkung lässt nach, und Bremspedal lässt sich durchtreten.	Undichte Leitung.	■ Leitungsanschlüsse nachziehen oder Leitung erneuern.
	Beschädigte Manschette im Haupt- oder Radbremszylinder.	■ Manschette erneuern. Beim Hauptbremszylinder Innenteile ersetzen, ggf. Hauptbremszylinder ersetzen.
	Speziell bei Scheibenbremse:	
	Gummidichtring beschädigt.	■ Bremssattel überholen.
Schlechte Bremswirkung trotz hohen Fußdrucks.	Bremsbeläge verölt.	■ Bremsbeläge erneuern.
	Ungeeigneter oder verhärteter Bremsbelag.	■ Beläge erneuern. Nur Original-Bremsbeläge vom Automobilhersteller verwenden.
	Bremskraftverstärker defekt, Unterdruckleitung porös, defekt.	■ Bremsservo, Unterdruckleitung prüfen.
	Speziell bei Scheibenbremse:	
	Bremsbeläge abgenutzt.	■ Bremsbeläge erneuern.
Bremse zieht einseitig.	Unvorschriftsmäßiger Reifendruck.	■ Reifendruck prüfen und berichtigen.
	Bereifung ungleichmäßig abgefahren.	■ Abgefahrene Reifen ersetzen.
	Bremsbeläge verölt.	■ Bremsbeläge erneuern.
	Verschiedene Bremsbelagsorten auf einer Achse.	■ Beläge achsweise erneuern. Nur Original-Bremsbeläge vom Automobilhersteller verwenden.
	Schlechtes Tragbild der Bremsbeläge.	■ Bremsbeläge austauschen.
	Speziell bei Scheibenbremse:	
	Verschmutzte Bremssattelschächte.	■ Sitz- und Führungsflächen der Bremsbeläge im Bremssattel reinigen.
	Korrosion in den Bremssattelzylindern.	■ Bremssattel erneuern.
	Bremsbelag ungleichmäßig verschlissen.	■ Bremsbeläge erneuern (beide Räder), Bremssättel auf Leichtgängigkeit prüfen.
	Speziell bei Trommelbremse:	
	Kolben in den Radbremszylindern schwergängig.	■ Radbremszylinder instand setzen.

Störung	Ursache	Abhilfe
Bremse zieht von selbst an.	Ausgleichsbohrung im Hauptbremszylinder verstopft.	■ Hauptbremszylinder reinigen und Innenteile erneuern lassen (Werkstattarbeit).
	Spiel zwischen Betätigungsstange und Hauptbremszylinderkolben zu gering.	■ Spiel prüfen.
Bremsen erhitzen sich während der Fahrt.	Ausgleichsbohrung im Hauptbremszylinder verstopft.	■ Hauptbremszylinder reinigen und Innenteile erneuern lassen (Werkstattarbeit).
	Spiel zwischen Betätigungsstange und Hauptbremszylinder zu gering.	■ Spiel prüfen.
	Bremse schwergängig.	■ Bewegliche Teile der Trommelbremse schmieren. Bremssattel überholen lassen (Werkstattarbeit).
	Speziell bei Scheibenbremse:	
	Drosselbohrung im Spezial-Bodenventil verstopft.	■ Hauptbremszylinder reinigen, Innenteile ersetzen und Bremsflüssigkeit erneuern.
	Speziell bei Trommelbremse:	
	Bremsbacken-Rückzugfedern erlahmt.	■ Rückzugfedern erneuern.
Bremsen rattern.	Ungeeigneter Bremsbelag.	■ Beläge erneuern. Nur Original-Bremsbeläge vom Automobilhersteller verwenden.
	Speziell bei Scheibenbremse:	
	Bremsscheibe stellenweise korrodiert.	■ Scheibe mit Schleifklötzen sorgfältig glätten.
	Bremsscheibe hat Seitenschlag.	■ Scheibe nacharbeiten oder ersetzen.
	Speziell bei Trommelbremse:	
	Bremsbeläge verschlissen.	■ Beläge erneuern. Nur Original-Bremsbeläge vom Automobilhersteller verwenden.
	Bremstrommel unrund.	■ Bremstrommel ersetzen.
Bremsbeläge lösen sich nicht von der Bremsscheibe, Räder lassen sich schwer von Hand drehen.	**Speziell bei Scheibenbremse:** Korrosion in den Bremssattelzylindern.	■ Bremssattel überholen, eventuell austauschen.
Ungleichmäßiger Belag-Verschleiß.	**Speziell bei Scheibenbremse:**	
	Ungeeigneter Bremsbelag.	■ Beläge erneuern, Nur Original-Bremsbeläge vom Automobilhersteller verwenden.
	Bremssattel verschmutzt.	■ Bremssattelschächte reinigen.
	Kolben nicht leichtgängig.	■ Kolben gangbar machen (Werkstattarbeit).
	Bremssystem undicht.	■ Bremssystem auf Dichtigkeit prüfen.
Keilförmiger Bremsbelag-Verschleiß.	**Speziell bei Scheibenbremse:**	
	Bremsscheibe läuft nicht parallel zum Bremssattel.	■ Anlagefläche des Bremssattels prüfen.
	Korrosion in den Bremssätteln.	■ Verschmutzung beseitigen.

Störung	Ursache	Abhilfe
Bremse quietscht.	Oft auf atmosphärische Einflüsse (Luftfeuchtigkeit) zurückzuführen.	■ Keine Abhilfe erforderlich, und zwar dann, wenn Quietschen nach längerem Stillstand des Wagens bei hoher Luftfeuchtigkeit auftrat, aber nach den ersten Bremsungen sich nicht wiederholt.
	Speziell bei Scheibenbremse:	
	Ungeeigneter Bremsbelag.	■ Beläge erneuern. Nur Original-Bremsbeläge vom Automobilhersteller verwenden
	Bremsscheibe läuft nicht parallel zum Bremssattel.	■ Anlagefläche des Bremssattels prüfen.
	Verschmutzte Schächte im Bremssattel.	■ Bremssattelschächte reinigen.
	Speziell bei Trommelbremse:	
	Ungeeigneter Bremsbelag.	■ Beläge erneuern. Nur Original-Bremsbeläge vom Automobilhersteller verwenden.
	Belag liegt nicht satt auf.	■ Beläge erneuern. Nur Original-Bremsbeläge vom Automobilhersteller verwenden.
	Bremse verschmutzt.	■ Radbremsen reinigen.
	Rückzugfedern zu schwach.	■ Rückzugfedern erneuern.
Bremse pulsiert.	**ABS** in Funktion.	■ Normal, keine Abhilfe.
	Speziell bei Scheibenbremse:	
	Seitenschlag oder Dickentoleranz der Bremsscheibe zu groß.	■ Schlag und Toleranz prüfen. Scheibe nacharbeiten oder ersetzen.
	Bremsscheibe läuft nicht parallel zum Bremssattel.	■ Anlagefläche des Bremssattels prüfen.
	Speziell bei Trommelbremse:	
	Anlagefläche der Felge an der Bremstrommel nicht plan, dadurch Verzug der Bremstrommel.	■ Es kann versucht werden, die Felgen untereinander auszutauschen. Gegebenenfalls Felgen ersetzen.

Motor-Mechanik

Aus dem Inhalt:

- **Zahnriemenausbau**
- **Zahnriemen spannen**
- **Zylinderkopfausbau**
- **Motorlagerung**
- **Kompression prüfen**
- **Keilrippenriemen wechseln**

1,0-/1,4-l-Benzinmotor mit 50/60 PS

Beim **1,0-/1,4-l-Benzinmotor AER/ALL/ALD/ANV/AUC/AUD/ANW/ AKK** sind Motorblock und Zylinderkopf aus Aluminiumguss gefertigt.

Im Zylinderkopf ist die Nockenwelle angeordnet, die die 2 Ventile pro Zylinder beim Motor AER/ALL über hydraulische Tassenstößel betätigt. Die hydraulischen Tassenstößel gleichen dabei jegliches Ventilspiel aus. Beim Motor ALD/ANV/ AUC/AUD/ANW/AKK drückt die Nockenwelle gegen Rollenschlepphebel, die an hydraulischen Abstützelementen befestigt sind. Durch die nadelgelagerten Rollen in den Schlepphebeln wird der Nockenhub besonders reibungsarm auf den Ventilschaft übertragen. Angetrieben wird die Nockenwelle von der Motor-Kurbelwelle über einen Zahnriemen.

Der Alu-Motorblock besitzt eingegossene Zylinderlaufbuchsen aus Grauguss. Unten am Motorblock ist die Kurbelwelle über 5 Kurbelwellenlager angeschraubt. **Diese Verschraubungen dürfen nicht gelöst werden, sonst muss der Motorblock komplett mit der Kurbelwelle ersetzt werden.** Die Kühlmittelpumpe sitzt vorn im Motorblock und wird durch den Zahnriemen angetrieben. Die Zahnrad-Ölpumpe wird durch einen Mitnehmerzapfen von der Kurbelwelle angetrieben.

Der **1,4-l-Benzinmotor AEX** entspricht technisch weitgehend dem 1,0-l-Benzinmotor AER, allerdings besteht der Motorblock aus Grauguss.

Beim **1,0-l-Benzinmotor AHT** erfolgt der Ventiltrieb durch eine unten liegende Nockenwelle über hydraulische Ventilstößel, Stößelstangen und Kipphebel. Die Nockenwelle wird über eine Doppelrollenkette von der Kurbelwelle angetrieben. Der Motorblock besteht aus Aluminium-Druckguss mit »nassen« Grauguss-Zylinderlaufbuchsen. Die Laufbuchsen werden als »nass« bezeichnet, weil sie einzeln in den Motorblock eingesetzt sind und direkt vom Kühlmittel umspült werden. Abgedichtet werden die Laufbuchsen unten durch Kupferringe und oben durch die Zylinderkopfdichtung. Der Motor AHT wird vorwiegend für den Export eingesetzt.

Rollenschlepphebel in Ruhestellung

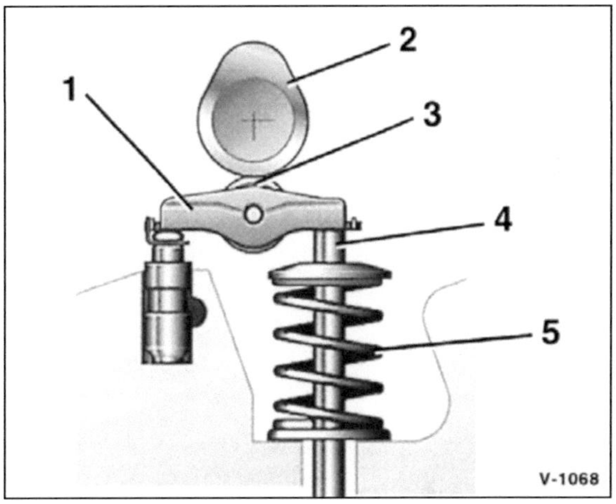

Rollenschlepphebel gedrückt

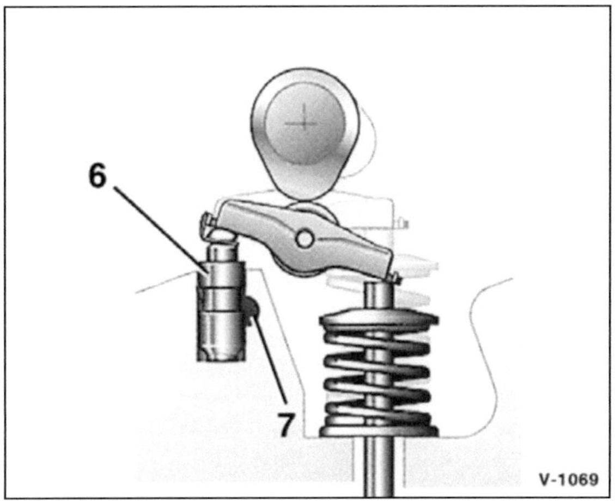

1 – Schlepphebel
2 – Nockenwelle
3 – Nadelgelagerte Rolle
4 – Ventilschaft
5 – Ventilfeder
6 – Hydraulisches Abstützelement
7 – Ölkanal

Zahnriementrieb

1,0-l-Benzinmotor AER/ALL/ALD/ANV/AUC mit 37 kW (50 PS) und 1,4-l-Benzinmotor AEX/AUD/ANW/AKK mit 44 kW (60 PS)

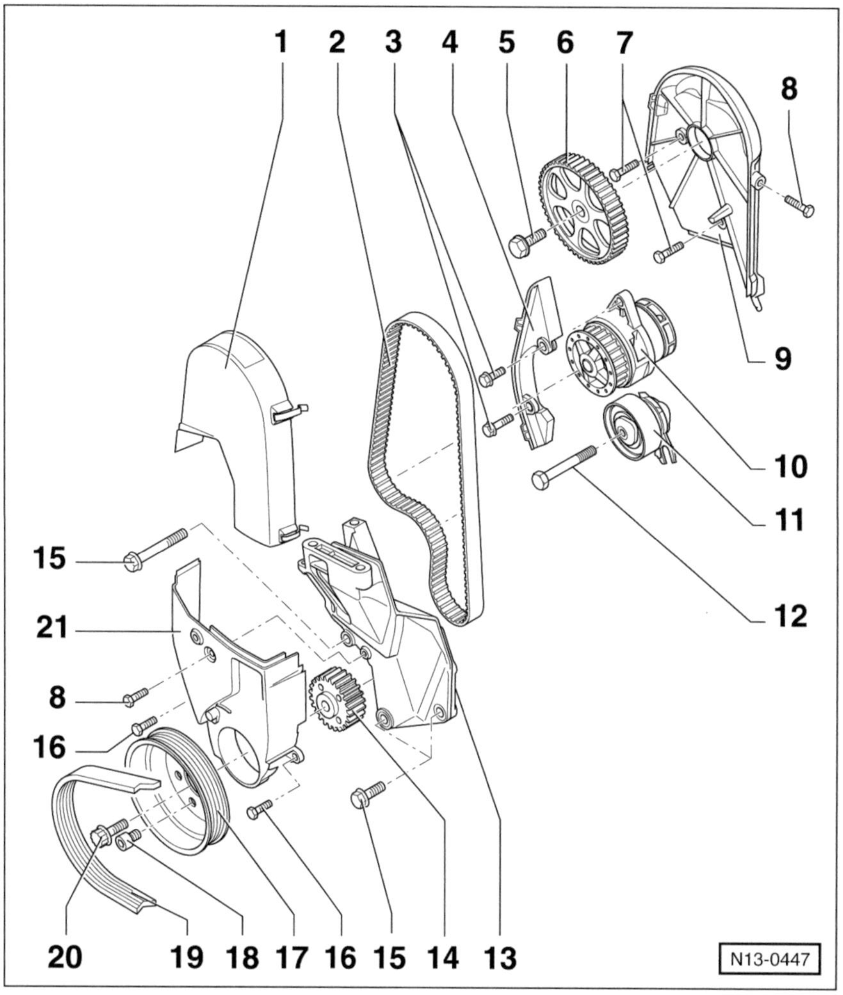

1 – **Zahnriemen-Abdeckung oben**

2 – **Zahnriemen**
Vor dem Ausbau Laufrichtung des Zahnriemens kennzeichnen. Zahnriemen nicht knicken.

3 – **Schrauben, 20 Nm**

4 – **Zahnriemenschutz für Kühlmittelpumpe**

5 – **Schraube, 20 Nm + ¼ Umdrehung (90°) weiterdrehen**
Immer ersetzen.

6 – **Nockenwellenrad**

7 – **Schrauben, 10 Nm**
Mit Sicherungsmittel D6 einsetzen.

8 – **Schraube, 10 Nm**

9 – **Zahnriemen-Abdeckung hinten**

10 – **Kühlmittelpumpe**
AROSA: Dichtring immer ersetzen.
LUPO: Mit integrierter Dichtung. **Achtung:** Die Dichtung darf **nicht** von der Kühlmittelpumpe abgenommen werden. Bei Beschädigungen oder Undichtheit, Kühlmittelpumpe komplett ersetzen. Ausgebaute Kühlmittelpumpe von Hand auf leichten Lauf prüfen.

11 – **Spannrolle**

12 – **Schraube, 20 Nm**

13 – **Konsole**

14 – **Zahnriemenrad für Kurbelwelle**

15 – **Schraube, 40 Nm + ¼ Umdrehung (90 °) weiterdrehen**

16 – **Schraube, 12 Nm**
Immer ersetzen.

17 – **Riemenscheibe**
Bei der Montage Fixierung beachten.

18 – **Schraube, 20 Nm**

19 – **Keilrippenriemen**
Vor dem Ausbau Laufrichtung kennzeichnen.

20 – **6-Kant-Schraube, 90 Nm + ⅓ Umdrehung (120 °) weiterdrehen, 12-Kant-Schraube, 90 Nm + ¼ Umdrehung (90°) weiterdrehen**
Immer ersetzen, geölt einsetzen. Das Weiterdrehen kann in mehreren Stufen erfolgen. Der Weiterdrehwinkel kann mit einer handelsüblichen Winkelmessscheibe, zum Beispiel HAZET 6690, gemessen werden.

21 – **Zahnriemen-Abdeckung unten**

Zahnriemen aus- und einbauen

1,0-l-Benzinmotor AER/ALL/ALD/ANV/AUC mit 37 kW (50 PS) und 1,4-l-Benzinmotor AEX/AUD/ANW/AKK mit 44 kW (60 PS)

Erforderliches Spezialwerkzeug:

Motor-Abfangvorrichtung beziehungsweise Motorkran.

Ausbau

- **Motor ALD/ANV/AUC/AUD/ANW/AKK:** Luftfilter ausbauen, siehe Seite 214.
- Kurbelwelle auf OT für Zylinder 1 stellen und Einstellung nicht mehr verändern.

Motor auf Zünd-OT für Zylinder 1 stellen

OT steht für Oberer Totpunkt, das heißt, der Kolben des 1. Zylinders befindet sich am oberen Umkehrpunkt. Diese Stellung erreicht der Kolben beim Kompressions- und beim Auspufftakt. Die OT-Stellung beim Kompressionstakt nennt man auch Zünd-OT, weil bei normalem Motorlauf kurz vorher die Zündung erfolgt. Gezählt werden die Zylinder in der Reihenfolge von 1 bis 4. Der 1. Zylinder befindet sich auf der Keilrippenriemenseite des Motors.

Um den Kolben des 1. Zylinders auf Zünd-OT zu stellen, muss die Motor-Kurbelwelle gedreht werden, bis die verschiedenen OT-Markierungen übereinstimmen. Dabei Kurbelwelle im Uhrzeigersinn langsam und gleichmäßig durchdrehen.

- Obere Zahnriemen-Abdeckung ausbauen.

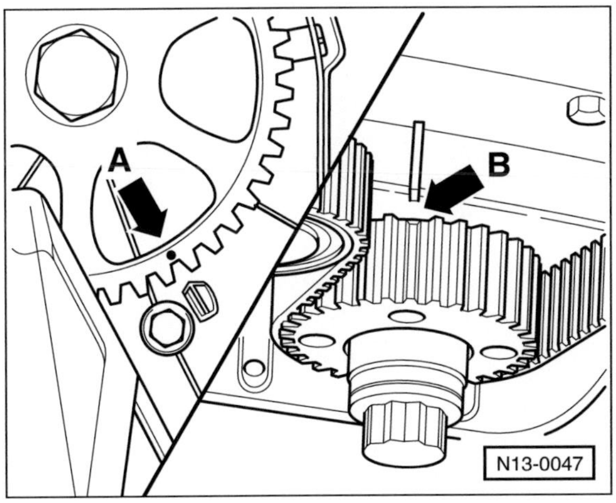

- Motor-Kurbelwelle drehen, bis die Markierung auf dem Nockenwellenrad –A– mit der OT-Markierung auf der Zahnriemen-Abdeckung übereinstimmt –linker Teil der Abbildung–. Der Motor steht dann in Zünd-OT-Stellung für Zylinder 1.
- Das Durchdrehen des Motors kann auf mehrere Arten erfolgen:
  1. Fahrzeug seitlich vorn aufbocken. Fünften Gang einlegen, Handbremse anziehen. Angehobenes Vorderrad durchdrehen. Dadurch dreht sich auch die Motor-Kurbelwelle. Zum Drehen des Rades wird ein Helfer benötigt.
  2. Fahrzeug auf ebene Fläche stellen. Fünften Gang einlegen. Fahrzeug vor- oder zurückschieben.
  3. Getriebe in Leerlaufstellung schalten, Handbremse anziehen. Kurbelwelle an der Zentralschraube der Riemenscheibe mit Ringschlüssel SW 19 durchdrehen.

Achtung: Motor **nicht** an der Befestigungsschraube des Nockenwellenrades durchdrehen. Dadurch wird der Zahnriemen überbeansprucht.

Hinweis: Damit die Kurbelwellen-Riemenscheibe ausgebaut werden kann, muss der Motor folgendermaßen abgesenkt werden:

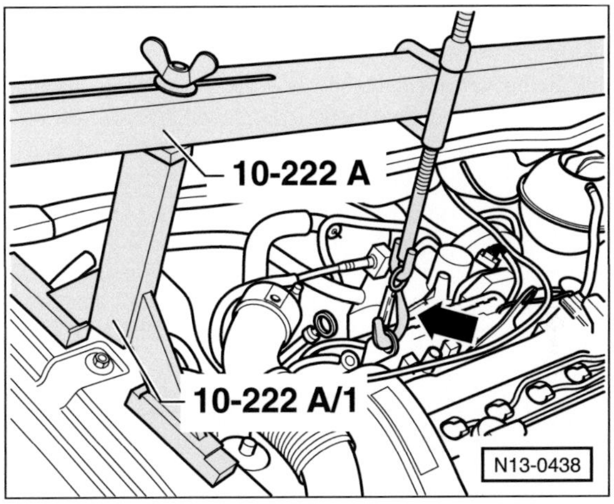

- Motor-Abfangvorrichtung an den Kotflügelsicken aufsetzen und Aufnahmehaken in die rechte Motorhebeöse einsetzen –Pfeil–. Motor leicht vorspannen. In der Abbildung ist die VW-Abfangvorrichtung dargestellt. Falls keine Abfangvorrichtung zur Verfügung steht, Motor mit Motorkran etwas anheben.
- Rechten Motorhalter abschrauben.
- Motor etwas absenken.
- Keilrippenriemen ausbauen, siehe Seite 190.
- Riemenscheibe mit 4 Innensechskantschrauben von der Kurbelwelle abschrauben. Zum Lösen der Befestigungsschrauben an der Zentralschraube des Kurbelwellenzahnrades gegenhalten.
- Untere Zahnriemen-Abdeckung abschrauben.
- Laufrichtung des Zahnriemens durch einen Pfeil mit einem Fettstift auf dem Zahnriemen markieren. Der Zahnriemen dreht sich im Uhrzeigersinn.
- Zahnriemen entspannen und abnehmen. Dazu Klemmmutter der Spannrolle abschrauben und Spannrolle abnehmen.

Achtung: OT-Stellung von Nockenwelle und Kurbelwelle bei ausgebautem Zahnriemen **nicht** mehr verändern. Falls die Nockenwelle bei ausgebautem Zahnriemen verdreht werden muss, darauf achten, dass die Kurbelwelle nicht auf OT steht, andernfalls können die Ventile gegen die Kolbenböden gedrückt und dadurch beschädigt werden. Aus diesem Grund Stellung des Kurbelwellen-Zahnriemenrades markieren. Dazu mit Farbe eine Markierung auf dem Kurbelwellenrad und am Motorblock anbringen. Anschließend Kurbelwellenrad um ¼ Umdrehung (90°) vor- oder zurückdrehen.

Einbau

Achtung: Beim Einbau des Zahnriemens darf der Motor maximal handwarm sein.

- OT-Stellung von Nockenwelle –A– und Kurbelwelle –B– prüfen, siehe Abbildung N13-0047. Der angeschliffene Zahn des Kurbelwellen-Zahnriemenrades muss mit der Markierung am Dichtflansch übereinstimmen –Pfeil B–.

Achtung: Falls die Nockenwelle ohne aufgelegten Zahnriemen verdreht werden muss, darauf achten, dass dabei die Kurbelwelle **nicht** auf OT steht, andernfalls können Ventile und/oder Kolben beschädigt werden.

- Zahnriemen auf die Zahnriemenräder auflegen, dabei am Kurbelwellen-Zahnriemenrad beginnen. **Achtung:** Wird der bisherige Zahnriemen wieder verwendet, unbedingt Laufrichtung beachten. Der Einbau des Zahnriemens in umgekehrter Laufrichtung kann nach einiger Laufzeit zum Reißen des Riemens und dadurch zu Motorschäden führen. Daher Zahnriemen immer so einbauen, dass der angebrachte Pfeil in Drehrichtung des Motors zeigt, also von der Zahnriemenseite her gesehen, in Uhrzeigersinn.

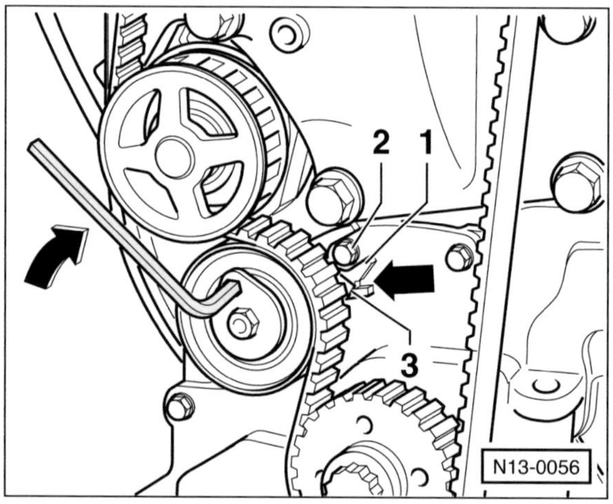

- Spannrolle so einbauen, dass die Aussparung der Grundplatte –1– über die Befestigungsschraube –2– greift. Befestigungsschraube handfest anziehen.
- Zahnriemen durch Verdrehen der Spannrolle in Pfeilrichtung spannen, bis der Zeiger –3– über der Kerbe in der Grundplatte steht –Pfeil–. In dieser Stellung Klemmmutter an der Spannrolle mit **20 Nm** festziehen.
- Kurbelwelle an der Zentralschraube des Zahnriemenrades zwei Umdrehungen in Motordrehrichtung drehen und OT-Stellung von Nocken- und Kurbelwelle prüfen. **Sämtliche Markierungen müssen bei gespanntem Zahnriemen gleichzeitig übereinstimmen,** gegebenenfalls Zahnriemen wieder abnehmen und Einstellung wiederholen.
- Stellung der Zahnriemen-Spannrolle prüfen, siehe entsprechendes Kapitel.
- Obere und untere Zahnriemen-Abdeckung anschrauben.
- Riemenscheibe mit 4 Schrauben anschrauben. Die Riemenscheibe passt nur in einer Stellung auf das Kurbelwellen-Zahnriemenrad, Fixierung beachten.
- Rechten Motorhalter mit **neuen** Schrauben anschrauben, siehe Seite 188.
- Keilrippenriemen einbauen, siehe Seite 190.
- Abdeckung für Keilrippenriemen einbauen.
- **Motor ALD/ANV/AUC/AUD/ANW/AKK:** Luftfilter einbauen, siehe Seite 214.

Halbautomatische Zahnriemen-Spannrolle prüfen

1,0-l-Benzinmotor AER/ALL/ALD/ANV/AUC mit 37 kW (50 PS) und 1,4-l-Benzinmotor AEX/AUD/ANW/AKK mit 44 kW (60 PS)

Die Zahnriemen-Spannrolle muss nach dem Einbau des Zahnriemens geprüft werden. **Prüfvoraussetzung:** Keilrippenriemen, Kurbelwellen-Riemenscheibe sowie obere und untere Zahnriemen-Abdeckung sind ausgebaut. Kurbelwelle ist in Motordrehrichtung 2-mal durchgedreht und steht in OT-Stellung für Zylinder 1.

Prüfen

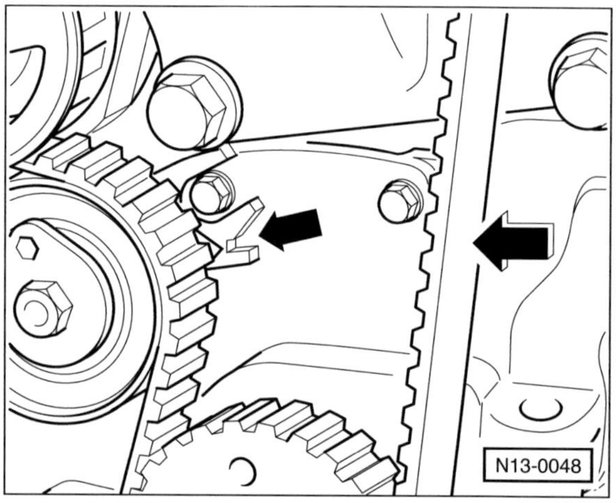

- Stellung des Zeigers an der Spannrolle –Pfeil links– merken.
- Zahnriemen mit kräftigem Daumendruck –Pfeil rechts– eindrücken. Der Zeiger der Spannrolle muss sich verschieben.
- Zahnriemen wieder entlasten und Kurbelwelle 2-mal in Motordrehrichtung durchdrehen.
- Stellung des Zeigers prüfen. Er muss in seine Ausgangslage zurückgegangen sein. Andernfalls Spannrolle ersetzen.
- Zahnriemen-Abdeckungen, Riemenscheibe und Keilrippenriemen einbauen, siehe entsprechendes Kapitel.

Zylinderkopf

1,0-l-Benzinmotor AER/ALL/ALD/ANV/AUC mit 37 kW (50 PS) und 1,4-l-Benzinmotor AEX/AUD/ANW/AKK mit 44 kW (60 PS)

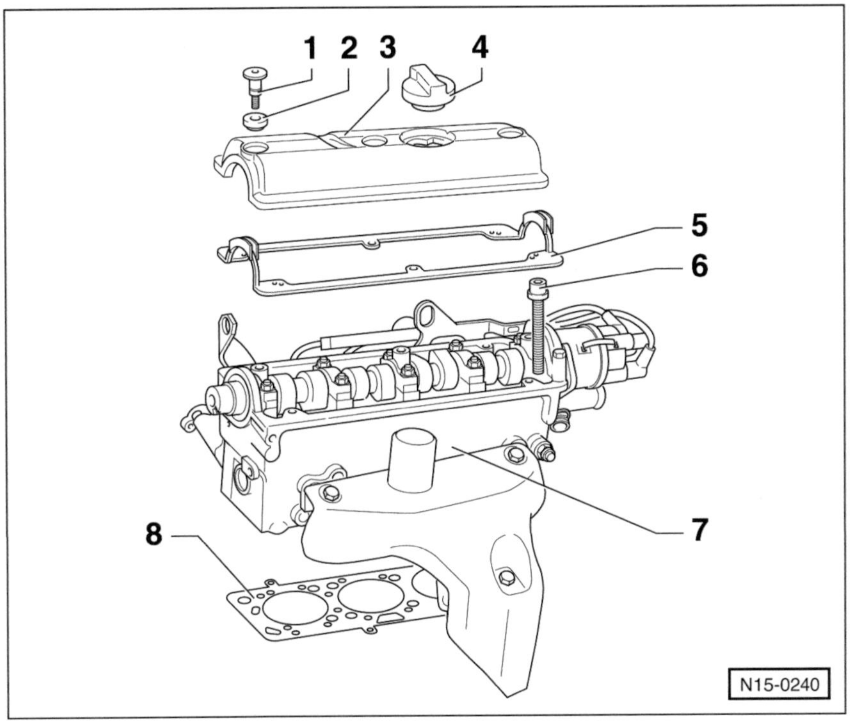

Motor AER/ALL/AEX

1 – **Schraube, 5 Nm + ¼ Umdrehung weiterdrehen**

2 – **Dichtscheibe**
Immer ersetzen.

3 – **Zylinderkopfdeckel**

4 – **Verschlussdeckel**
Dichtung auf Beschädigung prüfen, gegebenenfalls ersetzen.

5 – **Dichtung für Zylinderkopfdeckel**
Dichtung auf Beschädigung prüfen, gegebenenfalls ersetzen. Vor dem Auflegen Übergänge Lagerdeckel/ Zylinderkopf mit Sicherungsmittel VW-D454300A3 bestreichen.

6 – **Zylinderkopfschraube**
Immer ersetzen.
AROSA mit Motor **AEX:** Schraubenkopf mit Rändelung.
Achtung: Reihenfolge beim Lösen und Anziehen beachten.

7 – **Zylinderkopf**
Nach dem Ersetzen das gesamte Kühlmittel erneuern.

8 – **Zylinderkopfdichtung**
Immer ersetzen. Nach dem Ersetzen der Zylinderkopfdichtung immer das gesamte Kühlmittel erneuern.

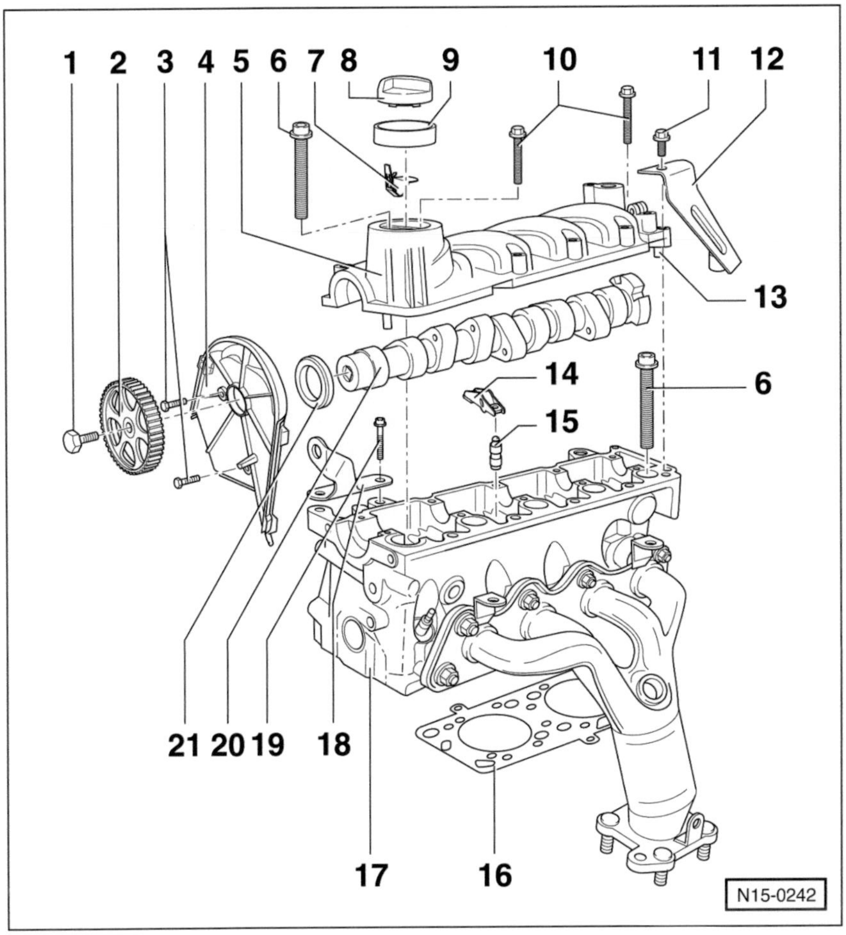

Motor ALD/ANV/AUC/AUD/ANW/AKK

1 – **Schraube*, 20 Nm + ¼ Umdrehung**
Nockenwellenrad mit Gegenhalter VW-3036 festhalten.

2 – **Nockenwellenrad**

3 – **Schrauben, 10 Nm***
Mit Dichtmittel VW-D6 einsetzen.

4 – **Zahnriemen-Abdeckung hinten**

5 – **Zylinderkopfdeckel**
Mit Dichtmittel VW-AMV154103 einbauen.

6 – **Zylinderkopfschraube***

7 – **Abschirmhaube**
Einbaulage beachten, wird geclipst.

8 – **Verschlussdeckel**

9 – **Manschette**

10 – **Schrauben*, 6 Nm + ¼ Umdrehung**

11 – **Schraube, 10 Nm**

12 – **Halter**

13 – **Passstift**

14 – **Rollenschlepphebel**
Rollenlager prüfen, Lauffläche ölen. Zur Montage mit der Sicherungsklammer auf das Abstützelement aufclipsen.

15 – **Abstützelement**
Lauffläche ölen.

16 – **Zylinderkopfdichtung***

17 – **Zylinderkopf**

18 – **Aufhängeöse**

19 – **Schraube*, 20 Nm + ¼ Umdrehung**

20 – **Nockenwelle**

21 – **Dichtring**
Dichtlippe leicht einölen.

---
*) Immer ersetzen.

Zylinderkopf aus- und einbauen/ Zylinderkopfdichtung ersetzen

1,0-l-Benzinmotor AER/ALL/ALD/ANV/AUC mit 37 kW (50 PS) und 1,4-l-Benzinmotor AEX/AUD/ANW/AKK mit 44 kW (60 PS)

Achtung: Spezielle Hinweise für den Ausbau beim Motor **ALD/ANV** stehen am Ende des Kapitels.

Beim Ausbau des Zylinderkopfs darf der Motor maximal handwarm sein. Abgas- und Ansaugkrümmer bleiben angeschlossen.

Eine defekte Zylinderkopfdichtung ist an einem oder mehreren der folgenden Merkmale erkennbar:

- Leistungsverlust.
- Kühlflüssigkeitsverlust. Weiße Abgaswolken bei warmem Motor.
- Ölverlust.
- Kühlflüssigkeit im Motoröl, Ölstand nimmt nicht ab, sondern zu. Graue Farbe des Motoröls, Schaumbläschen am Ölmessstab, Öl dünnflüssig.
- Motoröl in der Kühlflüssigkeit.
- Kühlflüssigkeit sprudelt stark.
- Keine Kompression auf 2 benachbarten Zylindern.

Erforderliches Spezialwerkzeug:

Gegenhalter für Nockenwellen-Zahnriemenrad . . VW-3036

Führungsbolzen VW-3450/HAZET 2571

Zange für Federbandschellen . . . . HAZET 798-5

Motor-Abfangvorrichtung beziehungsweise Motorkran.

Ausbau

Achtung: Falls der Zylinderkopf ersetzt wird, Plastikunterlagen zum Schutz der offenen Ventile erst unmittelbar vor dem Aufsetzen des Zylinderkopfes abnehmen. Außerdem muss das gesamte Kühlmittel erneuert werden.

Zylinderkopfdichtung erst unmittelbar vor dem Einbau aus der Verpackung nehmen.

- Batterie-Massekabel (–) bei ausgeschalteter Zündung abklemmen. **Achtung:** Dadurch werden elektronische Speicher gelöscht, wie zum Beispiel bei bestimmten Radios der Radiocode. Ohne Code kann das Radio nicht mehr in Betrieb genommen werden. Deshalb Hinweise im Kapitel »Batterie aus- und einbauen« durchlesen.
- Luftfilter ausbauen, siehe Seite 214.

Sicherheitshinweis
Das Kraftstoffsystem steht unter Druck! Vor dem Lösen der Schlauchverbindungen Tankverschlussdeckel öffnen sowie dicken Putzlappen um die Verbindungsstelle legen. Dann durch vorsichtiges Abziehen des Schlauches den Druck abbauen.

- Kraftstoffvorlaufleitung am Kraftstoffverteiler abziehen.
- Kraftstoffrücklaufleitung an der Verbindungsstelle am Federbeindom trennen.
- Kraftstoffleitungen mit geeigneten Stopfen verschließen, damit kein Schmutz in das Kraftstoffsystem gelangen kann.
- Kühlmittel ablassen, siehe Seite 199.
- Kühlmittelschläuche vom Thermostatgehäuse abziehen, vorher Schlauchschellen lösen und ganz zurückschieben.
- Gaszug am Drosselklappenteil und am Widerlager aushängen, siehe Seite 213.

Achtung: Alle Kabelbinder, die beim Ausbau gelöst oder aufgeschnitten werden, sind beim Einbau an der gleichen Stelle wieder anzubringen. Daher Einbaupositionen mit Tesaband markieren.

- Folgende elektrische Leitungen trennen:
  - Steckverbindungen am Halter des Thermostatgehäuses.
  - Mittlere Hochspannungsleitung, Klemme 4, vom Zündverteiler.
  - Masseband zum Zündtrafo am Halter.
  - 2-fach-Stecker vom Klopfsensor, hinten am Motorblock.
  - **AROSA:** 3-fach-Stecker vom Geber für Fahrgeschwindigkeit.
- Folgende Unterdruckschläuche abziehen:
  - Unterdruckschlauch für Bremskraftverstärker vom Ansaugrohr.
  - Schlauch zum Magnetventil 1 für Aktivkohlebehälter.
- Motor mit Abfangvorrichtung leicht vorspannen, rechten Motorhalter ausbauen und Motor etwas absenken, siehe Kapitel »Zahnriemen aus- und einbauen«.
- Abdeckung für Keilrippenriemen sowie Keilrippenriemen ausbauen, siehe Seite 190.
- Vorderes Abgasrohr vom Abgaskrümmer abschrauben. Abgasanlage etwas absenken und mit Draht am Aufbau aufhängen, siehe auch Seite 231.
- Kurbelwellen-Riemenscheibe, Zahnriemen-Abdeckungen sowie Zahnriemen ausbauen, siehe Kapitel »Zahnriemen aus- und einbauen«.
- Motor mit Abfangvorrichtung oder Motorkran etwas anheben und rechten Motorhalter mit den bisherigen Schrauben anschrauben.
- Kühlmittelrohr am Thermostatgehäuse abziehen, dazu Halteklammer seitlich herausziehen.
- Zylinderkopfdeckel abschrauben.

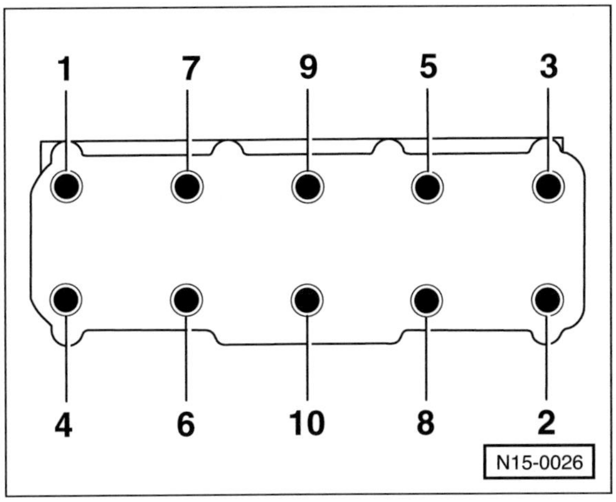

- Zylinderkopfschrauben in der angegebenen Reihenfolge zunächst ½ Umdrehung lösen und dann in derselben Reihenfolge ganz herausdrehen.
- Prüfen, ob sämtliche Leitungen und Schläuche, die zum Zylinderkopf führen, abgezogen sind.
- Zylinderkopf abheben und auf zwei Holzleisten legen.
- Zylinderkopfdichtung abnehmen.

Einbau

Darauf achten, dass kein Schmutz in die Motorblock-Öffnungen fällt. Öl- und Kühlmittel-Bohrungen sowie die Zylinder mit sauberen Lappen verschließen. Zylinderkopf und Motorblock mit geeignetem Schaber vorsichtig von Dichtungsresten freimachen. Darauf achten, dass keine lang gezogenen Riefen oder Kratzer entstehen. Falls Schleifpapier verwendet wird, darf die Körnung nicht unter 100 liegen.

Achtung: Die Bohrungen für die Zylinderkopfschrauben müssen frei von Öl- und Kühlmittelresten sein. Dazu Schraubendreher mit Lappen umwickeln und Flüssigkeit aufsaugen. Sonst baut sich beim Einschrauben der Zylinderkopfschrauben Druck auf, was zum Reißen des Motorblocks oder zu einem falschen Anzugsdrehmoment führen kann.

- Schmirgel- und Schleifreste sowie die Putzlappen sorgfältig entfernen.
- Zylinderkopf mit Stahllineal auf Verzug prüfen.
- Verzug mit Stahllineal und Fühlerblattlehre an verschiedenen Stellen des Zylinderkopfes prüfen. Die zulässigen Unebenheiten dürfen maximal 0,05 mm nicht überschreiten.

Achtung: Werden die Dichtflächen des Zylinderkopfes nachgearbeitet, darf die zulässige Mindesthöhe von 135,6 mm nicht unterschritten werden. Außerdem müssen die Ventile um das gleiche Nacharbeitungsmaß tiefer gesetzt werden, sonst schlagen die Ventile an den Kolben an (Werkstattarbeit).

- Zylinderköpfe mit Rissen zwischen den Ventilsitzen beziehungsweise dem Ventilsitzring und den ersten Gewindegängen des Zündkerzengewindes können ohne Herabsetzung der Lebensdauer weiterverwendet und überholt werden, wenn die Risse eine Breite von max. 0,5 mm nicht überschreiten.

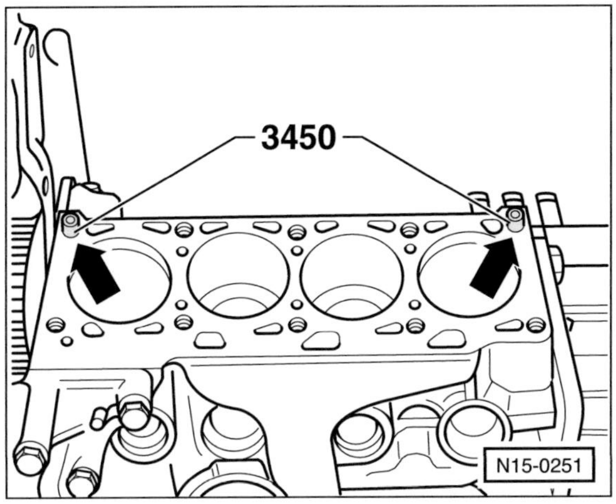

- Zum Zentrieren des Zylinderkopfes Führungsbolzen –1–, beispielsweise VW-3450 oder HAZET 2571, in die hinteren äußeren Bohrungen für die Zylinderkopfschrauben einschrauben –Pfeile–. **Hinweis:** Falls die Führungsbolzen nicht zur Verfügung stehen, können stattdessen auch 2 alte Zylinderkopfschrauben mit abgesägten Köpfen verwendet werden. Zum späteren herausdrehen empfiehlt es sich, oben jeweils eine Nut für den Schraubendreher anzubringen.
- **Neue** Zylinderkopfdichtung so auflegen, dass die Beschriftung (Ersatzteil-Nr.) lesbar ist, also zum Zylinderkopf zeigt. Zylinderkopfdichtung ohne Dichtungsmittel so auflegen, dass keine Bohrungen verdeckt werden. **Achtung:** Zylinderkopfdichtung sorgfältig behandeln. Selbst kleine Beschädigungen führen zu Undichtigkeiten. Neue Dichtung erst unmittelbar vor dem Einbau aus der Verpackung nehmen.
- Kurbelwelle an der Riemenscheibe so verdrehen, dass alle Kolben ungefähr auf gleicher Höhe stehen. Kurbelwelle drehen, siehe Seite 167.
- Falls der Zylinderkopf erneuert wird, Plastikunterlagen zum Schutz der offenen Ventile abnehmen.
- Zylinderkopf aufsetzen, dabei Führungsstifte im Motorblock beachten.
- Die 8 Zylinderkopfschrauben mit Unterlegscheiben ansetzen und handfest anziehen. **Zylinderkopfschrauben grundsätzlich ersetzen.**
- Führungsbolzen mit Bolzendreher beziehungsweise mit Schraubendreher herausdrehen, 2 Zylinderkopfschrauben einsetzen und handfest anziehen.

Achtung: Das Anziehen der Zylinderkopfschrauben ist mit größter Sorgfalt durchzuführen. Vor dem Anziehen der Schrauben Drehmomentschlüssel auf seine Genauigkeit prüfen. Die Zylinderkopfschrauben bei kaltem Motor, ca. +20° C, anziehen.

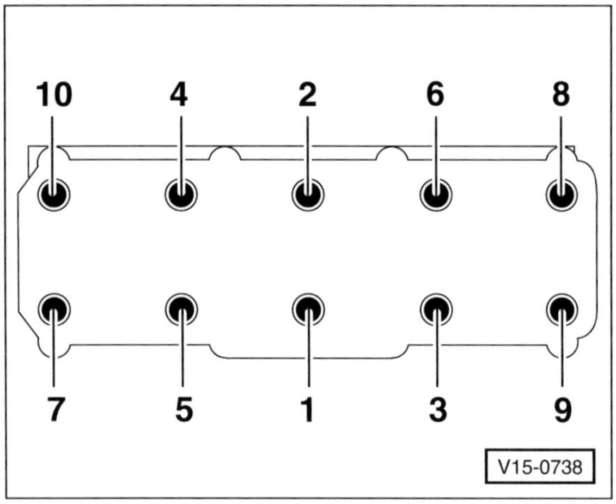

- Die Zylinderkopfschrauben werden in mehreren Stufen angezogen. Schrauben in jeder Stufe jeweils in der Reihenfolge von 1 bis 10 anziehen.

1,0-/1,4-l-Benzinmotor AER/ALL/ALD/ANV/AUC/AUD/ANW/AKK mit Aluminium-Motorblock:

1. Stufe: mit Drehmomentschlüssel **30 Nm**
2. Stufe: **1/4 Umdrehung (90°)** mit **starrem** Schlüssel ohne abzusetzen weiterdrehen.
3. Stufe: **1/4 Umdrehung (90°)** mit **starrem** Schlüssel ohne abzusetzen weiterdrehen.

1,4-l-Benzinmotor AEX mit Grauguss-Motorblock:

1. Stufe: mit Drehmomentschlüssel **40 Nm**
2. Stufe: mit Drehmomentschlüssel **60 Nm**
3. Stufe: **1/4 Umdrehung (90°)** mit **starrem** Schlüssel ohne abzusetzen weiterdrehen.
4. Stufe: **1/4 Umdrehung (90°)** mit **starrem** Schlüssel ohne abzusetzen weiterdrehen.

- Beim Anziehen der Zylinderkopfschrauben Drehwinkel abschätzen. Schlüsselgriff längs zum Motor ansetzen und in einem Zug drehen, bis der Griff quer zum Motor steht (1/4 Umdrehung = 90°).

Achtung: Ein Nachziehen der Zylinderkopfschrauben bei warmem Motor, im Rahmen der Wartung oder nach Reparaturen, ist **nicht zulässig.**

Achtung: Beim Einbau eines Austausch-Zylinderkopfes mit montierter Nockenwelle müssen die Berührungsflächen zwischen Hydrostößel und Nockenbahn nach Einbau des Zylinderkopfes geölt werden.

- Nockenwelle auf OT für Zylinder 1 stellen, siehe Seite 167.
- Kurbelwelle in Motordrehrichtung auf OT für Zylinder 1 drehen, siehe Seite 167.
- Zylinderkopfdeckel einbauen:
  - Dichtung für Zylinderkopfdeckel auf Beschädigungen sichtprüfen, gegebenenfalls erneuern.
  - Übergänge der Nockenwellenlager zum Zylinderkopf mit Dichtmittel bestreichen, zum Beispiel mit VW-D454300A3 oder »Ultra Black« von Loctite.
  - Dichtung für Zylinderkopfdeckel auflegen und an den Übergängen andrücken.
  - Zylinderkopfdeckel aufsetzen und mit **neuen** Schrauben sowie **5 Nm** anschrauben. Anschließend Schrauben **1/4 Umdrehung** (90°) weiterdrehen.
- Kühlmittelrohr am Thermostatgehäuse aufschieben und mit Halteklammer sichern.
- Rechten Motorhalter abschrauben und Motor etwas absenken.
- Zahnriemen, Zahnriemen-Abdeckungen sowie Kurbelwellen-Riemenscheibe einbauen, siehe Kapitel »Zahnriemen aus- und einbauen«.
- Vorderes Abgasrohr am Abgaskrümmer anschrauben, siehe auch Seite 231.
- Keilrippenriemen sowie Abdeckung für Keilrippenriemen einbauen, siehe Seite 190.
- Motor etwas anheben und rechten Motorhalter mit **neuen** Schrauben anschrauben, siehe Seite 188.
- Folgende Unterdruckschläuche aufstecken:
  - Schlauch zum Magnetventil 1 für Aktivkohlebehälter.
  - Unterdruckschlauch für Bremskraftverstärker am Ansaugrohr.
- Folgende elektrische Leitungen verbinden:
  - **AROSA:** 3-fach-Stecker am Geber für Fahrgeschwindigkeit.
  - 2-fach-Stecker am Klopfsensor, hinten am Motorblock.
  - Masseband zum Zündtrafo am Halter.
  - Mittlere Hochspannungsleitung, Klemme 4, am mittleren Anschluss des Zündverteilers.
  - Steckverbindungen am Halter des Thermostatgehäuses.
- Alle Kabelbinder, die beim Ausbau gelöst oder aufgeschnitten wurden, an den gleichen Stellen wie ausgebaut einbauen.
- Gaszug am Drosselklappenteil und am Widerlager einhängen, siehe Seite 213.
- Kühlmittelschläuche am Thermostatgehäuse aufschieben und mit Schlauchschellen sichern.
- Neues Kühlmittel mischen, Kühlsystem auffüllen und entlüften, siehe Seite 199.
- Ölstand im Motor prüfen, gegebenenfalls auffüllen. **Achtung:** Wurde der Zylinderkopf aufgrund einer defekten Zylinderkopfdichtung abgebaut, empfiehlt sich ein vorgezogener Ölwechsel einschließlich eines Ölfilterwechsels, da sich im Motoröl Kühlflüssigkeit befinden kann.
- Stopfen aus den Kraftstoffleitungen herausziehen.
- Kraftstoffrücklaufleitung an der Verbindungsstelle am Federbeindom verbinden.
- Kraftstoffvorlaufleitung am Kraftstoffverteiler aufstecken und mit Schelle sichern.
- Luftfilter einbauen, siehe Seite 214.
- Batterie-Massekabel (–) anklemmen. **Achtung:** Zeituhr stellen und gegebenenfalls Radiocode eingeben sowie Hoch-/Tieflaufautomatik für elektrische Fensterheber aktivieren , siehe Kapitel »Batterie aus- und einbauen«.

- Motor auf Betriebstemperatur bringen. Dazu Motor warmfahren bis die Kühlmittel-Temperaturanzeige normale Betriebstemperatur des Kühlmittels signalisiert. Der Zeiger steht dann auf der +90°-C-Marke. Anschließend noch mindestens 5 km weiterfahren, damit auch eine ausreichende Motoröltemperatur sichergestellt ist.
- Ölstand und Kühlmittelstand überprüfen und sämtliche Schlauchanschlüsse auf Dichtheit prüfen.

Spezielle Hinweise Motor ALD/ANV/AUC/AUD/ANW/AKK

Die Arbeitsschritte ■ sind gleich wie beim Motor **AER/ALL** und werden dort ausführlich beschrieben. Die Arbeitsschritte ● beziehen sich speziell auf den Motor **ALD/ANV/AUC/AUD/ANW/AKK**, siehe auch Abbildung N15-0242.

Ausbau

■ Batterie-Massekabel abklemmen.

■ Luftfilter ausbauen.

■ Zahnriemen-Spannrolle lösen und Zahnriemen vom Nockenwellenrad abnehmen.

● Verschlussdeckel –8– öffnen. Abschirmhaube –7– ausclipsen und herausnehmen, siehe Abbildung N15-0242.

● 3-fach-Stecker vom Hallgeber, seitlich am Hochspannungsverteiler, abziehen.

● 4-fach-Stecker vom Zündtrafo abziehen und Zündtrafo ausbauen, siehe Seite 220

● Falls der Zylinderkopf im Rahmen der weiteren Reparatur zerlegt werden soll, Zylinderkopfdeckel abschrauben und vorsichtig abheben. Folgende Löse-Reihenfolge der Befestigungsschrauben einhalten, siehe Abbildung N15-0252: Zuerst die Schrauben 8, dann 9, 6, 7, 5, 3, 4, 1, 2. Dabei die Schrauben –1– und –2– abwechselnd über Kreuz lösen. Schrauben grundsätzlich erneuern.

■ Rechtes Motorlager ausbauen.

■ Kraftstoffleitungen trennen.

● Folgende elektrische Leitungen trennen:
  - ◆ Stecker vom Geber für Kühlmitteltemperatur und Öldruckschalter.
  - ◆ Sammelstecker unterhalb des Thermostatgehäuses.
  - ◆ Stecker vom Geber für Motordrehzahl.
  - ◆ Stecker der Lambdasonde im Abgaskrümmer.
  - ◆ Stecker am Klopfsensor.

■ Kühlmittel ablassen.

● Kraftstoffverteilerrohr mit allen Einspritzventilen vom Zylinderkopf abbauen, siehe Seite 219.

● Kühlmittelrohr vom Thermostatgehäuse abziehen.

● Thermostatgehäuse vom Zylinderkopf abschrauben

● Alle Verbindungs-, Kühlmittel-, Unterdruck- und Ansaugschläuche zum Zylinderkopf abklemmen.

■ Vorderes Abgasrohr vom Abgaskrümmer abschrauben.

● Führungsrohr für Ölmessstab vom Zylinderkopf abbauen.

● Aufhängeöse im Bereich der Öleinfüllung abschrauben.

■ Zylinderkopf abschrauben und abnehmen.

Einbau

■ Dichtfläche von Zylinderkopf und Motorblock reinigen.

● Beim Auflegen der Zylinderkopfdichtung zusätzlich die Zentrierstifte in den vorderen äußeren Bohrungen beachten.

■ Zylinderkopf aufsetzen und anschrauben.

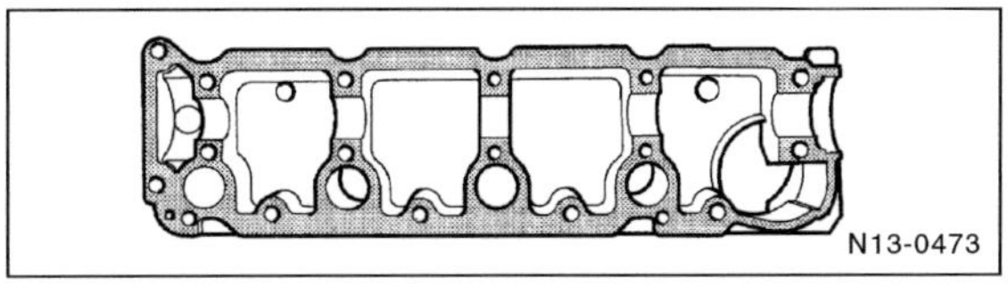

● Zylinderkopfdeckel einbauen. Dazu Dichtmittel auf die saubere Dichtfläche –gerasterte Fläche– **dünn** und gleichmäßig auftragen. **Achtung:** Danach muss der Zylinderkopfdeckel sofort eingebaut werden, bevor das Dichtmittel ausgehärtet ist. Zu dick aufgetragenes Dichtmittel kann in die Ölbohrungen gelangen und dadurch Motorschäden verursachen.

● Zylinderkopfdeckel senkrecht von oben mit den Passstiften in die Bohrungen des Zylinderkopfes einsetzen.

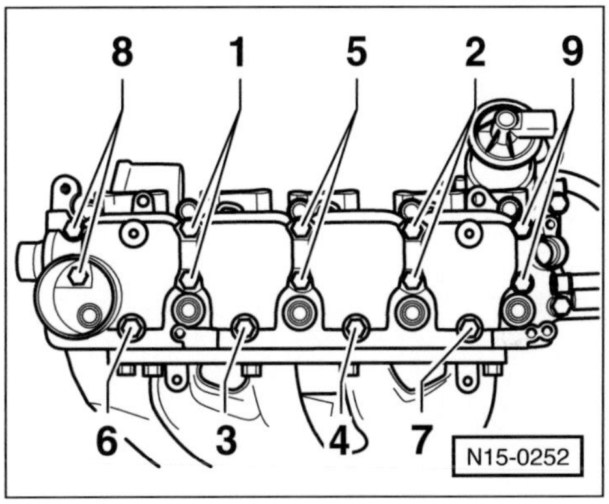

● Zylinderkopfdeckel in der angegebenen Reihenfolge mit **neuen** Schrauben anschrauben. Dabei zuerst die Schrauben –1– und –2– über Kreuz mit **6 Nm** anziehen. Dann die restlichen Schrauben mit **6 Nm** festziehen. Anschließend alle Schrauben ¼ **Umdrehung** (90°) weiterdrehen.

Achtung: Nach der Montage des Zylinderkopfdeckels das Dichtmittel ca. 30 Minuten aushärten lassen

● Der weitere Einbau erfolgt in umgekehrter Ausbaureihenfolge.

● Motor-Steuergerät an die Drosselklappen-Steuereinheit anpassen sowie Grundeinstellung nach Unterbrechung der Spannungsversorgung durchführen (Werkstattarbeit).

1,4-/1,6-l-Benzinmotor mit 75 - 125 PS

Beim **1,4-l-Benzinmotor AHW/AKQ/APE/AFK/AQQ/ARR/AVY** sind Motorblock und Zylinderkopf aus Aluminiumguss gefertigt.

Die im Zylinderkopf untergebrachte Nockenwelle betätigt die 4 Ventile pro Zylinder über Rollenschlepphebel. Die Schlepphebel sind an hydraulischen Abstützelementen befestigt, die jegliches Ventilspiel ausgleichen. Durch die nadelgelagerten Rollen in den Schlepphebeln wird der Nockenhub besonders reibungsarm auf den Ventilschaft übertragen. Angetrieben wird die Nockenwelle von der Motor-Kurbelwelle über einen Zahnriemen.

Der Alu-Motorblock besitzt eingegossene Zylinderlaufbuchsen aus Grauguss. Unten am Motorblock ist die Kurbelwelle über 5 Kurbelwellenlager angeschraubt. **Diese Verschraubungen dürfen nicht gelöst werden, sonst muss der Motorblock komplett mit der Kurbelwelle ersetzt werden.** Die Kühlmittelpumpe sitzt vorn im Motorblock und wird durch den Zahnriemen angetrieben. Die Zahnrad-Ölpumpe wird durch einen Mitnehmerzapfen von der Kurbelwelle angetrieben.

Zahnriementrieb

1,4-/1,6-l-Benzinmotor AHW/AKQ/APE/AFK/AQQ/ARR/AVY mit 55 - 92 kW (75 - 125 PS)

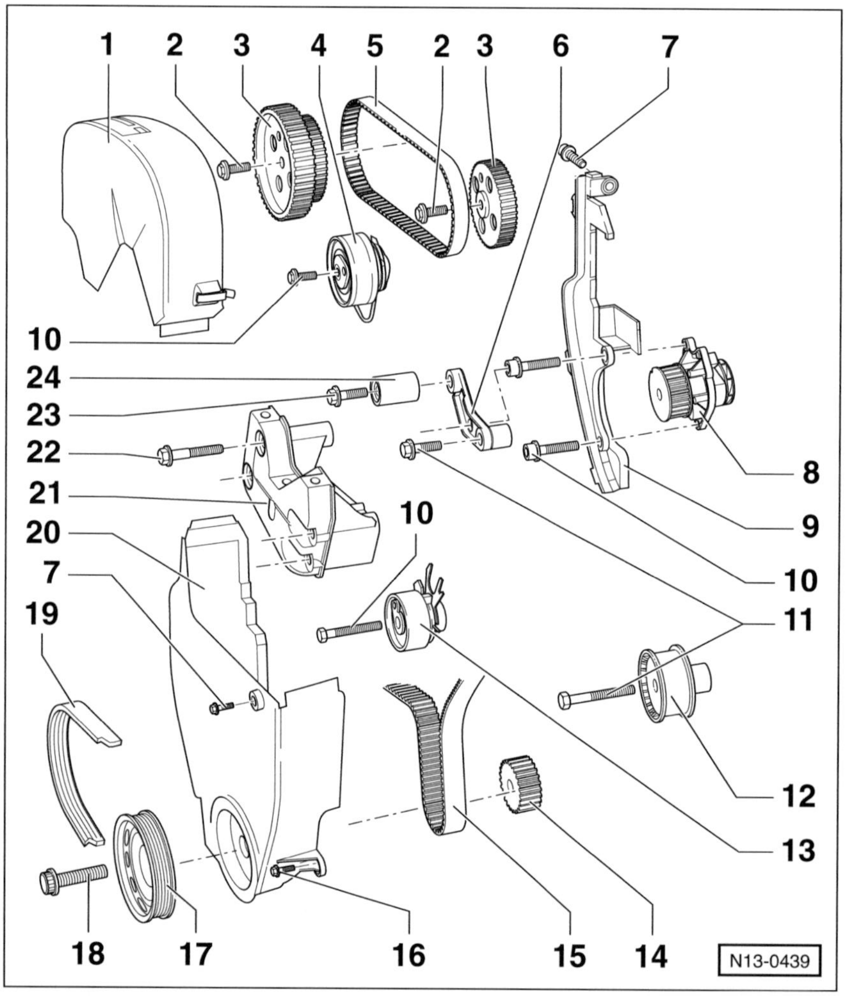

1 – **Zahnriemen-Abdeckung oben**

2 – **Schraube, 20 Nm + ¼ Umdrehung (90°) weiterdrehen**
Immer ersetzen. Zum Lösen und Anziehen wird das Absteckwerkzeug VW-T-10016 benötigt.

3 – **Nockenwellenrad**
Die Fixierbohrungen in den Nockenwellenrädern müssen mit den Passbohrungen im Nockenwellengehäuse fluchten.

4 – **Koppeltrieb-Spannrolle**

5 – **Koppeltrieb-Zahnriemen**
Vor dem Ausbau Laufrichtung auf dem Riemen kennzeichnen. Auf Verschleiß prüfen, nicht knicken.

6 – **Halter**

7 – **Schraube, 10 Nm**

8 – **Kühlmittelpumpe**
Bei Beschädigungen und Undichtigkeiten komplett ersetzen.

9 – **Zahnriemen-Abdeckung hinten**

10 – **Schraube, 20 Nm**

11 – **Schraube, 50 Nm**

12 – **Umlenkrolle für Haupttrieb-Zahnriemen**

13 – **Haupttrieb-Spannrolle**

14 – **Kurbelwellen-Zahnriemenrad**
OT-Stellung: Der abgeschrägte Zahn muss mit der Markierung auf dem Ölpumpengehäuse übereinstimmen.

15 – **Haupttrieb-Zahnriemen**
Vor dem Ausbau Laufrichtung auf dem Riemen kennzeichnen. Auf Verschleiß prüfen, nicht knicken.

16 – **Schraube, 12 Nm**
Immer ersetzen.

17 – **Kurbelwellen-Riemenscheibe**
Bei der Montage Fixierung beachten.

18 – **Schraube, 90 Nm + ¼ Umdrehung (90°) weiterdrehen**
Immer ersetzen, geölt einsetzen. Das Weiterdrehen kann in mehreren Stufen erfolgen. Der Weiterdrehwinkel kann mit einer handelsüblichen Winkelmessscheibe, zum Beispiel HAZET 6690, gemessen werden.

19 – **Keilrippenriemen**
Vor dem Ausbau Laufrichtung auf dem Riemen kennzeichnen. Auf Verschleiß prüfen, nicht knicken.

20 – **Zahnriemen-Abdeckung unten**

21 – **Motorhalter**

22 – **Schraube, 50 Nm**
Immer ersetzen.

23 – **Schraube, 25 Nm**

24 – **Umlenkrolle**

Motor auf OT stellen

1,4-/1,6-l-Benzinmotor AHW/AKQ/APE/AFK/AQQ/ARR/AVY mit 55 - 92 kW (75 - 125 PS)

- Obere Zahnriemen-Abdeckung abschrauben.

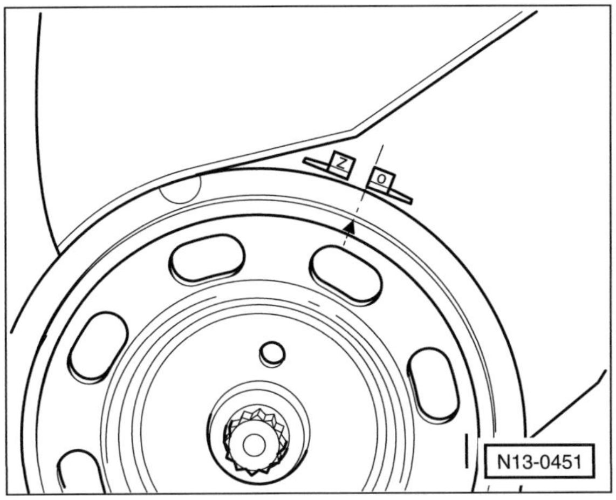

- Kurbelwelle in Motordrehrichtung, also im Uhrzeigersinn, drehen, bis die Kerbe auf der Riemenscheibe mit der Kante der Markierung –O– übereinstimmt. Kurbelwelle drehen, siehe Seite 167.

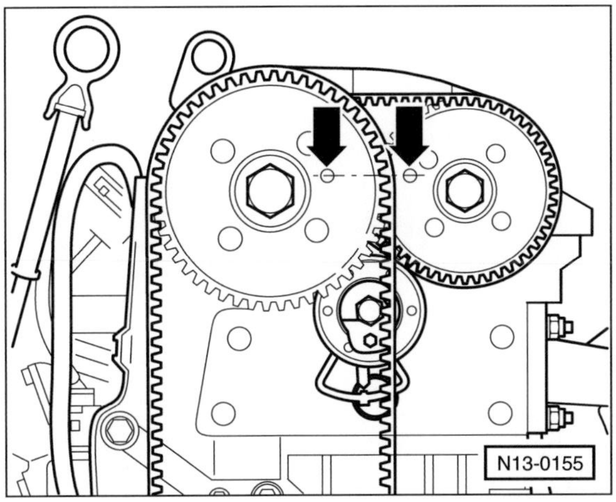

- Die Fixierbohrungen in den Nockenwellenrädern müssen mit den Passbohrungen im Nockenwellengehäuse fluchten –Pfeile–.

Hinweis: Stehen die Fixierbohrungen auf der entgegengesetzten Seite der Zahnriemenräder, muss die Kurbelwelle noch einmal eine Umdrehung weitergedreht werden.

Hinweise für den Zahnriemeneinbau

1,4-/1,6-l-Benzinmotor AHW/AKQ/APE/AFK/AQQ/ARR/AVY mit 55 - 92 kW (75 - 125 PS)

Achtung: Der Aus- und Einbau des Zahnriemens für den 1,4-/1,6-l-Benzinmotor mit 75 bis 125 PS wird nicht beschrieben. Hier die wichtigsten Einbauhinweise:

Nockenwellen-Zahnräder in OT-Stellung fixieren

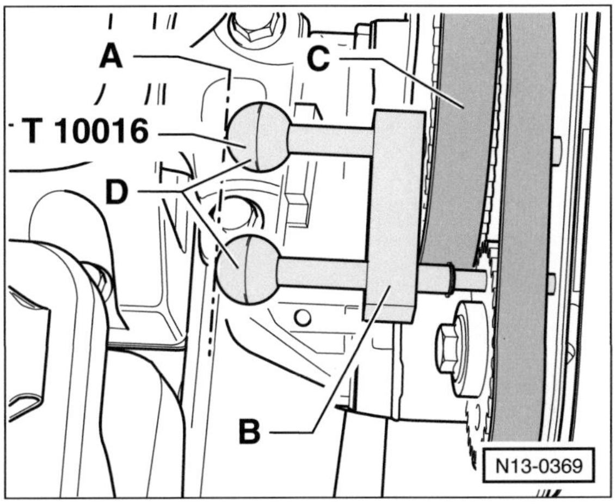

- Motor auf OT für Zylinder 1 stellen.
- VW-Werkzeug T-10016 mit den beiden Arretierstiften durch die Fixierbohrungen der Nockenwellenräder bis zum Anschlag in die Passbohrungen im Nockenwellengehäuse einführen. Die beiden Arretierstifte sind richtig eingesetzt, wenn die Endstücke –D– mit der Linie –A– in einer Flucht sind.
- Halter –B– bis zum Anschlag an das Einlassnockenwellenrad –C– schieben.

Koppeltrieb-Spannrolle einbauen

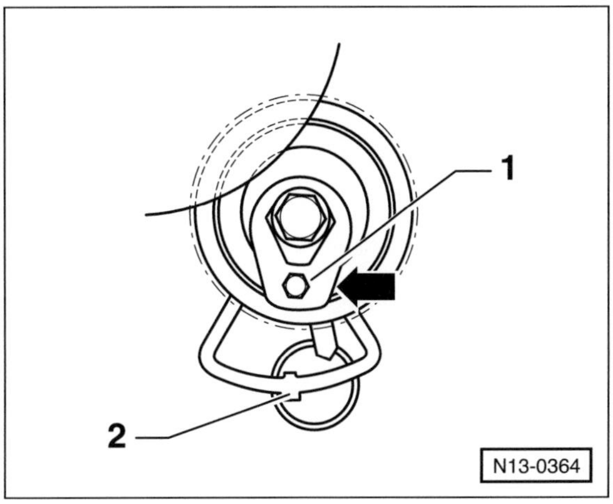

- Koppeltrieb-Spannrolle am Innensechskant –1– im Uhrzeigersinn in Richtung des Markierungsfensters –Pfeil– drehen. Die Spannrolle befindet sich jetzt in entspannter Stellung.

- Spannrolle ansetzen und mit dem Zahnriemen nach oben drücken. Befestigungsschraube einschrauben.
- Schraube handfest anziehen. Die Nase der Grundplatte muss in die Bohrung am Zylinderkopf eingreifen –2–.

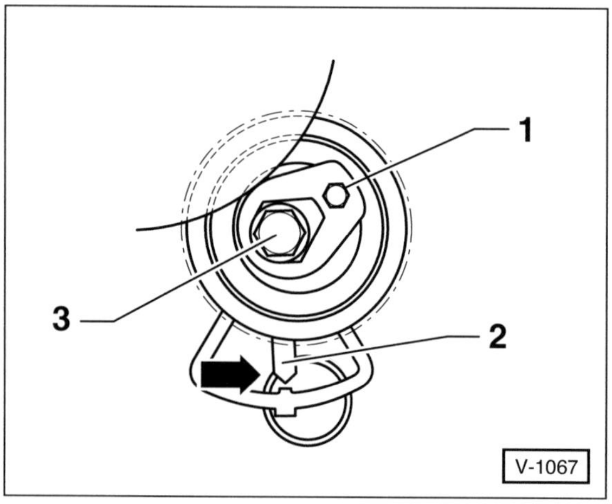

- Zahnriemen spannen. Dazu Spannrolle am Innensechskant –1– gegen den Uhrzeigersinn drehen, bis der Zeiger –2– über der Nase in der Grundplatte im Markierungsfenster steht –Pfeil–. In dieser Stellung Klemmschraube –3– mit **20 Nm** festziehen.

Haupttrieb-Zahnriemen spannen

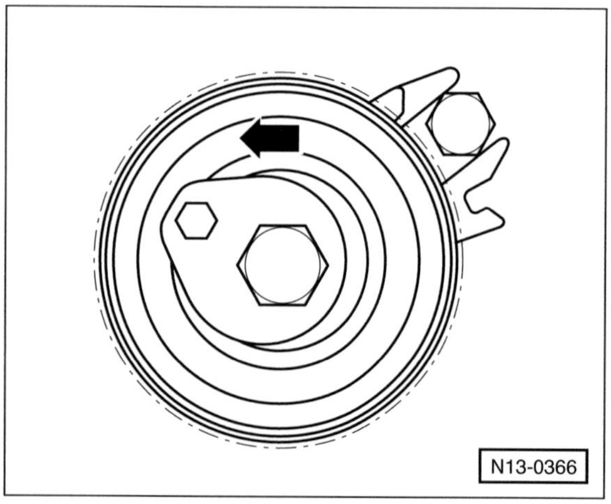

- Falls die Haupttrieb-Spannrolle ausgebaut war, Spannrolle am Innensechskant gegen den Uhrzeigersinn drehen –Pfeil–, bis die in der Abbildung dargestellte Position erreicht ist.

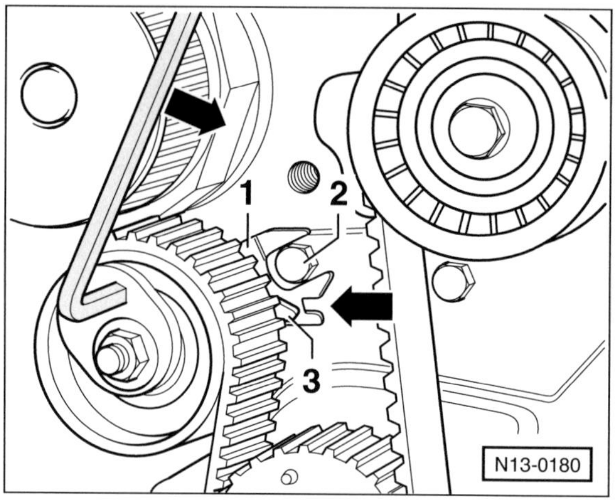

- Befestigungsschraube –2– handfest anziehen. Die Aussparung der Grundplatte –1– muss über die Befestigungsschraube –2– greifen.
- Befestigungsschraube lösen und Spannrolle mit Innensechskantschlüssel in Pfeilrichtung –linker Pfeil– drehen, bis der Zeiger –3– über der Kerbe in der Grundplatte steht –rechter Pfeil–.
- Fixierwerkzeug aus den Nockenwellenrädern herausnehmen und Klemmmutter der Spannrolle mit **20 Nm** festziehen.

Zahnriemenverlauf

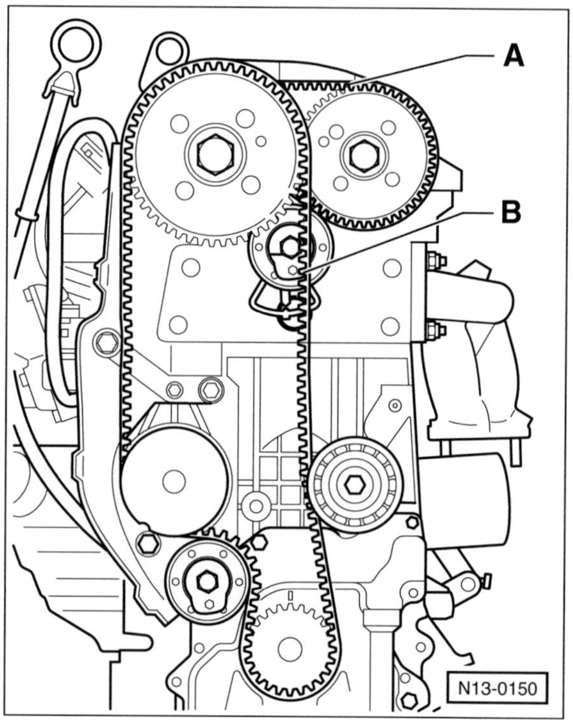

A – Koppel-Zahnriemen

B – Haupttrieb-Zahnriemen.

Zylinderkopf

1,4-/1,6-l-Benzinmotor AHW/AKQ/APE/AFK/AQQ/ARR/AVY mit 55 - 92 kW (75 - 125 PS)

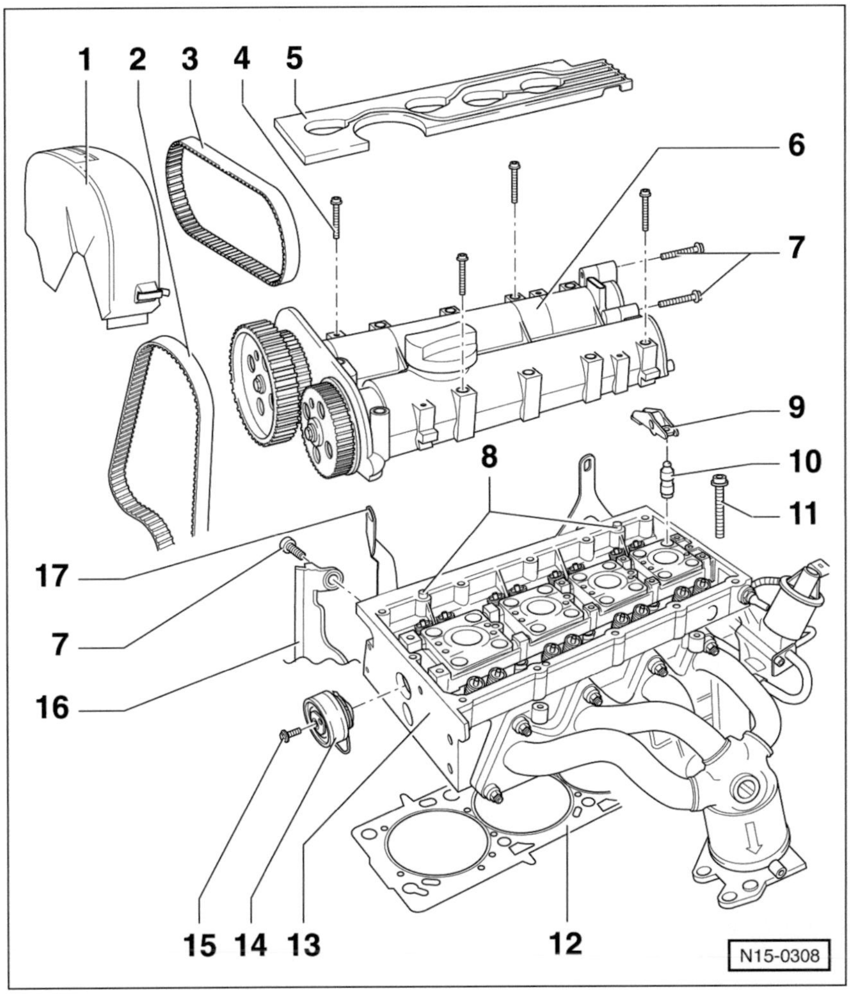

1 – **Zahnriemen-Abdeckung oben**

2 – **Haupttrieb-Zahnriemen**

3 – **Koppeltrieb-Zahnriemen**

4 – **Schraube, 10 Nm + ¼ Umdrehung (90°) weiterdrehen**
Immer ersetzen.
Von außen nach innen anziehen.

5 – **Zündleitungsführung**

6 – **Nockenwellengehäuse**
Alte Dichtmittelreste entfernen. Vor dem Auflegen mit Dichtmittel VW-D188003A1 bestreichen, siehe Abbildung N15-0075. Beim Einbau vorsichtig senkrecht von oben auf die Stehbolzen und Passstifte aufsetzen.

7 – **Schrauben, 10 Nm**

8 – **Passstifte**

9 – **Rollenschlepphebel**
Rollenlager auf leichten Lauf prüfen. Lauffläche ölen. Zur Montage mit der Sicherungsklammer auf das Abstützelement aufclipsen.

10 – **Abstützelement**
Beim Einbau nicht vertauschen. Mit hydraulischem Ventilspielausgleich. Lauffläche ölen.

11 – **Zylinderkopfschraube**
Immer ersetzen.
Anzugsvorschrift wie beim 1,0-l-Benzinmotor:
30 Nm + ¼ Umdrehung + ¼ Umdrehung.

12 – **Zylinderkopfdichtung**
Immer ersetzen.

13 – **Zylinderkopf**

14 – **Koppeltrieb-Spannrolle**

15 – **Schraube, 20 Nm**

16 – **Zahnriemen-Abdeckung hinten**

17 – **Aufhängeöse**

Hinweis: Das Ventil für Nockenwellenverstellung beim 1,4-/1,6-l-Motor **ARR/AVY** ist nicht abgebildet. Anzugsdrehmoment: **10 Nm**.

Nockenwellengehäuse abdichten

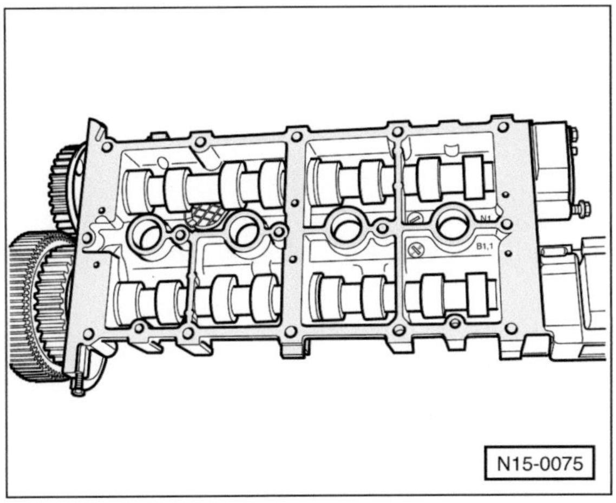

- Dichtmittel auf die saubere Dichtfläche –gerasterte Fläche– **dünn** und gleichmäßig auftragen. **Achtung:** Zu dick aufgetragenes Dichtmittel kann in die Ölbohrungen gelangen und dadurch Motorschäden verursachen.

Dieselmotor

Die Dieselmotoren im LUPO/AROSA sind von dem bekannten VW-Dieselmotor mit 1,9 l Hubraum abgeleitet.

1,7-l-Dieselmotor mit 44 kW (60 PS)

Beim **1,7-l-SDI-Motor** wurde der Hubraum von 1,9-l auf 1,7-l reduziert, indem eine Kurbelwelle mit geringerem Hub verwendet wurde. **SDI** steht für **S**augdiesel-**D**irekt-**I**njection.

Der Antrieb von Nockenwelle, Einspritzpumpe und Zwischenwelle erfolgt durch die Kurbelwelle über einen Zahnriemen. Die Zwischenwelle ihrerseits treibt über eine Schrägverzahnung die Ölpumpe für die Motorschmierung an. Die Kühlmittelpumpe ist seitlich am Motorblock angeflanscht und wird vom Keilrippenriemen angetrieben.

Der Motor wird mit Kraftstoff versorgt durch eine vollelektronisch geregelte Hochdruck-Einspritzpumpe, die seitlich am Motorblock angeflanscht ist.

1,4-l-Dieselmotor mit 55 kW (75 PS)

Der Motorblock des **1,4-l-TDI-Motors** weist die gleichen Maße von Bohrung, Hub und Zylinderabstand auf wie der 1,9-l-Dieselmotor. Allerdings verfügt er nur über 3 Zylinder. **TDI** = **T**urbodiesel-**D**irekt-**I**njection.

Der Dreizylindermotor bietet Vorteile bei Platzbedarf, Reibungsverlusten, Wirkungsgrad und Verbrauch. Aufgrund der Zylinderanzahl zündet der Motor nur alle 240 Grad Kurbelwinkel, nicht wie beim Vierzylindermotor nach je 180 Grad. Das führt zu starken Vibrationen beim Motorlauf. Um diese zu verringern, sind Schwingungstilger an der Kurbelwelle sowie eine Ausgleichswelle vorhanden, die sich entgegen der normalen Motordrehrichtung dreht.

Im Leichtmetall-Zylinderkopf sind neben den 2 Ventilen pro Zylinder auch die Pumpe-Düse-Einheiten untergebracht. In jeder Pumpe-Düse-Einheit sind Dieseleinspritzpumpe und Einspritzdüse zusammengefasst. Eine gemeinsame Nockenwelle sorgt sowohl für die Steuerung der Ventile als auch für die Betätigung der Pumpe-Düse-Einheiten und somit für die Kraftstoffeinspritzung direkt in die Zylinder. Angetrieben wird die Nockenwelle durch einen 30 mm breiten Zahnriemen.

1,2-l-Dieselmotor mit 45 kW (61 PS)

Beim Dreizylindermotor im **LUPO 3L** sind Motorblock und Zylinderkopf aus Aluminiumguss gefertigt.

Der Motor entspricht weitgehend dem 1,4-l-TDI-Motor. Durch Zylinderbohrungen mit geringerem Durchmesser ergibt sich ein Hubraum von 1,2-l. Alu-Motorblock und Zylinderkopf werden nicht mit Zylinderkopfschrauben, sondern mit durchgängigen Zugankern und Zylinderkopfmuttern zusammengehalten.

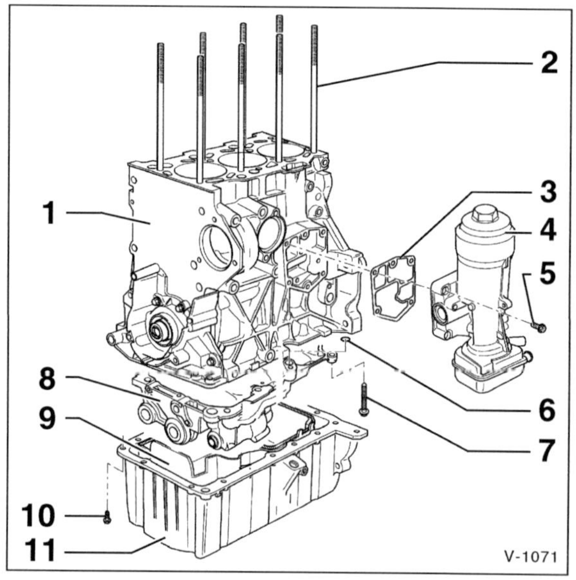

1 – Aluminium-Motorblock
2 – Zuganker
3 – Dichtung
4 – Ölfiltergehäuse
5 – Schraube, 15 Nm + ¼ Umdrehung (90°)
6 – O-Ring
7 – Schraube, 15 Nm
8 – Alu-Leiterrahmen
9 – Kunststoff-Abdeckung
10 – Schraube, 15 Nm
11 – Ölwanne

Zahnriementrieb

1,7-l-Dieselmotor

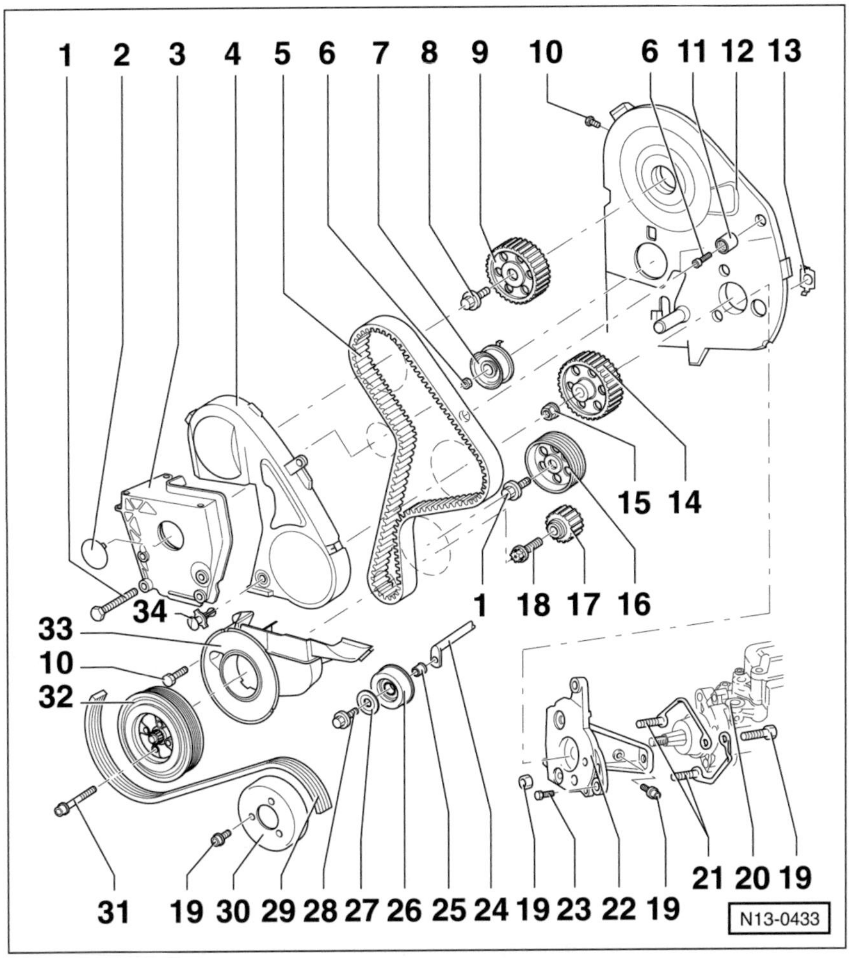

1 – Schraube, 45 Nm

2 – Abdeckkappe

3 – Motorhalter

4 – Zahnriemen-Abdeckung oben

5 – Zahnriemen

6 – Mutter, 20 Nm

7 – Spannrolle

8 – Schraube, 45 Nm

9 – Nockenwellenrad

10 – Schraube, 10 Nm

11 – Umlenkrolle

12 – Zahnriemen-Abdeckung hinten

13 – Klammer

14 – Einspritzpumpenrad

15 – Mutter, 55 Nm

16 – Zwischenwellenrad

17 – Zahnriemenrad Kurbelwelle

18 – Schraube, 90 Nm + ¼ Umdrehung (90°) weiterdrehen
Immer ersetzen. Lösen und Anziehen mit Gegenhalter VW-3099. Weiterdrehen in mehreren Stufen erlaubt.

19 – Schraube, 25 Nm

20 – Einspritzpumpe

21 – Halter

22 – Konsole

23 – Schraube, 25 Nm

24 – Spannhebel
Mit VW-G000100 fetten.

25 – Lagerbuchse

26 – Spannrolle
Achtung: Linksgewinde.

27 – Scheibe

28 – Schraube, 20 Nm

29 – Keilrippenriemen

30 – Riemenscheibe

31 – Schraube, 10 Nm + ¼ Umdrehung (90°) weiterdrehen

32 – Riemenscheibe/Schwingungsdämpfer
Montage nur in einer Stellung möglich. Bohrungen sind versetzt.

33 – Zahnriemen-Abdeckung unten

34 – Spreizclip

Nockenwellen-Einstelllineal

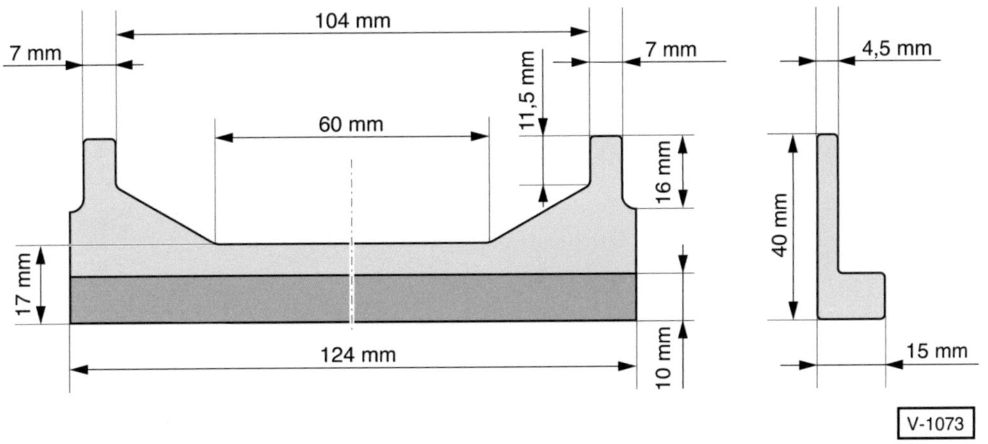

Zahnriemen aus- und einbauen/ Motorsteuerung einstellen

1,7-l-Dieselmotor

Die Motorsteuerung wird normalerweise nur nach Reparaturen, bei denen der Zahnriemen ausgebaut wurde, eingestellt. Soll die Motorsteuerung nur überprüft werden, sind alle Arbeitsschritte außer dem Ausbau des Zahnriemens auszuführen.

Erforderliches Spezialwerkzeug:

Absteckdorn VW-2064

Nockenwelle-Einstelllineal. VW-2065-A

Gegenhalter für Nockenwellen-Zahnriemenrad . . VW-3036

Zweiloch-Mutterndreher VW-3387

Gegenhalter für Kühlmittelpumpen-Zahnriemenrad VW-1590

Motor-Abfangvorrichtung beziehungsweise Motorkran.

Ausbau

- Untere Motorabdeckung ausbauen.
- Ansaugluftschlauch zwischen Luftfilter und Drosselklappenstutzen abbauen. Dazu Federbandschellen mit geeigneter Zange, zum Beispiel HAZET 798-5, öffnen und zurückschieben.
- Obere Zahnriemen-Abdeckung abschrauben.
- Zylinderkopfdeckel abschrauben.
- Keilrippenriemen ausbauen, siehe Seite 190.

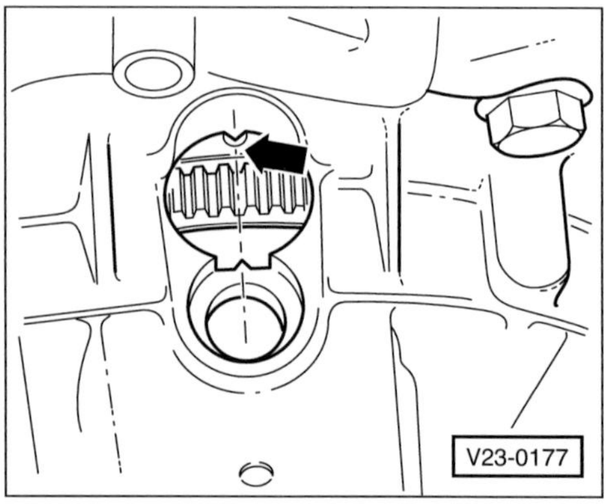

- Kurbelwelle auf OT für Zylinder 1 stellen. Dazu Kunststoff-Abdeckkappe aus der Bohrung in der Kupplungsglocke herausziehen. Motor durchdrehen, bis die OT-Markierung am Schwungrad genau unterhalb vom Anguss an der Kupplungsglocke steht. Der Kolben des 1. Zylinder steht dann im oberen Totpunkt (OT). Kurbelwelle drehen, siehe Seite 167.

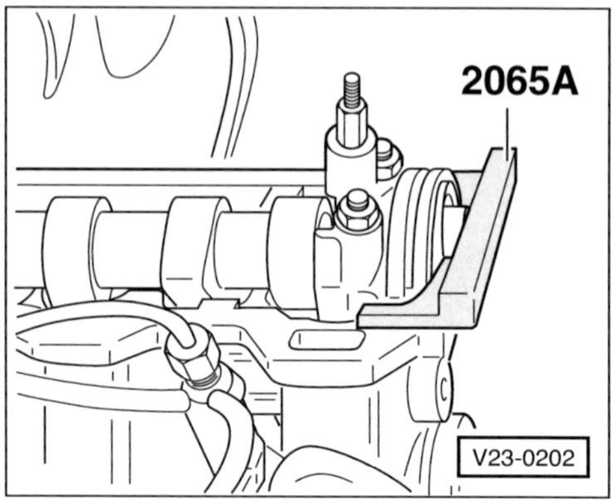

- Nockenwelllen-Einstelllineal VW-2065A, in die Nut am hinteren Ende der Nockenwelle einsetzen.

Hinweis: Lässt sich das Lineal nicht einsetzen, dann steht der Motor nicht auf Zünd-OT für Zylinder 1 und die Kurbelwelle muss um eine Umdrehung weitergedreht werden. Steht das VW-Werkzeug nicht zur Verfügung, Lineal wie in Abbildung U-1016 dargestellt, anfertigen, siehe Seite 179.

- Die Nockenwelle wird mit dem Einstelllineal in OT-Stellung arretiert.
- **Einstelllineal parallel zum Zylinderkopf ausrichten (ausmitteln):** Dazu Motor an der Kurbelwelle etwas verdrehen, bis ein Ende des Einstelllineals am Zylinderkopf anschlägt. Am anderen Ende des Einstelllineals mit Fühlerlehre das entstandene Spiel ermitteln. Fühlerlehre mit halbiertem Spielmaß zwischen Einstelllineal und Zylinderkopf einschieben. Motor nun so drehen, bis das Einstelllineal auf der Fühlerlehre aufliegt. Zweite Fühlerlehre mit dem gleichen Maß am anderen Ende zwischen Einstelllineal und Zylinderkopf einführen.
- Drosselklappenstutzen ausbauen, siehe Seite 227.
- Motor mit geeigneter Abfangvorrichtung auf der rechten Seite leicht vorspannen, siehe Seite 167.
- Pendelstütze am Lager abschrauben, siehe Seite 188.
- Schrauben vom Motorlager herausschrauben –Pfeile– und Motorlager komplett ausbauen.
- Motorhalter am Motorblock abbauen.

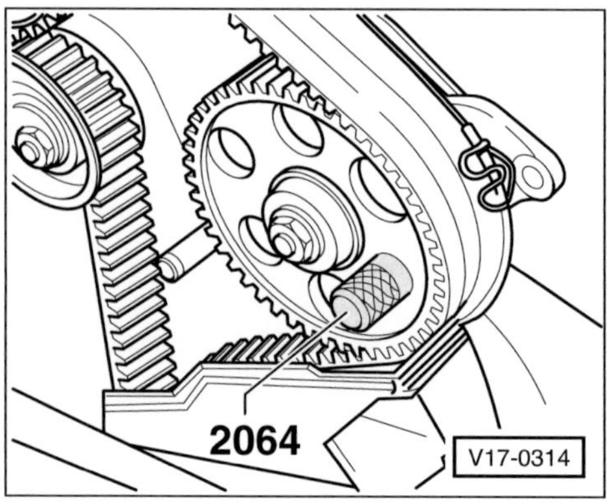

- Arretierdorn VW-2064 in die Bohrung für Einspritzpumpenrad und Einspritzpumpenhalter einstecken und dadurch Einspritzpumpenrad arretieren.

Hinweis: Anstelle des VW-Werkzeugs kann auch ein anderer Dorn mit 15 mm ⌀ und 36 mm Länge verwendet werden, zum Beispiel ein Bohrerschaft.

- Laufrichtung des Zahnriemens durch einen Pfeil mit einem Fettstift auf dem Zahnriemen markieren. Der Zahnriemen dreht sich im Uhrzeigersinn.

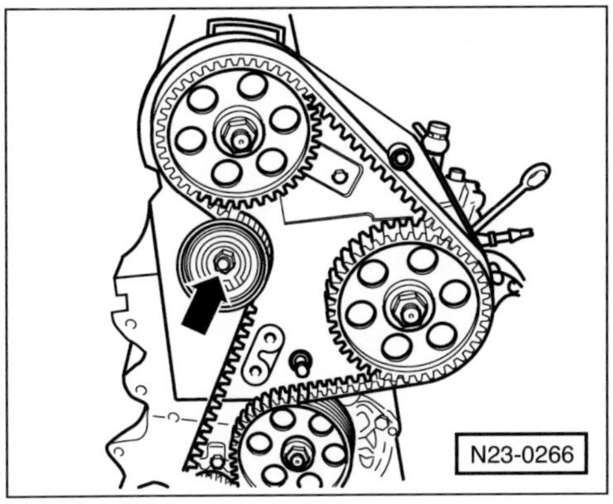

- Mutter für Spannrolle –Pfeil– lösen und Zahnriemen entspannen.

Achtung: Wenn der Zahnriemen erneuert wird, Spannrolle abschrauben und erneuern. **Neue** Spannrolle in entspanntem Zustand lose anschrauben.

- Zahnriemen-Umlenkrolle abschrauben.
- Zahnriemen von den Zahnriemenrädern der Nockenwelle und Einspritzpumpe abnehmen.
- Motor vorsichtig und gleichmäßig so weit wie möglich ablassen.
- Riemenscheibe für Kühlmittelpumpe abschrauben. Zum Gegenhalten verwendet die Fachwerkstatt den Gegenhalter VW-1590.

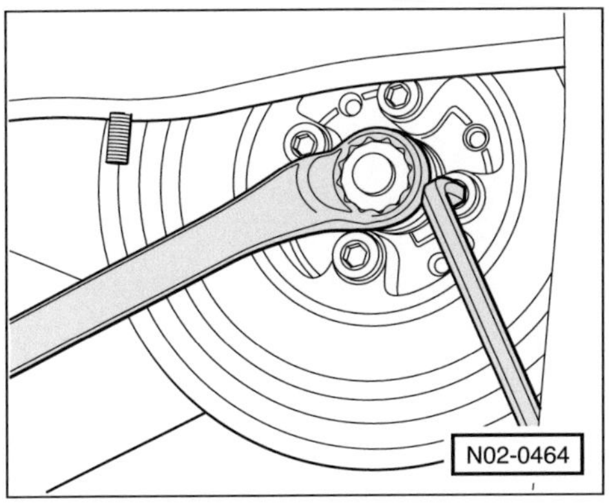

- Schwingungsdämpfer für Kurbelwellen-Riemenscheibe abschrauben. Dazu Zentralschraube mit Ringschlüssel SW 19 gegenhalten und Innensechskantschrauben herausdrehen.
- Spannrolle für Keilrippenriemen abschrauben. **Achtung:** Die Schraube hat Linksgewinde. Zum Gegenhalten Spannrolle mit Spannbandschlüssel festhalten.
- Untere Zahnriemen-Abdeckung abschrauben.
- Zahnriemen abnehmen.

Achtung: Der Zahnriemen darf nicht geknickt werden. Ein einmal geknickter Zahnriemen muss immer ersetzt werden, da der Riemen im späteren Betrieb reißen kann, was zu schwer wiegenden Motorschäden führt.

Achtung: Wenn die Nockenwelle bei abgenommenem Zahnriemen gedreht wird, darf kein Kolben auf OT stehen. Es können sonst schwer wiegende Schäden an Kolben oder Ventilen entstehen.

Soll die Nockenwelle gedreht werden, vorher alle Kolben gleichmäßig auf halbe Höhe stellen. Dazu oben an der Kurbelwellen-Riemenscheibe einen Kreidestrich anbringen (Voraussetzung: Kurbelwelle steht in OT-Stellung für Zylinder 1), dann Kurbelwellen-Riemenscheibe um ¼ Umdrehung (90°) nach links oder rechts drehen. Die Kreidemarkierung zeigt nun nach rechts oder nach links.

Einbau

- In der Getriebeöffnung prüfen, ob die OT-Markierung am Schwungrad mit der Bezugsmarke übereinstimmt.

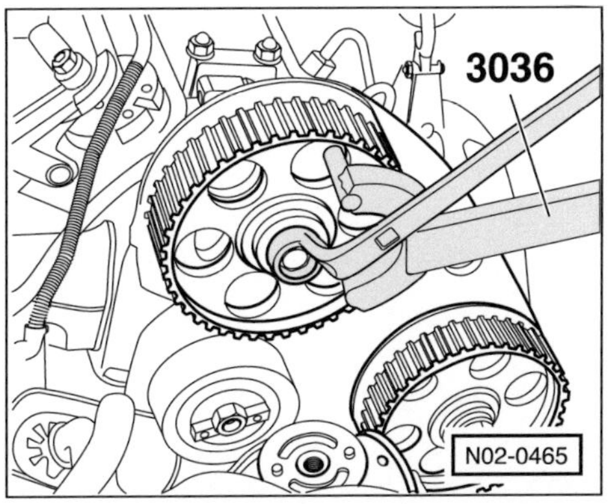

- Befestigungsschraube des Nockenwellenrades um ½ Umdrehung lösen. **Achtung:** Zum Lösen des Nockenwellenrades darf auf keinen Fall das Einstelllineal als Gegenhalter verwendet werden. Nockenwellerad mit geeignetem Gegenhalter, zum Beispiel VW-3036, festhalten.

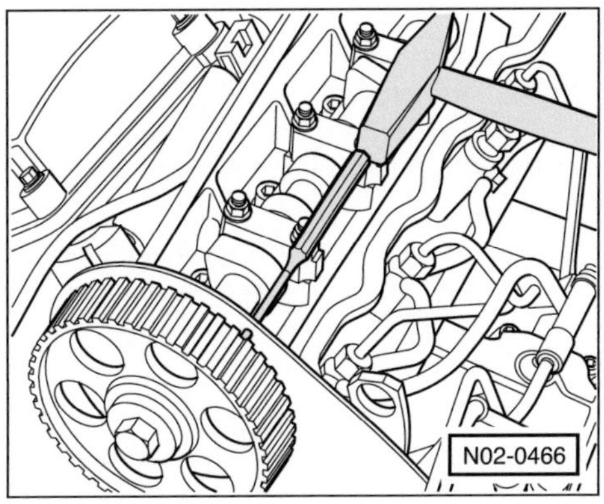

- Geeigneten Dorn durch die Öffnung in der hinteren Zahnriemen-Abdeckung am Nockenwellenrad ansetzen.
- Nockenwellenrad durch Hammerschlag auf den Dorn vom Konus der Nockenwelle lösen. Das Nockenwellenrad muss auf der Nockenwelle frei drehbar sein.

- Zahnriemen auflegen und Absteckdorn aus dem Einspritzpumpenrad herausziehen.

Achtung: Wird der bisherige Zahnriemen wieder verwendet, unbedingt Laufrichtung beachten. Der Einbau des Zahnriemens in umgekehrter Laufrichtung kann zum Reißen des Riemens im späteren Betrieb und dadurch zu Motorschäden führen. Daher Zahnriemen immer so einbauen, dass der angebrachte Pfeil in Drehrichtung des Motors zeigt, also von der Zahnriemenseite her gesehen, in Uhrzeigersinn.

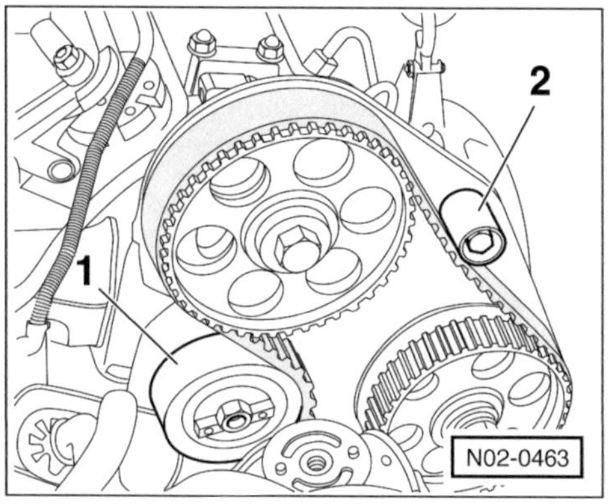

- Umlenkrolle –2– einbauen und mit **25 Nm** anschrauben. 1 – Spannrolle.

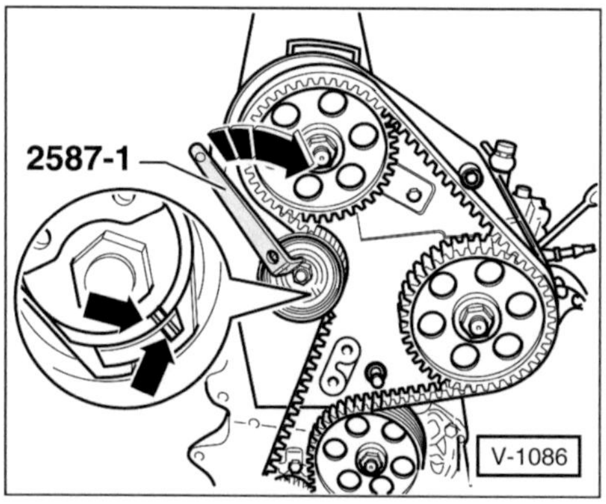

- Spannrolle mit geeignetem Mutterndreher, zum Beispiel HAZET-2587-1, nach rechts drehen, bis sich Kerbe und Erhebung –Pfeile– gegenüber stehen. Die Zahnriemenspannung wird dann durch die Spannrolle immer konstant gehalten.

Achtung: Falls der Exzenter versehentlich zu weit gedreht wurde, muss die Spannrolle vollständig entspannt und neu gespannt werden. Es reicht **nicht**, den Exzenter nur um das zu weit gedrehte Maß zurückzudrehen.

- Mutter für Spannrolle mit **20 Nm** festziehen.
- OT-Stellung am Schwungrad prüfen, dann Befestigungsschraube für Nockenwellenrad mit **45 Nm** festziehen. **Achtung:** Nicht das Einstelllineal als Gegenhalter verwenden.
- Einstelllineal für Nockenwelle entfernen.
- Kurbelwelle 2 Umdrehungen in Motordrehrichtung weiterdrehen und wieder auf Zünd-OT für Zylinder 1 stellen.
- OT-Markierungen prüfen, alle Markierungen müssen gleichzeitig übereinstimmen:
  - ◆ OT-Markierung an Schwungrad und Kupplungsglocke.
  - ◆ Einstelllineal in die Nockenwelle.
  - ◆ Absteckdorn in das Einspritzpumpenrad.
  - ◆ Einstellung der Spannrolle: Kerbe/Erhebung.
- Stehen sich Kerbe und Erhebung nicht gegenüber, Spannrolle etwas nachspannen. Dazu Spannrolle mit dem Mutterndreher festhalten und Klemmmutter lösen. Exzenter im Uhrzeigersinn weiterdrehen, bis sich Kerbe und Erhebung gegenüberstehen. In dieser Stellung Klemmmutter mit **20 Nm** festziehen.
- Einstellwerkzeuge herausnehmen.
- Falls die Spannrolle nachgespannt werden musste, Kurbelwelle 2 Umdrehungen weiterdrehen und OT-Einstellung sowie Spannrolle erneut prüfen.
- Untere Zahnriemen-Abdeckung mit **10 Nm** anschrauben.
- Schwingungsdämpfer/Kurbelwellen-Riemenscheibe mit 4 Innensechskantschrauben und **10 Nm + ¼ Umdrehung (90°)** anschrauben.
- Spannrolle für Keilrippenriemen ansetzen und **linksherum** mit **20 Nm** festziehen.
- Riemenscheibe für Kühlmittelpumpe anschrauben.
- Obere Zahnriemen-Abdeckung anschrauben.
- Zylinderkopfdeckel aufsetzen und anschrauben, siehe Seite 183.

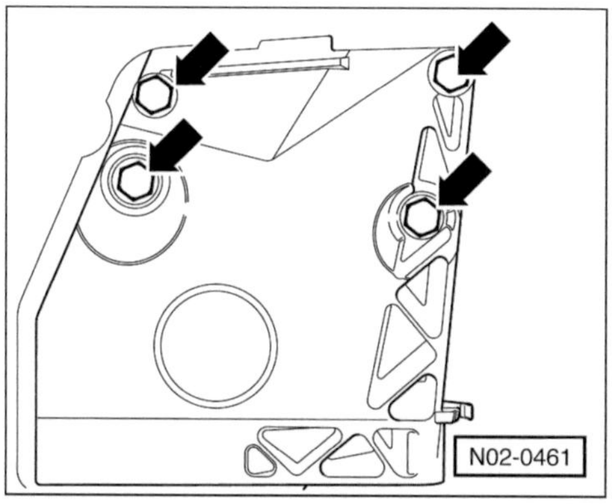

- Motorhalter am Motorblock mit **45 Nm** anschrauben.
- Motorlager einbauen, siehe Seite 188.
- Drosselklappenstutzen einbauen, siehe Seite 227.
- Ansaugschlauch zwischen Luftfilter und Drosselklappenstutzen einbauen.
- Pendelstütze spannungsfrei einbauen, siehe Seite 188.
- Keilrippenriemen auflegen und spannen, siehe Seite 190.
- Untere Motorraumabdeckung einbauen.
- Kunststoff-Abdeckkappe in die Bohrung der Kupplungsglocke einsetzen.
- Einspritzbeginn dynamisch prüfen lassen (Werkstattarbeit).

Zylinderkopf aus- und einbauen

1,7-l-Dieselmotor

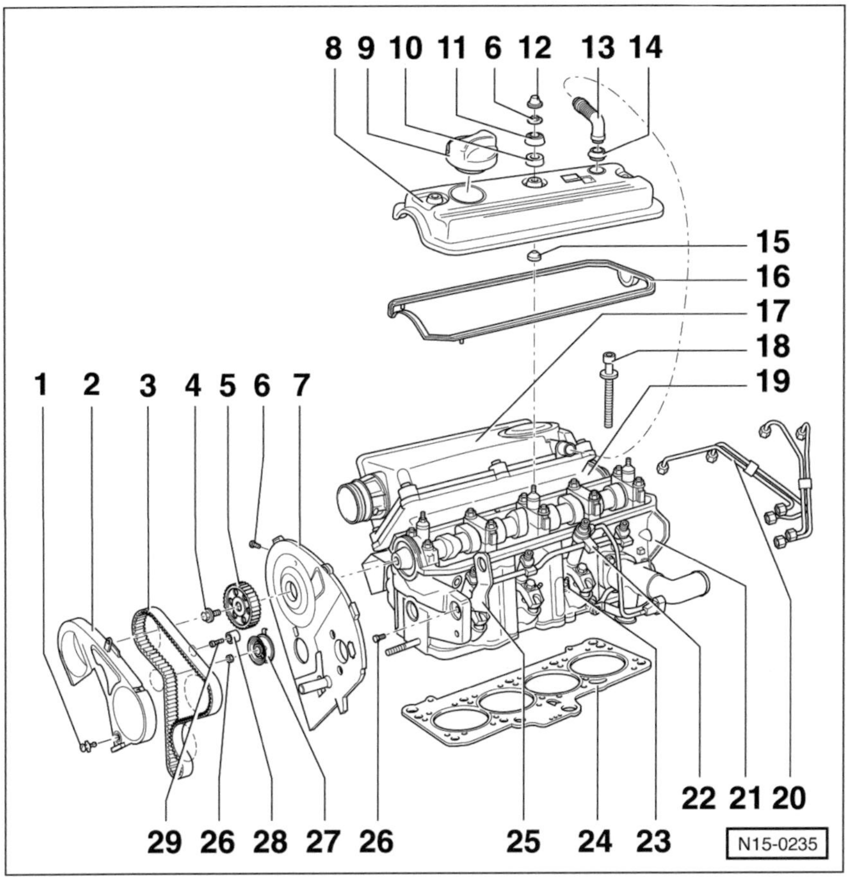

1 – Spreizclip

2 – Zahnriemen-Abdeckung oben

3 – Zahnriemen

4 – Schraube, 45 Nm

5 – Nockenwellenrad

6 – Schraube, 10 Nm

7 – Zahnriemen-Abdeckung hinten

8 – Zylinderkopfdeckel

9 – Verschlussdeckel
Dichtung bei Beschädigung erneuern.

10 – Dichtscheibe oben
Bei Beschädigung erneuern.

11 – Tellerscheibe

12 – Abdeckkappe

13 – Verbindungsrohr

14 – Dichtung
Bei Beschädigung erneuern.

15 – Dichtkegel unten

16 – Dichtung für Zylinderkopfdeckel
Bei Beschädigung erneuern. Noppen in die Bohrungen am Zylinderkopf einsetzen. Vor dem Auflegen Übergänge Lagerdeckel/Zylinderkopf mit Dichtmittel VW-D2 bestreichen.

17 – Abdeckung für Saugstutzen

18 – Zylinderkopfschraube
Immer ersetzen. Mit Innenvielzahn-Steckschlüsseleinsatz SW12 lösen.

19 – Saugstutzen

20 – Einspritzleitungen, 25 Nm
Leitungssatz komplett ausbauen, Biegeform nicht verändern.

21 – Zylinderkopf
Nach Ersatz Kühlmittel erneuern.

22 – Einspritzdüse

23 – Glühkerze, 15 Nm

24 – Zylinderkopfdichtung

25 – Aufhängeöse

26 – Schraube, 20 Nm

27 – Spannrolle

28 – Umlenkrolle

29 – Schraube, 20 Nm

Der Aus- und Einbau des Zylinderkopfes erfolgt prinzipiell auf die gleiche Weise wie beim Benzinmotor. Im Folgenden wird nur auf die Unterschiede hingewiesen.

Ausbau

- Nockenwellen-Zahnriemenrad abschrauben.
- Zahnriemenspannrolle und Umlenkrolle ausbauen.
- Hintere Zahnriemen-Abdeckung abschrauben.
- Einspritzleitungen an den Anschlüssen von Pumpe und Düsen mit Kaltreiniger reinigen und abschrauben. **Achtung:** Biegeform der Einspritzleitungen nicht verändern.
- Befestigungsschraube für Einspritzdüsen abschrauben, Spannbügel abnehmen und Düsen herausziehen.
- Glühkerzen ausbauen, siehe Seite 227.

Einbau

- Zylinderkopf auf Verzug prüfen: Max. zulässiger Verzug: 0,1 mm. **Achtung:** Der Diesel-Zylinderkopf darf **nicht** nachgearbeitet werden.

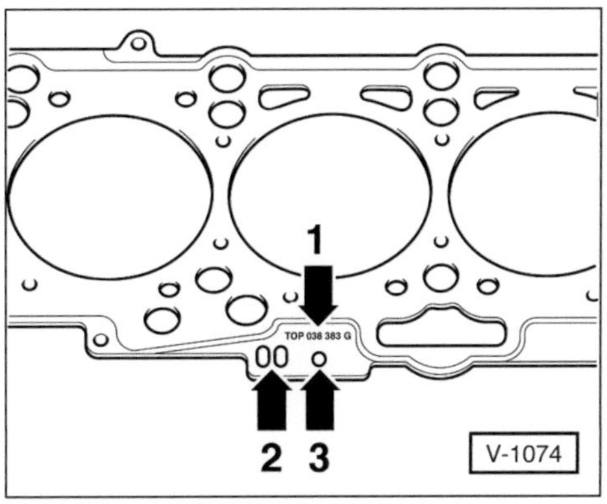

- Je nach Kolbenüberstand werden in der Dicke unterschiedliche Zylinderkopfdichtungen eingebaut. Beim Ersetzen der Dichtung Kennzeichnung beachten und nur eine neue Dichtung gleicher Kennzeichnung einbauen. Pfeil 1 = Ersatzteil-Nummer, Pfeil 2 = Steuercode, Pfeil 3 = Löcher. Die Anzahl der Löcher ist unterschiedlich, je nach Dicke der Dichtung.

- Bei Einbau neuer Kolben oder eines Teilemotors (Werkstattarbeit) muss der Überstand der Kolben im OT gemessen werden. Entsprechend dem größten Kolbenüberstand muss die passende Zylinderkopfdichtung ausgewählt werden. Die Zylinderkopfdichtung ist in 3 verschiedenen Stärken erhältlich.
- Zylinderkopfdichtung sorgfältig behandeln. Beschädigungen der Silikonschicht und im Sickenbereich führen zu Undichtigkeiten. Neue Dichtung erst unmittelbar vor dem Einbau aus der Verpackung nehmen.

Anzugsvorschrift für Zylinderkopfschrauben:

Anzugsreihenfolge beachten, siehe Seite 171.

1. Stufe: mit Drehmomentschlüssel **40 Nm**
2. Stufe: mit Drehmomentschlüssel **60 Nm**
3. Stufe: **1/4 Umdrehung (90°)** mit **starrem** Schlüssel ohne abzusetzen weiterdrehen.
4. Stufe: **1/4 Umdrehung (90°)** mit **starrem** Schlüssel ohne abzusetzen weiterdrehen.

- Ein **Nachziehen** der Zylinderkopfschrauben bei warmem Motor oder nach 1.000 km ist **nicht erlaubt.**
- Hintere Zahnriemen-Abdeckung anschrauben.
- Glühkerzen einbauen, siehe Seite 227.

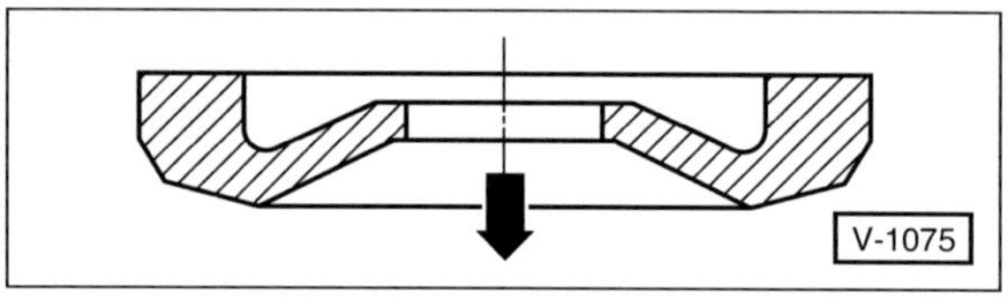

- Einspritzdüsen folgendermaßen einbauen:
  - ◆ **Neue** Wärmeschutzdichtungen zwischen Zylinderkopf und Einspritzdüsel einlegen. Die Vertiefung muss nach oben zeigen, der Pfeil zeigt zum Zylinderkopf.
  - ◆ Einspritzdüse einsetzen.
  - ◆ Spannbügel für Einspritzdüse auflegen, dabei auf richtigen Sitz des Lagerbockes im Zylinderkopf achten.
  - ◆ Befestigungsschraube mit **20 Nm** festziehen.
- Einspritzleitungen mit **25 Nm** festziehen.

Saugstutzen

1,7-l-Dieselmotor

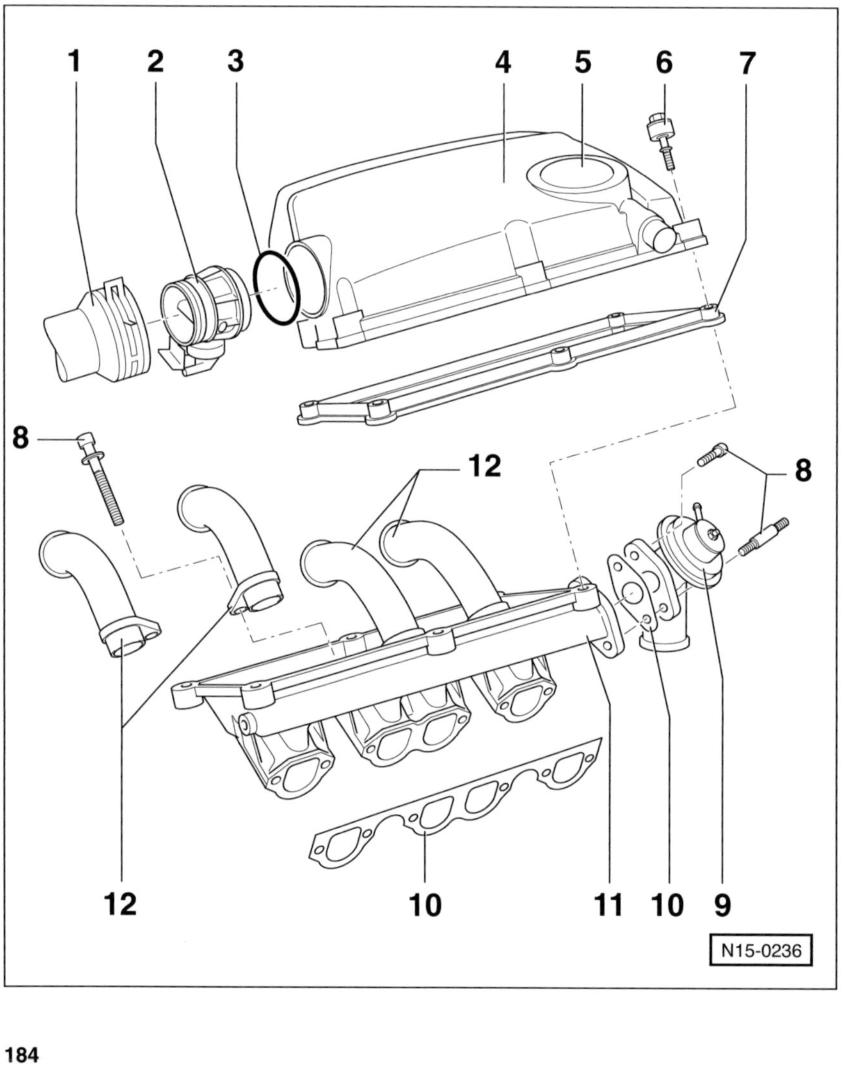

1 – Ansaugschlauch

2 – Drosselklappenstutzen

3 – Dichtring
Sichtprüfen, bei Beschädigung ersetzen.

4 – Abdeckung für Saugstutzen

5 – Druckregelventil
Für Kurbelgehäuse-Entlüftung.

6 – Schraube, 10 Nm

7 – Dichtung
Sichtprüfen, bei Beschädigung ersetzen.

8 – Schrauben, 25 Nm

9 – Abgasrückführventil

10 – Dichtung
Immer ersetzen.

11 – Saugstutzen

12 – Saugkrümmer

Hinweise Zahnriemen aus- und einbauen

1,2-/1,4-l-Dieselmotor

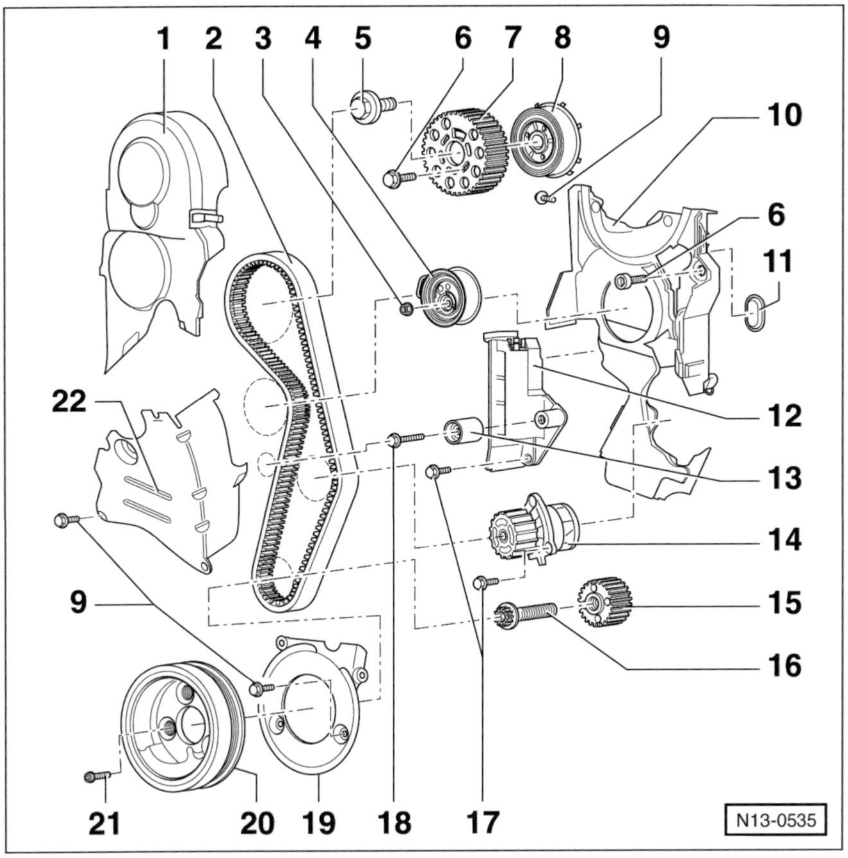

1 – **Zahnriemen-Abdeckung oben**

2 – **Zahnriemen**

3 – **Mutter, 20 Nm + 45 ° (⅛ Umdreh.)**

4 – **Spannrolle**

5 – **Schraube, 100 Nm**

6 – **Schraube, 25 Nm**

7 – **Nockenwellenrad**

8 – **Nabe**
Mit Geberrad. Zum Aus- und Einbau werden der Gegenhalter VW-T10051 sowie der Abzieher VW-T10052 benötigt.

9 – **Schraube, 10 Nm**

10 – **Zahnriemen-Abdeckung hinten**

11 – **Dichttülle**
Bei Beschädigung ersetzen.

12 – **Zahnriemen-Spannvorrichtung**

13 – **Umlenkrolle**

14 – **Kühlmittelpumpe**

15 – **Kurbelwellen-Zahnriemenrad**

16 – **Schraube, 120 Nm + ¼ Umdrehung (90°) weiterdrehen**

17 – **Schraube, 15 Nm**

18 – **Schraube, 20 Nm**

19 – **Zahnriemen-Abdeckung unten**

20 – **Kurbelwellen-Riemenscheibe**
Montage nur in einer Stellung möglich, da Bohrungen versetzt sind.

21 – **Schraube, 10 Nm + ¼ Umdrehung (90°) weiterdrehen**

22 – **Zahnriemen-Abdeckung mitte**

Kurbelwelle und Nockenwelle in OT-Stellung fixieren

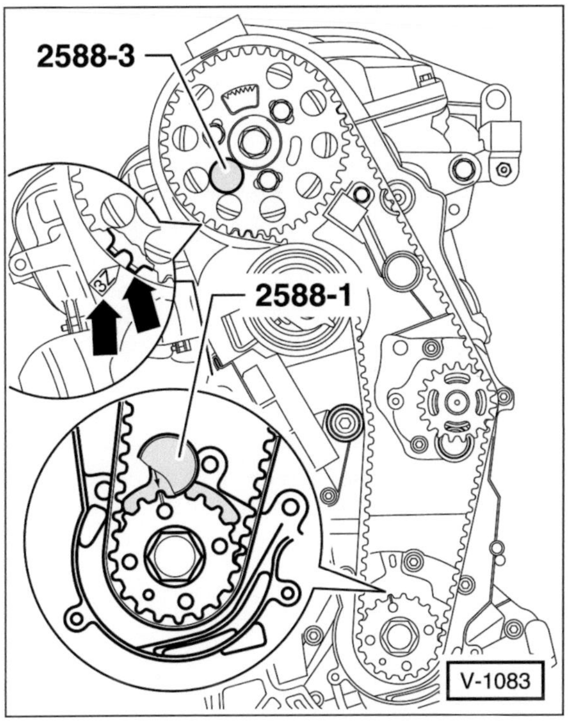

Achtung: Der Aus- und Einbau des Zahnriemens für den 1,2-/1,4-l-Dieselmotor wird nicht komplett beschrieben. Hier werden nur die wichtigsten Hinweise gegeben. Die Beschreibung bezieht sich auf Fahrzeuge mit hydraulischem Spannsystem, erkennbar am vorhandenen Riemenspanndämpfer unterhalb der Spannrolle. Hinweise für Fahrzeuge mit reibgedämpftem Spannsystem stehen am Ende des Kapitels

- Kurbelwelle an der Zentralschraube –16– (Abbildung N13-0535) in Motordrehrichtung so weit drehen, bis die Markierung auf dem Zahnriemenrad der Kurbelwelle oben steht. Gleichzeitig muss der Pfeil an der hinteren Zahnriemen-Abdeckung den Nasen vom Geberrad der Nabe gegenüberstehen –Pfeile– (Abbildung V-1083).
- Nabe mit Absteckstift HAZET-2588-3 arretieren.
- Zahnriemenrad der Kurbelwelle mit dem Arretierwerkzeug HAZET-2588-1 arretieren, siehe Abbildung.

Achtung: Die Markierung auf dem Kurbelwellen-Zahnriemenrad und dem Arretierwerkzeug müssen sich gegenüberstehen. Dabei muss der Zapfen des Arretierwerkzeuges in die Bohrung des Dichtflansches eingreifen.

Zahnriemen entspannen

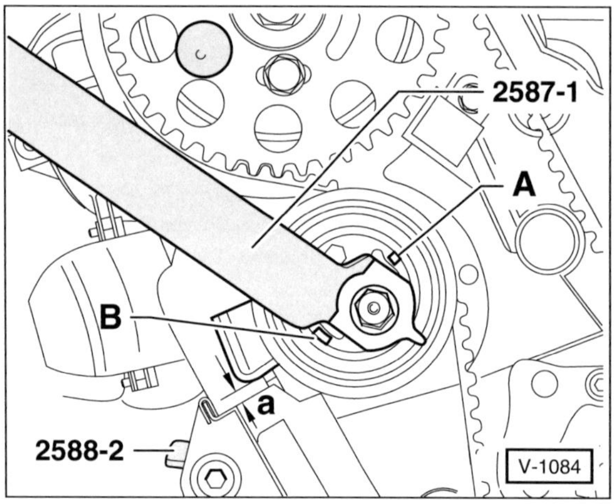

- Spannrolle mit dem Mutterndreher HAZET-2587-1 gegenhalten und Klemmmutter der Spannrolle lösen.
- Exzenter der Spannrolle mit dem Mutterndreher entgegen dem Uhrzeigersinn drehen, bis das Sperrplättchen HAZET-2588-2 in die Spannvorrichtung des Zahnriemens eingelegt werden kann.
- Exzenter im Uhrzeigersinn drehen, bis die Nase am Anschlag –B– anliegt.
- Spannvorrichtung ausbauen, siehe Abbildung N13-0535.
- Zahnriemen abnehmen.

Zahnriemen einbauen

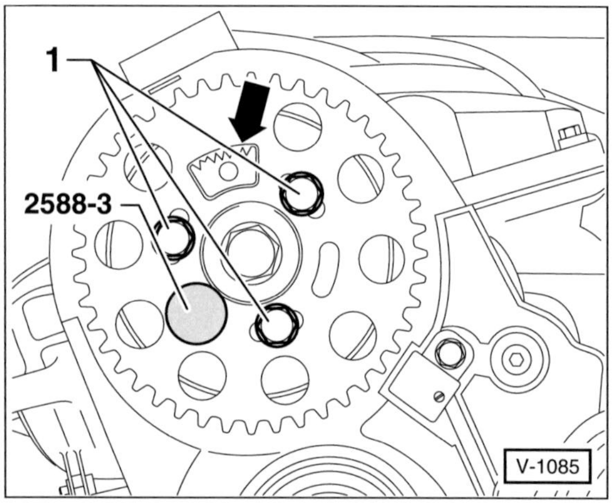

- Befestigungsschrauben –1– für Nockenwellenrad lösen und Nockenwellenrad auf Mittellage in den Langlöchern ausrichten. 2588-3 = HAZET-Absteckstift.
- Befestigungsschrauben von Hand bis zur Anlage am Nockenwellenrad anziehen.
- Zahnriemen auflegen auf Nockenwellenrad, Spannrolle, Kurbelwellen-Zahnriemenrad und zuletzt auf das Zahnriemenrad der Kühlmittelpumpe.
- Spannvorrichtung für Zahnriemen einbauen.

Zahnriemen spannen

Hinweis: Die folgenden Bezeichungen beziehen sich auf Abbildung N15-0296.

Achtung: Die Zahnriemenspannung darf nur bei kaltem Motor, ca. +20° C, eingestellt werden. Bei betriebswarmem Motor kann sich das Maß –a– bis auf 1 mm verringern.

- Exzenter der Spannrolle mit dem Mutterndreher HAZET-2587-1 gegen den Uhrzeigersinn, in Richtung Anschlag –A– drehen, bis sich das Sperrplättchen herausziehen lässt.
- Exzenter im Uhrzeigersinn gegen den Anschlag –B– drehen, bis der Sollwert für das Maß –a– erreicht ist. **Hinweis:** Zum Einstellen von Maß –a– einen Bohrer mit entsprechendem Durchmesser verwenden.
  Sollwert für 1,2-l-Dieselmotor: a = 7 mm
  1,4-l-Dieselmotor: a = 4 mm
- Exzenter in dieser Position festhalten und Klemmmutter der Spannrolle mit **20 Nm** und **45°** (⅛ Umdrehung) anziehen.
- Befestigungsschrauben für Nockenwellenrad mit **25 Nm** festziehen.

Kontrolle der Einstellungen

- Arretierwerkzeuge abnehmen und Kurbelwelle 2 Umdrehungen weiterdrehen.
- Arretierwerkzeug für Kurbelwelle einsetzen.
- Absteckstift einsetzen und Maß –a– prüfen, gegebenenfalls Zahnriemen vorsichtig nachspannen.
- Lässt sich der Absteckstift nicht einsetzen, Nockenwellenrad lösen und Nabe so weit verdrehen, bis der Absteckstift passt.
- Kontrolle der Einstellungen wiederholen.

Spezielle Hinweise bei reibgedämpftem Spannsystem

- **Entspannen:** Befestigungsschrauben des Nockenwellenrades lösen. Mutter der Spannrolle lösen. Spannrolle mit Mutterndreher im Gegenuhrzeigersinn drehen, bis sie mit einem geeigneten Absteckstift (VW-T10115) arretiert werden kann. Anschließend Mutterndreher im Uhrzeigersinn bis zum Anschlag drehen und Befestigungsmutter handfest anziehen. Zahnriemen abnehmen, zuerst von der Kühlmittelpumpe.
- **Spannen:** Prüfen, ob die Lasche der Spannrolle in den Zahnriemenschutz hinten eingreift. Mutter der Spannrolle lösen, Spannrolle mit Mutterndreher im Gegenuhrzeigersinn drehen und Absteckstift herausziehen.
- Spannrolle mit Mutterndrehr im Uhrzeigersinn drehen, bis der Zeiger mittig in der Lücke der Grundplatte steht.
- Spannrolle in dieser Position festhalten und Befestigungsmutter mit **20 Nm** und **45°** (⅛ Umdrehung) festziehen.

Zylinderkopf

1,2-/1,4-l-Dieselmotor, die Abbildung zeigt den 1,4-l-Dieselmotor

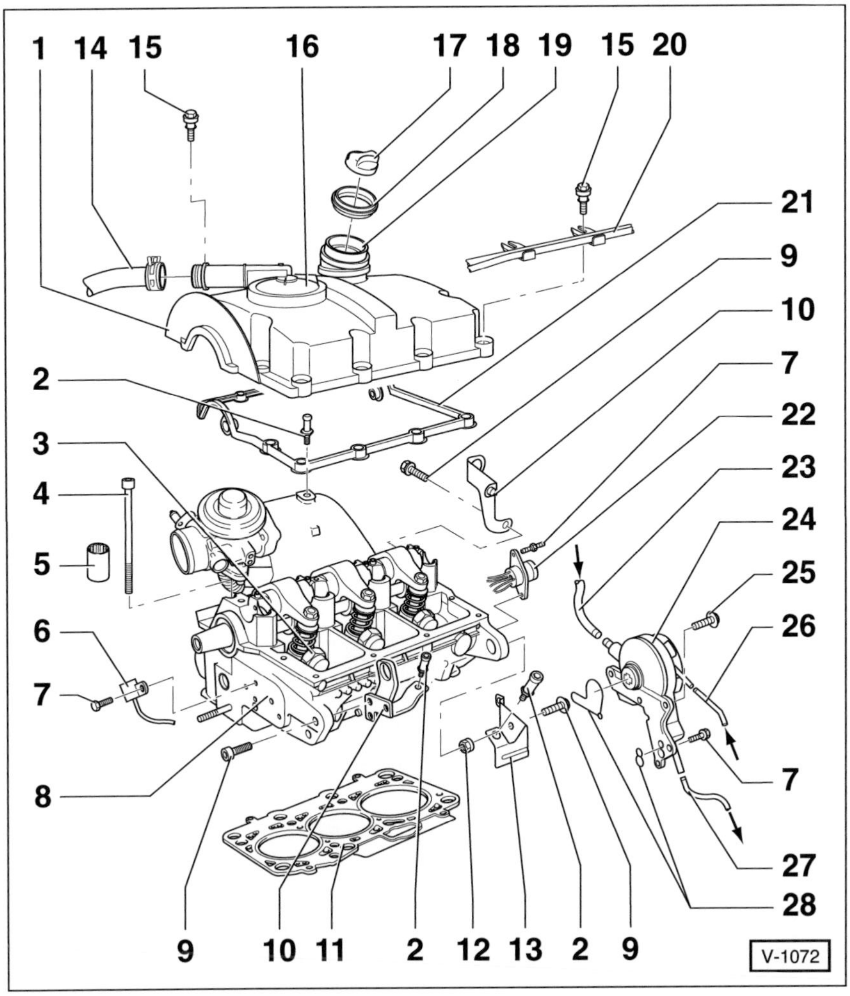

1 – Zylinderkopfdeckel
Mit Öleinfüllstutzen. Bei Beschädigung des Zylinderkopfdeckels muss der Öleinfüllstutzen ebenfalls ersetzt werden. Vor dem Aufsetzen Dichtfläche des Zylinderkopfes mit einem sauberen Lappen gründlich reinigen.

2 – Bolzen, 10 Nm
Für Motorabdeckung.

3 – Pumpe-Düse-Einheit

4 – Zylinderkopfschraube, 1,4-l-Motor
Immer ersetzen. Vor dem Einbau Unterlegscheiben in den Zylinderkopf einsetzen.

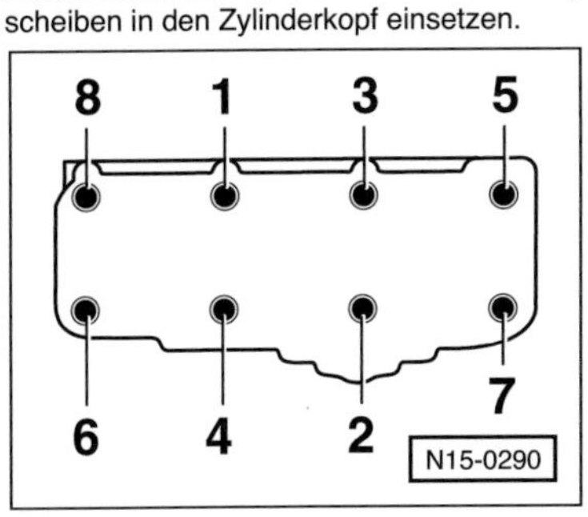

Löse-Reihenfolge von 8 nach 1.

Anzugs-Reihenfolge von 1 nach 8.

Anzugsvorschrift:

1. Stufe: mit Drehmomentschlüssel **40 Nm**
2. Stufe: mit Drehmomentschlüssel **60 Nm**
3. Stufe: ¼ **Umdrehung** (90°) mit starrem Schlüssel ohne abzusetzen weiterdrehen.
4. Stufe: ¼ **Umdrehung** (90°) mit starrem Schlüssel ohne abzusetzen weiterdrehen.

5 – Zylinderkopfmutter, 1,2-l-Motor
Vor dem Einbau Unterlegscheiben in den Zylinderkopf einsetzen.
Löse-Reihenfolge von 8 nach 1.
Anzugs-Reihenfolge von 1 nach 8.

Anzugsvorschrift:

1. Stufe: mit Drehmomentschlüssel **40 Nm**
2. Stufe: mit Drehmomentschlüssel **60 Nm**
3. Stufe: ¼ **Umdrehung** (90°) mit starrem Schlüssel ohne abzusetzen weiterdrehen.
4. Stufe: ¼ **Umdrehung** (90°) weiterdrehen.
5. Stufe: ¼ **Umdrehung** (90°) weiterdrehen.
6. Stufe: ¼ **Umdrehung** (90°) weiterdrehen.
7. Stufe: mit starrem Schlüssel ¼ **Umdrehung** (90°) **zurück** drehen.

6 – Hallgeber
Für Nockenwellenposition. Zum Ausbau die Dichttülle –9– aus der hinteren Zahnriemen-Abdeckung ausknöpfen.

7 – Schraube, 10 Nm

8 – Zylinderkopf

9 – Schraube, 20 Nm

10 – Aufhängeöse

11 – Zylinderkopfdichtung

12 – Sechskant-Konusmutter

13 – Halter

14 – zum Abgasturbolader

15 – Schraube für Zylinderkopfdeckel, 10 Nm
Zunächst alle Schrauben handfest anziehen. Anschließend zuerst die beiden oberen Schrauben und dann die restlichen Schrauben von innen nach außen über Kreuz festziehen.

16 – Druckventil
Für Kurbelgehäuse-Entlüftung.

17 – Verschlussdeckel
Dichtung bei Beschädigung ersetzen.

18 – Dichtmanschette
Bei Beschädigung ersetzen.

19 – Öleinfüllstutzen
Immer ersetzen.

20 – Halter
Mit Kraftstoffleitungen.

21 – Dichtung für Zylinderkopfdeckel
Bei Beschädigung ersetzen.

22 – Zentral-Steckverbindung
Für Pumpe-Düse-Einheit.

23 – vom Bremskraftverstärker

24 – Tandempumpe
Für Kraftstoff- und Unterdruckversorgung.

25 – Schraube, 25 Nm

26 – Vorlaufschlauch
Vom Kraftstofffilter, weiß beziehungsweise weiße Markierung. Mit Federbandschellen sichern, auf festen Sitz achten.

27 – Rücklaufschlauch
Zum Kraftstofffilter, blau beziehungsweise blaue Markierung. Mit Federbandschellen sichern, auf festen Sitz achten.

28 – Dichtung
Immer ersetzen.

Motorlagerung

Bei einigen Arbeiten muss die Motorlagerung gelöst beziehungsweise abgebaut werden. Beim Einbau darauf achten, dass die Zapfen des Gummimetalllagers in die Bohrungen am Motorhalter einrasten. Motorlagerung spannungsfrei ausrichten, dazu Motor bei gelösten Befestigungsschrauben hin und herschütteln.

Achtung: Die Motorlagerung ist mit Dehnschrauben angeschraubt, diese **müssen nach jedem Lösen ersetzt werden**.

Anzugsdrehmomente für Aggregatelagerung Motor

1,0-l-Benzinmotor AER/ALL/ALD/ANV
1,4-l-Benzinmotor AEX

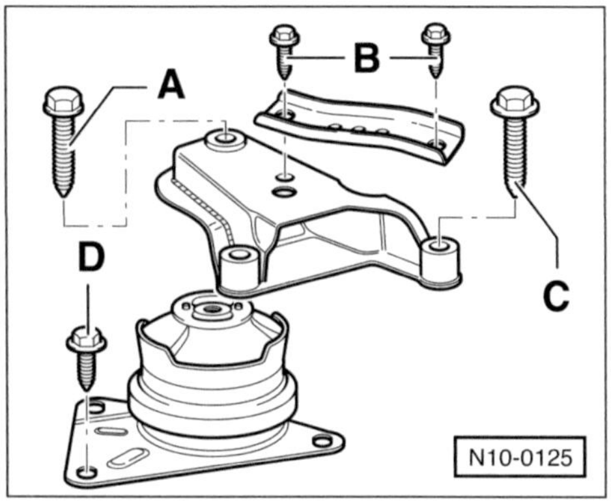

A = 50 Nm
B = 25 Nm
C = 25 Nm + ⅛ Umdrehung (45°) weiterdrehen
D = 20 Nm + ⅛ Umdrehung (45°) weiterdrehen

1,4-l-Benzinmotor AHW/AKQ/APE/AFK/AQQ

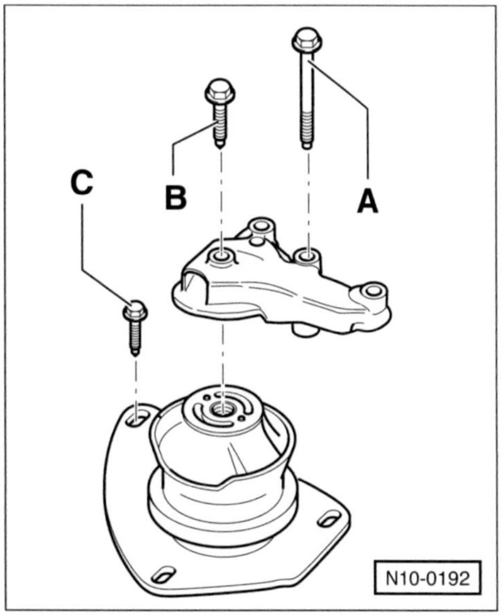

A = 40 Nm + ¼ Umdrehung (90°) weiterdrehen
B = 50 Nm
C = 20 Nm + ⅛ Umdrehung (45°) weiterdrehen

1,7-l-Dieselmotor AKU

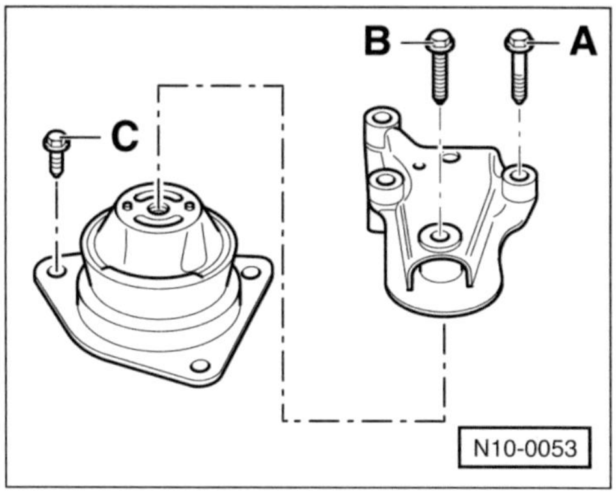

A – Schraube, 40 Nm + 90°
B – Schraube, 50 Nm
C – Schraube, 20 Nm + 45°

Nur die Schrauben A und C müssen ersetzt werden.

Anzugsdrehmomente für Pendelstütze:

Schaltgetriebe
1,0-/1,4-l-Benzinmotor AER/ALL/ALD/ANV/AEX/AHW/AKQ/APE/AFK/AQQ, 1,7-l-Dieselmotor

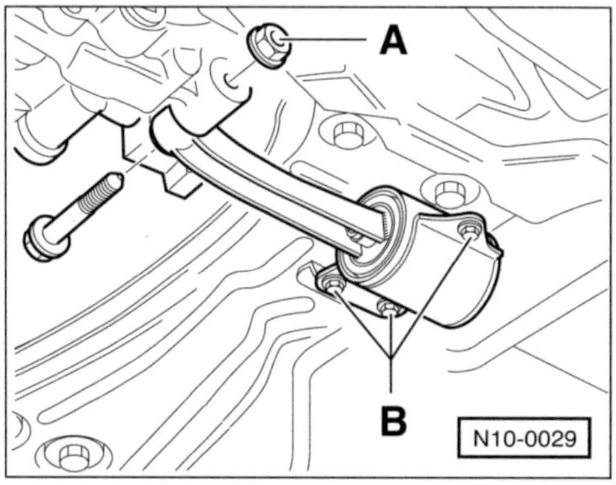

LUPO:
A – 50 Nm, an der Mutter festziehen
B – Schraube, 20 Nm + 90°

AROSA:
A – 50 Nm, an der Mutter festziehen
B – 35 Nm

1,7-l-Dieselmotor: Nur Schrauben –B– ersetzen.

Geänderte Pendelstütze:

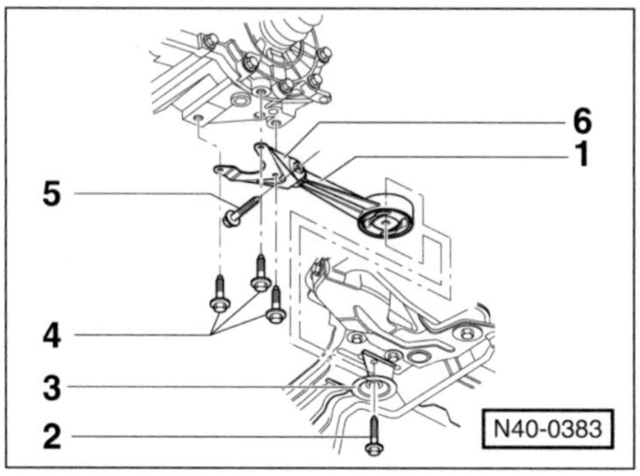

1 – Pendelstütze
2 – Schraube, 90 Nm + 90°
3 – Aggregateträger
4 – Schraube, 40 Nm + 90°
5 – Schraube, 90 Nm + 90°
6 – Aufnahme

Kompression prüfen

Die Kompressionsprüfung erlaubt Rückschlüsse über den Zustand des Motors. Die Prüfwerte zeigen an, ob der Motor austauschreif ist beziehungsweise komplett überholt werden muss. Für die Prüfung wird ein Kompressionsdruckprüfer benötigt, der für Benzinmotoren recht preiswert in Fachgeschäften angeboten wird.

Achtung: Für den Dieselmotor wird ein Kompressionsdruckprüfer mit größerem Messbereich, bis ca. 40 bar, benötigt.

Der Druckunterschied zwischen den einzelnen Zylindern darf maximal 3,0 bar (Dieselmotor 5,0 bar) betragen. Falls ein oder mehrere Zylinder gegenüber den anderen einen Druckunterschied von mehr als 3,0 bar (Dieselmotor 5,0 bar) haben, ist dies ein Hinweis auf defekte Ventile, verschlissene Kolbenringe beziehungsweise Zylinderlaufbahnen oder eine defekte Zylinderkopfdichtung. Ist die Verschleißgrenze erreicht, muss der Motor überholt beziehungsweise ausgetauscht werden.

Kompressionsdruck-Sollwerte:

Motor	Neu	Verschleißgrenze
Benziner	10 – 15 bar	7 bar
Diesel	25 – 31 bar	19 bar

Achtung: Der angegebene Kompressionsdruck hat nur für die Prüfung mit dem VW-Kompressionsdruckprüfer Gültigkeit. Mit anderen Messgeräten kann nur die Abweichung der einzelnen Zylinder untereinander geprüft werden.

- Zur Prüfung der Kompression muss die Motoröltemperatur mindestens +30° C betragen. Der Ölfilter ist dann gut handwarm, gegebenenfalls Motor warmfahren. Die Motortemperatur darf nicht zu hoch sein, da sonst beim Herausschrauben der Zündkerzen/Glühkerzen das Gewinde im Zylinderkopf beschädigt werden kann.
- Zündung ausschalten.

1,0-l-Benzinmotor/1,4-l-Benzinmotor mit 44 kW (60 PS)

- Luftfilter ausbauen, siehe Seite 214.
- Stecker vom Hallgeber am Zündverteiler **(AER/ALL/AEX)** oder am Zündtrafo **(ALD/ANV/AUC/AUD/ANW/AKK)** abziehen.
- Sämtliche Zündkerzenstecker abziehen.

1,4-l-Benzinmotor mit 55/74/77 kW (75/100/105 PS)

- Abdeckung für Nockenwellengehäuse mit 4 Schrauben abschrauben. Zündleitungsführung mit den Zündkerzensteckern abnehmen.
- Mit **Zündtrafo:** 4-fach-Stecker vom Zündtrafo abziehen.
- Mit **Einzelzündspulen:** Zündspulen von den Zündkerzen abziehen und Stecker von den Zündspulen abziehen
- **1,4-l-Motor ARR:** 8-fach-Steckverbindung für Einspritzventile trennen.

Alle Benzinmotoren

- Sicherung für die Kraftstoffpumpe abziehen; beim LUPO ist das je nach Baujahr die Sicherung Nr. 39 oder Nr. 40, beim AROSA Nr. 32.
- Zündkerzen-Nischen im Zylinderkopf mit Pressluft ausblasen.
- Zündkerzen ausbauen, siehe Seite 27.
- Getriebe in Leerlaufstellung schalten und Handbremse anziehen.

> **Sicherheitshinweis**
> Beim Durchdrehen des Motors **nicht** über den Motor beugen. Verletzungsgefahr durch herausschleudernde Rußpartikel.

- Motor mit Anlasser durchdrehen, damit Rückstände und Ruß herausgeschleudert werden.
- Kompressionsdruckprüfer entsprechend der Bedienungsanleitung in die Zündkerzenöffnung drücken oder einschrauben.
- Von Hilfsperson Gaspedal ganz durchtreten lassen und während der ganzen Prüfung mit dem Fuß festhalten.
- Motor ca. 8 Umdrehungen drehen lassen, bis kein Druckanstieg mehr auf dem Messgerät erfolgt.
- Nacheinander sämtliche Zylinder prüfen und mit Sollwert vergleichen.
- Zündkerzen einbauen, siehe Seite 27.
- **1,0-/1,4-l-Benzinmotor mit 37/44 kW (50/60 PS):** Stecker für Hallgeber aufstecken. Luftfilter einbauen, siehe Seite 214.
- **1,4-l-Benzinmotor mit 55/74/77 kW (75/100/105 PS):** Abdeckung für Nockenwellengehäuse sowie Zündleitungsführung mit Zündkerzensteckern einbauen. 4-fach-Stecker am Zündtrafo aufstecken.
- Abezogene Sicherung Nr. 32, 39 oder 40 einsetzen.

Speziell Dieselmotor

- **1,7-l-SDI:** Steckverbindung zum Mengenstellwerk an der Einspritzpumpe abziehen.
- **1,2-/1,4-l-TDI:** Zentralstecker für die Pumpe-Düse-Einheiten abziehen.
- Alle Glühkerzen ausbauen, siehe Seite 227.
- Kompressionsdruckprüfer mit flexiblem Verbindungsschlauch anstelle der Glühkerzen einschrauben.
- Motor ca. 8 Umdrehungen drehen lassen, bis kein Druckanstieg mehr auf dem Messgerät angezeigt wird.
- Glühkerzen einschrauben und mit **15 Nm** festziehen. Leitungen anschließen.
- Stecker an der Einspritzpumpe beziehungsweise Zentralstecker für Pumpe-Düse-Einheiten aufstecken.

Alle Motoren

Achtung: Durch das Abziehen der Anschlussstecker werden Fehler im Motor-Steuergerät abgespeichert. Es empfiehlt sich, die gespeicherten Fehler baldmöglichst von einer VW-Werkstatt löschen zu lassen.

Keilrippenriemen ersetzen/spannen

Durch den Keilrippenriemen werden sämtliche Nebenaggregate angetrieben. Das sind je nach Ausstattung und Motor: Generator/Lichtmaschine, Kühlmittelpumpe, Servopumpe und Klimakompressor. Je nach Ausführung wird der Keilrippenriemen durch eine Spannrolle oder durch eine Spannfeder unterhalb des Generators/Lichtmaschine gespannt.

Achtung: Wird der gelaufene Keilrippenriemen wieder eingebaut, vor dem Ausbau Laufrichtung des Keilrippenriemens kennzeichnen. Dazu mit Filz- oder Fettstift auf dem Riemen einen Pfeil in Laufrichtung anbringen. Der Motor dreht, von der Keilrippenriemenseite aus gesehen, rechtsherum, also im Uhrzeigersinn. Ein Einbau entgegen der bisherigen Laufrichtung erhöht den Verschleiß des Riemens beziehungsweise kann diesen zerstören.

1,0-/1,4-l-Benzinmotor ohne Servolenkung

Ausbau

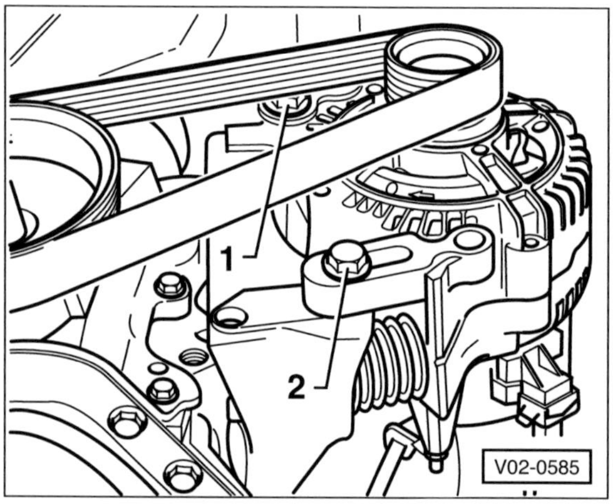

- Befestigungsschrauben –1– für Generatorlagerung und –2– für Spannbügel mindestens eine Umdrehung lösen.

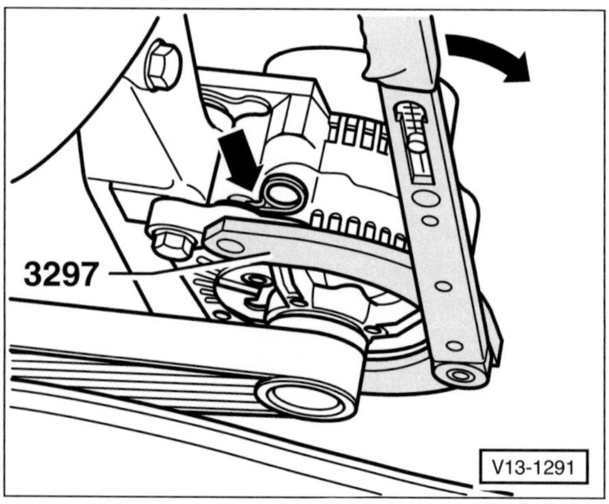

- Keilrippenriemen entspannen. Dazu Generator mit Spezialwerkzeug VW-3297 und Drehmomentschlüssel in Pfeilrichtung schwenken. Spezialwerkzeug mit Absteckstift sichern –Pfeil–.
- Steht das Spezialwerkzeug nicht zur Verfügung, Generator mit einem Montierhebel gegen die Kraft der Spannfeder nach unten drücken und halten.
- Keilrippenriemen abnehmen.
- Zustand des Keilrippenriemens prüfen, siehe Seite 26.
- Ein beschädigter Keilrippenriemen muss umgehend ersetzt werden.

Einbau

- Generator/Lichtmaschine mindestens 3mal bis zum Anschlag nach unten drücken, um die Leichtgängigkeit des Generators sicherzustellen.

Achtung: Wird der bisherige Riemen wieder eingebaut, Markierung der Laufrichtung beachten.

- Keilrippenriemen auf die Riemenscheibe der Kurbelwelle auflegen. Generator herunterdrücken und Keilrippenriemen über die Riemenscheibe des Generators legen.

Spannen

- Nach dem Auflegen des Keilrippenriemens bei gelöstem Generator und abgenommenen Werkzeugen den Motor mehrmals, ca. 10 Motorumdrehungen, durchdrehen. Dazu Anlasser kurzzeitig betätigen. Der Keilrippenriemen wird dabei durch die eingebaute Feder gespannt.
- Befestigungsschrauben –1– und –2– mit **25 Nm** festziehen. **Achtung:** Dabei die Schraube –2– zuerst festziehen. Beim Festziehen nicht auf dem Generator abstützen und den Keilrippenriemen nicht berühren.

1,0-/1,4-l-Benzinmotor/1,7-l-Dieselmotor mit Servolenkung

Ausbau

- **1,4-l-Benzinmotor:** Abdeckung für Keilrippenriemen ausbauen.
- **1,7-l-Dieselmotor:** Untere Motorabdeckung ausbauen.

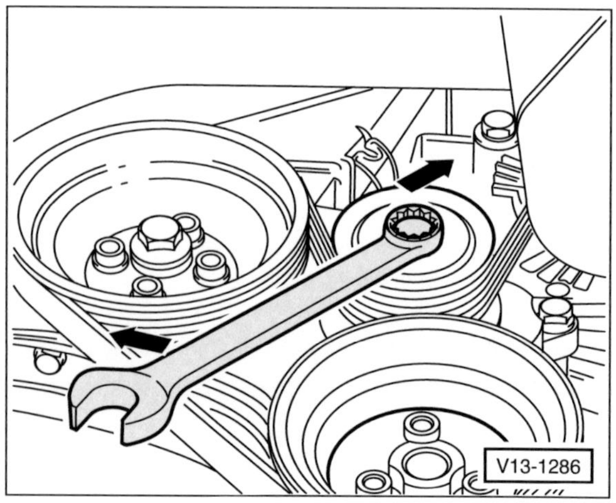

- **Benzinmotor:** Spannrolle mit Schraubenschlüssel an der Befestigungsschraube im Uhrzeigersinn –Pfeilrichtung– schwenken.

- **Dieselmotor:** Spannrolle mit Schraubenschlüssel an der Befestigungsschraube im Gegenuhrzeigersinn schwenken.
- Keilrippenriemen abnehmen.
- Zustand des Keilrippenriemens prüfen, siehe Seite 26.
- Ein beschädigter Keilrippenriemen muss umgehend ersetzt werden.

Einbau

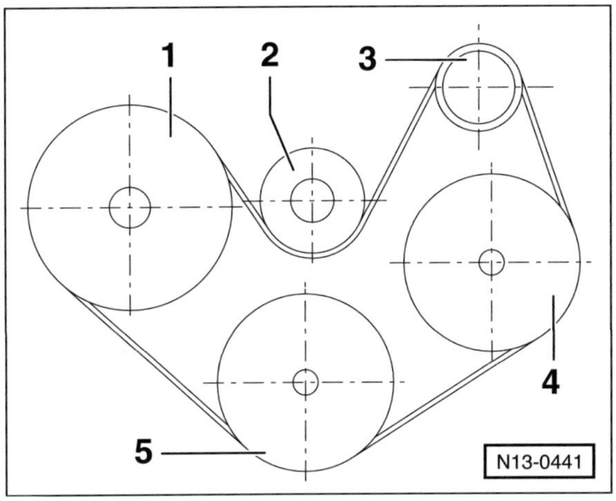

Verlauf des Keilrippenriemens beim Benzinmotor:
1 – Kurbelwellen-Riemenscheibe
2 – Spannrolle
3 – Riemenscheibe für Drehstromgenerator/Lichtmaschine
4 – Klimakompressor
5 – Riemenscheibe für Servopumpe

Achtung: Wird der bisherige Riemen wieder eingebaut, Markierung der Laufrichtung beachten.

- Keilrippenriemen auflegen, dabei an der Kurbelwellen-Riemenscheibe beginnen.
- **Benzinmotor:** Spannrolle mit Schraubenschlüssel an der Befestigungsschraube im Uhrzeigersinn schwenken und Riemen über die Spannrolle legen.
- **Dieselmotor:** Spannrolle mit Schraubenschlüssel an der Befestigungsschraube im Gegenuhrzeigersinn schwenken und Riemen über die Spannrolle legen.
- Prüfen, ob der Keilrippenriemen in sämtlichen Riemenscheiben bündig sitzt.
- **1,4-l-Benzinmotor:** Abdeckung für Keilrippenriemen einbauen.
- **1,7-l-Dieselmotor:** Untere Motorabdeckung einbauen.

1,2-/1,4-l-Dieselmotor

Ausbau

- Untere Motorabdeckung ausbauen.
- **1,4-l-Motor:** Verbindungsrohr Saugstutzen/Ladeluftkühler und Luftmassenmesser ausbauen.

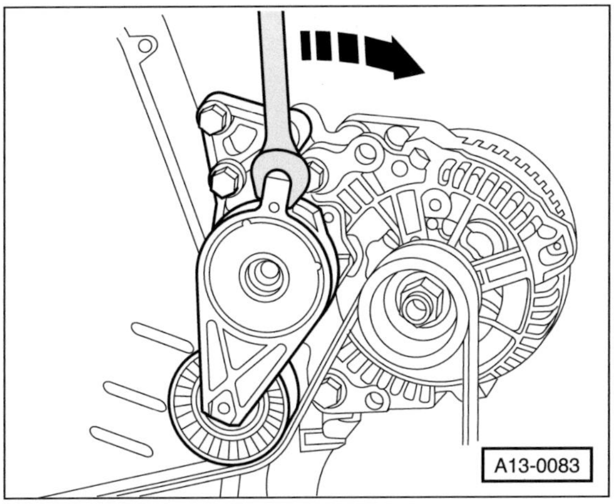

- **1,4-l-Motor:** Keilrippenriemen entspannen. Dazu Maulschlüssel an der oberen Nase des Spannelements ansetzen und in Pfeilrichtung schwenken.
- **1,2-l-Motor:** Keilrippenriemen entspannen. Dazu Ringschlüssel SW-16 an der Spannrolle ansetzen (Abb. V13-1286) und Spannrolle im Uhrzeigersinn drehen.

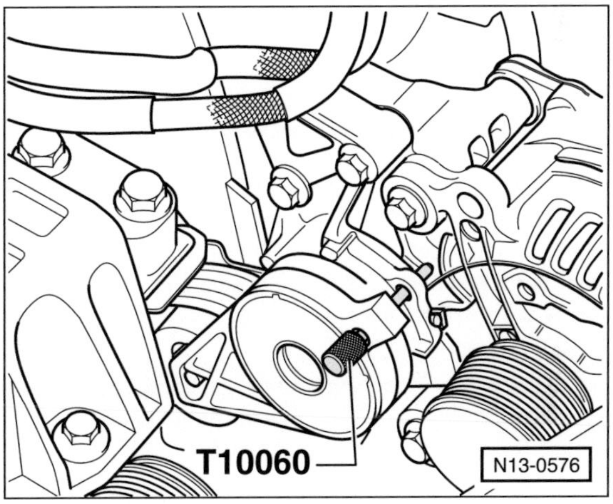

- Spannelement so weit drehen, bis sich der Dorn VW-T10060 einsetzen lässt. Spannelement dadurch arretieren.
- Keilrippenriemen abnehmen.

Einbau

Achtung: Wurden bei ausgebautem Keilrippenriemen Nebenaggregate abgebaut, vor dem Auflegen den festen Sitz der Nebenaggregate prüfen.

Wird der bisherige Riemen wieder eingebaut, Markierung der Laufrichtung beachten.

- Keilrippenriemen auflegen. Dabei an der Kurbelwellen-Riemenscheibe beginnen und zuletzt am Generator beziehungsweise am Klimakompressor auflegen.
- Spannelement etwas im Uhrzeigersinn drehen, Arretierstift herausnehmen und Spannelement zurückdrehen.
- Prüfen, ob der Keilrippenriemen in sämtlichen Riemenscheiben bündig sitzt.

Motor richtig starten

Alle Motoren

- **Schaltgetriebe:** Handbremse anziehen, Schaltgetriebe in Leerlauf schalten. Kupplung ganz durchtreten und halten. Besonders bei niedrigen Außentemperaturen erleichtert eine betätigte Kupplung das Starten, da die Reibung vom Getriebe entfällt.
- **Automatikgetriebe** in »P«, »N« oder »STOP« stellen. Fußbremse treten und halten.

Benzin-Einspritzmotor

- Zündschlüssel drehen und Anlasser betätigen, dabei kein Gas geben. Sobald der Motor läuft, Schlüssel loslassen. Wenn der Motor nicht innerhalb von 10 Sekunden anspringt oder sofort wieder stehen bleibt, Startvorgang nach ca. ½ Minute Pause wiederholen.
- Wenn der Motor nach mehreren Startversuchen trotz einzelner Zündungen nicht anspringt, nochmals mit vollständig niedergetretenem Gaspedal starten. **Achtung:** Häufige vergebliche Startversuche hintereinander können den Katalysator schädigen, da unverbranntes Benzin in den Katalysator gelangt und bei Erwärmung explosionsartig verbrennt.
- Grundsätzlich sofort losfahren, nur bei strengem Frost Motor ca. 30 Sekunden warm laufen lassen.
- **Nur bei heißem Motor** nach dem Anspringen etwas Gas geben.

Dieselmotor

- **Bei kaltem Motor und Außentemperaturen unter +5° C:** Zündung einschalten, bis die Vorglüh-Kontrolllampe erlischt. Sofort nach Verlöschen der Kontrolllampe Motor anlassen, kein Gas geben. Setzen beim Starten nur unregelmäßige Zündungen ein, Anlasser so lange weiter betätigen (maximal ½ Minute), bis der Motor aus eigener Kraft durchläuft. Springt der Motor nicht an, nochmals vorglühen und Startvorgang, wie beschrieben, wiederholen.

Achtung: Solange vorgeglüht wird, dürfen keine größeren elektrischen Verbraucher eingeschaltet sein, sonst wird die Batterie unnötig belastet.

- **Bei warmem Motor oder bei Außentemperaturen über +5° C:** Es braucht nicht vorgeglüht zu werden, der Motor kann sofort angelassen werden. Kein Gas geben.

Störungsdiagnose Motor

Benzinmotor: Wenn der Motor nicht anspringt, Fehler systematisch einkreisen. Damit der Motor überhaupt anspringen kann, müssen immer zwei Grundvoraussetzungen erfüllt sein: Das Kraftstoff-Luftgemisch muss bis in die Zylinder gelangen und der Zündfunke muss an den Zündkerzenelektroden überschlagen. Als Erstes ist deshalb immer zu prüfen, ob überhaupt Kraftstoff gefördert wird. Wie man dabei vorgeht, steht in den Kapiteln »Kraftstoffanlage« und »Motormanagement«. Störungen in der Steuerelektronik lassen sich nur noch mit speziellen Messgeräten herausfinden.

Um festzustellen, ob ein Zündfunke vorhanden ist, Zündkerzen herausschrauben, in Zündkerzenstecker stecken und einzeln gegen Masse halten. Dabei Zündkerzenstecker oder Zündkabel **nicht** mit der Hand festhalten, sondern gut isolierte Zange nehmen. Von Helfer Anlasser betätigen lassen. **Achtung:** Um Schäden am Katalysator zu vermeiden, darf dabei kein Benzin eingespritzt werden. Daher Sicherung für Kraftstoffpumpe herausziehen. **Achtung:** Sicherheitshinweise zum Motormanagement beachten.

Beim Dieselmotor Vorglüh- und Kraftstoffanlage prüfen.

Störung: Der Motor springt schlecht oder gar nicht an.

Ursache	**Abhilfe**
Sicherung defekt für: – Elektrische Kraftstoffpumpe, – Elektronische Einspritzanlage, – Vorglühanlage.	■ Sicherung prüfen, siehe »Elektrische Anlage«.
Benzinmotor: Zündanlage defekt, verschmutzt oder verstellt.	■ Elektrische Leitungen der Zündanlage sichtprüfen, Zündzeitpunkt prüfen.
Fehler im Motormanagement.	■ Motormanagement prüfen lassen (Werkstattarbeit).
Kraftstoffanlage defekt, verschmutzt.	■ Kraftstoffpumpe und -leitungen überprüfen.
Anlasser dreht zu langsam.	■ Batterie laden. Anlasserstromkreis überprüfen. Korrodierte Anschlüsse reinigen.
Wegfahrsperre sperrt den Motor.	■ Wegfahrsperre prüfen, siehe auch Seite 58.
Falsche Steuerzeiten.	■ Steuerzeiten überprüfen, Zahnriemen erneuern.
Zylinderkopfdichtung defekt.	■ Dichtung ersetzen.

Motor-Schmierung

Aus dem Inhalt:

- Ölvorschriften
- Ölverbrauch
- Ölkreislauf im Motor
- Öldruckkontrolle
- Ölwannenausbau
- Ölpumpe/Ölfilter

Für die Motor-Schmierung sind **Mehrbereichsöle** vorgeschrieben, so dass ein jahreszeitbedingter (Sommer/Winter) Ölwechsel nicht erforderlich ist. Mehrbereichsöle bauen auf einem dünnflüssigen Einbereichsöl auf und werden durch so genannte »Viskositätsindexverbesserer« im heißen Zustand stabilisiert. Dadurch ist sowohl für den kalten wie auch für den heißen Motor die richtige Schmierfähigkeit gegeben.

Die SAE-Bezeichnung gibt die Viskosität des Motoröls an. Beispiel: **SAE 10W-40:**

10 – Viskosität des Öls in kaltem Zustand. Je kleiner die Zahl, desto dünnflüssiger ist das kalte Motoröl.
W – Das Motoröl ist wintertauglich.
40 – Viskosität des Öls in heißem Zustand. Je größer die Zahl, desto dickflüssiger ist das heiße Motoröl.

Es können auch **Leichtlauföle** (Hochleistungsöle) verwendet werden. Dabei handelt es sich um Mehrbereichsöle, denen unter anderem Reibwertverminderer zugesetzt wurden, wodurch sich die Reibung innerhalb des Motors vermindert. Für das Leichtlauföl wird als Grundöl ein Synthetiköl verwendet.

Anwendungsbereich/Viskositätsklassen

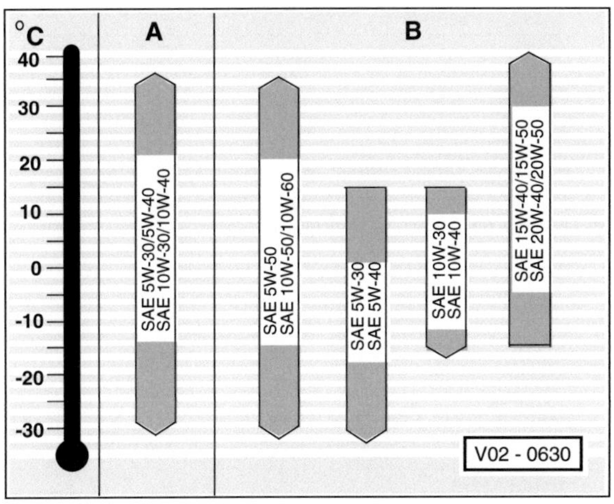

Benziner: A – Mehrbereichs-Leichtlauföle, Spezifikation VW-500 00 oder VW-502 00.
B – Mehrbereichsöle, Spezifikation VW-501 01.

Diesel: A – Mehrbereichs-Leichtlauföle, Spezifikation VW-500 00.
B – Mehrbereichsöle, Spezifikation VW-505 00, für den Saugdiesel-Motor auch VW-501 01.

In der Abbildung wird die Motoröl-Viskosität in Abhängigkeit von der Außentemperatur für Benzin- und Dieselmotoren dargestellt. Da die Einsatzbereiche benachbarter SAE-Klassen sich überschneiden, können kurzfristige Temperaturschwankungen unberücksichtigt bleiben. Es ist zulässig, Öle verschiedener Viskositätsklassen miteinander zu mischen, wenn einmal Öl nachgefüllt werden muss und die Außentemperaturen nicht mehr der Viskositätsklasse des im Motor befindlichen Öles entsprechen.

Achtung: Bei Verwendung von Mehrbereichsöl SAE 5W-30 müssen anhaltend hohe Motordrehzahlen und ständige starke Belastung vermieden werden. Diese Einschränkung gilt nicht für Mehrbereichs-Leichtlauföle.

Zusatzschmiermittel – gleich welcher Art – sollen weder dem Kraftstoff noch den Schmierölen beigemischt werden.

Spezifikation des Motoröls

Die Qualität eines Motoröls wird durch Normen der Automobil- sowie der Ölhersteller gekennzeichnet.

Die Klassifikation der Motoröle amerikanischer Ölhersteller erfolgt nach dem **API**-System (API: American Petroleum Institut): Die Kennzeichnung erfolgt durch jeweils zwei Buchstaben. Der erste Buchstabe gibt den Anwendungsbereich an: **S** = Service, für **Ottomotoren** geeignet; **C** = Commercial, für **Dieselmotoren** geeignet. Der zweite Buchstabe gibt die Qualität in alphabetischer Reihenfolge an. Von höchster Qualität sind Öle der API-Spezifikation **SL** für Ottomotoren und **CF** für Dieselmotoren.

Europäische Ölhersteller klassifizieren ihre Öle nach der »ACEA«-Spezifikation (Association des Constructeurs Européens de l'Automobile), die vor allem die europäische Motorentechnologie berücksichtigt. Öle für PKW-Benzinmotoren haben die ACEA-Qualitätsklassen A1-96 bis A3-96; Dieselmotoröle von B1-96 bis B3-96, wobei A3 beziehungsweise B3 die höchsten Qualitätsstufen markieren.. **»96«** steht für den Beginn der Gültigkeit der ACEA-Klassifikation im Jahr 1996. Motoröle mit höheren Jahreszahlangaben können ebenfalls verwendet werden.

Das richtige Motoröl für den LUPO/AROSA

VW hat für seine Modelle **eigene Ölnormen** festgelegt. Grundsätzlich sollen nur Öle verwendet werden, die diese Normen erfüllen. Die VW-Norm steht dann auf der Öldose. **Achtung:** Hinter der Norm muss ein Datum nicht älter als 11/92 stehen.

Motor	VW-Motoröl-Norm
Benziner	502 00 504 00 501 01
1,2-l-Diesel	506 00 506 01 507 00
1,4-l-Diesel	505 01 507 00
1,7-l-Diesel	505 00 505 01 507 00

Achtung: Für den LUPO 3L darf grundsätzlich nur ein Motoröl der Viskosität 0W-30 und der VW-Norm 506 00, 506 01 oder 507 00 verwendet werden.

Sollte kein Öl der VW-Norm zur Verfügung stehen, kann bei Fahrzeugen mit **Benzinmotor** vorübergehend auch ein Motoröl nach ACEA-A2/-A3 oder API-SF/-SG zum Nachfüllen verwendet werden. Beim **Dieselmotor mit 44 kW (60 PS)**, kann in diesem Fall ein Öl der Spezifikation VW-501 01, ACEA-B2/-B3 oder API-CD verwendet werden.

Öldruck und Öldruckschalter prüfen

Zur Prüfung ist ein Manometer mit Einschraubmöglichkeit für den Öldruckschalter erforderlich.

Motor	**Einbauort Öldruckschalter,** in Fahrtrichtung gesehen
1,0-/1,6-l-Benziner, 1,4-l-Benz. AEX/AUD/ARR ANW/AKK	hinten rechts am Zylinderkopf
1,4-l-Benziner 55/74 kW	linke Stirnseite am Zylinderkopf
1,7-l Diesel	oben am Ölfilterhalter
1,2-/1,4-l-Diesel	links am Ölfilter

Prüfen

- Ölstand kontrollieren, gegebenenfalls richtig stellen.
- Motor warmfahren, die Öltemperatur soll ca. +80° C betragen. Diese Temperatur wird erreicht, wenn die Kühlmittel-Temperaturanzeige normale Betriebstemperatur anzeigt.

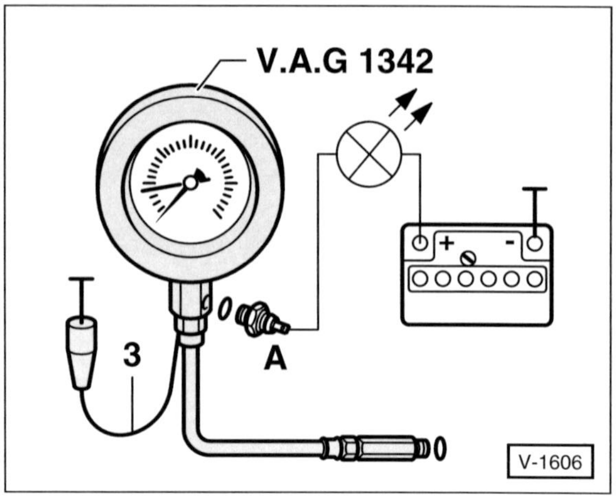

- Öldruckschalter –A– herausschrauben und in das Manometer einschrauben.
- Manometer anstelle des Öldruckschalters in den Zylinderkopf einschrauben.
- Braune Leitung –3– des VW-Prüfgerätes (V.A.G 1342) an Masse (–) legen.
- Diodenprüflampe mit Hilfsleitungen an Batterie-Pluspol (+) und Öldruckschalter –A– anschließen. Die Leuchtdiode darf noch nicht leuchten, sonst Öldruckschalter ersetzen.
- Motor anlassen und Drehzahl langsam erhöhen. Sobald der Öldruck den Sollwert erreicht, muss die Leuchtdiode aufleuchten, andernfalls Öldruckschalter ersetzen.

Motor	Öldruck
1,0-l-Benziner LUPO/ 1,4-l AUD/ARR/ANW/AKK	0,3 – 0,6 bar
1,4-/1,6-l-Benziner LUPO	0,3 – 0,7 bar
1,0-l-Benziner AROSA	0,75 – 1,05 bar
1,7-l-Diesel	0,75 – 1,05 bar
1,2-/1,4-l-Diesel	0,55 – 0,85 bar

- Drehzahl weiter erhöhen. Bei 2000/min und +80 °C Öltemperatur soll der Ölüberdruck mindestens 2,0 bar betragen.
- Geringerer Öldruck weist auf defektes Öldruckregelventil, defekte Ölpumpe oder verschlissene Kurbelwellenlager hin, siehe Kapitel »Störungsdiagnose Ölkreislauf«.
- Bei höherer Drehzahl darf der Öldruck folgende Werte nicht überschreiten, sonst Öldruckregelventil erneuern lassen.

Motor	Öldruck
1,0-/1,4-/1,6-l-Benziner LUPO	7,0 bar
1,0-/1,4-l-Benziner AROSA	4,0 – 5,0 bar
1,7-l-Diesel	5,6 – 6,7 bar
1,2-/1,4-l-Diesel	7,0 bar

- Öldruckschalter einsetzen und mit **25 Nm** festziehen. Bei Undichtigkeit Dichtring mit Seitenschneider aufkneifen und ersetzen.

Ölwanne/Ölpumpe/Ölfilter

Benzinmotor/VW LUPO, die Abbildung zeigt den 1,0-l-Motor.

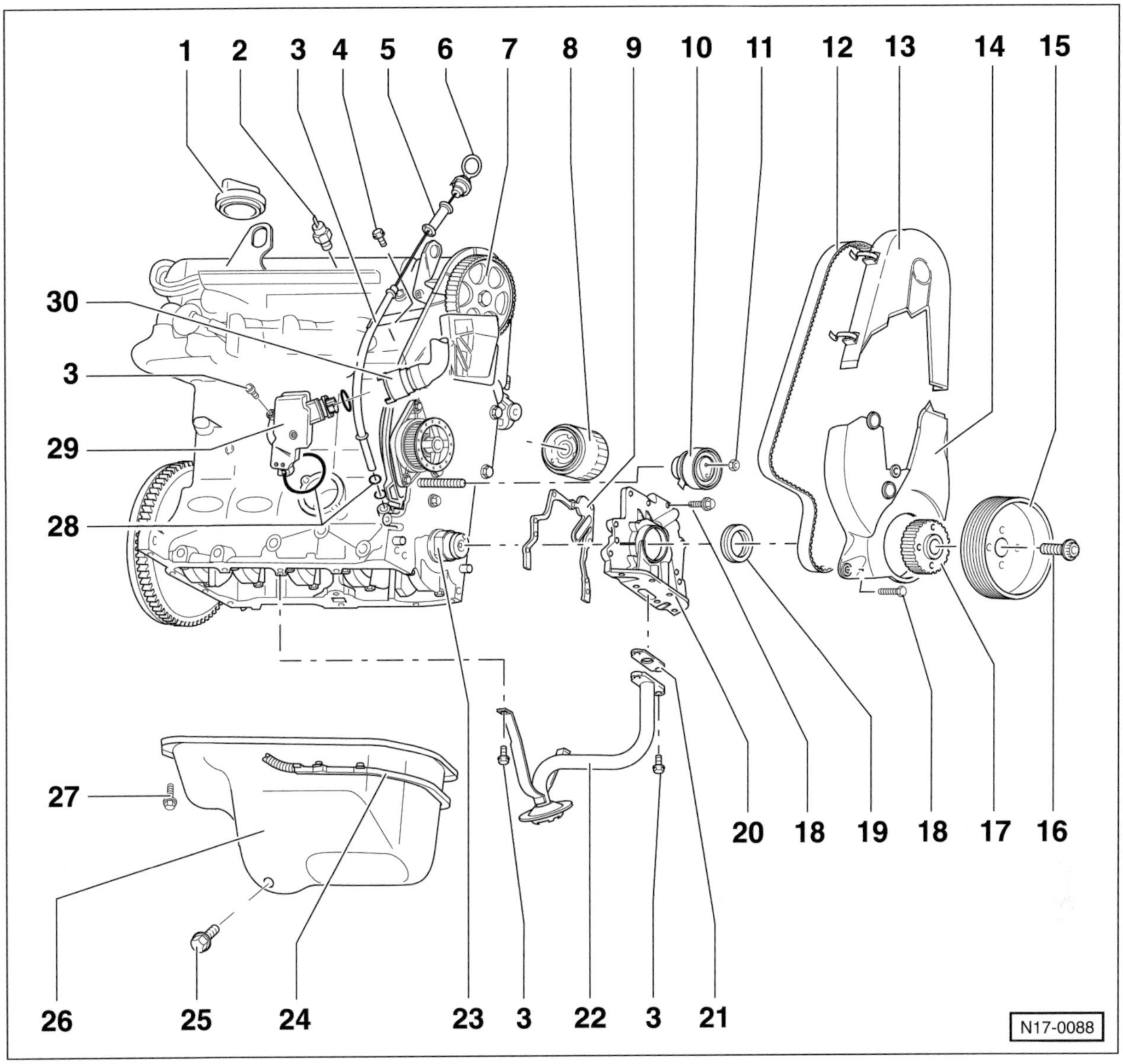

1 – **Verschlussdeckel**
Dichtung bei Beschädigung ersetzen.

2 – **Öldruckschalter, 25 Nm**
1,0-l-Benziner im LUPO: 0,3 – 0,6 bar.

3 – **Führungsrohr**

4 – **Schraube, 10 Nm**

5 – **Trichter**
Zum Einführen des Ölmessstabes. Beim Ölabsaugen abziehen.

6 – **Ölmessstab**

7 – **Nockenwellenrad**

8 – **Ölfilter**

9 – **Dichtung**
Immer ersetzen. Muss beim Einbau auf den Passhülsen sitzen.

10 – **Spannrolle**

11 – **Mutter, 20 Nm**

12 – **Zahnriemen**

13 – **Zahnriemen-Abdeckung oben**

14 – **Zahnriemen-Abdeckung unten**

15 – **Kurbelwellen-Riemenscheibe**

16 – **Zentralschraube, 90 Nm + ¼ Umdrehung (90°) weiterdrehen**
Immer ersetzen, geölt einsetzen. Das Weiterdrehen kann in mehreren Stufen erfolgen. Der Weiterdrehwinkel kann mit einer handelsüblichen Winkelmessscheibe, zum Beispiel HAZET 6690, gemessen werden.

17 – **Kurbelwellen-Zahnriemenrad**

18 – **Schraube, 12 Nm**

19 – **Dichtring***

20 – **Ölpumpe**
Beim Einbau auf Mitnehmer der Kurbelwelle und Passhülsen aufsetzen.

21 – **Dichtung***

22 – **Saugleitung**
Sieb bei Verschmutzung reinigen.

23 – **Mitnehmer**
Vor Einbau der Ölpumpe reinigen.

24 – **Kabelleiste/Leitungsführung**

25 – **Ölablassschraube, 30 Nm***

26 – **Ölwanne**

27 – **Schraube, 15 Nm**
Für die Schrauben an der Schwungradseite wird ein Innensechskant-Gelenkschlüssel benötigt.

28 – **O-Ring***

29 – **Ölabscheider**

30 – **zum Luftfilter**

*) Immer ersetzen.

Ölwanne aus- und einbauen/ Dichtung für Ölwanne ersetzen

Benzinmotor

Erforderliches Spezialwerkzeug/Betriebsmittel:

Für Ölwannen-Befestigungsschrauben:
Innentorx-Steckschlüsseleinsatz T40, länger als 130 mm oder Gelenksteckschlüssel SW 10 . . . . . . HAZET 2528-10

Bohrmaschine mit Kunststoffbürsten-Einsatz

Flachschaber

Silikon-Dichtmittel. VW-D176404A2

Ausbau

Sicherheitshinweis
Beim Aufbocken des Fahrzeugs besteht Unfallgefahr! Deshalb vorher das Kapitel »Fahrzeug aufbocken« durchlesen.

- Fahrzeug aufbocken und Motoröl ablassen, siehe Seite 18.

Achtung: Um Umweltschäden zu vermeiden, keinesfalls Altöl einfach wegschütten oder dem Hausmüll mitgeben. Die Öl-Verkaufsstellen nehmen die entsprechende Menge Altöl kostenlos entgegen, daher beim Ölkauf Quittung und Ölkanister für spätere Altölrückgabe aufbewahren!

- Untere Motorraumabdeckung ausbauen, siehe Seite 17.
- Motoröl-Ablassschraube mit neuem Dichtring und **30 Nm** einschrauben.
- **AROSA:** Abdeckung für Keilrippenriemen sowie vorderes Abgasrohr vom Abgaskrümmer abschrauben.
- Kabelführung von der Ölwanne abbauen
- Rechte Gelenkwelle vom Getriebe abschrauben und mit Draht aufhängen, siehe Seite 116.
- **LUPO:** Schraube für vorderes Lager des rechten Achslenkers herausschrauben.
- Abdeckblech für Schwungrad abschrauben.
- Ölwanne abschrauben. Dabei Schrauben an der Schwungradseite mit Gelenk-Steckschlüssel, zum Beispiel HAZET 2528-10, herausdrehen.
- Ölwanne vom Motorblock abdrücken. Fest sitzende Ölwanne gegebenenfalls durch leichte Schläge mit einem Gummihammer lösen.

Einbau

- Dichtungsmittelreste am Motorblock sorgfältig mit einem Flachschaber entfernen.

Sicherheitshinweis
Beim Reinigen der Ölwannen-Dichtfläche mit einer rotierenden Kunststoffbürste unbedingt Schutzbrille tragen. Sonst besteht Verletzungsgefahr durch herausgeschleuderte Dichtmittelreste.

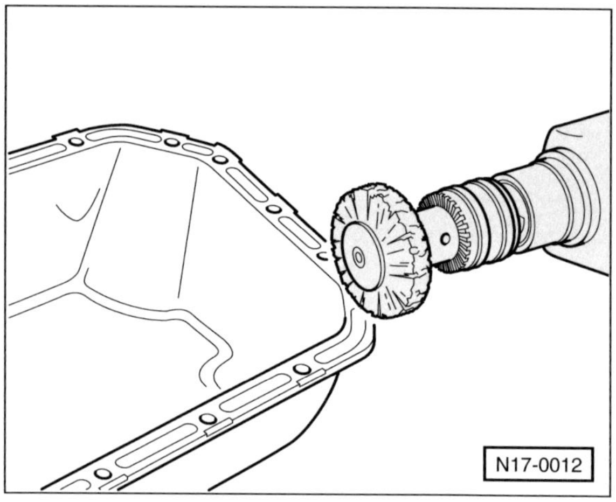

N17-0012

- Dichtungsmittelreste an der Ölwanne mit einer rotierenden Bürste entfernen, zum Beispiel mit einer Handbohrmaschine und einem Kunststoffbürsten-Einsatz.
- Dichtflächen reinigen, sie müssen öl- und fettfrei sein.
- Die Ölwanne lässt sich genauer ansetzen, wenn zwei M6-Gewindestifte zur Führung in den Flansch des Motorblocks eingeschraubt werden.

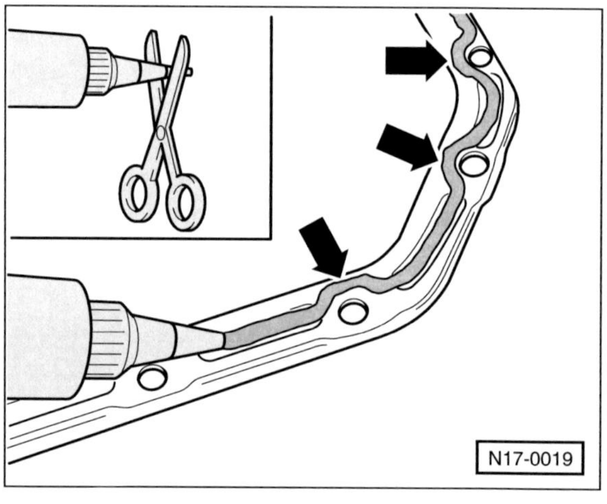

N17-0019

- Beim Kauf das Haltbarkeitsdatum des Dichtmittels VW-D176404A2 überprüfen. Tubendüse so abschneiden, dass die Öffnung etwa 3 mm Durchmesser hat.

Achtung: Die Ölwanne muss nach dem Auftragen des Silikon-Dichtmittels **innerhalb von 5 Minuten** eingebaut werden. Nach der Montage der Ölwanne muss das Dichtmittel mindestens 30 Minuten trocknen. Erst danach darf Motoröl eingefüllt werden.

- Silikon-Dichtmittel auf die saubere Dichtfläche der Ölwanne auftragen. Die Dichtmittelraupe muss ca. 3 mm dick sein und im Bereich der Schraubenbohrungen an der Innenseite vorbeilaufen, siehe Abbildung.

Hinweis: Die Dichtmittelraupe darf nicht zu dick sein, sonst gelangt überschüssiges Dichtmittel in den Ölkreislauf und verstopft das Sieb in der Ansaugleitung der Ölpumpe.

- Ölwanne sofort ansetzen und gleichmäßig ganz leicht mit etwa 5 Nm am Motorblock anschrauben.

- Falls verwendet, M6-Gewindestifte ausschrauben und stattdessen restliche Ölwannenschrauben einschrauben.
- Ölwannenschrauben über Kreuz mit 10 Nm anziehen, dann alle Schrauben im zweiten Durchgang mit **15 Nm** festziehen. Schrauben an der Schwungradseite mit Gelenkschlüssel, zum Beispiel HAZET 2528-10, festziehen. In diesem Fall Anzugsmoment abschätzen.

Achtung: Nach der Ölwannenmontage muss das Dichtmittel mindestens **30 Minuten** trocknen. Erst danach darf Motoröl eingefüllt werden.

- Abdeckblech für Schwungrad anschrauben.
- **LUPO: Neue** Schraube für vorderes Lager des rechten Achslenkers mit **50 Nm** anschrauben, anschließend Schraube mit starrem Schlüssel ½ **Umdrehung** (180°) weiterdrehen.
- Rechte Gelenkwelle am Getriebe anschrauben, siehe Seite 116.
- **AROSA:** Abdeckung für Keilrippenriemen sowie vorderes Abgasrohr am Abgaskrümmer anschrauben, siehe Seite 231.
- Kabelführung an der Ölwanne anbauen
- Untere Motorraumabdeckung einbauen, siehe Seite 17.
- Motoröl auffüllen, siehe Seite 18.

Störungsdiagnose Ölkreislauf

Störung	Ursache	Abhilfe
Kontrollleuchte leuchtet nicht nach Einschalten der Zündung.	Öldruckschalter defekt.	■ Zündung einschalten, Leitung vom Öldruckschalter abziehen und gegen Masse halten. Wenn die Kontrolllampe leuchtet, Schalter ersetzen.
	Strom zum Schalter unterbrochen, Kontakte korrodiert.	■ Elektrische Leitung und Anschlüsse prüfen.
	Kontrolllampe defekt.	■ Kombiinstrument ersetzen (Werkstattarbeit).
Kontrolllicht verlischt nicht nach Anspringen des Motors.	Öl sehr warm.	■ Unbedenklich, wenn Kontrolllicht beim Gas geben verlischt.
Kontrollicht verlischt nicht beim Gas geben bzw. leuchtet während der Fahrt.	Öldruck zu gering.	■ Ölstand prüfen, ggf. auffüllen; Öldruck nach Vorschrift prüfen.
	Elektrische Leitung zum Öldruckschalter hat Kurzschluss gegenüber Masse.	■ Kabel am Schalter abziehen und isoliert ablegen (nicht gegen Masse legen), Zündung einschalten. Wenn die Kontrolllampe aufleuchtet, Leitung überprüfen.
	Öldruckschalter defekt.	■ Schalter auswechseln.
Zu niedriger Öldruck im gesamten Drehzahlbereich.	Zu wenig Öl im Motor.	■ Motoröl nachfüllen.
	Ansaugsieb in der Saugglocke verschmutzt, Saugrohr gebrochen.	■ Ölwanne ausbauen, Ansaugsieb reinigen, ggf. Saugrohr ersetzen.
	Ölpumpe defekt.	■ Ölpumpe ausbauen und prüfen, gegebenenfalls komplett ersetzen.
	Lagerschaden.	■ Motor demontieren.
Zu niedriger Öldruck im unteren Drehzahlbereich.	Öldruckregelventil klemmt im offenen Zustand durch Verschmutzung.	■ Öldruckregelventil am Ölfilterflansch/Ölpumpendeckel oder an der Ölpumpe ausbauen und prüfen.
Zu hoher Öldruck bei Drehzahlen über 2.000/min.	Öldruckregelventil öffnet nicht wegen Verschmutzung.	■ Öldruckregelventil ausbauen und prüfen.

Motor-Kühlung

Aus dem Inhalt:

- Kühlmittelkreislauf
- Thermostat prüfen
- Frostschutzmischung
- Kühlmittelpumpe
- Kühlmittel wechseln
- Kühler

Kühlmittelkreislauf

Nach dem Start des Motors wird die Kühlflüssigkeit von der ständig im Einsatz befindlichen Kühlmittelpumpe durch die Kühlmittelkanäle und Kühlmittelschläuche gepumpt. Dabei zirkuliert das Kühlmittel bei kaltem Motor nur im Zylinderkopf, Motorblock und Wärmetauscher der Heizung.

Mit zunehmender Erwärmung der Kühlflüssigkeit öffnet der Thermostat den großen Kühlmittelkreislauf. Dadurch wird das Kühlmittel über den Kühler geleitet. Die Kühlflüssigkeit durchströmt den Kühler von oben nach unten und wird dabei durch den an den Kühlrippen vorbeistreichenden Fahrtwind gekühlt.

Bei Bedarf kann die Kühlluft durch einen temperaturgesteuerten Lüfter verstärkt werden. Angesteuert wird der Lüfter über einen zweistufigen Thermoschalter, der links am Wasserkasten des Kühlers eingeschraubt ist. Bei einer Kühlmitteltemperatur von +92° bis +97° C schaltet der Thermoschalter den Lüfter in der ersten Stufe, mit halber Drehzahl, ein. Steigt die Kühlmitteltemperatur auf +99° bis +105° C wird der Lüfter auf volle Drehzahl geschaltet.

Durch den nicht ständig mitlaufenden Lüfter und die thermostatische Regelung des Kühlmittelstroms wird die Betriebstemperatur des Motors schneller erreicht und der Kraftstoffverbrauch reduziert.

Beim 1,4-l-FSI-Motor (77 kW/105 PS) wird die Kühlmitteltemperatur durch das Motorsteuergerät kennfeldabhängig geregelt. Im Teillastbereich wird die Kühlmitteltemperatur zwischen 95° und 110° C gehalten, um den Kraftstoffverbrauch zu senken. Im Volllastbereich wird die Kühlmitteltemperatur auf 85° bis 95° C heruntergeregelt, um die Motorleistung zu erhöhen.

Sicherheitshinweis
Der Elektrolüfter kann sich auch bei ausgeschalteter Zündung einschalten. Durch Stauwärme im Motorraum ist auch **mehrmaliges Einschalten möglich.** Abhilfe: **Stecker für Kühlerlüfter abziehen.**

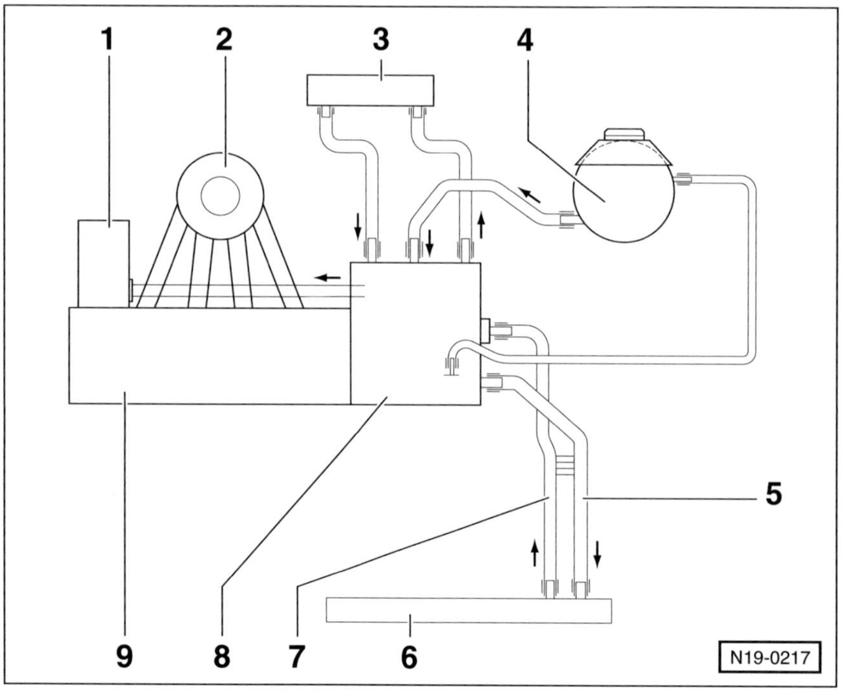

Benzinmotor

1 – Kühlmittelpumpe
2 – Ansaugrohr
3 – Wärmetauscher für Heizung
4 – Ausgleichbehälter
5 – Kühlmittelschlauch oben
6 – Kühler
7 – Kühlmittelschlauch unten
8 – Thermostatgehäuse
9 – Motorblock

Kühler-Frostschutzmittel

Die Kühlanlage wird ganzjährig mit einer Mischung aus Wasser (bevorzugt: destilliertes Wasser) und VW-/SEAT-Kühlerfrost- und Korrosions-Schutzmittel befüllt. Dies verhindert Frost- und Korrosionsschäden, Kalkansatz und hebt außerdem die Siedetemperatur des Kühlmittels an. Im Kühlkreislauf entsteht durch die Ausdehnung der Flüssigkeit bei Erwärmung ein Überdruck, was ebenfalls zur Siedepunkterhöhung der Kühlflüssigkeit beiträgt. Der Druck wird durch ein Ventil im Verschlussdeckel am Ausgleichbehälter begrenzt, das bei 1,4 – 1,6 bar öffnet. Erforderlich ist der höhere Siedepunkt der Kühlflüssigkeit für ein einwandfreies Funktionieren der Motorkühlung. Bei zu niedrigem Siedepunkt der Flüssigkeit kann es zu einem Hitzestau kommen, wodurch der Kühlkreislauf behindert und die Kühlung des Motors vermindert wird.

Nur VW-/SEAT-Kühlerfrost- und Korrosionsschutzmittel **»G12 Plus«** oder ein Frostschutzmittel gemäß »TL VW 774**F**« verwenden. Außerdem können auch die neueren **»G12 Plus Plus«**, gemäß TL VW 774**G**, und **G13**, gemäß VW-TL-774-**J**, verwendet werden. Diese Kühlkonzentrate sind alle lila eingefärbt.

Hinweis: Die Kühlmittelzusätze **»G11 grün«** und **»G12 rot« dürfen nicht vermischt** werden, sonst kommt es zu schwer wiegenden Motorschäden. Braunes Kühlmittel (»G11 grün« und »G12 rot« vermischt) sofort wechseln. In diesem Fall Kühlsystem durchspülen. Dazu Kühlsystem entleeren, dann mit reinem Wasser auffüllen. Motor 2 Minuten laufen lassen. Wasser wieder ablassen und anschließend mit Druckluft in den Ausgleichbehälter blasen, damit das Kühlsystem vollständig entleert wird. Ablassöffnung schließen und neue Mischung aus **destilliertem Wasser** und **G13** einfüllen.

Achtung: Zum Nachfüllen, auch in der warmen Jahreszeit, nur eine Mischung aus VW-/SEAT-Kühlerfrost- und Korrosionsschutzmittel und kalkarmem, sauberem Wasser (besser: destilliertes Wasser) verwenden. Auch im Sommer darf der Kühlerfrostschutzanteil im Kühlmittel nicht unter 40 % liegen. Daher beim Nachfüllen auch den Frostschutz ergänzen.

Kühlmittel-Mischungsverhältnis in Litern

Motor	Frostschutz bis	Frostschutz-Anteil	G12+ G12++ G13	Destill. Wasser	Füllmenge
1,0-/1,4-l außer FSI	–25° C	40%	2,3 l	3,3 l	5,6 l
	–35° C	50%	2,8 l	2,8 l	
1,4-/1,6-. FSI/GTI	–25° C	40%	2,4 l	3,6 l	6,0 l
	–35° C	50%	3,0 l	3,0 l	
1,7-l-Diesel	–25° C	40%	2,6 l	3,9 l	6,5 l
	–35° C	50%	3,25 l	3,25 l	
1,2-/1,4-l-Diesel	–25° C	40%	2,0 l	3,0 l	5,0 l
	–35° C	50%	2,5 l	2,5 l	

[1]) Die Kühlmittelmenge kann je nach Ausstattung des Fahrzeuges abweichen.

Der Frostschutz sollte in unseren Breiten bis – 25° C, besser bis – 35° C reichen. Der Anteil des Frostschutzmittels darf 60 % (Frostschutz dann bis – 40° C) **nicht** überschreiten, sonst verringern sich Frostschutz und Kühlwirkung wieder.

Kühlmittel wechseln

Das Kühlmittel muss erneuert werden, falls bei Reparaturen der Zylinderkopf, die Zylinderkopfdichtung, der Kühler, die Kühlmittelpumpe, der Wärmetauscher oder der Motor ersetzt wurden. Das ist erforderlich, weil sich die Korrosionsschutzanteile in der Einlaufphase an den neuen Leichtmetallteilen absetzen und somit eine dauerhafte Korrosionsschutzschicht bilden. Bei gebrauchter Kühlflüssigkeit ist der Korrosionsschutzanteil in der Regel nicht mehr groß genug, um eine ausreichende Schutzschicht an den neuen Teilen zu bilden. Ein Wechsel im Rahmen der Wartung ist nicht vorgesehen.

Achtung: Bei Arbeiten am Kühlsystem unbedingt darauf achten, dass **kein Kühlmittel auf den Zahnriemen** gelangt. Der Glykolanteil des Kühlmittels kann das Gewebe des Zahnriemens so schädigen, dass der Riemen nach einiger Betriebszeit reißt, wodurch schwerwiegende Motorschäden auftreten können.

Hinweis: Kühlflüssigkeit ist leicht giftig und sollte nicht einfach weggeschüttet werden. Daher bei der örtlichen Kommunalverwaltung anfragen, wie die Kühlflüssigkeit entsorgt werden soll.

Ablassen

> **Sicherheitshinweis**
> Beim Aufbocken des Fahrzeugs besteht Unfallgefahr! Deshalb vorher das Kapitel »Fahrzeug aufbocken« durchlesen.

- Fahrzeug aufbocken.
- **Dieselmotor:** Untere Motorraumabdeckung ausbauen, siehe Seite 17.

> **Sicherheitshinweis**
> Bei heißem Motor vor dem Öffnen des Ausgleichbehälters einen dicken Lappen auflegen, um Verbrühungen durch heiße Kühlflüssigkeit oder Dampf zu vermeiden. Deckel nur bei Kühlmitteltemperaturen unter +90° C abnehmen.

- Verschlussdeckel am Ausgleichbehälter öffnen.
- Sauberes Auffanggefäß unter den Kühler stellen.
- Unteren Kühlmittelschlauch vom Kühler abziehen. Dazu Federbandschelle mit Spezialzange, zum Beispiel HAZET 798-5, öffnen und ganz zurückschieben.
- Kühlmittel vollständig ablassen.

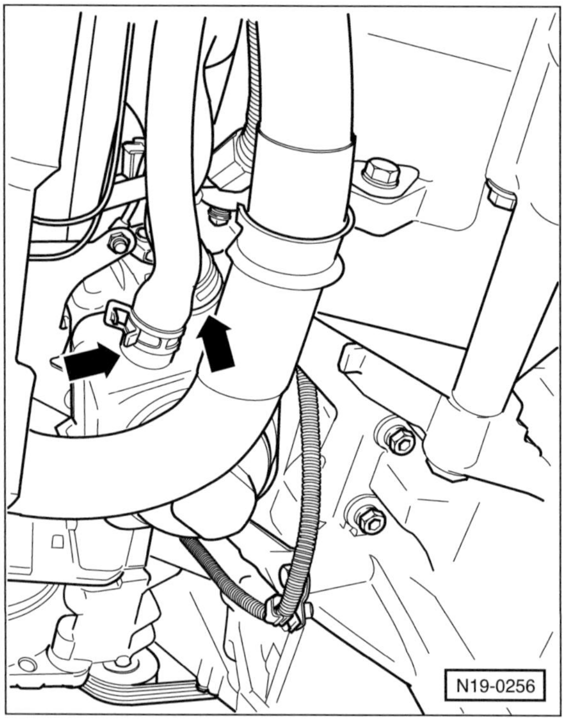

- **1,2-/1,4-l-Dieselmotor:** Auffanggefäß unter den Ölkühler stellen und Kühlmittel aus dem Motor ablassen. Dazu die Kühlmittelschläuche –Pfeile– vom Ölkühler abziehen. Vorher Federbandschellen ganz zurückschieben.

Auffüllen

- **1,2-/1,4-l-Dieselmotor:** Kühlmittelschläuche am Ölkühler aufschieben und mit Federbandschellen sichern.
- Unteren Kühlmittelschlauch am Kühler aufschieben und mit Schelle sichern.
- Kühlmittelmischung aus 50 % Wasser und 50 % VW-Kühlerfrost- und Korrosions-Schutzmittel herstellen, siehe Kapitel »Kühler-Frostschutzmittel«.
- **Dieselmotor:** Untere Motorraumabdeckung einbauen, siehe Seite 17.
- Fahrzeug ablassen.

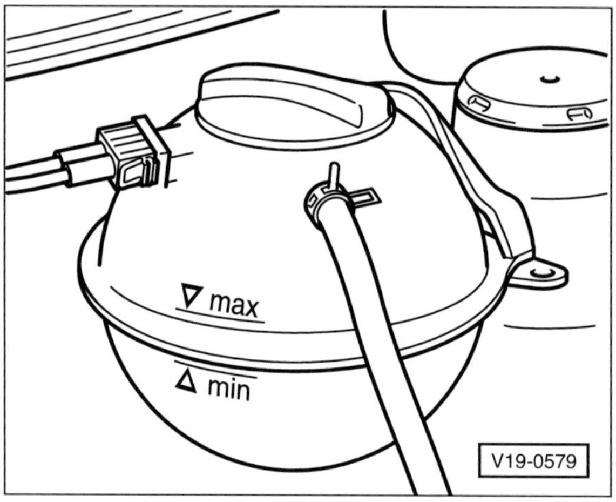

- Kühlmittel langsam bis zur MAX-Markierung am Ausgleichbehälter auffüllen.
- Ausgleichbehälter verschließen.
- **1,7-l-Dieselmotor:** Heizungsbetätigung im Innenraum auf volle Heizleistung stellen.
- **1,2-/1,4-l-Dieselmotor:** Heizungsbetätigung im Innenraum auf »kalt« stellen.
- Motor starten und mit erhöhter Drehzahl von ca. 2000/min etwa 3 Minuten lang laufen lassen.
- Anschließend Motor mit Leerlaufdrehzahl laufen lassen, bis der Elektrolüfter anläuft.
- Motor abstellen und abkühlen lassen.
- Kühlmittelstand prüfen und gegebenenfalls ergänzen. Bei betriebswarmem Motor muss der Kühlmittelstand an der MAX-Markierung, bei kaltem Motor zwischen der MAX- und der MIN-Markierung liegen.

Thermostat aus- und einbauen/prüfen

In der Abbildung ist der **Benzinmotor** dargestellt

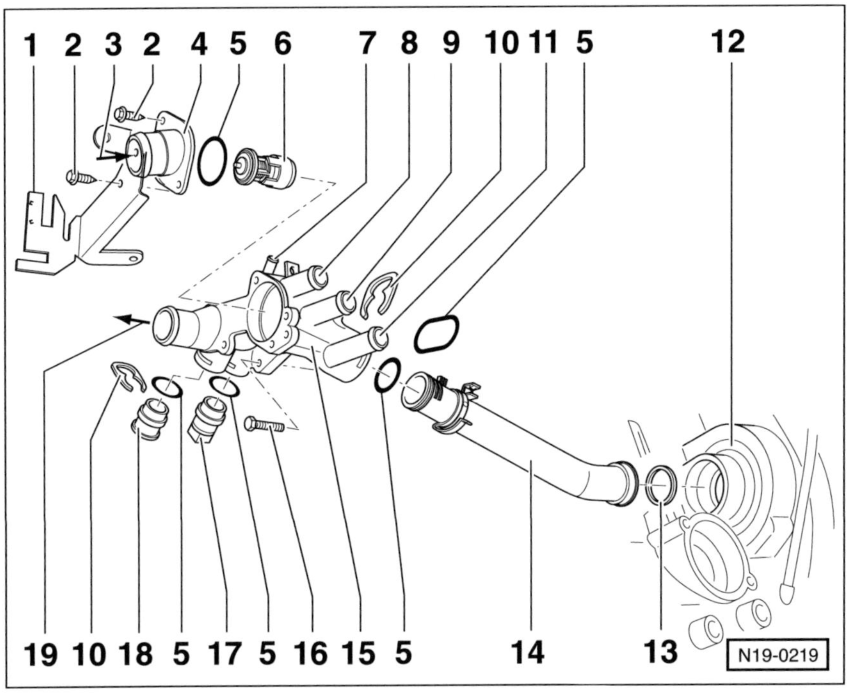

1 – Halter
2 – Blechschraube
3 – vom Kühler unten
4 – Anschlussstutzen
5 – O-Ring*
6 – Thermostat
7 – zum Ausgleichbehälter
8 – zum Wärmetauscher der Heizung
9 – vom Ausgleichbehälter
10 – Halteklammer
11 – vom Wärmetauscher der Heizung
12 – Kühlmittelpumpengehäuse am Motorblock
13 – Dichtring*
14 – Kühlmittelrohr
15 – Thermostatgehäuse
16 – Schraube, 10 Nm
17 – Geber für Kühlmitteltemperatur
Mit Geber für Kühlmitteltemperatur-Anzeige im Kombiinstrument.
18 – Verschlussstopfen
19 – zum Kühler oben

*) Immer ersetzen.

Sicherheitshinweis
Bei heißem Motor vor dem Öffnen des Kühlsystems einen dicken Lappen auflegen, um Verbrühungen durch heiße Kühlflüssigkeit oder Dampf zu vermeiden. Kühlsystem nur bei Kühlmitteltemperaturen unter +90° C öffnen.

Benzinmotor

Ausbau

- Kühlmittel ablassen, siehe entsprechendes Kapitel.
- Anschlussstutzen –4– mit Halter –1– vom Thermostatgehäuse –15– mit 2 Schrauben abschrauben und mit angeschlossenem Kühlmittelschlauch zur Seite legen.
- O-Ring –5– herausnehmen und ersetzen.
- Thermostat –6– herausnehmen und prüfen.

Einbau

- **Neuen** O-Ring mit Kühlmittel benetzen.
- Thermostat –6– mit O-Ring in das Gehäuse –15– einsetzen.
- Anschlussstutzen ansetzen und anschrauben.
- Kühlflüssigkeit auffüllen.
- Motor laufen lassen, bis der Thermostat öffnet – der untere Kühlmittelschlauch wird dann warm. Dichtung für Anschlussstutzen und Kühlmittelschlauch auf Dichtheit überprüfen.

1,7-l-Dieselmotor

Der Thermostat befindet sich hinten im Kompakthalter der Kühlmittelpumpe.

Ausbau

- Kühlmittel ablassen, siehe entsprechendes Kapitel.
- Anschlussstutzen am Kompakthalter mit 2 Schrauben abschrauben und mit angeschlossenem Kühlmittelschlauch zur Seite legen.
- O-Ring herausnehmen und ersetzen.
- Thermostat herausnehmen und prüfen.

Einbau

- **Neuen** O-Ring mit Kühlmittel benetzen.
- Thermostat mit O-Ring in den Anschlussstutzen einsetzen.
- Anschlussstutzen ansetzen und mit **10 Nm** anschrauben.
- Kühlflüssigkeit auffüllen.
- Motor laufen lassen, bis der Thermostat öffnet – der untere Kühlmittelschlauch wird dann warm. Dichtung für Anschlussstutzen und Kühlmittelschlauch auf Dichtheit überprüfen.

1,2-/1,4-l-Dieselmotor

Der Thermostat sitzt hinter der Kühlmittelpumpe im Motorblock.

Ausbau

- Kühlmittel ablassen, siehe entsprechendes Kapitel.
- Generator ausbauen, siehe Seite 69.
- Kühlmittelschlauch vom Anschlussstutzen am Motorblock abziehen, vorher Federbandschelle öffnen und zurückschieben.
- Anschlussstutzen vom Motorblock mit 2 Schrauben abschrauben und mit Thermostat abnehmen.
- Thermostat ¼ Umdrehung (90°) nach links drehen und aus dem Anschlussstutzen herausnehmen.
- O-Ring abnehmen und ersetzen.

Einbau

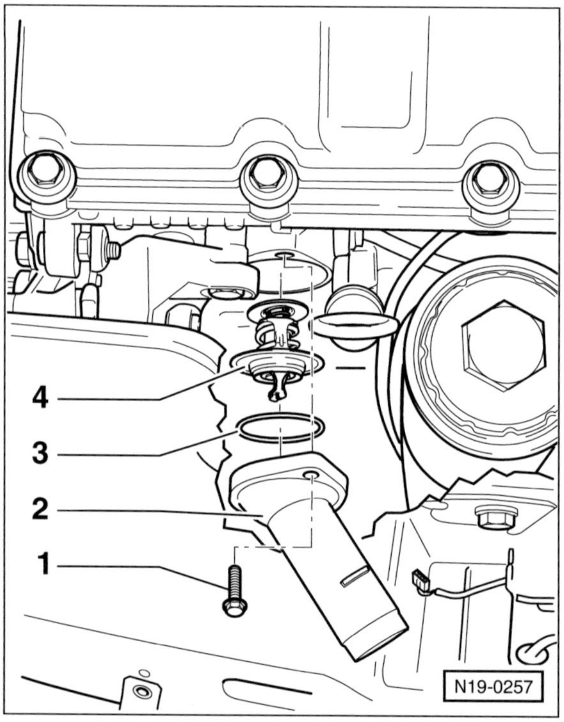

- **Neuen** O-Ring –3– mit Kühlmittel benetzen und in den Anschlussstutzen –2– einsetzen.
- Thermostat –4– in den Anschlussstutzen einsetzen und ¼ Umdrehung (90°) nach rechts drehen. **Hinweis:** Die Bügel des Thermostat müssen nahezu senkrecht stehen.
- Anschlussstutzen mit Thermostat ansetzen und mit **15 Nm** anschrauben –1–.
- Kühlmittelschlauch aufschieben und mit Schelle sichern.
- Kühlflüssigkeit auffüllen.
- Motor laufen lassen, bis der Thermostat öffnet – der untere Kühlmittelschlauch wird dann warm. Dichtung für Anschlussstutzen und Kühlmittelschlauch auf Dichtheit überprüfen.

Alle Motoren

Thermostat prüfen

- Maß –a– am Thermostat messen, siehe Abbildung SX-1802.

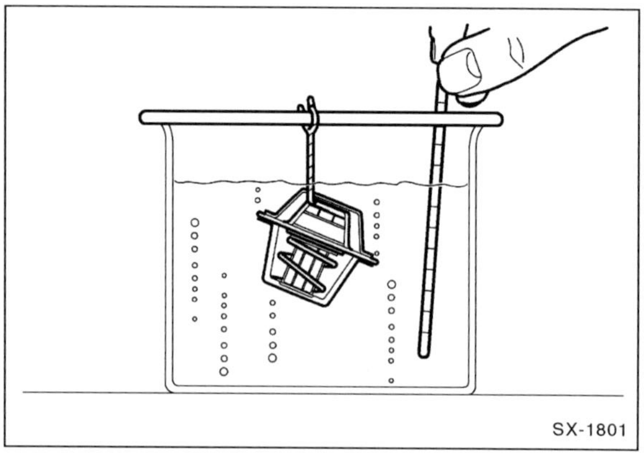

- Thermostat im Wasserbad erwärmen. Dabei darf der Thermostat nicht die Wände des Behälters berühren.
- Temperatur mit einem Thermometer kontrollieren.

Benzinmotor: Thermostat-Öffnungsbeginn ca. +84° C
Thermostat-Öffnungsende ca. +98° C.

1,4-l-FSI-Motor: Thermostat-Öffnungsbeginn ca. +109° C.

Dieselmotor: Thermostat-Öffnungsbeginn ca. +85° C
Thermostat-Öffnungsende ca. +105° C.

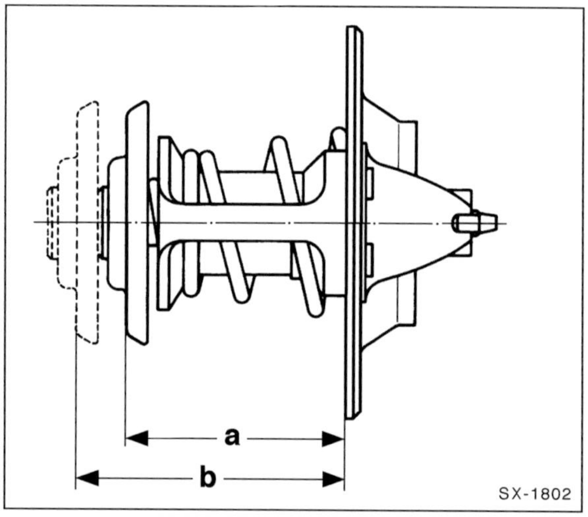

- Nach Erhitzen des Thermostats auf ca. +100° C muss Maß –b– gegenüber Maß –a– um ca. 7 mm größer sein. Von Öffnungsbeginn bis Öffnungsende muss der Öffnungshub mindestens 7 mm betragen.

Kühler/Kühlmittelpumpe

Benzinmotor

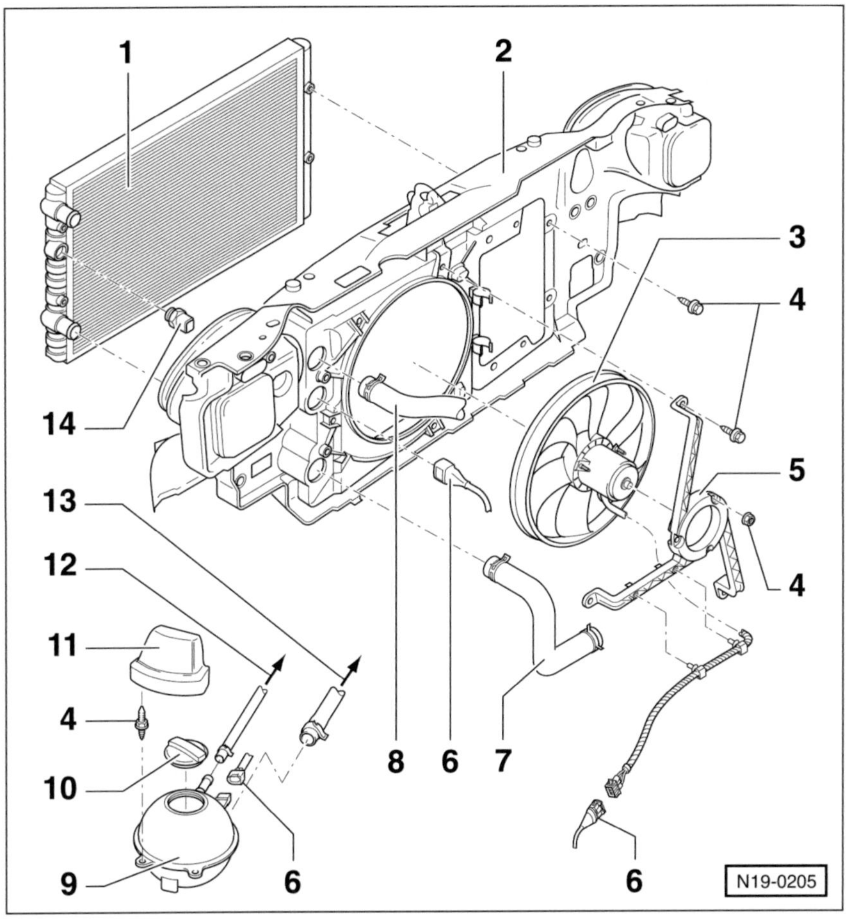

1 – **Kühler**
Wenn ein neuer Kühler eingebaut wird, ebenfalls Kühlmittel erneuern.

2 – **Schlossträger**

3 – **Lüfter für Kühler**

4 – **Schraube, 10 Nm**

5 – **Halter**
Für Elektrolüfter.

6 – **Anschlussstecker**

7 – **Kühlmittelschlauch unten**

8 – **Kühlmittelschlauch oben**

9 – **Ausgleichbehälter**

10 – **Verschlussdeckel**
Prüfdruck: 1,4 – 1,6 bar.

11 – **Abdeckung**

12 – **zum Thermostatgehäuse**

13 – **zum Kühlmittelrohr**

14 – **Thermoschalter, 35 Nm**
2-stufig, für Elektrolüfter.
1. Stufe ein: 92 – 97° C
aus: 84 – 91° C
2. Stufe ein: 99 – 105° C
aus: 91 – 98° C
Hinweis: Die Werte gelten auch für den 1,4-l-Dieselmotor AMF.

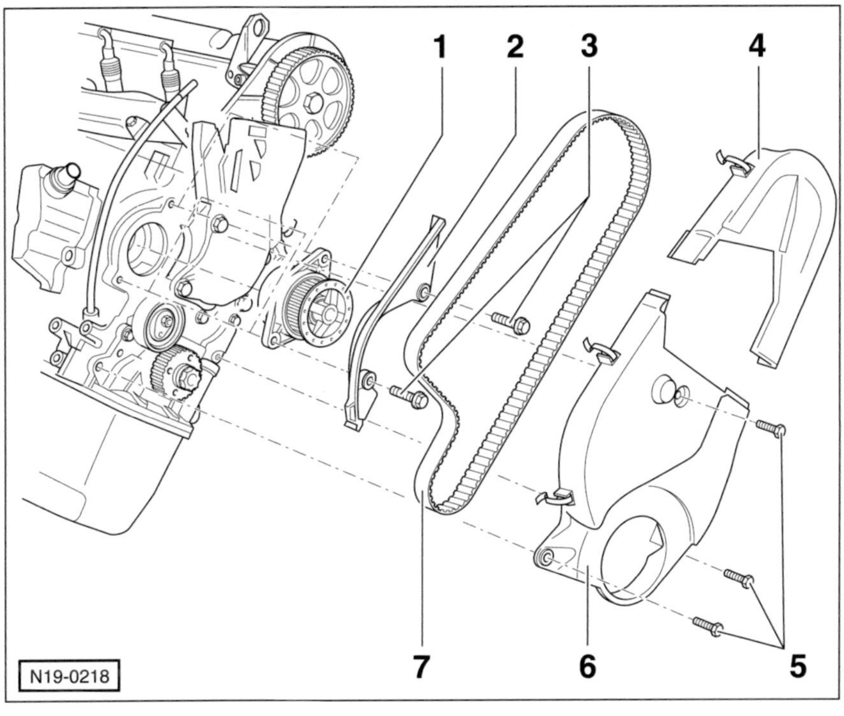

1 – **Kühlmittelpumpe**
LUPO: Mit integrierter Dichtung.
Achtung: Die Dichtung darf nicht von der Kühlmittelpumpe getrennt werden. Bei Beschädigung oder Undichtigkeit Kühlmittelpumpe komplett mit Dichtung ersetzen.
Kühlmittelpumpe von Hand auf leichten Lauf prüfen.
AROSA: Die Abdichtung erfolgt durch einen separaten O-Ring oder eine Papierdichtung. Dichtung nach jedem Ausbau erneuern.

2 – **Zahnriemen-Abdeckung**
Für Kühlmittelpumpe.

3 – **Schraube, 20 Nm**

4 – **Zahnriemen-Abdeckung oben**

5 – **Schrauben, 10 Nm**
Immer ersetzen.

6 – **Zahnriemen-Abdeckung unten**

7 – **Zahnriemen**

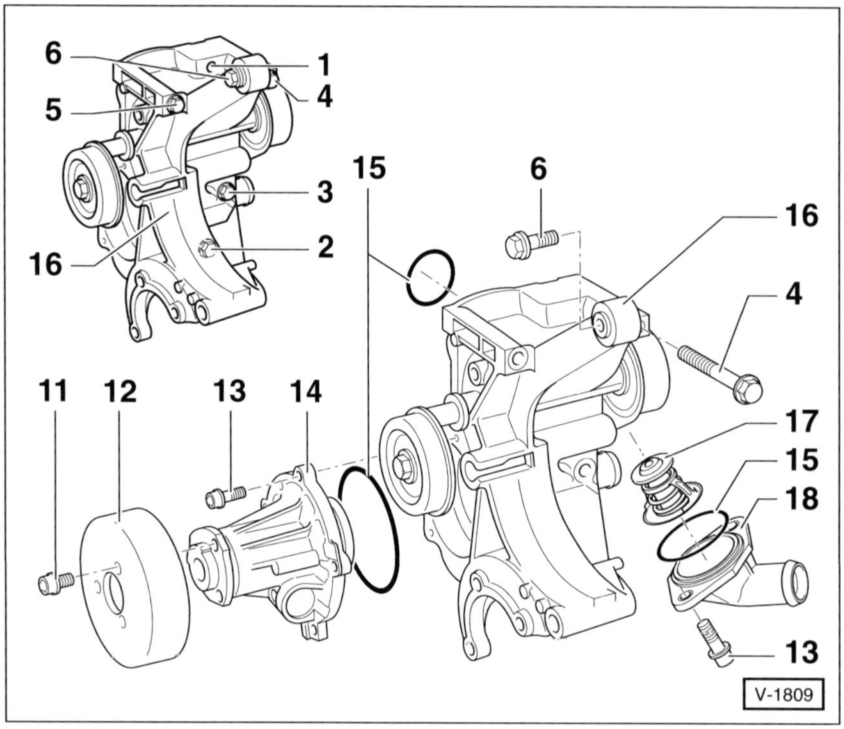

1 – **Passloch**
Kompakthalter ansetzen, dabei Halter in Passloch einführen.

2 – **Schraube, 25 Nm**

3 – **Schraube, 25 Nm**

4 – **Schraube, 25 Nm**

5 – **Schraube, 25 Nm**

6 – **Schraube, 25 Nm**
Erst anziehen, wenn Einspritzpumpe mit Konsole fest verschraubt ist.

11 – **Innensechskantschraube, 25 Nm**

12 – **Kühlmittelpumpen-Riemenscheibe**

13 – **Innensechskantschraube, 10 Nm**

14 – **Kühlmittelpumpe**

15 – **O-Ring**
Immer ersetzen.

16 – **Kompakthalter**
Anzugsreihenfolge von 1 bis 6 beachten.

17 – **Thermostat**

18 – **Anschlussstutzen**

Kühlmittelpumpe aus- und einbauen

Benzinmotor

Ausbau

- Kühlflüssigkeit ablassen, siehe entsprechendes Kapitel.
- Zahnriemen beziehungsweise Haupttrieb-Zahnriemen ausbauen, siehe Seite 167/175.
- **1,4-l-Benzinmotor mit 55/74 kW (75/100 PS):** Umlenkrolle für Zahnriemen abschrauben.
- Zahnriemen-Abdeckung für Kühlmittelpumpe abschrauben.
- Kühlmittelpumpe aus dem Motorblock herausnehmen. **Achtung:** Beim LUPO mit 1,4- und 1,6-l-Motor darf die Dichtung nicht von der Kühlmittelpumpe getrennt werden. Bei beschädigter Dichtung muss die Pumpe ersetzt werden.
- **AROSA:** Dichtring oder Papierdichtung abnehmen,
- Welle der Kühlmittelpumpe drehen und auf leichten Lauf prüfen.
- Bei Beschädigung sowie Undichtigkeiten am Pumpenlager, Kühlmittelpumpe ersetzen.

Einbau

- **AROSA:** Kühlmittelpumpe mit **neuem** Dichtring oder **neuer** Papierdichtung ansetzen.
- **1,0-/1,4-l-Benzinmotor 37/44 kW (50/60 PS):** Kühlmittelpumpe mit Zahnriemen-Abdeckung anschrauben, Schrauben mit **20 Nm** festziehen.

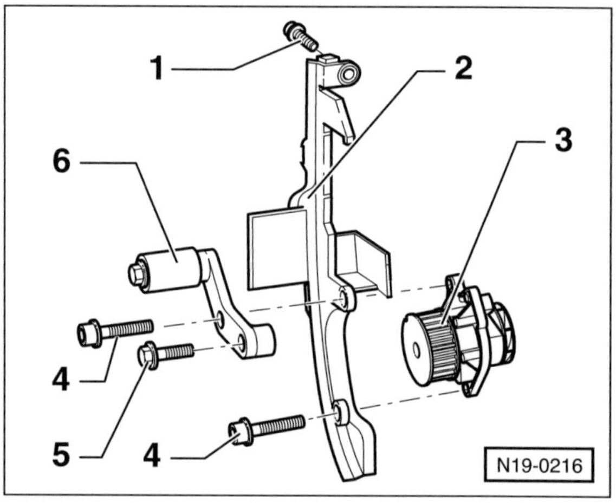

- **1,4-l-Benzinmotor mit 55/74 kW (75/100 PS):** Kühlmittelpumpe –3– in den Motorblock einsetzen und Befestigungsschrauben –4– zusammen mit der hinteren Zahnriemen-Abdeckung einschrauben. Schrauben –4– mit **20 Nm**, Schraube –1– mit **10 Nm** festziehen. Umlenkrolle –6– mit Schraube –5– und **50 Nm** anschrauben.
- Zahnriemen einbauen, siehe Seite 167/175.
- Kühlflüssigkeit auffüllen, siehe entsprechendes Kapitel.
- Nach Probefahrt: Dichtheit der Kühlmittelpumpe prüfen.

1,7-l-Dieselmotor

Ausbau

- Kühlflüssigkeit ablassen, siehe entsprechendes Kapitel.
- Schrauben für Kühlmittelpumpen-Riemenscheibe lösen, dazu Keilrippenriemen etwas eindrücken und festhalten.
- Keilrippenriemen ausbauen, siehe Seite 190.
- Riemenscheibe für Kühlmittelpumpe abschrauben und abnehmen.
- Kühlmittelpumpe abschrauben und aus dem Kompakthalter herausnehmen.
- Dichtring abnehmen,
- Welle der Kühlmittelpumpe drehen und auf leichten Lauf prüfen.
- Bei Beschädigung sowie Undichtigkeiten am Pumpenlager, Kühlmittelpumpe ersetzen.

Einbau

- Kühlmittelpumpe mit **neuem** Dichtring einsetzen und mit **10 Nm** anschrauben.
- Riemenscheibe für Kühlmittelpumpe anschrauben.
- Keilrippenriemen einbauen, siehe Seite 190.
- Schrauben für Kühlmittelpumpen-Riemenscheibe mit **25 Nm** festziehen.
- Kühlflüssigkeit auffüllen, siehe entsprechendes Kapitel.
- Nach Probefahrt: Dichtheit der Kühlmittelpumpe prüfen.

1,2-/1,4-l-Dieselmotor

Ausbau

- Kühlflüssigkeit ablassen, siehe entsprechendes Kapitel.
- Zahnriemen ausbauen, siehe Seite 185.
- Zahnriemen-Abdeckung für Kühlmittelpumpe abschrauben.

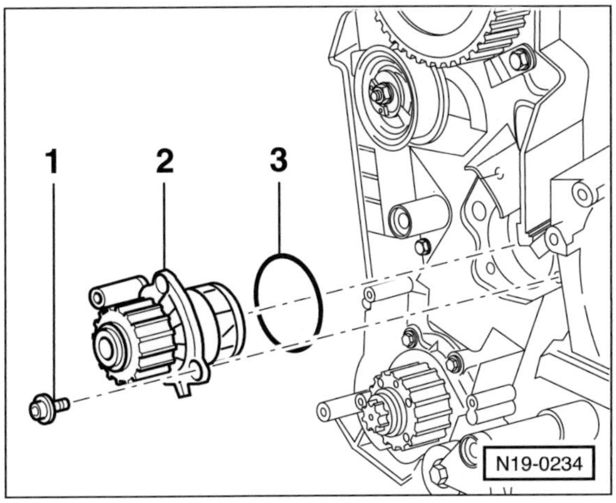

- Befestigungsschrauben –1– herausdrehen und Kühlmittelpumpe –2– vorsichtig aus dem Motorblock herausnehmen.
- Welle der Kühlmittelpumpe drehen und auf leichten Lauf prüfen.
- Bei Beschädigung sowie Undichtigkeiten am Pumpenlager, Kühlmittelpumpe ersetzen.

Einbau

- **Neuen** Dichtring mit etwas Kühlflüssigkeit benetzen und einsetzen.
- Kühlmittelpumpe in den Motorblock einsetzen und mit **15 Nm** anschrauben. **Achtung:** Der Verschlussstopfen der Kühlmittelpumpe zeigt nach unten.
- Zahnriemen einbauen, siehe Seite 185.
- Kühlflüssigkeit auffüllen, siehe entsprechendes Kapitel.
- Nach Probefahrt: Dichtheit der Kühlmittelpumpe prüfen.

Kühler aus- und einbauen

Ausbau

- Kühlergrill mit Blendrahmen ausbauen, siehe Seite 273.
- Stoßfänger vorn ausbauen, siehe Seite 267.
- Kühlmittel ablassen, siehe entsprechendes Kapitel.
- Kühlmittelschläuche vom Kühler abziehen. Vorher Federbandschellen mit geeigneter Zange, zum Beispiel HAZET 798-5, öffnen und zurückschieben.
- Anschlussstecker vom Thermoschalter abziehen.
- Befestigungsschrauben für Kühler herausdrehen und Kühler nach unten herausnehmen.

Einbau

- Kühler einsetzen und anschrauben.
- Anschlussstecker am Thermoschalter aufstecken.
- Kühlmittelschläuche am Kühler aufschieben und mit Federbandschellen sichern.
- Stoßfänger vorn einbauen, siehe Seite 267.
- Kühlergrill einbauen, siehe Seite 273.
- Kühlmittel auffüllen, siehe entsprechendes Kapitel.

Störungsdiagnose Motor-Kühlung

Störung: Die Kühlmitteltemperatur ist zu hoch, die Kontrollleuchte im Kombiinstrument leuchtet während der Fahrt.

Ursache	Abhilfe
Zu wenig Kühlflüssigkeit im Kreislauf.	■ Ausgleichbehälter muss bis zur Markierung voll sein. Gegebenenfalls Kühlmittel nachfüllen. Kühlsystem auf Dichtheit prüfen.
Thermostat öffnet nicht, Kühlflüssigkeit zirkuliert nur im kleinen Kreislauf.	■ Prüfen, ob der obere Kühlmittelschlauch warm wird. Wenn nicht, Thermostat ausbauen und prüfen, ggf. ersetzen. Unterwegs: Thermostat ausbauen. Ohne Thermostat erreicht der Motor seine normale Betriebstemperatur später oder gar nicht, deshalb defekten Thermostat alsbald ersetzen.
Kühlerlamellen verschmutzt.	■ Kühler von der Motorseite her mit Pressluft durchblasen.
Kühler innen durch Kalkablagerungen oder Rost zugesetzt, unterer Kühlerschlauch wird nicht warm.	■ Kühler erneuern.
Elektrolüfter läuft nicht.	■ Stecker an Thermoschalter und Lüftermotor auf festen Sitz und guten Kontakt prüfen. ■ Sicherung für Kühlerlüfter prüfen. ■ Thermoschalter prüfen. Unterwegs: Steckerkontakte der rot/gelben und der rot/weißen Leitungen überbrücken. Der Lüfter läuft dann mit halber Geschwindigkeit immer mit. In der Regel ist die Zusatzkühlung durch den Lüfter nur im Stadt- und Kurzstreckenverkehr erforderlich. ■ Prüfen, ob Spannung am Stecker für Lüftermotor anliegt. **Voraussetzung:** Sicherung für Kühlerlüfter ist in Ordnung, Stecker für Thermoschalter ist überbrückt, siehe auch Stromlaufpläne. Wenn Spannung anliegt, Lüftermotor ersetzen.
Ausgleichbehälter-Verschlussdeckel defekt.	■ Druckprüfung durchführen, ggf. Verschlussdeckel ersetzen.
Kühlmitteltemperaturanzeige defekt.	■ Anzeigegerät/Geber überprüfen lassen.

Kraftstoffanlage

Aus dem Inhalt:

- Kraftstoff sparen
- Tank/Tankgeber
- Kraftstoffpumpe prüfen
- Kraftstoffpumpen-Relais
- Kraftstofffilter erneuern
- Gaszug einstellen
- Luftfilter

Zur Kraftstoffanlage gehören der Kraftstoffvorratsbehälter (Tank), die Kraftstoffleitungen, der Kraftstofffilter sowie der Luftfilter und, beim Benzinmotor, die Kraftstoffpumpe.

Benzin- und Diesel-Einspritzanlage werden im Kapitel »Motormanagement« beschrieben.

Der aus Kunststoff gefertigte Kraftstoffvorratsbehälter ist am Fahrzeugunterboden vor der Hinterachse angeordnet. Er hat ein Volumen von 35 Litern. Der jeweilige Kraftstoffvorrat wird dem Fahrer im Kombiinstrument angezeigt.

Beim Benzinmotor wird der Tank durch ein geschlossenes Entlüftungssystem belüftet. Die schädlichen Benzindämpfe der Tankentlüftung werden in einem Aktivkohlespeicher aufgefangen und dem Motor kontrolliert zur Verbrennung zugeführt.

Kraftstoff sparen beim Fahren

Wesentlichen Einfluss auf den Kraftstoffverbrauch hat die Fahrweise des Fahrzeuglenkers. Hier einige Tips für den intelligenten Umgang mit dem Gaspedal.

- Nach dem Motorstart gleich losfahren, auch bei Frost.
- Motor abschalten bei voraussichtlichen Stopps über 40 Sekunden Dauer.
- Im höchstmöglichen Gang fahren.
- Möglichst gleichmäßige Geschwindigkeiten über längere Strecken fahren, hohe Geschwindigkeiten meiden. Vorausschauend fahren. Nicht unnötig bremsen.
- Keine unnötige Zuladung mitführen, Aufbauten am Fahrzeug, beispielsweise Dachgepäckträger, möglichst abbauen.
- Immer mit richtigem, nie mit zu niedrigem Reifendruck fahren.

Sicherheits- und Sauberkeitsregeln bei Arbeiten an der Kraftstoffversorgung

Bei Arbeiten an der Kraftstoffversorgung sind die folgenden Regeln zur Sicherheit und Sauberkeit sorgfältig zu beachten:

Sicherheitshinweise

- **Kein offenes Feuer, nicht rauchen, keine glühenden oder sehr heißen Teile in die Nähe des Arbeitsplatzes bringen. Unfallgefahr! Feuerlöscher bereitstellen.**
- **Unbedingt für gute Belüftung des Arbeitsplatzes sorgen. Kraftstoffdämpfe sind giftig.**
- Das Kraftstoffsystem steht unter Druck. Beim Öffnen der Anlage kann Kraftstoff herausspritzen, daher austretenden Kraftstoff mit einem Lappen auffangen. **Schutzbrille tragen.**

- Schlauchverbindungen sind mit Federband- beziehungsweise Klemmschellen gesichert. Klemmschellen grundsätzlich durch Federbandschellen ersetzen. Die Verwendung von Klemm- oder Schraubschellen ist nicht erlaubt. Zur Montage der Federbandschellen gibt es spezielle Zangen, zum Beispiel HAZET 798-5 oder VW-1921.
- Verbindungsstellen und deren Umgebung vor dem Lösen gründlich reinigen.
- Ausgebaute Teile auf einer sauberen Unterlage ablegen und abdecken. Folie oder Papier verwenden. Keine fasernden Lappen benutzen!
- Geöffnete Bauteile sorgfältig abdecken bzw. verschließen, wenn die Reparatur nicht umgehend ausgeführt wird.
- Nur saubere Teile einbauen.
- Ersatzteile erst unmittelbar vor dem Einbau aus der Verpackung nehmen. Keine Teile verwenden, die unverpackt, zum Beispiel in Werkzeugkästen usw. aufgehoben wurden.
- Bei geöffneter Kraftstoffanlage möglichst nicht mit Druckluft arbeiten. Das Fahrzeug möglichst nicht bewegen.
- Keine silikonhaltigen Dichtmittel verwenden. Vom Motor angesaugte Spuren von Silikonbestandteilen werden im Motor nicht verbrannt und schädigen die Lambdasonde.

Kraftstoffpumpe/Tankgeber aus- und einbauen

Beim Benzinmotor und beim 1,4-l-Dieselmotor befindet sich die Kraftstoffpumpe zusammen mit dem Tankgeber im Kraftstofftank. Beim 1,2-/1,7-l-Dieselmotor ist an dieser Stelle nur der Tankgeber eingebaut.

Der Tankgeber besteht aus einem Schwimmer und einem Potentiometer. Mit sinkendem Kraftstoffspiegel sinkt auch der Schwimmer des Tankgebers ab. Ein mit dem Schwimmer verbundenes Potentiometer erhöht dabei den elektrischen Widerstand des Gebers. Dadurch sinkt die Spannung am Anzeigeinstrument, und der Zeiger der Kraftstoffanzeige geht in Richtung »leer« zurück.

Sicherheitshinweis
Beim Ausbau von Kraftstoffpumpe/Tankgeber kann etwas Kraftstoff austreten. Kraftstoffdämpfe sind giftig und feuergefährlich, deshalb auf besonders gute Belüftung des Arbeitsplatzes achten. Hautkontakt mit Kraftstoff vermeiden. Kraftstoffbeständige Handschuhe tragen. Kein offenes Feuer, Brandgefahr! Feuerlöscher bereitstellen.

Vor dem Ausbau von Kraftstoffpumpe und Tankgeber den Tank möglichst leer fahren. Zur Belüftung des Arbeitsplatzes kann auch ein Radiallüfter verwendet werden, **dessen Motor außerhalb des Luftstromes liegt.**

Ausbau

- Batterie-Massekabel (–) bei ausgeschalteter Zündung abklemmen. **Achtung:** Dadurch werden elektronische Speicher gelöscht, wie zum Beispiel bei bestimmten Radios der Radiocode. Ohne Code kann das Radio nicht mehr in Betrieb genommen werden. Deshalb Hinweise im Kapitel »Batterie aus- und einbauen« durchlesen.
- Rücksitzbank nach vorn klappen und Abdeckung für Tankgeber und Kraftstoffpumpe abschrauben.

Sicherheitshinweis
Die Kraftstoffvorlaufleitung steht unter Druck! Vor dem Lösen der Schlauchverbindungen dicken Putzlappen um die Verbindungsstelle legen. Dann durch vorsichtiges Abziehen des Schlauches den Druck abbauen. **Schutzbrille tragen.**

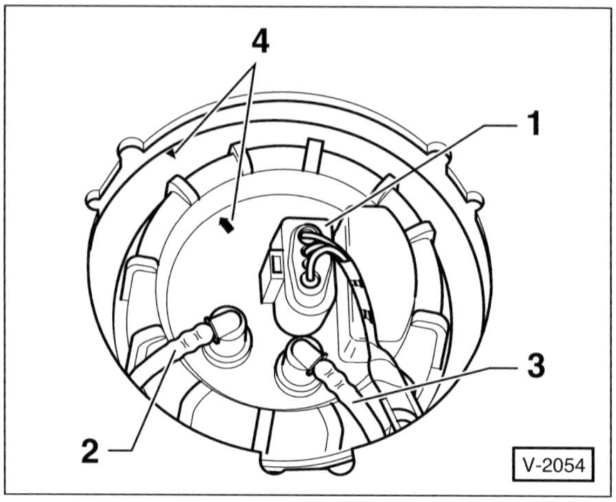

- Vorlaufleitung –2– und Rücklaufleitung –3– abziehen, dabei Klemmschellen spreizen, zum Beispiel mit Zange HAZET 798-5. Bei einigen Fahrzeugen sind Schnellkupplungen eingebaut, in diesem Fall Nasen der Schnellkupplung zusammendrücken und Leitung abziehen. Leitungen mit geeigneten Stopfen verschließen, zum Beispiel jeweils eine saubere Schraube mit passendem Durchmesser in die Leitungen stecken. 4 – Einbaumarkierungen.
- Prüfen, ob die Anschlüsse für die Kraftstoffleitungen auf dem Flansch der Kraftstoffpumpe mit Pfeilen gekennzeichnet sind. Gegebenenfalls Markierungen mit Filzstift anbringen.
- Steckverbindung –1– abziehen.

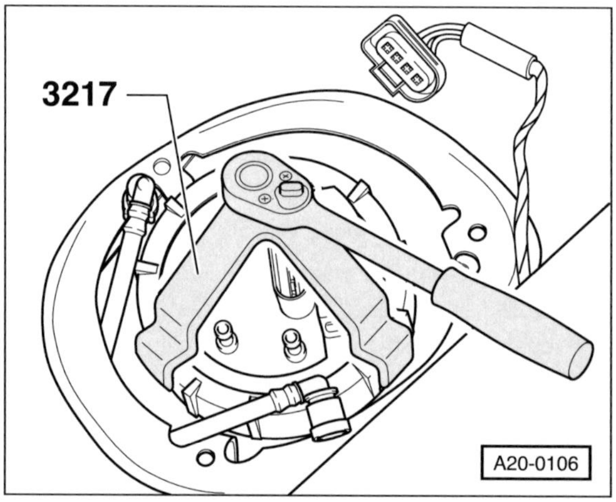

- Überwurfmutter mit Spezialwerkzeug VW-3217 lösen, dabei Schlüssel auf die drei abgerundeten Zapfen der Überwurfmutter ansetzen. **Hinweis:** Falls das Werkzeug nicht zur Verfügung steht, Überwurfmutter mit Holzstange und leichten Hammerschlägen lösen. **Achtung: Zum Losschlagen auf keinen Fall Metallgegenstände verwenden, wegen Explosionsgefahr durch Funkenschlag.**
- Kraftstoffpumpe/Tankgeber mit Dichtring aus der Öffnung des Tanks ziehen.
- Kraftstoff aus der Kraftstoffpumpe in den Tank oder einen geeigneten Behälter entleeren.

Einbau

- Vor dem Einbau von Kraftstoffpumpe/Tankgeber den Dichtring mit Kraftstoff benetzen.
- Kraftstoffpumpe/Tankgeber in den Kraftstoffvorratsbehälter einsetzen. Darauf achten, dass dabei der Tankgeber nicht verbogen wird.
- Einbaulage des Flansches kontrollieren. Der Pfeil auf dem Flansch muss zur Dreiecksmarkierung beziehungsweise zum Pfeil auf dem Tank zeigen –4–, siehe Abbildung N20-0245 unter »Ausbau«.
- Überwurfmutter ansetzen und mit Spezialwerkzeug VW-3217 festschrauben, Anhaltswert 80 Nm. Oder Überwurfmutter mit Holzstange und leichten Hammerschlägen festschrauben.
- Vor- und Rücklaufschlauch aufstecken, dabei rasten die Schnellkupplungen ein. Bei Befestigung mit Schellen, **neue** Federbandschellen verwenden. Der Rücklaufschlauch ist blau, der Vorlaufschlauch schwarz. Die Pfeile auf dem Flansch zeigen jeweils in Durchflussrichtung.
- Elektrischen Anschlussstecker aufschieben.
- Abdeckung für Tankgeber anschrauben.
- Rücksitzbank zurückklappen.
- Batterie-Massekabel (–) anklemmen. **Achtung:** Zeituhr stellen und gegebenenfalls Radiocode eingeben sowie Hoch-/Tieflaufautomatik für elektrische Fensterheber aktivieren , siehe Kapitel »Batterie aus- und einbauen«.

Fernbedienung für Kraftstoffpumpe herstellen/anschließen

Benzinmotor

Die Fernbedienung wird für Arbeiten benötigt, bei denen die elektrische Kraftstoffpumpe Kraftstoff fördern soll, ohne dass der Motor läuft.

Folgende Bauteile werden benötigt:

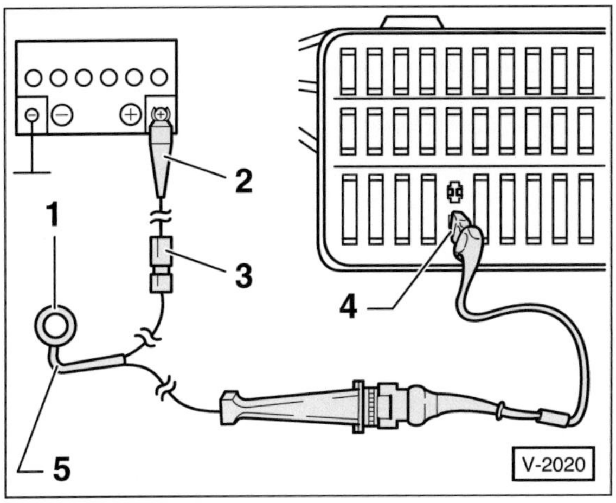

1 Druckkontaktschalter –1–,
1 Krokodilklemme –2–: ausreichend groß für Batteriepol,
1 »Fliegende Sicherung« –3– : Gehäuse und 8-Ampere-Sicherung,
1 geeigneter Flachstecker –4–, der beim LUPO anstelle der Sicherung für Kraftstoffpumpe eingesteckt werden kann,
1 doppeladriges Kabel –5– mit je 1,5 mm^2 Querschnitt und ca. 5 m Länge.

LUPO

- Sicherung Nr. 39 für Kraftstoffpumpe im Sicherungskasten herausziehen, siehe auch Seite 59.
- Fernbedienung mit dem Flachstecker in die freien Kontakte für Sicherung 39 am Sicherungskasten einstecken.

AROSA

- Kraftstoffpumpen-Relais vom Steckplatz –4– an der Relaisplatte mit Sicherungshalter abziehen.

Achtung: Bei fest sitzendem Relais Spezialzange, zum Beispiel HAZET 4770-1, verwenden. Wird anstelle der Zange ein anderes Werkzeug zum Abziehen verwendet, vorher unbedingt Batterie-Massekabel (–) abklemmen, siehe Seite 61.

- Fernbedienung mit dem Flachstecker in den Kontakt für Klemme 87 einstecken. **Hinweis:** Der Kontakt kann je nach Ausführung mit »6« oder »16« bezeichnet sein.

- Fernbedienung mit der Krokodilklemme an den Batterie-Pluspol (+) anschließen.
- Wird der Druckkontaktschalter der Fernbedienung betätigt, läuft die Kraftstoffpumpe hörbar an.

Kraftstoffpumpe prüfen

Benzinmotor

Die Kraftstoffpumpe befindet sich im Tank.

> **Sicherheitshinweise**
>
> - **Kein offenes Feuer, nicht rauchen, keine glühenden oder sehr heißen Teile in die Nähe des Arbeitsplatzes bringen. Unfallgefahr! Feuerlöscher bereitstellen.**
> - **Unbedingt für gute Belüftung des Arbeitsplatzes sorgen. Kraftstoffdämpfe sind giftig.**
> - Das Kraftstoffsystem steht unter Druck. Beim Öffnen der Anlage kann Kraftstoff herausspritzen, daher austretenden Kraftstoff mit einem Lappen auffangen. **Schutzbrille tragen.**

Prüfvoraussetzungen: Batterie sollte mindestens eine Spannung von 11,5 Volt aufweisen, wenn möglich voll geladen sein.

Spannungsversorgung prüfen

- Sicherung Nr. 39 für Kraftstoffpumpe prüfen. Defekte Sicherung auswechseln.
- Anlasser kurz betätigen, die Kraftstoffpumpe muss **kurzzeitig** (ca. 1 Sekunde) hörbar anlaufen. Bei hohem Umgebungsgeräuschpegel ist zur Hörprobe ein Helfer in der Nähe der Kraftstoffpumpe erforderlich.
- Läuft die Pumpe nicht, Fernbedienung anschließen, siehe entsprechendes Kapitel.

- Schalter der Fernbedienung drücken. Wenn die Pumpe jetzt anläuft, Kraftstoffpumpen-Relais prüfen, siehe entsprechendes Kapitel.

Läuft die Kraftstoffpumpe nicht an, ist folgendermaßen vorzugehen:

- Rücksitzbank vorklappen und Abdeckung für Tankgeber und Kraftstoffpumpe abschrauben.

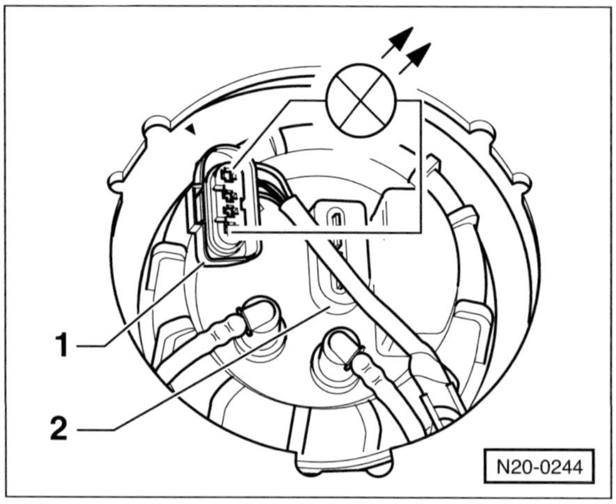

- Steckverbindung für Tankgeber und Kraftstoffpumpe abziehen.
- Diodenprüflampe oder Voltmeter an die beiden äußeren Kontakte des Steckers anschließen, siehe Abbildung.
- Fernbedienung drücken. Das Messgerät muss ca. Batteriespannung (12 Volt) anzeigen, sonst Leitungsunterbrechung nach Stromlaufplan ermitteln und beseitigen.
- Wenn Batteriespannung angezeigt wird, Kraftstoffpumpe/Tankgeber ausbauen.
- Prüfen, ob die elektrischen Leitungen zwischen Flansch und Kraftstoffpumpe angeschlossen sind beziehungsweise guten Kontakt haben. Leitungen vom Gebergehäuse zur Kraftstoffpumpe mit Ohmmeter und Hilfsleitungen auf Durchgang prüfen und gegebenenfalls Unterbrechung beseitigen, siehe Seite 52.
- Liegt keine Unterbrechung vor, Kraftstoffpumpe ersetzen.
- Kraftstoffpumpe und Tankgeber einbauen, elektrische Leitungen anschließen.

Fördermenge prüfen

- Zum Druckabbau Tank-Verschlussdeckel abnehmen.

> **Sicherheitshinweis**
> **Die Kraftstoffvorlaufleitung steht unter Druck!** Vor dem Lösen der Schlauchverbindungen dicken Putzlappen um die Verbindungsstelle legen. Dann durch vorsichtiges Abziehen des Schlauches den Druck abbauen. **Schutzbrille tragen.**

- Kraftstoff-Vorlaufschlauch, mit weißer Markierung, von der Vorlaufleitung im Motorraum abziehen.
- Kraftstoffdruck-Messvorrichtung an die Vorlaufleitung anschließen.
- Kraftstoffresistenten Hilfsschlauch an den Ausgang der Druckmessvorrichtung anschließen und in ein Messgefäß halten.
- Absperrhahn der Druckmessvorrichtung öffnen und Fernbedienung betätigen. Absperrhahn langsam schließen, bis am Manometer 3 bar Überdruck angezeigt werden. Fernbedienung abschalten, Absperrhahn in dieser Stellung belassen.
- Auffanggefäß entleeren.
- Voltmeter an die Batterie anschließen.
- Schalter der Fernbedienung **30 Sekunden** betätigen. Dabei angezeigte Batteriespannung ablesen notieren.

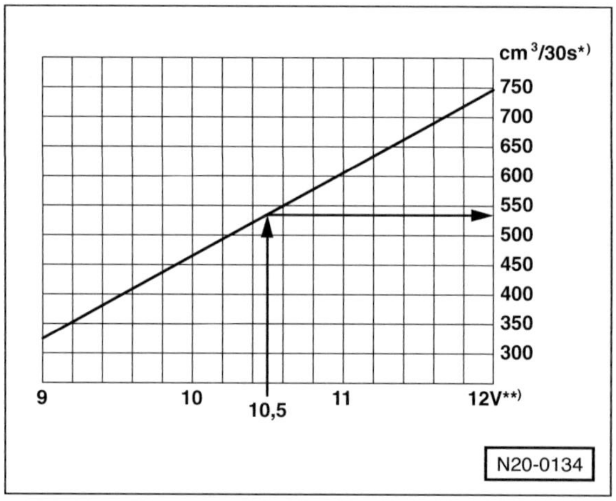

*) Mindest-Fördermenge cm³/30 s.

**) Spannung an der Kraftstoffpumpe bei Motorstillstand und laufender Pumpe (ca. 2 Volt weniger als Batteriespannung).

- Geförderte Kraftstoffmenge mit dem Sollwert im Diagramm vergleichen.

Beispiel: Während der Prüfung wird eine Spannung von 12,5 Volt an der Batterie gemessen. Da die Spannung an der Kraftstoffpumpe ca. 2 Volt geringer als die Batteriespannung ist, ergibt sich daraus eine Spannung an der Kraftstoffpumpe von 10,5 Volt (12,5 – 2 = 10,5). Dieser Spannung entspricht ein Sollwert der Mindest-Fördermenge von 540 cm³/30 s.

- Ist die Spannungsversorgung in Ordnung, die Fördermenge jedoch zu gering, prüfen, ob die Kraftstoffleitungen geknickt oder verstopft sind.
- Prüfen, ob der Kraftstofffilter verstopft ist. Dazu Prüfung der Fördermenge vor dem Kraftstofffilter wiederholen. Gegebenenfalls Kraftstofffilter erneuern.
- Wird die Mindest-Fördermenge weiterhin nicht erreicht, Kraftstoff-Fördereinheit (Kraftstoffpumpe) ausbauen und Filtersieb auf Verschmutzung prüfen, gegebenenfalls reinigen.

- Wird kein Fehler gefunden, Rückschlagventil der Kraftstoffpumpe prüfen. Dazu mit der Fernbedienung im Kraftstoffsystem Druck aufbauen, bis am Druckmessgerät bei geschlossenem Absperrhahn 3,0 bar Überdruck angezeigt werden. Druckabfall prüfen: Der Druck im Kraftstoffsystem darf innerhalb von 10 Minuten nicht unter 2,0 bar abfallen. Andernfalls Leitungsanschlüsse auf Dichtheit prüfen.
- Wird kein Fehler gefunden, Kraftstoffpumpe ersetzen.

Achtung: Falls die Mindest-Fördermenge erreicht wird, der Fehler aber dennoch in der Kraftstoffversorgung vermutet wird, zum Beispiel zeitweiser Ausfall der Kraftstoffversorgung, Stromaufnahme der Kraftstoffpumpe mit Amperemeter prüfen. **Sollwert:** max. 8 A. Wird die Stromaufnahme überschritten, Kraftstoffpumpe ersetzen.

Hinweis: Bei zeitweiser Störung der Kraftstoffanlage kann diese Prüfung auch während einer Probefahrt durchgeführt werden. Dazu ist ein Helfer erforderlich.

- Fernbedienung abbauen und Sicherung Nr. 39 einsetzen.
- Abdeckung für Tankgeber anschrauben.
- Rücksitzbank herunterklappen.

Kraftstoffpumpen-Relais prüfen

LUPO-Benzinmotor

Das Kraftstoffpumpen-Relais ist zu prüfen, wenn die Kraftstoffpumpe nicht läuft. Das Relais befindet sich im Relaisträger auf dem Relaisplatz 2, siehe Seite 297.

- Sicherung Nr. 39 für Kraftstoffpumpe herausziehen.
- Diodenprüflampe mit Hilfsleitungen zwischen Masse und einem der beiden Kontakte der Sicherung für die Kraftstoffpumpe anschließen.
- Anlasser betätigen, das Kraftstoffpumpen-Relais muss fühl- und hörbar anziehen. Außerdem muss die Diodenprüflampe aufleuchten.
- Zieht das Relais nicht an, Spannungsversorgung und Ansteuerung prüfen, siehe Kapitelende.
- Leuchtet die Diodenprüflampe nicht, obwohl das Relais anzieht, Prüfung am anderen Sicherungskontakt wiederholen.
- Leuchtet die Diodenprüflampe wieder nicht, Leitungsverbindung zwischen Klemme 87F/Kontakt 8 am Relaisplatz 2 und der Sicherung für die Kraftstoffpumpe nach Stromlaufplan auf Durchgang prüfen, gegebenenfalls Leitungsunterbrechung beseitigen.
- Sind die Spannungsversorgung, die Ansteuerung und die Leitungsverbindungen des Kraftstoffpumpen-Relais in Ordnung, Kraftstoffpumpen-Relais erneuern.

Spannungsversorgung prüfen

- Kraftstoffpumpen-Relais am Relaisträger herausziehen.
- Zündung einschalten.
- Voltmeter nacheinander wie folgt am Relaisplatz anschließen:
  - zwischen Kontakt 4/Klemme 15 (Plus vom Zündschloss) und Masse;
  - zwischen Kontakt 2/Klemme 30 (Dauerplus von der Batterie) und Masse.

  Sollwert: jeweils ca. 12 Volt (Batteriespannung).
  Andernfalls Leitungsunterbrechung nach Stromlaufplan ermitteln und beseitigen.
- Zündung ausschalten.

Ansteuerung prüfen

- Diodenprüflampe mit Hilfsleitungen zwischen Kontakt 1/Klemme T (Masseansteuerung vom Motorsteuergerät) und Kontakt 2 (Dauerplus) am Relaisplatz anschließen.
- Anlasser betätigen. Dabei muss die Leuchtdiode ständig aufleuchten. Andernfalls Leitungsunterbrechung zum Motorsteuergerät nach Stromlaufplan ermitteln und beseitigen beziehungsweise Steuergerät ersetzen (Werkstattarbeit).

Hinweis: Diodenprüflampen mit geringer Stromaufnahme leuchten bei nicht betätigtem Anlasser schwach, sie verlöschen nicht ganz.

- Sicherung für Kraftstoffpumpe einsetzen.

Kraftstofffilter

Dieselmotor

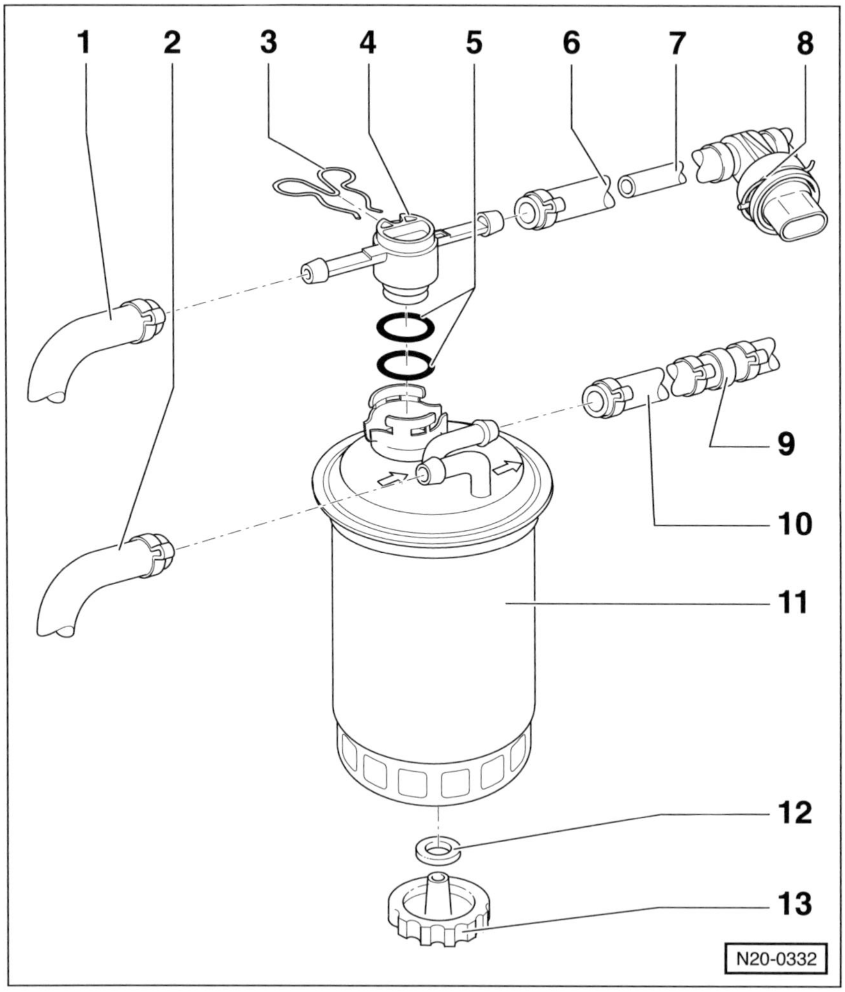

1 – **Rücklaufleitung**
Blau bzw. blaue Markierung.

2 – **Vorlaufleitung**
Vom Kraftstoffvorratsbehälter. Weiß bzw. weiße Markierung.

3 – **Halteklammer**

4 – **Regelventil**
Einbaulage: Pfeilrichtung zeigt zum Kraftstoffvorratsbehälter. Beim Filterwechsel Halteklammer entfernen und Regelventil mit angeschlossenen Kraftstoffleitungen abnehmen.
Unter +15°C: Durchgang zum Filter geöffnet.
Über +31°C: Durchgang zum Filter geschlossen.

5 – **O-Ring**
Immer ersetzen. Je nach Motor sind ein oder zwei O-Ringe eingebaut.

6 – **Rücklaufleitung**
Von der Vakuumpumpe. Blau beziehungsweise blaue Markierung.

7 – **Kraftstoffleitung**

8 – **Geber für Kraftstofftemperatur**
Nur 1,2-/1,4-l-Dieselmotor.

9 – **Rückschlagventil**
Nur 1,2-/1,4-l-Dieselmotor.
Einbaulage: Pfeilrichtung zeigt zur Vakuumpumpe.

10 – **Vorlaufleitung**
Weiß bzw. weiße Markierung.
Zur Vakuumpumpe.

11 – **Kraftstofffilter**
Vor dem Einbau mit Kraftstoff füllen. Durchflussrichtung ist mit Pfeilen gekennzeichnet. **Achtung:** Anschlüsse nicht vertauschen.

12 – **Dichtung**
Bei Beschädigung ersetzen.

13 – **Entwässerungsschraube**

Kraftstofffilter aus- und einbauen

Benzinmotor

Ausbau

Der Kraftstofffilter –1– befindet sich am Unterboden hinter dem Tank, in Fahrtrichtung gesehen. Der Filter muss im Rahmen der Wartung nicht gewechselt werden.

Sicherheitshinweis
Beim Ausbau des Kraftstofffilters kann etwas Kraftstoff austreten. Kraftstoffdämpfe sind giftig und feuergefährlich, deshalb auf besonders gute Belüftung des Arbeitsplatzes achten. Hautkontakt mit Kraftstoff vermeiden. Kraftstoffbeständige Handschuhe tragen. Kein offenes Feuer, Brandgefahr! Feuerlöscher bereitstellen.

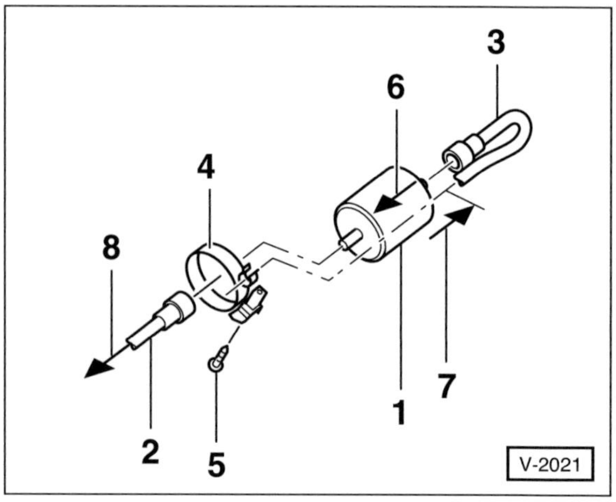

- Fahrzeug aufbocken. Geeignetes Gefäß unter den Kraftstofffilter –1– stellen, um auslaufenden Kraftstoff aufzufangen.

- Kraftstoffschläuche –2/3– mit geeigneten Abklemmzangen abklemmen, zum Beispiel HAZET 4590.
- Dicken Lappen um den Anschluss legen. Tasten an den Schlauchkupplungen zusammendrücken und Kraftstoffschläuche vorsichtig vom Filter abziehen.
- Halter –4– lösen –5–. **Achtung:** Der Filter ist mit Kraftstoff gefüllt.

Einbau

- Neuen Kraftstofffilter so einsetzen, dass die Pfeilmarkierung –6– auf dem Filter in Durchflussrichtung vom Tank –7– zum Motor –8– zeigt.
- Schläuche aufschieben, dabei Schnellkupplungen einrasten. Halter anschrauben, Abklemmzangen entfernen.
- Nach einer Probefahrt sichtprüfen, ob die Schlauchanschlüsse dicht sind.

Gaszug einstellen

Benzinmotor mit Gaszug

Hinweis: Fahrzeuge mit Dieselmotor sowie einige mit Benzinmotor haben keinen Gaszug. Die Gaspedalstellung wird von einem Geber am Gaspedal an das Motorsteuergerät übermittelt. Für die Einstellung des Gebers ist das VW/SEAT-Diagnosegerät erforderlich.

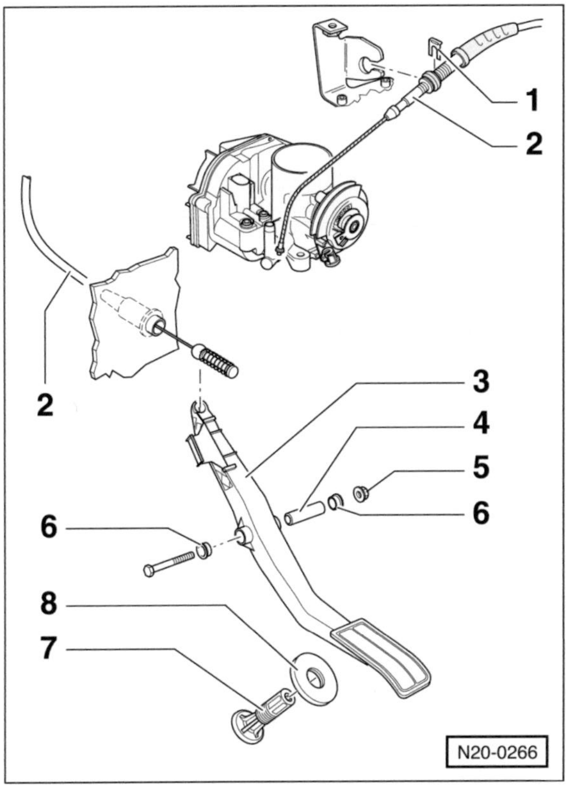

1 – Halteklammer
2 – Gaszug
3 – Gaspedal
4 – Distanzhülse
5 – Sicherungsmutter, 20 Nm
6 – Lagerbuchse
7 – Anschlagschraube
8 – Scheibe

Einstellung prüfen

Achtung: Der Gaszug ist sehr knickempfindlich und daher beim Einbau besonders sorgfältig zu behandeln. Ein einziger leichter Knick kann zum späteren Bruch im Fahrbetrieb führen. Züge, die geknickt wurden, dürfen deswegen **nicht** eingebaut werden.

- Gaspedal in Vollgasstellung drücken und in dieser Stellung festklemmen oder durch Helfer halten lassen.
- Prüfen, ob der Drosselklappenhebel am Volllastanschlag anliegt, andernfalls Gaszug einstellen.

Einstellen

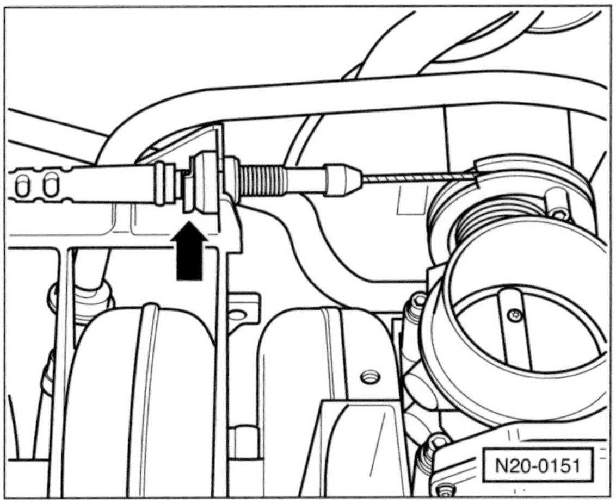

- Steckraste –Pfeil– herausziehen.
- Gaszug am Widerlager herausziehen bis der Drosselklappenhebel am Volllastanschlag anliegt. In dieser Stellung Steckraste aufstecken.
- **Zusätzlich bei Automatikgetriebe:** Gaspedal loslassen und wieder langsam in Richtung Vollgas bewegen. Kurz vor Erreichen des Vollgasanschlags muss der Kickdown-Schalter, im Motorraum vorn an der Spritzwand, hörbar klicken. Falls das Klicken nicht hörbar ist, Stecker vom Schalter abziehen und mit Ohmmeter Widerstand zwischen den beiden Steckkontakten messen. Sollwert: ∞ Ω, kurz nach dem Kickdown-Druckpunkt: 0 Ω.

Luftfilter aus- und einbauen

Achtung: Selbstschneidende Befestigungsschrauben –alle, außer Motor ALD/ANV und Dieselmotor– nur von Hand lösen und festziehen. Keinen Schrauber verwenden.

1,0-l-Benzinmotor AER/ALL mit 37 kW (50 PS), 1,4-l-Benzinmotor AEX mit 44 kW (60 PS)

Ausbau

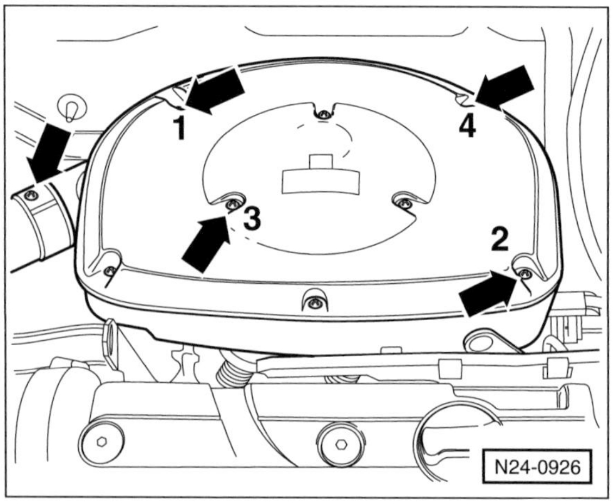

- Schrauben –Pfeile– herausdrehen.
- Ansaugluftschlauch vom Luftfiltergehäuse abziehen.
- Unterdruckschlauch von der Unterdruckdose für die Regelklappe abziehen.
- Luftfilter etwas hochheben und von der Unterseite den Schlauch für Kurbelgehäuse-Entlüftung sowie den Unterdruckschlauch für Bremskraftverstärker abziehen.
- Luftfilter abnehmen.
- Dichtung für Luftfilter/Ansaugstutzen herausnehmen und auf Beschädigungen sichtprüfen, gegebenenfalls ersetzen.

Einbau

- Der Einbau erfolgt in umgekehrter Ausbaureihenfolge. Befestigungsschrauben in der Reihenfolge von –1– bis –4– über Kreuz ganz leicht mit 3 Nm festziehen.

1,0-l-Benzinmotor ALD/ANV mit 37 kW (50 PS)

Ausbau

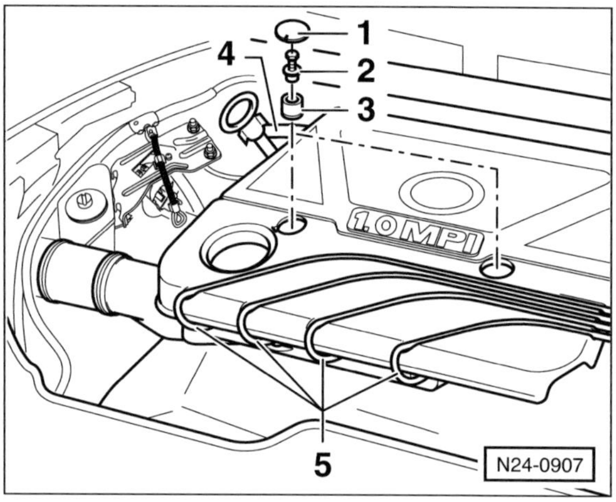

- Ansaugluftschlauch vom Luftfilteroberteil abziehen.
- Verschlussstopfen –1– herausdrücken.
- Schrauben –2– herausdrehen.
- Schlauch für Kurbelgehäuse-Entlüftung –4– abziehen.
- Zündleitungen –5– aus dem Luftfilteroberteil ausclipsen.
- Luftfilter herausnehmen.
- Dichtung und Anschlagpuffer auf festen Sitz sowie Beschädigungen prüfen, gegebenenfalls ersetzen.

Einbau

- Der Einbau erfolgt in umgekehrter Ausbaureihenfolge. Befestigungsschrauben –2– mit **10 Nm** festziehen.

1,4-/1,6-l-Benzinmotor AHW/AKQ/AFK/APE/ AQQ/AVY mit 55/74/92 kW (75/100/125 PS)

Ausbau

- Abdeckung über dem Nockenwellengehäuse abbauen.

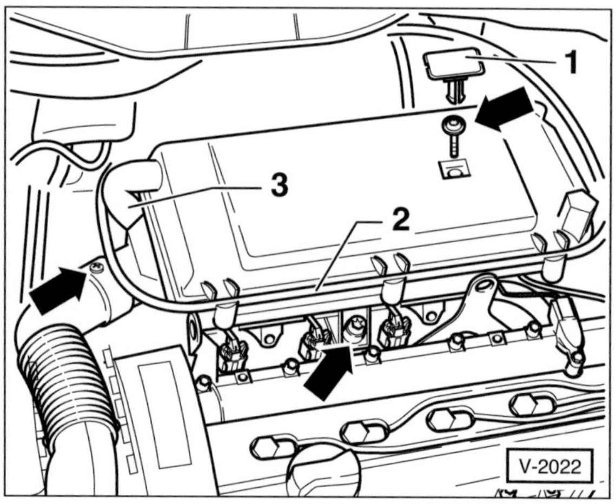

- Verschlussstopfen –1– herausdrücken.

- Gaszug –2– aus dem Luftfilteroberteil ausclipsen.
- Schlauch für Kurbelgehäuse-Entlüftung –3– abziehen.
- Luftfilter abschrauben –Pfeile–, vom Ansaugluftschlauch abziehen und herausnehmen.
- Dichtungen auf festen Sitz sowie Beschädigungen prüfen, gegebenenfalls ersetzen.

Einbau

- Der Einbau erfolgt in umgekehrter Ausbaureihenfolge.

1,4-l-Benzinmotor ARR mit 77 kW (105 PS)

Ausbau

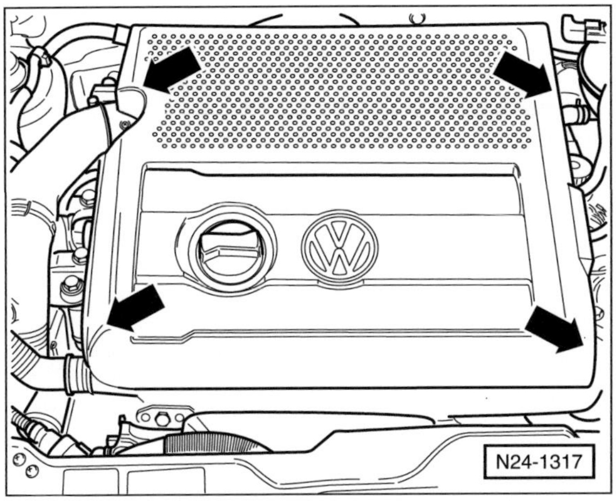

- Abdeckung über dem Nockenwellengehäuse an den mit Pfeilen gekennzeichneten Stellen hochziehen und abnehmen.
- Luftansaugrohr vom Luftmassenmesser und vom Luftfilterstutzen abziehen, vorher Schlauchschellen öffnen.
- Innenkotflügel vorn rechts ausbauen, siehe Seite 272.

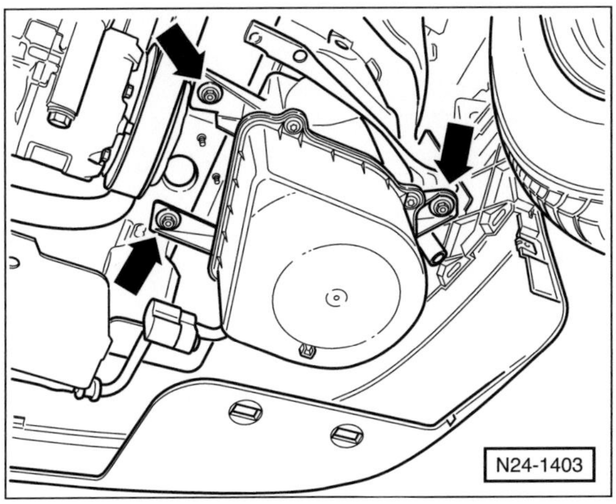

- Luftfilter abschrauben –Pfeile– und herausnehmen.
- Dichtungen auf festen Sitz sowie Beschädigungen prüfen, gegebenenfalls ersetzen.

Einbau

- Der Einbau erfolgt in umgekehrter Ausbaureihenfolge.
- Abdeckung über dem Nockenwellengehäuse mit den Gummilagern über den Aufnahmebolzen ansetzen und an den mit Pfeilen gekennzeichneten Stellen nach unten drücken.

Dieselmotor

Ausbau

- Ansaugluftschlauch vom Luftfilter abziehen.

Sicherheitshinweis
Beim Aufbocken des Fahrzeugs besteht Unfallgefahr! Deshalb vorher das Kapitel »Fahrzeug aufbocken« durchlesen.

- Fahrzeug aufbocken.

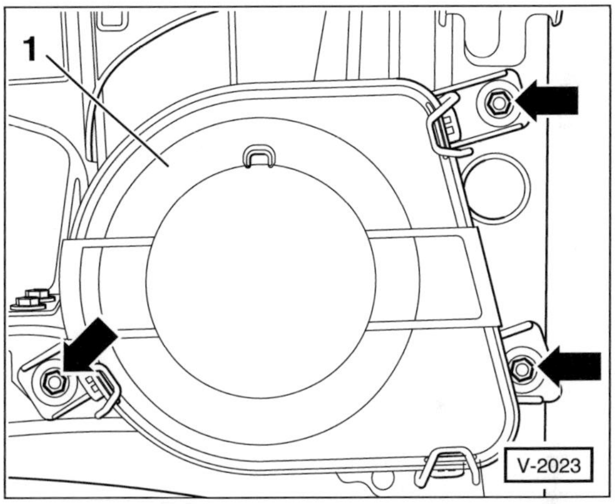

- Luftfilter von unten abschrauben –Pfeile– und herausnehmen.

Einbau

- Der Einbau erfolgt in umgekehrter Ausbaureihenfolge.

Motormanagement

Aus dem Inhalt:

- **Benzineinspritzung**
- **Systemübersicht**
- **Zündung**
- **Dieseleinspritzung**
- **Diesel-Vorglühanlage**

Als Motormanagement bezeichnet man die elektronische Steuerung des Motors. In diesem Kapitel sind die Themen »Benzin-Einspritzanlage«, »Zündanlage« und »Diesel-Einspritzanlage« zusammengefasst.

Benzin-Einspritzanlage und Zündanlage

Die LUPO/AROSA-Benzinmotoren sind mit folgenden elektronischen Motormanagement-Systemen ausgestattet:

Motor	Kennbuchstaben	Motor-Management
1,0-l	AER/ALL	Motronic MP 9.0
1,0-/1,4-l	ALD/ANV/AHT/AUC/AUD/ ANW/AKK	Motronic ME 7.5.10
1,4-l	AEX	Motronic MP 9.0
1,4-l	AKQ/AHW bis 4/99	Marelli 4AV
1,4-l	AFK/AHW ab 5/99	Marelli 4CV
1,4-l	APE/AQQ/AUA/AUB	Marelli 4LV
1,4-l	BBY	Marelli 4MV
1,4-l	ARR	Motoronic MED 7.5.10
1,6-l	AVY	Simos 3

Die Vorteile des elektronischen Motormanagements sind:

- Genau dosierte Kraftstoffmenge in jedem Betriebszustand des Motors, dadurch geringer Verbrauch bei guten Fahrleistungen.
- Reduzierung der Abgas-Schadstoffe durch exakte Kraftstoffzumessung und den Einsatz eines geregelten Katalysators.
- Eigendiagnose des Motormanagements, dadurch schnelleres Auffinden von Defekten. Das System ist mit einem Fehlerspeicher ausgestattet. Treten während des Betriebs Defekte auf, so werden diese im Speicher abgelegt. Sollte der Motor nicht einwandfrei arbeiten, so kann die Fachwerkstatt gegen Kostenerstattung eine Fehlerliste ausdrucken, damit gegebenenfalls der Defekt dann selbst behoben werden kann.

Die Bauteile des Motormanagements sind langzeitstabil und praktisch wartungsfrei. Nur der Motor-Luftfiltereinsatz sowie die Zündkerzen müssen im Rahmen der Wartung gewechselt werden. Wesentliche Einstell- und Reparaturarbeiten können nur mit Hilfe von teuren Prüfgeräten durchgeführt werden, so dass diese Arbeiten nur noch von entsprechend ausgerüsteten Fachwerkstätten ausgeführt werden können.

Das Einstellen von Leerlaufdrehzahl und CO-Wert ist im Rahmen der Fahrzeugwartung nicht erforderlich.

Sicherheitsmaßnahmen bei Arbeiten am Motormanagement/Benzinmotor

Sicherheitshinweise

Das Kraftstoffsystem steht unter Druck! Vor dem Lösen der Schlauchverbindungen dicken Putzlappen um die Verbindungsstelle legen. Dann durch vorsichtiges Abziehen des Schlauches den Druck abbauen.
Um Verletzungen von Personen und/oder eine Zerstörung der Einspritz- und Zündanlage zu vermeiden, ist Folgendes zu beachten:

- Zündleitungen bei laufendem Motor beziehungsweise bei Anlassdrehzahl nicht berühren oder abziehen.
- Leitungen der Einspritz- und Zündanlage –auch Messgeräteleitungen– nur bei ausgeschalteter Zündung ab- und anklemmen.
- Personen mit einem Herzschrittmacher sollen keine Arbeiten an der elektronischen Zündanlage durchführen.
- Bei der Kompressionsdruckprüfung darf kein Kraftstoff eingespritzt werden, daher Hinweise im Kapitel »Kompression prüfen« beachten.

Achtung: Bei Arbeiten am Einspritzteil des Systems sind auch die allgemeinen Sicherheits- und Sauberkeitsregeln zu beachten, siehe Kapitel »Kraftstoffanlage«.

Übersicht Motormanagement im 1,0-l-Benzinmotor AER/ALL mit 37 kW (50 PS)

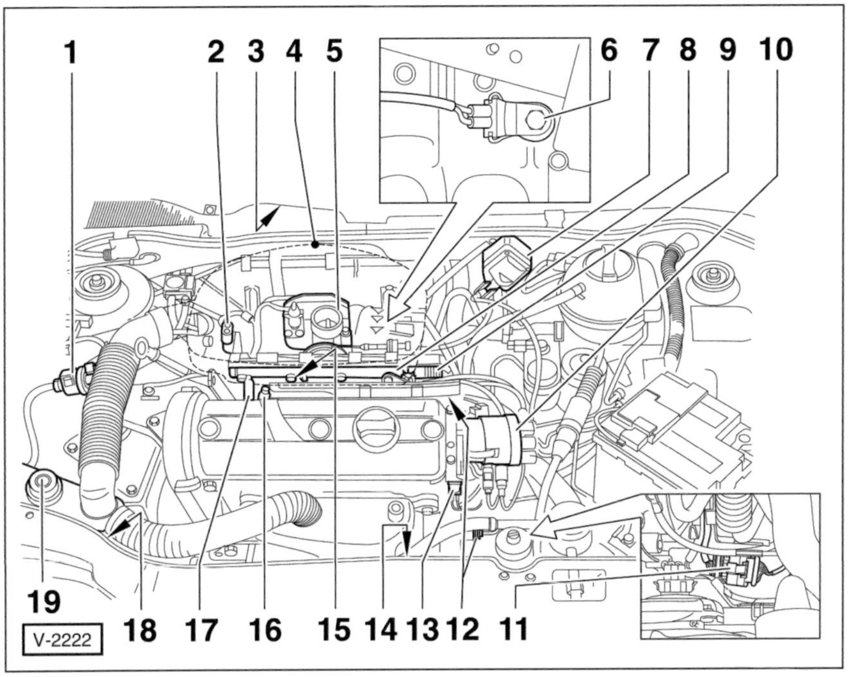

1 – **Magnetventil 1 für Aktivkohlebehälter**
2 – **Geber für Saugrohrdruck/Ansauglufttemperatur**
3 – **Motorsteuergerät**
4 – **Luftfilter**
5 – **Drosselklappen-Steuereinheit**
6 – **Klopfsensor 1**
7 – **Zündtrafo**
8 – **Kraftstoffverteiler**
9 – **Kraftstoff-Druckregler**
10 – **Zündverteiler**
11 – **4-fach-Steckverbindung**
12 – **Masseanschluss**
13 – **Geber für Kühlmitteltemperatur**
14 – **Lambdasonde, 50 Nm**
Im Abgaskrümmer.
15 – **Einspritzventil**
16 – **Zündkerze, 25 Nm**
17 – **Öldruckschalter**
18 – **Aktivkohlebehälter**
19 – **Ansaugluftstutzen mit Regelklappe**

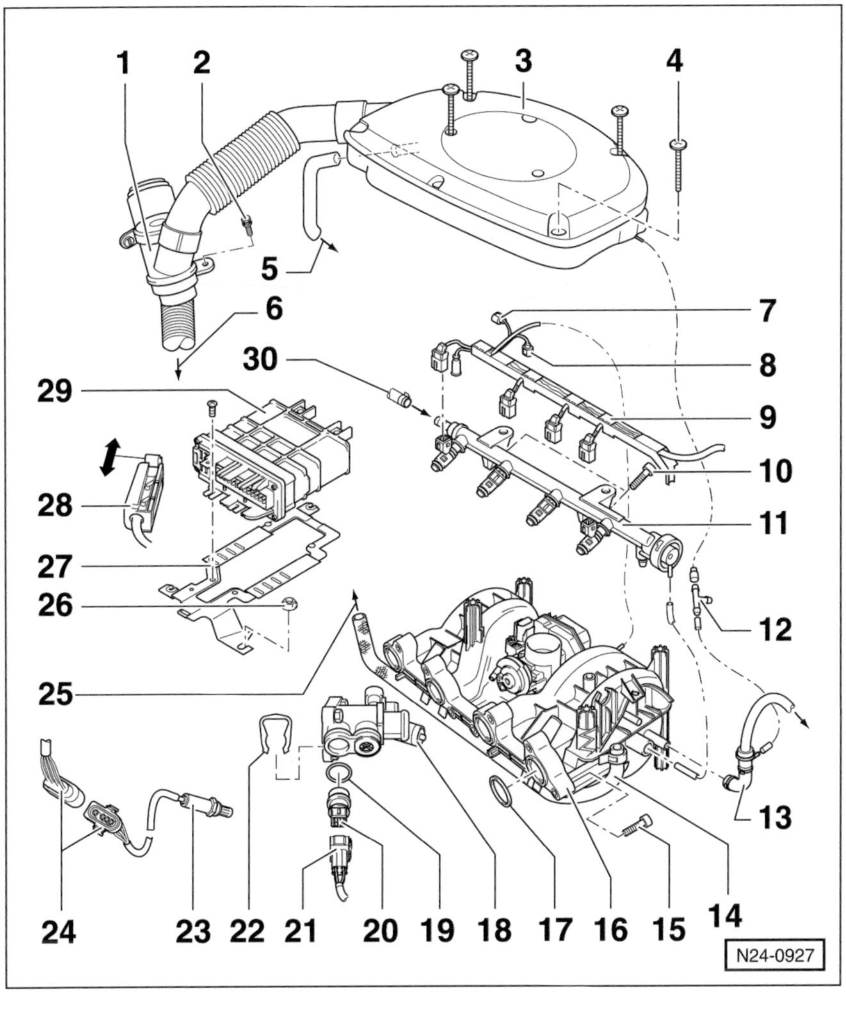

1 – **Ansaugluftstutzen mit Regelklappe**
2 – **Schraube, 10 Nm**
3 – **Luftfilter**
4 – **Blechschraube, 3 Nm**
5 – **zum Ölabscheider**
6 – **Warmluftansaugung**
7 – **Anschlussstecker**
Für Geber Saugrohrdruck/Ansauglufttemperatur.
8 – **Anschlussstecker**
Für Drosselklappen-Steuereinheit.
9 – **Kabelführung**
10 – **Schraube, 10 Nm**
11 – **Kraftstoffverteiler mit Einspritzventilen**
12 – **T-Stück**
13 – **zum Bremskraftverstärker**
14 – **Rücklaufschlauch**
15 – **Schraube, 20 Nm ± 1 Nm**
16 – **Saugrohr**
17 – **O-Ring**
18 – **Thermostatgehäuse**
19 – **O-Ring**
20 – **Geber für Kühlmitteltemperatur**
21 – **Anschlussstecker**
22 – **Halteklammer**
23 – **Lambdasonde, 50 Nm**
24 – **4-fach-Steckverbindung**
Für Lambdasonde.
25 – **zum Kraftstoffbehälter**
26 – **Mutter, 10 Nm**
27 – **Befestigungsplatte**
28 – **Anschlussstecker**
29 – **Motor-Steuergerät**

Funktion des Motormanagements beim Benzinmotor

Der Kraftstoff wird aus dem Kraftstoffbehälter von der elektrischen Kraftstoffpumpe angesaugt und über den am Unterboden angebrachten Kraftstofffilter zur Einspritzeinheit gefördert. Ein Druckregler sorgt dafür, dass der Druck im Kraftstoffsystem konstant gehalten wird.

Über elektrisch angesteuerte Einspritzventile wird der Kraftstoff stoßweise in das Ansaugrohr direkt vor die Einlassventile des Motors gespritzt. Das Motor-Steuergerät regelt die Einspritzzeit und dadurch die Einspritzmenge. Die Kraftstoffeinspritzung erfolgt **sequentiell**. Das heißt, die Einspritzventile werden einzeln entsprechend der Zündfolge angesteuert.

Das Motor-Steuergerät entspricht einem kleinen, sehr schnell arbeitenden Computer. Es bestimmt den optimalen Zündzeitpunkt, den Einspritzzeitpunkt und die Kraftstoff-Einspritzmenge. Dabei erfolgt eine Abstimmung des Steuergeräts mit anderen Fahrzeugsystemen, beispielsweise der Getriebesteuerung oder der Wegfahrsperre.

Aufgrund von Informationen weiterer Sensoren (Gebern, Fühlern) gibt das Motor-Steuergerät Befehle an Aktoren (Stellglieder) und sorgt damit in jeder Fahrsituation für einen optimalen Motorbetrieb. Fallen wichtige Sensoren aus, schaltet das Steuergerät auf ein Notlaufprogramm um, damit Motorschäden vermieden werden und weitergefahren werden kann. In diesem Fall ruckelt der Motor und neigt beim Gas geben zum Absterben.

Sensoren und Aktoren der Einspritzanlage

- Die **Lambdasonde** (Sauerstoffsensor) dient zur Regelung der Abgaszusammensetzung. Sie misst den Sauerstoffgehalt im Abgasstrom und schickt entsprechende Spannungssignale an das Motor-Steuergerät.
- Die **Geber für Saugrohrdruck und Ansauglufttemperatur** befinden sich im selben Gehäuse und sind am Ansaugrohr angeschraubt. Sie übermitteln dem Motor-Steuergerät den aktuellen Lastzustand des Motors. Aufgrund dieser Informationen erfolgt die Berechnung der Kraftstoff-Einspritzmenge.
- Der **Klopfsensor** verhindert eine schädliche, klopfende Verbrennung, die aufgrund der hohen Verdichtung bei bestimmten Drehzahlen auftreten können.
- Die **Drosselklappen-Steuereinheit** hat die Aufgabe unter allen Betriebsbedingungen und Motorbelastungen den Leerlauf des Motors zu stabilisieren. Dazu sind folgende Sensoren und Aktoren integriert:
    - Der geschlossene **Leerlaufschalter** aktiviert die Leerlaufregelung.
    - Das Motor-Steuergerät öffnet oder schließt über einen Stellmotor, den so genannten **Drosselklappensteller**, die Drosselklappe und regelt so die Leerlaufdrehzahl auf den Sollwert.
    - Das **Drosselklappenpotentiometer** signalisiert dem Motor-Steuergerät die aktuellen Stellungen von Drosselklappe und Drosselklappensteller. Außerdem dienen diese Informationen dem Motor-Steuergerät als Vergleichswert für die angesaugte Luftmenge.

Speziell 1,4-/1,6-l-Motor mit 55/74/92 kW (75/100/125 PS)

- Der **Geber für Motordrehzahl** sitzt unterhalb des Zündtrafos hinten am Motorblock. Durch seine Signale bestimmt das Motor-Steuergerät die genauen Einspritz- und Zündzeitpunkt.
- Durch einen **Hallgeber** an der Einlassnockenwelle erkennt das Motor-Steuergerät den Zünd-OT des 1. Zylinders. Dadurch wird die zylinderselektive Klopfregelung und die sequentielle Einspritzung beeinflußt.
- Die **Abgasrückführung** führt je nach Motor-Betriebszustand eine bestimmte Menge Abgas wieder der Ansaugluft zu. Dadurch werden die Abgastemperaturen gesenkt und der Stickoxidanteil im Abgas verringert sich.

Speziell 1,4-l-FSI-Motor mit 77 kW (105 PS)

Beim FSI-Motor (FSI = **F**uel **S**tratified **I**njection = geschichtete Kraftstoffeinspritzung) wird der Kraftstoff nicht in das Ansaugrohr, sondern direkt in den Zylinder eingespritzt.

Während konventionelle Ottomotoren auf ein homogenes Kraftstoff-/Luft-Gemisch angewiesen sind, können Motoren mit Benzin-Direkteinspritzung im Teillastbereich durch gezielte Ladungsschichtung mit hohem Luftüberschuss betrieben werden. Dadurch verringert sich im Teillastbereich (bis etwa 70 km/h) der Benzinverbrauch. Das Fuel-Stratified-Injection-Verfahren, kurz FSI genannt, realisiert also zwei wesentliche Betriebsarten: Den Schichtladungsbetrieb im Teillastbereich und den Homogen-Betrieb im Volllastbereich. Um die FSI-Technik realisieren zu können, ist ein aufwändiges elektronisches Motormanagement erforderlich. Außerdem ist der Aufwand bei der Motormechanik gegenüber dem konventionellen Ottomotor wesentlich höher.

So ist beispielsweise der Ansaugkanal zweiflutig. Im Schichtladungsbetrieb schließt die Saugrohrklappe den unteren Ansaugkanal, damit die angesaugte Luftmasse über den oberen Ansaugkanal beschleunigt wird und walzenförmig in den Zylinder einströmen kann. Zusätzlich wird die Strömung durch eine Mulde im Kolben verstärkt. Kurz vor dem Zündzeitpunkt wird im Verdichtungstakt unter hohem Druck (50 – 100 bar) der Kraftstoff direkt in die Nähe der Zündkerze eingespritzt.

Das Kraftstoffsystem besteht aus einem Niederdruck- und einem Hochdruckteil. Im Niederdrucksystem wird der Kraftstoff von einer elektrischen Kraftstoffpumpe mit circa 6 bar über den Kraftstofffilter zur Hochdruckpumpe gefördert. Im Hochdrucksystem strömt der Kraftstoff mit 40 –110 bar aus der Hochdruckpumpe in das Kraftstoffverteilerrohr (Common-Rail) und wird dort auf die vier Hochdruck-Magnet-Einspritzventile verteilt.

Da im Schichtladebetrieb bei der Verbrennung durch den Luftüberschuss die Stickoxide (NO_x) kräftig ansteigen, ist neben dem 3-Wege-Katalysator ein zusätzlicher NO_x-Speicherkatalysator erforderlich. Der NO_x-Katalysator entspricht vom Aufbau her dem Drei-Wege-Katalysator. Die Oberfläche ist jedoch zusätzlich mit Bariumoxid versehen, so dass Stickoxide bei Temperaturen zwischen 250° und 500° durch Nitratbildung zwischen gespeichert werden können. Die Speicherkapazität ist jedoch begrenzt, so dass kurz vor der Sättigungsgrenze vom Schichtladebetrieb auf Homogenbetrieb umge-

Saugrohr, Kraftstoffverteiler Einspritzventile

1,0-l-Benzinmotor ALD/ANV

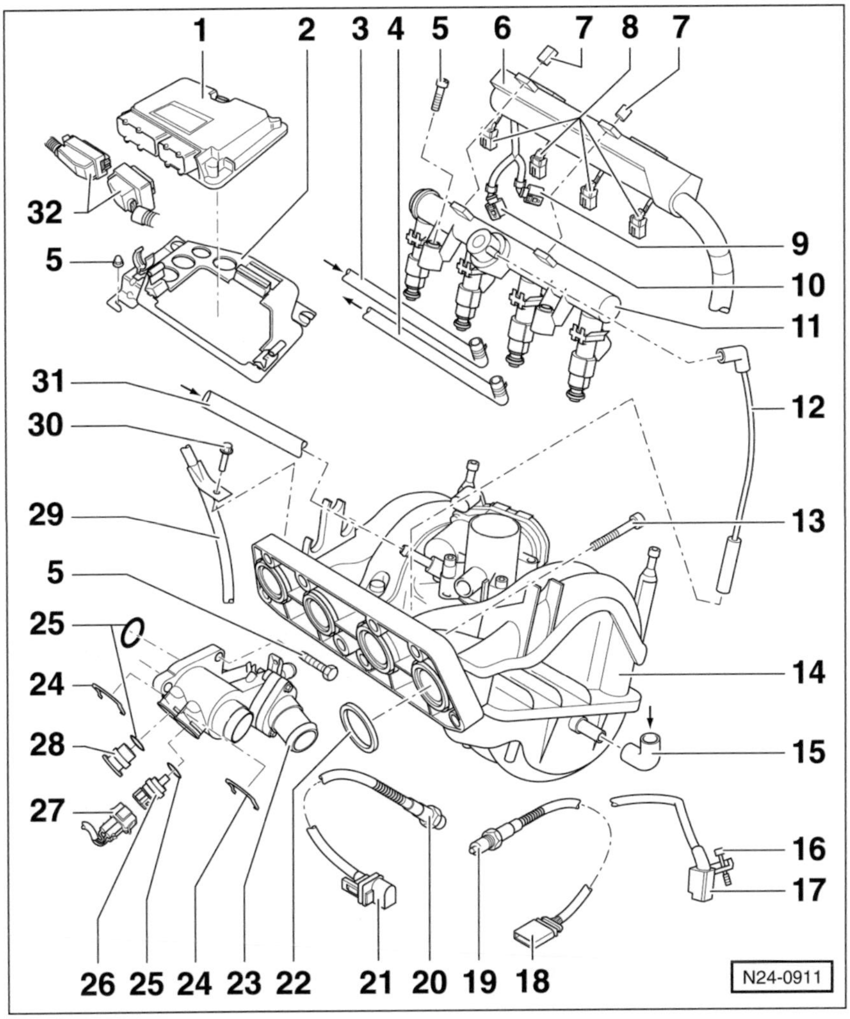

1 – **Motor-Steuergerät**

2 – **Halterahmen**

3 – **Vorlaufschlauch**
Schwarz mit weißer Markierung. Führt zum Kraftstofffilter. Mit Federbandschellen sichern.

4 – **Rücklaufschlauch**
Blau beziehungsweise blaue Markierung. Führt zum Tank. Mit Federbandschellen sichern.

5 – **Schraube, 10 Nm**

6 – **Leitungsführung**
Auf Kraftstoffverteiler aufgeclipst.

7 – **Befestigungsclip**
Unterschiedliche Ausführungen beachten.

8 – **Anschlussstecker, schwarz**
2-polig, für Einspritzventil.

9 – **Anschlussstecker, schwarz**
6-polig, für Drosselklappen-Steuereinheit.

10 – **Anschlussstecker, schwarz**
4-polig, für Geber Saugrohrdruck/Ansauglufttemperatur.

11 – **Kraftstoffverteiler mit Einspritzventilen**

12 – **Unterdruckschlauch**

13 – **Schraube, 20 Nm**

14 – **Saugrohr**

15 – **vom Bremskraftverstärker**

16 – **Schraube, 5 Nm**

17 – **Geber für Motordrehzahl**
Hinten in den Dichtflansch am Motorblock eingesteckt und angeschraubt. Muss zum Ausbau des Saugrohres ausgebaut werden.

18 – **Anschlussstecker, schwarz**
4-polig, für Lambdasonde 2.

19 – **Lambdasonde 2, 50 Nm**
Nur bei Motoren mit D4-Abgasnorm. Die Lambdasonde 2 ist in das Abgasrohr nach dem Katalysator eingeschraubt. Die Spannungsversorgung der Sondenheizung erfolgt über das Kraftstoffpumpen-Relais.

20 – **Lambdasonde 1, 50 Nm**
Die Lambdasonde 1 ist in den Abgaskrümmer eingeschraubt. Die Spannungsversorgung der Sondenheizung erfolgt über das Kraftstoffpumpen-Relais.

21 – **Anschlussstecker, schwarz**
Für Lambdasonde 1.
Bei Motoren mit Abgasnorm D4 ist der Stecker 6-polig, bei Abgasnorm MVEG-II = 4-polig.

22 – **Dichtring**
Immer ersetzen.

23 – **Thermostatgehäuse**

24 – **Halteklammer**
Auf festen Sitz prüfen.

25 – **O-Ring**
Bei Beschädigung ersetzen.

26 – **Geber für Kühlmitteltemperatur**
Vor dem Ausbau Sicherheitshinweise bei heißer Kühlflüssigkeit beachten, siehe Seite 199.

27 – **Anschlussstecker, schwarz**
4-polig, für Geber Kühlmitteltemperatur/Kühlmitteltemperaturanzeige.

28 – **Verschlussstopfen**
Vor dem Ausbau Sicherheitshinweise bei heißer Kühlflüssigkeit beachten, siehe Seite 199.

29 – **Führungsrohr**
Für Ölmessstab.

30 – **Schraube, 3 Nm**
Schraube nur von Hand lösen und Anziehen, keinen Schrauber verwenden.

31 – **Entlüftungsleitung**
Führt zum Tankentlüftungsventil im Aktivkohlebehälter.

32 – **Anschlussstecker**
Achtung: Stecker bei ausgeschalteter Zündung abziehen und aufstecken.

Zündsystem

Das Zündsystem erzeugt einen Zündfunken, der das angesaugte Kraftstoff-Luftgemisch zündet. Dazu wird in den Zündspulen die Batteriespannung von 12 Volt auf über 30.000 Volt umgeformt.

Der Dieselmotor besitzt kein Zündsystem, da sich aufgrund der hohen Verdichtung die Luft so weit erwärmt, dass nach Einspritzen des Kraftstoffes die Zündung von selbst erfolgt.

Das Zündsystem beim Benzinmotor ist Bestandteil des Motormanagements. Der richtige Zündzeitpunkt wird vom Motor-Steuergerät berechnet. Dabei stützt sich das Steuergerät auf ein elektronisch gespeichertes Zündkennfeld und verarbeitet zusätzlich Signale von verschiedenen Sensoren. Synchronisiert wird das Zündsystem durch Signale, die der Kurbelwellen- beziehungsweise Nockenwellenstellungs-Sensor abgibt.

Eine Antiklopfregelung ermöglicht den wirtschaftlichen Betrieb des Benzinmotors mit hoher Verdichtung. Dazu sendet ein Klopfsensor Impulse an das Motor-Steuergerät, woraufhin dieses bei Bedarf den Zündzeitpunkt in Richtung »spät« verstellt.

Ausgelöst wird der Zündfunken durch das Motor-Steuergerät.

Beim 1,0-/1,4-l-Motor AER/ALL/AEX wird daraufhin die in der Zündspule erzeugte Zündspannung über den Zündverteilerläufer und das Zündkabel zu der jeweiligen Zündkerze geleitet. An den Zündkerzen-Elektroden springt der Zündfunke über, der das Kraftstoffluftgemisch im Zylinder entzündet.

Bei den Benzinmotoren außer AER/ALL/AEX wird der Zündfunken mit Hilfe der Direktzündung erzeugt. Dabei erfolgt die Verteilung des Zündstromes auf die einzelnen Zündkerzen durch elektronische Bauteile, die den herkömmlichen mechanisch arbeitenden Verteiler mit Verteilerläufer ersetzen.

Das Zündsystem arbeitet, beim Motor AER/ALL/AEX weitgehend, bei den übrigen Motoren vollständig verschleiß- und wartungsfrei. Nur die Zündkerzen müssen regelmäßig erneuert werden.

Verteilerzündung, abgebildet ist die Anlage im 1,0-/1,4-l-Motor AER/ALL/AEX

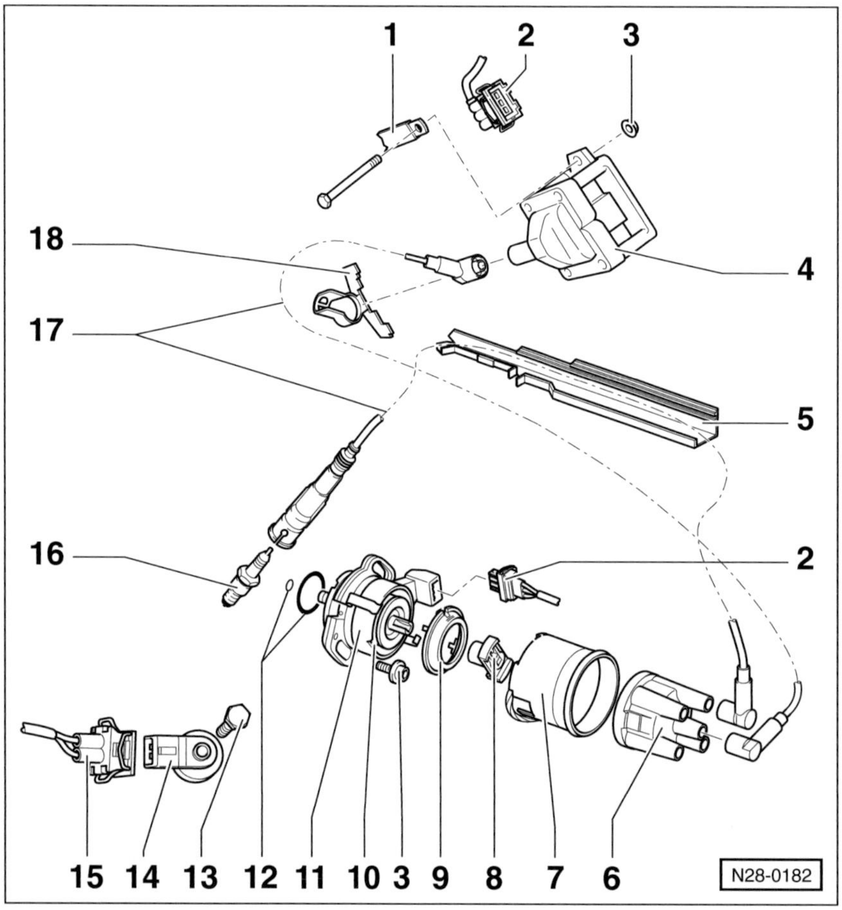

1 – Masseband

2 – Anschlussstecker, schwarz
3-polig.

3 – Mutter, 10 Nm

4 – Zündtrafo
Primärwiderstand zwischen den Klemmen 1 und 15: 0 – 1,5 Ω.
Sekundärwiderstand zwischen den Klemmen 15 und 4 (Hochspannungsanschluss zum Zündverteiler): 2,5 – 4 kΩ.

5 – Leitungsführung
Für Zündleitungen.

6 – Verteilerkappe
Auf Risse und Spuren von Kriechströmen achten. Kriechströme zeigen sich als dünne, schwarze, unregelmäßige Linien.
Verschleiß der Kontakte prüfen. Verteilerkappe vor dem Aufsetzen reinigen. Schleifkohle auf Verschleiß und leichte Beweglichkeit prüfen.

7 – Abschirmkappe

8 – Zündverteilerläufer
Kennzeichnung R1. Widerstand: 0,6 – 1,4 kΩ.

9 – Staubschutzkappe

10 – Markierung für Zylinder 1

11 – Zündverteiler mit Hallgeber
Prüfwert des Zündzeitpunktes bei 1400 – 1600/min: 3 – 8° vor OT.
Einstellwert: 6 ± 1° vor OT.

12 – O-Ring
Bei Beschädigung ersetzen.

13 – Schraube, 20 Nm
Achtung: Anzugsdrehmoment unbedingt genau einhalten, da es Einfluss auf die Funktion des Klopfsensors hat.

14 – Klopfsensor
Kontakte von Sensor und Anschluss sind vergoldet.

15 – Anschlussstecker, schwarz
2-polig.

16 – Zündkerze, 25 Nm

17 – Zündleitung
Mit Entstörstecker und Zündkerzenstecker. Widerstands-Sollwert: 4,6 – 7,4 kΩ.

18 – Verdrehsicherung

Direktzündung, abgebildet ist die Anlage im 1,0-l-Motor ALD/ANV

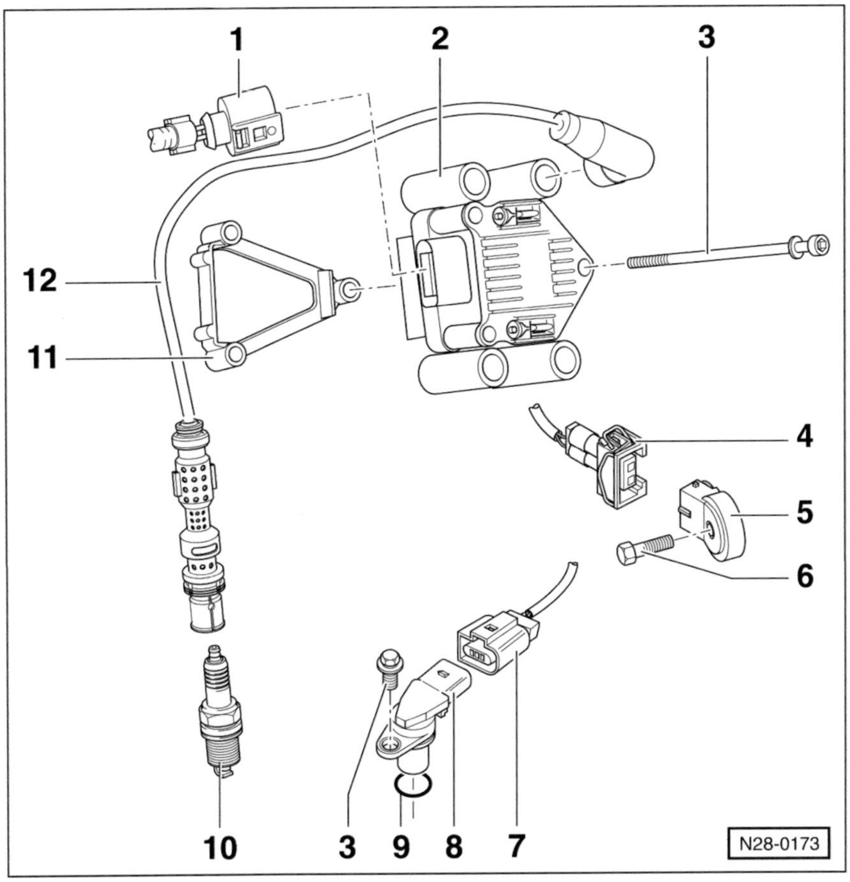

1 – Anschlussstecker, schwarz
Für Zündtrafo, 4-polig.

2 – Zündtrafo
Mit Kennzeichnungen für Zündleitungen: A = Zylinder 1
B = Zylinder 3
C = Zylinder 2
D = Zylinder 4
Sollwert für Sekundärwiderstand: 4,0 – 6,0 kΩ bei +20°C. Zur Prüfung Ohmmeter zwischen die Hochspannungsanschlüsse –B– und –C– sowie –D– und –A– anschließen.

3 – Schraube, 10 Nm

4 – Anschlussstecker, schwarz
Für Klopfsensor, 2-polig.

5 – Klopfsensor
Kontakte von Sensor und Anschluss sind vergoldet.

6 – Schraube, 20 Nm
Achtung: Anzugsdrehmoment unbedingt genau einhalten, da es Einfluss auf die Funktion des Klopfsensors hat.

7 – Anschlussstecker, schwarz
Für Hallgeber, 3-polig.

8 – Hallgeber

9 – O-Ring
Bei Beschädigung ersetzen.

10 – Zündkerze, 30 Nm

11 – Halter
Für Zündtrafo.

12 – Zündleitung
Mit Entstörstecker und Zündkerzenstecker. Widerstand: 4,8 – 7,2 kΩ.

Zündkerzentechnik

Die Zündkerze besteht aus der Mittel-Elektrode, dem Isolator mit Gehäuse und der oder den Masse-Elektrode(n). Zwischen Mittel- und Masse-Elektrode springt der Zündfunke über, der das Kraftstoff-Luftgemisch entzündet. Man sollte niemals vom vorgeschriebenen Zündkerzentyp abweichen, der unter anderem von der Wärmewert-Kennzahl bestimmt wird.

Die Wärmewert-Kennzahl gibt den Grad der Wärmebelastbarkeit einer Zündkerze an. Je niedriger die Wärmewert-Kennzahl einer Kerze ist, desto höher ist die Wärmebelastbarkeit. Die Kerze kann also die Wärme besser ableiten, wodurch schädliche Glühzündungen (Motorklopfen) verhindert werden. Eine Kerze mit hoher Wärmebelastbarkeit hat allerdings den Nachteil, dass ihre Selbstreinigungstemperatur ebenfalls höher liegt. Sie neigt daher schneller zum Verrußen, insbesondere dann, wenn der Motor häufig seine Betriebstemperatur während der Fahrt nicht erreicht (Stadtverkehr, Kurzstreckenverkehr im Winter).

Der richtige Zündkerzen-Wärmewert wird vom Automobilhersteller festgelegt. Es gibt Zündkerzen mit einem oder mehreren Polen, mit unterschiedlicher Gewindelänge und unterschiedlichem Gewindedurchmesser. Beim Auswechseln von Zündkerzen ist es deshalb wichtig, dass nur solche Kerzen verwendet werden, die der Vorschrift des Automobilherstellers entsprechen.

Die durchschnittliche Lebensdauer von Zündkerzen ist recht unterschiedlich. Dabei spielt auch der Elektrodenwerkstoff eine wichtige Rolle. Die Chrom-Nickel-Legierung zeichnet sich durch sehr hohe Wärmeableitung und hohe Korrosionsfestigkeit aus; Silber bietet das beste Wärmeleitvermögen aller Metalle und Platin-Elektroden verfügen über eine hohe Korrosions- und Abbrandfestigkeit. Die Lebensdauer von Zündkerzen beträgt zwischen 30.000 Kilometer und bis zu 100.000 Kilometer, je nachdem, welcher Elektrodenwerkstoff verwendet wird.

Je nach Bauart der Motoren unterscheidet man zwei verschiedene Abdichtungsarten zwischen Zündkerze und Zylinderkopf:

Der **Flachdichtsitz** hat einen unverlierbaren Außendichtring, der am Kerzenkörper angebracht ist. Beim **Kegeldichtsitz** ist keine zusätzliche Dichtung erforderlich. Bei beengten Einbauverhältnissen werden häufig Zündkerzen mit Flachdichtsitz und kleiner Schlüsselweite des Sechskants verwendet oder aber man verwendet Kegeldichtsitzkerzen, die aufgrund ihrer kompakten Bauart kleinere Außenmaße haben.

Beim LUPO/AROSA müssen die Zündkerzen alle 60.000 km im Rahmen der Wartung gewechselt werden, siehe Kapitel »Wartung«.

Zünd- und Einspritzanlage prüfen

Für eine systematische Fehlersuche beziehungsweise Fehlerbehebung sind markenspezifische Messgeräte erforderlich. Diese Messgeräte sind sehr teuer und in der Regel nur in der Fachwerkstatt vorhanden. Deshalb wird hier nur eine Grundprüfung beschrieben:

- Spannung und Ladezustand der Batterie prüfen, siehe Seite 64.
- Alle Sicherungen prüfen, siehe Seite 59.
- Sämtliche Stecker und Steckverbindungen des betroffenen elektronischen Systems abziehen und aufstecken. Festen Sitz der Steckverbindungen und Fixierung der Kabel im Motorraum prüfen.
- Alle Masseverbindungen auf festen Sitz und einwandfreien Kontakt prüfen.
- Schläuche und Leitungen auf Undichtigkeiten prüfen. Dabei auf Porosität, Risse und lockeren Sitz auf den Anschlüssen achten.

■ Springt der Motor nach Fehlersuche, Reparatur oder Prüfung von Bauteilen nur kurz an und geht dann aus, kann das daran liegen, dass die Wegfahrsicherung das Motor-Steuergerät sperrt. Dann muss der Fehlerspeicher abgefragt werden und gegebenenfalls das Steuergerät angepasst werden (Werkstattarbeit).

Leerlaufdrehzahl/Zündzeitpunkt/ CO-Gehalt

Im Rahmen der Wartung ist es nicht mehr erforderlich, Leerlaufdrehzahl, Zündzeitpunkt und CO-Gehalt zu prüfen, da sich die Werte nicht mehr verstellen können und daher auch nicht eingestellt werden müssen. Außerdem wird die Leerlaufdrehzahl kontinuierlich entsprechend den Anforderungen nachgeregelt.

Falls einmal die tatsächlichen Betriebswerte von den Sollwerten abweichen, dann liegt die Ursache in defekten Bauteilen, die ersetzt werden müssen. Eine sinnvolle Prüfung des Motormanagements ist nur mit speziellen Diagnosegeräten möglich.

Eine Ausnahme bildet der **1,0-/1,4-l-Benzinmotor AER/ ALL/AEX.** Hier kann der Zündzeitpunkt auf herkömmliche Art durch Verdrehen des Zündverteilers eingestellt werden. Einstellwerte, siehe Legende zu Abbildung N28-0182.

Temperaturgeber prüfen

Geber für Kühlmitteltemperatur

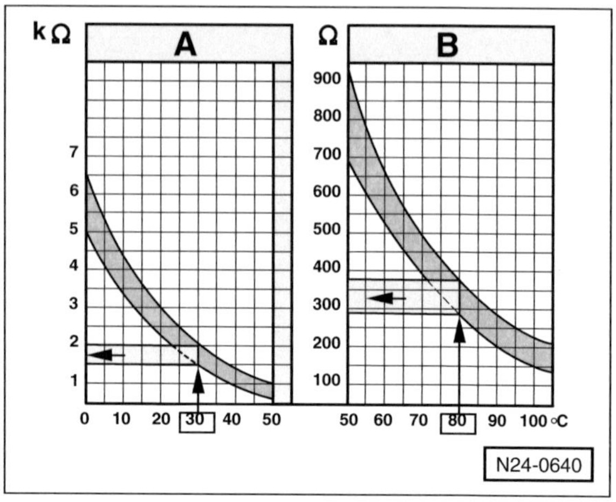

Das Diagramm ist in zwei Temperaturbereiche aufgeteilt: A – 0° bis +50° C, B – +50° bis +100° C.

Ablesebeispiel:

Die Gebertemperatur von +30° C liegt im Bereich –A– und entspricht einem Widerstand von 1,5 – 2,0 kΩ.

Die Gebertemperatur von +80° C liegt im Bereich –B– und entspricht einem Widerstand von 275 – 375 Ω.

Geber für Ansauglufttemperatur

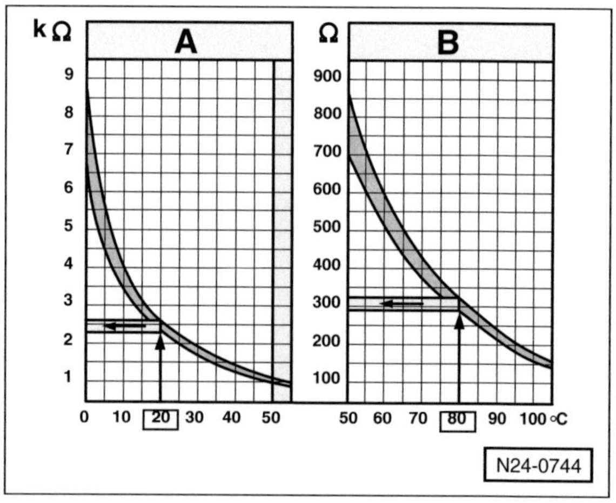

Das Diagramm ist in zwei Temperaturbereiche aufgeteilt: A – 0° bis +50° C, B – +50° bis +100° C.

Ablesebeispiel:

Die Gebertemperatur von +20° C liegt im Bereich –A– und entspricht einem Widerstand von 2,3 – 2,6 kΩ.

Die Gebertemperatur von +80° C liegt im Bereich –B– und entspricht einem Widerstand von 290 – 330 Ω.

Störungsdiagnose Benzin-Einspritzanlage

Störungen in der Steuerelektronik lassen sich praktisch nur noch mit speziellen Messgeräten herausfinden. Bevor anhand der Störungsdiagnose ein anderweitiger Fehler aufgespürt wird, müssen folgende Prüfvoraussetzungen erfüllt sein: Bedienungsfehler beim Starten ausgeschlossen. Korrekter Startvorgang, siehe Seite 192.

Kraftstoff im Tank, Motor mechanisch in Ordnung, Batterie geladen, Anlasser dreht mit ausreichender Drehzahl, Zündanlage ist in Ordnung, keine Undichtigkeiten an der Kraftstoffanlage, Verschmutzungen im Kraftstoffsystem ausgeschlossen, Kurbelgehäuse-Entlüftung in Ordnung, elektrische Masseverbindungen »Motor-Getriebe-Aufbau« vorhanden. Fehlerspeicher abfragen (Werkstattarbeit). **Achtung:** Wenn Kraftstoffleitungen gelöst werden, vorher unbedingt Kraftstoffdruck abbauen, siehe Seite 209.

Störung	Ursache	Abhilfe
Motor springt nicht an.	Elektro-Kraftstoffpumpe läuft beim Öffnen der Tür beziehungsweise beim Betätigen des Anlassers nicht an. Es sind keine Laufgeräusche hörbar.	■ Prüfen, ob Spannung an der Pumpe anliegt. Elektrische Kontakte auf gute Leitfähigkeit überprüfen.
	Sicherung für Kraftstoffpumpe defekt.	■ Sicherung überprüfen.
	Kraftstoffpumpen-Relais defekt.	■ Relais überprüfen.
	Einspritzventile erhalten keine Spannung.	■ Stecker von den Einspritzventilen abziehen, Diodenprüflampe an Zuleitung anschließen und Anlasser betätigen. Prüflampe muss flackern.
Der kalte Motor springt schlecht an, läuft unrund.	Geber für Kühlmitteltemperatur beziehungsweise Geber für Ansauglufttemperatur defekt	■ Temperaturfühler prüfen.
Der Motor setzt aus.	Elektrische Verbindungen zur Kraftstoffpumpe zeitweise unterbrochen.	■ Steckverbindungen und Anschlüsse der Kraftstoffpumpe und des Kraftstoffpumpen-Relais auf gute Leitfähigkeit prüfen.
	Kraftstofffilter verstopft.	■ Kraftstofffilter erneuern.
	Kraftstoffpumpe defekt.	■ Kraftstoffpumpe prüfen, ggf. erneuern.
	Einspritzventil defekt.	■ Einspritzventile prüfen, ggf. erneuern.
Der Motor hat Übergangsstörungen.	Luftansaugsystem undicht.	■ Ansaugsystem prüfen. Dazu Motor im Leerlauf drehen lassen und Dichtstellen sowie Anschlüsse im Ansaugtrakt mit Benzin bestreichen. Wenn sich die Drehzahl kurzfristig erhöht, undichte Stelle beseitigen. **Achtung:** Benzindämpfe sind giftig, nicht einatmen!
	Kraftstoffsystem undicht.	■ Sichtprüfung an allen Verbindungsstellen im Bereich des Motors und der elektrischen Kraftstoffpumpe.
Der heiße Motor springt nicht an.	Druck im Kraftstoffsystem zu hoch.	■ Kraftstoffdruck prüfen lassen, gegebenenfalls Druckregler ersetzen.
	Rücklaufleitung zwischen Druckregler und Tank verstopft oder geknickt.	■ Leitung reinigen oder ersetzen.

Dieseleinspritzung

Die Dieseleinspritzung wird vollelektronisch durch das Motormanagement geregelt. Die Vorteile des elektronischen Motormanagements sind:

- Eigendiagnose und dadurch schnelleres Auffinden von Defekten. Das System ist mit einem Fehlerspeicher ausgestattet. Treten während des Betriebs Defekte auf, werden diese im Speicher abgelegt. Sollte der Motor nicht einwandfrei arbeiten, kann die Fachwerkstatt gegen Kostenerstattung eine Fehlerliste ausdrucken, die Hinweise auf die Ursache gibt.
- Genau dosierte Kraftstoffmenge in jedem Betriebszustand des Motors, dadurch geringer Verbrauch bei guten Fahrleistungen.
- Reduzierung der Abgas-Schadstoffe durch exakte Kraftstoffzumessung.
- Das Einstellen von Leerlaufdrehzahl und Abregeldrehzahl ist nicht erforderlich.

Die Bauteile des Motormanagements sind langzeitstabil und praktisch wartungsfrei. Nur der Motor-Luftfiltereinsatz und der Kraftstofffilter müssen im Rahmen der Wartung gewechselt werden. Wesentliche Einstell- und Reparaturarbeiten können nur mit Hilfe von teuren Prüfgeräten durchgeführt werden, so dass diese Arbeiten nur noch von entsprechend ausgerüsteten Fachwerkstätten ausgeführt werden können.

Diesel-Einspritzverfahren

Beim Dieselmotor wird reine Luft in die Zylinder angesaugt und dort sehr hoch verdichtet. Dadurch steigt die Temperatur in den Zylindern über die Zündtemperatur des Dieselöls an. Wenn der Kolben kurz vor dem Oberen Totpunkt steht, wird in die hochverdichtete und etwa +600° C heiße Luft Dieselöl eingespritzt. Das Dieselöl zündet von selbst, Zündkerzen sind also nicht erforderlich.

Bei sehr kaltem Motor kann es vorkommen, dass durch die Verdichtung die Zündtemperatur nicht erreicht wird. In diesem Fall muss vorgeglüht werden. Dazu befindet sich in jedem Brennraum eine Glühkerze, die den Brennraum aufheizt. Die Dauer des Vorglühens ist abhängig von der Umgebungstemperatur und wird durch das Motor-Steuergerät über ein Vorglührelais gesteuert.

Für die Einspritzung beim Dieselmotor gibt es 3 unterschiedliche Verfahren: Die Wirbel- oder Vorkammereinspritzung sowie die Direkteinspritzung.

Bei der **Wirbel- oder Vorkammereinspritzung** wird der Kraftstoff in die Vorkammer des betreffenden Zylinders eingespritzt. Das heiße Gemisch entzündet sich sofort. Die Sauerstoffmenge, die in der Vorkammer vorhanden ist, reicht aber nur zur Verbrennung eines Teils des eingespritzten Kraftstoffs. Der übrige, unverbrannte Teil wird durch den bei der Verbrennung entstandenen Überdruck in den Verbrennungsraum geblasen. Dort verbrennt der Kraftstoff vollständig.

Bei der **Direkteinspritzung** wird der Kraftstoff direkt in den Brennraum eingespritzt, und zwar in die Brennmulde im Kolben.

Direkteinspritzung beim 1,7-l-Dieselmotor

Der Kraftstoff wird von der Verteiler-Einspritzpumpe aus dem Kraftstoffvorratsbehälter angesaugt. In der Einspritzpumpe wird der für die Diesel-Einspritzung erforderliche hohe Druck aufgebaut und der Kraftstoff entsprechend der Zündfolge auf die einzelnen Zylinder verteilt.

Dabei baut die Einspritzpumpe einen Druck von 900 bar auf und spritzt den Kraftstoff mit Mehrstrahl-Einspritzdüsen in 2 Stufen ein. Zunächst erfolgt eine Voreinspritzung von einer geringen Menge Kraftstoff, wodurch die Zündbedingungen für die Hauptkraftstoffmenge verbessert werden. Daraus resultiert eine weichere und damit auch leisere Verbrennung, ähnlich wie bei der Wirbelkammereinspritzung.

Die Einspritzpumpe ist wartungsfrei. Alle beweglichen Teile der Pumpe werden mit Dieselöl geschmiert. Angetrieben wird die Einspritzpumpe von der Kurbelwelle über den Zahnriemen.

Direkteinspritzung beim 1,2-/1,4-l-Dieselmotor

Die Diesel-Direkteinspritzung erfolgt durch ein »**Pumpe-Düse-System**«. Im Gegensatz zu den bisherigen Diesel-Einspritzsystemen, bei denen **eine** Einspritzpumpe den Kraftstoffdruck für alle Einspritzdüsen aufbaut, hat das Pumpe-Düse-System für jeden Zylinder eine eigene Einspritzpumpe. Einspritzpumpe, Steuerventil und Einspritzdüse sind wiederum zu einem Bauteil, der so genannten »Pumpe-Düse-Einheit«, zusammengefasst.

Der Dieselkraftstoff wird durch eine mechanische Kraftstoffpumpe zu den Pumpe-Düse-Einheiten gefördert. Die Kraftstoffpumpe ist zusammen mit der Vakuumpumpe am Zylinderkopf angeflanscht und wird direkt von der Nockenwelle angetrieben. Die 3 Einspritzpumpen der Pumpe-Düse-Einheiten werden durch zusätzliche Nocken an der Nockenwelle über Rollenkipphebel betätigt. Aufgrund des hohen Einspritzdrucks von ca. 2.000 bar wird der Kraftstoff sehr fein zerstäubt. Die Kraftstoff-Einspritzmenge wird vom Motor-Steuergerät über Magnetventile den Pumpe-Düse-Einheiten exakt zugeteilt.

Durch den hohen Druck in den Pumpe-Düse-Einheiten erwärmt sich der Kraftstoff sehr stark, was sich auf die Funktion des Tankgebers negativ auswirkt. Um den Kraftstoff zu kühlen befindet sich ein Kraftstoffkühler im Kraftstoff-Rücklauf, am Unterboden des Fahrzeuges.

Bevor der Kraftstoff in die Einspritzpumpe beziehungsweise zu den Pumpe-Düse-Einheiten gelangt, durchfließt er den Kraftstofffilter. Dort werden Verunreinigungen und Wasser zurückgehalten. Es ist deshalb äußerst wichtig, den Kraftstofffilter entsprechend der Wartungsvorschrift zu entwässern beziehungsweise auszuwechseln.

Achtung: Bei Arbeiten an der Kraftstoffanlage Sicherheits- und Sauberkeitsregeln beachten, siehe Seite 207.

Funktionsweise des Diesel-Motormanagements

1,2-/1,4-l-Dieselmotor mit 45/55 kW (61/75 PS)

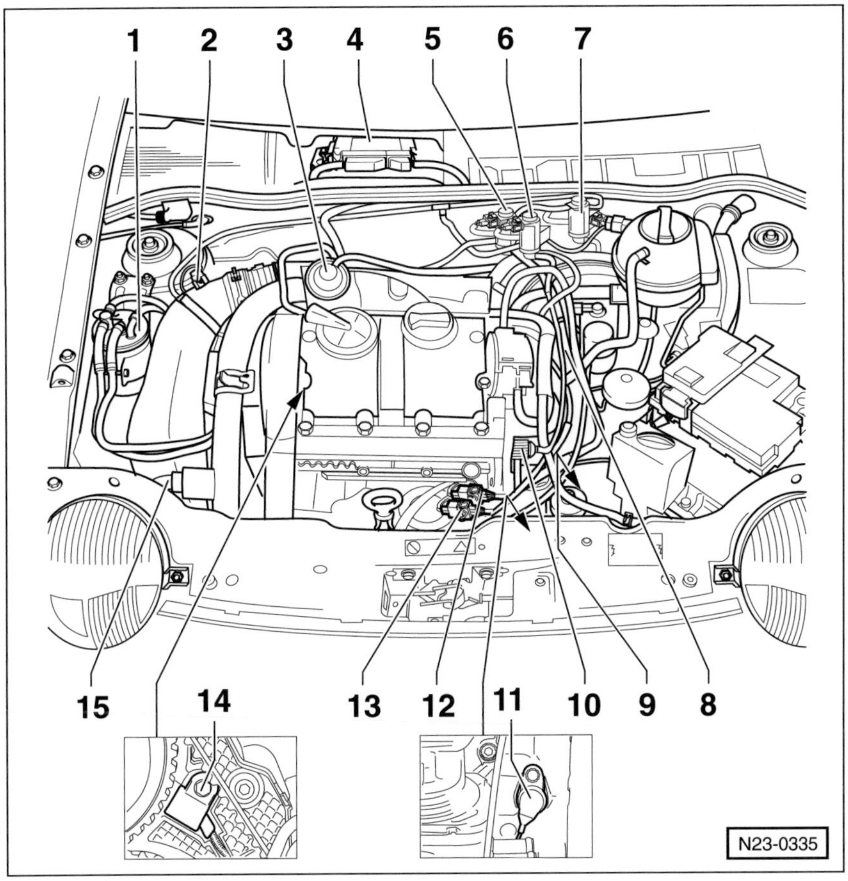

1 – **Kraftstofffilter**
2 – **Luftmassenmesser**
3 – **Abgasrückführventil** Mit Saugrohrklappe.
4 – **Motor-Steuergerät** Mit Höhengeber.
5 – **Umschaltventil** Für Saugrohrklappe.
6 – **Ventil** Für Abgasrückführung.
7 – **Magnetventil** Für Ladedruckbegrenzung.
8 – **Geber für Kühlmitteltemperatur**
9 – **Geber für Kraftstofftemperatur**
10 – **Steckverbindung** Für Pumpe-Düse-Einheit.
11 – **Geber für Motordrehzahl**
12 – **Steckverbindung** Für Hallgeber Nockenwellenposition.
13 – **Steckverbindung** Für Geber Motordrehzahl.
14 – **Hallgeber** Für Nockenwellenposition.
15 – **Geber für Saugrohrdruck, Geber für Saugrohrtemperatur**

Das Motor-Steuergerät ist ein kleiner, sehr schnell arbeitender elektronischer Rechner. Es bestimmt den optimalen Einspritzzeitpunkt und die Einspritzmenge.

Dazu verarbeitet das Steuergerät Informationen von Sensoren (Gebern, Fühlern) sowie von anderen Steuergeräten, beispielsweise von der Getriebesteuerung, Klimaanlage oder Wegfahrsperre. Für die Regelung des Motorlaufs gibt das Motor-Steuergerät Befehle an Aktoren (Stellglieder) und sorgt dadurch in jeder Fahrsituation für einen optimalen Motorbetrieb. Fallen wichtige Sensoren aus, schaltet das Steuergerät auf ein Notlaufprogramm um, damit Motorschäden vermieden werden und weitergefahren werden kann.

Sensoren und Aktoren der Diesel-Einspritzanlage

- Der **Kupplungspedalschalter** dient zur Vermeidung von Lastwechselschlägen und Ruckeln beim Auskuppeln.
- Der **Bremspedalschalter** (Bremslichtschalter) sorgt für ein Abregeln des Motors auf Leerlaufdrehzahl, falls der Geber für Gaspedalstellung ausfällt und der Fahrer das Fahrzeug abbremst.
- Der **Geber für Gaspedalstellung** sitzt an der Gaspedallagerung. Durch ein Potentiometer werden Informationen über die Gaspedalstellung an das Motor-Steuergerät übermittelt. Ein Gaszug ist beim Dieselmotor nicht vorhanden.
- Die **Geber für Saugrohrdruck und Saugrohrtemperatur** werden zur Überprüfung des Ladedrucks durch das Motor-Steuergerät benötigt.
- Der **Geber für Motordrehzahl** sitzt vorn am Motorblock. Durch seine Signale wird vom Motor-Steuergerät die genaue Stellung der Kurbelwelle erfasst und der Einspritzzeitpunkt sowie die Einspritzmenge festgelegt.

- Die **Abgasrückführung** führt je nach Motor-Betriebszustand über ein geregeltes Ventil eine bestimmte Menge Abgas wieder der Ansaugluft zu. Dadurch wird die Verbrennungstemperatur abgesenkt. Je niedriger die Verbrennungstemperatur ist, desto weniger giftige Stickoxid-Anteile bilden sich im Abgas.
- Aufgrund der Signale vom **Geber für Kraftstofftemperatur** berechnet das Motor-Steuergerät den Förderbeginn und die Einspritzmenge.
- Aufgrund der guten Kaltstarteigenschaften des Direkteinspritzers ist ein **Vorglühen** überwiegend erst bei Temperaturen unter ca. 0° C erforderlich. Die Glühkerzen werden vom Steuergerät über ein Relais geschaltet.

Speziell 1,2-/1,4-l-Dieselmotor

- Der **Höhengeber** sitzt im Motor-Steuergerät und ermöglicht eine Höhenkorrektur von Ladedruckregelung und Abgasrückführung.
- Durch einen **Hallgeber** an der Nockenwelle erkennt das Motor-Steuergerät den Zünd-OT des 1. Zylinders. Diese Information ist für die Steuerung der Pumpe-Düse-Einheiten notwendig.
- Die angesaugte Luftmenge wird von einem **Luftmassenmesser** gemessen. Im Gehäuse des Luftmassenmessers befindet sich eine dünne, elektrisch beheizte Platte, die durch die vorbeistreichende Ansaugluft abgekühlt wird. Die Steuerelektronik regelt den Heizstrom so, dass die Temperatur der Platte konstant bleibt. Steigt beispielsweise die Menge der angesaugten Luft, neigt das erhitzte Bauteil zum Abkühlen. Daraufhin wird der Heizstrom sofort erhöht, damit die Temperatur gleich bleibt. Anhand der Schwankungen des Heizstromes erkennt das Motor-Steuergerät den Lastzustand des Motors und regelt dementsprechend die Einspritz- sowie die Abgasrückführmenge.
- Das **Umschaltventil für Saugrohrklappe** sitzt im Motorraum in der Nähe des Luftmassenmessers. Es unterbricht die Luftzufuhr, wenn der Motor abgestellt wird. Dadurch werden Ruckelbewegungen beim Abschalten des Motors verhindert und der Motor läuft weich aus.

Speziell 1,7-l-Dieselmotor

- Durch den **Geber für Nadelhub** an einer Einspritzdüse wird der tatsächliche Einspritzbeginn erfasst und die last- und drehzahlabhängige Einspritzverstellung gesteuert.

Vorglühanlage prüfen

Prüfvoraussetzungen:

- Batteriespannung muss mindestens 11,5 V betragen.
- Steuergerät der Diesel-Direkteinspritzanlage ist in Ordnung.
- Sicherung für Glühkerzen –SA3– ist in Ordnung. Sicherungsbelegung, siehe Kapitel »Elektrische Anlage«.

Prüfen

- Zündung ausschalten.

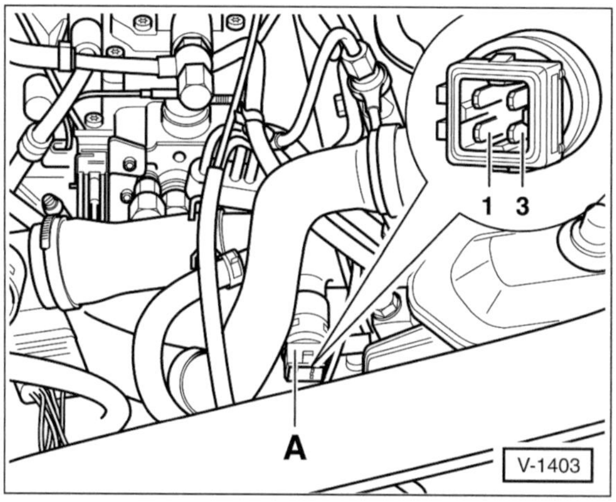

- Anschlussstecker vom Geber –A– für Kühlmitteltemperatur abziehen. –1–, –3– Steckkontakte.

Achtung: Durch Abziehen des Steckers wird der Motorzustand »kalt« simuliert und beim Einschalten der Zündung ein entsprechender Vorglühvorgang durchgeführt.

- Elektrische Leitungen von den Glühkerzen abschrauben.
- Voltmeter zwischen einen Glühkerzenstecker und Fahrzeugmasse anschließen.
- Zündung einschalten.
  Sollwert: Für ca. 20 Sekunden muss Batteriespannung angezeigt werden.
- Andernfalls Leitungsunterbrechung suchen und beseitigen.
- Elektrische Leitungen an den Glühkerzen anschrauben.

Glühkerzen prüfen

Prüfvoraussetzungen:

- Batteriespannung beträgt mindestens 11,5 V.
- Steuergerät der Diesel-Direkteinspritzanlage ist in Ordnung.
- Sicherung für Glühkerzen ist in Ordnung. Sicherungsbelegung, siehe Kapitel »Elektrische Anlage«.

Prüfen

- Zündung ausschalten.

● Elektrische Leitungen von den Glühkerzen abschrauben.

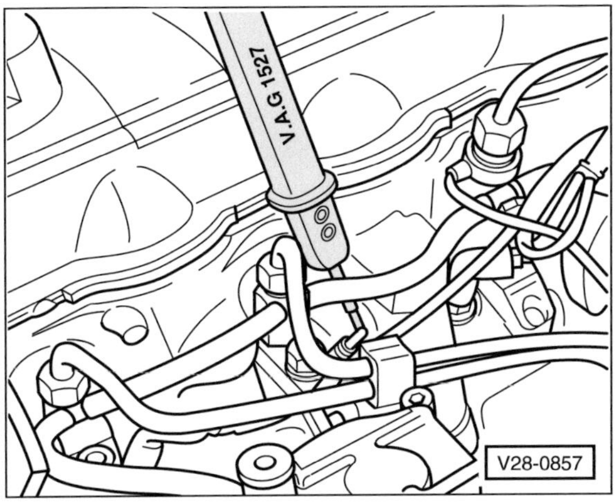

● Diodenprüflampe an den Pluspol der Batterie (+) anklemmen und nacheinander an jede Glühkerze anlegen.
Diode leuchtet: Glühkerze ist in Ordnung.
Diode leuchtet nicht: Glühkerze ersetzen.

● Elektrische Leitungen an den Glühkerzen anschrauben.

Glühkerzen aus- und einbauen

Ausbau

● Elektrische Leitungen an den Glühkerzen abschrauben.

● Glühkerzen herausschrauben. **Achtung:** Dazu wird ein Gelenkschlüssel benötigt, zum Beispiel HAZET-2530 oder VW-3220.

Einbau

● Glühkerze einschrauben und mit **15 Nm** festziehen.

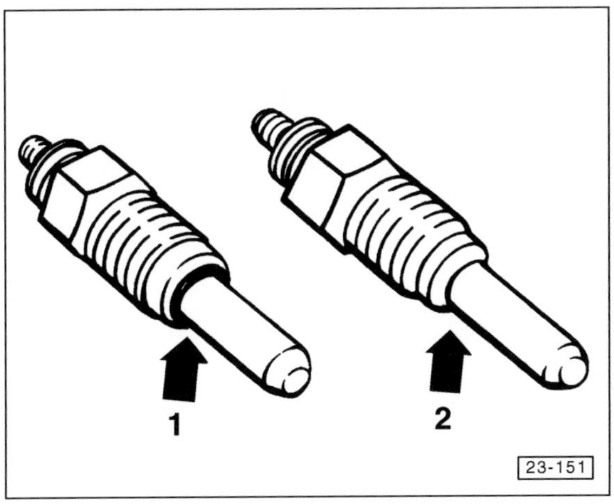

Achtung: Anzugsdrehmoment **nicht** überschreiten, sonst wird der Ringspalt zwischen Glühstab und Gewindeteil zugezogen –2–. Die Größe des Ringspalts –1– beträgt normalerweise 0,5 mm. Ein zugezogener Ringspalt führt zu vorzeitigem Ausfall der Glühkerze.

● Elektrische Leitungen anschrauben.

Drosselklappenstutzen aus- und einbauen

1,7-l-Dieselmotor

Ausbau

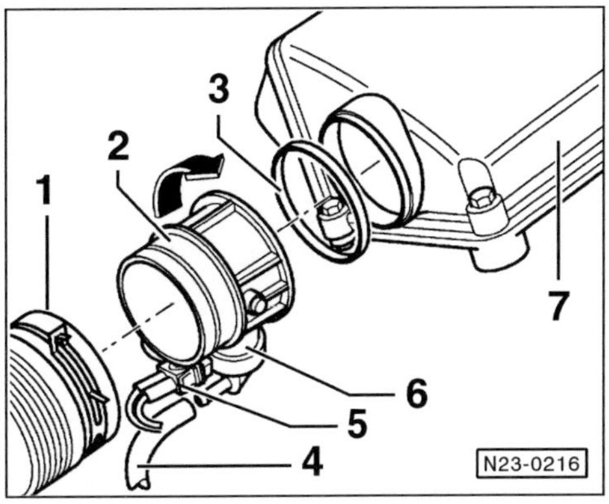

● Ansaugschlauch –1– abziehen. Vorher Federbandschelle mit geeigneter Zange, zum Beispiel HAZET 798-5, öffnen und zurückschieben.

● Unterdruckschlauch –4– von der Unterdruckdose –6– abziehen.

● Zweifachstecker –5– abziehen.

● Drosselklappenstutzen –2– nach rechts drehen –Pfeilrichtung– und dadurch aus dem Bajonettverschluss lösen.

● Drosselklappenstutzen herausnehmen. Dichtring –3– von der Abdeckung des Saugstutzens –7– abnehmen.

Einbau

● Dichtring –3– auf Beschädigung prüfen und gegebenenfalls ersetzen.

● Der Einbau erfolgt in umgekehrter Ausbaureihenfolge.

Kraftstofffilter-Vorwärmanlage

Damit der Kraftstoff bei niedrigen Außentemperaturen fließfähig bleibt, wird er vorgewärmt. Das geschieht durch den zu viel geförderten Kraftstoff, der normalerweise von der Einspritzpumpe in den Tank zurückfließt. Dieser Kraftstoff wird durch den Durchfluss durch die Einspritzpumpe erwärmt. In der Kraftstoffrücklaufleitung befindet sich ein Regelventil, welches in Abhängigkeit von der Filtertemperatur den erwärmten Kraftstoff umleitet. Bei Temperaturen unter +15° C wird der wärmere Kraftstoff von der Einspritzpumpe in den Filter geleitet. Steigt die Kraftstofftemperatur im Filter auf über +31° C, schaltet das Regelventil um, und der zu viel geförderte Kraftstoff gelangt über die Rücklaufleitung direkt in den Tank. Das Regelventil sitzt oben im Kraftstofffilter.

Bei Verwendung von Winterdiesel, der bis –15° C kältebeständig ist, ist die Anlage bis etwa –25° C betriebssicher. Bleibt der Motor bei großer Kälte aufgrund versulzten Dieselkraftstoffs stehen, ist es mitunter sehr schwierig, den Motor wieder zum Laufen zu bringen. Dabei bieten sich folgende Möglichkeiten an:

- Fahrzeug in Garage schieben oder abschleppen und Garage heizen.
- Kraftstofffilter ausbauen und durch neuen Filter ersetzen.
- Kraftstofffilter ausbauen und im Wasserbad erwärmen, bis der Dieselkraftstoff wieder flüssig wird.
- Einspritzanlage mit heißem Wasser abspritzen.

Sicherheitshinweis
Auf keinen Fall dürfen die Einspritzanlage oder der Tank mit einer Lötlampe oder einem vergleichbaren Gerät erhitzt werden. Explosionsgefahr!

Störungsdiagnose Diesel-Einspritzanlage

Bevor anhand der Störungsdiagnose der Fehler aufgespürt wird, müssen folgende Prüfvoraussetzungen erfüllt sein: Bedienungsfehler beim Starten ausgeschlossen. Kraftstoff im Tank, Motor mechanisch in Ordnung, Batterie geladen, Anlasser dreht mit ausreichender Drehzahl, elektrische Masseverbindung (Motor-Getriebe-Aufbau) vorhanden. Fehlerspeicher abfragen (Werkstattarbeit). **Achtung:** Wenn Kraftstoffleitungen gelöst werden, müssen diese vorher mit Kaltreiniger gesäubert werden.

Störung	Ursache	Abhilfe
1. Motor springt nicht oder schlecht an.	1. Vorglühanlage arbeitet nicht richtig.	■ Vorglühanlage prüfen.
	2. **1,7-l-Dieselmotor:** Kraftstoffabschaltventil schaltet nicht.	■ Kraftstoffabschaltventil, Motor-Steuergerät sowie Steuergerät für Wegfahrsicherung prüfen (Werkstattarbeit).
	3. Kraftstoffversorgung defekt.	■ Prüfen, ob Kraftstoff gefördert wird.
	a) Kraftstoffleitungen geknickt, verstopft, undicht, porös.	■ Kraftstoffleitungen reinigen.
	b) Kraftstofffilter verstopft.	■ Kraftstofffilter ersetzen.
	c) Im Winter: Eis oder Wachs in Filter und Leitungen.	■ Fahrzeug in beheizte Garage schieben.
	d) Tankbelüftung verschlossen. Kraftstoffsieb im Tank verschmutzt.	■ Reinigen.
2. Motor ruckelt im Leerlauf, beim Anfahren.	1. Kraftstoffschläuche an der Einspritzpumpe beziehungsweise am Kraftstofffilter lose.	■ Kraftstoffschläuche ersetzen, mit Federbandschellen befestigen, Hohlschrauben festziehen
	2. Zu- und Rücklaufleitung an der Einspritzpumpe vertauscht.	■ Anschlüsse der Kraftstoffleitungen prüfen.
	3. Wie unter 1.3.	■ Wie unter 1.3.
3. Kraftstoffverbrauch zu hoch.	1. Luftfilter verschmutzt.	■ Filtereinsatz ersetzen.
	2. Kraftstoffanlage undicht.	■ Sichtprüfung an allen Kraftstoffleitungen (Saug- Rücklauf- und Einspritzleitungen), Kraftstofffilter und Einspritzpumpe durchführen, Kraftstoffanlage auf Dichtheit prüfen.
	3. Rücklaufleitung verstopft.	■ Rücklaufleitung von Einspritzpumpe zum Kraftstoffbehälter mit Luft durchblasen. Überströmdrossel in der Hohlschraube der Rücklaufleitung ersetzen.

Abgasanlage

Aus dem Inhalt:

- Katalysator
- Abgasturbolader
- Abgasanlage demontieren
- Abgasanlage prüfen
- Abgasanlagen-Übersicht
- Abgasanlage ausrichten
- Nachschalldämpfer

Die Abgasanlage besteht aus folgenden Teilen: Abgaskrümmer, gegebenenfalls Turbolader, Katalysator, vorderes Abgasrohr sowie Vor- und Nachschalldämpfer. In Abhängigkeit von der Motorisierung weisen die Abgasanlagen Unterschiede auf.

Vor- und Nachschalldämpfer sind in der serienmäßigen Ausführung mit einem durchgehenden Abgasrohr verbunden. Im Reparaturfall können die Schalldämpfer einzeln ersetzt werden. In diesem Fall muss bei der serienmäßigen Anlage das Verbindungsrohr an der markierten Stelle durchgesägt werden.

Die Teile der Abgasanlage sind miteinander verschraubt beziehungsweise mit Klemmschellen verbunden und lassen sich einzeln auswechseln. Selbstsichernde Muttern und Dichtungen sind nach dem Ausbau zu ersetzen. Poröse und beschädigte Halteringe und Gummipuffer ebenfalls auswechseln.

Katalysatorschäden vermeiden

Um Beschädigungen am Katalysator zu vermeiden, sind folgende Hinweise unbedingt zu beachten:

Benzinmotor

- Grundsätzlich nur **bleifreies** Benzin tanken.
- Das Anlassen des Motors durch **Anschieben** oder Anschleppen darf nur in **einem** Versuch über eine Strecke von etwa 50 Metern erfolgen. Besser: Starthilfekabel verwenden. Unverbrannter Kraftstoff könnte bei einer Zündung zur Überhitzung des Katalysators und zu seiner Zerstörung führen. Ist der Motor **betriebswarm**, darf er **nicht** angeschoben oder angeschleppt werden.
- Bei Startschwierigkeiten nicht unnötig lange den Anlasser betätigen. Während des Anlassens wird permanent Kraftstoff eingespritzt. Fehlerursache ermitteln und beseitigen.
- Kraftstofftank nie ganz leerfahren.
- Treten Zündaussetzer auf, hohe Motordrehzahlen vermeiden und Fehler umgehend beheben.
- Nur die vorgeschriebenen Zündkerzen verwenden.
- Keine Funkenprüfung mit abgezogenem Zündkerzenstecker durchführen.
- Es darf kein Zylindervergleich (Balancetest) durch Zündabschaltung eines Zylinders durchgeführt werden. Bei Zündabschaltung der einzelnen Zylinder – auch über Motortester – gelangt unverbrannter Kraftstoff in den Katalysator.

Benzin- und Dieselmotor

- Fahrzeug nicht über trockenem Laub oder Gras beziehungsweise auf einem Stoppelfeld abstellen. Die Abgasanlage wird im Bereich des Katalysators sehr heiß und strahlt die Wärme auch nach Abstellen des Motors noch ab. Brandgefahr!
- Keinen Unterbodenschutz an Abgasrohren auftragen.
- Die Hitzeschilde der Abgasanlage nicht verändern.
- Beim Ein- oder Nachfüllen von Motoröl besonders darauf achten, dass auf keinen Fall die MAX-Markierung am Ölmessstab überschritten wird. Das überschüssige Öl gelangt sonst aufgrund unvollständiger Verbrennung in den Katalysator und kann das Edelmetall beschädigen oder den Katalysator vollständig zerstören.

Funktion des Katalysators

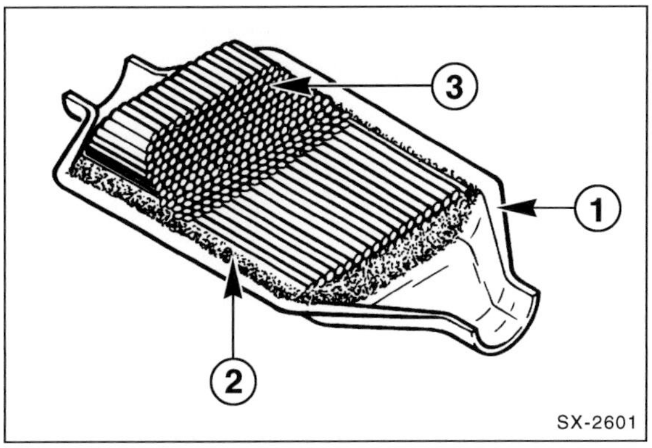

Der Katalysator dient zur Abgasreinigung. Er besteht aus einem Keramik-Wabenkörper –3–, der mit einer Trägerschicht überzogen ist. Auf der Trägerschicht befinden sich Edelmetallsalze, die den Umwandlungsprozess bewirken. Im Gehäuse –1– wird der Katalysator durch eine Isolations-

Stützmatte –2– fixiert, die außerdem Wärmeausdehnungen ausgleicht.

Benzinmotor

In Verbindung mit der elektronischen Einspritzanlage und der Lambdasonde wird die Kraftstoffmenge für die Verbrennung dosiert, damit der Katalysator die Schadstoffe reduzieren kann. Die Lambdasonde sitzt im Abgaskrümmer und wird hier vom Abgasstrom umspült. Bei der Lambdasonde handelt es sich um einen elektrischen Messfühler, der den Restgehalt an Sauerstoff im Abgas durch elektrische Spannungsschwankungen anzeigt und Rückschlüsse auf die Zusammensetzung des Luft-Benzingemisches ermöglicht. Dadurch kann die Steuereinheit der Einspritzanlage das Kraftstoff-Luftverhältnis in Bruchteilen von Sekunden ständig verändern. Das ist einerseits erforderlich, da sich ja die Betriebsverhältnisse (Leerlauf, Vollgas) ständig ändern, zum anderen aber auch, weil nur dann eine optimale Nachverbrennung im Katalysator erfolgt, wenn noch genügend Benzin-Anteile im Motor-Abgas vorhanden sind.

Katalysator beim Dieselmotor

Im Gegensatz zum Katalysator für den Benzinmotor kommt beim Dieselmotor ein ungeregelter Katalysator zum Einsatz, da ein Dieselmotor immer mehr Luft zugeführt bekommt, als für die reine Verbrennung notwendig ist.

Dieser Katalysator wandelt die im Abgas befindlichen, giftigen Kohlenmonoxide und Kohlenwasserstoffverbindungen in Kohlendioxid (CO_2) und Wasser (H_2O) um. Außerdem vermindert sich der dieseltypische Abgasgeruch.

Der bei Dieselmotoren höhere Anteil von Stickoxiden (NO_X) im Abgas wird durch ein zusätzliches Abgas-Rückführungssystem auf geringem Niveau gehalten.

Das Abgasrückführungsventil sitzt am Ansaugkrümmer und wird über Unterdruck angesteuert. Seine Aufgabe besteht darin, bei heißem Motor einen Teil der Abgase in die Verbrennungsräume des Motors zurückzuführen, um die Verbrennungstemperatur zu mindern und dadurch den Schadstoffanteil der Abgase zu reduzieren.

Abgasturbolader

1,2-/1,4-l-Dieselmotor

Der Abgasturbolader ist unten am Abgaskrümmer angeschraubt. Beim Turbolader sitzen auf einer Welle zwei Turbinenräder, die in zwei voneinander getrennten Gehäusen untergebracht sind. Für den Antrieb der Turbinenräder sorgen die Abgase. Sie bringen die Laderwelle auf bis zu 120.000 Umdrehungen in der Minute. Und da Abgas- und Frischluftrotor auf gleicher Welle sitzen, wird mit gleicher Drehzahl Frischluft in die Zylinder gedrückt. Zur Schmierung ist der Lader an den Ölkreislauf des Motors angeschlossen.

Aufgrund des guten Füllungsgrades lassen sich bei vorhandenen Motoren Leistungszuwachsraten von bis zu 100 Prozent verwirklichen. Abhängig ist der Leistungszuwachs unter anderem vom Ladedruck, der bei einem Pkw-Motor zwischen 0,4 bis 0,8 bar (Reifenfülldruck etwa 1,8 bar) liegt. Der Ladedruck wird über einen Druckfühler laufend vom Steuergerät überprüft und geregelt. Dadurch ist auch sichergestellt, dass ein maximaler Ladedruck nicht überschritten wird.

Neben der Motorleistung steigt bei der Verwendung eines Abgasladers auch das Drehmoment an, was vor allem im Hinblick auf einen elastischen Motorlauf wünschenswert ist. Voraussetzung ist allerdings, dass die Laderwelle mit ausreichender Drehzahl rotiert und somit einen ordentlichen Füllungsgrad garantiert.

Zwischen Turbolader und Einlasskanal des Motors befindet sich ein Ladeluftkühler, der die vorverdichtete Luft abkühlt. Dadurch wird die Leistung erhöht, weil kühle Luft durch die höhere Luftdichte einen höheren Sauerstoffanteil besitzt.

Der Turbolader besitzt verstellbare Leitschaufeln (VTG = Variable Turbinen-Geometrie), die vom Motor-Steuergerät über ein Magnetventil und eine Unterdruckdose stufenlos geregelt werden. Dadurch kann bei allen Drehzahlen der optimale Ladedruck erzeugt werden, was zu höherem Drehmoment führt, insbesondere bei niedrigen Drehzahlen.

Gegenüber einem Ottomotor (Benzinmotor) ist es beim Dieseltriebwerk nicht erforderlich, aufgrund der Aufladung die normale Verdichtung zu verringern, so dass auch im unteren Drehzahlbereich der eingespritzte Kraftstoff vollständig ausgenutzt wird.

Der Turbolader ist ein äußerst präzise hergestelltes Bauteil. Deshalb wird er in der Regel bei einem Defekt komplett ausgetauscht.

Abgasanlage vorn

1,0-l-Benzinmotor AER/ALL mit 37 kW (50 PS) und 1,4-l-Benzinmotor AEX mit 44 kW (60 PS)

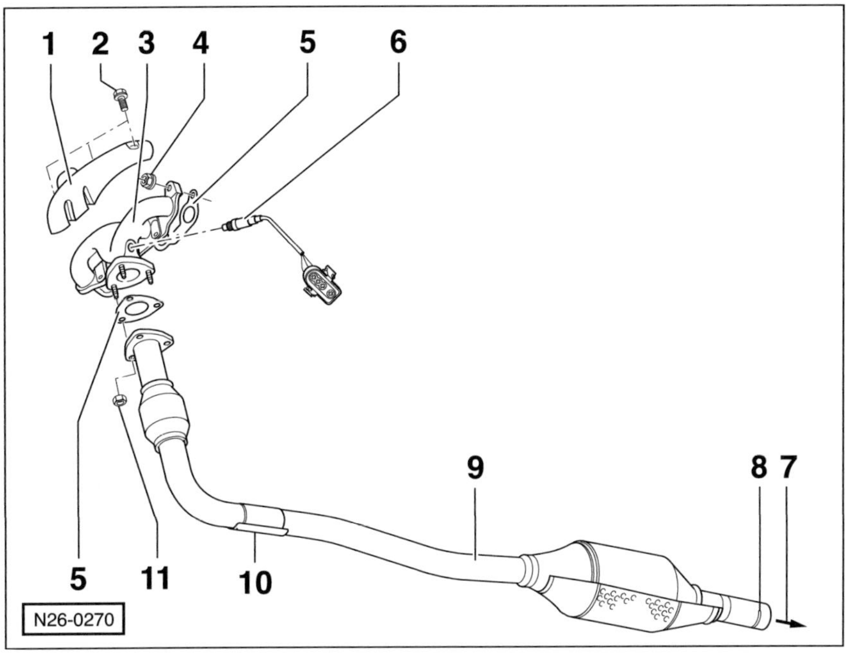

1 – Warmluftfangblech

2 – Schraube, 10 Nm

3 – Abgaskrümmer

4 – Sicherungsmutter, 25 Nm

5 – Dichtung
Immer ersetzen.

6 – Lambdasonde, 50 Nm
Nur das Gewinde mit Schmiermittel VW-G5 fetten. Das Fett darf nicht auf die Schlitze des Sondenkörpers kommen.

7 – zum Vorschalldämpfer

8 – Markierung
3-mal am Umfang vorhanden.

9 – Abgasrohr vorn mit Katalysator

10 – Micro-Katalysator
Nur Motor ALL.

11 – Mutter, 40 Nm

1,0-/1,4-l-Benzinmotor ALD/ANV/AUC/AUD/ANW/AKK mit 37/44 kW (50/60 PS)

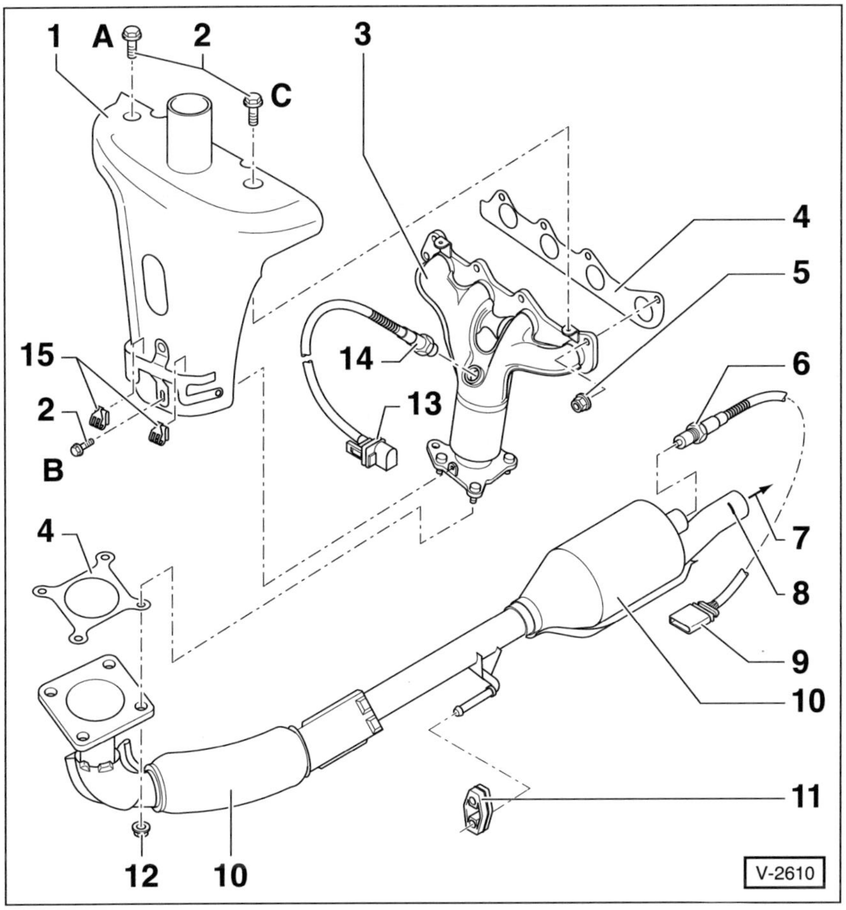

1 – Warmluftfangblech

2 – Schraube, 10 Nm
Anzugsreihenfolge A, B, C beachten.

3 – Abgaskrümmer
Motor ANV: Mit integriertem Vorkatalysator.

4 – Dichtung
Immer ersetzen.

5 – Sicherungsmutter, 25 Nm

6 – Lambdasonde 2*, 50 Nm
Nur Motor ANV.

7 – zum Vorschalldämpfer

8 – Markierung

9 – Anschlussstecker
Für Lambdasonde 2. Nur Motor ANV.

10 – Abgasrohr vorn mit Katalysator

11 – Aufhängung
Bei Beschädigung ersetzen.

12 – Sicherungsmutter, 40 Nm

13 – Anschlussstecker
Für Lambdasonde 1. Motor ANV: 6-polig, Motor ALD: 4-polig.

14 – Lambdasonde 1*, 50 Nm

15 – Halter
Für elektrische Leitung Lambdasonde 1.

*) Nur das Gewinde mit Schmiermittel VW-G052112A3 fetten. Das Fett darf nicht auf die Schlitze des Sondenkörpers kommen.

1,4-l-Benzinmotor AFK/AHW/AKQ mit 55/74 kW (75/100 PS)

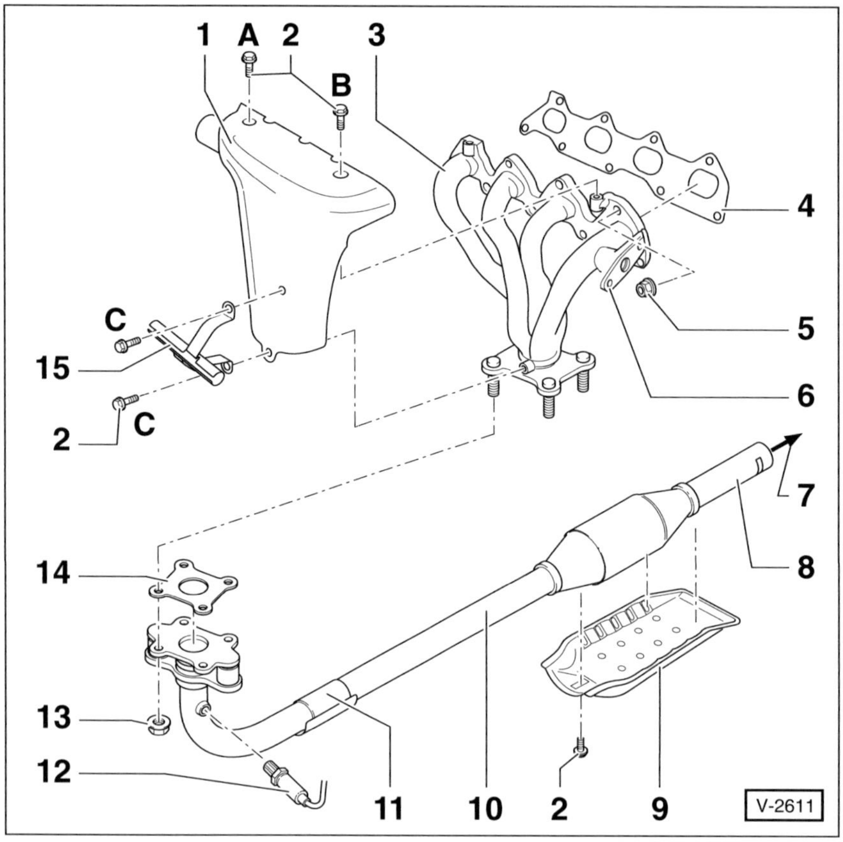

1 – **Warmluftfangblech**

2 – **Schraube, 10 Nm**
Anzugsreihenfolge A, B, C beachten.

3 – **Abgaskrümmer**

4 – **Dichtung**
Immer ersetzen.

5 – **Sicherungsmutter, 25 Nm**

6 – **Flansch für Abgasrückführungsventil**

7 – **zum Vorschalldämpfer**

8 – **Markierung**
3-mal am Umfang vorhanden.

9 – **Abschirmblech**

10 – **Abgasrohr vorn mit Katalysator**

11 – **Micro-Katalysator**
Nur Motor AKQ.

12 – **Lambdasonde, 50 Nm**
Nur das Gewinde mit Schmiermittel VW-G5 fetten. Das Fett darf nicht auf die Schlitze des Sondenkörpers kommen.
Achtung: Der Motor APE/AQQ besitzt 2 Lambdasonden: eine am Abgaskrümmer, die andere hinter dem Hauptkatalysator.

13 – **Mutter, 40 Nm**

14 – **Dichtung**
Immer ersetzen.

15 – **Halter**

1,4-/1,7-l-Dieselmotor mit 55/44 kW (75/60 PS)

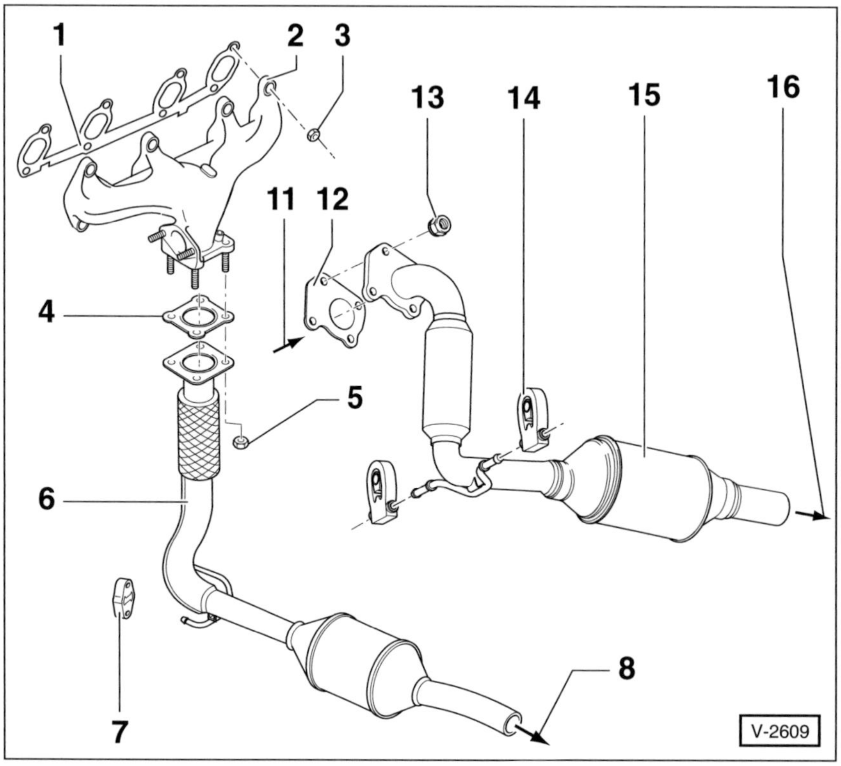

1,7-l-Dieselmotor

1 – **Dichtung**
Immer ersetzen.

2 – **Abgaskrümmer**

3 – **Mutter, 25 Nm**

4 – **Dichtung**
Immer ersetzen.

5 – **Mutter, 40 Nm**

6 – **Abgasrohr vorn mit Katalysator**

7 – **Haltering**
Bei Beschädigung ersetzen.

8 – **zum Vorschalldämpfer**

1,4-l-Dieselmotor

11 – **vom Abgasturbolader**

12 – **Dichtung**
Immer ersetzen.

13 – **Mutter, 25 Nm**

14 – **Haltering**
Bei Beschädigung ersetzen.

15 – **Abgasrohr vorn mit Katalysator**

16 – **zum Vorschalldämpfer**

Abgasanlage hinten

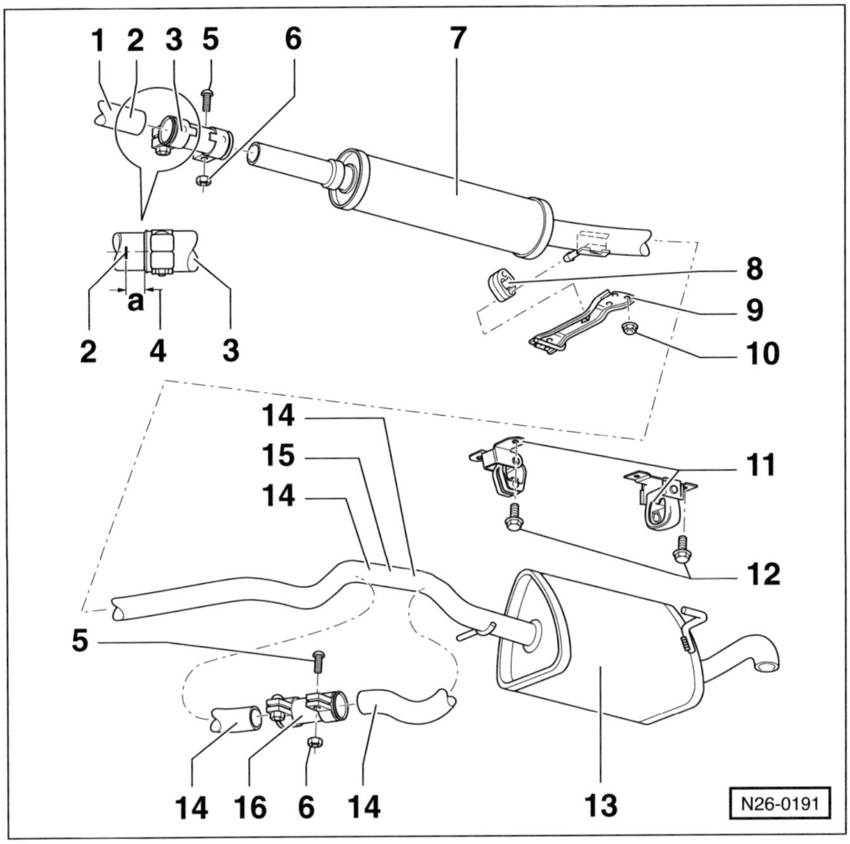

Benzinmotor, 1,7-l-Dieselmotor

1 – **Abgasrohr vorn mit Katalysator**

2 – **Markierung**
3-mal am Umfang vorhanden.
S = Schaltgetriebe.
A = Automatikgetriebe.

3 – **Doppelschelle**

4 – **Maß a: ca. 5 mm**

5 – **Flachrundschraube**

6 – **Mutter, 23 Nm**
1,7-l-Dieselmotor: 40 Nm

7 – **Vorschalldämpfer**
Bis zur Markierung in die Doppelschelle einschieben.

8 – **Halteschlaufe***

9 – **Verbindungsstrebe**

10 – **Mutter, 15 Nm**

11 – **Aufhängung***

12 – **Schrauben, 20 Nm + ¼ Umdrehung (90°) weiterdrehen**

13 – **Nachschalldämpfer**

14 – **Markierung**
Für Reparatur-Doppelschelle –16–.
Von unten sichtbar.

15 – **Trennstelle**
Durch Eindrückung auf dem serienmäßigen Abgasrohr gekennzeichnet.

16 – **Reparatur-Doppelschelle**
Muss bis an die Markierungen –14– aufgeschoben werden.

*) Bei Beschädigung ersetzen.

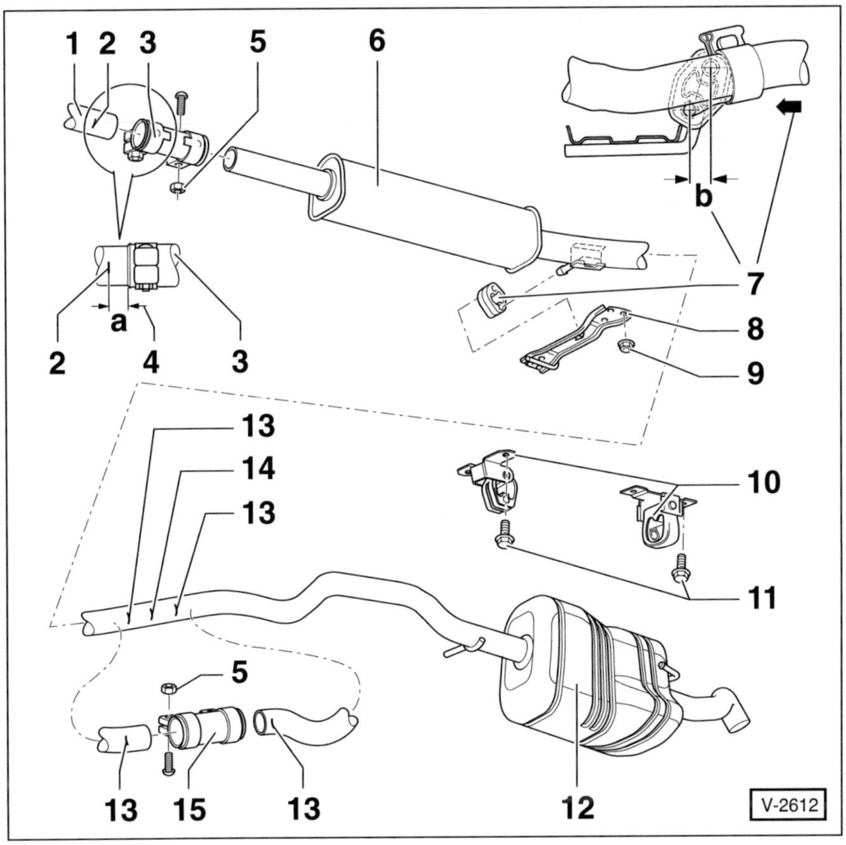

1,2-/1,4-l-Dieselmotor

1 – **Abgasrohr vorn mit Katalysator**

2 – **Markierung**

3 – **Doppelschelle**

4 – **Maß a: ca. 5 mm**

5 – **Mutter, 40 Nm**

6 – **Vorschalldämpfer**
Nur 1,4-l-Dieselmotor.

7 – **Haltering***
Einbaulage beachten, siehe Bildausschnitt: Maß b = 5 ± 2 mm. Der Pfeil zeigt in Fahrtrichtung.

8 – **Verbindungsstrebe**

9 – **Mutter**
1,2-l-Dieselmotor : **25 Nm**
1,4-l-Dieselmotor : **15 Nm**

10 – **Aufhängung***
Mit Haltering.

11 – **Schraube**
1,2-l-Dieselmotor: **25 Nm.**
1,4-l-Dieselmotor: **20 Nm + ¼ Umdrehung (90°) weiterdrehen.**

12 – **Nachschalldämpfer**

13 – **Markierung**
Für Reparatur-Doppelschelle –15–.

14 – **Trennstelle**
Durch Eindrückung auf serienmäßigem Abgasrohr gekennzeichnet.

16 – **Reparatur-Doppelschelle**
Muss bis an die Markierungen –13– aufgeschoben werden.

*) Bei Beschädigung ersetzen.

Abgasanlage aus- und einbauen

Hinweis: Die Teile der Abgasanlage können auch einzeln ausgebaut werden. Falls Vor- oder Nachschalldämpfer bei der serienmäßigen Anlage ersetzt werden soll, muss das Verbindungsrohr an der markierten Stelle durchgesägt werden, siehe auch Kapitel »Vorschalldämpfer/Nachschalldämpfer ersetzen«.

Ausbau

Sicherheitshinweis
Beim Aufbocken des Fahrzeugs besteht Unfallgefahr! Deshalb das Kapitel »Fahrzeug aufbocken« durchlesen.

- Fahrzeug aufbocken.
- Falls vorhanden, untere Motorraumabdeckung ausbauen, siehe Seite 17.
- Sämtliche Schrauben und Muttern der Abgasanlage mit Rost lösendem Mittel einsprühen. Rostlöser einige Zeit einwirken lassen.
- **Benzinmotor mit Lambdasonde hinter dem Katalysator:** Steckverbindung für Lambdasonde 2 trennen.
- Vorderes Abgasrohr am Abgaskrümmer beziehungsweise Turbolader von unten abschrauben.
- Abgasanlage abstützen oder mit Draht am Unterboden aufhängen, damit sie nicht nach unten fällt. **Achtung:** Die Abgasanlage darf auf keinen Fall herunterfallen, da hierdurch der Keramikkörper im Katalysator beschädigt wird. Dadurch wird der Katalysator unbrauchbar und muss ersetzt werden.

Achtung 1,4-l-Benzinmotor mit 55/74 kW (75/100 PS): Das flexible Entkoppelungselement im vorderen Abgasrohr darf nicht über ca. 10° abgewinkelt werden, sonst wird es beschädigt.

- Hintere Halterungen abschrauben, Abgasanlage hinten etwas absenken, bei zweiteiliger Anlage Nachschalldämpfer ausbauen.
- Vorschalldämpfer aus der Halteschlaufe aushängen und Abgasanlage mit Helfer herausnehmen.
- Die Teile der Abgasanlage können auch einzeln ausgebaut werden. Falls sich Verbindungsstücke oder Schrauben nicht lösen lassen, Abgasrohr an der Verbindungsstelle mit Schweißbrenner erhitzen. Aluminiumplatte zwischenlegen! **Achtung:** Brandgefahr!

Einbau

Achtung: Dichtungen, Muttern und Schrauben grundsätzlich erneuern. Um die Muttern und Schrauben der Abgasanlage später leichter lösen zu können, empfiehlt es sich, diese mit einer Hochtemperaturpaste, zum Beispiel Liqui Moly LM-508-ASC, einzustreichen. Gummi-Halteschlaufen auf Beschädigungen sichtprüfen, gegebenenfalls erneuern.

- Werden Abgasrohre nicht erneuert, Dicht- und Klemmflächen vor dem Zusammenfügen mit Schmirgelleinen von Ruß und Dichtungsresten reinigen.
- Vorderes Abgasrohr mit neuer Dichtung ansetzen und handfest am Krümmer anschrauben. Katalysator abstützen oder mit Draht aufhängen.
- Vorschalldämpfer und Nachschalldämpfer mit Reparatur-Doppelschelle verbinden. Schrauben noch nicht festziehen.

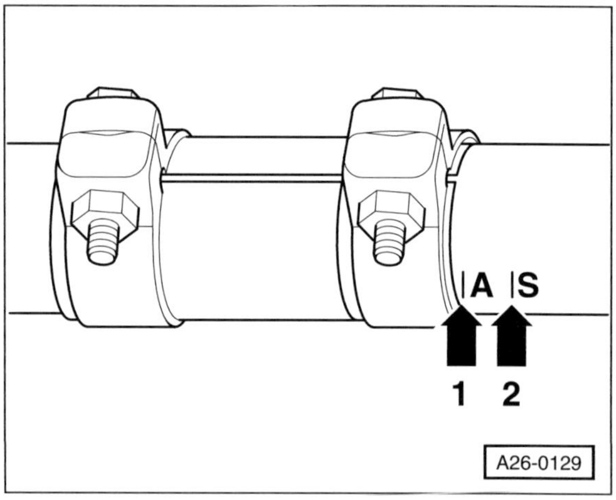

- Hinteren Teil der Abgasanlage am Katalysator ansetzen und mit Doppelschelle verbinden. Dabei vorderes Abgasrohr so weit in die Schelle einschieben, bis ca. 5 mm Abstand zu den Markierungen auf dem Abgasrohr vorhanden sind.

Hinweis: Falls die Markierungen auf dem Abgasrohr mit –A– und –S– gekennzeichnet sind, gilt die Markierung S –Pfeil 2– für Fahrzeuge mit Schaltgetriebe, die Markierung A –Pfeil 1– für Fahrzeuge mit Automatikgetriebe.

- Hintere Abgasanlage abstützen. Schrauben noch nicht festziehen.
- Vorschalldämpfer in die Gummi-Halteschlaufe einhängen.
- Nachschalldämpfer mit Aufhängungen am Unterboden anschrauben. Schrauben mit **20 Nm** festziehen und anschließend um ¼ **Umdrehung (90°)** weiterdrehen. **Achtung:** Das Anzugsdrehmoment beim LUPO 3L beträgt **25 Nm.**
- Abgasanlage so ausrichten, dass sie spannungsfrei in den Aufhängungen sitzt. Dabei auf ausreichenden Abstand von mindestens 25 mm zum Aufbau achten. Gegebenenfalls Anlage verdrehen oder in Längsrichtung verschieben. Die Halterungen müssen gleichmäßig belastet werden. Darauf achten, dass die Rohre weit genug in die Schellen geschoben werden. Zur Erleichterung sind als Markierungen in den Rohren Eindrückungen angebracht. **Achtung 1,6-l-Benzin- und 1,2-/1,4-l-Dieselmotor:** Ausrichtungshinweise in Abbildung V-2612, Position –7– beachten.
- Schrauben und Muttern festziehen. Die **Anzugsdrehmomente** stehen in den Legenden zu den Übersichtsabbildungen.
- **Benzinmotor mit Lambdasonde hinter dem Katalysator:** Steckverbindung für Lambdasonde 2 verbinden.
- Fahrzeug ablassen.

- Abgasanlage auf Dichtheit prüfen, siehe entsprechendes Kapitel.

Speziell 1,2-l-Dieselmotor

Der hintere Teil der Abgasanlage entspricht der Anlage beim 1,4-l-Dieselmotor. Allerdings ist anstelle des Vorschalldämpfers ein Verbindungsrohr eingebaut. Der vordere Teil der Abgasanlage besteht aus 2 Katalysatoren, die über eine Flanschverbindung verschraubt sind. Sämtliche Schrauben und Muttern der vorderen Abgasanlage werden mit **25 Nm** angeschraubt.

Abgasanlage auf Dichtigkeit prüfen

Prüfen

- Motor starten und bei laufendem Motor Abgasanlage mit einem Lappen oder Stöpsel verschließen.
- Abgasanlage auf Undichtigkeit abhören. Gegebenenfalls Verbindungsstellen Zylinderkopf/Krümmer und Krümmer/Abgasrohr vorn mit handelsüblichem »Lecksuch-Spray« einsprühen und auf Blasenbildung untersuchen.
- Undichtigkeit beseitigen.

Vorschalldämpfer/Nachschalldämpfer ersetzen

Ab Werk sind Vor- und Nachschalldämpfer als eine Einheit eingebaut; die Schalldämpfer können jedoch einzeln erneuert werden. Zum Trennen wird ein handelsüblicher Ketten-Abgasrohrschneider, zum Beispiel HAZET 4682, benötigt. Steht das Werkzeug nicht zur Verfügung, Abgasanlage mit einer Eisensäge durchsägen.

Hinweis: Wenn sich ein Schalldämpfer nicht aus der Klemmschelle ziehen lässt, gibt es zum Lösen zwei Möglichkeiten: 1. Möglichkeit: Abgasrohr etwa 5 cm hinter der Schelle durchsägen. Anschließend das Restrohr längs aufsägen und mit Hammer und Meißel abschlagen. 2. Möglichkeit: Steht ein Autogen-Schweißgerät zur Verfügung, die Klemmschelle erwärmen, dadurch dehnt sie sich aus, und das Rohr lässt sich abziehen.

Sicherheitshinweis
Vor Einsatz des Schweißgerätes den Fahrzeugunterboden mit einer Aluminiumplatte schützen, Brandgefahr. Feuerlöscher bereitstellen.

Ausbau bei einteiliger Vor-/Nachschalldämpfer-Anlage

Sicherheitshinweis
Beim Aufbocken des Fahrzeugs besteht Unfallgefahr! Deshalb das Kapitel »Fahrzeug aufbocken« durchlesen.

- Fahrzeug aufbocken.

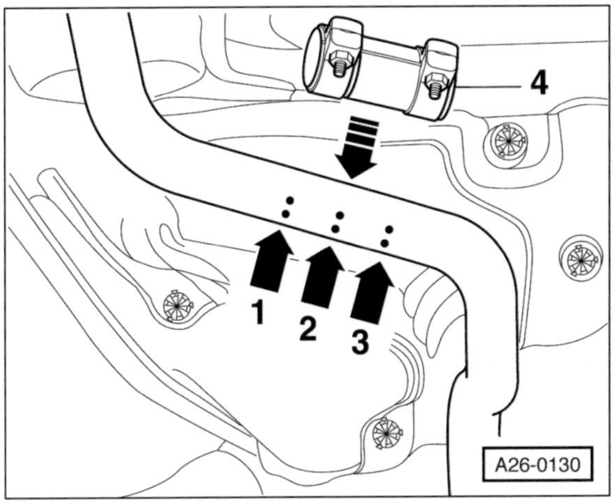

- Die Trennstelle ist durch Eindrückungen gekennzeichnet. An den mittleren Eindrückungen –Pfeil 2– wird das Abgasrohr getrennt. Die seitlichen Markierungen –Pfeile 1– und –3– dienen als Markierung, damit die Abgasrohre gleich weit in die Klemmschelle –4– hineingeschoben werden.
- Kette des Abgasrohrschneiders an den mittleren Eindrückungen –2– um das Rohr herumlegen und spannen. Kette hin- und herrollen und dabei nachspannen, jedoch nicht zu stark, damit das Rohr beim Schneiden nicht verformt wird.
- Schalldämpfer aus den Gummihalterungen aushängen und herausnehmen.

Einbau

- Schalldämpfer in die Gummihalterungen einhängen.
- Zum Verbinden der Abgasrohre wird eine Ersatzteil-Klemmschelle verwendet. **Achtung:** Bereits montierte Klemmschellen immer erneuern, nicht wieder verwenden. Da je nach Fahrzeug unterschiedliche Rohrdurchmesser verwendet werden, auf richtige Ersatzteilzuordnung achten.
- Abgasanlage ausrichten, siehe Kapitel »Abgasanlage einbauen«.
- Klemmschelle festziehen.
  Anzugsdrehmoment Benzinmotor: . . . . **23 Nm**
  Dieselmotor . . . . **40 Nm**

Kupplung

Aus dem Inhalt:

- **Kupplungsbetätigung**
- **Kupplungsdemontage**
- **Kupplungs-Hydrauliksystem entlüften**

Die Kupplung trennt beim Schalten der Gänge den Kraftschluss zwischen Motor und Getriebe und sorgt beim Anfahren durch Reibung für einen ruckfreien Kraftschluss.

Die Kupplung besteht aus der Kupplungsdruckplatte, der Kupplungsmitnehmerscheibe, dem Ausrücklager, dem Kupplungsseilzug beim 1,0-/1,4-l-Benzin- und 1,7-l-Dieselmotor sowie der hydraulischen Betätigung beim 1,2-/1,4-l-Dieselmotor und beim FSI- und GTI-Benzinmotor.

Die Kupplungsdruckplatte ist fest mit dem Schwungrad verschraubt, das wiederum an der Kurbelwelle des Motors angeflanscht ist. Zwischen der Kupplungsdruckplatte und dem Schwungrad befindet sich die Kupplungsmitnehmerscheibe, die von der Kupplungsdruckplatte gegen das Schwungrad gepresst wird. Die Mitnehmerscheibe ist über eine Verzahnung fest mit der Getriebewelle verbunden.

Beim Niedertreten des Kupplungspedals (auskuppeln) wird über das Kupplungsseil und die Ausrückgabel das Ausrücklager gegen die Membranfeder der Druckplatte gedrückt. Dadurch entspannt sich die Kupplungsdruckplatte, und die Mitnehmerscheibe wird nicht mehr gegen die Schwungscheibe gepresst. Der Kraftschluss zwischen Motor und Getriebe ist also aufgehoben.

1,4-l-Diesel- und 1,6-l-Benzinmotor: Mit dem Bremspedal wird im Geberzylinder Druck aufgebaut und über eine Hydraulikleitung auf den Kupplungs-Nehmerzylinder übertragen. Der Kolben des Nehmerzylinders drückt dann gegen das Ausrücklager und damit gegen die Membranfeder der Druckplatte. Das Hydrauliksystem der Kupplung arbeitet mit Bremsflüssigkeit und wird über den Ausgleichbehälter für Bremsflüssigkeit versorgt.

1,2-l-Diesel- und 1,4-l-FSI-Benzinmotor: Eine elektrische Hydraulikpumpe baut den benötigten Druck auf, der vom Getriebe-Steuergerät über Magnetventile, je nach Bedarf, an den Kupplungs-Nehmerzylinder weitergegeben wird. Der Nehmerzylinder wiederum betätigt über ein Seil den Kupplungs-Ausrückhebel. Das Hydrauliksystem arbeitet mit Getriebeöl.

Bei jedem Ein- und Auskuppeln wird durch den leichten Schleifvorgang etwas Reibbelag von der Mitnehmerscheibe abgeschliffen. Die Mitnehmerscheibe ist also ein Verschleißteil, doch hat sie eine mittlere Lebensdauer von über 100.000 Kilometern. Der Verschleiß hängt im wesentlichen von der Belastung (Anhängerbetrieb) und der Fahrweise ab. Die Kupplung ist wartungsfrei, da sie sich selbst nachstellt.

Kupplungsscheibe/Druckplatte

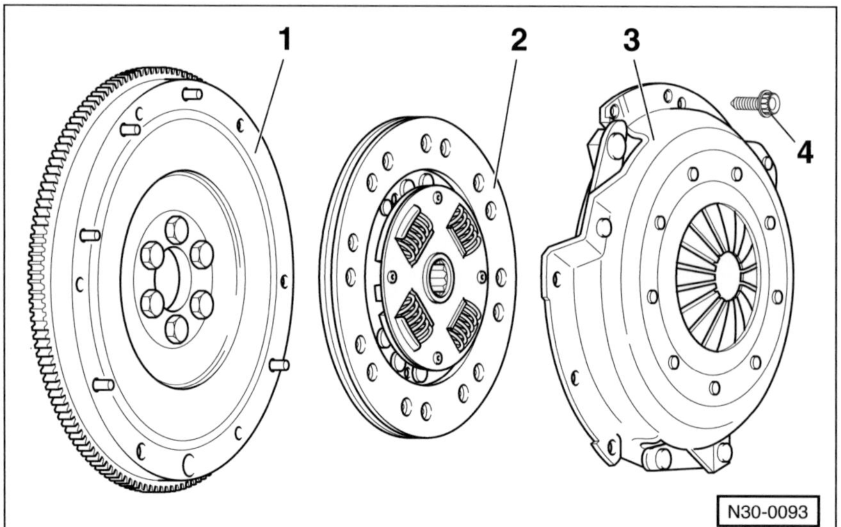

1 – **Schwungrad**
Anlagefläche für Kupplungsbelag muss frei von Rillen, Öl und Fett sein.
Auf festen Sitz der Zentrierstifte achten.

2 – **Kupplungsscheibe**
Einbaulage beachten, Federkäfig zeigt zur Druckplatte.
Achtung: Verzahnung der Antriebswelle und, bei gebrauchten Kupplungsscheiben, Verzahnung der Nabe, reinigen, Korrosion entfernen. Kerbverzahnung hauchdünn mit MoS_2-Fett einstreichen. Überschüssiges Fett unbedingt entfernen.

3 – **Druckplatte**

4 – **Zwölfkantschraube, 20 Nm**
Stufenweise über Kreuz lösen beziehungsweise anziehen.
Schrauben entsprechend dem eingebauten Motor nach Ersatzteil-Katalog zuordnen.

Kupplungsbetätigung

1,0-/1,4-l-Benzinmotor außer FSI, 1,7-l-Dieselmotor

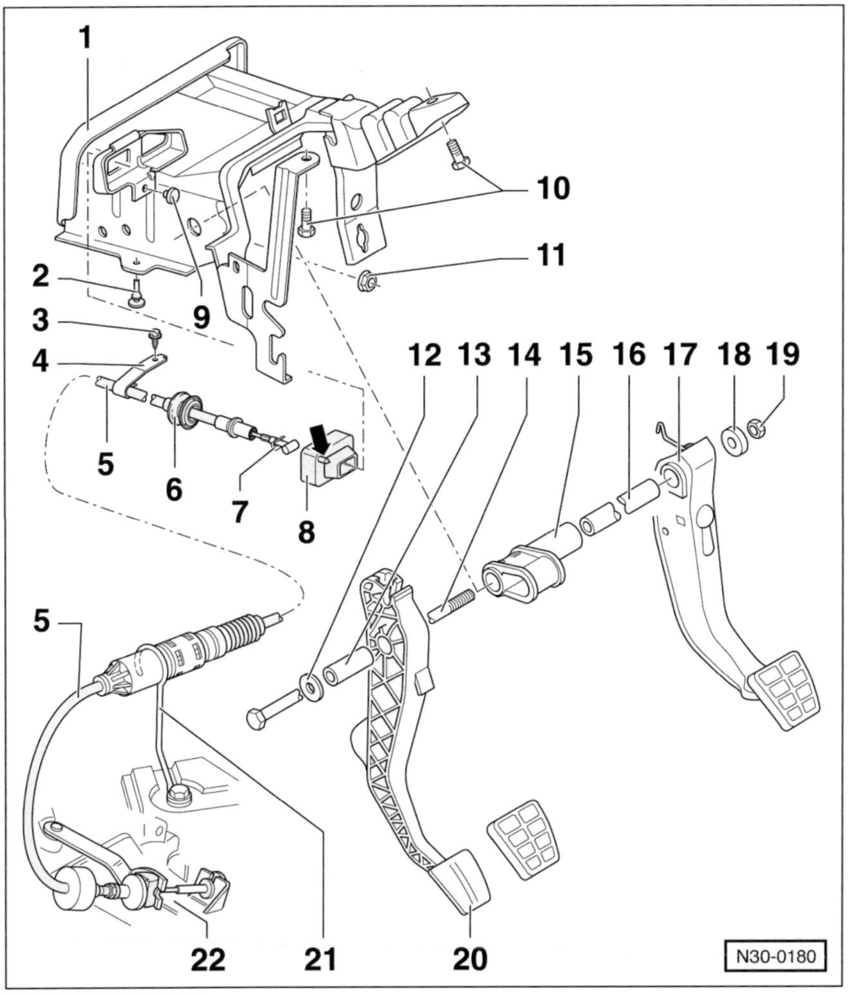

1 – **Lagerbock**

2 – **Gummipuffer**
In den Lagerbock einknöpfen.

3 – **Schraube, 2 Nm**
Für Halter an Aufbau.

4 – **Halter**

5 – **Kupplungszug**

6 – **Faltenbalg**
In die Spritzwand einknöpfen.

7 – **Aufnahmeblech**
Für Kupplungszug in Kupplungspedal.

8 – **Abstützung**
So einbauen, dass sich die Gummiführung –Pfeil– in der Aufnahmebohrung befindet.

9 – **Gummipuffer**
In den Lagerbock einknöpfen.

10 – **Schraube, 25 Nm**

11 – **Mutter, 25 Nm**
5 Stück. Selbstsichernd, immer ersetzen.

12 – **Scheibe**

13 – **Lagerbuchse**
Mit MoS_2-Schmierfett fetten.

14 – **Pedalachse**

15 – **Lagerbuchse**
Zur Aufnahme der Lenksäule.

16 – **Lagerbuchse**
In Lagerbuchse –15– einschieben, anschließend Bremspedal aufsetzen.

17 – **Bremspedal**

18 – **Scheibe**

19 – **Mutter, 25 Nm**

20 – **Kupplungspedal**

21 – **Halter**

22 – **Getriebe**

1,4-l-Dieselmotor

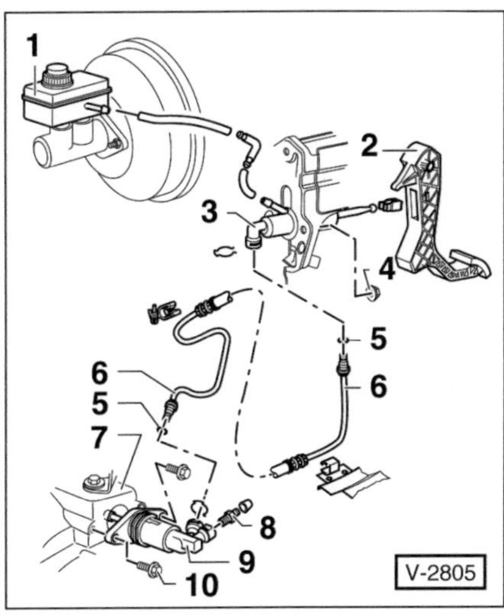

1,2-l-Dieselmotor, 1,4-l-FSI-Benzinmotor

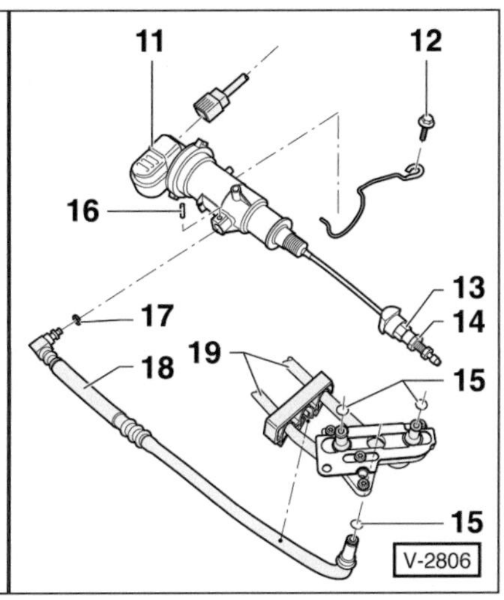

1 – **Bremslüssigkeitsbehälter**

2 – **Kupplungspedal**

3 – **Geberzylinder**

4 – **Mutter, 25 Nm**

5 – **Dichtring**

6 – **Rohr-Schlauchleitung**

7 – **Getriebe**

8 – **Entlüftungsventil**

9 – **Nehmerzylinder**

10 – **Schraube, 25 Nm**

11 – **Nehmerzylinder**

12 – **Schraube, 10 Nm**

13 – **Einstellmutter**

14 – **Kontermutter, 15 Nm**

15 – **Dichtring**

16 – **Spannhülse**

17 – **Dichtring**

18 – **Rohr-Schlauchleitung**

19 – **Rohr-Schlauchleitungen**

Kupplung aus- und einbauen/prüfen

Benzinmotor, 1,7-l-Dieselmotor

Erforderliches Spezialwerkzeug:

Schwungrad-Arretierwerkzeug, zum Beispiel VW-10-201 für den Benzinmotor beziehungsweise VW-3386 für den 1,7-l-Dieselmotor.

Kupplungs-Zentrierdorn, zum Beispiel HAZET 2174 oder VW-20-213A für den Benzinmotor beziehungsweise VW- 10-2139 für den 1,7-l-Dieselmotor.

Ausbau

- Getriebe ausbauen, siehe Seite 243.

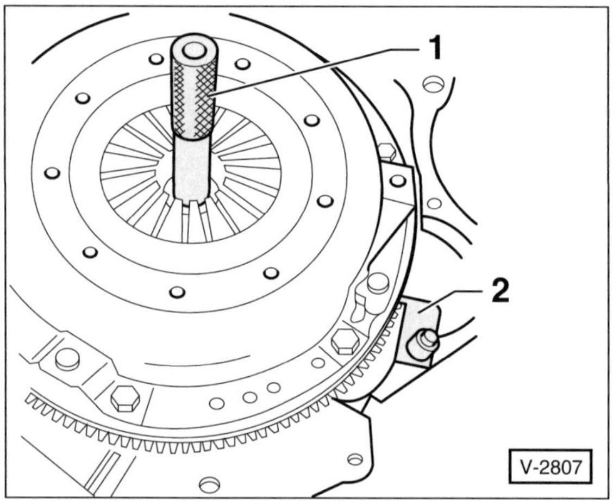

- Damit das Schwungrad beim Lösen der Schrauben nicht mitdreht, Schwungrad entweder mit VW-Arretierwerkzeug –2– oder mit Schraubendreher und Dorn arretieren. **Hinweis:** Das VW-Werkzeug –2– ist in »Einbaustellung« gezeigt, für den Ausbau das Werkzeug umstecken.
- Befestigungsschrauben der Kupplungsdruckplatte über Kreuz jeweils 1 bis 1½ Umdrehungen lösen, bis die Druckplatte entspannt ist.

Achtung: Werden die Schrauben sofort ganz gelöst, kann die Membranfeder beschädigt werden.

- Nach dem Lösen, Schrauben ganz herausdrehen.
- Druckplatte und Kupplungsscheibe herausnehmen. **Achtung:** Druckplatte und Kupplungsscheibe beim Herausnehmen nicht fallen lassen, sonst können nach dem Einbau Rupf- und Trennschwierigkeiten auftreten.
- Ausrücklager abwischen, nicht auswaschen.
- Schwungrad mit benzingetränktem Lappen auswischen.

Prüfen

Werden die alten Kupplungsteile eingebaut, so müssen diese zuvor geprüft werden.

- Kupplungsdruckplatte auf Brandrisse und Riefen prüfen.

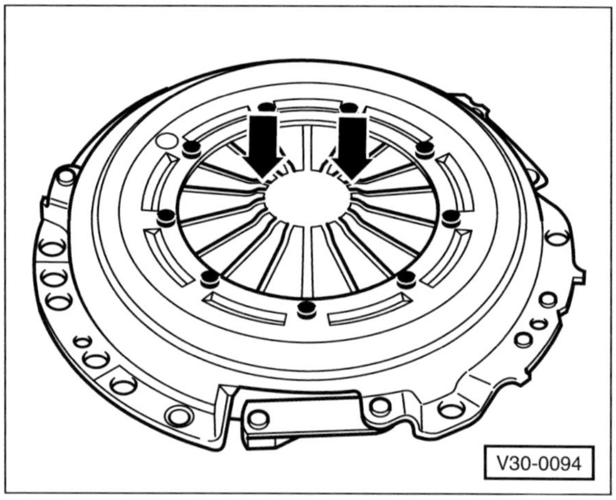

- Membranfeder auf Brüche untersuchen –Pfeile–. Eine Abnutzung bis zur halben Membranfederdicke ist zulässig.
- Federverbindungen zwischen Druckplatte und Deckel auf Risse, Nietbefestigungen auf festen Sitz prüfen. Kupplungen mit beschädigten oder losen Nietverbindungen ersetzen.
- Auflagefläche der Druckplatte auf Risse, Brandstellen und Verschleiß prüfen. Druckplatten, die bis zu 0,2 mm nach innen durchgebogen sind, dürfen noch eingebaut werden. Die Prüfung erfolgt mit Lineal und Fühlerblattlehre.
- Schwungrad auf Brandrisse und Riefen prüfen.
- Verölte, verfettete oder mechanisch beschädigte Kupplungsscheibe austauschen.
- Kupplungsscheibe auf ausreichende Belagstärke und auf Belagrisse prüfen.
- In der Werkstatt kann die Kupplungsscheibe auf Schlag geprüft werden. Der Seitenschlag darf bei der Kupplungsscheibe maximal 0,8 mm betragen (2,5 mm vom Außenrand gemessen). **Achtung:** Diese Prüfung ist nur dann notwendig, wenn die alte Kupplungsscheibe wieder eingebaut werden soll und die Kupplung vorher nicht richtig ausgekuppelt hat. Gegebenenfalls darf die Kupplungsscheibe vorsichtig ausgerichtet werden.
- Ausrücklager in eingebautem Zustand von Hand prüfen. Dazu Lager leicht zusammenpressen und drehen. Das Lager muss sich leicht drehen lassen. Im Fahrbetrieb macht sich ein defektes Ausrücklager durch Geräusche bei getretenem Kupplungspedal bemerkbar. Sinnvollerweise das Lager generell austauschen.

Einbau

Achtung: Werden Neuteile eingebaut, unbedingt Kupplungsdruckplatte, Kupplungsscheibe und Befestigungsschrauben über Motorkennbuchstaben und Motornummer nach dem Ersatzteil-Katalog zuordnen lassen, damit keine falschen Teile eingebaut werden.

Werden die bisherigen Kupplungsteile eingebaut, so müssen diese zuvor geprüft werden.

- Vor dem Einbau einer neuen Kupplungsdruckplatte, Korrosionsschutzfett **nur an der Anlauffläche** restlos entfernen. An den anderen Stellen darf das Fett auf keinen Fall entfernt werden, da sonst die Lebensdauer der Kupplung erheblich verkürzt wird.
- Zentrierstifte am Schwungrad auf festen Sitz prüfen.
- Kerbverzahnung der Kupplungsscheibe von Korrosion reinigen. Verzahnung der Antriebswelle hauchdünn mit MoS_2-Fett schmieren. Die Fachwerkstatt verwendet das VW-Fett G 000 100. Danach Kupplungsscheibe auf der Antriebswelle hin- und herbewegen, bis die Nabe auf der Welle leichtgängig ist. Überschüssiges Fett unbedingt entfernen.
- **Wichtig:** Beim Einsetzen der Kupplungsscheibe darauf achten, dass der Federkäfig zur Druckplatte zeigt.

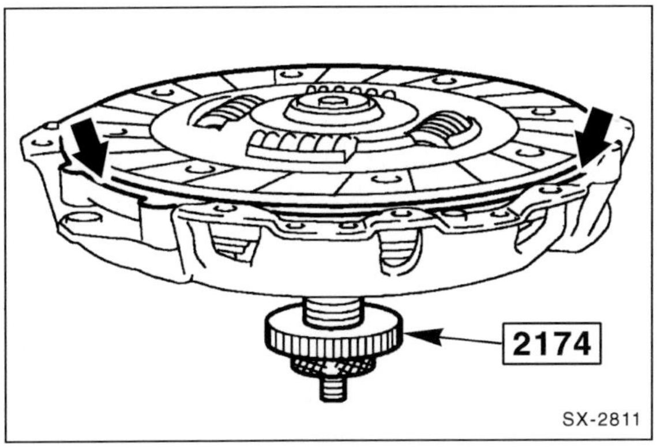

- Kupplungsscheibe mittig in der Druckplatte mit einem passenden Dorn, zum Beispiel HAZET 2174 zentrieren –Pfeile–. Sitzt die Kupplungsscheibe nicht zentrisch, kann die Getriebe-Antriebswelle später nicht eingeführt werden. Als Zentrierdorn kann auch eine alte Getriebe-Antriebswelle verwendet werden.
- Die Kupplungsdruckplatte in die entsprechenden Passstifte setzen.

Achtung: Die Druckplatte muss vollständig am Schwungrad anliegen und darf sich nicht verkanten, da sonst Passstifte und Zentrierbohrungen beschädigt werden. Dann erst Befestigungsschrauben einsetzen. Keinesfalls Druckplatte mit den Schrauben heranziehen, sonst werden die Zentrierbohrungen der Druckplatte und die Zentrierstifte am Schwungrad beschädigt.

- Befestigungsschrauben für Kupplungsdruckplatte einschrauben und über Kreuz mit 1 bis 1½ Umdrehungen anziehen, bis die Druckplatte festgezogen ist. Anzugsdrehmoment für Sechskantschrauben: **20 Nm**.
- Zentrierdorn entfernen.
- Getriebe einbauen, siehe Seite 243.

Kupplungszug auf Funktion prüfen

1,0-/1,4-l-Benzinmotor außer FSI, 1,7-l-Dieselmotor

Wenn die Kupplung schleift, kann das möglicherweise an einem nicht ordnungsgemäß funktionierenden Nachstellmechanismus liegen. Vor dem Ausbau des Kupplungszuges ist immer die Funktion vom Nachstellmechanismus zu prüfen. Gegebenenfalls Kupplungszug gangbar machen.

Funktion prüfen

- Kupplungspedal mindestens 5-mal bis zum Anschlag betätigen.

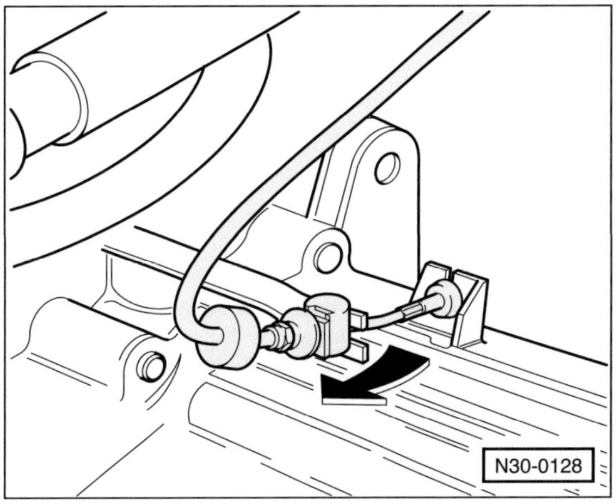

- Ausrückhebel entgegen der Betätigungsrichtung ca. 10 mm bewegen. Der Ausrückhebel muss sich dabei frei bewegen lassen. Andernfalls Prüfung wiederholen. **Achtung:** Vor jeder Prüfung Kupplungspedal ca. 5-mal bis zum Anschlag niedertreten.
- Kann der Ausrückhebel nicht entgegen der Betätigungsrichtung bewegt werden, Nachstellmechanismus gangbar machen.

Gangbar machen

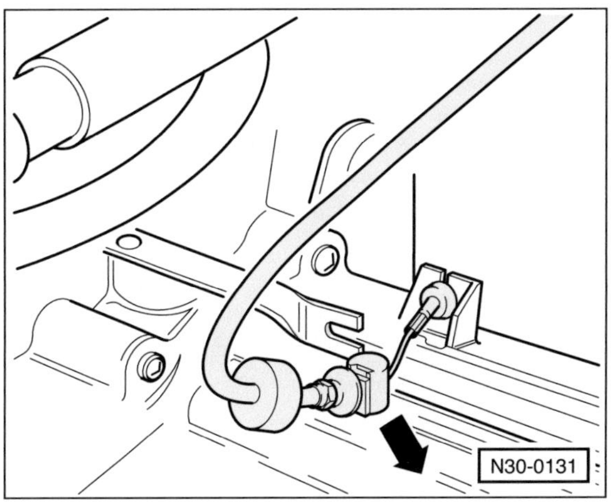

- Kupplungszug aus der Aufnahme des Ausrückhebels durch kräftiges Ziehen in Pfeilrichtung herausnehmen.

- Gummipuffer aus der Abstützung am Getriebe ziehen.

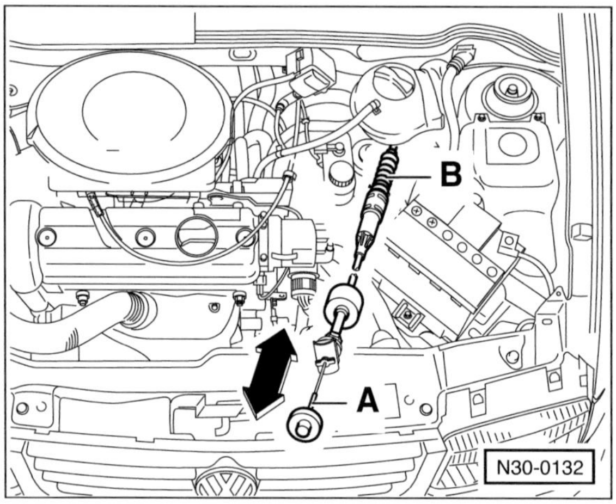

- Litze –A– des Kupplungszuges einige Male hin- und herbewegen, bis der Nachstellmechanismus –B– zusammengedrückt werden kann.
- Kupplungszug in zusammengedrückter Stellung mit einem Gummi-Halteband spannen und in gespanntem Zustand einbauen. Das Halteband liegt neuen Zügen bei. Halteband anschließend entfernen.
- Funktion erneut prüfen.

Hinweis: Kupplungszug erst ersetzen, wenn auch mehrmaliges »gangbar machen« keinen Erfolg bringt.

Kupplungsbetätigung entlüften

1,4-l-Dieselmotor

Die Kupplungsbetätigung muss entlüftet werden, wenn die Kupplung beim Gangwechsel nicht richtig trennt, wenn das Kupplungspedal nicht oder nur verzögert zurückkommt oder das Hydraulikdrucksystem geöffnet wurde.

Da das Hydrauliksystem der Kupplung mit Bremsflüssigkeit arbeitet, sind ebenfalls die entsprechenden Kapitel im Abschnitt »Bremsanlage entlüften« durchzulesen.

Sicherheitshinweis
Bremsflüssigkeit ist giftig. Keinesfalls Bremsflüssigkeit mit dem Mund über einen Schlauch absaugen. Bremsflüssigkeit nur in Behälter füllen, bei denen ein versehentliches Einnehmen ausgeschlossen ist.

- Fahrzeug aufbocken und untere Motorraumabdeckung ausbauen, siehe Seite 17.
- Bremsflüssigkeitsstand im gemeinsamen Vorratsbehälter prüfen, gegebenenfalls bis zur MAX-Markierung auffüllen.
- Staubkappen vom Entlüfterventil am Nehmerzylinder und am vorderen linken Bremssattel abziehen.
- Entlüftungsventile vorsichtig gangbar machen.
- Durchsichtigen Schlauch auf das Entlüfterventil am Bremssattel aufschieben.
- Schlauch mit Bremsflüssigkeit füllen. Dazu Entlüfterschraube am Bremssattel öffnen. Bremspedal langsam durchtreten (Helfer) und in dieser Stellung halten. Entlüfterventil schließen und Bremspedal loslassen. Anschließend Entlüfterventil wieder öffnen und Bremspedal erneut durchtreten. Vorgang so lange wiederholen, bis der Schlauch vollständig mit Bremsflüssigkeit gefüllt ist. Schlauch mit dem Finger zuhalten, damit keine Bremsflüssigkeit ausläuft. **Achtung:** Der Flüssigkeitsstand im Vorratsbehälter darf nicht zu weit absinken, gegebenenfalls **neue** Bremsflüssigkeit nachfüllen.
- Freies Schlauchende auf die Entlüfterschraube am Kupplungs-Nehmerzylinder stecken und beide Entlüfterschrauben öffnen.
- Bremspedal durchtreten, Entlüfterschraube am Bremssattel schließen und Bremspedal entlasten. Diesen Vorgang so oft wiederholen, bis im Ausgleichbehälter keine Luftblasen mehr herausgedrückt werden. Dabei stets neue Bremsflüssigkeit nachfüllen.
- Entlüfterschrauben am Bremssattel und am Nehmerzylinder verschließen. Schlauch abziehen und Staubkappen aufschieben.
- Fahrzeug ablassen.
- Bremsflüssigkeit bis zur MAX-Markierung auffüllen.
- Kupplungspedal mehrmals betätigen. Dadurch wird sichergestellt, dass eventuelle Restluft im System in den Bremsflüssigkeitsbehälter entweichen kann.
- Funktion von Brems- und Kupplungssystem prüfen. **Achtung:** Bei diesem Entlüftungsvorgang kann etwas Luft im Hydrauliksystem bleiben. Erkennbar ist das am Kratzen beim Einlegen der Gänge und durch nicht richtiges Trennen der Kupplung. In diesem Fall Kupplungshydraulik umgehend in der Werkstatt mit einem Entlüftungsgerät entlüften lassen.
- Untere Motorraumabdeckung einbauen, siehe Seite 17.

Entlüften mit Entlüftungsgerät

In den Werkstätten wird die Kupplungshydraulik in der Regel mit einem Entlüftungsgerät entlüftet. Das Entlüftungsgerät gibt Druck auf die Bremsflüssigkeit im Ausgleichbehälter.

- Verschraubung am Bremsflüssigkeits-Ausgleichbehälter abschrauben. Entlüftungsgerät nach Vorschrift anschließen.

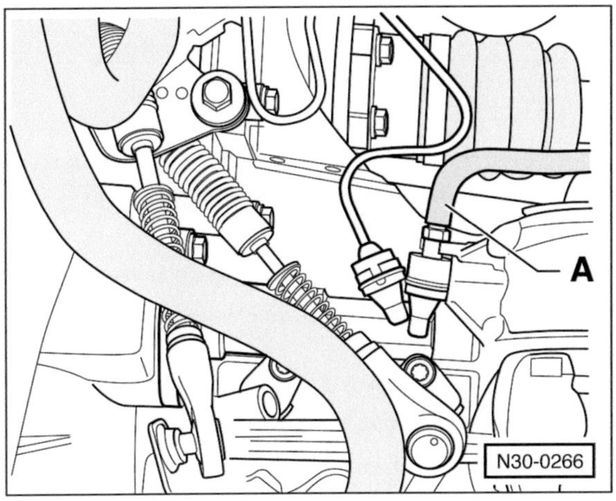

- Am Kupplungsnehmerzylinder einen durchsichtigen Schlauch –A– auf die Entlüfterschraube aufschieben. Schlauchende in eine mit Bremsflüssigkeit gefüllte Flasche stecken, beziehungsweise mit dem Auffangbehälter des Entlüftungsgeräts verbinden.
- Entlüfterschraube so lange öffnen, bis keine Luftblasen mehr entweichen. Anschließend Entlüfterschraube festziehen.
- Kupplungspedal mehrmals betätigen.
- Bremsflüssigkeit bis zur MAX-Markierung auffüllen. Deckel für Bremsflüssigkeitsbehälter aufschrauben.

Kupplungsausrückung

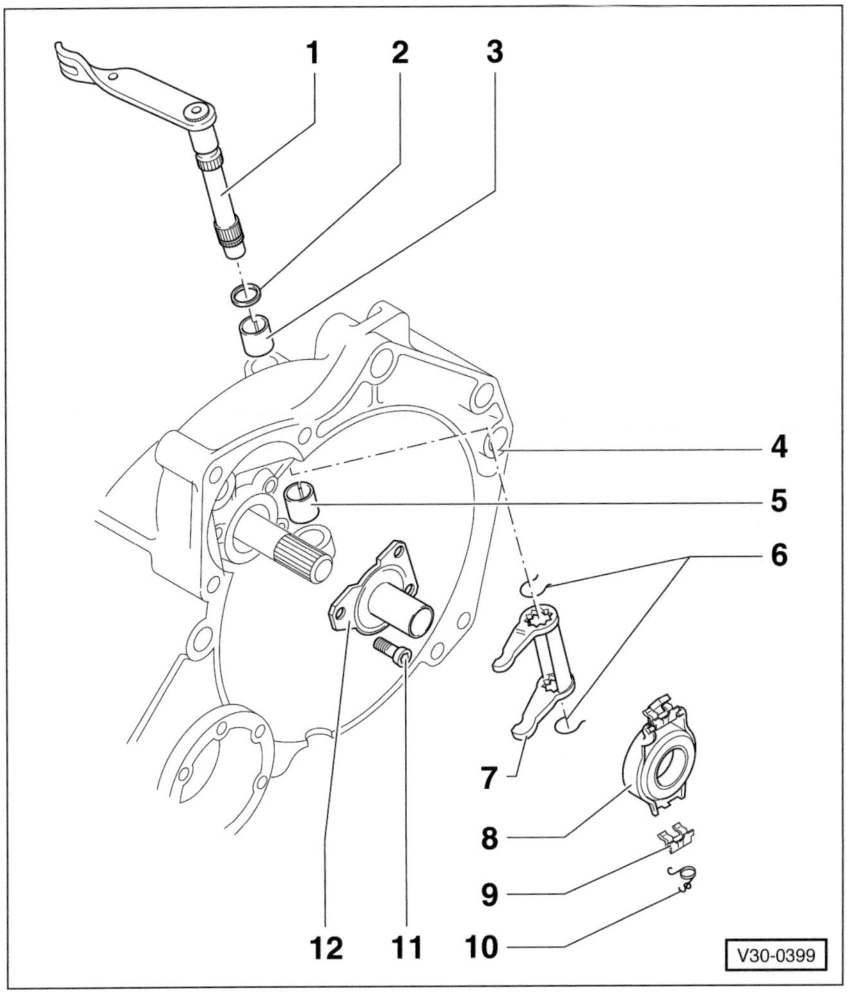

1 – **Ausrückwelle**
Auf Leichtgängigkeit prüfen.

2 – **Dichtring**
Mit Schraubendreher heraushebeln.

3 – **Lagerbuchse**

4 – **Kupplungsgehäuse**

5 – **Lagerbuchse**

6 – **Sicherungsclip**
Vor Ausbauen der Ausrückwelle heraushebeln.

7 – **Ausrückhebel**

8 – **Ausrücklager**
Lager nicht auswaschen, nur abwischen.
Lager ersetzen, wenn beim Auskuppeln Geräusche entstehen oder wenn das Lager schwergängig ist.
Zum Ausbau Getriebe ausbauen.

9 – **Halteklammer**
Auf das Ausrücklager aufstecken.

10 – **Haltefeder**
Zuerst in die Halteklammer und anschließend in den Ausrückhebel einsetzen.

11 – **Schraube, 18 Nm**
Selbstsichernd, immer ersetzen.

12 – **Führungshülse**
Führung für Ausrücklager fetten.

Hinweis: Sämtliche Lager- und Berührungsflächen mit dem Fett für Gleichlaufgelenke, VW-G000 603, fetten.

Störungsdiagnose Kupplung

Störung	Ursache	Abhilfe
Kupplung rupft.	Motor- und Getriebelagerung defekt.	■ Prüfen, gegebenenfalls auswechseln.
	Getriebe liegt in der Aufhängung nicht fest.	■ Befestigungsschrauben nachziehen.
	Druckplatte trägt ungleichmäßig.	■ Druckplatte auswechseln.
	Mitnehmerscheibe kein Originalteil.	■ Original-Kupplungsscheibe einbauen.
	Kurbelwelle fluchtet nicht zur Getriebe-Antriebswelle.	■ Zentrierflächen von Motor und Getriebe überprüfen.
	Ausrücker drückt einseitig.	■ Ausrücker überprüfen.
	Kupplungspedal ist schwergängig.	■ Achse des Pedals ölen.
	Ausrückgabel/-lager defekt.	■ Ersetzen.
Kupplung rutscht.	Kupplungsscheibe verschlissen.	■ Dicke der Kupplungsscheibe prüfen, gegebenenfalls auswechseln.
	Nehmerzylinder der Hydraulikbetätigung klemmt.	■ Nehmerzylinder ersetzen.
	Spannung der Membranfeder zu gering.	■ Druckplatte auswechseln.
	Nehmerzylinder der Hydraulikbetätigung undicht.	■ Sichtprüfung durchführen.
	Nachstellvorrichtung funktioniert nicht korrekt.	■ Funktion der Nachstellvorrichtung prüfen, Nachstellvorrichtung gangbar machen.
	Belag verhärtet oder verölt.	■ Kupplungsscheibe austauschen.
	Kupplung wurde überhitzt.	■ Originalteil einbauen.
Kupplung trennt nicht, oder nicht richtig.	Belag durch Abrieb verklebt.	■ Kupplungsscheibe austauschen.
	Kupplungsscheibe klemmt auf der Antriebswelle, Kerbverzahnung trocken oder verklebt.	■ Kerbverzahnung reinigen, entgraten, ggf. Rost entfernen und neu schmieren; z. B. MoS_2-Puder einbürsten.
	Kupplungsscheibe hat Seitenschlag.	■ Kupplungsscheibe prüfen lassen, ersetzen.
	Geberzylinder der Hydraulikbetätigung undicht.	■ Bei durchgetretenem Kupplungspedal beobachten, ob Flüssigkeit im Bremsflüssigkeitsvorratsbehälter aufwallt. Geberzylinder austauschen (Werkstattarbeit).
	Kupplungspedal erreicht den Begrenzungsanschlag nicht.	■ Prüfen, ob Begrenzungsanschlag erreicht wird, Fußmatte ausschneiden.
	Ausrücker defekt.	■ Ausrücker auf Verformung prüfen.
	Luft im Hydrauliksystem.	■ Kupplungshydraulik entlüften.
	Führungslager für die Getriebe-Antriebswelle in der Kurbelwelle defekt.	■ Führungslager in der Kurbelwelle ersetzen.
	Mitnehmerscheibe stark verbogen, oder Belag gebrochen.	■ Mitnehmerscheibe ersetzen.
	Nachstellvorrichtung schwergängig oder defekt.	■ Nachstellvorrichtung gangbar machen, defekte Teile ersetzen.
	Membranfeder gebrochen.	■ Druckplatte ersetzen.
Geräusch bei betätigtem Kupplungspedal.	Ausrücklager defekt.	■ Ausrücklager prüfen, ersetzen.
	Kupplungsscheibe schlägt an die Druckplatte.	■ Kupplungsscheibe auswechseln.
Kupplungspedal knarrt.	Pedal schwergängig, Achse des Pedallagers verschlissen.	■ Achse des Pedals ölen, ggf. ersetzen.
Kupplungspedal kommt nicht zurück.	Nachstellvorrichtung defekt.	■ Nachstellvorrichtung prüfen.
	Kupplungszug gerissen.	■ Seilzug ersetzen.

Getriebe/Schaltung

Aus dem Inhalt:

- **Getriebeausbau**
- **Schaltung einstellen**

Das Schaltgetriebe kann ohne Ausbau des Motors ausgebaut werden. Ein Ausbau ist dann erforderlich, wenn die Kupplung ausgewechselt werden soll oder wenn das Getriebe erneuert beziehungsweise überholt werden muss. Da es jedoch in keinem Fall anzuraten ist, Reparaturen am Getriebe mit Heimwerkermitteln in Angriff zu nehmen, wird nur der Ausbau des Aggregates beschrieben.

Motor/Getriebeart	Getriebe	Öl-Füllmenge
1,0-/1,4-l-Benziner	085/085DS	2,7 l
1,0-l-Benziner AHT	002	2,4 l
1,4-l-Diesel	02J	2,0 l
1,2-l-Diesel	085 DS	2,5 l
1,6-l GTI 5-Gang	02T	1,9 l
1,6-l GTI 6-Gang	02U	2,1 l
Automatik	001	5,7 l

Getriebe aus- und einbauen

1,0-/1,4-l-Benzinmotor, 1,7-l-Dieselmotor

Zum Ausbau muss das Fahrzeug ausreichend hoch aufgebockt werden. Außerdem ist zum Ablassen des Getriebes ein geeigneter Werkstattwagenheber erforderlich.

Erforderliches Spezialwerkzeug:
Motor-Abfangvorrichtung beziehungsweise Motorkran.
Steckschlüsseleinsatz SW 18.
Steckschlüsseleinsatz SW 13 mit Gelenkstück

Ausbau

- Batterie-Massekabel (–) bei ausgeschalteter Zündung abklemmen. **Achtung:** Dadurch werden elektronische Speicher gelöscht, wie zum Beispiel bei bestimmten Radios der Radiocode. Ohne Code kann das Radio nicht mehr in Betrieb genommen werden. Deshalb Hinweise im Kapitel »Batterie aus- und einbauen« durchlesen.
- Obere Motorabdeckung ausbauen.
- Kupplungspedal mehrmals ganz durchtreten.
- Kupplungszug spannen und am Getriebe abbauen. Dazu Ausrückhebel entgegen der Betätigungsrichtung ca. 10 mm bewegen und dadurch den Nachstellmechanismus spannen. Gespannten Nachstellmechanismus mit einem Gummiband sichern. Kupplungszug am Ausrückhebel aushängen am Getriebe herausziehen.

Sicherheitshinweis
Beim Aufbocken des Fahrzeugs besteht Unfallgefahr! Deshalb vorher das Kapitel »Fahrzeug aufbocken« durchlesen.

- Fahrzeug aufbocken.
- Falls vorhanden, untere Motorraumabdeckung ausbauen, siehe Seite 17.
- Stecker vom Geber für Geschwindigkeitsmesser am Getriebe abziehen.
- Obere Verbindungsschrauben Motor/Getriebe herausdrehen.
- Masseleitung vom Getriebe abschrauben.
- Stecker vom Schalter für Rückfahrscheinwerfer abziehen.
- Halter für Steckverbindungen, wo vorhanden, aus der Öse am Getriebe aushängen.
- Gelenkwellen von den Flanschwellen abbauen, dabei linke Gelenkwelle so weit wie möglich hochbinden, siehe Seite 116.
- Lenkung bis zum Anschlag nach links einschlagen.

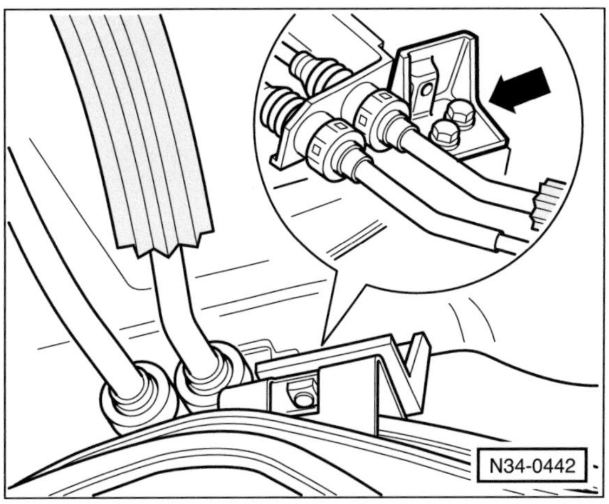

- Winkel für Widerlager am Aggregateträger abschrauben.

- **1,7-l-Dieselmotor:** Abgasanlage unterhalb des Fahrzeugs trennen und am Aggregateträger aushängen, siehe Seite 232.
- Mutter für Widerlager der Schaltbetätigung abschrauben und Widerlager abziehen.

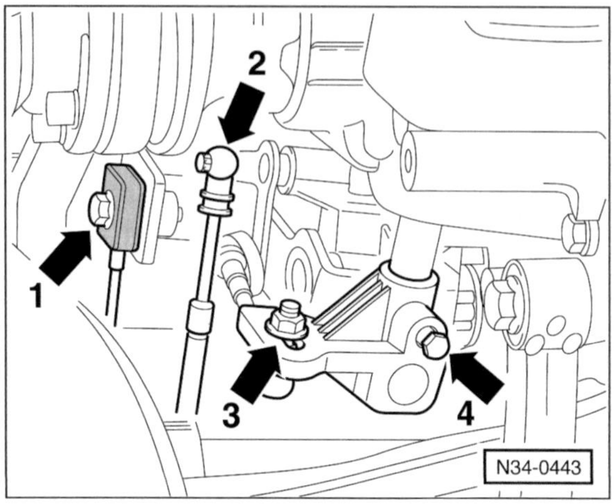

- Schaltseilzug –Pfeil 1– und Wählseilzug –Pfeil 2– abbauen.
- Wählstange mit Kugelkopf –Pfeil 3– vom Schaltfinger abschrauben.
- Schaltfinger durch Lösen der Schraube –Pfeil 4– abbauen.

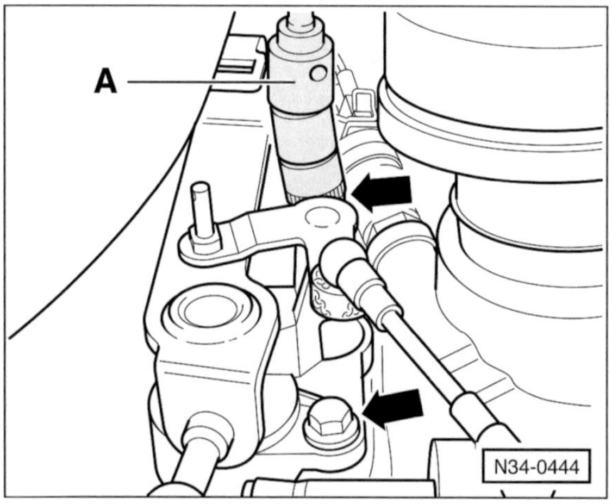

- Lagerbock vom Getriebe abschrauben –Pfeile–. Dazu wird ein Steckschlüsseleinsatz mit Gelenkstück und Schlüsselweite 13 benötigt.
- Abdeckblech für Schwungrad abschrauben.
- Pendelstütze abschrauben, siehe Seite 188.
- **Benzinmotor:** Halter für Kabelführung, falls vorhanden, abschrauben.
- Anlasser ausbauen, siehe Seite 73.
- **1,0-l-Benzinmotor:** Luftfilter abschrauben, Gehäuse nach oben abziehen und nach hinten ablegen, siehe Seite 214.

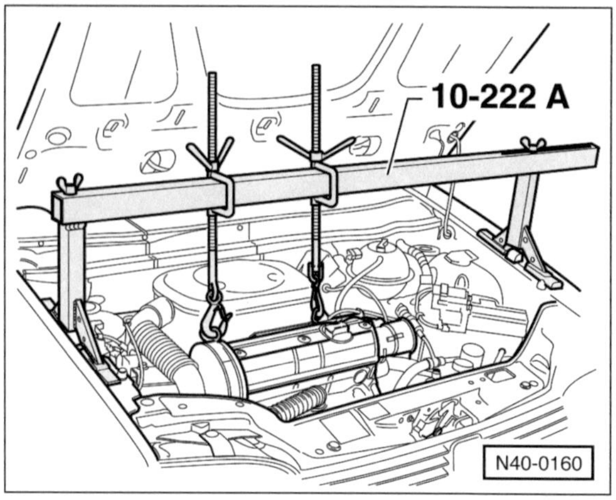

- Motor leicht vorspannen. Dazu Abfangvorrichtung, zum Beispiel VW-10-222A in Verbindung mit den Füßen 10-222A/1 aufsetzen. Die Abbildung zeigt den Benzinmotor. Beim 1,7-l-Dieselmotor muss ein zusätzlicher Halter vorn links am Motor angeschraubt und die Abdeckung für den Saugrohrstutzen abgebaut werden.
- Motor/Getriebe-Aggregat über die Spindeln der Aufhängevorrichtung leicht vorspannen (anheben).
- Steht die Aufhängevorrichtung nicht zur Verfügung, Triebwerk mit Motorkran vorspannen beziehungsweise geeignetes Rohr über Motorraum legen und auf seitliche Holzböcke abstützen. Rohr **nicht** auf die Kotflügel legen. Geeignetes Drahtseil oder Haken in die Halteösen des Motors einhängen und mit Rohr über eine Spindel verbinden. Haken oder Drahtseil spannen.
- Die unteren beiden Sechskantschrauben am Getriebelager herausdrehen.
- Motor mit Getriebe vorsichtig in Schräglage bringen. Dazu an der Abfangvorrichtung die linke Spindel geringfügig herunterdrehen.
- Getriebeheber mit Getriebeaufnahme, Justierplatte und Aufnahmeelementen am Getriebe ausrichten und anschrauben. Getriebe leicht anheben.
- Steht der Getriebeheber nicht zur Verfügung, Getriebe mit einem Werkstattwagenheber leicht anheben. **Achtung:** Zwischen Getriebe und Wagenheber Holz zwischenlegen.

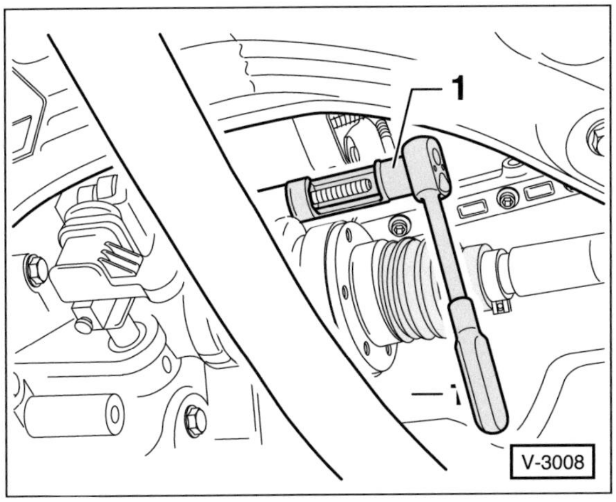

- Die untere Befestigungsschraube zwischen Motor und Getriebe herausschrauben. Dazu wird ein geeigneter Steckschlüsseleinsatz SW18 –1– benötigt.
- Getriebe von den Passhülsen abdrücken und vorsichtig absenken.

Einbau

- Vor dem Einbau Kupplung prüfen, siehe Seite 238.
- Kerbverzahnung der Antriebswelle reinigen und leicht mit MoS_2-Schmierfett oder VW-G 000 100 schmieren. **Achtung:** Die Kupplungsscheibe muss sich auf der Antriebswelle leicht hin- und herschieben lassen.
- Prüfen, ob die Passhülsen zur Zentrierung von Motor und Getriebe im Motorblock vorhanden sind, gegebenenfalls einsetzen.
- Getriebe anheben und in die Kupplung einfahren. Falls beim Einsetzen die Getriebe-Antriebswelle nicht in die Kupplungsscheibe einrastet, Antriebswelle von hinten am Flansch für die Gelenkwelle mit der Hand entsprechend verdrehen. Beim Ansetzen des Getriebes auf richtigen Sitz des Zwischenbleches achten.

Befestigung Motor an Getriebe, Benzinmotor

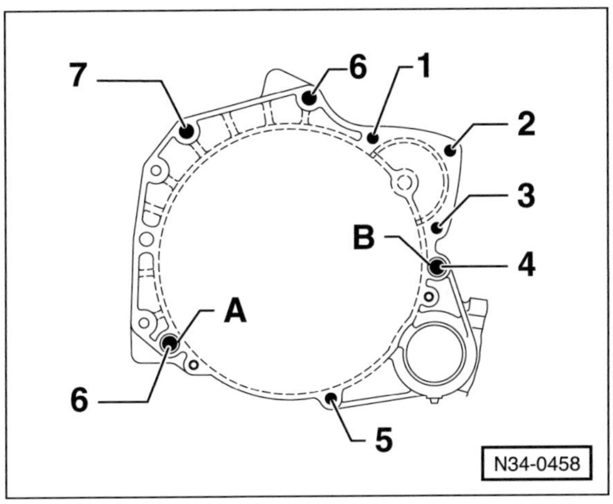

Position	Schraube	Anzugsdrehmoment
1	M 8 x 65	**20 Nm**
2	M 8 x 70	**20 Nm**
3	M 8 x 160	**20 Nm**
4	M 12 x 80	**80 Nm**
5	M 7 x 12	**15 Nm**
6/7	M 12 x 80	**80 Nm**
A	Passhülse	–
B	Passhülse	–

Achtung: Die Schraube –5– dient zur Befestigung des Abschirmblechs für das Schwungrad.

Befestigung Motor an Getriebe, Dieselmotor

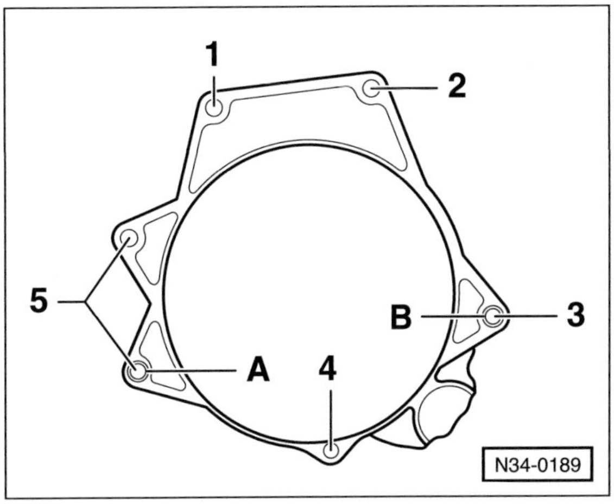

Position	Schraube	Anzugsdrehmoment
1	M 12 x 55	**80 Nm**
2	M 12 x 55	**80 Nm**
3	M 12 x 62	**80 Nm**
4	M 7 x 12	**10 Nm**
5	M 10 x 150	**60 Nm**
A	Passhülse	–
B	Passhülse	–

Achtung: Die Schraube –4– dient zur Befestigung des Abschirmblechs für das Schwungrad, mit den Schrauben –5– wird zusätzlich der Anlasser am Getriebe angeschraubt.

- Sämtliche Befestigungsschrauben Motor/Getriebe einsetzen und mit vorgeschriebenem Anzugsdrehmoment festziehen, siehe Tabellen.

Achtung: Befestigungsschrauben für Getriebelager grundsätzlich erneuern.

- Motor/Getriebe in Einbaulage ausrichten, bis die Sechskantschrauben für das Getriebelager eingesetzt werden können. Schrauben mit **50 Nm** festziehen.
- Abfangvorrichtung abbauen.
- **1,7-l-Dieselmotor:** Zusätzlichen Halter vorn links am Motor abschrauben und die Abdeckung für den Saugrohrstutzen einbauen.

- **1,0-l-Benzinmotor:** Luftfilter einbauen, siehe Seite 214.
- Anlasser einbauen, siehe Seite 73.
- **Benzinmotor:** Halter für Kabelführung, falls vorhanden, mit **25 Nm** anschrauben.
- Pendelstütze einbauen, siehe Seite 188.
- Abdeckblech für Schwungrad anschrauben.
- Lagerbock mit Steckschlüsseleinsatz SW 13 und Gelenkstück am Getriebe anschrauben.

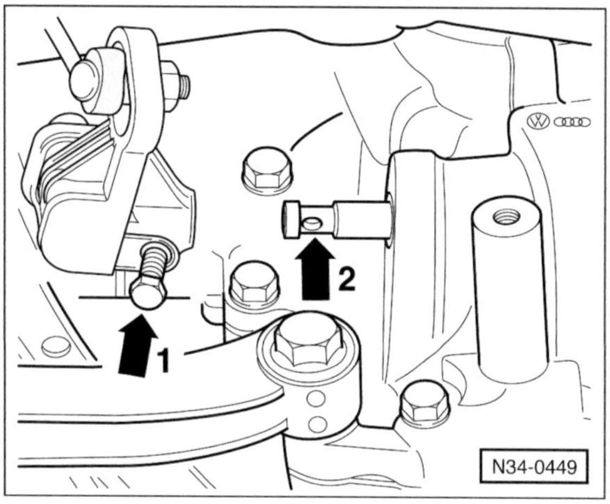

- Befestigungsschraube –Pfeil 1– für Schaltfinger herausdrehen und ersetzen. Die neue Schraube ist mit Sicherungsmittel vorbehandelt.
- Gewindebohrung im Schaltfinger mit Gewindebohrer M8 nachschneiden.
- Schaltfinger so weit aufschieben, bis sich die Befestigungsschraube in der Ansenkung der Schaltwelle befindet –Pfeil2–.
- Widerlager für Seilzugschaltbetätigung aufstecken und mit Mutter anschrauben.
- Winkel für Widerlager am Aggregateträger anschrauben.

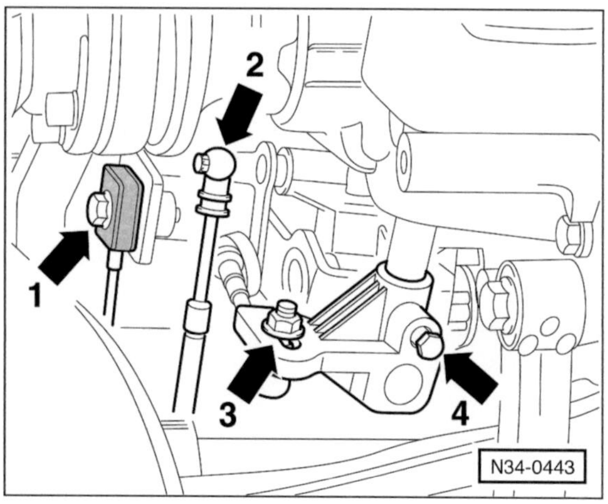

- Schraube –Pfeil 4– einschrauben und mit **20 Nm** festziehen.
- Wählstange mit Kugelkopf –Pfeil 3– am Schaltfinger anschrauben.
- Schaltseilzug –Pfeil 1– und Wählseilzug –Pfeil 2– anbauen.
- Gelenkwellen einbauen, siehe Seite 116.
- **1,7-l-Dieselmotor:** Abgasanlage zusammenbauen, siehe Seite 232.
- Halter für Steckverbindungen, wo vorhanden, in die Öse am Getriebe einhängen.
- Stecker für Rückfahrscheinwerfer aufstecken.
- Masseleitung am Getriebe abschrauben.
- Stecker am Geber für Geschwindigkeitsmesser aufstecken.
- Falls vorhanden, untere Motorraumabdeckung ausbauen, siehe Seite 17.

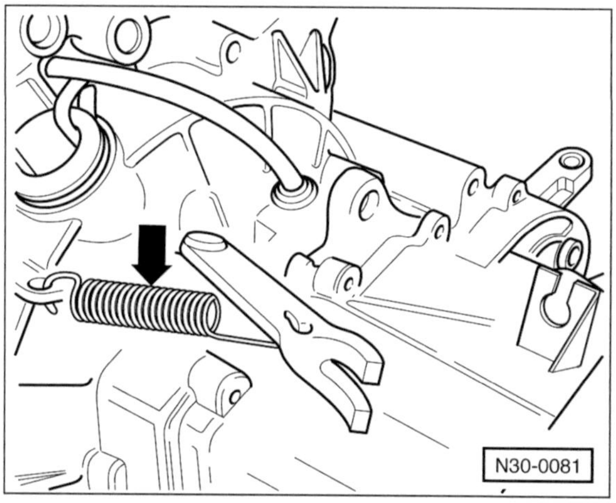

- Falls vorhanden, Feder zwischen Ausrückhebel und Getriebe unbedingt herausnehmen, sonst ist die Funktion der Nachstelleinheit am Kupplungszug nicht sichergestellt. Die Feder dient nur als Transportsicherung für das Ausrücklager.
- Fahrzeug ablassen.
- Kupplungszug am Getriebe einhängen und Gummizug vom Nachstellmechanismus abnehmen.
- Obere Motorabdeckung einbauen.
- Batterie-Massekabel (–) anklemmen. **Achtung:** Zeituhr stellen und gegebenenfalls Radiocode eingeben sowie Hoch-/Tieflaufautomatik für elektrische Fensterheber aktivieren , siehe Kapitel »Batterie aus- und einbauen«.
- Getriebeölstand prüfen, siehe Seite 29.
- Schaltbetätigung einstellen, siehe Seite 247.

Schaltung

1,0-/1,4-l-Benzinmotor außer FSI, 1,7-l-Dieselmotor

Beim Einlegen eines Ganges wird zwischen der Querbewegung (Wählbewegung) in der Leerlaufposition und der eigentlichen Schaltbewegung unterschieden. Beide Bewegungen werden über zwei Schaltseilzüge auf das Getriebe übertragen.

Nach Ausbau des Getriebes oder Teilen der Schaltung muss die Schaltung neu eingestellt werden.

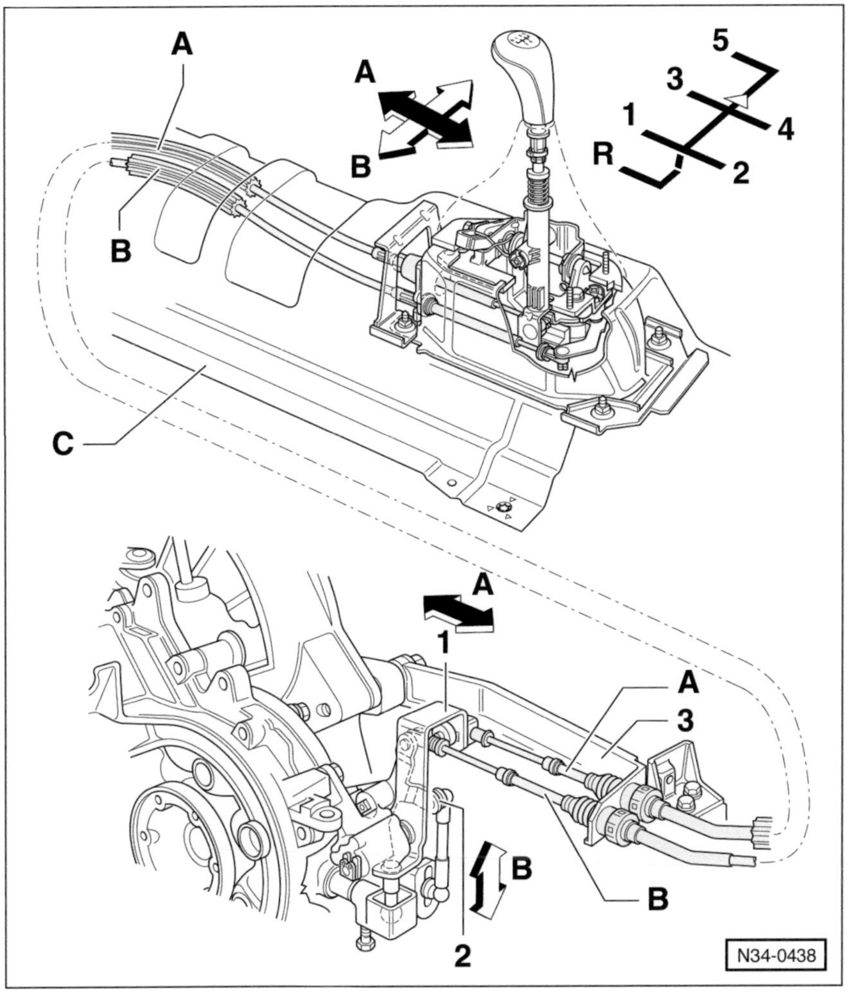

A – Schaltseilzug für Schaltbewegung
B – Wählseilzug für Wählbewegung
C – Wärmeschutzblech

Pfeil A – Schaltbewegung
Pfeil B – Wählbewegung

1 – Getriebeschalthebel
2 – Umlenkhebel mit Wählstange
3 – Widerlager
Ist am Getriebe und am Aggregateträger angeschraubt.

Schaltbetätigung einstellen

1,0-/1,4-l-Benzinmotor außer FSI, 1,7-l-Dieselmotor

Um die Schalteinstellung korrekt vornehmen zu können, müssen Getriebe, Kupplung und Kupplungsbetätigung in Ordnung sein. Außerdem müssen die Betätigungs- und Übertragungselemente der Schaltbetätigung leichtgängig und in einem einwandfreien Zustand sein.

Erforderliches Spezialwerkzeug:

Schalthebellehre VW-3192.

Einstellen

> **Sicherheitshinweis**
> Beim Aufbocken des Fahrzeugs besteht Unfallgefahr! Deshalb vorher das Kapitel »Fahrzeug aufbocken« durchlesen.

- Fahrzeug aufbocken.
- Falls vorhanden, untere Motorraumabdeckung ausbauen, siehe Seite 17.
- Getriebe in Leerlaufstellung bringen, Handbremse anziehen.

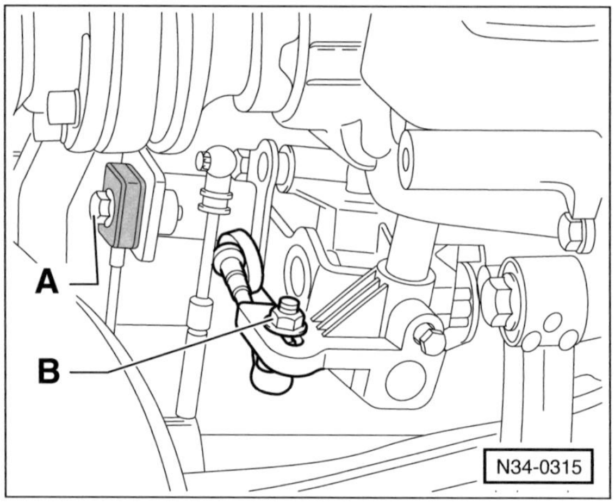

- Schraube –A– und Mutter –B– lösen, bis der Schaltseilzug und der Kugelkopf für den Umlenkhebel/Wählseilzug in den Längslöchern freigängig sind.
- Schaltknopf mit Abdeckung abbauen. Dazu Schalthebelabdeckung aus dem Rahmen der Mittelkonsole ziehen. Klemmschelle aufkneifen und Schaltknopf mit Abdeckung abziehen.

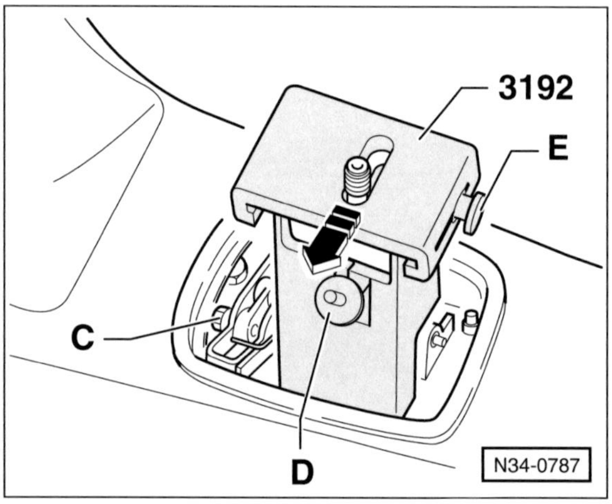

- Schraube –C– lösen.
- Schalthebellehre VW-3192 aufsetzen.
- Haken zur Befestigung der Lehre unter die Lagerplatte schwenken und Mutter –D– anziehen.
- Schalthebel in die linke Rastierung des Schiebestückes drücken.
- Schalthebel mit Schiebestück in Pfeilrichtung nach links bis zum Anschlag drücken und Schiebestück mit Schraube –E– festziehen.
- Schalthebel in die rechte Rastierung, entgegen der Pfeilrichtung, drücken und Schraube –C– anziehen.
- Schraube –A– und Mutter –B– anziehen, siehe Abbildung N34-0315. **Achtung:** Schaltfinger und Kugelkopf beim Anziehen nicht bewegen.
- Schalthebellehre abbauen.

Funktion prüfen

Prüfvoraussetzung: Der Schalthebel muss im Leerlauf in der Gasse 3./4. Gang stehen.

- Kupplung treten und alle Gänge mehrmals durchschalten. Dabei besonders auf die Funktion der Rückwärtsgangsperre achten.

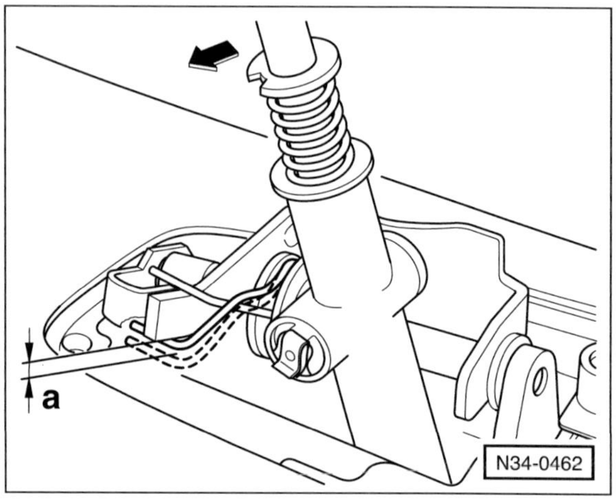

- Falls die Schaltung nach wiederholtem Einlegen eines Ganges hakt, zurückgelegten Weg –a– der Schenkelfeder prüfen.
- Falls eingebaut, Schaltknopf mit Abdeckung abbauen.
- 1. Gang einlegen.
- Spiel der Schaltbetätigung aufheben. Dazu den Schalthebel vorsichtig nach links drücken, bis etwas Widerstand spürbar ist. Danach den Schalthebel mit erhöhter Kraft bis zum Anschlag nach links drücken –Pfeil–. Dadurch legt das untere Ende der Schenkelfeder den Weg –a– zurück. Der Weg –a– muss 1 bis 3 mm betragen, andernfalls Schaltbetätigung einstellen.

Hinweis: Das Spiel wird mit einer Schieblehre gemessen. Dazu mit dem Tiefenmaß zuerst den Abstand der Feder zur Lagerplatte bei spürbarem Widerstand messen. Anschließend Schalthebel bis zum Anschlag nach links drücken und Abstand zur Lagerplatte erneut messen. Das Maß –a– ergibt sich durch Abziehen des zweiten Wertes vom ersten Wert.

- Schaltknopf mit Abdeckung einbauen. Dazu Schaltknopf auf den Schalthebel aufschieben und mit Klemmschelle sichern. Schalthebelabdeckung herunterziehen und in den Rahmen der Mittelkonsole einhängen.

Innenausstattung

Aus dem Inhalt:

- **Konsolen demontieren**
- **Innenspiegel ersetzen**
- **Ablagefächer ausbauen**
- **Innenverkleidungen**
- **Sitze ausbauen**

Achtung: Wenn im Rahmen von Arbeiten an der Innenausstattung auch Arbeiten an der elektrischen Anlage durchgeführt werden, **grundsätzlich** das Batterie-Massekabel (–) abklemmen. Dazu Hinweise im Kapitel »Batterie aus- und einbauen« durchlesen. Als Arbeit an der elektrischen Anlage ist dabei schon zu betrachten, wenn eine elektrische Leitung vom Anschluss abgezogen beziehungsweise abgeklemmt wird.

Hinweis: Die in diesem Kapitel beschriebenen Arbeiten an der Innenausstattung gelten für alle Modelle. Allerdings können, modell- und ausstattungsabhängig, leicht abweichende Vorgehensweisen notwendig sein. Bei großen Unterschieden wird angegeben, für welches Modell der jeweilige Arbeitsablauf gilt.

Innenspiegel aus- und einbauen

Ausbau

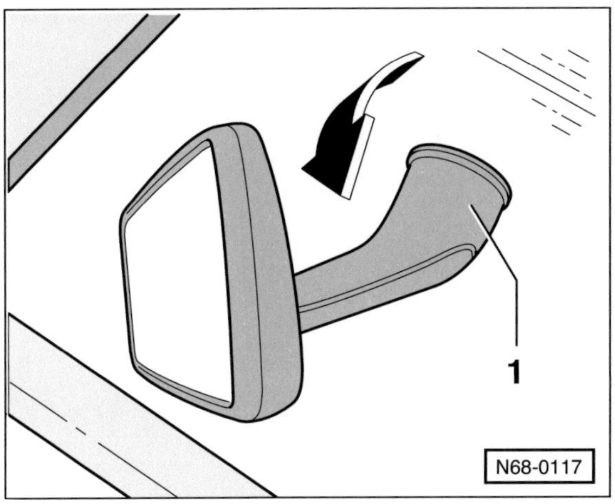

- Innenspiegel –1– schräg nach unten –Pfeil– von der Halteplatte abdrücken und dadurch mit den Klemmfedern im Spiegelfuß ausrasten.

Einbau

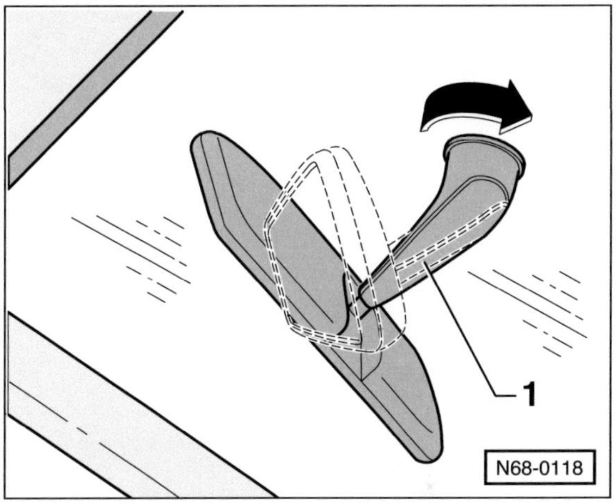

- Spiegel –1– um 60° bis 90° verdreht zur Anbaulage ansetzen und drehen –Pfeil– bis die Arretierfeder einrastet.

Achtung: Je nach Ausführung kann es erforderlich sein, das Spiegelglas vom Kugelkopf des Spiegelfußes abzudrücken. Zum Aufdrücken ist relativ großer Kraftaufwand erforderlich, um die Klemmfeder in den Kugelkopf einrasten zu lassen.

Mittelkonsole aus- und einbauen

LUPO/LUPO 3L bis 4/00

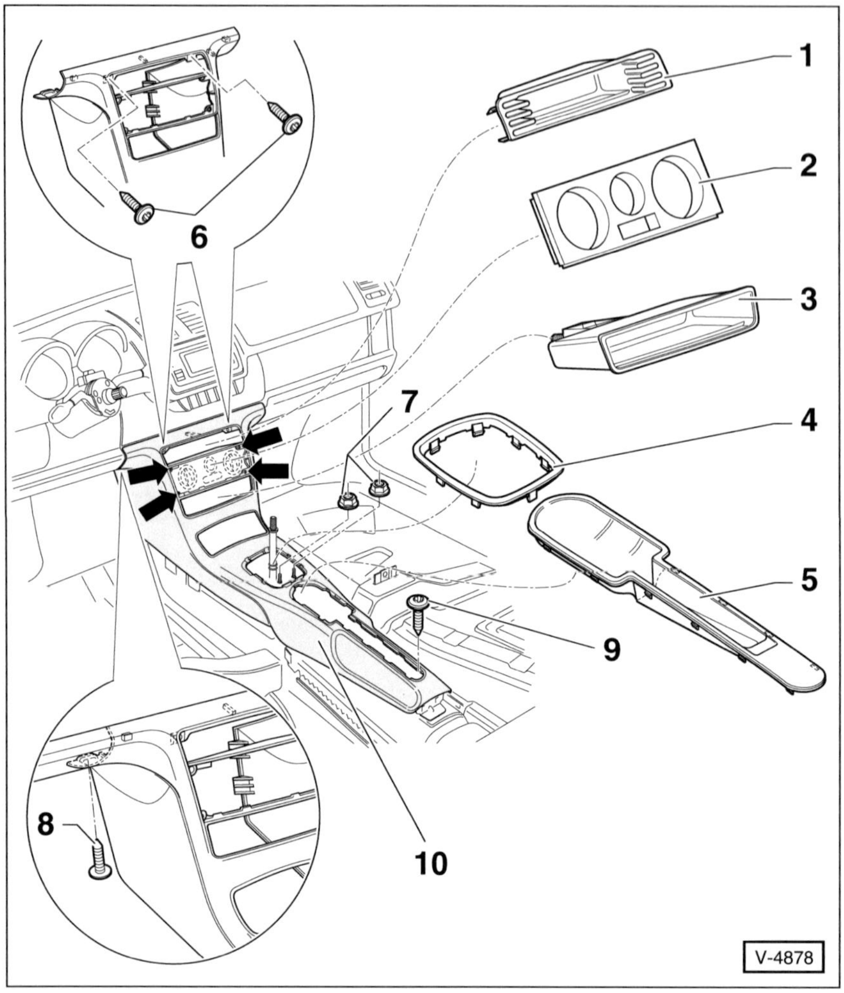

1 – **Münzfach**
2 – **Blende**
3 – **Ablagefach**
4 – **Manschette**
5 – **Rahmen für Handbremse**
6 – **Blechschrauben**
7 – **Muttern**
8 – **Blechschraube**
Rechts und links an der Blende –2–.
9 – **Schraube**
10 – **Mittelkonsole**

Ausbau

- Münzfach –1–, Blende –2– und Ablagefach –3– ausclipsen.
- Manschette –4– ausclipsen und hochziehen. Hinweis: Schaltknauf und Stulpe sind nicht dargestellt. Sie brauchen nicht ausgebaut zu werden.
- Rahmen für Handbremse –5– ausclipsen und abnehmen.
- Blechschrauben –6– und –8– herausdrehen. **Hinweis:** Die Schrauben –8– (2 Stück) befinden sich links und rechts von der Mittelkonsole.
- Schrauben –Pfeile– herausdrehen.
- Muttern –7– abschrauben.
- Schraube –9– herausdrehen.
- Mittelkonsole –10– hinten etwas anheben und lösen.
- Steckverbindung zum Aschenbecher trennen.
- Mittelkonsole herausnehmen.

Einbau

- Der Einbau erfolgt sinngemäß in umgekehrter Ausbaureihenfolge.

Mittelkonsole aus- und einbauen

LUPO ab 5/00

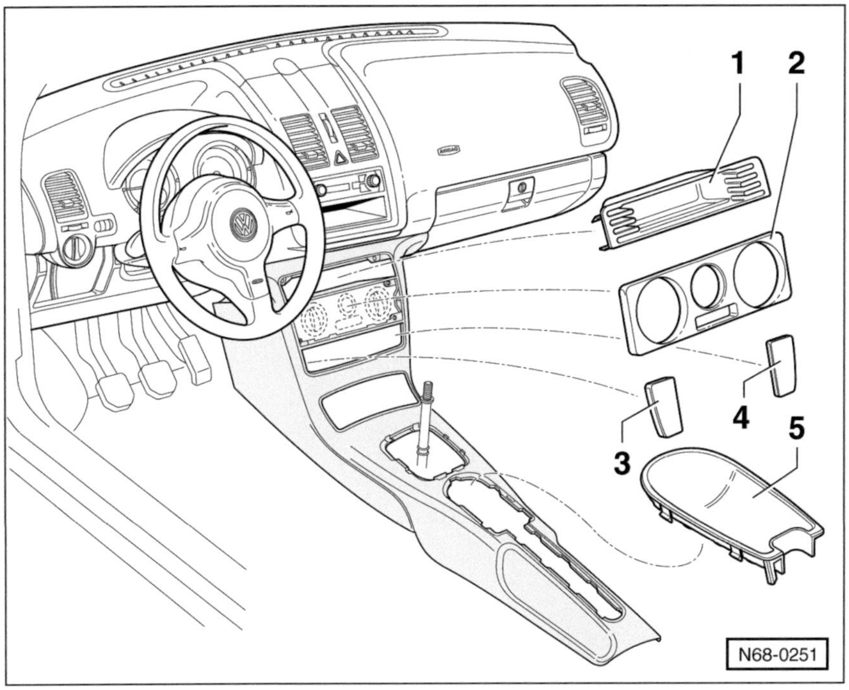

Hinweis: Je nach Ausstattungsvariante müssen gewisse Abweichungen berücksichtigt werden.
Schaltknauf und Stulpe brauchen nicht ausgebaut zu werden. Sie sind nur der besseren Darstellung wegen in den Abbildungen weggelassen worden.

Ausbau

- ◆ Untere Ablage auf der Fahrerseite ausbauen.
- ◆ Münzbox –1–, Abdeckkappe links –3– und rechts –4– ausclipsen.
- ◆ Blende –2– ausclipsen.
- ◆ Rahmen für Handbremse –5– ausclipsen.

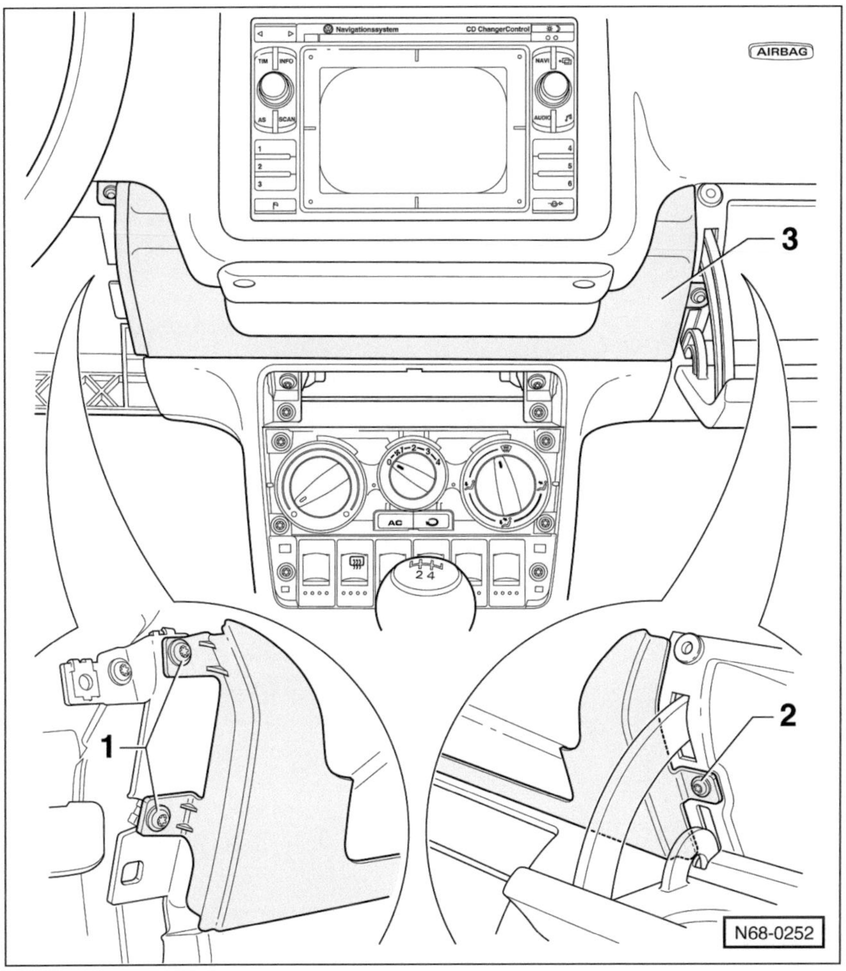

- ◆ 2 Schrauben –1– herausdrehen.
- ◆ Handschuhfach öffnen und Schraube –2– herausdrehen.
- ◆ Blende –3– abnehmen.

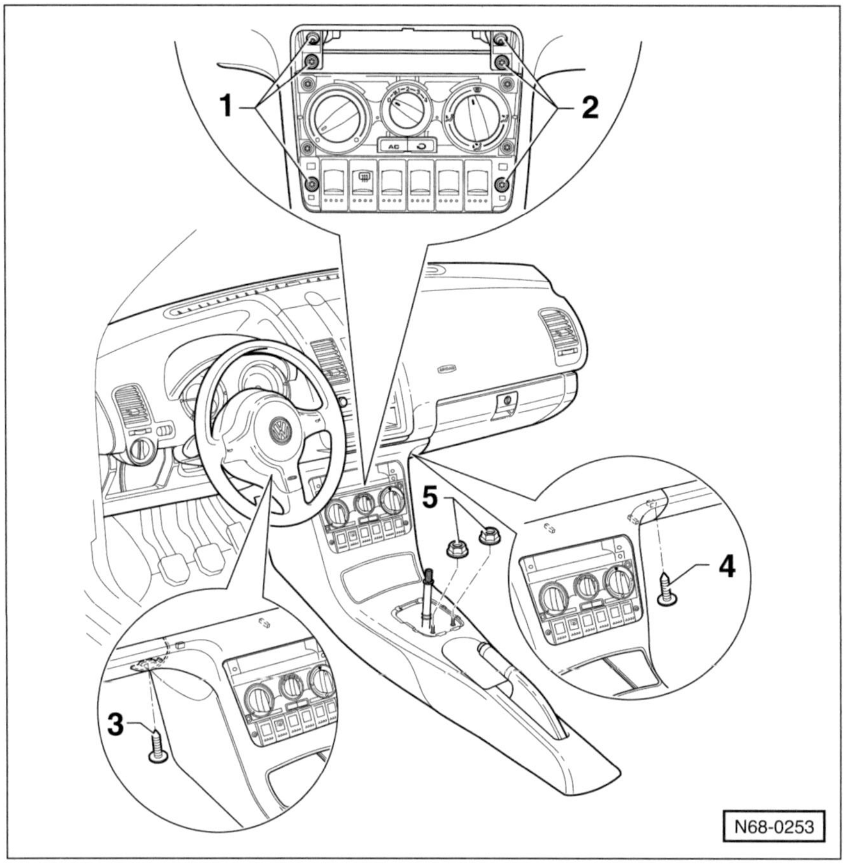

- Je 3 Blechschrauben –1– und –2– herausdrehen.
- Schraube –3– herausdrehen.
- Schraube –4– herausdrehen.
- Sechskantmuttern –5– herausdrehen

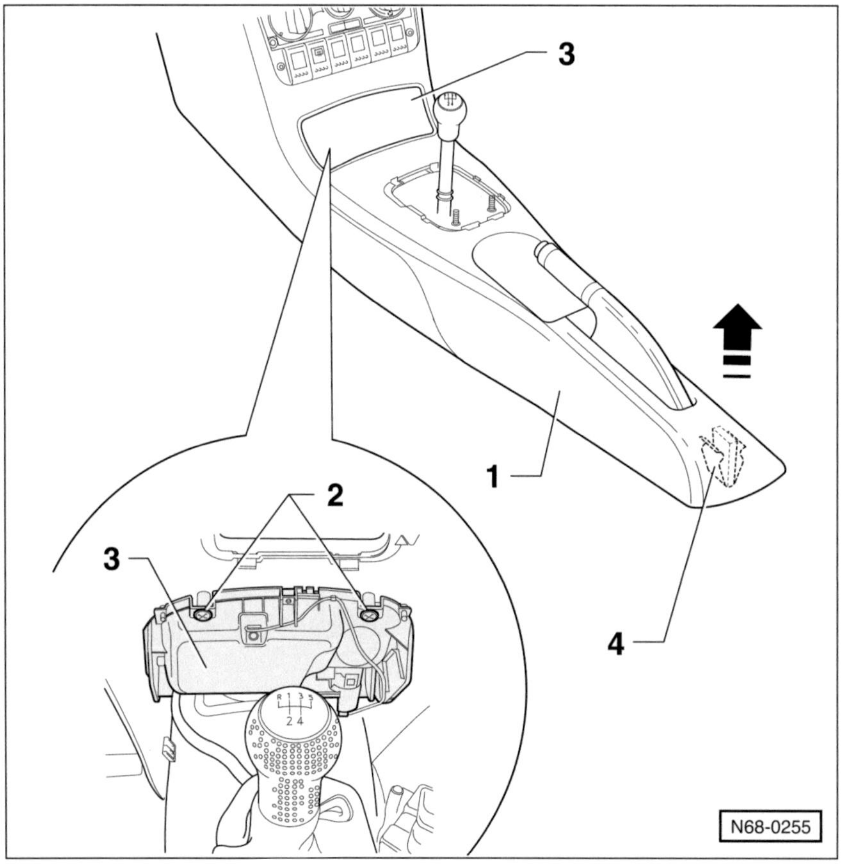

Achtung: Die Mittelkonsole –1– ist im hinteren Bereich mit einer Klammer –4– am Tunnel befestigt.

- Mittelkonsole –1– im hinteren Bereich ausclipsen und in Pfeilrichtung hochschwenken.
- Schrauben –2– herausdrehen und Aschenbecher –3– aus der Mittelkonsole herausnehmen.
- Mittelkonsole abnehmen.

Einbau

- Der Einbau erfolgt in umgekehrter Ausbaureihenfolge.

Mittelkonsole aus- und einbauen

AROSA

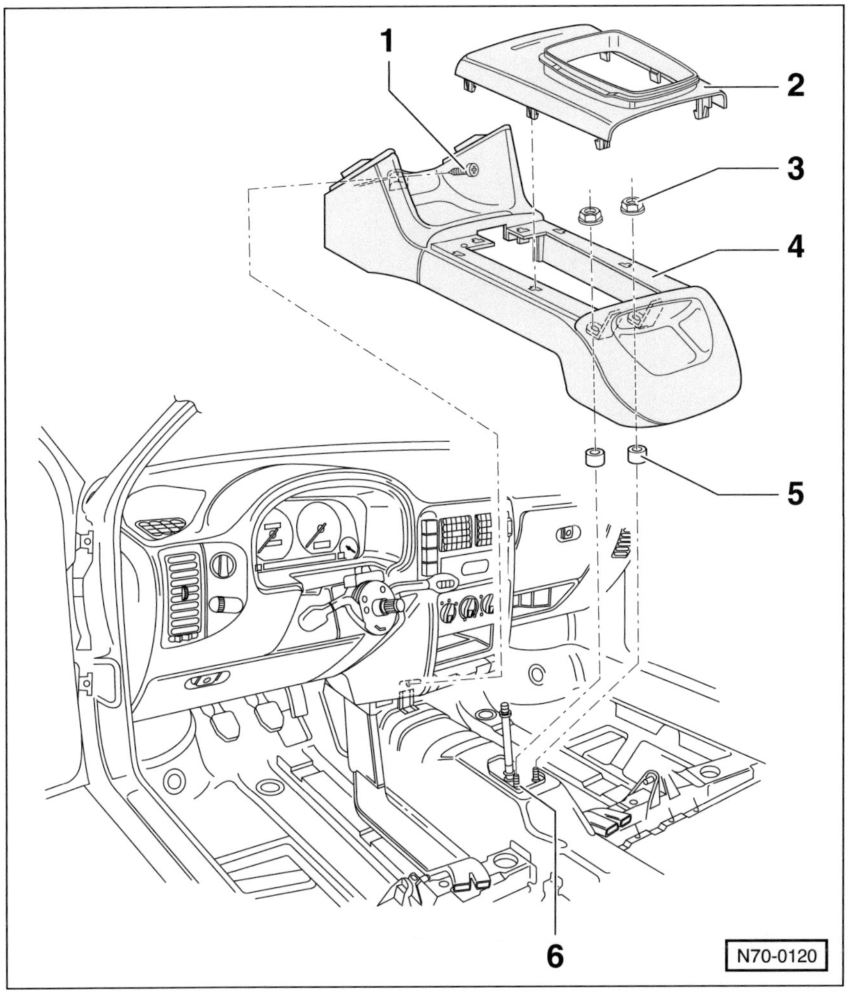

1 – Kreuzschlitzschraube, 1,5 Nm

2 – Abdeckung

3 – Mutter, 2 Nm

4 – Mittelkonsole

5 – Distanzhülse

6 – Gewindebolzen

Ausbau

- Abdeckung –2– ausclipsen und nach oben abnehmen.
- Muttern –3– abschrauben.
- Kreuzschlitzschraube –1– herausdrehen.
- Mittelkonsole hinten von den Gewindebolzen –6– abziehen und vom Schalthebel abheben.

Einbau

- Gegebenenfalls Distanzhülsen –5– auf Gewindebolzen –6– aufsetzen.
- Mittelkonsole einsetzen.
- Mittelkonsole mit Kreuzschlitzschraube –1– und Muttern –3– befestigen.
- Abdeckung einsetzen und einclipsen.

Untere Ablage aus- und einbauen

LUPO/LUPO 3L

Fahrerseite

Ausbau

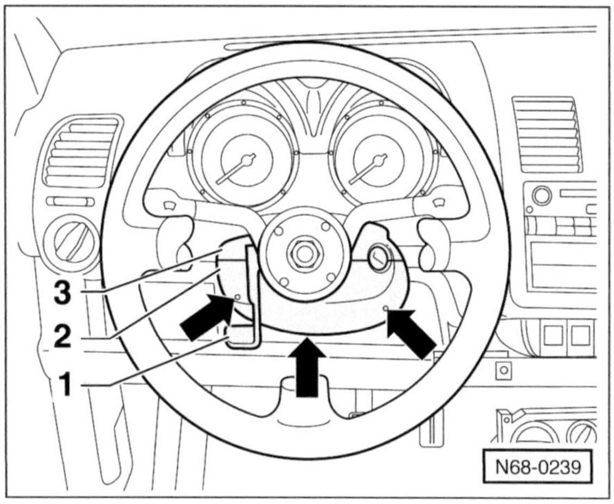

- Lenkrad-Höhenverstellung –1– lösen und Lenkrad in die unterste Position bringen.
- Schrauben –Pfeile– herausdrehen.
- Untere –2– und obere –3– Verkleidung für Lenkstockschalter abnehmen.

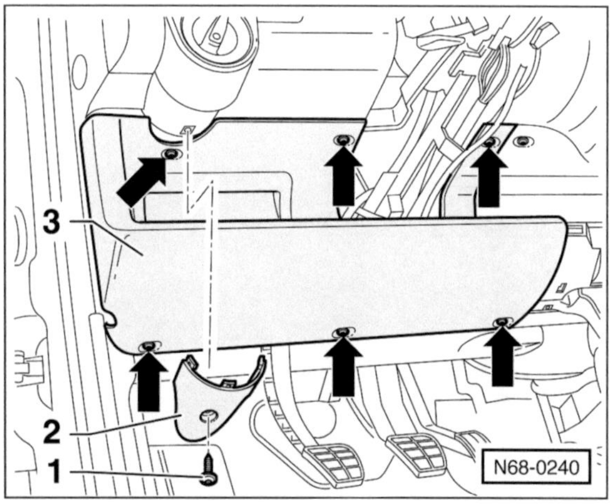

- Schraube –1– herausdrehen.
- Abdeckung –2– abnehmen.
- 6 Schrauben –Pfeile– herausdrehen.
- Ablage Fahrerseite –3– herausnehmen.

Einbau

- Der Einbau erfolgt sinngemäß in umgekehrter Ausbaureihenfolge.

Beifahrerseite

Ausbau

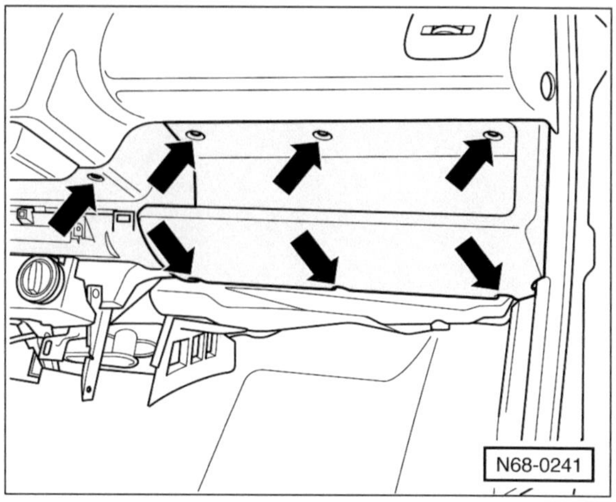

- Mittelkonsole ausbauen, siehe entsprechendes Kapitel.
- Ablage Fahrerseite ausbauen.
- 7 Schrauben –Pfeile– herausdrehen.

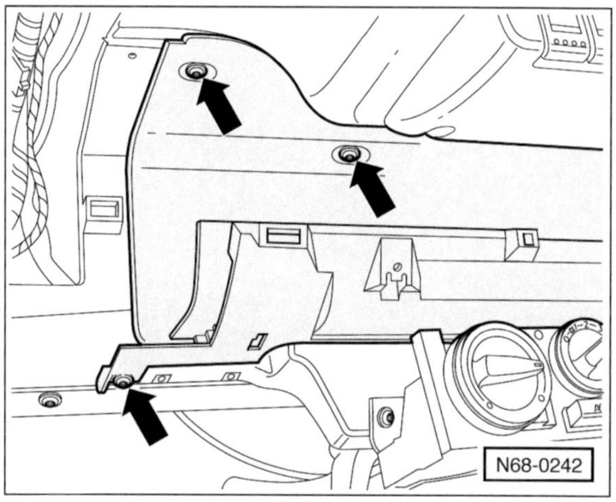

- 3 Schrauben –Pfeile– herausdrehen.
- Ablage Beifahrerseite herausnehmen.

Einbau

- Ablage Beifahrerseite einsetzen und mit 3 Schrauben anschrauben.
- Restliche 7 Schrauben für Ablage einschrauben.
- Ablage Fahrerseite einbauen.
- Mittelkonsole einbauen, siehe entsprechendes Kapitel.

Untere Ablage aus- und einbauen

AROSA

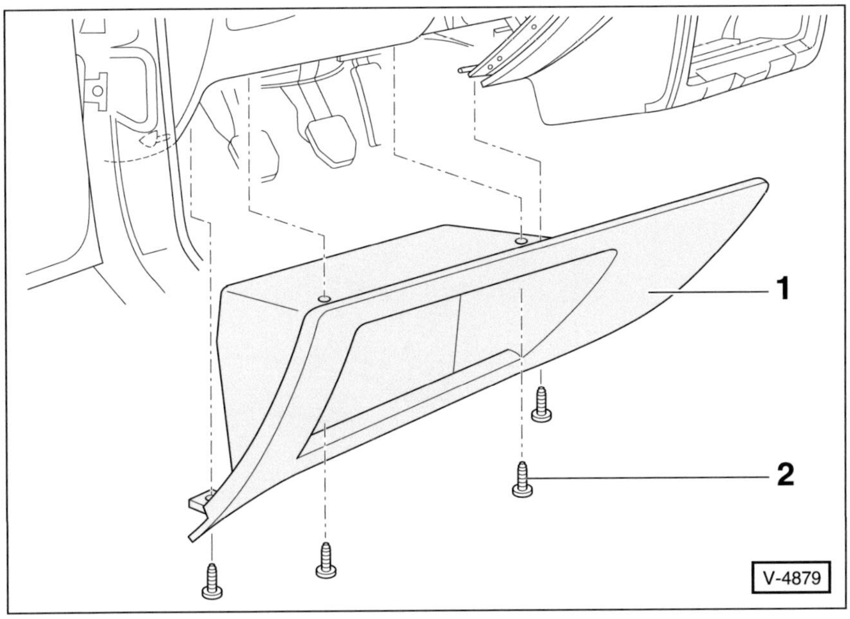

Fahrerseite

Ausbau

◆ 4 Torxschrauben –2– herausdrehen.

◆ Ablage –1– etwas nach hinten ziehen und nach unten herausnehmen.

Einbau

◆ Der Einbau erfolgt sinngemäß in umgekehrter Ausbaureihenfolge.

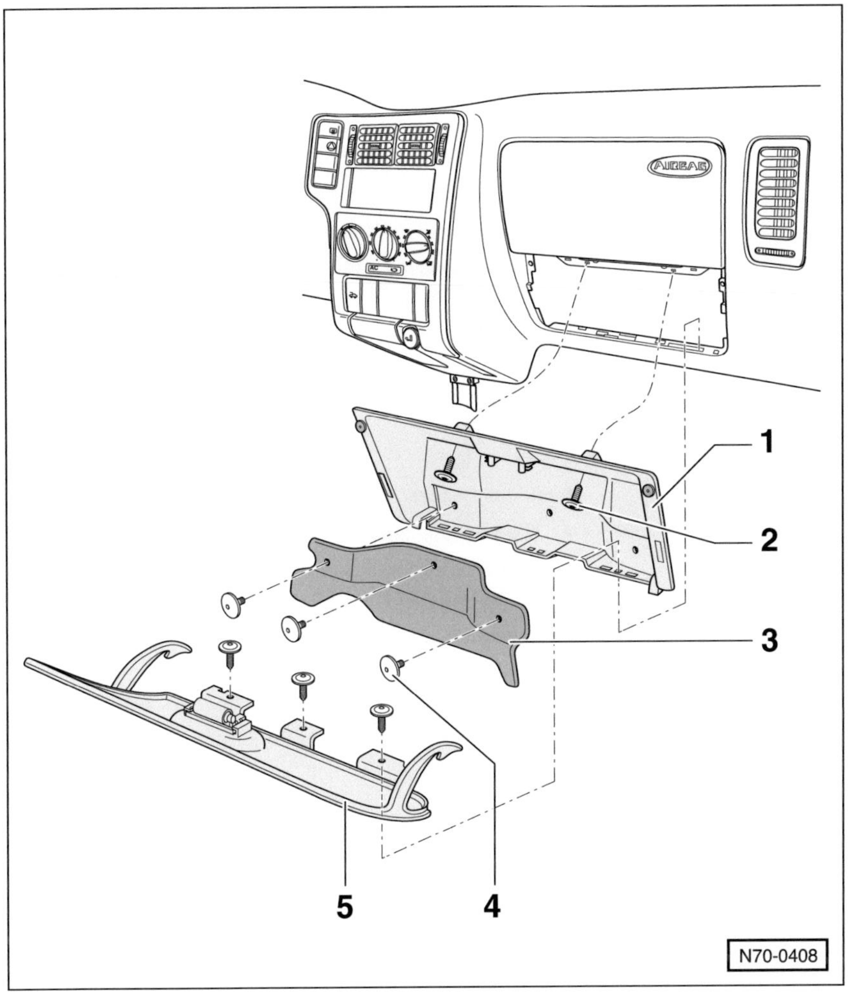

Beifahrerseite

1 – Ablage

Ausbau

◆ Klappe –5– öffnen.

◆ Befestigungsclips –4– herausziehen und Filzeinlage –3– herausnehmen.

◆ Torxschrauben –2– herausdrehen.

◆ Ablage herausnehmen.

Einbau

◆ Ablage einsetzen und mit Torxschrauben anschrauben.

◆ Filzeinlage einsetzen und mit Befestigungsclips fixieren.

2 – Torxschraube
5 Stück.

3 – Filzeinlage

4 – Befestigungsclip
3 Stück.

5 – Klappe für Ablage Beifahrerseite
Mit 3 Torxschrauben am Ablagefach angeschraubt.

Haltegriff aus- und einbauen

Ausbau

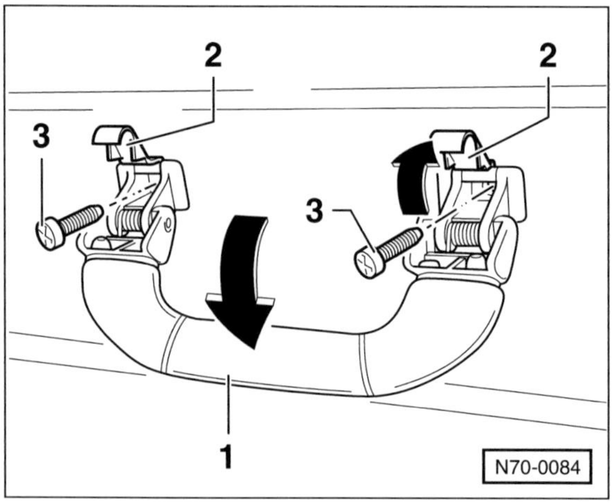

- Haltegriff –1– nach unten klappen –Pfeil–.
- Abdeckungen –2– mit Schraubendreher aufhebeln und aufklappen. **Achtung:** Seit 5/00 werden die Abdeckungen –2– nach unten aufgeklappt.
- Kreuzschlitzschrauben –3– herausdrehen und Haltegriff –1– abnehmen.

Einbau

- Haltegriff ansetzen und mit 2 Kreuzschlitzschrauben anschrauben.
- Abdeckungen zuklappen und einrasten.

Sonnenblende aus- und einbauen

Ausbau

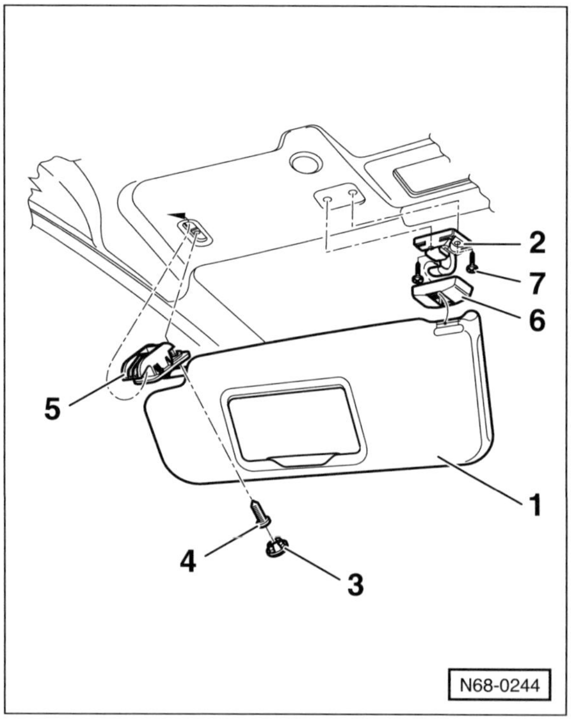

- Sonnenblende –1– aus dem Aufnahmelager –2– aushaken.
- Abdeckkappe –3– heraushebeln.
- Schraube –4– herausdrehen.
- Sonnenblendenlager –5– aus der Aufnahmeöffnung aushaken.
- Abdeckkappe –6– abhebeln.
- Schrauben –7– herausdrehen und Aufahmelager –2– abnehmen.

Einbau

- Aufnahmelager –2– ansetzen und anschrauben.
- Abdeckkappe am Aufnahmelager aufdrücken.
- Sonnenblende mit Sonnenblendenlager –5– in die Aufnahmeöffnung einsetzen und einhaken.
- Sonnenblendenlager –5– mit Schraube –4– anschrauben und Abdeckkappe –3– aufdrücken.
- Sonnenblende in das Aufnahmelager –2– einhaken.

Lenksäulenverkleidung aus- und einbauen

Ausbau

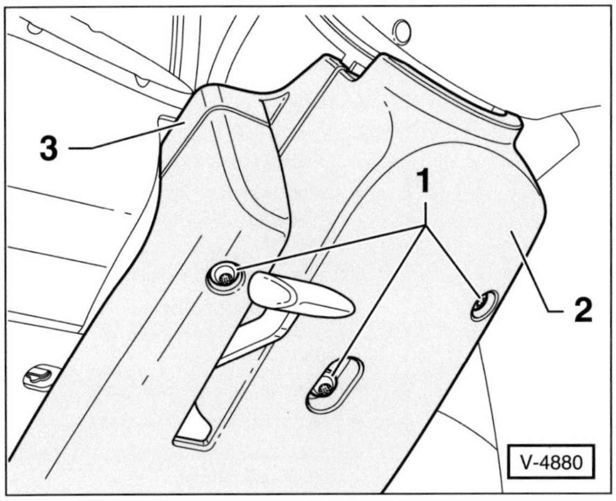

- Schrauben –1– herausschrauben.
- Unterteil der Lenksäulenverkleidung –2– nach unten abnehmen.
- Oberteil der Lenksäulenverkleidung –3– nach oben abnehmen.

Einbau

- Oberteil der Lenksäulenverkleidung oben aufsetzen.
- Unterteil der Lenksäulenverkleidung von unten ansetzen und anschrauben.

Seitenverkleidung hinten aus- und einbauen

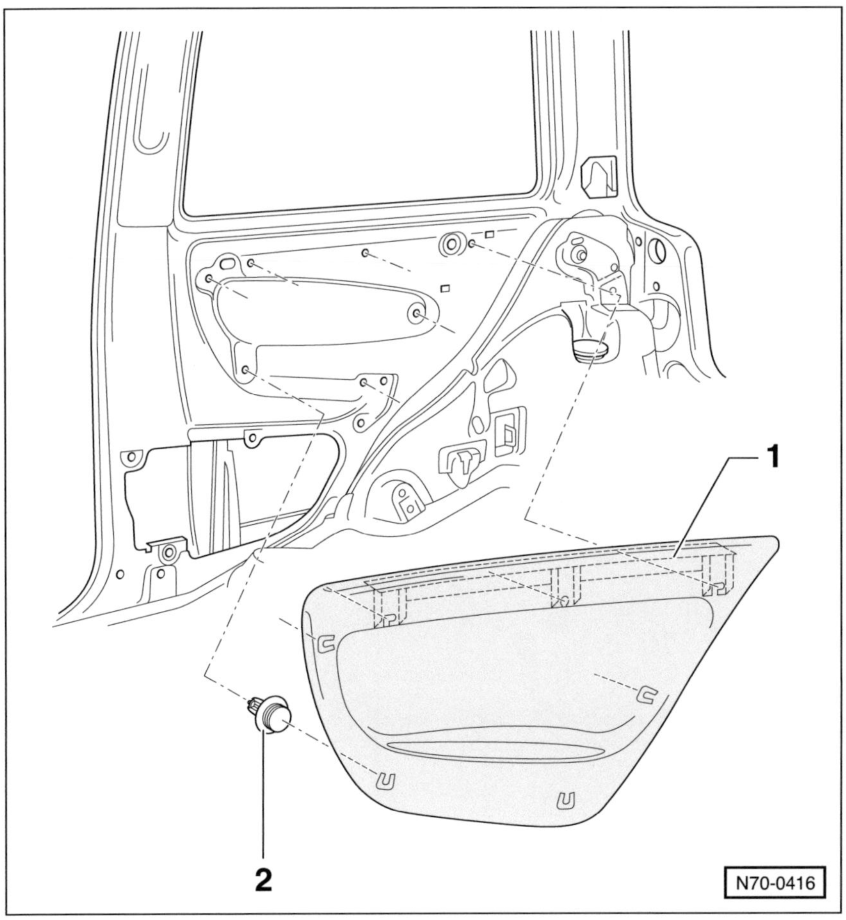

1 – Seitenverkleidung

Ausbau

◆ Verkleidung vom Seitenteil abclipsen und abnehmen.

Einbau

◆ Verkleidung mit neuen Clips ansetzen und im Seitenteil einclipsen

2 – Befestigungsclip

7 Stück, nach der Demontage ersetzen.

Kofferraumverkleidung/Ablagefach hinten aus- und einbauen

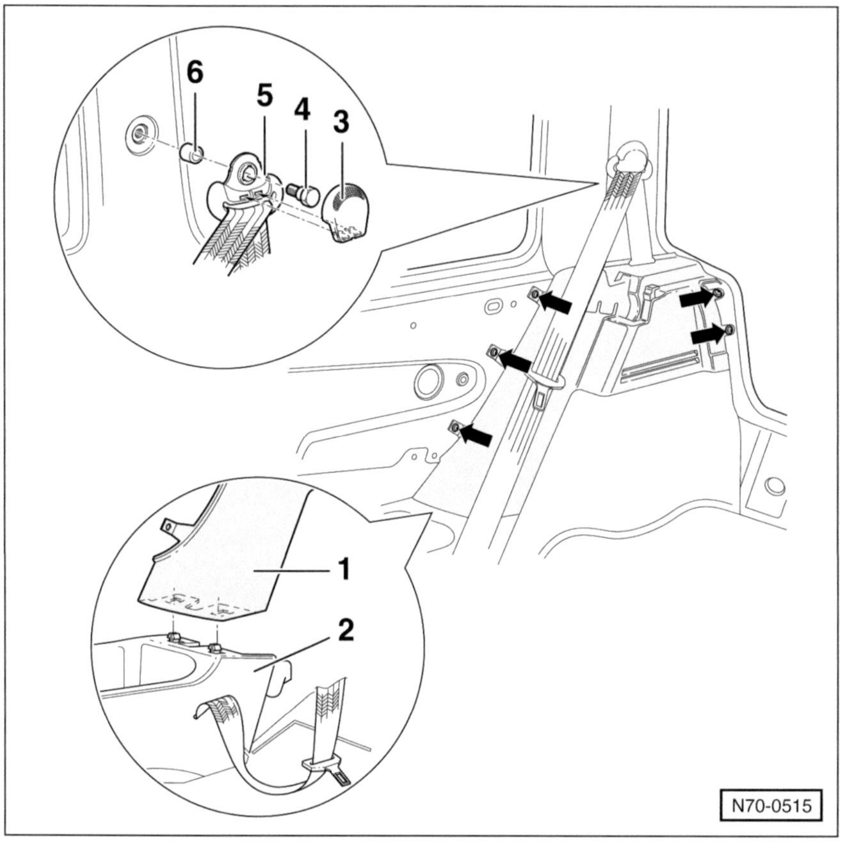

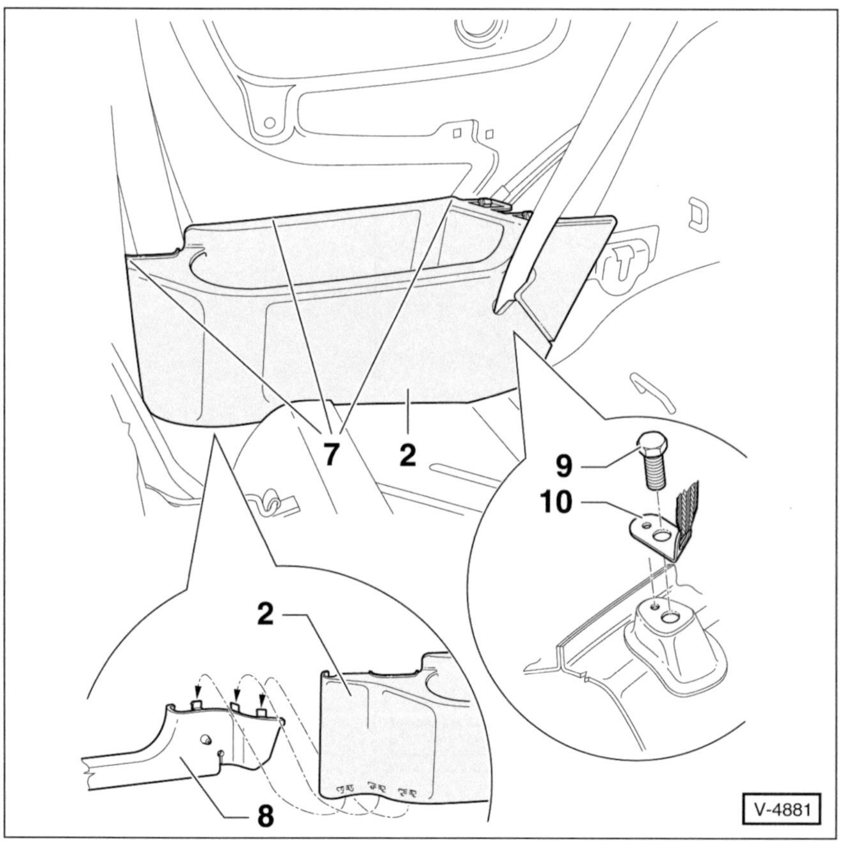

Hinweis: Alle Clips sind nach der Demontage zu ersetzen.
Soll nur das Ablagefach ausgebaut werden, braucht die Schlossträgerverkleidung nicht ausgebaut, und die Schrauben für die Kofferraumverkleidung nicht herausgedreht werden.

Ausbau

- Seitenverkleidung hinten ausbauen, siehe entsprechendes Kapitel.
- Abdeckung für Schlossträger hinten ausbauen, siehe entsprechendes Kapitel.
- Schrauben –Pfeile– herausdrehen.
- Kofferraumverkleidung seitlich –1– aus dem Ablagefach hinten –2– ausclipsen.
- Abdeckkappe –3– ausclipsen.
- Passschraube –4– herausdrehen.
- Umlenkbeschlag –5– und Abstandsring –6– abnehmen.
- Ablagefach –2– aus dem Seitenteil ausclipsen –7–.
- Ablagefach –2– aus der Einstiegsleiste –8– aushaken.
- Gurtband durch den Schlitz im Ablagefach ziehen und das Ablagefach herausnehmen.
- Schraube –9– herausdrehen und den Gurtendbeschlag –10– abnehmen. **Hinweis:** Die Abbildung zeigt den Gurtendbeschlag des 4-Sitzers.
- Gurtband durch die seitliche Kofferraumverkleidung fädeln und die Kofferraumverkleidung herausnehmen.

Einbau

- Gurtband in Einbaulage in die Kofferraumverkleidung einfädeln und Verkleidung einsetzen.
- Gurtendbeschlag mit **40 Nm** anschrauben.
- Gurtband in den Schlitz im Ablagefach einführen und Ablagefach in die Seitenverkleidung und in die Einstiegsleiste einhaken beziehungsweise einclipsen.
- Umlenkbeschlag für Sicherheitsgurt einbauen, siehe Abbildung N70-0515. Schraube –4– mit **40 Nm** anziehen und Abdeckkappe anbringen.
- Sicherstellen, dass die Kofferraumverkleidung im Ablagefach eingeclipst ist.
- Kofferraumverkleidung mit 5 Schrauben anschrauben.
- Abdeckung für Schlossträger hinten einbauen, siehe entsprechendes Kapitel.
- Seitenverkleidung hinten einbauen, siehe entsprechendes Kapitel.

Abdeckung für Schlossträger hinten aus- und einbauen

Ausbau

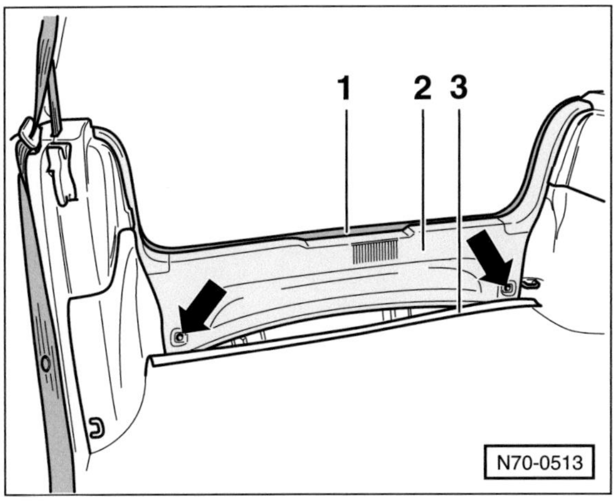

- Klappeninnendichtung –1– ablösen. **Hinweis:** Möglicherweise lässt sich die Dichtung nicht ablösen. In diesem Fall muss beim Einbau darauf geachtet werden, dass die Kante der Schlossträgerverkleidung über die gesamte Länge in die Dichtung eingreift.
- Kofferraumbodenabdeckung –3– nach vorn umklappen.
- Muttern –Pfeile– herausdrehen. Anstelle der Muttern können auch Kunststoffschrauben eingebaut sein.
- Abdeckung –2– ausclipsen und herausnehmen.

Einbau

- Abdeckung ansetzen und einclipsen.
- Muttern aufschrauben.
- Klappeninnendichtung aufschieben. Falls die Klappeninnendichtung sich nicht ausbauen ließ, darauf achten, dass die Kante der Schlossträgerverkleidung über die gesamte Länge in die Dichtung eingreift.

Heckklappeninnenverkleidung aus- und einbauen

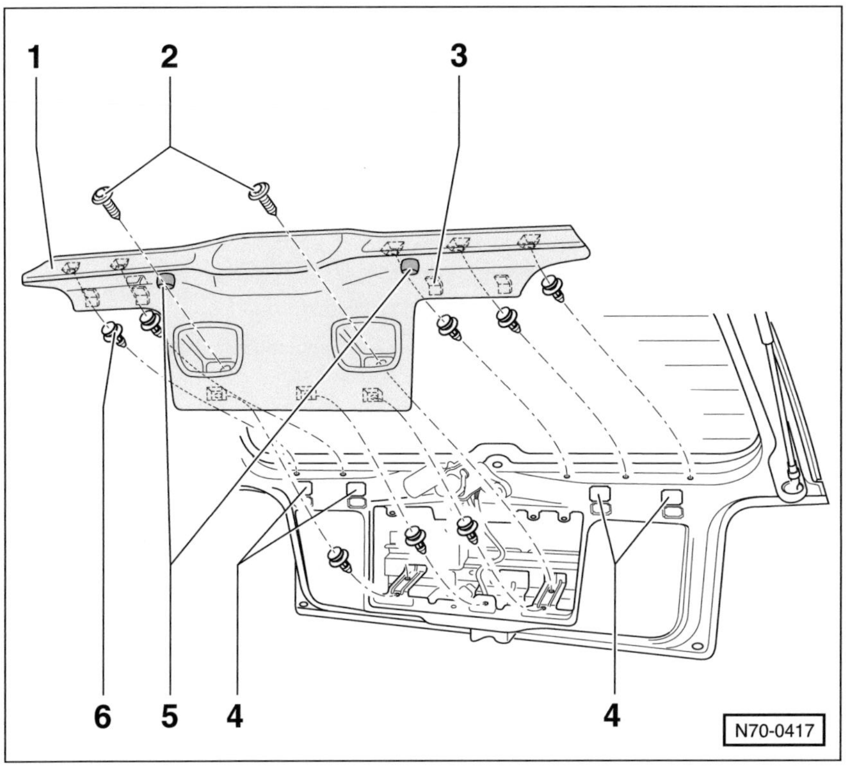

1 – **Heckklappeninnenverkleidung**

Ausbau

- ◆ Torxschrauben –2– herausdrehen.
- ◆ Verkleidung mit Abdrückhebel oder Kunststoffkeil, zum Beispiel HAZET 1965/20, abhebeln.
- ◆ Verkleidung nach oben mit den Rastnasen –3– aus den Aufnahmelöchern –4– herausheben.

Einbau

- ◆ Neue Befestigungsclips anbringen.
- ◆ Verkleidung von oben ansetzen und andrücken. Darauf achten, dass die Rastnasen und die Befestigungsclips richtig sitzen.
- ◆ Torxschrauben hineinschrauben und leicht anziehen.

2 – **Torxschraube**

3 – **Rastnase**
4 Stück.

4 – **Aufnahme**
Für Rastnase.

5 – **Anschlagpuffer**

6 – **Befestigungsclip**
8 Stück. Nach Demontage erneuern.

Vordersitz aus- und einbauen

LUPO/AROSA

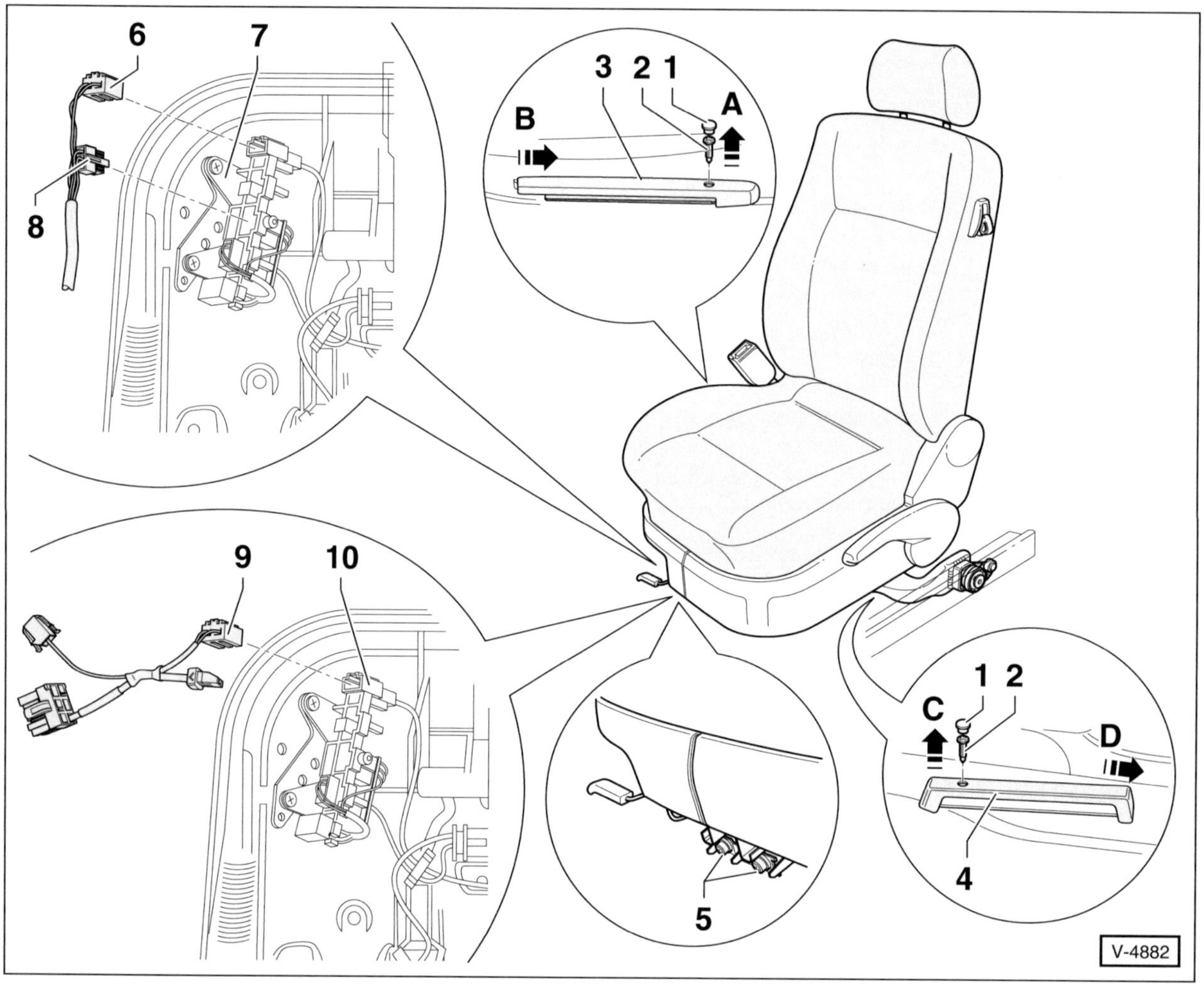

Ausbau

Hinweis: Zum Ausbau des Vordersitzes mit Seitenairbag, wird der VW-Airbag-Adapter VAS 5094 benötigt.

Spezielle Hinweise zum LUPO 3L stehen am Ende des Kapitels.

- Batterie-Massekabel (–) bei ausgeschalteter Zündung abklemmen. **Achtung:** Dadurch werden elektronische Speicher gelöscht, wie zum Beispiel bei bestimmten Radios der Radiocode. Ohne Code kann das Radio nicht mehr in Betrieb genommen werden. Deshalb Hinweise im Kapitel »Batterie aus- und einbauen« durchlesen.
- Sitz nach vorn schieben.
- Abdeckkappe –1– aus der tunnelseitigen Abdeckleiste –3– ausclipsen.
- Schraube –2– herausschrauben.
- Abdeckleiste von der Sitzschiene ausclipsen –Pfeil A– und abziehen –Pfeil B–.
- Abdeckkappe –1– aus der schwellerseitigen Abdeckleiste –4– ausclipsen.
- Schraube –2– herausschrauben.
- Abdeckleiste von der Sitzschiene ausclipsen –Pfeil C– und abziehen –Pfeil D–.
- Sitz nach hinten schieben.
- Schrauben –5– herausschrauben. **Hinweis:** Es können auch Muttern eingebaut sein.
- Sitz nach hinten aus den Führungsschienen herausschieben.
- Fahrzeuge mit Sitzheizung: Elektrische Steckverbindung für Sitzheizung –8– abziehen.

Achtung: Vor dem Trennen der Steckverbindung für Seitenairbag, elektrostatische Aufladung abbauen, dazu kurz den Schließkeil der Tür oder die Karosserie anfassen. **Der Airbag-Adapter VAS 5094 muss angeschlossen bleiben, bis der Sitz wieder eingebaut wird.**

- Fahrzeuge mit Seitenairbags: Elektrische Steckverbindung für Seitenairbag –6– von der Koppelstation –7– trennen. **Airbag-Adapter VAS 5094** –9– in das Steckgehäuse –10– einstecken.

Einbau

- Sicherstellen, dass das Batterie-Massekabel (–) abgeklemmt ist.
- Fahrzeuge mit Seitenairbags: Airbag-Adapter für Seitenairbag –9– aus dem Steckgehäuse –10– am Sitz abziehen. Stecker für Seitenairbag –6– in die Koppelstation –7– am Sitz einstecken.
- Fahrzeuge mit Sitzheizung: Stecker für Sitzheizung –8– einstecken.
- Sitz von hinten in die Führungsschienen hineinschieben.
- Schrauben –5– einschrauben und mit **23 Nm** anziehen. **Hinweis:** Es können auch Muttern vorhanden sein.
- Sitz nach vorn schieben.
- Abdeckleiste –4– entgegen der Pfeilrichtung –D– auf die schwellerseitige Sitzschiene aufschieben und einclipsen.
- Schraube –2– einschrauben und Abdeckkappe –1– aufdrücken.
- Abdeckleiste –3– entgegen der Pfeilrichtung –B– auf die tunnelseitige Sitzschiene aufschieben und einclipsen.
- Schraube –2– einschrauben und Abdeckkappe –1– aufdrücken.
- Batterie-Massekabel (–) anklemmen. **Achtung:** Zeituhr stellen und gegebenenfalls Radiocode eingeben sowie Hoch-/Tieflaufautomatik für elektrische Fensterheber aktivieren, siehe Kapitel »Batterie aus- und einbauen«.

Achtung: Es kann vorkommen, dass nach dem Aus- und Einbau eines Sitzes mit Seitenairbag, trotz korrekt durchgeführter Arbeitsanweisungen, ein Airbag-Fehler registriert wird und deshalb die Warnlampe für Airbag im Kombiinstrument aufleuchtet. In diesem Fall muss der gespeicherte Airbag-Fehler **möglichst bald** mit dem VW/SEAT-Diagnosegerät gelöscht werden (Werkstattarbeit).

Speziell LUPO 3L

In diesem Abschnitt werden nur abweichende Hinweise gegeben. Ansonsten ist wie beim LUPO/AROSA zu verfahren.

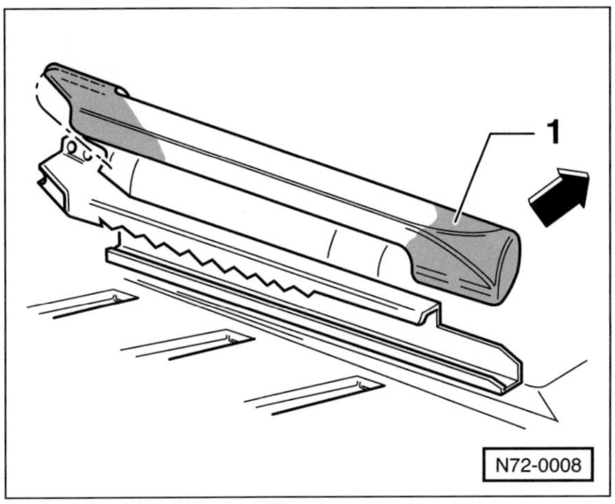

- Abdeckleiste –1– von der inneren Sitzschiene nach hinten in Pfeilrichtung abnehmen.

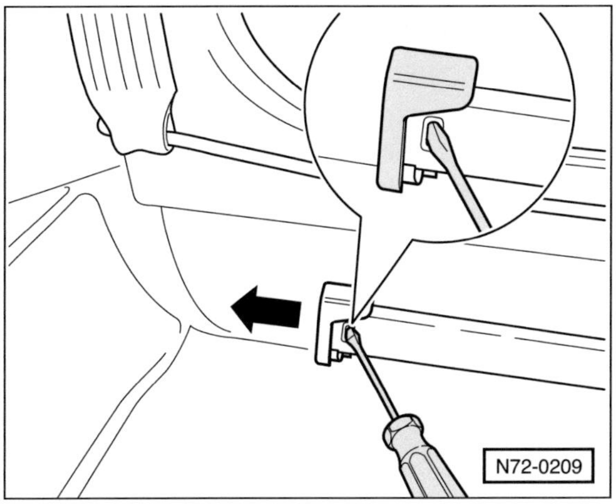

- Die Verrastung mit einem Schraubendreher nach hinten drücken und die Abdeckung in Pfeilrichtung von der Sitzschiene lösen.

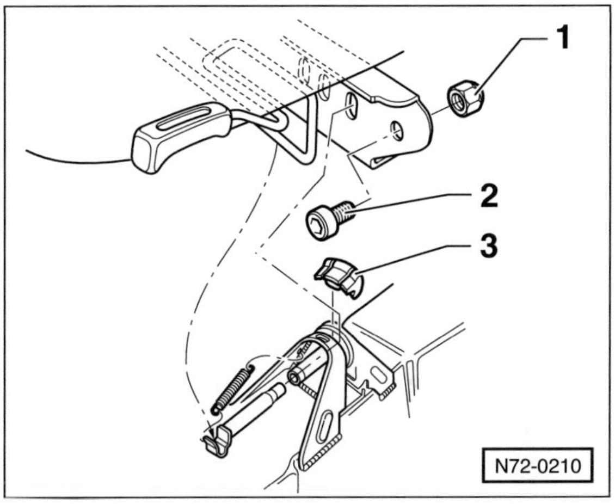

- Hutmutter –1– abschrauben und Schraube –2– herausdrehen.
- Raststange entriegeln und Sitz nach hinten aus den Sitzschienen herausschieben.

Hinweis: Bei schwergängiger Längsverstellung der Vordersitze und bei übermäßigem Spiel in den Gleitschienen sind die Gleitstücke am Sitz hinten und das Gleitstück vorn –3– zu kontrollieren und gegebenenfalls zu ersetzen.

Rücksitzbank aus- und einbauen

Ausbau

Hinweis: Der Aus- und Einbau der Rücksitzbank wird anhand der geteilten Sitzbank beschrieben. Die einteilige Sitzbank wird prinzipiell auf die gleiche Weise aus- und eingebaut.

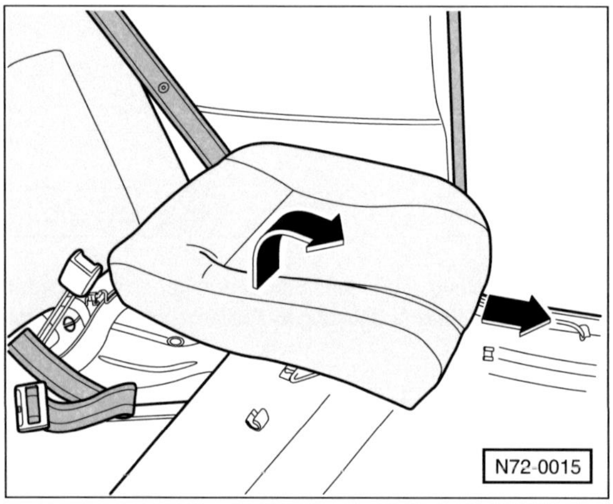

N72-0015

- Sitzbank nach vorn ziehen und aufklappen.

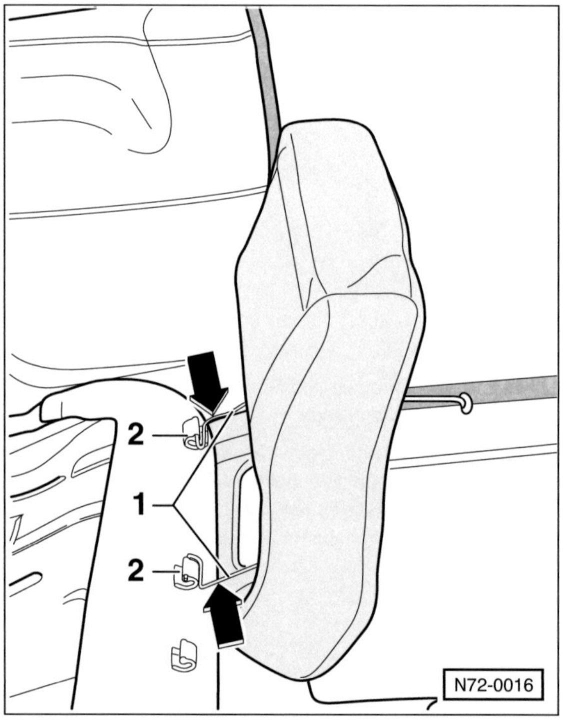

N72-0016

- Federbügel –1– in Pfeilrichtung drücken und aus den Scharnieren –2– herausführen.
- Sitzbank aus dem Fahrzeug herausheben.

Einbau

- Sitzbank ansetzen.
- Federbügel in Pfeilrichtung drücken, in die Scharniere einführen und loslassen.
- Sitzbank zurückklappen.

Lehne für Rücksitzbank aus- und einbauen

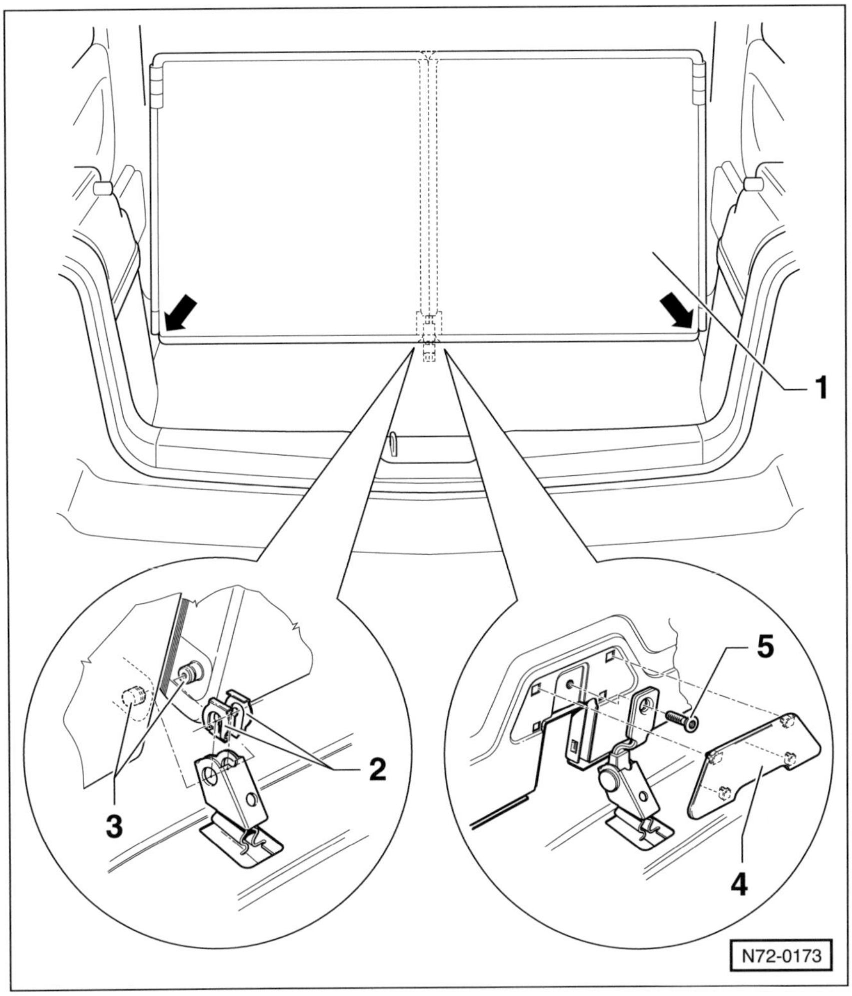

1 – Lehne

2 – Sicherungsscheibe
Bei Fahrzeugen mit geteilter Lehne.

3 – Lehnenbolzen
Bei Fahrzeugen mit geteilter Lehne.

4 – Abdeckkappe
Bei Fahrzeugen mit einteiliger Lehne.

5 – Schraube
Bei Fahrzeugen mit einteiliger Lehne.

Ausbau

- Lehne –1– nach vorn klappen.
- Rasthaken mit einem Schraubendreher nach hinten drücken –Pfeile–.

Fahrzeuge mit geteilter Lehne

- Sicherungsscheiben –2– vom Lehnenbolzen –3– abziehen.
- Lehnenteile nach oben herausheben.

Fahrzeuge mit einteiliger Lehne

- Abdeckkappe –4– abziehen.
- Schraube –5– herausdrehen.
- Lehne nach oben herausziehen.

Einbau

- Lehne beziehungsweise Lehnenteile einsetzen.
- **Fahrzeuge mit geteilter Lehne:** Sicherungsbolzen am Lehnenbolzen anbringen.
- **Fahrzeuge mit einteiliger Lehne:** Schraube einschrauben und Abdeckkappe anbringen.
- Rasthaken vordrücken.
- Lehne zurückklappen.

Einstiegsleisten aus- und einbauen

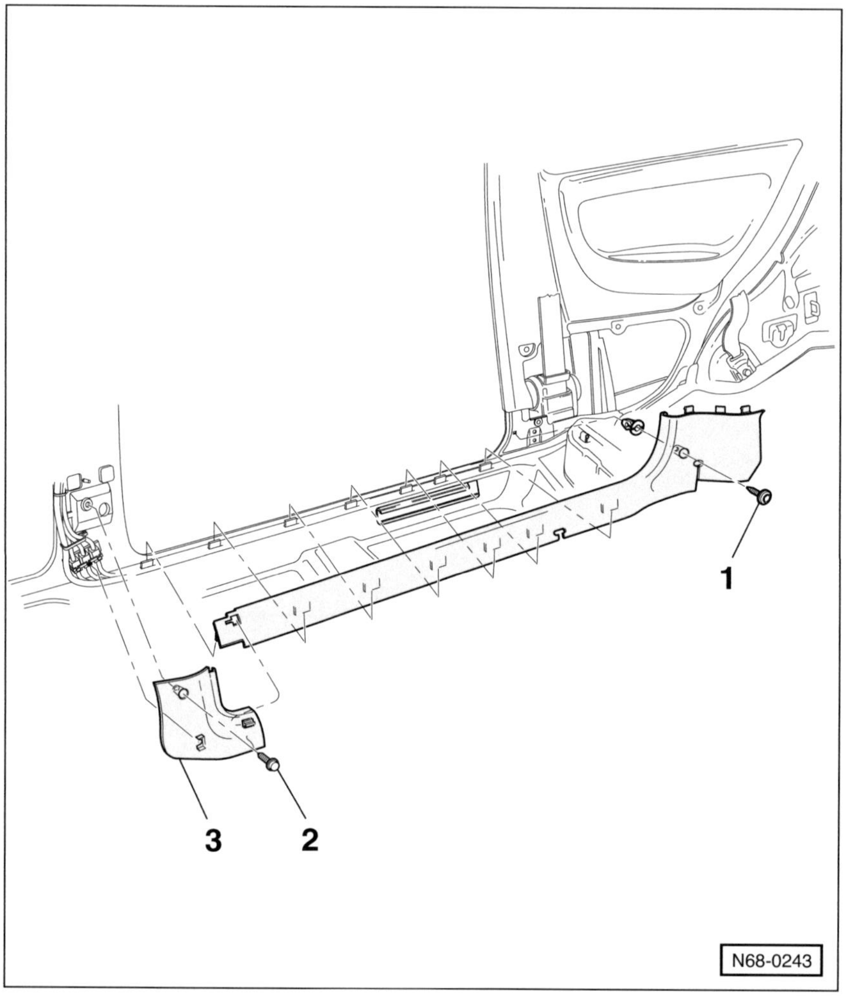

Ausbau

- Rücksitzbank ausbauen, siehe entsprechendes Kapitel.
- Rücksitzlehne ausbauen, siehe entsprechendes Kapitel.
- Ablagefach hinten ausbauen, siehe Kapitel »Kofferraumverkleidung/Ablagefach hinten aus- und einbauen«.
- Schraube –1– herausdrehen.
- Schraube –2– herausnehmen und Verkleidung –3– abnehmen.
- Einstiegsleiste nach oben ausclipsen.

Einbau

Achtung: Vor der Montage der Einstiegsleiste Zustand der Clips überprüfen, gegebenenfalls erneuern.

- Einstiegsleiste von oben ansetzen und einclipsen.
- Verkleidung –3– mit Schraube –2– anschrauben.
- Schraube –1– einschrauben.

Hinweis: Nach Montage der Einstiegsleiste auf richtigen Sitz der Dichtung achten.

- Ablagefach hinten einbauen, siehe entsprechendes Kapitel.
- Rücksitzlehne einbauen, siehe entsprechendes Kapitel.
- Rücksitzbank einbauen, siehe entsprechendes Kapitel.

Karosserie außen

Aus dem Inhalt:

- Kotflügel
- Stoßfänger
- Motorhaube
- Heckklappe
- Kühlergrill
- Tür
- Türfensterscheibe
- Fensterheber

Bei der selbsttragenden Fahrzeugkarosserie sind Bodengruppe, Seitenteile, Dach und die hinteren Kotflügel miteinander verschweißt. Front- und Heckscheibe sind eingeklebt. Die Reparatur größerer Karosserieschäden sowie das Auswechseln der geklebten Scheiben sollten der Fachwerkstatt vorbehalten bleiben.

Motorhaube, Heckklappe, Türen und die vorderen Kotflügel sind angeschraubt und lassen sich leicht auswechseln. Beim Einbau ist dann unbedingt das richtige Spaltmaß (Breite der Fugen) einzuhalten, sonst klappert beispielsweise die Tür, oder es können erhöhte Windgeräusche während der Fahrt auftreten. Der Luftspalt muss auf jeden Fall parallel verlaufen, das heißt, der Abstand zwischen den Karosserieteilen muss auf der gesamten Länge des Spaltes gleich groß sein. Abweichungen bis zu 1 mm sind zulässig.

Beim LUPO/AROSA (außer LUPO 3L/FSI/GTI) sind alle Karosserieteile gegen Durchrostung verzinkt. Die äußeren Karosserieteile sind elektrolytisch verzinkt, da elektrolytisch verzinkte Teile gut lackierbar und leicht umformbar sind; innere und nicht sichtbare Blechteile sind aus Kostengründen feuerverzinkt. Um den Karosserieschutz zusätzlich zu erhöhen, werden Karosserie-Hohlräume mit Wachs geflutet. Beim LUPO 3L werden besonders gefährdete Bereiche des Unterbodens, beim LUPO/AROSA der gesamte Unterboden, mit PVC-Unterbodenschutz beschichtet.

Da viele Karosserieteile mit Torxschrauben verbunden sind, wird ein Torx-Schraubendrehersatz benötigt.

Besondere Hinweise zum LUPO 3L/FSI/GTI, siehe Seite 266.

Hinweis: Der Aus- und Einbau der geklebten Scheiben wird in diesem Band nicht beschrieben. Kleinere Steinschlag-Glasschäden sollten schnellstmöglich von einem spezialisierten Fachbetrieb repariert werden, bevor sich der Riss über die ganze Scheibe ausbreitet. In der Regel übernimmt die Teilkaskoversicherung die Reparaturkosten.

Achtung: Wenn im Rahmen von Arbeiten an der Karosserie auch Arbeiten an der elektrischen Anlage durchgeführt werden, **grundsätzlich** das Batterie-Massekabel (–) abklemmen. Dazu Hinweise im Kapitel »Batterie aus- und einbauen« durchlesen. Als Arbeit an der elektrischen Anlage ist dabei schon zu betrachten, wenn eine elektrische Leitung vom Anschluss abgezogen beziehungsweise abgeklemmt wird.

Sicherheitshinweise bei Karosseriearbeiten

Muss an der Karosserie geschweißt werden, soll dies grundsätzlich durch Widerstandspunktschweißen (RP) durchgeführt werden. Nur wenn sich die Schweißzange nicht ansetzen lässt, ist das Schutzgas-Schweißverfahren anzuwenden. Da die Karosserie vollverzinkt ist, sind folgende Punkte zu beachten:

- Soweit Schweißarbeiten oder andere Funken erzeugende Arbeiten durchgeführt werden, grundsätzlich die Batterie komplett abklemmen (Plus- und Minuskabel) und beide Batterieklemmen (+) und (–) sorgfältig isolieren. Bei Arbeiten in Batterienähe muss die Batterie ausgebaut werden. **Achtung:** Dadurch werden elektronische Speicher gelöscht, wie zum Beispiel bei bestimmten Radios der Radiocode. Ohne Code kann das Radio nicht mehr in Betrieb genommen werden. Deshalb Hinweise im Kapitel »Batterie aus- und einbauen« durchlesen.

Sicherheitshinweis
Beim Schweißen von verzinkten Stahlblechen entsteht giftiges Zinkoxid, daher für eine gute Arbeitsplatzbelüftung sorgen.

- Schweißstrom (Ampere) um 10 % bis max. 30 % erhöhen.
- Hartkupfer-Elektroden mit hoher Warmfestigkeit (größer als +400° C) verwenden.
- Elektroden häufig säubern, beziehungsweise Kontaktflächendurchmesser auf 4 mm ∅ seitlich nacharbeiten.
- Elektroden-Anpresskraft erhöhen.
- Schweißzeit verlängern. Die Schweißzeit ist richtig gesetzt, wenn sich die Schweißpunkte ohne Spritzer setzen lassen.
- An Teilen der gefüllten Klimaanlage darf weder geschweißt noch hart- oder weichgelötet werden. Das gilt auch für Schweiß- und Lötarbeiten am Fahrzeug, wenn die Gefahr besteht, dass sich Teile der Klimaanlage erwärmen.

Sicherheitshinweis
Der Kältemittelkreislauf der Klimaanlage darf nicht geöffnet werden. Gelangt Kältemittel auf die Haut, kann dies zu Erfrierungen führen.

- Im Rahmen einer Reparatur-Lackierung darf im Trockenofen oder in seiner Vorwärmzone das Fahrzeug bis maximal **+80° C** aufgeheizt werden. Sonst können elektronische Steuergeräte im Fahrzeug beschädigt werden.
- PVC-Unterbodenschutz an der Reparaturstelle mit rotierender Drahtbürste entfernen oder mit Heißluftgebläse auf maximal +180° C erwärmen und mit Spachtel ablösen. Durch Abbrennen beziehungsweise Erwärmen von PVC-Material über +180° C entsteht stark Korrosion fördernde Salzsäure, außerdem werden gesundheitsschädliche Dämpfe frei.

Hinweise zum LUPO 3L/FSI/GTI

Diese Hinweise unbedingt beachten!

Beim **LUPO 3L/FSI/GTI** sind zahlreiche Anbauteile wie Türen, Motorhaube, Heckklappe und Kotflügel aus Aluminium beziehungsweise Magnesium. Bei diesen Leichtbauteilen ist insbesondere bei der Montage auf die Vermeidung der so genannten **Kontaktkorrosion** zu achten. Kontaktkorrosion kann entstehen, wenn nicht geeignete Verbindungselemente, zum Beispiel herkömmliche Schrauben, Muttern und Scheiben, verwendet werden.

Alle Verbindungselemente, die zur Montage von Leichtbauteilen verwendet werden, müssen eine spezielle Oberflächenbeschichtung (Dacromet) aufweisen.

Erkennbar sind diese Teile an der grünlichen Farbe.

Außerdem müssen alle Gummi- und Kunststoffteile, sowie Klebstoffe elektrisch nicht leitend sein. Nur von VW freigegebene Teile verwenden. Teilweise müssen auch isolierende Scheuerschutzfolien verwendet werden, die zwischen die zu verbindenden Teile geklebt oder eingelegt werden.

Sollten Zweifel an der Verwendbarkeit beziehungsweise Wiederverwendbarkeit von Teilen bestehen, so sind generell nur neue Teile zu verwenden.

Alle zusätzlich angebrachten Anbauteile müssen samt Befestigungselementen von VW freigegeben sein.

Karosseriespaltmaße

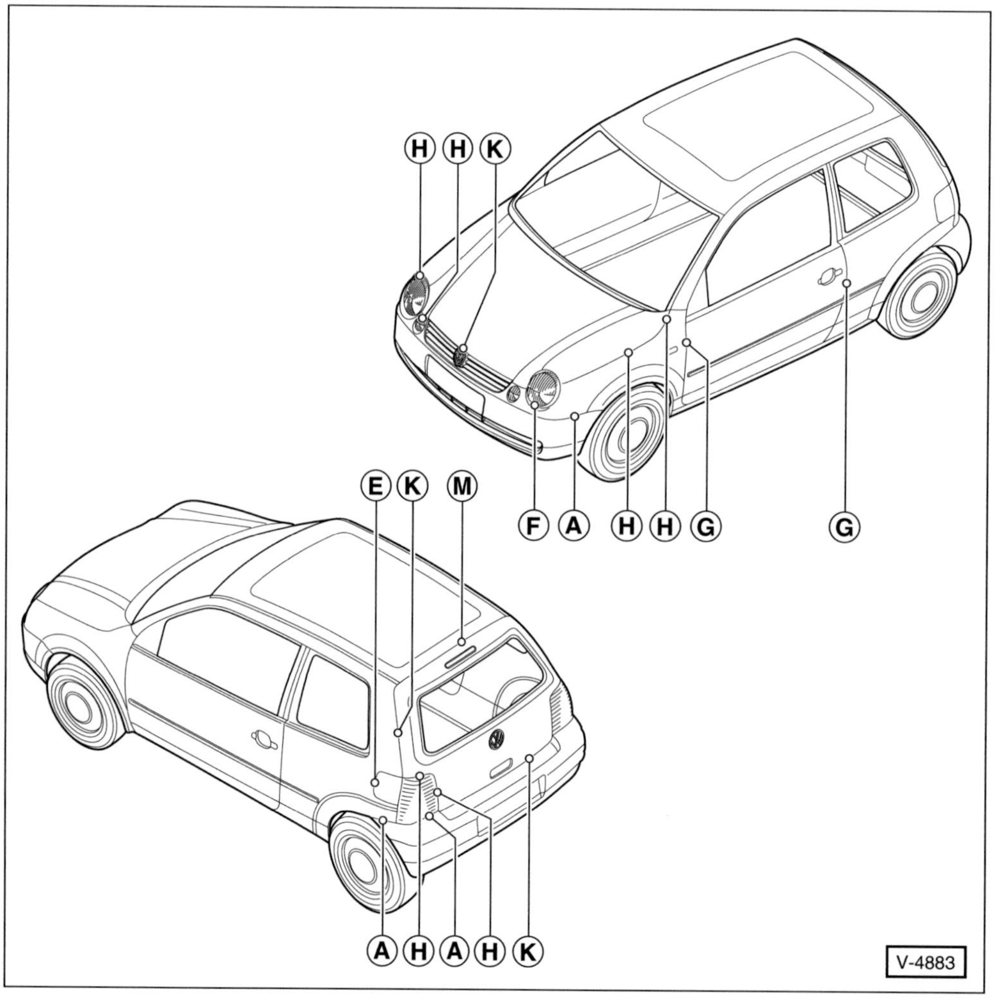

Karosserie vorn
A = 0,5 mm
F = 3,0 mm
G = 3,5 mm
H = 4,0 mm
K = 5,0 mm

Karosserie hinten
A = 0,5 mm
E = 2,5 mm
H = 4,0 mm
K = 5,0 mm
M = 6,0 mm

Stoßfänger vorn aus- und einbauen

LUPO

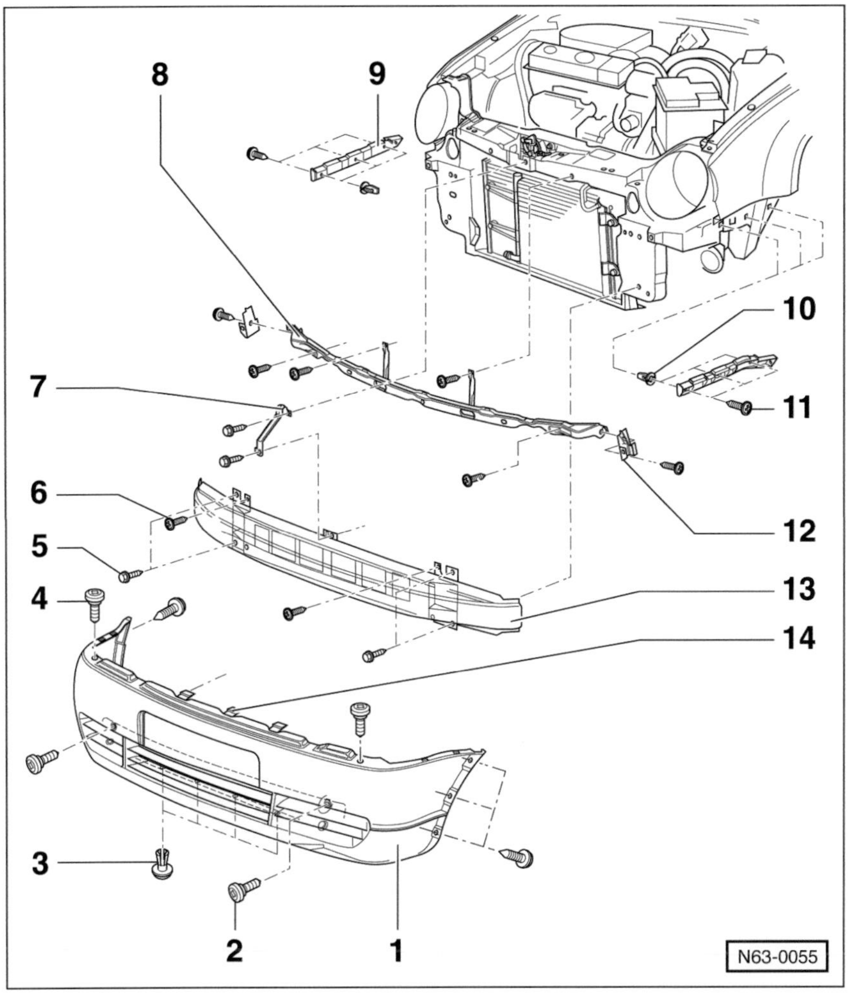

1 – **Abdeckung/Stoßfänger**

2 – **Torxschraube T30, 6 Nm**
2 Stück.

3 – **Spreizniet**
4 Stück.

4 – **Torxschraube T30, 6 Nm**
2 Stück.

5 – **Schraube, 20 Nm**
4 Stück.

6 – **Schraube, 2,5 Nm**
2 Stück.

7 – **Befestigungsbügel**

8 – **Träger**

9 – **Führungsteil**

10 – **Spreizclip**
6 Stück.

11 – **Schraube**
6 Stück.

12 – **Halter**

13 – **Stoßfängerträger**

14 – **Rasthaken**

Ausbau

- Kühlergrill mit Blendrahmen ausbauen, siehe Seite 273.
- Spreizniete –3– ausbauen. Dazu Stift im Spreizniet etwas eindrücken, dann kann der Spreizniet herausgezogen werden. Beschädigte Spreizniete erneuern.
- Links und rechts 3 Schrauben für Stoßfänger –1– im Bereich der Innenkotflügel lösen.
- Schrauben –2– und –4– herausdrehen.
- Rasthaken –14– entriegeln und Stoßfänger mit Helfer waagerecht nach vorn von den Führungsteilen –9– links und rechts abziehen.

Einbau

- Stoßfänger mit Helfer auf die Führungsteile –9– links und rechts am Fahrzeug aufschieben. Darauf achten, dass der Stoßfänger gleichmäßig aufgeschoben wird und sich auf den Führungsteilen nicht verkantet.
- Schrauben –2– und –4– mit **6 Nm** einschrauben.
- Stoßfänger links und rechts an den Innenkotflügeln mit jeweils 3 Schrauben anschrauben.
- Spreizniete –3– ohne Stift einsetzen. Dann Stift so weit eindrücken, dass der Stift an der Oberseite bündig abschließt.
- Kühlergrill mit Blendrahmen einbauen, siehe Seite 273.

Stoßfänger vorn aus- und einbauen

LUPO 3L/FSI

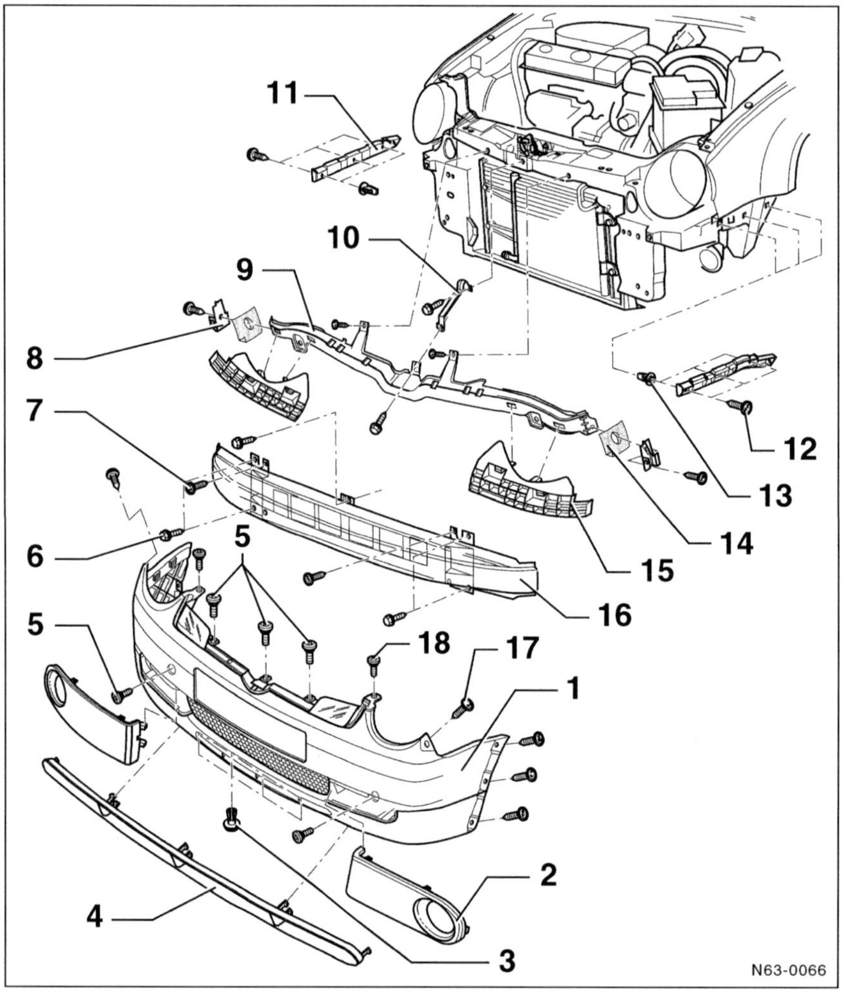

1 – Abdeckung/Stoßfänger

2 – Blende
In Abdeckung eingeclipst.

3 – Spreizniet
4 Stück.

4 – Abdeckteil
Nur bei Fahrzeugen ohne Klimaanlage.

5 – Schraube, 8 Nm
5 Stück.

6 – Schraube, 20 Nm
4 Stück.

7 – Schraube, 2,5 Nm
2 Stück.

8 – Halter

9 – Träger

10 – Befestigungsbügel

11 – Führungsteil

12 – Schraube
6 Stück.

13 – Spreizclip

14 – Scheuerschutzfolie
Hinweise zum LUPO 3L beachten, siehe Seite 266.

15 – Stützteil
In Träger eingeclipst.

16 – Stoßfängerträger

17 – Schraube, 1,5 Nm
2 Stück.

18 – Schraube, 3,5 Nm
2 Stück.

Ausbau

- Innenkotflügel ausbauen, siehe Seite 272.
- Kühlerblende ausbauen, siehe Seite 273.
- Spreizniete –3– ausbauen. Dazu Stift im Spreizniet etwas eindrücken, dann kann der Spreizniet herausgezogen werden. Beschädigte Spreizniete erneuern.
- Blende –2– ausclipsen, Schraube –5– herausdrehen.
- Schrauben –17– von der Kotflügelinnenseite herausdrehen.
- Schrauben –18– herausdrehen.
- Stecker von den Blinkleuchten und, falls vorhanden, von den Nebelscheinwerfern abziehen.
- Stoßfänger von den Führungsteilen –11– links und rechts am Fahrzeug mit Helfer waagerecht nach vorn abziehen.

Einbau

- Stoßfänger mit Helfer auf die Führungsteile –11– links und rechts am Fahrzeug aufschieben. Darauf achten, dass der Stoßfänger gleichmäßig aufgeschoben wird und sich auf den Führungsteilen nicht verkantet.
- Stecker an den Blinkleuchten und gegebenenfalls an den Nebelscheinwerfern aufschieben.
- Schrauben –18– mit **3,5 Nm** einschrauben.
- Schrauben –17– von der Kotflügelinnenseite her mit **1,5 Nm** einschrauben.
- Schrauben –5– mit **8 Nm** einschrauben und Blende –2– einclipsen.
- Spreizniete –3– ohne Stift einsetzen. Dann Stift so weit eindrücken, dass der Stift an der Oberseite bündig abschließt.
- Kühlerblende einbauen, siehe Seite 273.
- Innenkotflügel einbauen, siehe Seite 272.

Stoßfänger vorn aus- und einbauen

AROSA, Modell '97

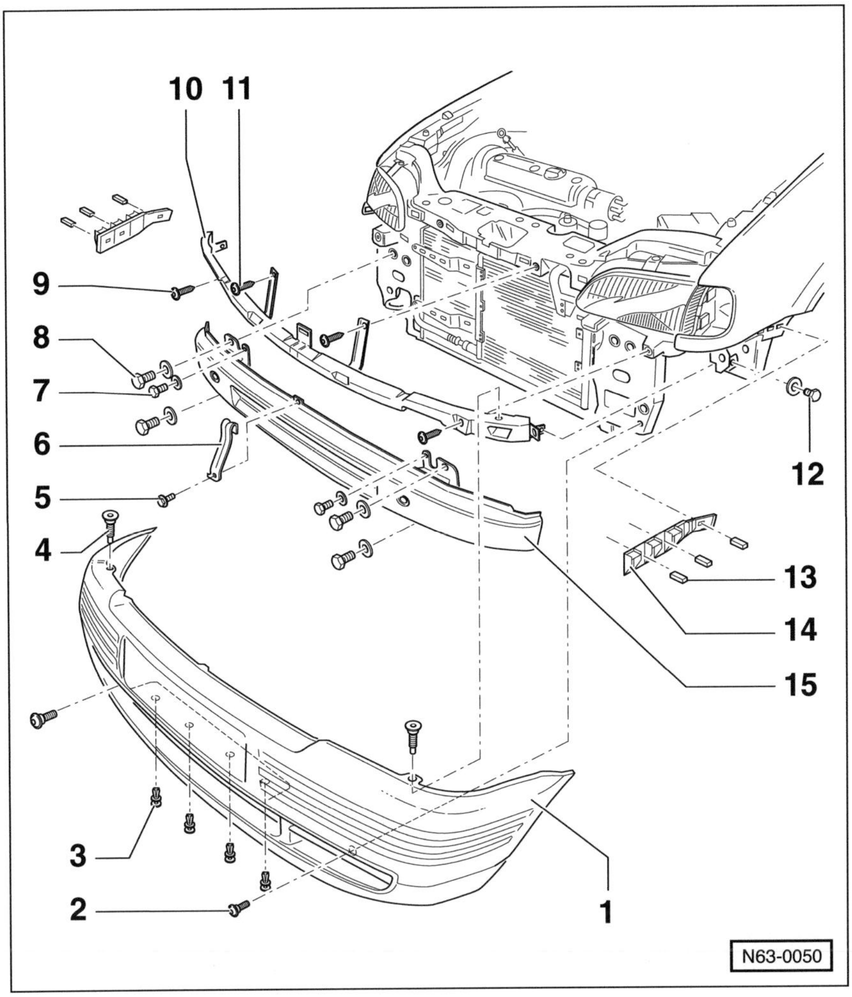

1 – Abdeckung/Stoßfänger

2 – Torxschraube T30, 6 Nm
2 Stück.

3 – Spreizniet
4 Stück.

4 – Torxschraube T30, 6 Nm
2 Stück.

5 – Schraube

6 – Befestigungsbügel

7 – Schraube
2 Stück.

8 – Schraube
4 Stück.

9 – Torxschraube T30
2 Stück.

10 – Träger

11 – Torxschraube T25
2 Stück.

12 – Schraube
2 Stück.

13 – Spreizstück
6 Stück. Zur Befestigung vom Führungsteil –14–.

14 – Führungsteil

15 – Stoßfängerträger

Ausbau

- Kühlergrill mit Blendrahmen ausbauen, siehe Seite 273.
- Blinkleuchten ausbauen, siehe Seite 90.
- Spreizniete –3– ausbauen. Dazu Stift im Spreizniet etwas eindrücken, dann kann der Spreizniet herausgezogen werden. Beschädigte Spreizniete erneuern.
- Schrauben –2– und –4– herausdrehen.
- Stoßfänger von den Führungsteilen –14– links und rechts am Fahrzeug mit Helfer waagerecht nach vorn abziehen.

Einbau

- Stoßfänger mit Helfer auf die Führungsteile –14– links und rechts am Fahrzeug aufschieben. Darauf achten, dass der Stoßfänger gleichmäßig aufgeschoben wird und sich auf den Führungsteilen nicht verkantet.
- Schrauben –2– und –4– mit **6 Nm** einschrauben.
- Spreizniete –3– ohne Stift einsetzen. Dann Stift so weit eindrücken, dass der Stift an der Oberseite bündig abschließt.
- Blinkleuchten einbauen, siehe Seite 90.
- Kühlergrill mit Blendrahmen einbauen, siehe Seite 273.

Stoßfänger hinten aus- und einbauen

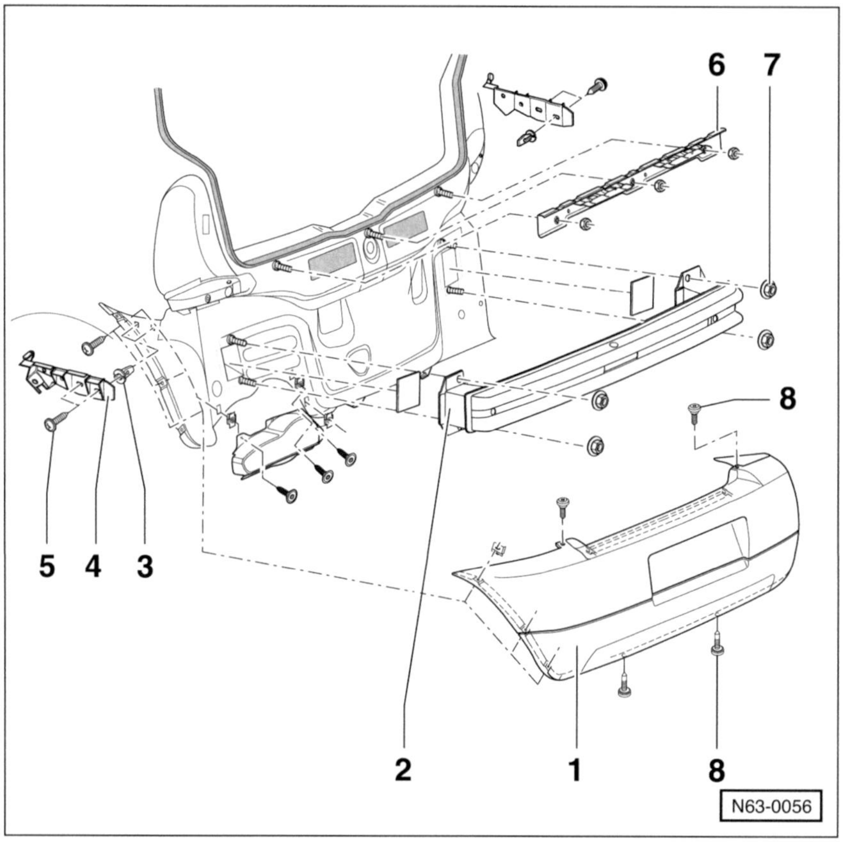

LUPO/LUPO 3L/FSI/GTI

1 – Abdeckung/Stoßfänger

Ausbau

- ◆ Heckklappe öffnen.
- ◆ Heckleuchten ausbauen, siehe Seite 93.
- ◆ Innenkotflügel im Bereich des Stoßfängers abschrauben.
- ◆ Schrauben –8– herausdrehen.
- ◆ Stoßfänger von den Führungsteilen –4– gleichmäßig abziehen.
- ◆ Stecker von der Kennzeichenleuchte abziehen.

Einbau

- ◆ Stecker an der Kennzeichenleuchte aufschieben.
- ◆ Stoßfänger gleichmäßig auf die Führungsteile –4– aufschieben.
- ◆ Schrauben mit **5 Nm** einschrauben. Innenkotflügel anschrauben.
- ◆ Heckleuchten einbauen.

2 – Stoßfängerträger

3 – Spreizclip
4 Stück.

4 – Führungsteil

5 – Schraube
4 Stück. Zur Befestigung von Führungsteil –4–.

6 – Befestigungsleiste

7 – Mutter, 15 Nm
4 Stück. Für Stoßfängerträger.

8 – Schraube, 5 Nm
4 Stück.

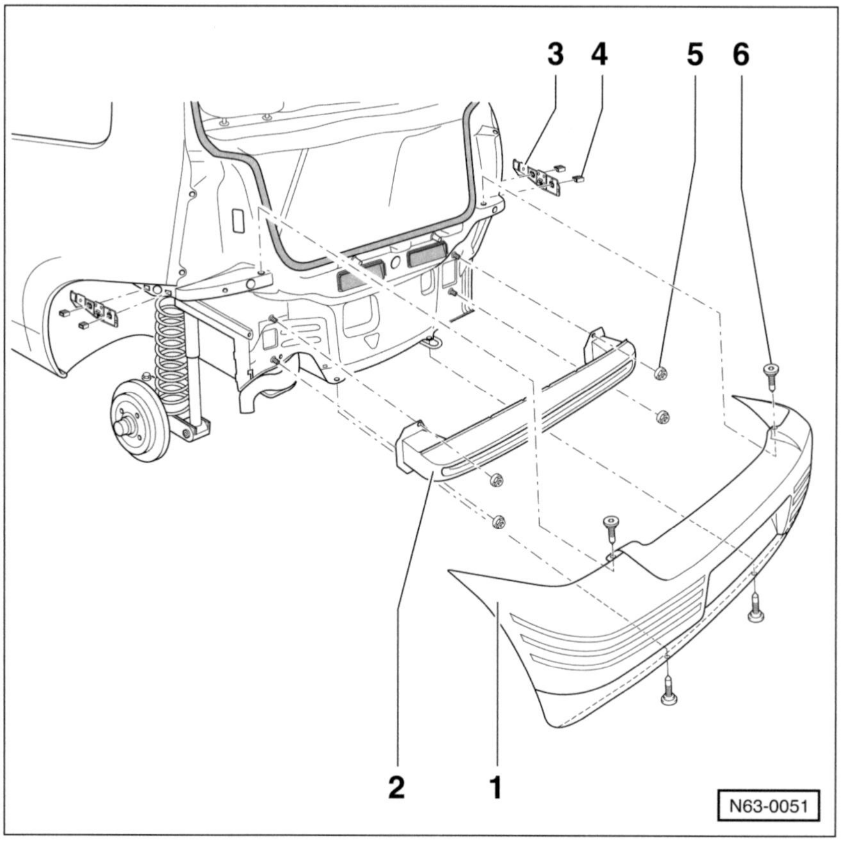

AROSA, Modell ’97

1 – Abdeckung/Stoßfänger

Ausbau

- ◆ Heckklappe öffnen.
- ◆ Heckleuchten ausbauen, siehe Seite 93.
- ◆ Innenkotflügel ausbauen, siehe Seite 272.
- ◆ Torxschrauben –6– herausdrehen.
- ◆ Stoßfänger gleichmäßig von den Führungsteilen –3– abziehen.

Einbau

- ◆ Stoßfänger gleichmäßig auf die Führungsteile –3– aufschieben.
- ◆ Torxschrauben mit **6 Nm** einschrauben.
- ◆ Innenkotflügel einbauen.
- ◆ Heckleuchten einbauen.

2 – Stoßfängerträger

3 – Führungsteil

4 – Spreizstück
4 Stück. Zur Befestigung vom Führungsteil –3–.

5 – Mutter, 15 Nm
4 Stück. Für Stoßfängerträger.

6 – Torxschraube T30, 6 Nm
4 Stück.

Kotflügel vorn aus- und einbauen

LUPO

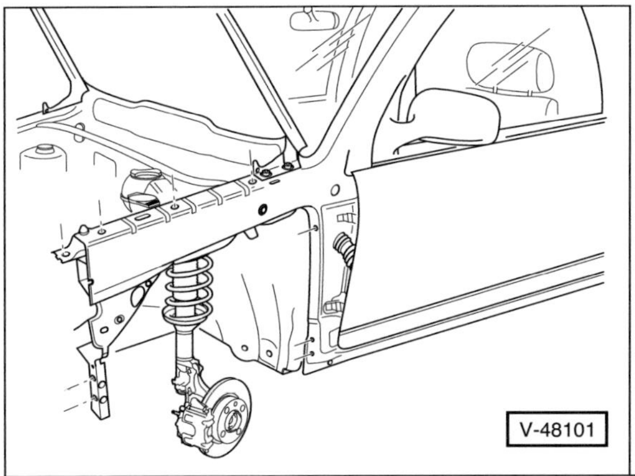

Hinweise zum Aus- und Einbau beim LUPO 3L/FSI/GTI und AROSA:

Der Aus- und Einbau des vorderen Kotflügels erfolgt beim LUPO 3L sowie beim AROSA prinzipiell auf die gleiche Weise wie beim LUPO. Hier einige ergänzende Hinweise:

- ◆ Anzahl und Lage der Befestigungsschrauben unterscheiden sich gegenüber dem LUPO.
- ◆ Beim LUPO 3L ist an den Anlagestellen des Kotflügels zur Vermeidung von Kontaktkorrosion anstatt der beim LUPO und AROSA vorgeschriebenen Zinkunterlagen eine VW-Scheuerschutzfolie aufzukleben. Siehe dazu auch Hinweise zum LUPO 3L auf Seite 266.

A – LUPO

B – LUPO GTI

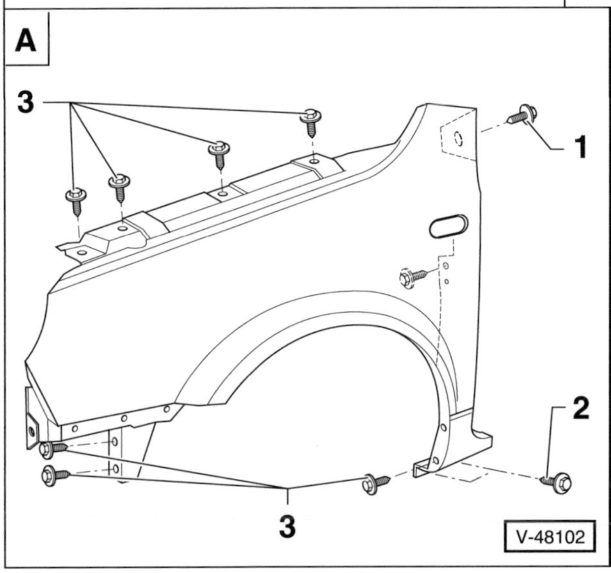

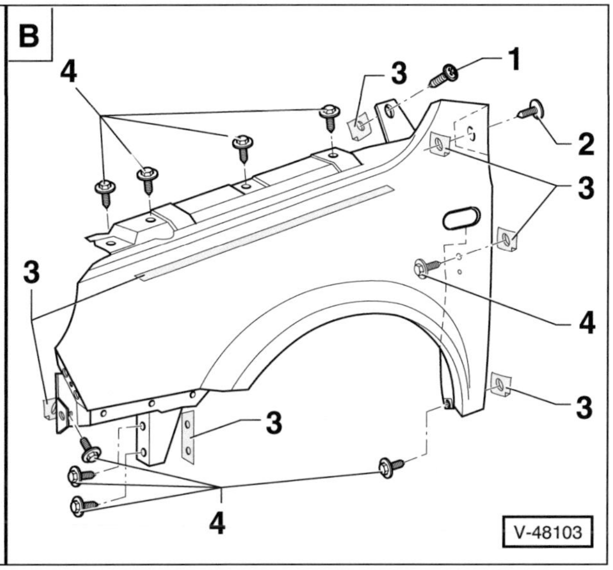

Ausbau

Hinweis: Die Bezeichnungen beziehen sich auf Abbildung V-48102 (A).

- Innenkotflügel ausbauen, siehe entsprechendes Kapitel.
- Stoßfänger ausbauen, siehe entsprechendes Kapitel.
- Seitliche Blinkleuchte ausbauen, siehe Seite 85.
- Hintere Befestigungsschraube –1– zwischen Kotflügel und Tür herausdrehen.
- Befestigungsschraube –2– vom Unterbodenschutz befreien und herausdrehen.
- Restliche Befestigungsschrauben –3– herausdrehen.
- Kotflügel an den Anlagepunkten im Bereich der A-Säule mit einem Heißluftgebläse erwärmen und dann abnehmen. Gegebenenfalls das PVC-Material mit einem Sattlermesser durchtrennen. Dafür ist ein Helfer erforderlich.

Achtung: PVC darf nur leicht und kurzzeitig erwärmt werden. Es dürfen weder Farbveränderungen noch Blasen zu sehen sein. **Bei zu starker Erwärmung entwickelt PVC giftige Gase.**

Einbau

- Kotflügel gegebenenfalls lackieren.
- Anschraubpunkte im Anlagebereich mit einer Zink-Zwischenlage, zum Beispiel VW-AKL38103550 belegen.
- Kotflügel ansetzen und ausrichten.

Achtung: Darauf achten, dass die vorgeschriebenen Spaltmaße eingehalten werden, siehe Seite 266.

- Kotflügel anschrauben.
- Seitliche Blinkleuchte einbauen, siehe Seite 83.
- Innenkotflügel einbauen, siehe entsprechendes Kapitel.
- Stoßfänger einbauen, siehe entsprechendes Kapitel.

Innenkotflügel aus- und einbauen

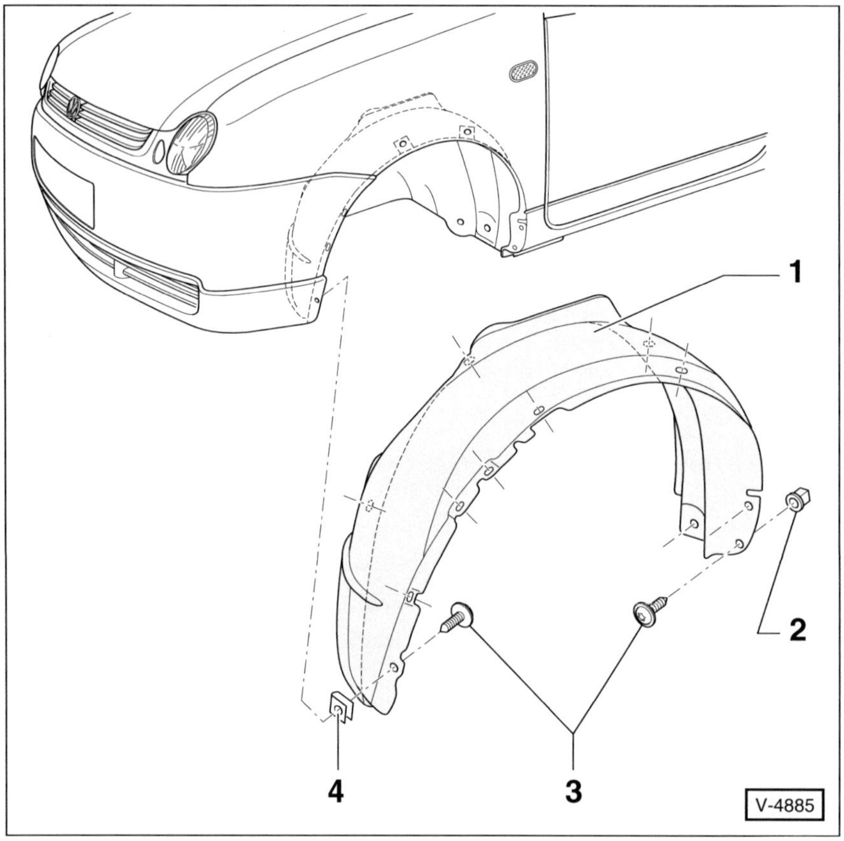

Innenkotflügel vorn

1 – Innenkotflügel

Ausbau

- ◆ Fahrzeug aufbocken.
- ◆ Rad abschrauben, siehe Seite 130.
- ◆ Torxschrauben –3– herausdrehen und Innenkotflügel herausnehmen.

Einbau

- ◆ Der Einbau erfolgt sinngemäß in umgekehrter Ausbaureihenfolge.

2 – Spreizmutter
9 Stück.

3 – Torxschraube T20
11 Stück.

4 – Schnappmutter
2 Stück.

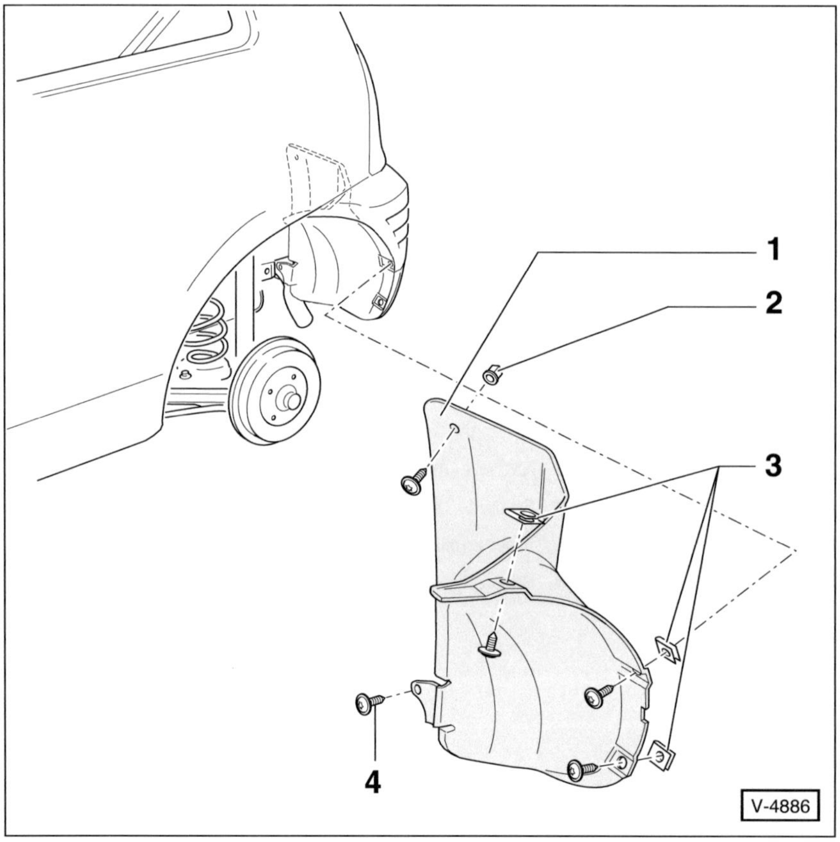

Innenkotflügel hinten

1 – Innenkotflügel

Ausbau

- ◆ Fahrzeug aufbocken.
- ◆ Rad abschrauben, siehe Seite 130.
- ◆ Torxschrauben –4– herausdrehen und Innenkotflügel herausnehmen.

Einbau

- ◆ Der Einbau erfolgt sinngemäß in umgekehrter Ausbaureihenfolge.

2 – Spreizmutter
2 Stück.

3 – Schnappmutter

4 – Torxschraube T20

Kühlergrill mit Blendrahmen aus- und einbauen

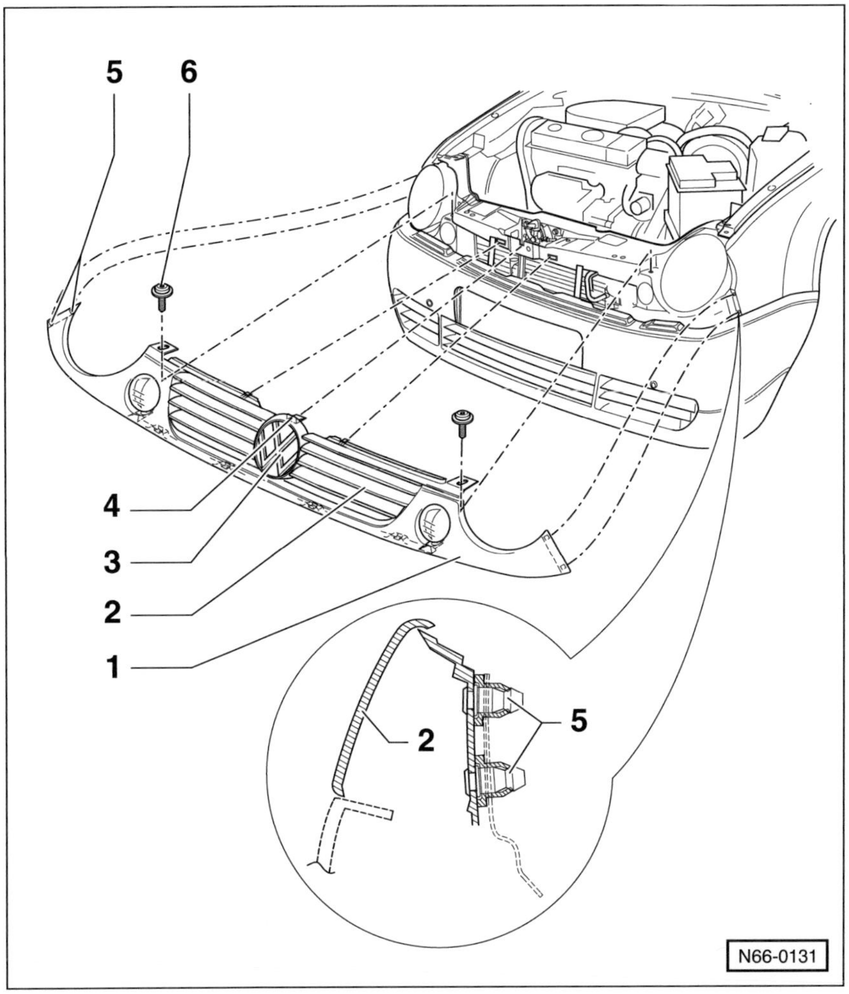

LUPO/AROSA

1 – Blendrahmen
Wird zusammen mit Kühlergrill ausgebaut.

2 – Kühlergrill
In Blendrahmen eingeclipst.

3 – Firmenzeichen
In Kühlergrill eingeclipst.

4 – Mittenfixierung

5 – Rastnase
2 Stück je Seite.

6 – Schraube
2 Stück.

Blendrahmen ausbauen

LUPO

Ausbau

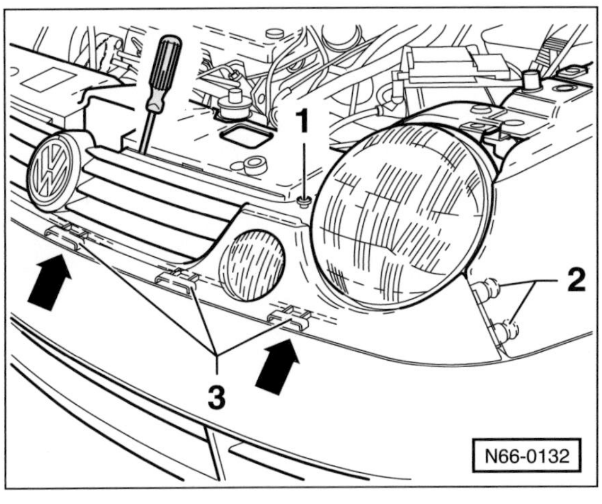

- Stecker von den Blinkleuchten abziehen.
- Schrauben –1– herausdrehen.
- Blendrahmen mit Kühlergrill nach vorne ziehen und dabei Rasthaken mit Schraubendreher entriegeln.
- Eckbereiche –2– des Blendrahmens vom Kotflügel mit einem Kunststoffkeil, zum Beispiel HAZET 1965/20, ausclipsen.
- Blendrahmen mit Kühlergrill nach vorn herausschwenken. Unteren Bereich des Blendrahmens in Pfeilrichtung drücken und dabei die Clips –3– entriegeln.
- Kühlergrill aus Blendrahmen ausclipsen.

Einbau

- Kühlergrill in Blendrahmen einclipsen.
- Blendrahmen mit Kühlergrill und Clips –3– entgegen der Pfeilrichtung einrasten.
- Blendrahmen in den Eckbereichen fest andrücken.
- Blendrahmen nach hinten drücken, bis die Rasthaken einrasten.
- Schrauben hineindrehen.
- Stecker an den Blinkleuchten aufschieben.

AROSA

Ausbau

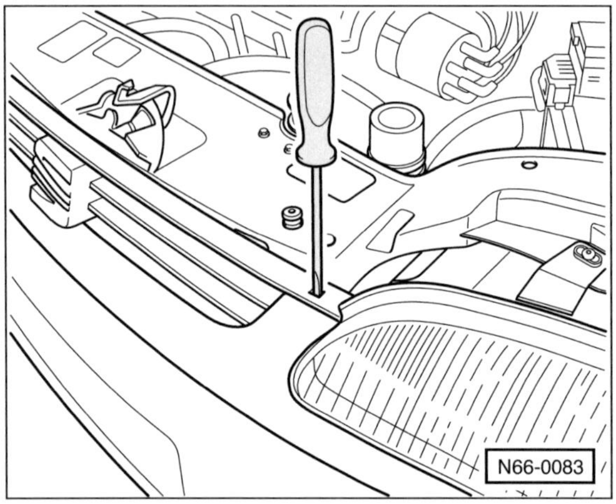

- Mit einem Schraubendreher die 7 Rastnasen an Blendrahmen und Kühlergrill herunterdrücken und dadurch entriegeln.
- Blendrahmen mit Kühlergrill nach vorn abnehmen.
- Kühlergrill aus dem Blendrahmen ausclipsen.

Einbau

- Kühlergrill in den Blendrahmen einclipsen.
- Blendrahmen mit Kühlergrill ansetzen und andrücken. Die Rastnasen an Blendrahmen und Kühlergrill müssen einrasten.

Kühlerblende aus- und einbauen

LUPO 3L/FSI

Ausbau

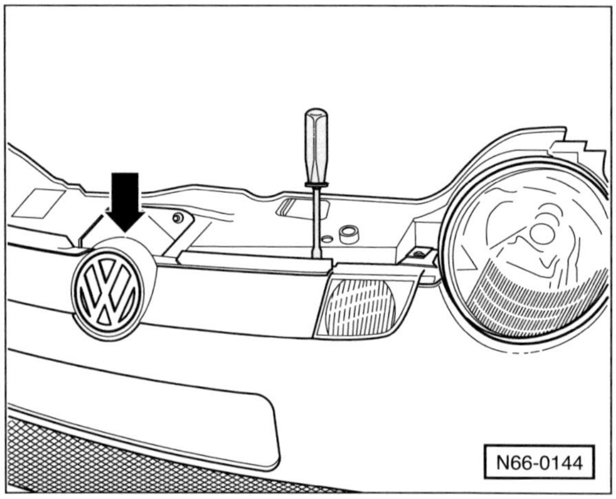

- Kühlerblende nach vorn ziehen und dabei die Rasthaken mit einem Schraubendreher entriegeln.
- Mittenfixierung –Pfeil– entriegeln und Kühlerblende nach vorn herausschwenken.

Einbau

- Kühlerblende ansetzen und andrücken. Die Rasthaken und die Mittenfixierung müssen einrasten.

Wasserkastenabdeckung/Windlauf aus- und einbauen

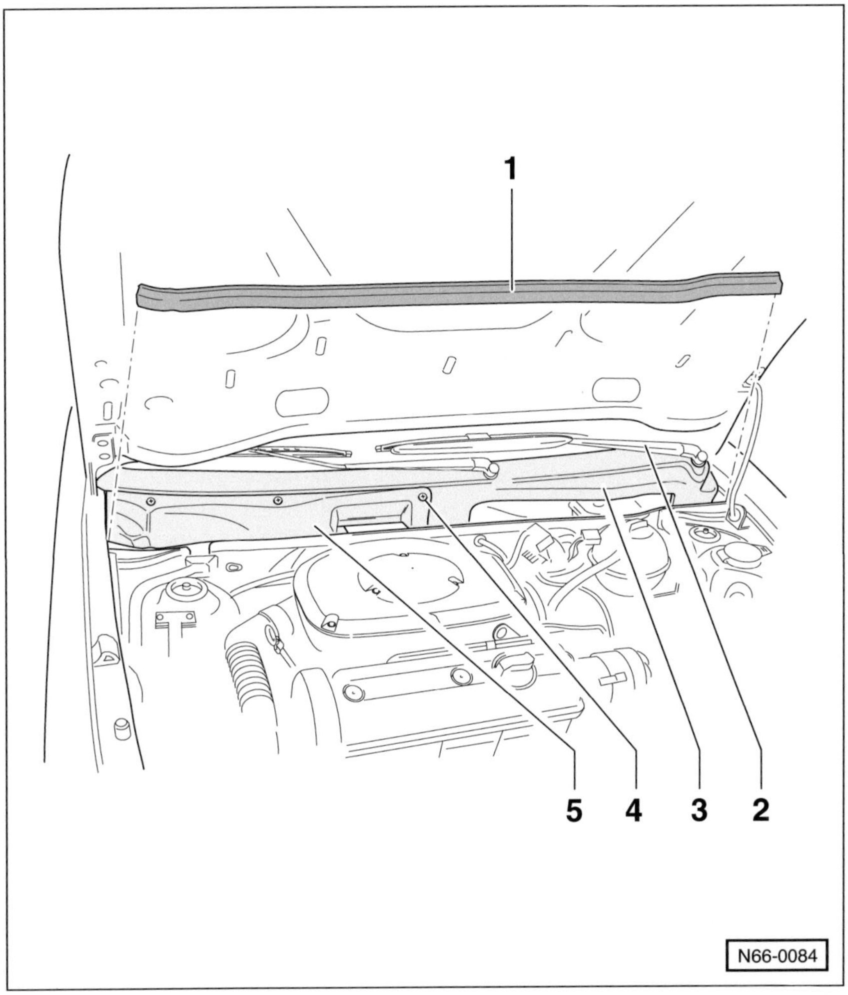

Wasserkastenabdeckung

1 – Dichtung für Wasserkasten
Auf dem Flansch aufgesteckt.

2 – Wischerarm

3 – Abdeckungsunterteil

Ausbau

- ◆ Wischerarme ausbauen, siehe Seite 78.
- ◆ Dichtung –1– vom Flansch abziehen.
- ◆ Abdeckungsoberteil –5– herausnehmen.
- ◆ Abdeckungsunterteil herausnehmen.

Einbau

- ◆ Der Einbau erfolgt sinngemäß in umgekehrter Ausbaureihenfolge.

4 – Kreuzschlitzschraube
3 Stück.

5 – Abdeckungsoberteil

Ausbau

- ◆ Wartungsklappe für Pollenfilter abnehmen.
- ◆ Dichtung –1– vom Flansch abziehen.
- ◆ Kreuzschlitzschrauben –4– herausdrehen.
- ◆ Abdeckungsoberteil abnehmen.

Einbau

- ◆ Der Einbau erfolgt sinngemäß in umgekehrter Ausbaureihenfolge.

Windlauf

Ausbau

Hinweis: Der Windlauf ist in die Kunststoffleiste an der Unterkante der Frontscheibe eingeclipst.

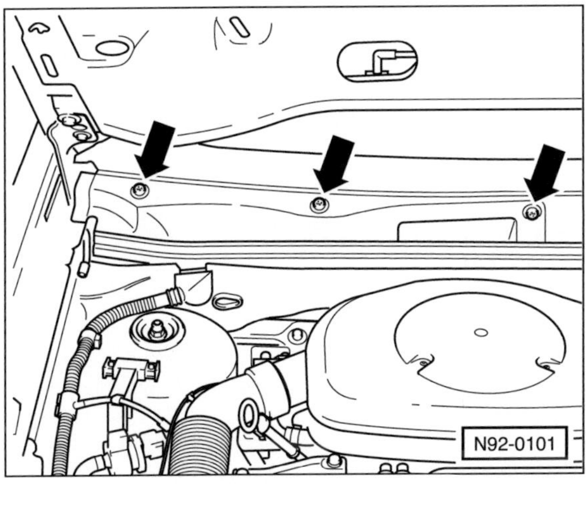

- Kreuzschlitzschrauben –Pfeile– herausdrehen.
- Die Abdeckung für den Pollenfilter vorsichtig nach vorne herausnehmen.
- Windlauf an der Unterkante der Frontscheibe vorsichtig nach oben abhebeln.

Einbau

- Der Einbau erfolgt sinngemäß in umgekehrter Ausbaureihenfolge.

Motorhaube aus- und einbauen

LUPO/LUPO 3L/FSI/GTI

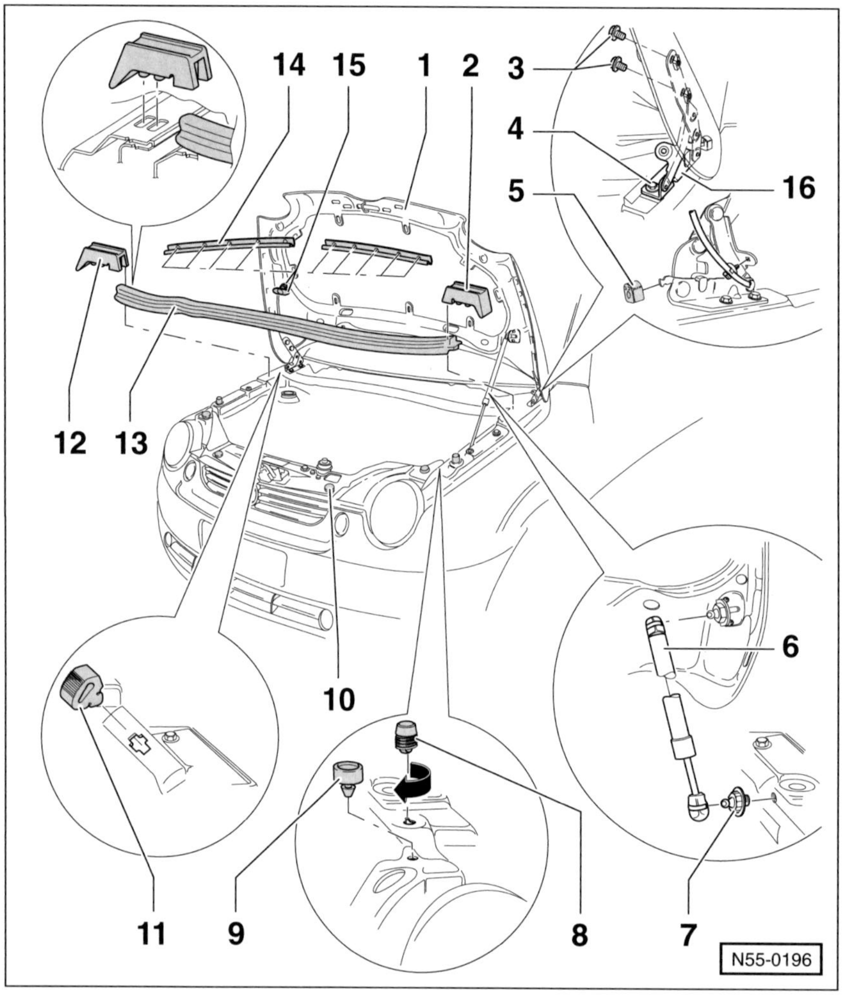

1 – Motorhaube
Je nach Ausstattung mit oder ohne Dämpfung.

2 – Füllstück

3 – Schraube, 23 Nm
Zum Einstellen der Motorhaube in Längsrichtung, Schraube lösen.

4 – Schraube
Zum Einstellen der Motorhaube in Querrichtung, Schraube lösen.

5 – Anschlagpuffer

6 – Gasdruckfeder

7 – Kugelzapfen

8 – Einstellpuffer
Für Höheneinstellung der Motorhaube.

9 – Anschlagpuffer

10 – Anschlagpuffer

11 – Führungsstück

12 – Füllstück

13 – Dichtung für Wasserkasten

14 – CW-Dichtung

15 – Clip

16 – Scharnier

Hinweis: Wird beim LUPO 3L die Motorhaube aus- und eingebaut, sind die »Hinweise zum LUPO 3L« am Ende des Kapitels zu beachten. Siehe dazu auch die Hinweise auf Seite 266.

Ausbau

- Wasserschläuche an den Scheibenwaschdüsen abziehen. Leitung ausclipsen. **Hinweis:** Soll die bisherige Motorhaube wieder eingebaut werden, kann man an den Schlauchenden eine Schnur befestigen. Beim Herausziehen der Schläuche wird die Schnur eingezogen und bleibt anschließend in der Motorhaube.
- Stellung der Motorhaube markieren. Dazu die Schrauben –3– am Scharnier mit einem Filzstift umkreisen.
- Motorhaube von Helfer abstützen lassen und Gasdruckfeder –6– ausbauen, siehe entsprechenden Abschnitt in diesem Kapitel.
- Schrauben –3– herausdrehen und Motorhaube abnehmen. Dazu ist ein Helfer erforderlich.

Einbau

- Gegebenenfalls neue Motorhaube lackieren.
- Motorhaube mit Helfer ansetzen.
- **LUPO 3L/FSI/GTI:** Hinweise zur Befestigung der Motorhaube am Scharnier am Ende des Kapitels beachten.
- Schrauben für Motorhaubenbefestigung hineindrehen und leicht anziehen.
- Haube anhand der zuvor angebrachten Markierungen ausrichten.
- Schrauben –3– mit **23 Nm** anziehen.

Achtung: Wird eine neue Motorhaube eingebaut, muss diese eingestellt werden, siehe Abschnitt »Motorhaube einstellen«.

- Wurden die Puffer –8– ganz entfernt, müssen diese neu eingestellt werden. Zunächst Puffer ganz eindrehen und dann so weit herausdrehen, bis die Motorhaube bündig mit den Kotflügeln ist.

- Wasserschläuche für die Scheibenwaschdüse mithilfe der Schnur einziehen beziehungsweise bei einer neuen Haube die Schläuche verlegen. Schläuche einclipsen und an den Scheibenwaschdüsen aufschieben.

Motorhaube einstellen

- Schrauben –3– und –4– etwas lösen, so dass die Motorhaube in Längs- und Querrichtung gerade noch verschiebbar ist.
- Befestigungsschrauben für Motorhaubenschloss etwas lösen, siehe Kapitel »Motorhaubenschloss aus- und einbauen«.
- Motorhaube schließen und so verschieben, dass zu den umliegenden Karosserieteilen ein parallel verlaufender Spalt besteht. Abweichungen von bis zu 1 mm sind zulässig. Spaltbreite, siehe Kapitel »Karosseriespaltmaße«.
- Ausgerichtete Motorhaube vorsichtig öffnen. Dabei darauf achten, dass die Position am Haubenscharnier nicht mehr verändert wird.
- Schrauben –3– und –4– mit **23 Nm** anziehen.
- Befestigungsschrauben für Motorhaubenschloss anziehen.
- Höheneinstellung der Motorhaube zu den Kotflügeln durch Verdrehen der Einstellpuffer vornehmen.

Gasdruckfeder aus- und einbauen

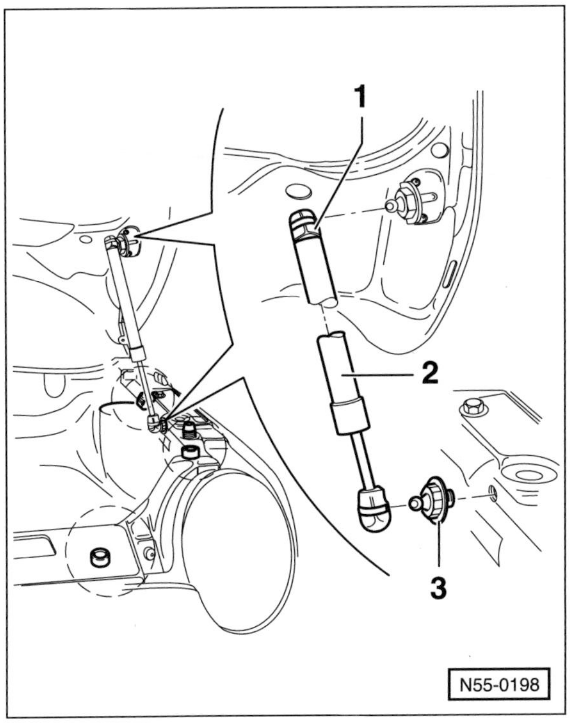

- Motorhaube von Helfer abstützen lassen.
- Sicherungsbügel –1– mit einem Schraubendreher anheben und Gasdruckfeder –2– von den Kugelzapfen –3– abziehen.

Hinweis: Bei Wiederverwendung der Gasdruckfeder darf der Sicherungsbügel nicht ganz aus der Kugelpfanne entfernt werden, sonst wird der Sicherungsbügel beschädigt und die Gasdruckfeder muss ersetzt werden.

- Beim Einbau auf richtige Einbaulage der Gasdruckfeder achten, siehe Abbildung.
- Gasdruckfeder mit den Kugelpfannen auf die Kugelzapfen aufdrücken und Sicherungsbügel andrücken. Anzugsmoment für Kugelzapfen: **22 Nm**.

Speziell LUPO 3L/FSI/GTI

Achtung: Zusätzlich die Hinweise zum LUPO 3L/FSI/GTI auf Seite 266 durchlesen.

Befestigung Schließbügel/Motorhaube

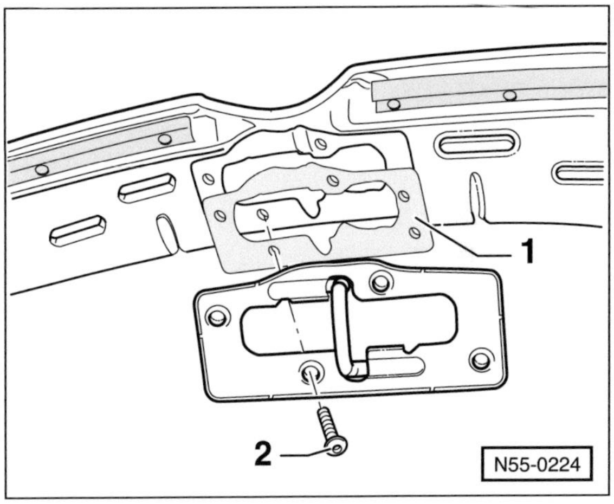

- Scheuerschutzfolie –1– zwischen Schließbügel und Motorhaube einlegen.
- 4 Schrauben –2– mit **13 Nm** anziehen.

Lagerung für Gasdruckfeder

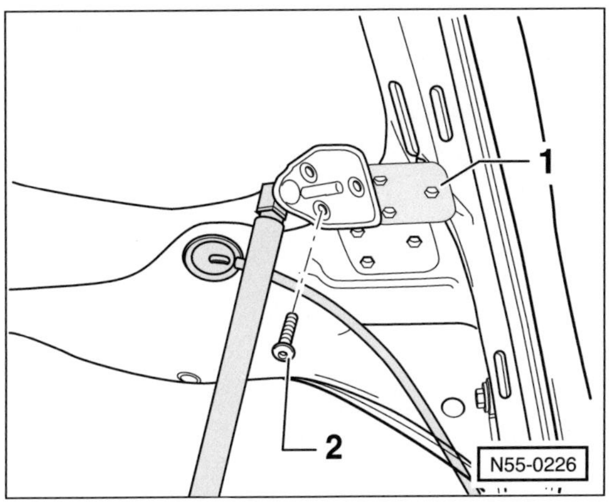

- Scheuerschutzfolie –1– zwischen Lagerung für Gasdruckfeder und Motorhaube einlegen.
- 3 Schrauben –2– mit **13 Nm** anziehen.

Befestigung Scharnier/Motorhaube

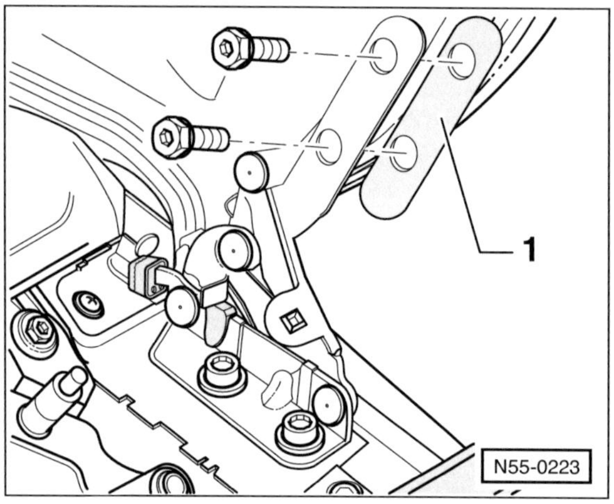

- Scheuerschutzfolie –1– zwischen Scharnier und Motorhaube einlegen.

Motorhaube aus- und einbauen

AROSA, Modell '97

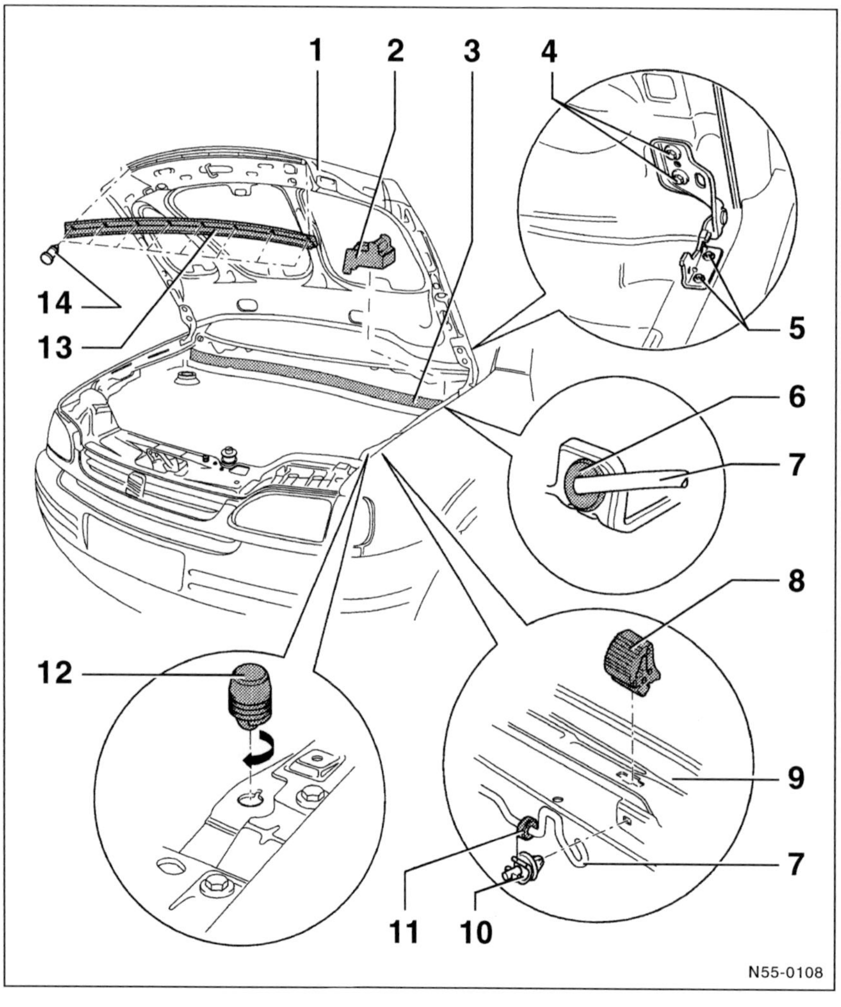

1 – **Motorhaube**

2 – **Füllstück**

3 – **Dichtung für Wasserkasten**

4 – **Schraube, 23 Nm**
Zum Einstellen der Motorhaube in Längsrichtung, Schraube lösen.

5 – **Torxschraube**
Zum Einstellen der Motorhaube in Querrichtung, Schraube lösen.

6 – **Gummilager**

7 – **Motorhaubenstütze**

8 – **Führungsstück**

9 – **Kotflügel**

10 – **Halter für Motorhaubenstütze**

11 – **Gummiring**

12 – **Anschlagpuffer**
Für Höheneinstellung der Motorhaube.

13 – **CW-Dichtung**

14 – **Befestigungsclip**
8 Stück.

Hinweis: Der Aus- und Einbau, sowie das Einstellen der Motorhaube beim AROSA erfolgt prinzipiell auf die gleiche Weise wie beim LUPO, siehe Seite 276.

Motorhaubenschloss aus- und einbauen

LUPO/LUPO 3L/FSI/GTI

Ausbau

- Stoßfänger ausbauen, siehe Seite 267/268.

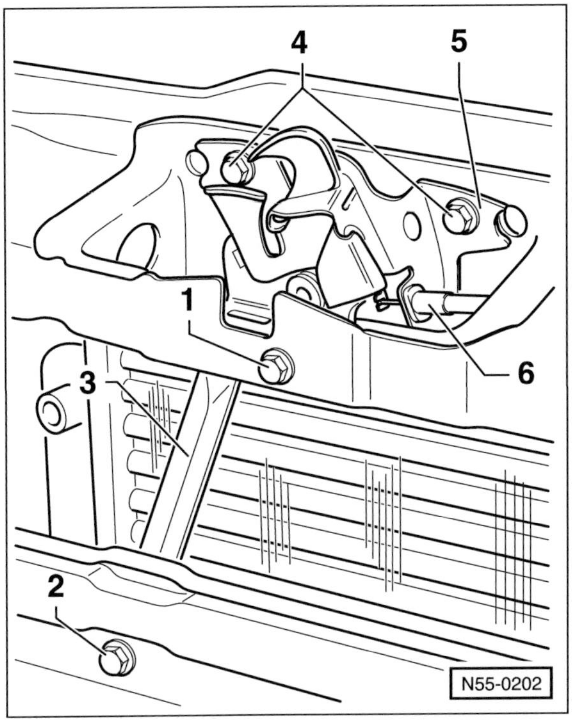

- Schrauben –1– und –2– herausdrehen.
- Schlossstütze –3– vom Schlossträger abnehmen.
- 2 Schrauben –4– herausdrehen.
- Motorhaubenschloss –5– etwas nach vorne ziehen. Mit einem Schraubendreher den Bowdenzug –6– vom Schloss abclipsen.
- Stecker vom Microschalter abziehen.
- Motorhaubenschloss abnehmen.

Einbau

- Stecker am Microschalter aufschieben.
- Bowdenzug am Motorhaubenschloss einhängen.
- Motorhaubenschloss mit 2 Schrauben am Schlossträger anschrauben. Noch nicht festziehen.
- Motorhaubenschloss einstellen, dazu Motorhaubenschloss innerhalb der übergroßen Bohrungen verschieben. Die Motorhaube muss sich problemlos schließen und öffnen lassen. Schrauben anziehen.
- Schlossstütze ansetzen und mit 2 Schrauben anschrauben.

Betätigungshebel für Motorhaubenschloss aus- und einbauen

LUPO/LUPO 3L/FSI/GTI

Ausbau

- Motorhaube öffnen.

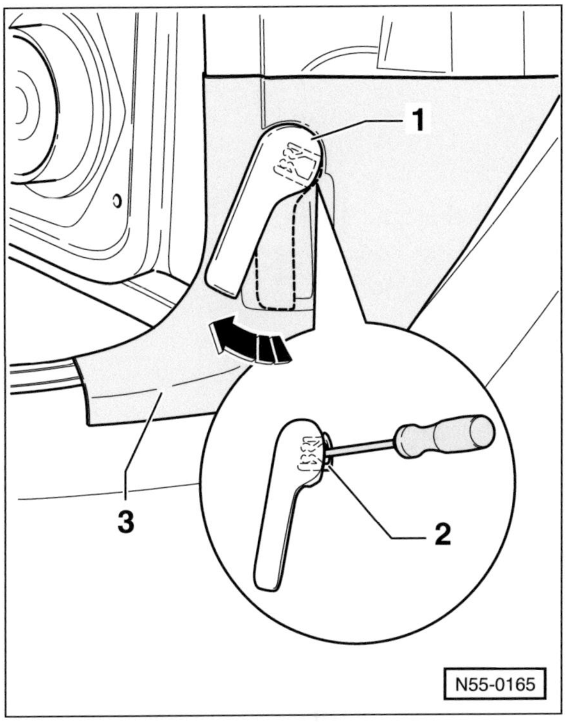

- Betätigungshebel –1– ca. 2 cm weit anziehen.
- Einen kleinen Schraubendreher in den Spalt zwischen Betätigungshebel –1– und Clip –2 stecken.
- Betätigungshebel loslassen und den Clip aus dem Betätigungshebel ausclipsen. **Hinweis:** Der Clip fällt dabei hinter die Abdeckung –3–.
- Verkleidung –3– in der Mitte im rechten Winkel aus dem Lagerbock und unten aus der Einstiegsleiste ausclipsen. Clip hinter der Verkleidung hervor holen.

Einbau

- Verkleidung –3– zuerst unten in die Einstiegsleiste einclipsen. Anschließend den oberen Clip in den Lagerbock eindrücken.
- Clip –2– in den Betätigungshebel –1– ganz einrasten.
- Betätigungshebel auf die Aufnahme im Lagerbock aufdrücken.
- Bei geöffneter Motorhaube Funktionsprüfung des Betätigungshebels und des Bowdenzugs durchführen.
- Motorhaube schließen und zur Funktionskontrolle mit dem Betätigungshebel öffnen.

Bowdenzug für Motorhaubenschloss aus- und einbauen

LUPO/LUPO 3L/FSI/GTI

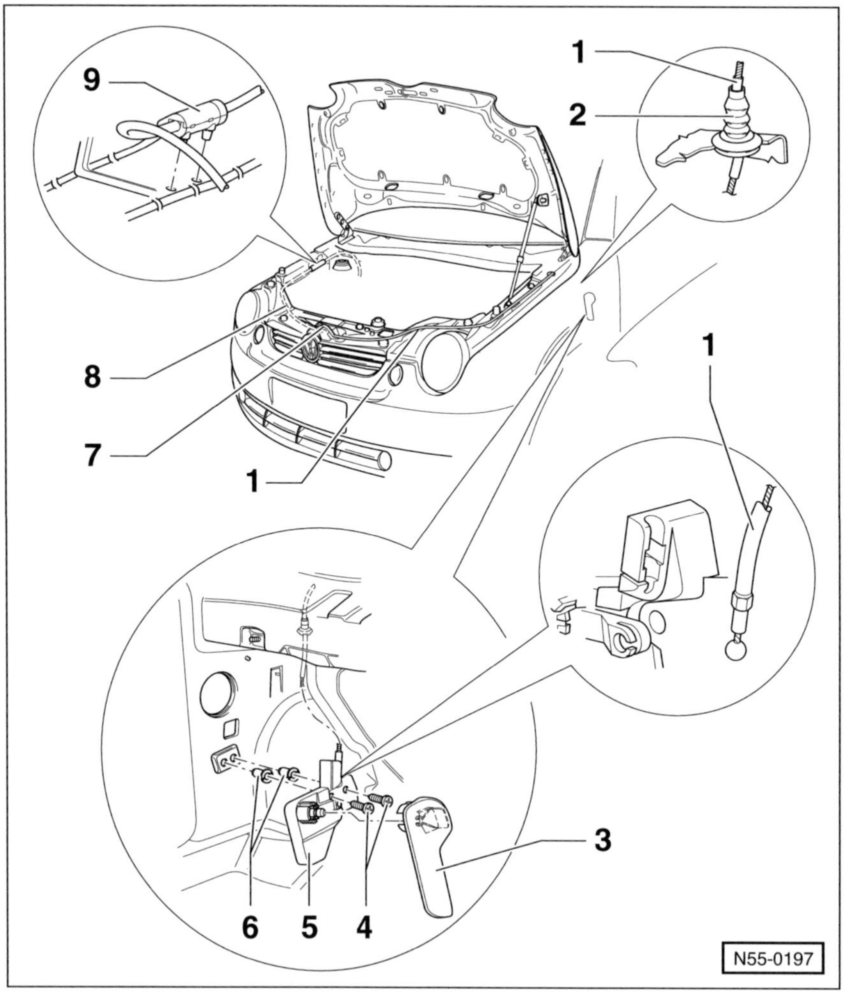

1 – **Bowdenzug**

Zum Ersetzen muss der Bowdenzug am Motorhaubenschloss ausgehängt werden und der Betätigungshebel für Motorhaubenschloss ausgebaut werden, siehe entsprechendes Kapitel.

Ausbau

- ◆ Bowdenzug am Motorhaubenschloss und am Betätigungshebel aushängen, dazu Betätigungshebel ausbauen.
- ◆ Am Bowdenzug eine ca. 1 m lange Schnur befestigen und Bowdenzug vom Motorraum her herausziehen.
- ◆ Bowdenzug ausclipsen und abnehmen.

Einbau

- ◆ Bowdenzug mithilfe der eingezogenen Schnur vom Fahrzeuginnenraum her einziehen.
- ◆ Bowdenzug verlegen und einclipsen.
- ◆ Bowdenzug am Motorhaubenschloss einhängen.
- ◆ Betätigungshebel mit eingehängtem Bowdenzug einbauen.

2 – **Dichttülle**

3 – **Betätigungshebel**

4 – **Kreuzschlitzschraube**

5 – **Lagerbock**

Bowdenzug eingehängt.

6 – **Spreizmutter**

7 – **Schloss**

Bowdenzug eingehängt.

8 – **Bowdenzug**

Nur Rechtslenker.

9 – **Bowdenzugkupplung**

Nur Rechtslenker

Motorhaubenschloss/Bowdenzug für Motorhaubenschloss aus- und einbauen

AROSA, Modell '97

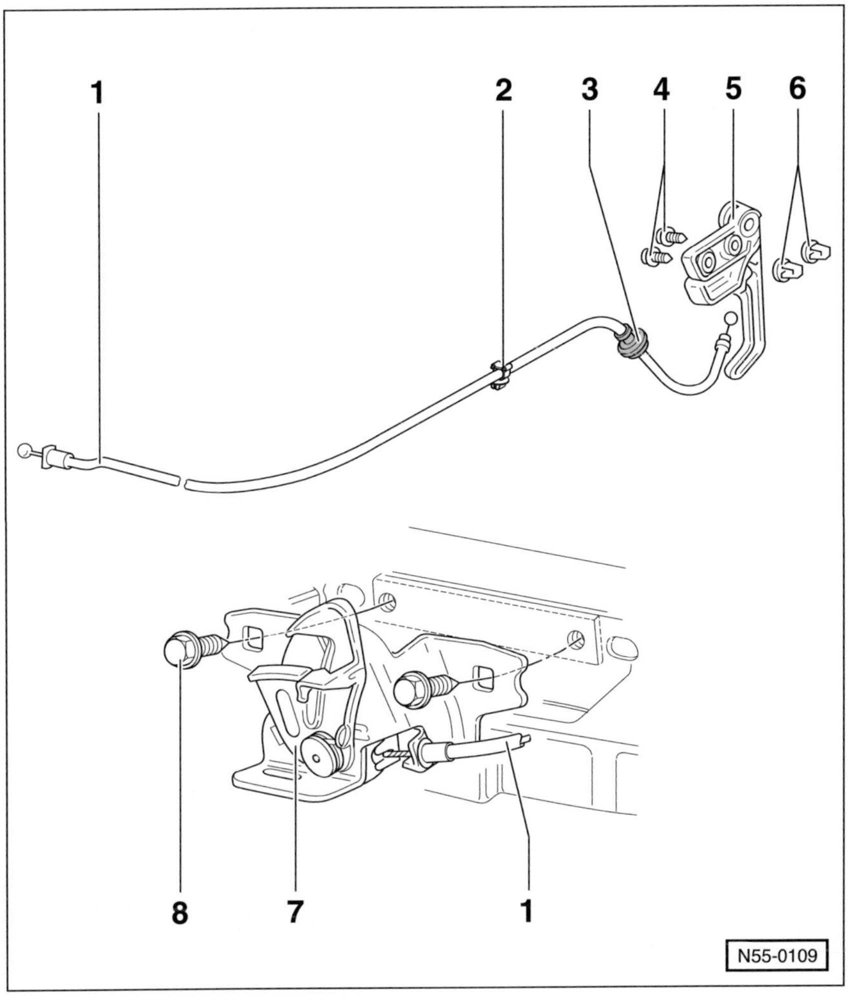

1 – **Bowdenzug**

Zum Ersetzen muss der Bowdenzug am Motorhaubenschloss und am Betätigungshebel im Fahrzeuginnenraum ausgehängt werden. Dazu Betätigungshebel und Motorhaubenschloss abschrauben.

Ausbau

- ◆ Bowdenzug am Motorhaubenschloss und am Betätigungshebel aushängen.
- ◆ Am Bowdenzug eine ca. 1 m lange Schnur befestigen und Bowdenzug vom Motorraum her herausziehen.
- ◆ Bowdenzug ausclipsen und abnehmen.

Einbau

- ◆ Bowdenzug mithilfe der eingezogenen Schnur vom Fahrzeuginnenraum her einziehen.
- ◆ Bowdenzug verlegen und einclipsen.
- ◆ Bowdenzug am Motorhaubenschloss einhängen.
- ◆ Betätigungshebel mit eingehängtem Bowdenzug einbauen.

2 – **Befestigungsclip**

3 – **Dichttülle**

4 – **Kreuzschlitzschraube**

5 – **Betätigungshebel**

6 – **Spreizmutter**

7 – **Schloss**

8 – **Schraube, 12 Nm**

Selbstsichernd, immer ersetzen.
2 Stück.
Gewinde im Schlossträger vor der Montage mit Gewindebohrer nachschneiden. Bei Wiederverwendung, Schraube mit Sicherungsmittel VW-D185400A2 bestreichen.

Heckklappe aus- und einbauen

LUPO/LUPO 3L/FSI/GTI

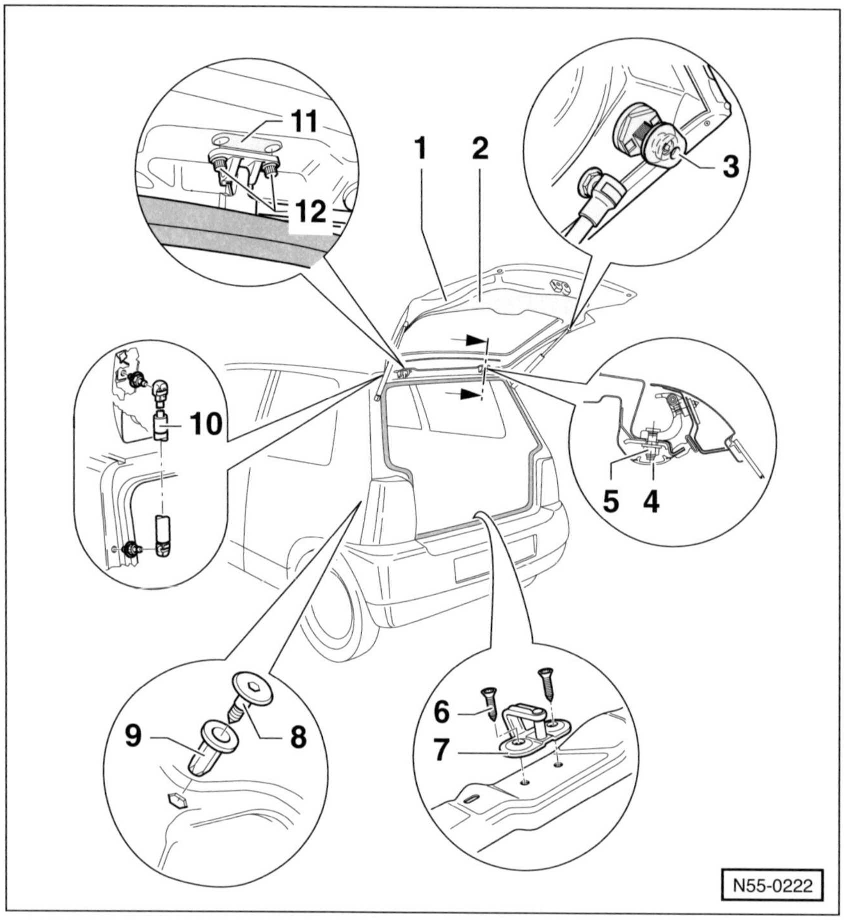

1 – Heckklappe

2 – Verkleidung
Aus- und Einbau, siehe Seite 259.

3 – Einstellpuffer

4 – Abdeckkappe

5 – Mutter, 7,2 Nm

6 – Schraube, 22 Nm

7 – Schließblech

8 – Kappe

9 – Blindnietmutter

10 – Gasdruckfeder

11 – Scheuerschutzfolie
Nur beim LUPO 3L. Siehe dazu auch die »Hinweise zum LUPO 3L« auf Seite 266.

12 – Schraube, 22 Nm

Heckklappe einstellen

Die Heckklappe ist richtig eingestellt, wenn sie im geschlossenen Zustand überall ein gleichmäßiges Spaltmaß hat, nicht zu weit nach innen oder außen steht und die Konturen mit den umliegenden Karosserieteilen fluchten. Siehe dazu auch Kapitel »Spaltmaße« auf Seite 266.

Achtung: Für die Einstellung muss das Fahrzeug auf den Rädern stehen.

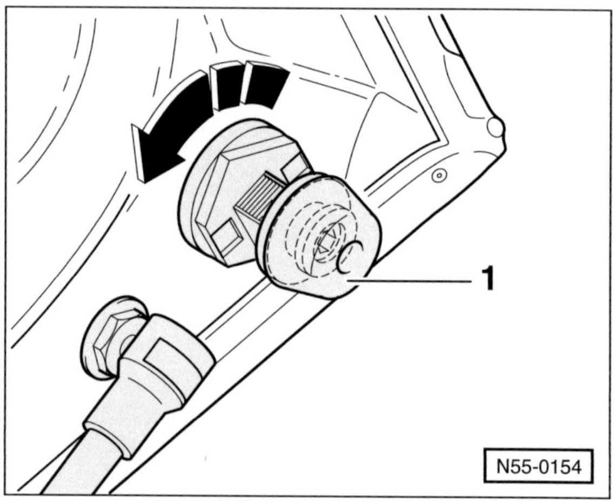

- Einstellpuffer mit einem Ringschlüssel, Schlüsselweite 24 mm, um ¼ Umdrehung drehen (90°) und aus dem Formloch herausnehmen.
- Gummipuffer –1– vom Einstellpuffer abnehmen und Klemmschraube, Innensechskant mit Schlüsselweite 3 mm, so weit lösen, bis sich der Rastschieber herausziehen lässt.

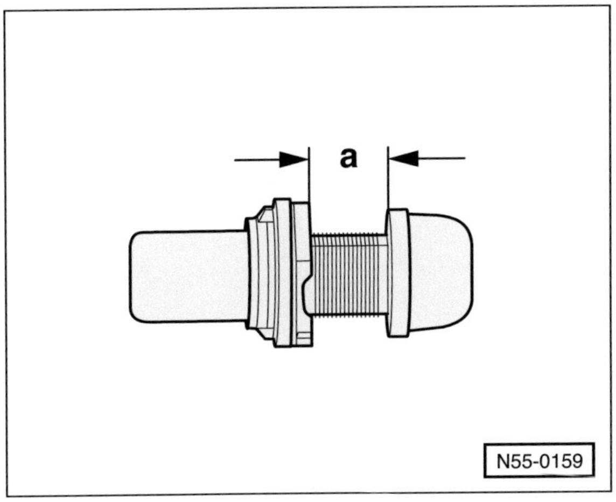

- Rastschieber aus dem Gehäuse herausziehen und auf das Maß a = 12,5 mm einstellen. **Hinweis:** Ein neuer Puffer ist bereits auf 12,5 mm Abstand voreingestellt.

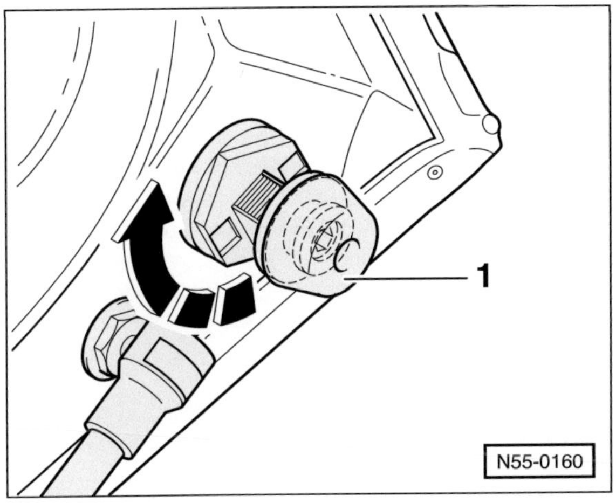

- Einstellpuffer einsetzen, um ¼ Umdrehung drehen (90°) und dadurch im Formloch montieren. 1 – Gummipuffer.

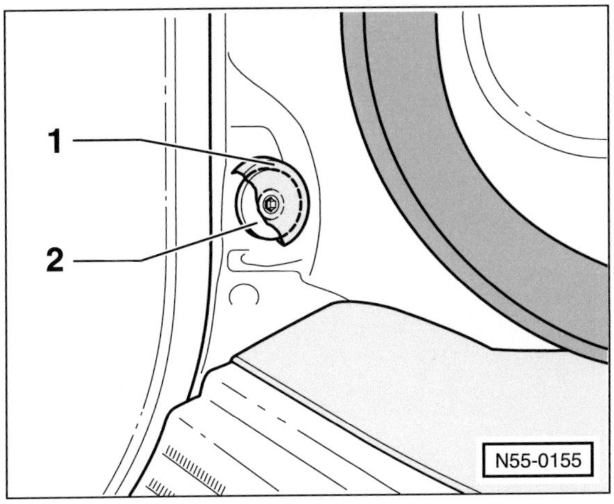

- Kappe –1– auf der linken und rechten Seite aus dem Blindniet –2– herausdrehen.

- Heckklappe mit leichtem Druck über die Mitte schließen, dabei den Griff anziehen.
- Spaltmaß zwischen Heckklappe und Seitenteil auf 5 mm einstellen. Die Werkstatt verwendet dazu die Einstelllehre für Spaltmaße VW-3371.
- Heckklappe wieder öffnen.
- Die Heckklappe ist jetzt mit einer Vorspannung von ca. 3 mm eingestellt.
- Auf der linken und rechten Seite den Stopfen in den Blindniet eindrehen.

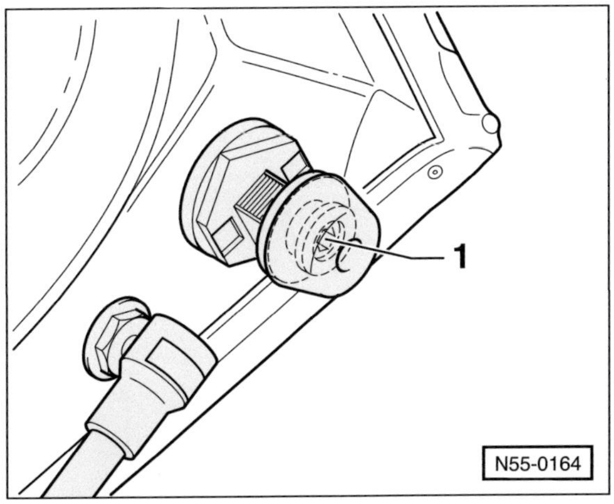

- Klemmschraube –1– mit Innensechskantschlüssel und **1,5 Nm** anziehen. Die Werkstatt verwendet hierfür einen Drehmoment-Schraubendreher, zum Beispiel HAZET 6003 CT.
- Einstellung der Heckklappe überprüfen.

Gasdruckfeder für die Heckklappe aus- und einbauen

Ausbau

- Heckklappe abstützen.

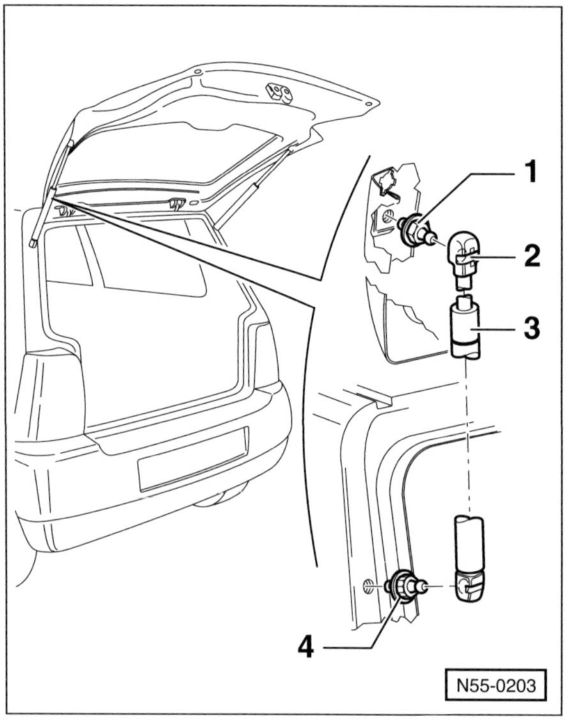

- Sicherungsbügel –3– mit Schraubendreher anheben und Gasdruckfeder –2– von den Kugelzapfen –1/4– abziehen.

Achtung: Beim Ausbau der Gasdruckfeder den Sicherungsbügel –3– nicht ganz aus der Kugelpfanne heraushebeln, sonst wird die Federklammer beschädigt und die Gasdruckfeder muss ersetzt werden. Kugelzapfen –1–, falls erforderlich, mit **22 Nm** anschrauben.

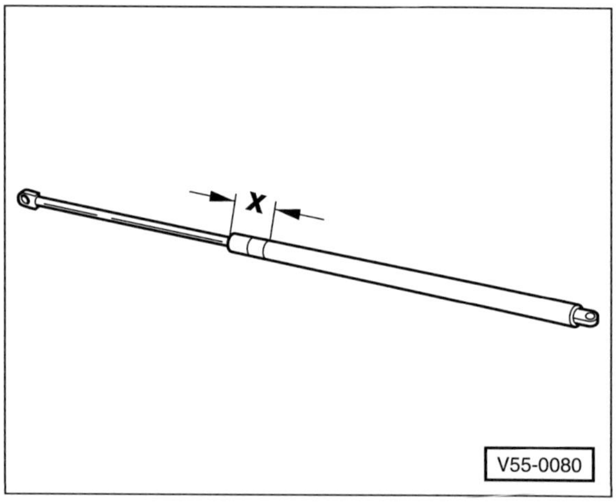

Achtung: Falls die Gasdruckfeder ersetzt wird, muss die alte Feder entgast werden, bevor sie entsorgt wird. Dazu Gasdruckfeder im **Bereich x = 50 mm** in den Schraubstock einspannen. **Achtung**: Feder unbedingt **nur in diesem Bereich** einspannen, sonst besteht Unfallgefahr! Anschließend Zylinder im ersten Drittel der Zylindergesamtlänge – ausgehend von der Bezugskante auf der Kolbenstangenseite – aufsägen. Um herausspritzendes Öl aufzufangen, Bereich des Sägetrennschnittes mit einem Lappen abdecken. Außerdem ist während des Sägevorganges eine Schutzbrille zu tragen.

Einbau

- Gasdruckfeder auf die Kugelzapfen aufdrücken und Sicherungsbügel einrasten.

Heckklappenschloss aus- und einbauen

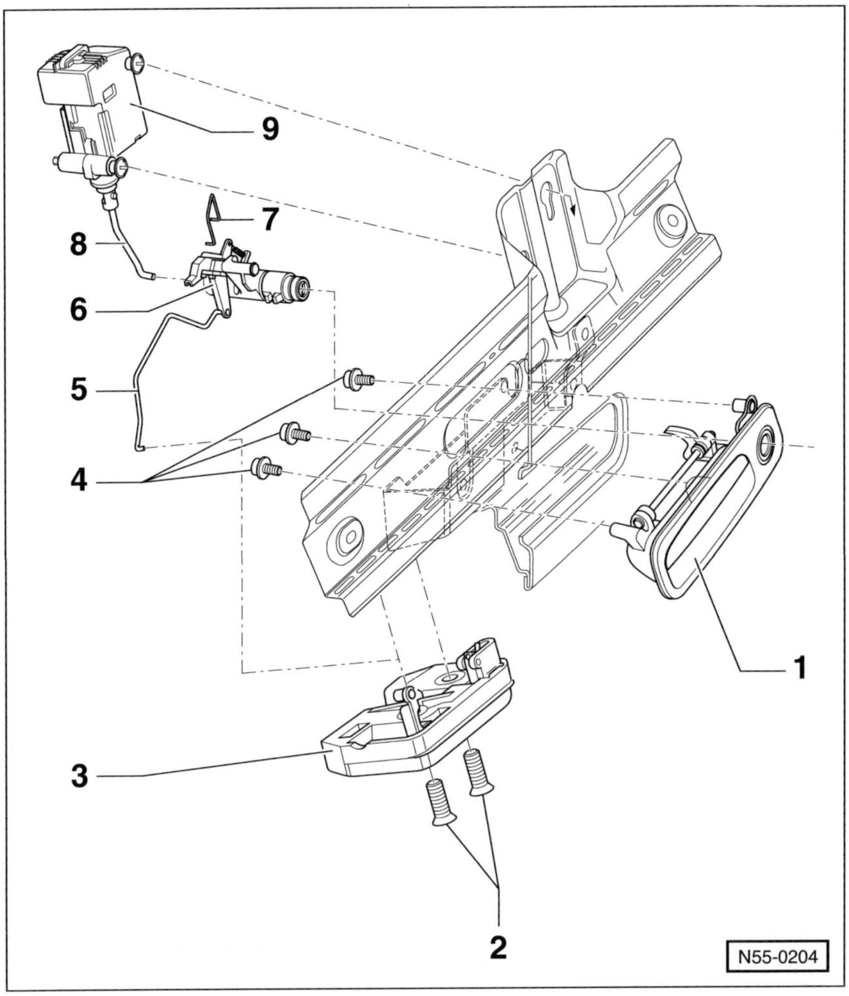

1 – Griff

Ausbau

- ◆ Heckklappeninnenverkleidung ausbauen, siehe Seite 259.
- ◆ Zugstange –5– ausclipsen.
- ◆ Sicherungsklammer –7– heraushebeln und Schließzylindergehäuse –6– aus dem Griff herausnehmen.
- ◆ Gegebenenfalls Steckverbindung für Zentralverriegelung trennen und Betätigungsstange ausclipsen.
- ◆ Torxschrauben –4– herausdrehen und Griff aus der Heckklappe herausnehmen.

Einbau

- ◆ Griff einsetzen und mit Torxschrauben anschrauben.
- ◆ Gegebenenfalls Betätigungsstange einclipsen und Stecker am Stellmotor für Zentralverriegelung aufschieben.
- ◆ Schließzylindergehäuse in den Griff einsetzen und Sicherungsklammer aufschieben.
- ◆ Zugstange einclipsen.
- ◆ Heckklappeninnenverkleidung einbauen, siehe Seite 259.

2 – Senkschraube, 20 Nm

3 – Schloss

Einbauen nur bei verrasteter Schlossfalle.

4 – Torxschraube

5 – Zugstange

6 – Schließzylindergehäuse

7 – Sicherungsklammer

8 – Betätigungsstange

9 – Stellmotor für Zentralverriegelung

Tür aus- und einbauen

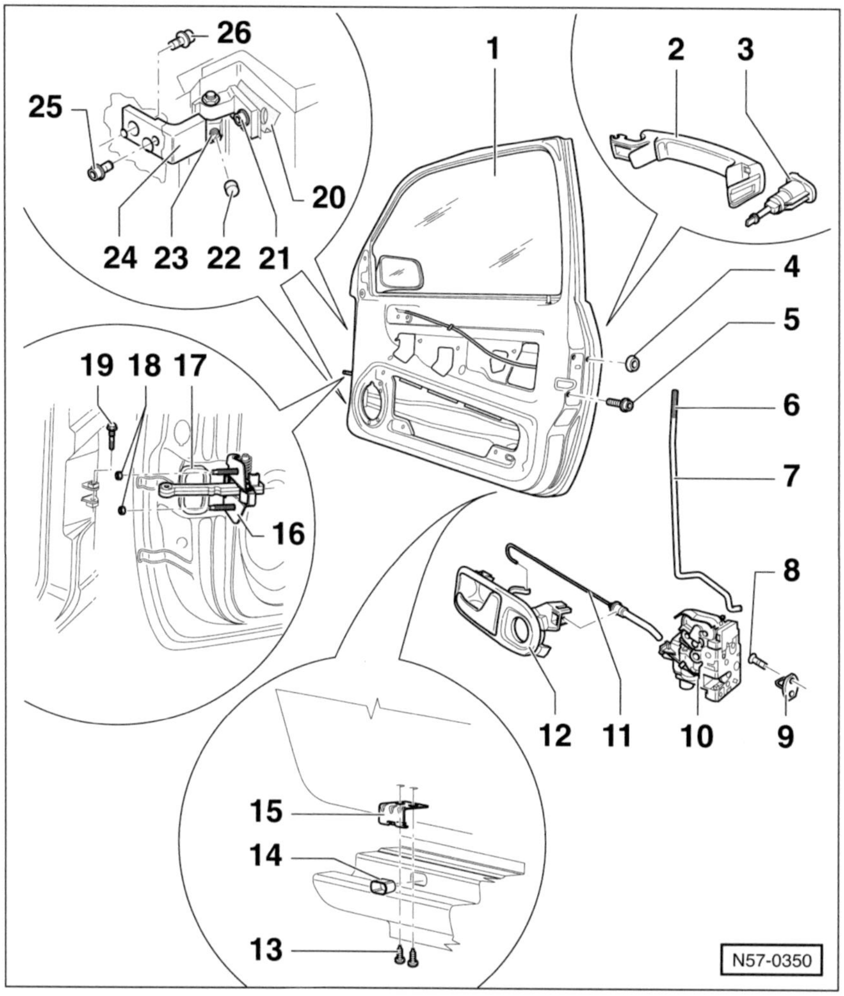

1 – **Tür**

2 – **Türgriff mit Unterlage**

3 – **Schließzylindergehäuse**

4 – **Abdeckkappe**

5 – **Schraube, 20 Nm**

6 – **Sicherungsknopf**

7 – **Sicherungsstange**

8 – **Schraube, 20 Nm**

9 – **Schließblech**

10 – **Türschloss**

11 – **Bowdenzug**

12 – **Türinnenbetätigung**

13 – **Innenvielzahnschraube, 20 Nm**

14 – **Abdichtung**

15 – **Haken**

16 – **Türfeststeller**

17 – **Abdeckung**

18 – **Mutter, 9 Nm**

19 – **Schraube, 7,2 Nm**

20 – **Scheuerschutzfolie**
Nur beim LUPO 3L. Siehe dazu auch die »Hinweise zum LUPO 3L« auf Seite 266.

21 – **Schraube, 20 Nm + ¼ Umdrehung (90°) weiterdrehen**
Immer ersetzen.

22 – **Abdeckkappe**

23 – **Madenschraube, 23 Nm**
Beim Ausbau der Tür, nur diese Schraube aus dem Scharnier herausdrehen.

24 – **Türscharnier**

25 – **Innenvielzahnschraube, 20 Nm + ¼ Umdrehung (90°) weiterdrehen**
Nach jedem Lösen ersetzen.
Von der Fahrzeuginnenseite her eingebaut. Zum Lösen oder Einstellen, Armaturentafel ausbauen (Werkstattarbeit).

26 – **Innenvielzahnschraube, 20 Nm + ¼ Umdrehung (90°) weiterdrehen**
Nach jedem Lösen ersetzen.

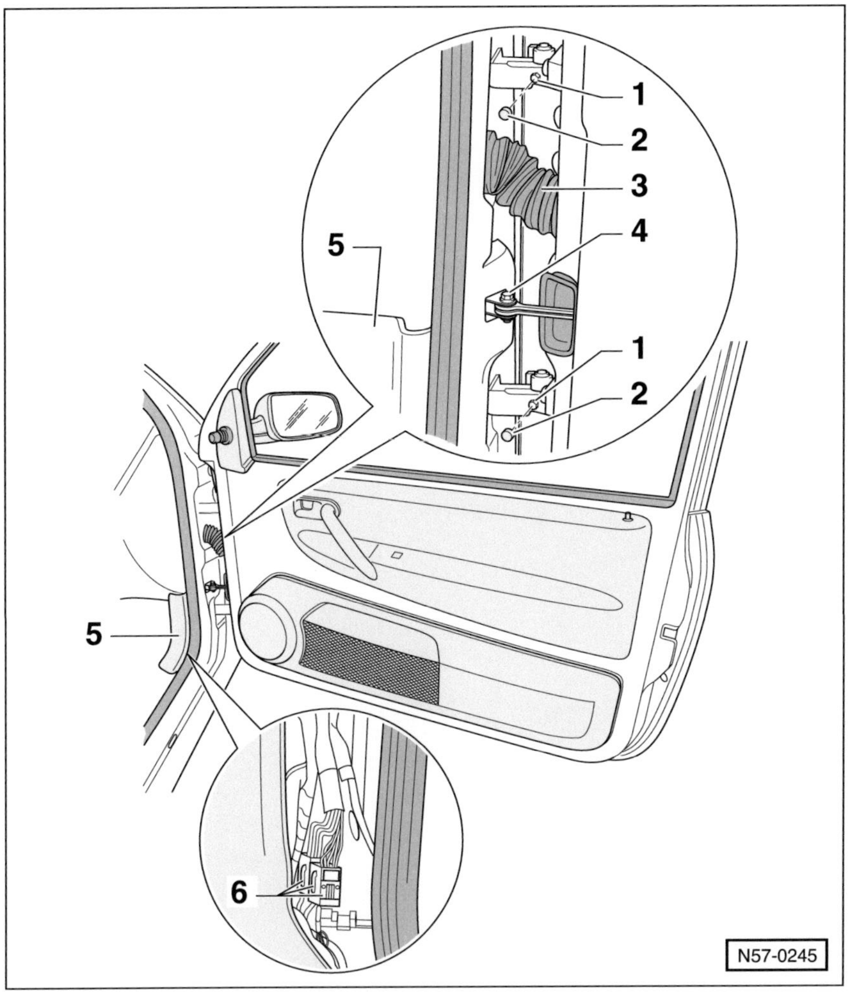

Ausbau

- Untere Verkleidung für A-Säule –5– abschrauben und abnehmen. Die Verkleidung ist mit 1 Schraube befestigt.
- Steckverbindungen –6– an der A-Säule trennen.
- Faltenbalg –3– von der A-Säule abziehen. Elektrische Leitungen durch die Öffnung aus der Säule ausfädeln.
- Schraube –4– für Türfeststeller herausschrauben.
- Abdeckkappe –2– abhebeln und die Madenschraube –1– aus dem oberen und unteren Scharnier herausdrehen.
- Tür nach oben aus den Scharnierwinkeln herausheben.

Einbau

- Tür von oben in die Scharniere einsetzen.
- Madenschrauben in die Scharniere einschrauben und mit **23 Nm** anziehen.
- Schraube für Türfeststeller einschrauben und mit **7,2 Nm** anziehen.
- Elektrische Leitungen durch die Öffnung in der A-Säule bis nach unten führen und Steckverbindungen zusammenfügen.
- Faltenbalg an der A-Säule einsetzen.
- Untere Verkleidung für A-Säule ansetzen und anschrauben.

Tür einstellen

Für eine korrekte Türeinstellung muss das Türscharnier an der A-Säule von innen gelöst werden. Dazu ist es notwendig, die Armaturentafel auszubauen. Der Aus- und Einbau der Schalttafel wird in diesem Band jedoch nicht beschrieben.

Andere Einstellmaßnahmen, wie zum Beispiel das Richten der Tür nach oben, sind wirkungslos, weil die Tür danach wieder absackt.

Für die Einstellung der Tür werden die folgenden Spezialwerkzeuge benötigt:

Gebogener Bithalter HAZET 2597.

Biteinsatz HAZET 2597 T45.

Drehmomentschlüssel HAZET 6290-1 CT.

Türverkleidung/Türablage aus- und einbauen

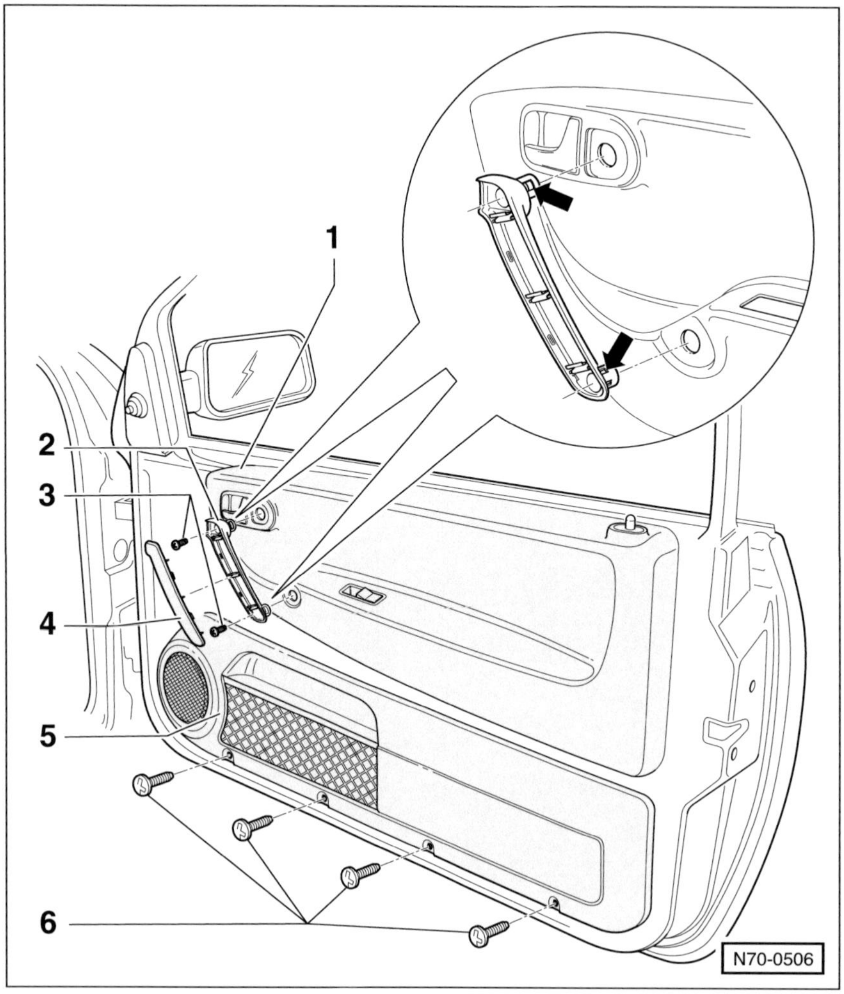

1 – Verkleidung

2 – Griff
Der Griff ist in die Verkleidung –1– eingeclipst. Zum Ausbau müssen die Rastnasen –Pfeile– von der Rückseite der Verkleidung –1– zusammengedrückt werden.

3 – Schraube
2 Stück.

4 – Blende

5 – Türablage

6 – Schraube
4 Stück.

Ausbau

- Batterie-Massekabel (–) bei ausgeschalteter Zündung abklemmen. **Achtung:** Dadurch werden elektronische Speicher gelöscht, wie zum Beispiel bei bestimmten Radios der Radiocode. Ohne Code kann das Radio nicht mehr in Betrieb genommen werden. Deshalb Hinweise im Kapitel »Batterie aus- und einbauen« durchlesen.

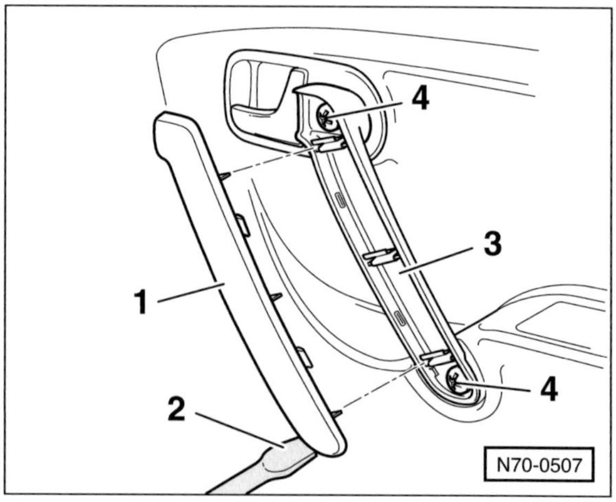

- Blende –1– mit einem flachen Schraubendreher –2– aus dem Griff –3– heraushebeln.
- Schrauben –4– herausdrehen.

Fahrzeuge mit mechanischen Fensterhebern

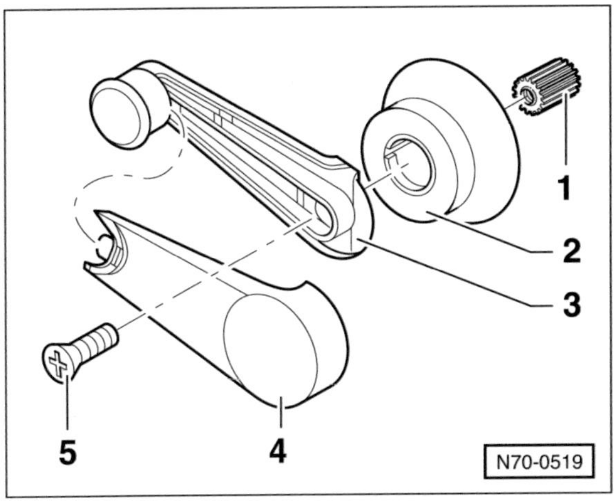

- Abdeckung –4– mit Schraubendreher abhebeln und Schraube –5– herausdrehen. Fensterkurbel –3– mit Distanzscheibe –2– vom Kurbelantrieb –1– abziehen.

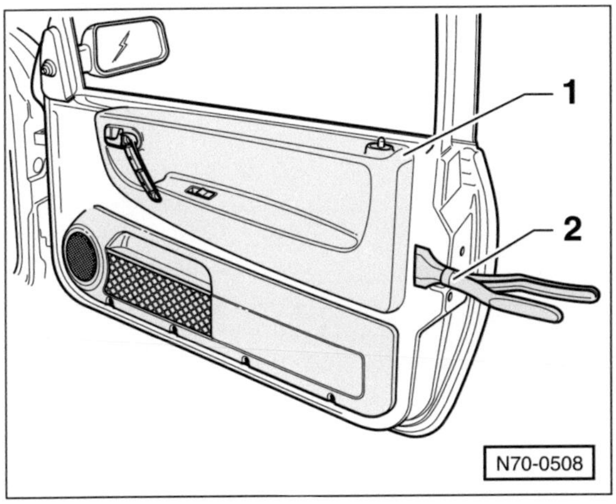

- Türverkleidung –1– mit den Fingern oder mit einer Spezialzange –2–, zum Beispiel HAZET 799/4, abziehen. **Hinweis:** Um beim Ausbau der Türverkleidung Lackbeschädigungen an der Tür zu vermeiden, ist zwischen der Spezialzange und der Tür ein Pappstreifen einzulegen.

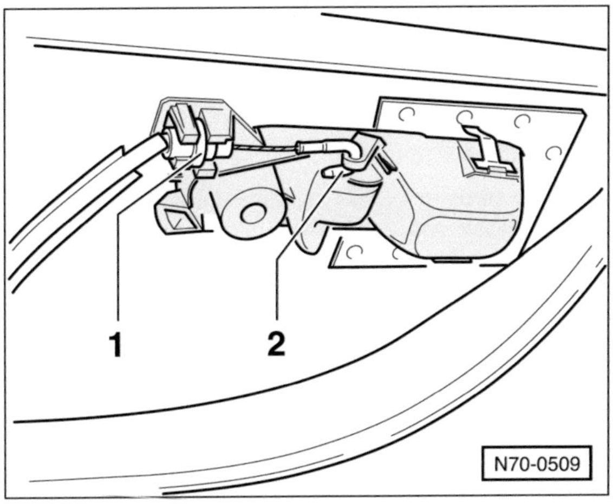

- Bowdenzug der Türbetätigung abnehmen. Dazu Hülle –1– ausclipsen und Haken –2– aushängen.
- Gegebenenfalls Steckverbindungen trennen.

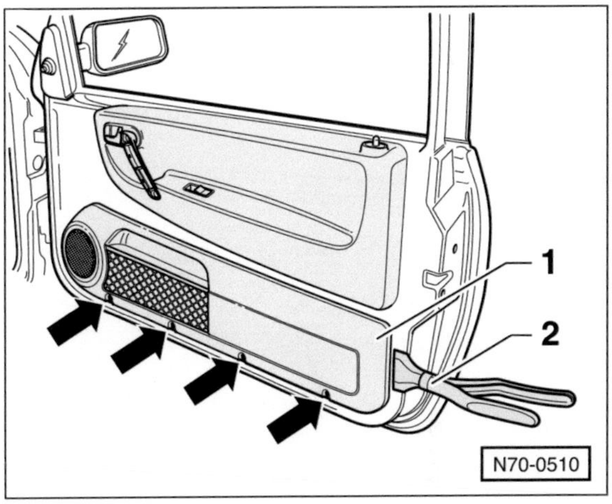

- Schrauben –Pfeile– herausdrehen.
- Türablage –1– mit den Fingern oder mit einer Spezialzange –2–, zum Beispiel HAZET 799/4, an den Seiten abziehen.
- Gegebenenfalls Steckverbindungen für Lautsprecher trennen.

Einbau

Hinweis: Vor dem Einbau der Türverkleidung/Türablage Clips überprüfen und gegebenenfalls erneuern und in die Aufnahmen in der Türverkleidung/Türablage einsetzen.

- Stecker am Lautsprecher aufschieben.
- Türablage ansetzen und mit den Clips andrücken. Die Türablage muss über die ganze Länge gleichmäßig an der Tür anliegen.
- 4 Schrauben an der Türablage eindrehen.
- Bowdenzug für Türbetätigung einhaken und im Widerlager einhängen.
- Gegebenenfalls Stecker aufschieben.

- Türverkleidung ansetzen und mit den Clips andrücken. Die Türverkleidung muss über die ganze Länge gleichmäßig an der Tür anliegen.
- Schrauben am Türgriff einschrauben.
- Blende in den Türgriff hineindrücken.
- Fensterkurbel mit Distanzscheibe auf den Kurbelantrieb aufschieben und anschrauben. Abdeckung für Fensterkurbel andrücken.

Dämpfungsfolien aus- und einbauen

Die Dämpfungsfolien dichten den Fahrzeuginnenraum gegen Geräusche, Wasser und Zugluft ab. Die Folien sind selbstklebend und müssen von unten nach oben faltenfrei verklebt werden. Beim Erneuern sind die Klebebänke vorher zu säubern. Gegebenenfalls kann eine gebrauchte Folie mit doppelseitig klebendem Klebeband wieder angebracht werden.

Ausbau

- Türverkleidung ausbauen, siehe entsprechendes Kapitel.

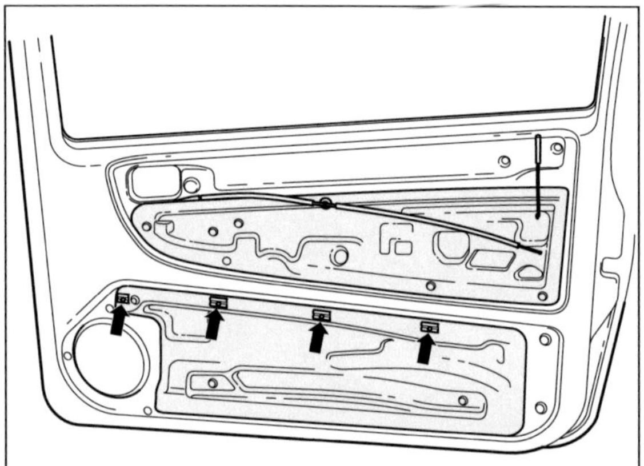
N70-0518

- Verkleidungswinkel –Pfeile– mit Demontagezange HAZET 799/4 von der Tür abclipsen.
- Clip für den Bowdenzug der Türbetätigung ausclipsen.
- Dämpfungsfolie abschnittsweise umlaufend abziehen. Dabei in Schritten von ca. 15 mm vorgehen. Folie möglichst nah an der Verklebung fassen.

Einbau

- Gegebenenfalls elektrische Leitungen und den Bowdenzug für die Türbetätigung durch die Folie stecken und die Schutzstreifen vom Klebematerial abziehen.
- Dämpfungsfolie entsprechend der Öffnungen für die Montage der Befestigungsclips ausrichten und andrücken.
- Dämpfungsfolie besonders im unteren Bereich auf feste Verklebung mit der Tür prüfen.

Türfensterscheiben aus- und einbauen/einstellen

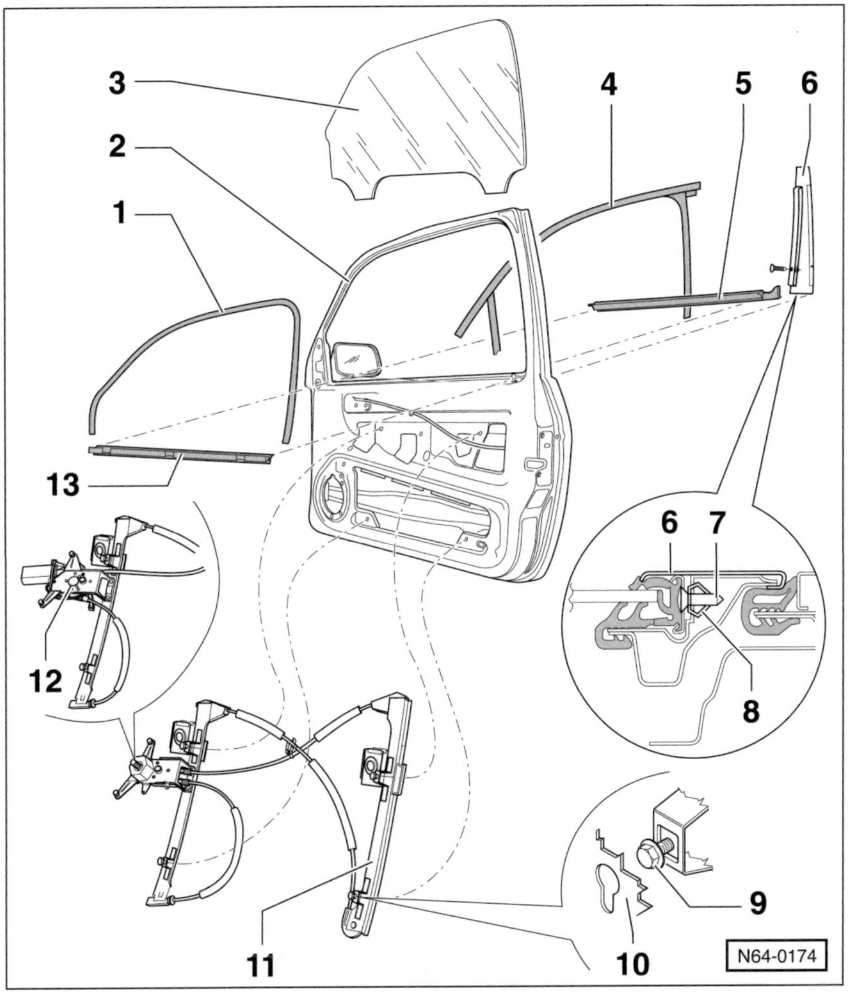

1 – **Fensterführung**
Auf dem Flansch aufgesteckt.

2 – **Tür**

3 – **Türfensterscheibe**

4 – **Fensterführung außen**
Auf dem Flansch aufgesteckt.

5 – **Fensterschachtabdichtung**
Auf dem Flansch aufgesteckt.

6 – **Blende**
Abdeckfolie ist beim Ersetzen der Tür mit zu verwenden.

7 – **Kreuzschlitzschraube**

8 – **Federmutter**

9 – **Schraube, 8 Nm**

10 – **Türinnenblech**

11 – **Kurbelantrieb für mechanischen Fensterheber**

12 – **Motor für Fensterheber**

13 – **Fensterschachtabdichtung**
Auf dem Flansch aufgesteckt.

Ausbau

- Türverkleidung/Ablagefach ausbauen, siehe entsprechendes Kapitel.
- Dämpfungsfolien ausbauen, siehe entsprechendes Kapitel.
- Fensterschachtabdichtung vom Flansch abziehen.
- Fensterscheibe ablassen.

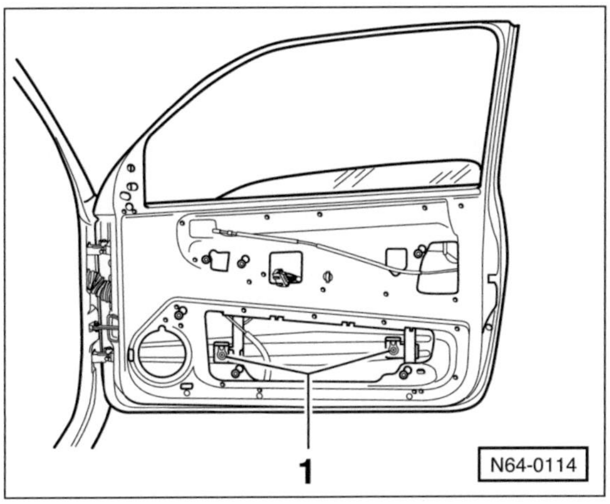

- Sechskantmuttern –1– lösen und Klemmbacken auseinander drücken.
- Türfensterscheibe nach oben ziehen, nach vorn neigen und aus dem Fensterschacht herausheben.

Einbau

- Scheibe in die Klemmbacken einsetzen. Dazu die Fensterscheibe am Fensterschacht ansetzen, nach hinten neigen und in den Fensterschacht hineingleiten lassen.
- Sechskantmuttern leicht anziehen.
- Türfensterscheibe einstellen, siehe entsprechendes Kapitel.
- Fensterschachtabdichtung am Flansch aufschieben.
- Dämpfungsfolien einbauen, siehe entsprechendes Kapitel.
- Türverkleidung/Ablagefach einbauen, siehe entsprechendes Kapitel.

Einstellen

Zum Einstellen der Türfensterscheibe muss die Scheibe mit dem Fensterheber leicht verschraubt sein.

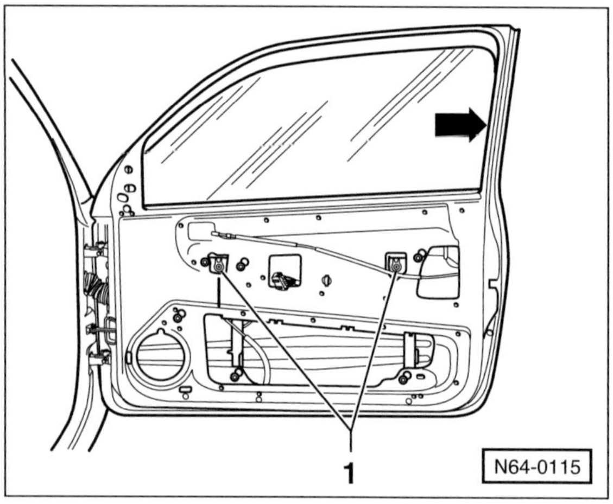

- Türfensterscheibe so weit nach oben oder unten fahren, bis die Klemmbacken in den Montageöffnungen stehen.
- Klemmbacken lösen.
- Türfensterscheibe in die Fensterführungen drücken –Pfeil–.
- Sechskantmuttern –1– an den Klemmbacken mit **10 Nm** anziehen.

Fensterheber aus- und einbauen

Ausbau

- Türverkleidung/Ablagefach ausbauen, siehe entsprechendes Kapitel.
- Dämpfungsfolien ausbauen, siehe entsprechendes Kapitel.

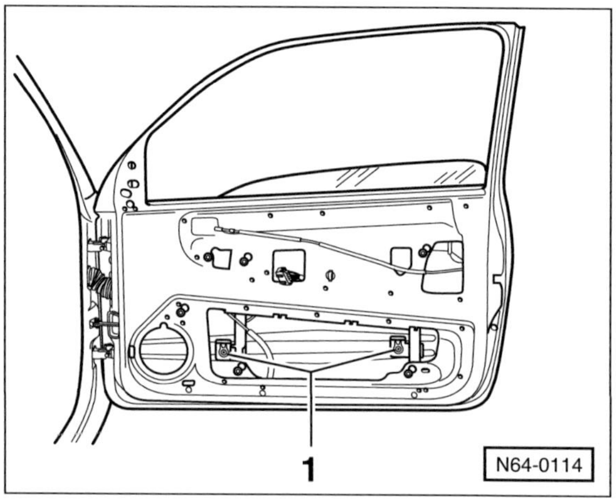

- Sechskantmutter –1– lösen und Klemmbacken auseinander drücken.
- Türfensterscheibe ganz nach oben schieben und in dieser Stellung, zum Beispiel mit Klebeband fixieren.

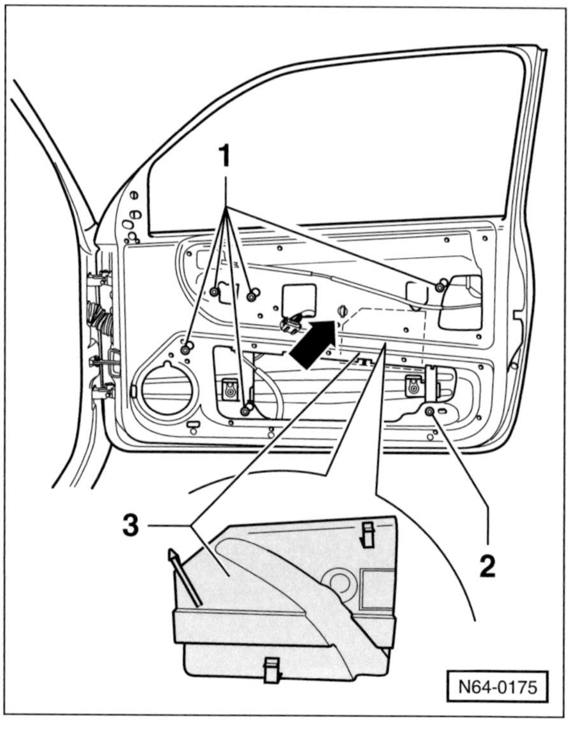

- Clip –Pfeil– für Bowdenzüge ausclipsen.
- Schrauben –1– lösen und Schraube –2– herausdrehen.

- Prallpolster –3– ausbauen. **Hinweis:** Das Prallpolster ist eingeclipst und -geklebt.
- Fensterheber etwas anheben, bis die Schrauben –1– durch die Montagelöcher gezogen werden können. Schrauben herausziehen.
- Fensterheber nach unten aus der Montageöffnung herausziehen.

Einbau

- Fensterheber durch die Montageöffnung einsetzen und in Einbaulage leicht anschrauben. Schraube –2– mit **10 Nm** anziehen.
- Prallpolster einclipsen. Gegebenenfalls mit doppelseitig klebendem Klebeband ankleben.
- Clip für Bowdenzüge einclipsen.
- Türfensterscheibe einstellen, siehe Kapitel »Türfensterscheibe aus- und einbauen/einstellen«.
- Dämpfungsfolien einbauen, siehe entsprechendes Kapitel.
- Türverkleidung/Türablage einbauen, siehe entsprechendes Kapitel.

Türgriff und Türschloss aus- und einbauen

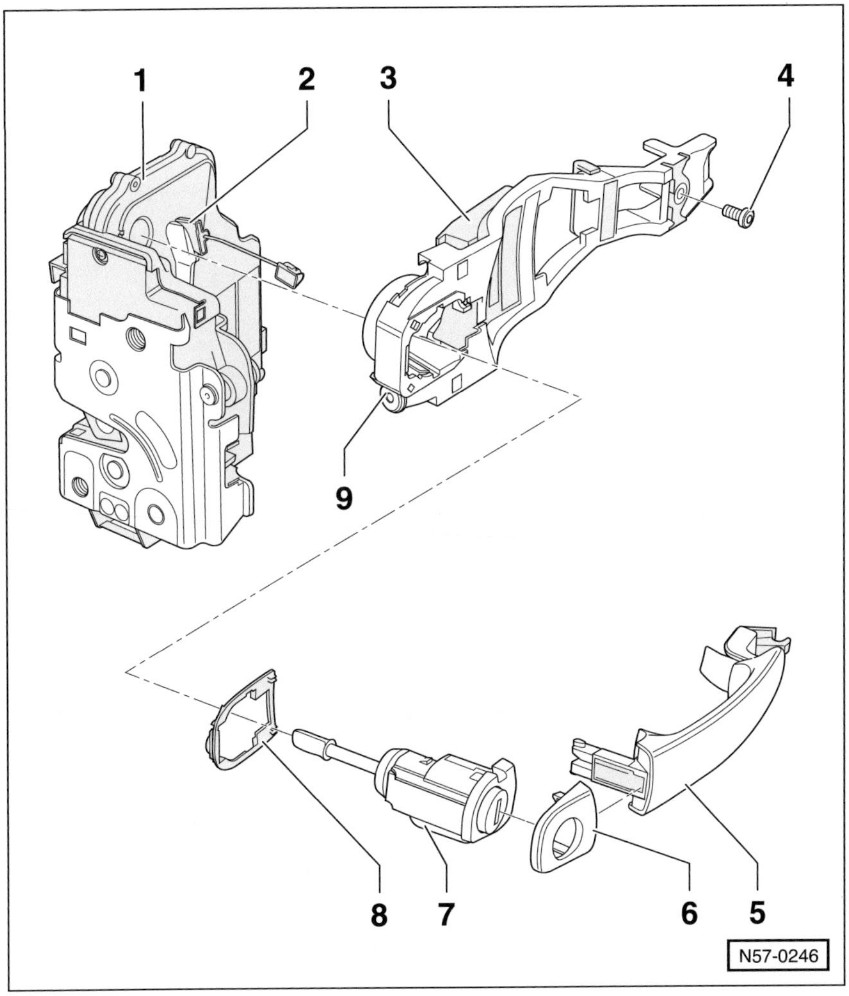

1 – **Türschloss**

2 – **Seilzug**
Für Schlossentriegelung.

3 – **Lagerbügel**

4 – **Befestigungsschraube**

5 – **Türgriff mit Unterlage**

6 – **Abdeckkappe**

7 – **Schließzylindergehäuse**

Ausbau

- ◆ Abdeckkappe seitlich an der Tür heraushebeln.
- ◆ Türgriff –5– ziehen und festhalten. Gleichzeitig die freigelegte seitliche Schraube bis zum spürbaren Anschlag herausdrehen. **Achtung:** Schraube nicht zu weit herausdrehen, sonst kann der innenliegende Arretierungsring in die Tür fallen.
- ◆ Schließzylindergehäuse –7– im rechten Winkel zur Tür aus dem Lagerbügel des Türgriffs –3– herausziehen.

Einbau

- ◆ Der Einbau erfolgt sinngemäß in umgekehrter Ausbaureihenfolge.

8 – **Unterlage**

9 – **Innentorxschraube T20**
Durch das Lösen dieser Schraube wird die Arretierung für das Schließzylindergehäuse –7– entriegelt und kann aus dem Lagerbügel –3– gezogen werden.
Die Schraube darf ohne das eingesetzte Schließzylindergehäuse nicht hineingedreht werden, da sonst der Arretierungsring in die Tür fallen kann.

Außenspiegel/Spiegelglas aus- und einbauen

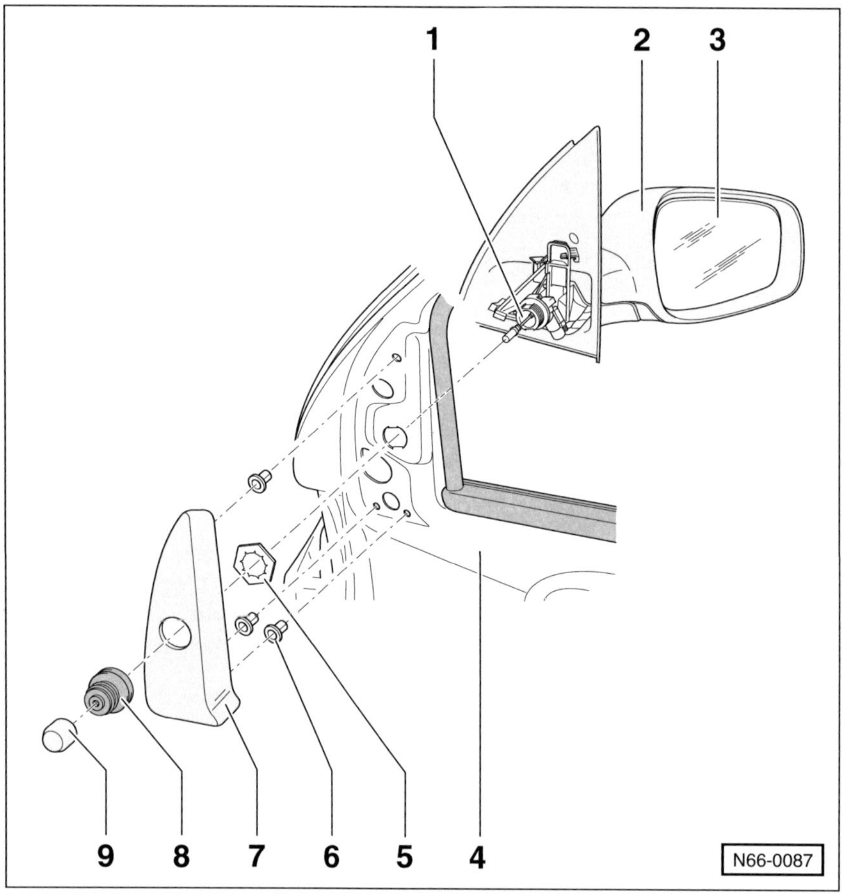

1 – Betätigung (manuell)

2 – Spiegelgehäuse

3 – Spiegelglas

Ausbau

◆ Gehäuse-Unterkante mit Tesa-Band abkleben und dadurch vor Beschädigungen schützen.

◆ Spiegelglas mit flachem Kunststoffspachtel in Fahrtrichtung gesehen vorsichtig nach hinten abdrücken, zuerst oben und dann unten.

Einbau

Sicherheitshinweis:
Beim Aufdrücken des Spiegelglases unbedingt Handschuhe anziehen oder sauberen Lappen unterlegen. Bruch- und Verletzungsgefahr!

◆ Spiegelglas in die Führungszapfen einsetzen und einclipsen. Dabei nur auf die Glasmitte drücken.

4 – Tür

5 – Befestigungsmutter

6 – Spreizclip
3 Stück.

7 – Abdeckung
Im rechten Winkel vom Türrahmen abziehen. Dabei mit einem geeigneten Abdrückhebel unterstützen.

8 – Manschette

9 – Betätigungsknopf
Auf Betätigung aufgesteckt.

Spiegelgehäuse aus- und einbauen

Ausbau

- Außenspiegel nach vorn klappen.

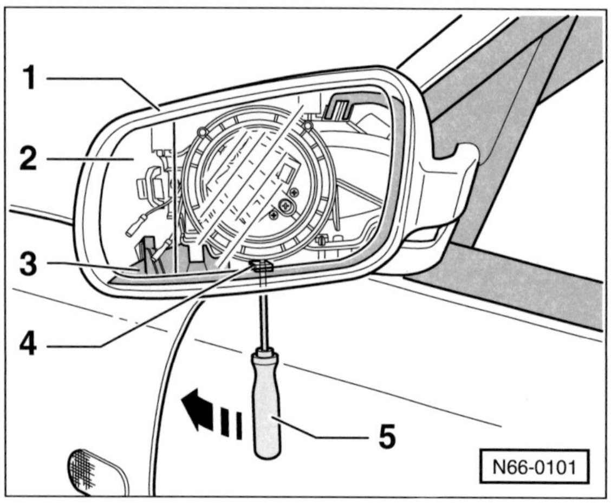

- Spiegelglas –2– senkrecht stellen. Andernfalls könnte das Gehäuse –1– beim Abziehen am Spiegelglas hängenbleiben. 3 – Spiegelträger.

- Schraubendreher –5– durch die Montagebohrung des Spiegelträgers bis an die Klammer –4– einstecken.
- Schraubendreher in Pfeilrichtung drücken und dadurch mit Klammer –4– das Spiegelgehäuse entriegeln.

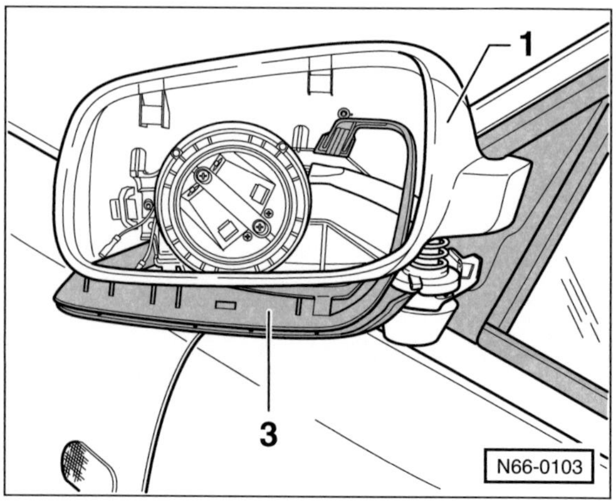

- Spiegelgehäuse –1– vom Spiegelträger –3– nach oben abziehen.

Einbau

- Der Einbau erfolgt in umgekehrter Ausbaureihenfolge.

Stromlaufpläne

Aus dem Inhalt:

- **Zeichenerklärung**
- **Stromlaufplan-Übersicht**
- **Relaisbelegung**
- **Sicherungsbelegung**
- **Einzelpläne**

Umgang mit dem Stromlaufplan

In einem Personenwagen werden je nach Ausstattung bis über 1000 Meter Leitungen verlegt, um alle elektrischen Verbraucher (Scheinwerfer, Radio usw.) mit Strom zu versorgen.

Will man einen Fehler in der elektrischen Anlage aufspüren oder nachträglich ein elektrisches Zubehör montieren, kommt man nicht ohne Stromlaufplan aus, anhand dessen der Stromverlauf und damit die Kabelverbindungen aufgezeigt werden. Grundsätzlich muss der betreffende Stromkreis geschlossen sein, sonst kann der elektrische Strom nicht fließen. Es reicht beispielsweise nicht aus, wenn an der Plusklemme eines Scheinwerfers Spannung anliegt, wenn nicht gleichzeitig über den Masseanschluss der Stromkreis geschlossen ist.

Deshalb ist auch das Massekabel (–) der Batterie mit der Karosserie verbunden. Mitunter reicht diese Masseverbindung jedoch nicht aus, und der betreffende Verbraucher bekommt eine direkte Masseleitung, deren Isolierung in der Regel braun eingefärbt ist. In den einzelnen Stromkreisen können Schalter, Relais, Sicherungen, Messgeräte, elektrische Motoren oder andere elektrische Bauteile integriert sein. Damit diese Bauteile richtig angeschlossen werden können, haben die einzelnen Kontakte entsprechende Klemmenbezeichnungen.

Um das Kabelgewirr zumindest auf dem Stromlaufplan übersichtlich zu ordnen, sind die einzelnen Strompfade senkrecht nebeneinander angeordnet und durchnummeriert.

Die senkrechten Linien münden oben in einem meist grau unterlegten Feld. Dieses Feld symbolisiert die Relaisplatte mit Sicherungshalter und damit die plusseitigen Anschlüsse des Stromkreises. Allerdings befindet sich in der Relaisplatte auch eine interne Masseleitung (Klemme 31). Die feinen Striche in dem Feld machen deutlich, wie und welche Stromkreise intern in der Relaisplatte miteinander verschaltet sind. Unten mündet der Stromkreis auf einer waagerechten Linie, die den Masseanschluss symbolisiert. Die Masseverbindung wird normalerweise direkt über die Karosserie hergestellt oder aber über eine Leitung von einem an der Karosserie angebrachten Massepunkt.

Wenn der Stromkreis durch ein Quadrat unterbrochen wird, in dem eine Zahl steht, weist die Ziffer auf den Strompfad hin, in dem der Stromkreis weitergeführt wird.

Am sinnvollsten geht man bei der Benutzung des Stromlaufplanes folgendermaßen vor:

Zuerst sucht man in der Legende das betreffende Bauteil, zum Beispiel den Schalter für das Gebläse. In der rechten Spalte neben der Bauteil-Benennung wird dann der entsprechende Strompfad mit einer Nummer angezeigt, die im Stromlaufplan unten auf der waagerechten Linie wieder auftritt.

Um den Stromlaufplan lesen zu können, ist die Kenntnis einiger Bauteil-Bezeichnungen erforderlich, außerdem sollte man die wichtigsten Schaltzeichen kennen.

Die Kennbuchstaben der wichtigsten Bauteile sind:

Kenn-buchstabe	Bauteil
A	Batterie
B	Anlasser
C	Drehstromgenerator
D	Zündanlassschalter
E	Schalter für Handbedienung,
F	Mechanische Schalter
G	Geber, Kontrollgeräte
H	Hupe, Signalhorn, Doppeltonhorn, Fanfare
J	Relais, Steuergerät
K, L, M, W, X	Kontrolllampen, Lampen, Leuchten
N	Elektroventile, Widerstände, Schaltgeräte
O	Zündverteiler
P, Q	Zündkerzenstecker, Zündkerzen
R	Radio
SA	Sicherungen im Sicherungshalter/Batterie
SB	Sicherungen im Halter/Relaisplatte
T	Steckverbindungen
V	Elektromotoren

Zur genaueren Unterscheidung werden zu den Kennbuchstaben noch Zahlen angefügt.

Relais und elektronische Steuergeräte sind in der Regel grau unterlegt. Die darin eingezeichneten Linien sind interne Verdrahtungen. Sie zeigen, wie Relais und andere elektrische/elektronische Bauteile sowohl zueinander als auch auf der Relaisplatte verschaltet sind.

Eine Ziffer im schwarzen Quadrat kennzeichnet den Relaisplatz auf der Relaisplatte mit Sicherungshalter. Direkt am eingezeichneten Relais befindet sich die Kontaktbezeichnung. Beispiel: Lautet die Kontaktbezeichnung im Stromlaufplan 17/87, dann ist 17 die Bezeichnung der Klemme auf der Relaisplatte, 87 ist die Bezeichnung der Klemme am Relais/Steuergerät.

Die Bezeichnung der Klemmen ist nach DIN genormt. **Die wichtigsten Klemmenbezeichnungen sind:**

Klemme 30. An dieser Klemme liegt immer die Batteriespannung an. Die Kabel sind meist rot oder rot mit Farbstreifen.

Klemme 31 führt zur Masse. Die Masse-Leitungen sind in der Regel braun.

Klemme 15 wird über das Zündschloss gespeist. Die Leitungen führen nur bei eingeschalteter Zündung Strom. Die Kabel sind meist grün oder grün mit farbigem Streifen.

Klemme X führt ebenfalls nur bei eingeschalteter Zündung Strom, dieser wird jedoch unterbrochen, wenn der Anlasser betätigt wird. Dadurch ist sichergestellt, dass während des Startvorganges der Zündanlage die volle Batterieleistung zur Verfügung steht. Alle größeren Stromaufnehmer liegen in diesem Stromkreis. Das Fernlicht wird ebenfalls über diese Klemme mit Strom versorgt. So wird bei eingeschaltetem Fernlicht und ausgeschalteter Zündung automatisch auf Standlicht umgeschaltet.

Im Stromlaufplan sind in den einzelnen Leitungen Ziffern und darunter Buchstabenkombinationen eingefügt.

Beispiel: **1,5**
ws/ge

Die Ziffern geben an, welchen Leitungsquerschnitt die Leitung hat. Die Buchstaben weisen auf die Leitungsfarben hin. Besteht die Kennzeichnung aus zwei Buchstabengruppen, die durch einen Schrägstrich getrennt sind, wie im Beispiel, dann nennt die erste Buchstabenfolge die Leitungsgrundfarbe: ws = weiß und die zweite: ge = gelb – die Zusatzfarbe. Da es vorkommt, dass gleichfarbige Leitungen für verschiedene Stromkreise verwendet werden, empfiehlt es sich, die Farbkombination an den betreffenden Anschlussklemmen zu kontrollieren. Weiße Leitungen sind zur Unterscheidung zusätzlich mit einer Kennnummer versehen, die im Stromlaufplan unter der Farbkennzeichnung steht.

Schlüssel für Leitungsfarben

bl = blau	li = lila
br = braun	ro = rot
ge = gelb	sw = schwarz
gn = grün	tr = transparent
gr = grau	s = weiß

Leitungen, die mittels Einzel- oder Mehrfachsteckverbindungen miteinander verbunden sind, haben zum Buchstaben »T« für die Steckverbindung eine zusätzliche Ziffern-Kombination.

Beispiel: T2p = Zweifachstecker, T32/27 = 32-fach Steckverbindung mit Kontaktpunkt 27.

Im Stromlaufplan sind alle Verbraucher und Schalter in Ruhestellung gezeichnet. Der geänderte Stromverlauf nach Betätigung eines Schalters wird hier am Beispiel eines Zweistufen-Schalters erläutert:

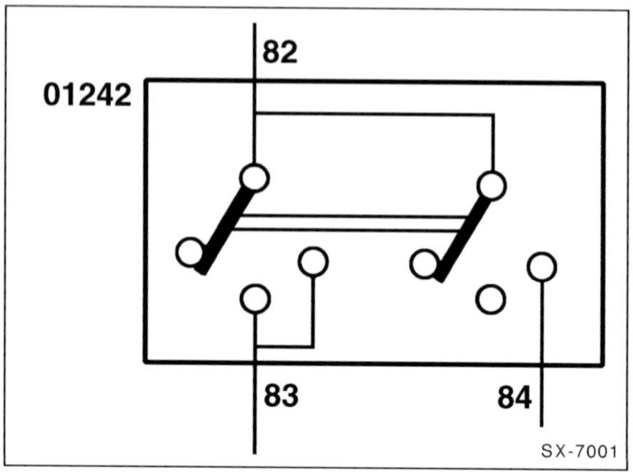

Wird am Schalter »01242« die erste Stufe gedrückt, fließt der Strom von der Klemme 82 kommend über die Klemme 83. Die Brücke der zweiten Schalterstufe rückt in Mittelstellung, jedoch ohne eine Verbindung herzustellen. Erst beim Drücken der zweiten Schalterstufe rückt die Brücke der zweiten Schalterstufe von der internen Leitung 82 auf 84 und gibt den Strom über 84 weiter. Dabei bleibt über die interne Verbindung im Schalter, also über die rechts abgewinkelte Leitung von 83 der Stromfluss der ersten Schalterstufe bestehen.

Zuordnung der Stromlaufpläne

VW LUPO Modelljahr 2001

Gültig ab Mai 2000 für alle Modelle

Wegen des großen Umfangs können nicht alle Stromlaufpläne aus jedem Modelljahr berücksichtigt werden. Jedoch kann man sich auch an den vorliegenden Stromlaufplänen orientieren, wenn das eigene Fahrzeug einem anderen Modelljahr angehört, da die Änderungen in der Regel nur Teilbereiche betreffen.

Relais- und Sicherungsbelegung

Die Relais- und Sicherungsbelegung kann je nach Fahrzeugausstattung und Baujahr des Fahrzeuges abweichen.

Die Relais befinden sich auf dem Relaisträger hinter der linken Fußraumabdeckung unterhalb des Armaturenbretts. Bei Fahrzeugen mit umfangreicher Ausstattung befindet sich oberhalb der Relaisplatte ein Zusatzrelaisträger.

Die Belegung der Zusatz-Sicherungsbox steht im Kapitel »Elektrische Anlage.

Relaisträger

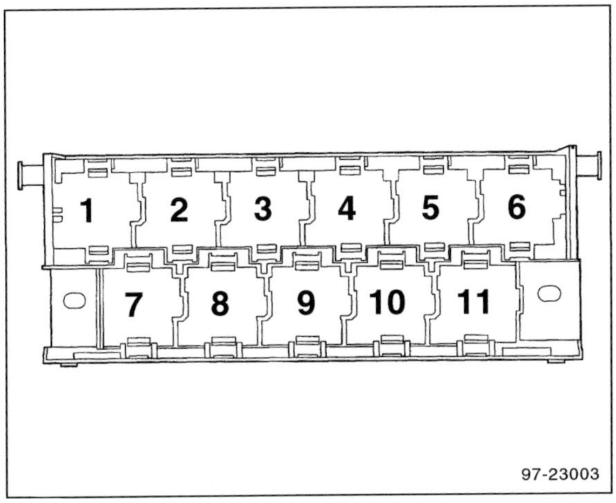

Relais-Nr.	Verbraucher/Relais
1	Relais für Anlasssperre – nur bei Automatikgetriebe
2	Kraftstoffpumpen-Relais (Crash) – nur bei Benzinmotoren
3	–
4	–
5	–
6	–
7	Entlastungsrelais für X-Kontakt
8	Relais für Wasch-Wisch-Intervallautomatik
9	Steuergerät für Kraftstoffabschaltung – nur Dieselmotor mit Airbag
10	–
11	–

Sicherungsbelegung der Hauptsicherungsbox

Die Hauptsicherungsbox sitzt auf der Batterie im Motorraum.

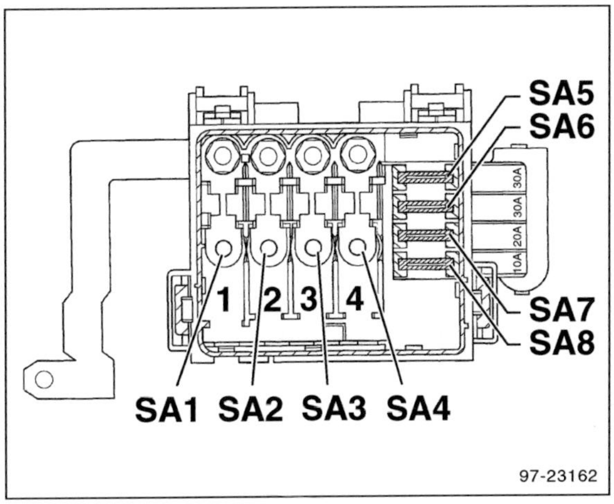

Sicherung	Verbraucher	Ampere
SA1	Drehstromgenerator	110 A
SA2	Relaisträger	80 A
SA3	Glühkerzen – Motor	50 A
SA4	Glühkerzen – Kühlmittel	50 A
	Klimaanlage	30 A
SA5	ABS (Hydraulikpumpe)	30 A
SA6	ABS (Ventile)	30 A
SA7	Lüfter für Kühlmittel	20 A
SA8	Klimaanlage	10 A

Gebrauchsanleitung für Stromlaufpläne

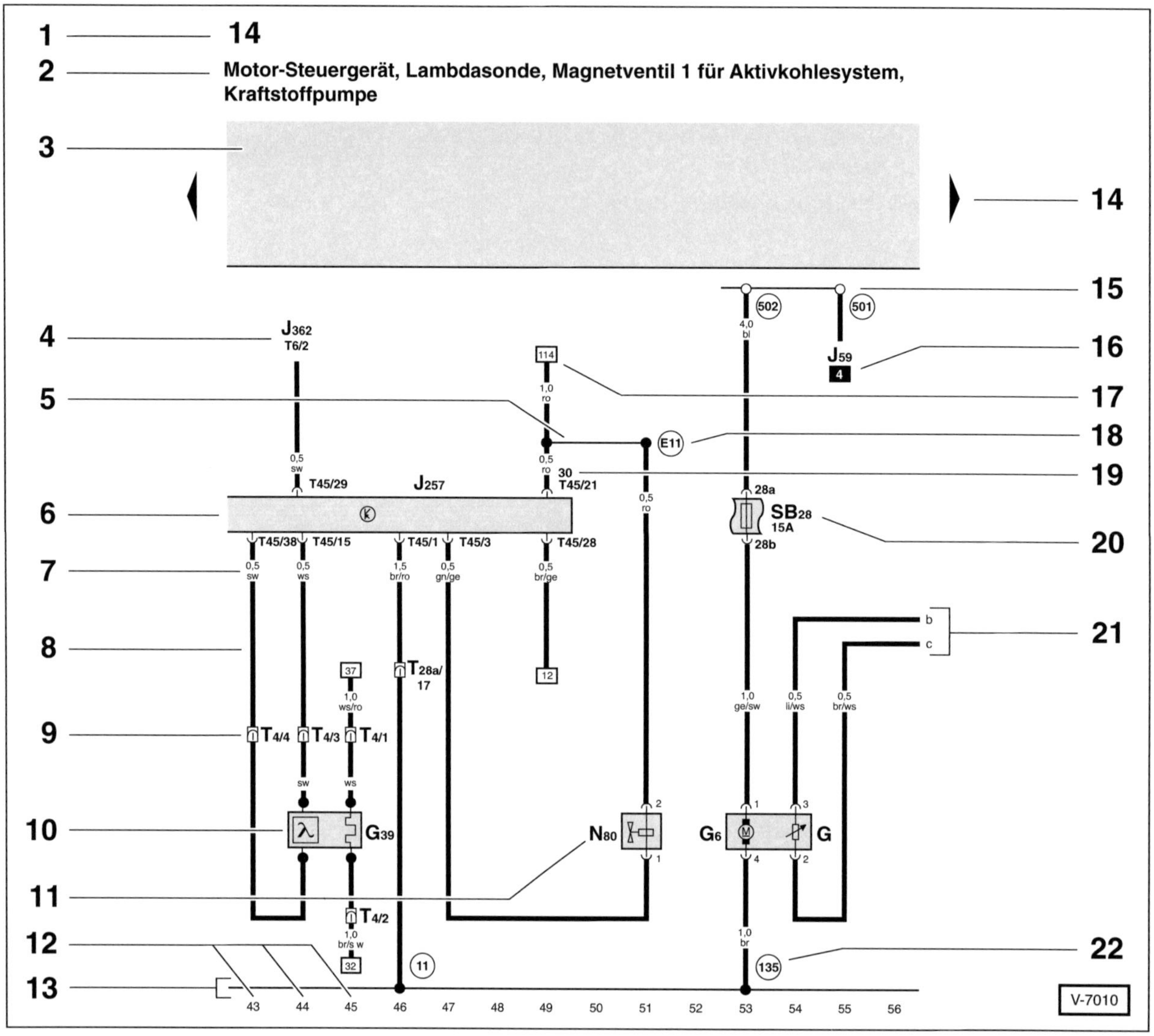

1 – **Stromlaufplan-Nr.**
In diesem Buch nicht aufgeführt.

2 – **Bezeichnung der auf dieser Seite dargestellten Stromkreise**

3 – **Relaisplatte**
Durch ein graues Feld gekennzeichnet. Stellt die plusseitigen Anschlüsse dar.

4 – **Verweis auf Weiterführung der Leitung zu einem anderen Bauteil**
J362 = Steuergerät für Wegfahrsicherung, T6/2 = 6-fach-Steckerverbindung, Kontakt 2.

5 – **Interne Verbindung (dünner Strich)**
Diese Verbindung ist nicht als Leitung vorhanden.

6 – **Schaltzeichen**
Die offen gezeichnete Seite des Schaltzeichens weist auf die Fortsetzung des Bauteils in einem anderen Stromlaufplan hin.

7 – **Leitungsquerschnitt in mm^2 und Leitungsfarbe**
0,5 = 0,5 mm^2, sw = schwarz. Abkürzungen für die Leitungsfarben stehen im Kapitel »Umgang mit dem Stromlaufplan«.

8 – **Stromkreis mit Leitungsführung**
Alle Schalter und Kontakte sind in mechanischer Ruhestellung dargestellt.

9 – **Steckverbindung**
T4 = 4-fach-Steckverbindung, /4 = Kontakt 4.

10 – **Schaltzeichen für Bauteil**
G39 = Lambdasonde mit Heizung.

11 – **Teile-Bezeichnung**
N80 = Magnetventil 1. In der Legende unterhalb des Stromlaufplans steht, wie das Teil heißt.

12 – **Strompfad-Nummer**

13 – **Fahrzeugmasse**

14 – **Pfeil**
Weist auf die Fortsetzung des Stromlaufplans auf der anschließenden Seite hin.

15 – **Gewindebolzen an der Relaisplatte**
Der weiße Kreis zeigt an, dass es sich hier um eine lösbare Verbindung handelt.

16 – **Relaisplatz-Nummer**
Kennzeichnet den Relaisplatz auf oder an der Relaisplatte.

17 – **Verweis auf Weiterführung der Leitung zu einem anderen Bauteil**
Die Zahl im Rechteck kennzeichnet, in welchem Strompfad die Leitung weitergeführt wird; hier in Strompfad 114.

18 – **Verbindung im Leitungsstrang**
Nicht lösbare Verbindung.

19 – **Anschlussklemme**
Hier: Klemme 30, 45-fach-Steckerverbindung, Kontakt 21.

20 – **Sicherung**
SB28 = Sicherung Nr. 28, 15 Ampere, im Sicherungshalter B, in der Nähe des Relaisträgers. Der Sicherungshalter A befindet sich oben auf der Batterie.

21 – **Verweis auf Weiterführung der Leitung im anschließenden Stromlaufplanteil**
Der Buchstabe kennzeichnet, wo im nächsten Stromlaufplanteil die Leitung weitergeführt wird.

22 – **Massepunkt oder Masseverbindung im Leitungsstrang**
In der Legende stehen Angaben zur Lage des Massepunktes im Fahrzeug.

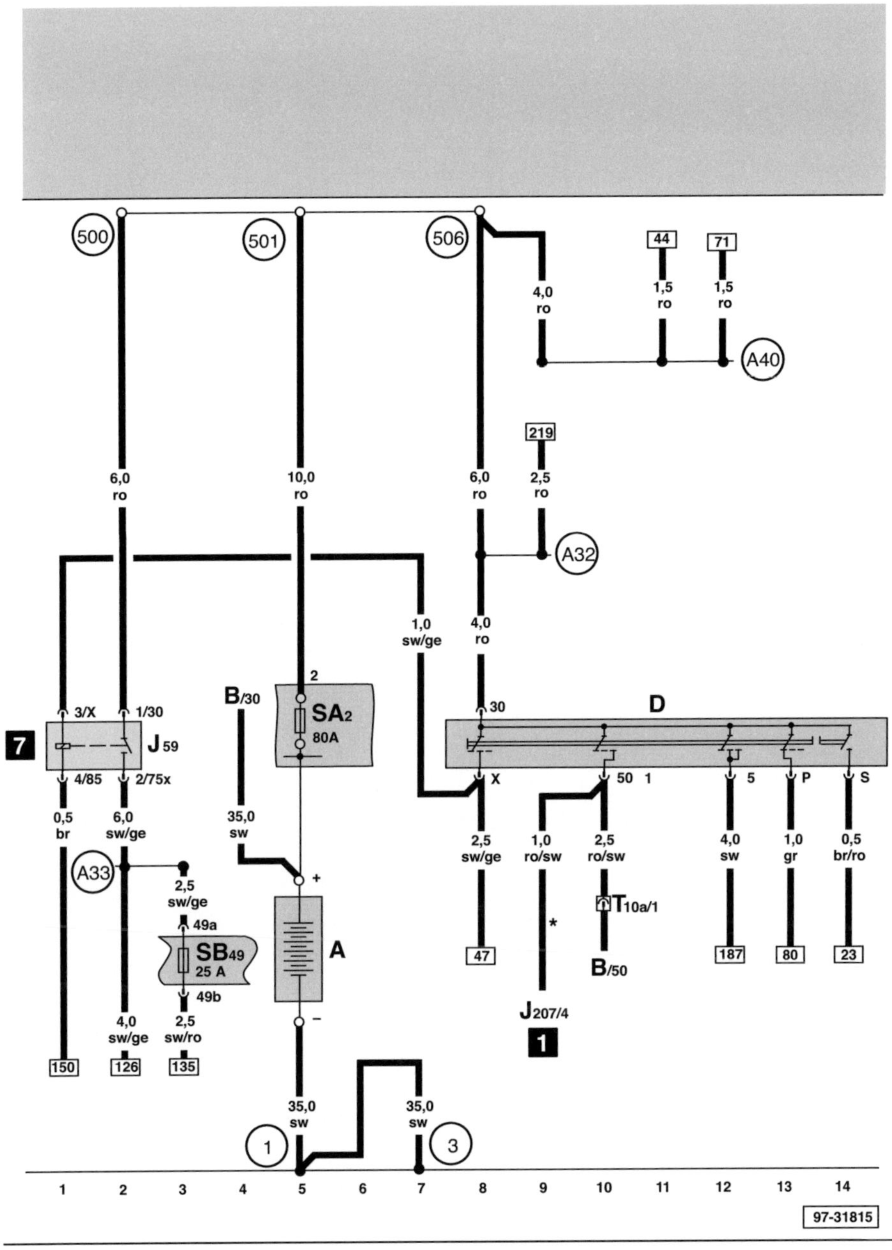

ws = weiß
sw = schwarz
ro = rot
br = braun
gn = grün
bl = blau
gr = grau
li = lila
ge = gelb
or = orange

A - Batterie
B - Anlasser
D - Zündanlaßschalter
J59 - Entlastungsrelais für X-Kontakt
J207 - Relais für Anlaßsperre
SA2 - Sicherung -2- auf Sicherungshalter/Batterie
SB49 - Sicherung -49- auf Sicherungshalter
T10a - Steckverbindung 10-fach, grün, Kupplungsstation unter dem Relaisträger

(1) - Masseband, Batterie - Aufbau

(3) - Masseband, Motor - Aufbau

(500) - Schraubverbindung -1- (30), an der Relaisplatte

(501) - Schraubverbindung -2- (30), an der Relaisplatte

(506) - Schraubverbindung -3- (30), an der Relaisplatte

(A32) - Plusverbindung (30), im Schalttafelleitungsstrang

(A33) - Verbindung (75), im Schalttafelleitungsstrang

(A40) - Plusverbindung -1- (30), im Armaturenleitungsstrang

* - Nur Fahrzeuge mit automatischem Getriebe

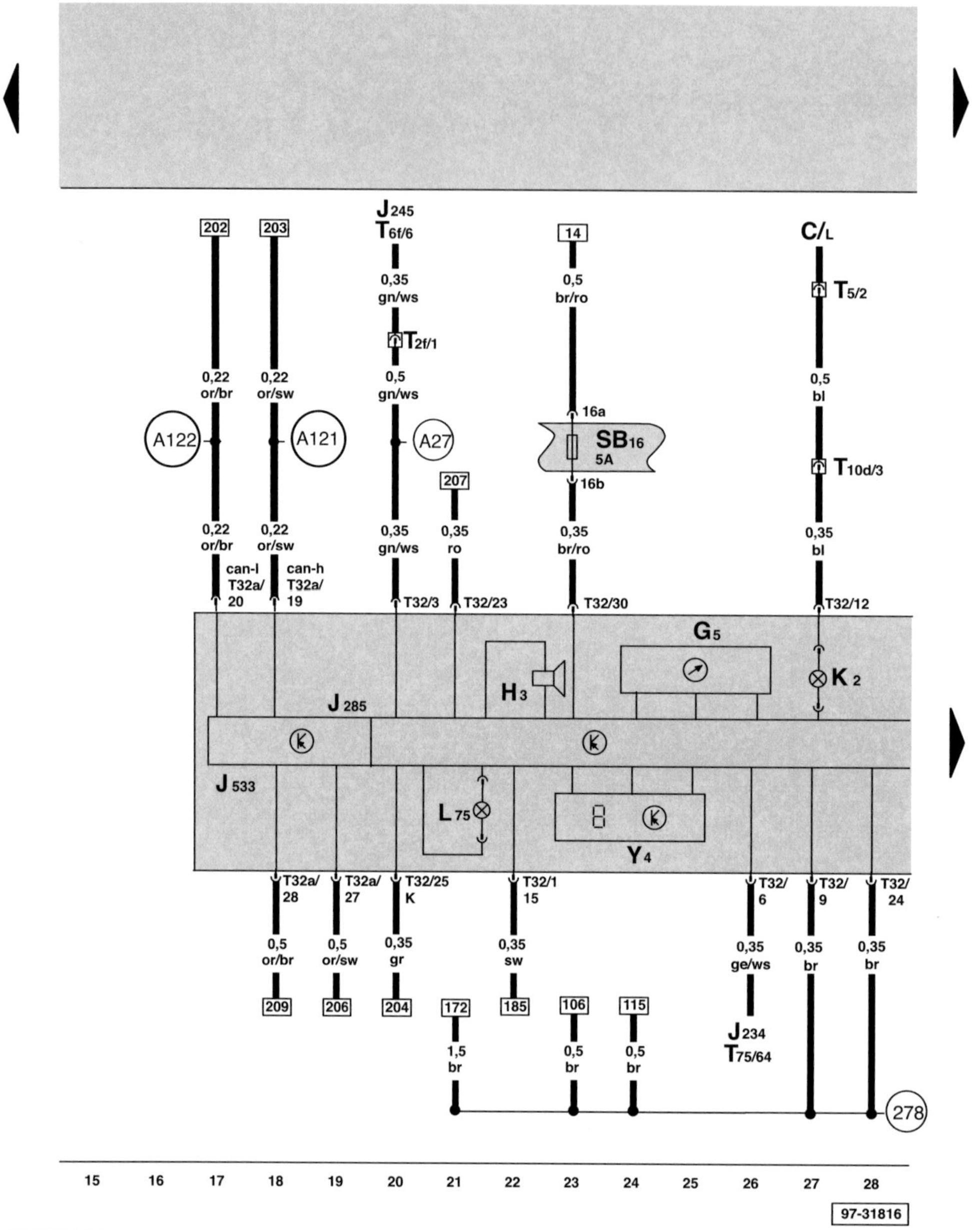

ws = weiß
sw = schwarz
ro = rot
br = braun
gn = grün
bl = blau
gr = grau
li = lila
ge = gelb
or = orange

C - Drehstromgenerator
G5 - Drehzahlmesser
H3 - Summer / Gong
J234 - Steuergerät für Airbag
J245 - Steuergerät für Schiebedachverstellung
J285 - Steuergerät mit Anzeigeeinheit im Schalttafeleinsatz
J533 - Steuergerät für Diagnose-Interface für Datenbus
K2 - Kontrollampe für Generator
L75 - Beleuchtung für Digitalanzeige
SB16 - Sicherung -16- auf Sicherungshalter
T2f - Steckverbindung, 2-fach
T5 - Steckverbindung, 5-fach
T6f - Steckverbindung, 6-fach
T10d - Steckverbindung, 10-fach, rot, Kupplungsstation unter dem Relaisträger
T32 - Steckverbindung, 32-fach, blau
T32a - Steckverbindung, 32-fach, grün
T75 - Steckverbindung, 75-fach
Y4 - Wegstreckenanzeige

(278) - Masseverbindung -4-, im Leitungsstrang Innenraum
(A27) - Verbindung (Geschwindigkeitssignal), im Schalttafelleitungsstrang
(A121) - Verbindung (High-Bus), im Schalttafelleitungsstrang
(A122) - Verbindung (Low-Bus), im Schalttafelleitungsstrang

Kombiinstrument , Digitaluhr, Kontrolllampe für Fernlicht, Kontrolllampe für Blinker, Handbremskontrolle, Warnkontakt für Bremsflüssigkeitsstand, Gurt-Warnsystem

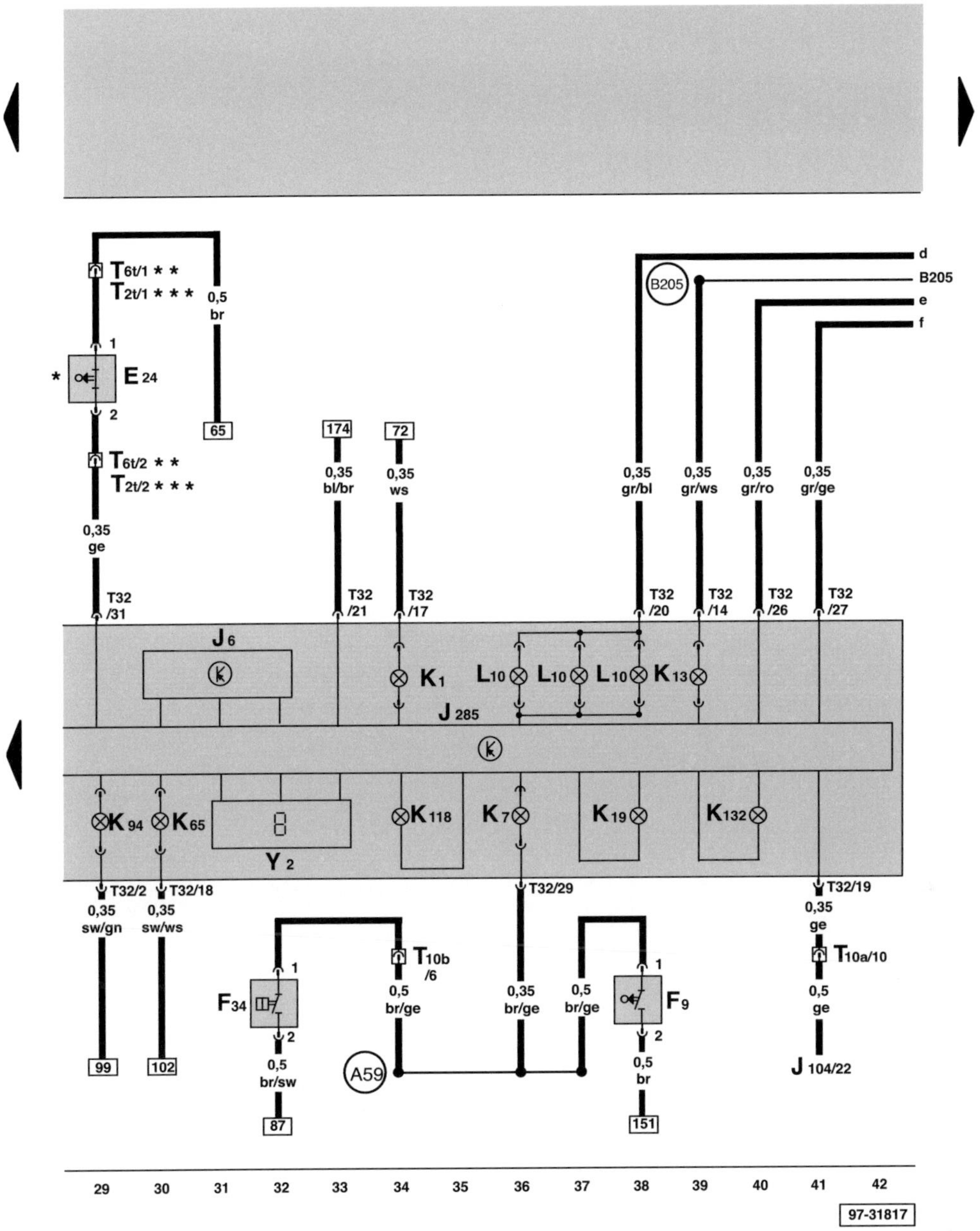

ws = weiß
sw = schwarz
ro = rot
br = braun
gn = grün
bl = blau
gr = grau
li = lila
ge = gelb
or = orange

- E24 - Gurtschalter Fahrerseite
- F9 - Schalter für Handbremskontrolle
- F34 - Warnkontakt für Bremsflüssigkeitsstand
- J6 - Spannungskonstanter
- J104 - Steuergerät für ABS mit EDS
- J285 - Steuergerät mit Anzeigeeinheit im Schalttafeleinsatz
- K1 - Kontrollampe für Fernlicht
- K7 - Kontrollampe für Zweikreis- u. Handbremsanlage
- K13 - Kontrollampe für Nebelschlußleuchte
- K19 - Kontrollampe für Sicherheitsgurt-Warnsystem
- K65 - Kontrollampe für Blinker links
- K94 - Kontrollampe für Blinker rechts
- K118 - Kontrollampe für Bremsanlage
- K132 - Kontrollampe für elektrische Gasbetätigung
- L10 - Lampe für Beleuchtung Schalttafeleinsatz
- T2t - Steckverbindung, 2-fach, unter dem Fahrersitz
- T6t - Steckverbindung, 6-fach, unter dem Fahrersitz
- T10a - Steckverbindung, 10-fach, grün, Kupplungsstation unter dem Relaisträger
- T10b - Steckverbindung, 10-fach, schwarz, Kupplungsstation unter dem Relaisträger
- T32 - Steckverbindung, 32-fach, blau
- Y2 - Digitaluhr
- (A59) - Verbindung (Geber), im Armaturenleitungsstrang
- (B205) - Verbindung (NS), im Leitungsstrang Innenraum
- * - Nicht bei allen Ausstattungen
- ** - Ab Mai 2001
- *** - Bis Mai 2001

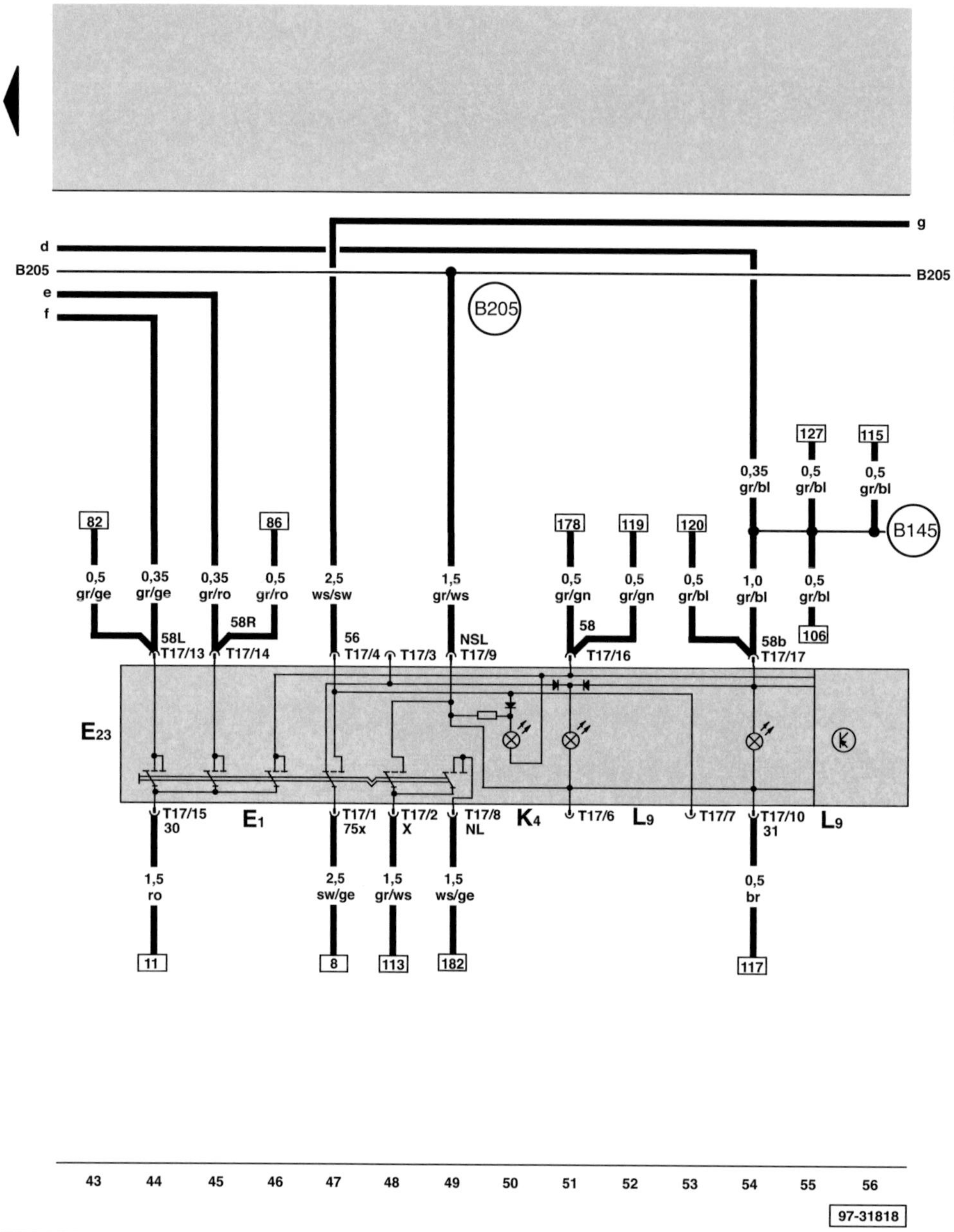

ws = weiß
sw = schwarz
ro = rot
br = braun
gn = grün
bl = blau
gr = grau
li = lila
ge = gelb
or = orange

E1 - Lichtschalter
E23 - Schalter für Nebelscheinwerfer und -schlußleuchte
K4 - Kontrollampe für Standlicht
L9 - Lampe für Beleuchtung Lichtschalter
T17 - Steckverbindung, 17-fach, schwarz

(B145) - Plusverbindung (58b), im Leitungsstrang Innenraum
(B205) - Verbindung (NS), im Leitungsstrang Innenraum

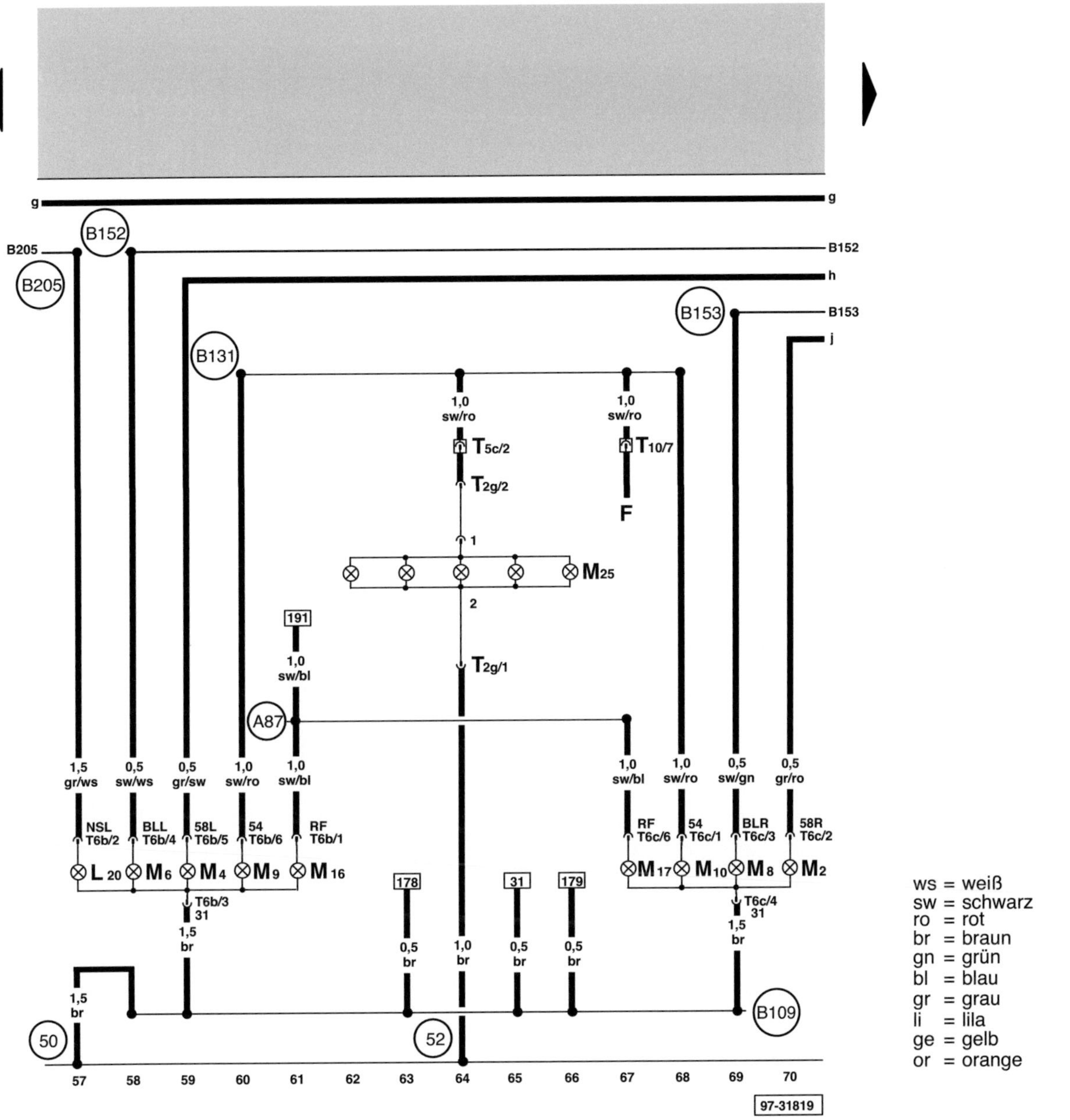

ws = weiß
sw = schwarz
ro = rot
br = braun
gn = grün
bl = blau
gr = grau
li = lila
ge = gelb
or = orange

F - Bremslichtschalter
L20 - Lampe für Nebelschlußleuchte
M2 - Lampe für Schlußlicht rechts
M4 - Lampe für Schlußlicht links
M6 - Lampe für Blinklicht hinten links
M8 - Lampe für Blinklicht hinten rechts
M9 - Lampe für Bremslicht links
M10 - Lampe für Bremslicht rechts
M16 - Lampe für Rückfahrlicht links
M17 - Lampe für Rückfahrlicht rechts
M25 - Lampe für hochgesetztes Bremslicht
T2g - Steckverbindung, 2-fach, schwarz
T5c - Steckverbindung, 5-fach, schwarz, im Leitungsstrang Heckklappe-Zuführung
T6b - Steckverbindung, 6-fach, schwarz
T6c - Steckverbindung, 6-fach, schwarz
T10 - Steckverbindung, 10-fach, weiß,

(50) - Massepunkt, Kofferraum links
(52) - Massepunkt, in der Heckklappe links
(A87) - Verbindung (RF), im Schalttafelleitungsstrang
(B109) - Masseverbindung, im Leitungsstrang Innenraum hinten links
(B131) - Verbindung (54), im Leitungsstrang Innenraum
(B152) - Verbindung (BL), im Leitungsstrang Innenraum
(B153) - Verbindung (BR), im Leitungsstrang Innenraum
(B205) - Verbindung (NS), im Leitungsstrang Innenraum

Schalter für Handabblendung und Lichthupe, Scheinwerfer links, Blinkerschalter, Schalter für Parklicht

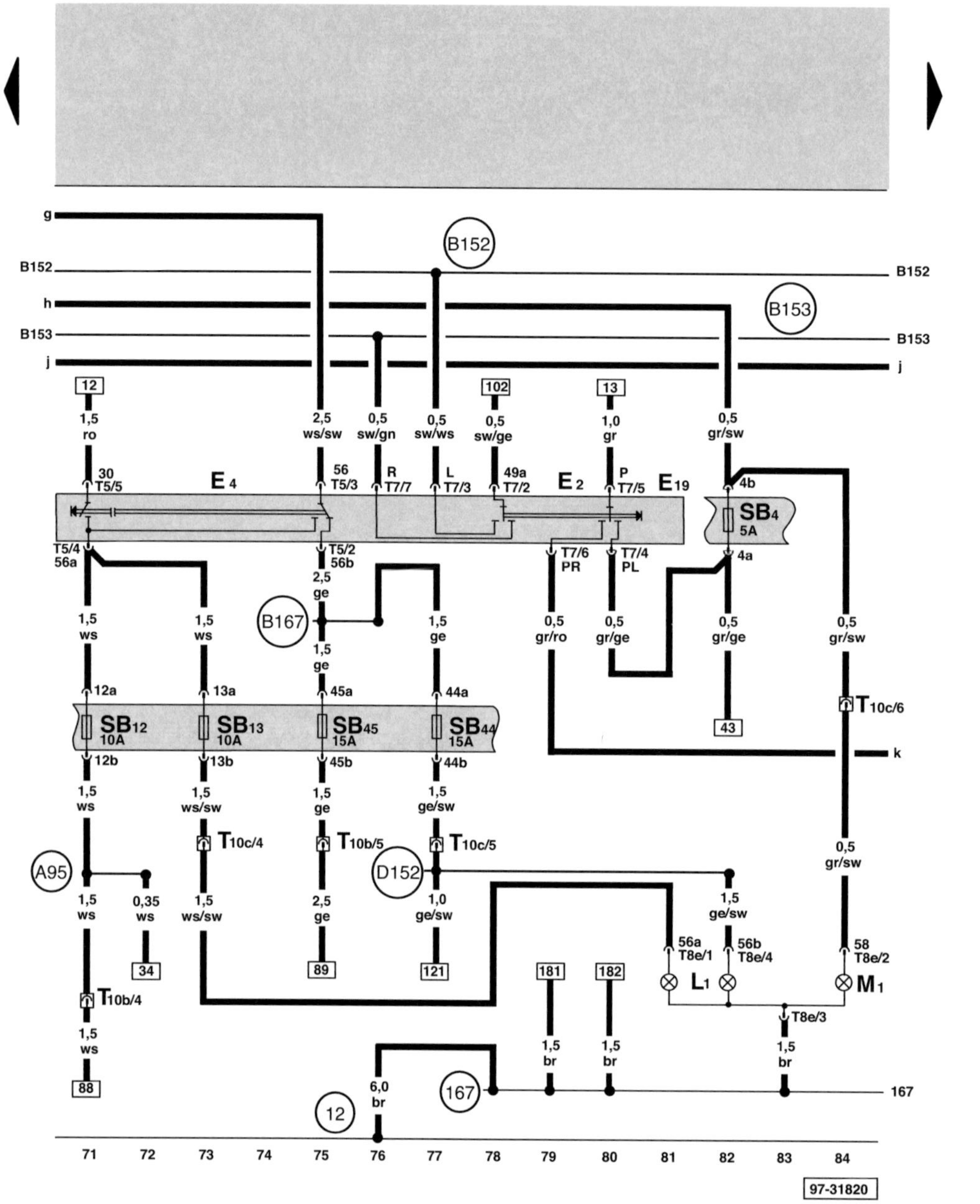

ws = weiß
sw = schwarz
ro = rot
br = braun
gn = grün
bl = blau
gr = grau
li = lila
ge = gelb
or = orange

E2 - Blinkerschalter
E4 - Schalter für Handabblendung und Lichthupe
E19 - Schalter für Parklicht
L1 - Zweifadenlampe für Scheinwerfer links
M1 - Lampe für Standlicht links
SB4 - Sicherung -4- auf Sicherungshalter
SB12- Sicherung -12- auf Sicherungshalter
SB13- Sicherung -13- auf Sicherungshalter
SB44- Sicherung -44- auf Sicherungshalter
SB45- Sicherung -45- auf Sicherungshalter
T5 - Steckverbindung, 5-fach, schwarz, hinter Verkleidung für Lenkstockschalter
T7 - Steckverbindung, 7-fach, rot, hinter Verkleidung für Lenkstockschalter
T8e - Steckverbindung, 8-fach, schwarz
T10b - Steckverbindung, 10-fach, schwarz, Kupplungsstation unter dem Relaisträger
T10c - Steckverbindung, 10-fach, blau, Kupplungsstation unter dem Relaisträger

(12) - Massepunkt, im Motorraum links
(167) - Masseverbindung -4-, im Leitungsstrang Motorraum
(A95) - Verbindung -1- (56a), im Schalttafelleitungsstrang
(B152) - Verbindung (BL), im Leitungsstrang Innenraum
(B153) - Verbindung (BR), im Leitungsstrang Innenraum
(B167) - Verbindung (56b), im Leitungsstrang Innenraum
(D152) - Plusverbindung -1- (56b), im Leitungsstrang Motorraum

Scheinwerfer rechts, Blinklicht vorn

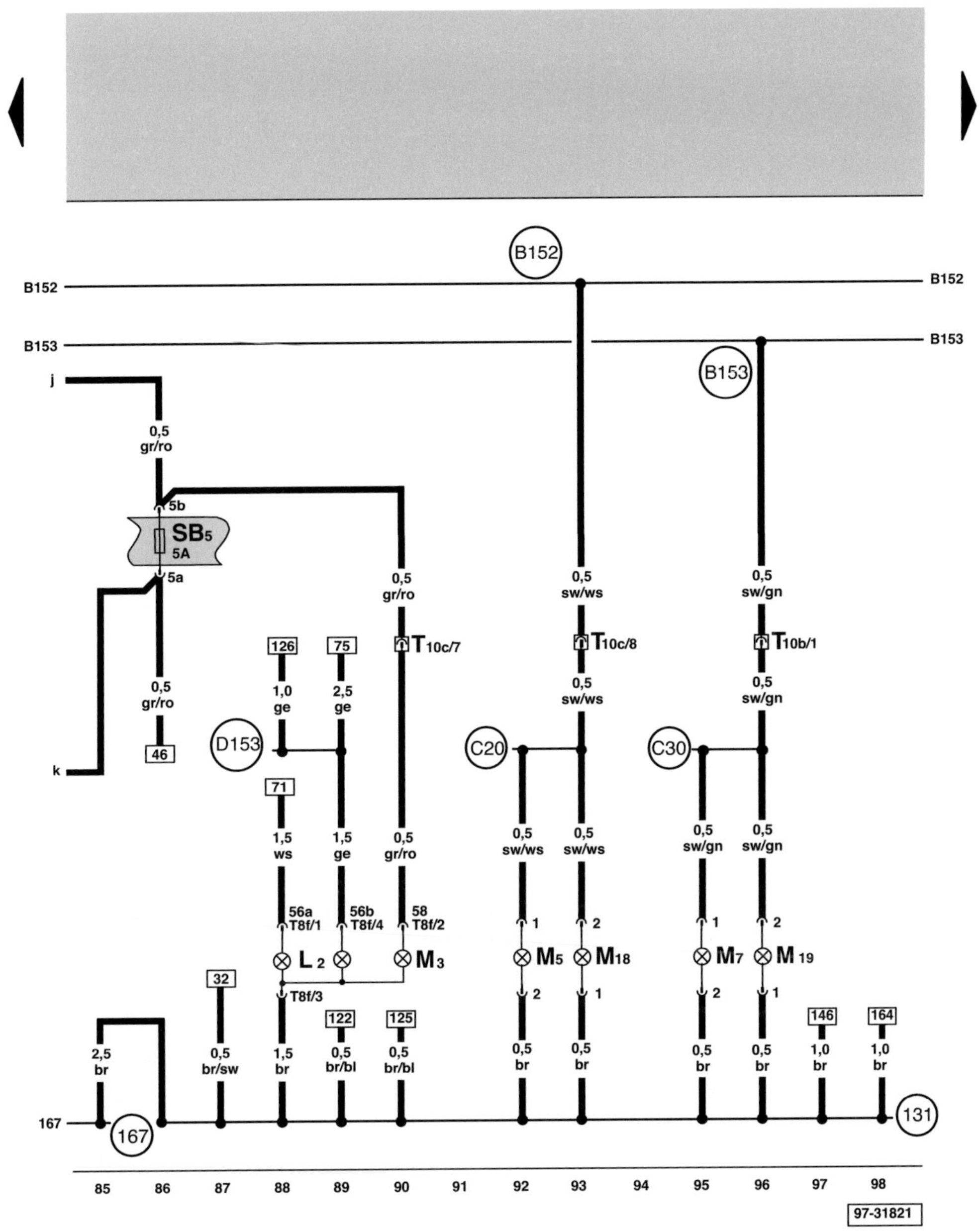

ws = weiß
sw = schwarz
ro = rot
br = braun
gn = grün
bl = blau
gr = grau
li = lila
ge = gelb
or = orange

- L2 - Zweifadenlampe für Scheinwerfer rechts
- M3 - Lampe für Standlicht rechts
- M5 - Lampe für Blinklicht vorn links
- M7 - Lampe für Blinklicht vorn rechts
- M18 - Lampe für Seitenblinkleuchte links
- M19 - Lampe für Seitenblinkleuchte rechts
- SB5 - Sicherung -5- auf Sicherungshalter
- T8f - Steckverbindung, 8-fach, schwarz
- T10b - Steckverbindung, 10-fach, schwarz, Kupplungsstation unter dem Relaisträger
- T10c - Steckverbindung, 10-fach, blau, Kupplungsstation unter dem Relaisträger

- (131) - Masseverbindung -2-, im Leitungsstrang Motorraum
- (167) - Masseverbindung -4-, im Leitungsstrang Motorraum
- (B152) - Verbindung (BL), im Leitungsstrang Innenraum
- (B153) - Verbindung (BR), im Leitungsstrang Innenraum
- (C20) - Verbindung (Blinker links), im Leitungsstrang Scheinwerfer
- (C30) - Verbindung (Blinker rechts), im Leitungsstrang Scheinwerfer
- (D153) - Plusverbindung -2- (56b), im Leitungsstrang Motorraum

Warnlichtschalter mit Blinkrelais, beheizbare Heckscheibe

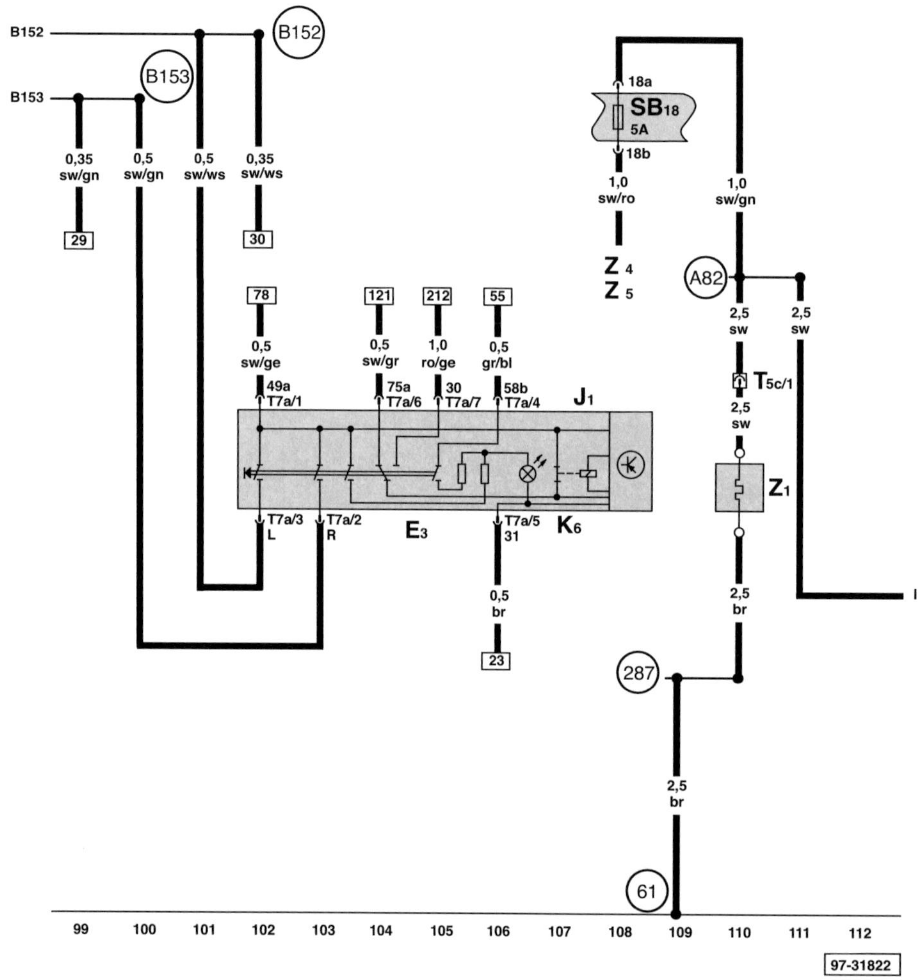

ws = weiß
sw = schwarz
ro = rot
br = braun
gn = grün
bl = blau
gr = grau
li = lila
ge = gelb
or = orange

E3 - Warnlichtschalter
J1 - Blinkrelais
K6 - Kontrollampe für Warnblinkanlage
SB18 - Sicherung -18- auf Sicherungshalter
T5c - Steckverbindung, 5-fach, schwarz, im Leitungsstrang Heckklappe-Zuführung
T7a - Steckverbindung, 7-fach, schwarz
T10d - Steckverbindung, 10-fach, rot, Kupplungsstation unter dem Relaisträger
Z1 - beheizbare Heckscheibe
Z4 - beheizbarer Außenspiegel, Fahrerseite
Z5 - beheizbarer Außenspiegel, Beifahrerseite

(61) - Massepunkt, C-Säule links

(287) - Masseverbindung, im Leitungsstrang Heckklappe Zuführung
(A82) - Verbindung (Scheibenheizung), im Schalttafelleitungsstrang
(B152) - Verbindung (BL), im Leitungsstrang Innenraum
(B153) - Verbindung (BR), im Leitungsstrang Innenraum

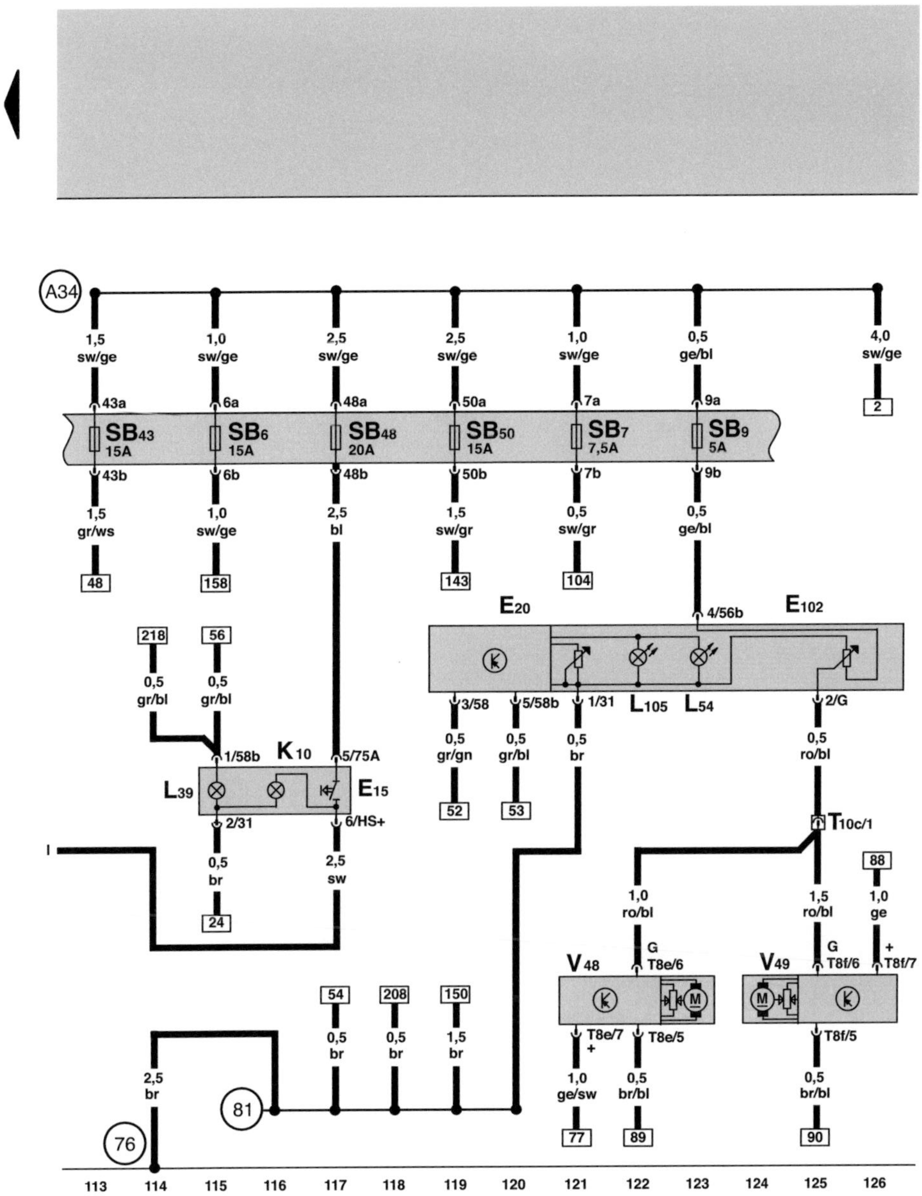

ws	= weiß
sw	= schwarz
ro	= rot
br	= braun
gn	= grün
bl	= blau
gr	= grau
li	= lila
ge	= gelb
or	= orange

97-31823

E15 - Schalter für beheizbare Heckscheibe
E20 - Regler für Beleuchtung - Schalter und Instrumente
E102 - Einsteller für Leuchtweitenregelung
K10 - Kontrollampe für beheizbare Heckscheibe
L39 - Lampe für Beleuchtung für Schalter für beheizbare Heckscheibe
L54 - Lampe für Beleuchtung/Einsteller Leuchtweitenregelung
L105 - Beleuchtung für Beleuchtungsregler
SB6 - Sicherung -4- auf Sicherungshalter
SB7 - Sicherung -7- auf Sicherungshalter
SB9 - Sicherung -9- auf Sicherungshalter
SB43 - Sicherung -43- auf Sicherungshalter
SB48 - Sicherung -48- auf Sicherungshalter
SB50 - Sicherung -50- auf Sicherungshalter
T8e - Steckverbindung, 8-fach
T8f - Steckverbindung, 8-fach
T10c - Steckverbindung, 10-fach, blau, Kupplungsstation unter dem Relaisträger
V48 - Stellmotor links für Leuchtweitenregelung
V49 - Stellmotor rechts für Leuchtweitenregelung
(76) - Massepunkt, Nähe Schaltbetätigung
(81) - Masseverbindung -1-, im Schalttafelleitungsstrang
(A34) - Plusverbindung -2- (X), im Leitungsstrang Innenraum

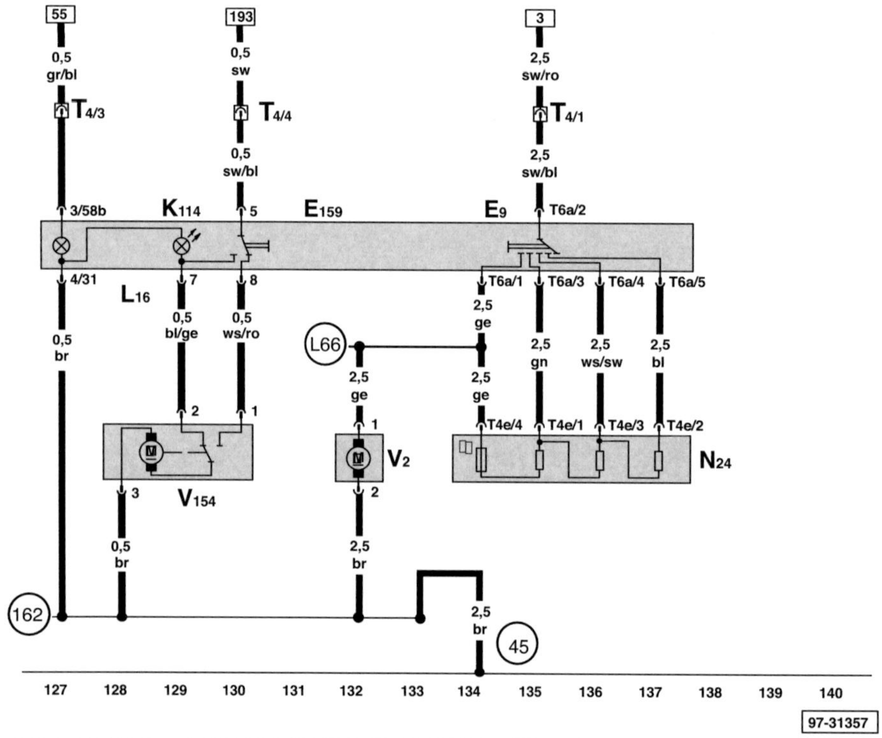

ws = weiß
sw = schwarz
ro = rot
br = braun
gn = grün
bl = blau
gr = grau
li = lila
ge = gelb
or = orange

E9 – Schalter für Frischluftgebläse
E159 – Schalter für Frisch- und Umluftklappe
K114 – Kontrollampe für Frisch- und Umluftbetrieb
L16 – Lampe für Beleuchtung Frischluftregulierung
N24 – Vorwiderstand für Frischluftgebläse mit Überhitzungssicherung
T4 – Steckverbindung, 4-fach, schwarz, hinter der Schalttafel
T4e – Steckverbindung, 4-fach, schwarz
T6a – Steckverbindung, 6-fach, schwarz
V2 – Frischluftgebläse
V154 – Stellmotor für Frisch-/Umluftklappe

(45) – Massepunkt, hinter Schalttafel - Mitte
(162) – Masseverbindung, im Leitungsstrang Gebläsemotor
(L66) – Verbindung, im Leitungsstrang Heizungsgebläse

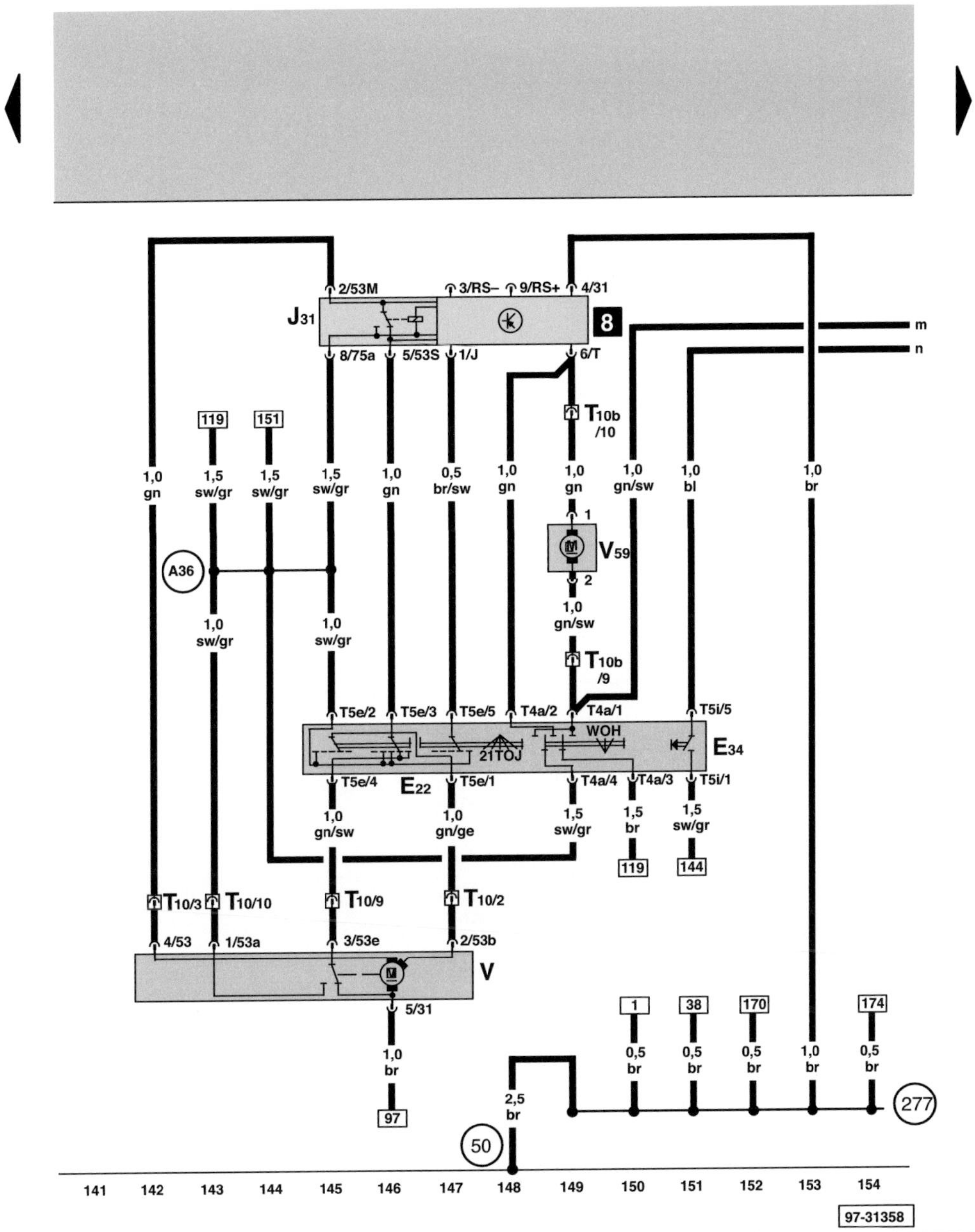

ws = weiß
sw = schwarz
ro = rot
br = braun
gn = grün
bl = blau
gr = grau
li = lila
ge = gelb
or = orange

E22 – Scheibenwischerschalter für Intervallbetrieb
E34 – Schalter für Heckscheibenwischer
J31 – Relais für Wasch-Wisch-Intervallautomatik
T4a – Steckverbindung, 4-fach, schwarz, hinter der Verkleidung für Lenkstockschalter
T5e – Steckverbindung, 5-fach, schwarz, hinter der Verkleidung für Lenkstockschalter
T5i – Steckverbindung, 5-fach, hinter der Verkleidung für Lenkstockschalter
T10 – Steckverbindung, 10-fach, weiß, Kupplungsstation unter dem Relaisträger
T10b – Steckverbindung, 10-fach, schwarz, Kupplungsstation unter dem Relaisträger
V – Scheibenwischermotor
V59 – Front- und Heckscheibenwaschpumpe

(50) – Massepunkt, Kofferraum links
(277) – Masseverbindung -3-, im Leitungsstrang Innenraum
(A36) – Verbindung (75a), im Schalttafelleitungsstrang

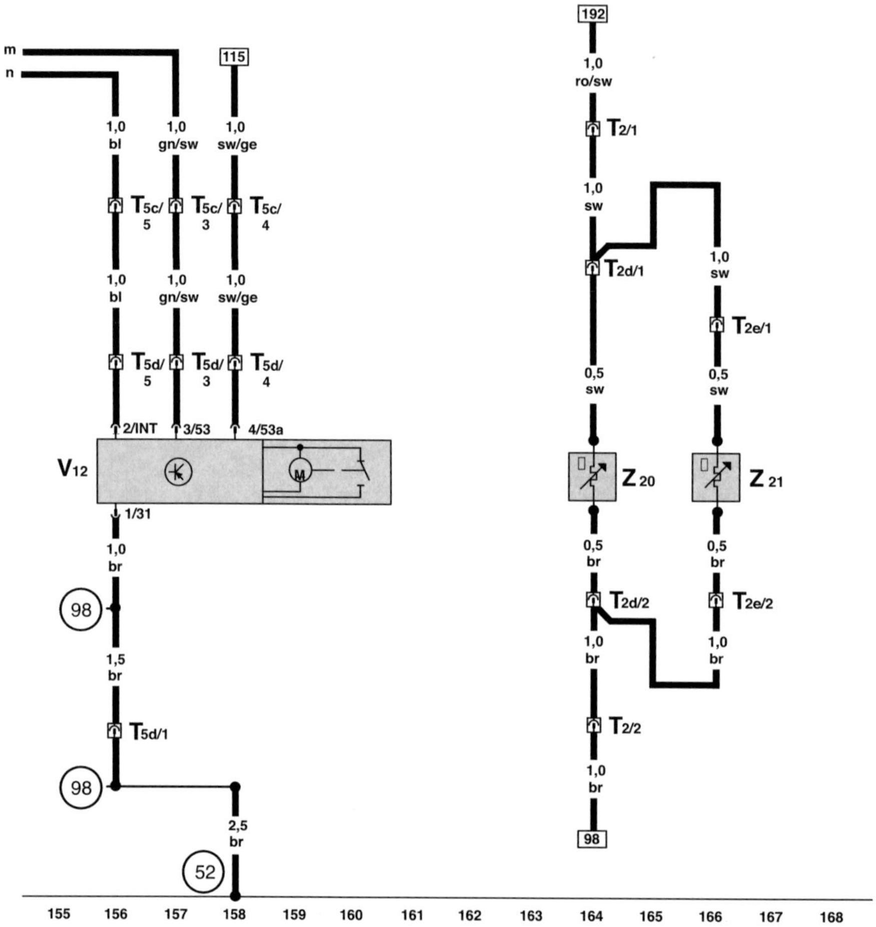

97-31359

ws = weiß
sw = schwarz
ro = rot
br = braun
gn = grün
bl = blau
gr = grau
li = lila
ge = gelb
or = orange

T2 – Steckverbindung, 2-fach, schwarz, im Wasserkasten links
T2d – Steckverbindung, 2-fach, schwarz
T2e – Steckverbindung, 2-fach, schwarz
T5c – Steckverbindung, 5-fach, schwarz, im Leitungsstrang Heckklappe-Zuführung
T5d – Steckverbindung, 5-fach, schwarz, in der Heckklappe
V12 – Motor für Heckscheibenwischer
Z20 – Heizwiderstand für Spritzdüse links
Z21 – Heizwiderstand für Spritzdüse rechts

(52) – Massepunkt, Heckklappe links
(98) – Masseverbindung, im Leitungsstrang Heckklappe
(287) – Masseverbindung, im Leitungsstrang Heckklappe Zuführung

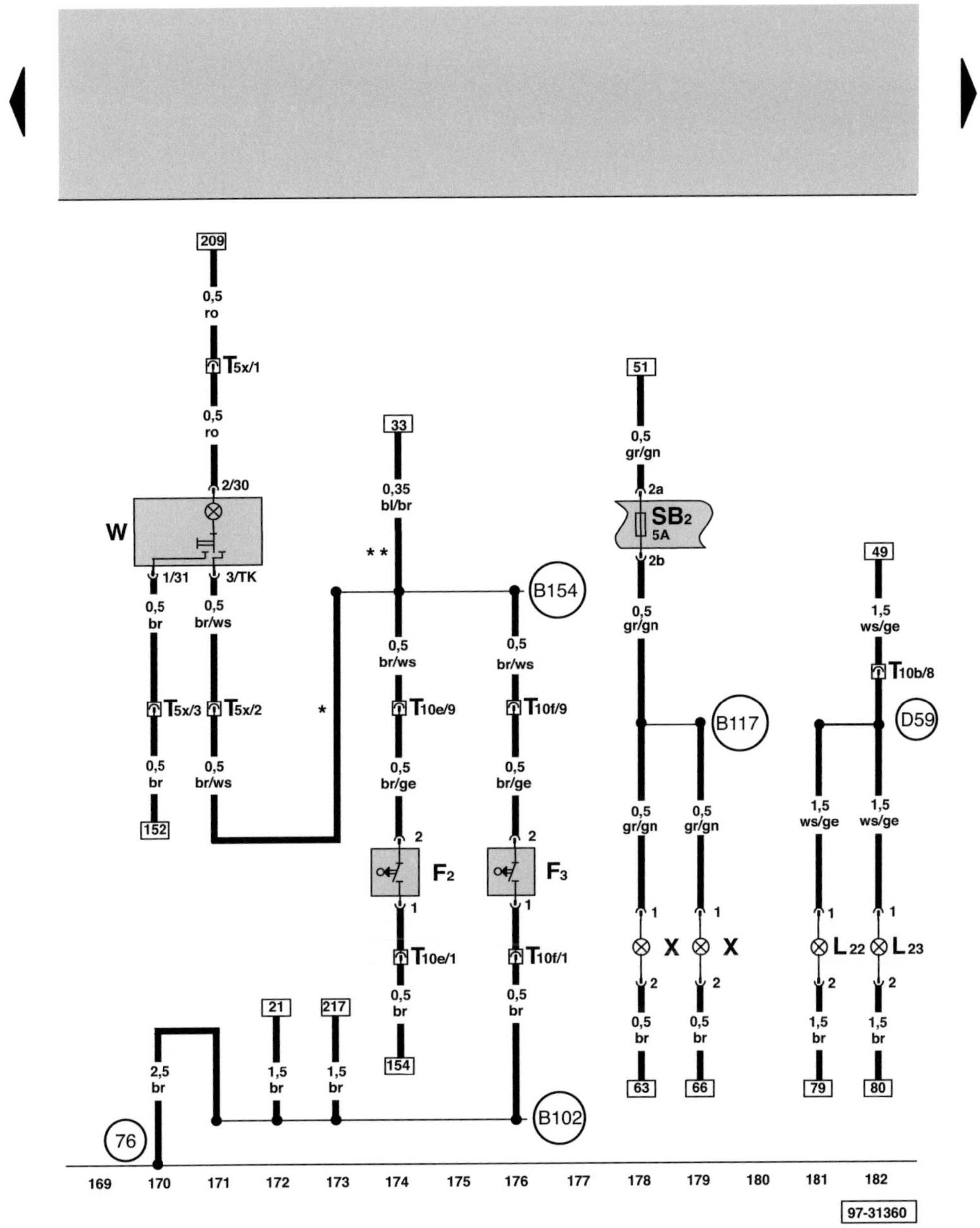

ws = weiß
sw = schwarz
ro = rot
br = braun
gn = grün
bl = blau
gr = grau
li = lila
ge = gelb
or = orange

F2 – Türkontaktschalter-Fahrerseite
F3 – Türkontaktschalter-Beifahrerseite
L22 – Lampe für Nebelscheinwerfer links
L23 – Lampe für Nebelscheinwerfer rechts
SB2 – Sicherung -2- auf Sicherungshalter
T5x – Steckverbindung, 5-fach, Koppelstelle Innenleuchte
T10b – Steckverbindung, 10-fach, schwarz, Kupplungsstation unter dem Relaisträger
T10e – Steckverbindung, 10-fach, schwarz, Kupplungsstation A-Säule links
T10f – Steckverbindung, 10-fach, schwarz, Kupplungsstation A-Säule rechts
W – Innenleuchte vorn
X – Kennzeichenleuchte

(76) – Massepunkt, Nähe Schaltbetätigung
(B102) – Masseverbindung, im Leitungsstrang Innenraum vorn links
(B117) – Verbindung (58a, rechts), im Leitungsstrang Innenraum
(B154) – Verbindung -1- (TK), im Leitungsstrang Innenraum
(D59) – Verbindung (Nebelscheinwerfer), im Leitungsstrang Motorraum

* – nicht bei Fahrzeugen mit Zentralverriegelung
** – nicht bei Fahrzeugen mit Diebstahlwarnanlage

Signalhorn, Rückfahrleuchtenschalter, Wickelfeder für Airbag/Rückstellring mit Schleifring, Relais für Doppeltonhorn, Signalhornbetätigung, Signalhorn/Doppeltonhorn

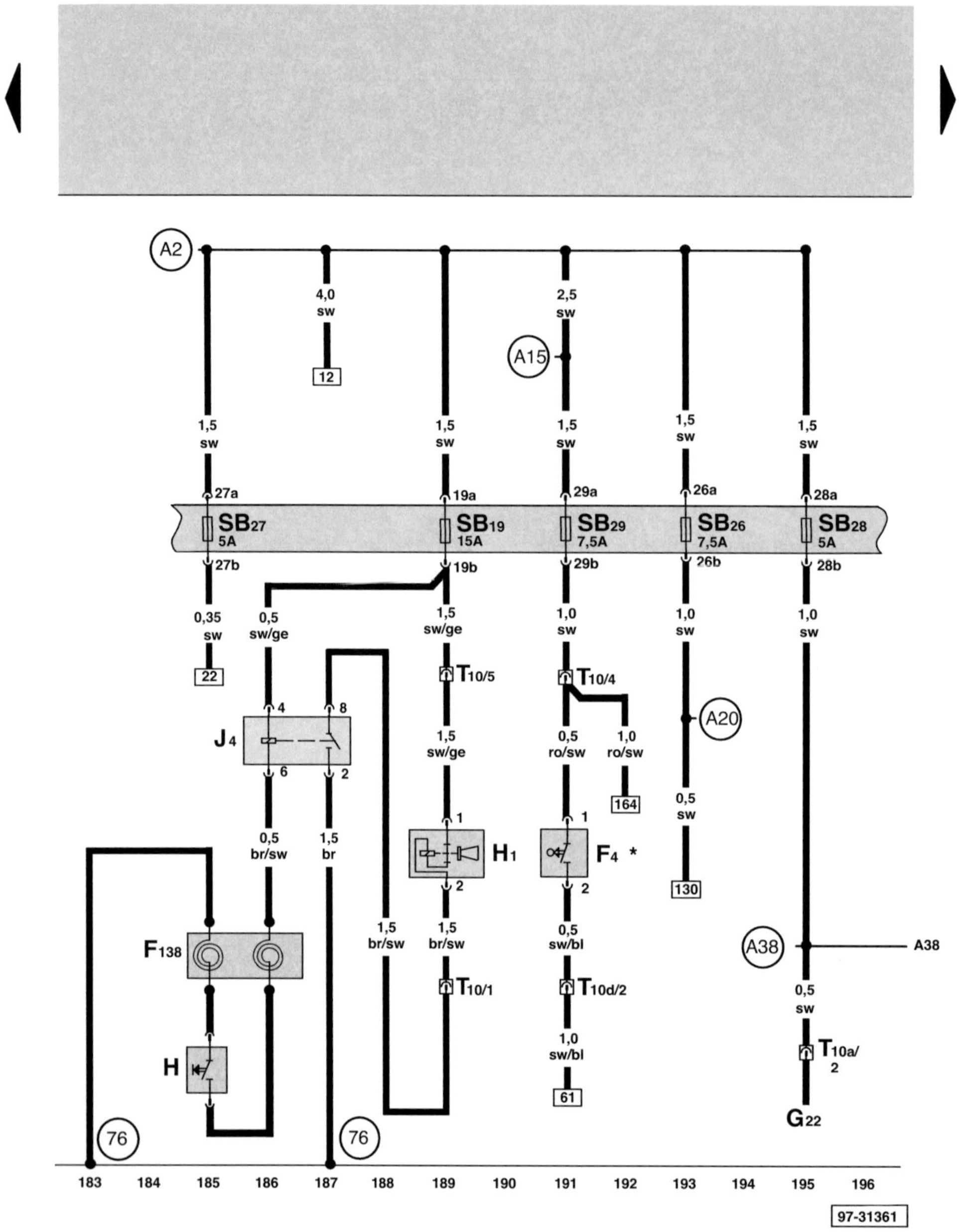

ws = weiß
sw = schwarz
ro = rot
br = braun
gn = grün
bl = blau
gr = grau
li = lila
ge = gelb
or = orange

F4 – Schalter für Rückfahrleuchten
F138 – Wickelfeder für Airbag/Rückstellring mit Schleifring
G22 – Geber für Geschwindigkeitsmesser
H – Signalhornbetätigung
H1 – Signalhorn/Doppeltonhorn
J4 – Relais für Doppeltonhorn
SB19 – Sicherung -19- auf Sicherungshalter
SB26 – Sicherung -26- auf Sicherungshalter
SB27 – Sicherung -27- auf Sicherungshalter
SB28 – Sicherung -28- auf Sicherungshalter
SB29 – Sicherung -29- auf Sicherungshalter
T10 – Steckverbindung, 10-fach, weiß, Kupplungsstation unter dem Relaisträger
T10a – Steckverbindung, 10-fach, grün, Kupplungsstation unter dem Relaisträger
T10d – Steckverbindung, 10-fach, schwarz, Kupplungsstation unter dem Relaisträger
(76) – Massepunkt, Nähe Schaltbetätigung
(A2) – Plusverbindung (15) im Schalttafelleitungsstrang
(A15) – Plusverbindung (15), im Armaturenleitungsstrang
(A20) – Verbindung (15a), im Schalttafelleitungsstrang
(A38) – Plusverbindung -2- (15a), im Schalttafelleitungsstrang
* – Nur Fahrzeuge mit Schaltgetriebe

Wegfahrsicherung, Anschluss für Eigendiagnose, Lesespule für Wegfahrsicherung

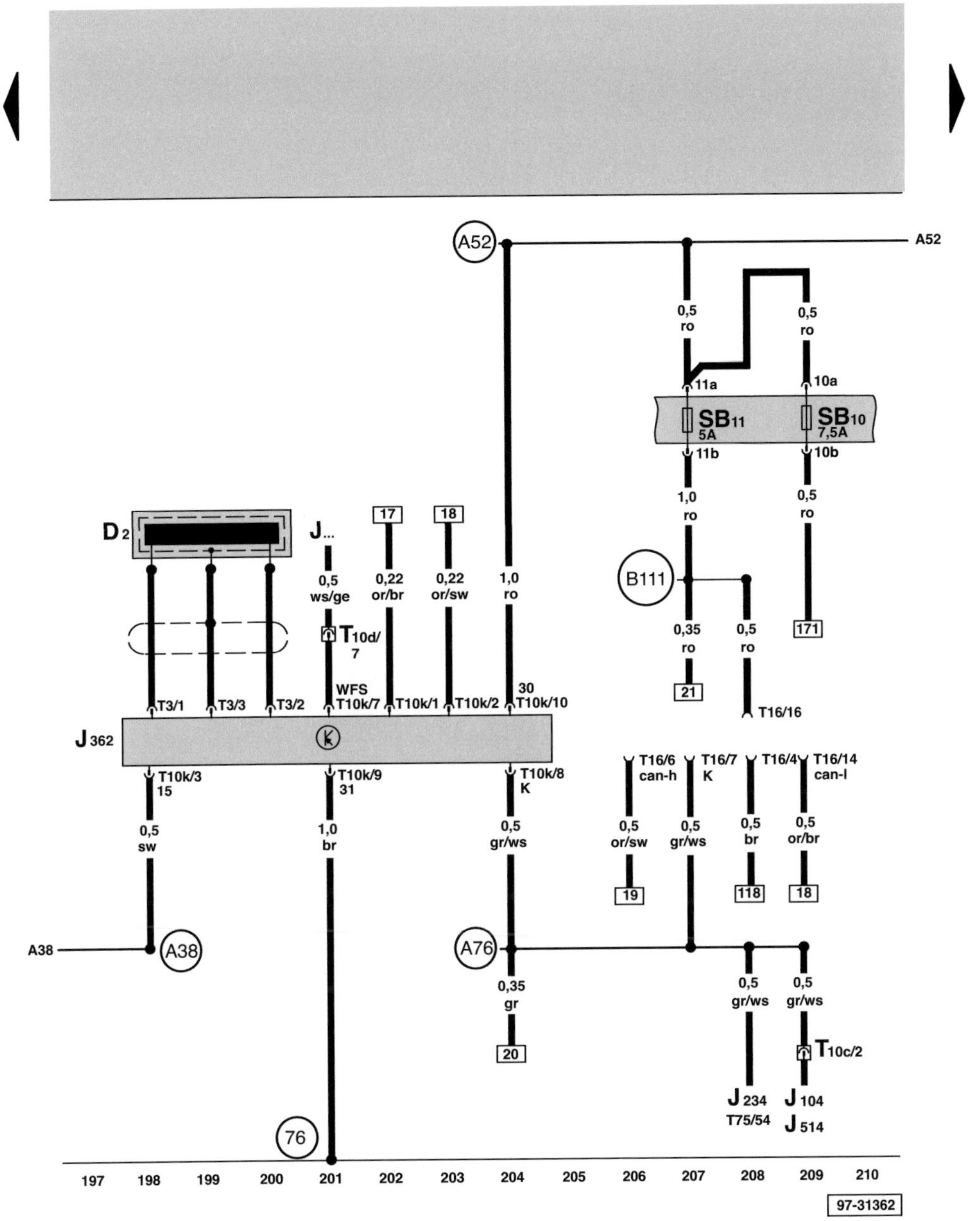

ws = weiß
sw = schwarz
ro = rot
br = braun
gn = grün
bl = blau
gr = grau
li = lila
ge = gelb
or = orange

D2 – Lesespule für Wegfahrsicherung
J... – Motorsteuergeräte
J104 – Steuergerät für ABS mit EDS
J234 – Steuergerät für Airbag
J362 – Steuergerät für Wegfahrsicherung
J514 – Steuergerät für elektronisches Schaltgetriebe
SB10 – Sicherung -10- auf Sicherungshalter
SB11 – Sicherung -11- auf Sicherungshalter
T3 – Steckverbindung, 3-fach, schwarz
T10c – Steckverbindung, 10-fach, blau, Kupplungsstation unter dem Relaisträger
T10d – Steckverbindung, 10-fach, rot, Kupplungsstation unter dem Relaisträger
T10k – Steckverbindung, 10-fach, schwarz
T16 – Steckverbindung, 16-fach, Anschluß für Eigendiagnose
T75 – Steckverbindung, 75-fach
(76) – Massepunkt, Nähe Schaltbetätigung
(A38) – Plusverbindung -2- (15a), im Schalttafelleitungsstrang
(A52) – Plusverbindung -2- (30), im Schalttafelleitungsstrang
(A76) – Verbindung (K-Diagnoseleitung), im Schaltafelleitungsstrang
(B111) – Plusverbindung -1- (30a), im Leitungsstrang Innenraum

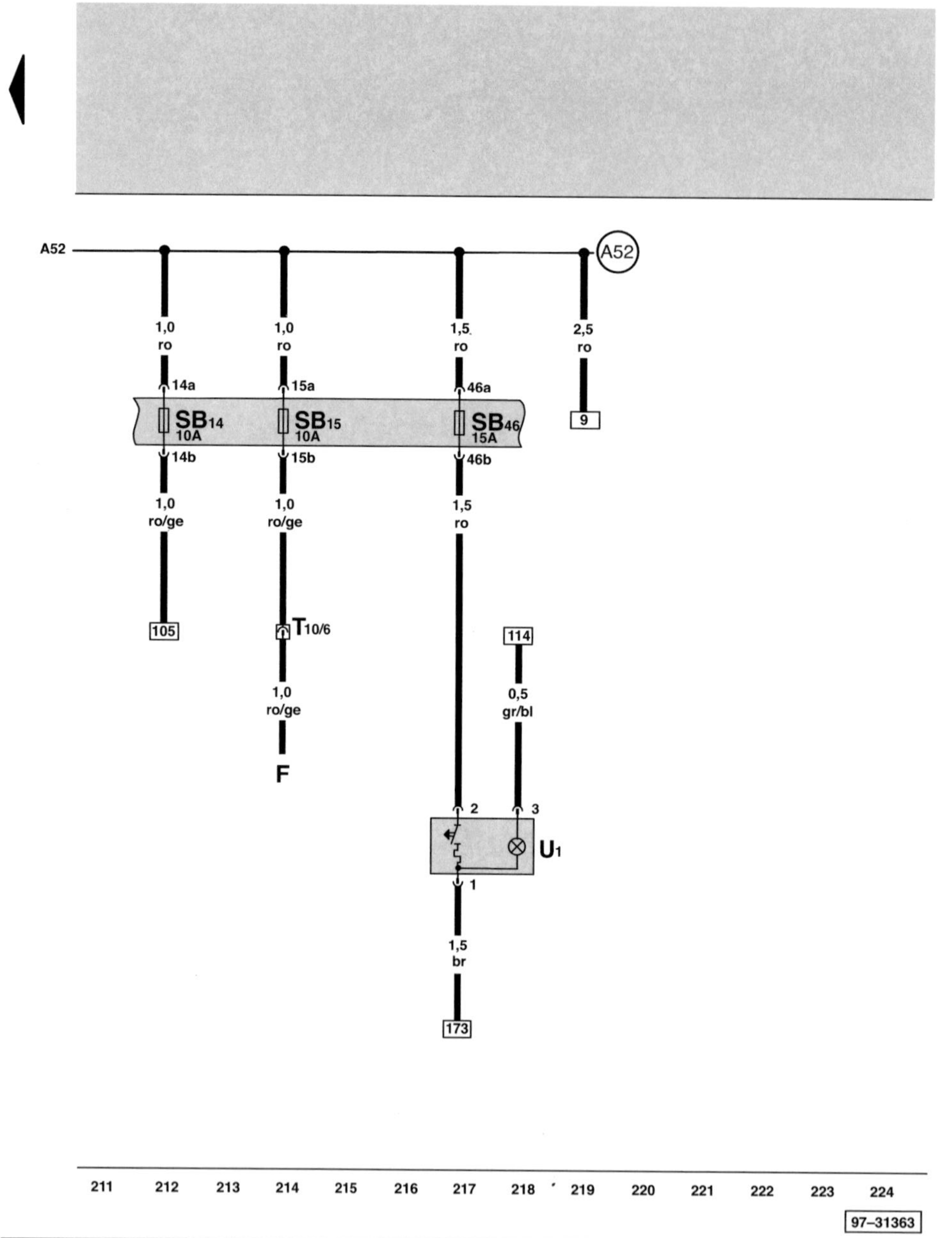

ws = weiß
sw = schwarz
ro = rot
br = braun
gn = grün
bl = blau
gr = grau
li = lila
ge = gelb
or = orange

F – Bremslichtschalter
SB14– Sicherung -14- auf Sicherungshalter
SB15– Sicherung -15- auf Sicherungshalter
SB46– Sicherung -46- auf Sicherungshalter
T10 – Steckverbindung, 10-fach, weiß, Kupplungsstation unter dem Relaisträger
U1 – Zigarrenanzünder

(A52) – Plusverbindung -2- (30), im Schalttafelleitungsstrang